普通高等教育"十一五"国家级规划教材配套参考书

有机化学学习指导

姜文凤　高占先　编著

高等教育出版社

内容提要

本书是高占先主编的普通高等教育"十一五"国家级规划教材《有机化学》(第二版)的配套参考书。全书章次与教材同步。每章设有学习重点、专题讨论与拓展、例题解析、自我提升和习题解答五个专题。最后增加一章各类官能团有机化合物制备方法总结。形式新颖,内容丰富,特点鲜明。全书重在强化对有机化学的基本理论、基本概念的理解与应用,指导如何学习有机化学,如何学好有机化学,为培养读者终身学习的能力奠定基础。本书难度可取舍。

本书不仅可与《有机化学》(第二版)配套使用,也可供学习有机化学课程和考研的学生及相关专业的师生、技术人员参考。

图书在版编目（CIP）数据

有机化学学习指导/姜文凤,高占先编著.-北京：高等教育出版社,2007.8 (2017.5重印)

ISBN 978-7-04-021934-0

Ⅰ.有... Ⅱ.①姜...②高... Ⅲ.有机化学-高等学校-教学参考资料 Ⅳ.062

中国版本图书馆CIP数据核字(2007)第098194号

| 策划编辑 | 翟 怡 | 责任编辑 | 岳延陆 | 封面设计 | 于文燕 | 责任绘图 | 尹 莉 |
| 版式设计 | 张 岚 | 责任校对 | 刘 莉 | 责任印制 | 韩 刚 | | |

出版发行	高等教育出版社	咨询电话	400-810-0598
社 址	北京市西城区德外大街4号	网 址	http://www.hep.edu.cn
邮政编码	100120		http://www.hep.com.cn
印 刷	廊坊市文峰档案印务公司	网上订购	http://www.landraco.com
开 本	787×960 1/16		http://www.landraco.com.cn
印 张	22	版 次	2007年8月第1版
字 数	410 000	印 次	2017年5月第11次印刷
购书热线	010-58581118	定 价	32.00元

本书如有缺页、倒页、脱页等质量问题,请到所购图书销售部门联系调换。
版权所有 侵权必究
物 料 号 21934-00

前　言

　　本书是普通高等教育"十一五"国家级规划教材高占先主编的《有机化学》（第二版）的立体化教材之一。该系列教材是"国家精品课程"教材建设和高等教育出版社"高等教育百门精品课程教材建设计划"精品项目的研究成果。每本的内容及作用各有重点，相互支撑相互辅助。

　　本书的章次与教材同步，最后增加一章各类官能团化合物制备方法总结。每章包括五个专题：学习重点、专题讨论与拓展、例题解析、自我提升和习题解答。学习重点专题只列出该章重要知识点名称；专题讨论与拓展是将教材中前后相关的内容集中分析、对比讨论，对某些基本理论、基本概念给予适当扩充；例题解析给出各类习题解题思路、方法与各种方法的评述；自我提升是一些难度较大的题目，供读者研究讨论，只给提示、参考答案；习题解答是将教材中的习题进行分析，给出详细的解答，并指出做习题应用的知识点。这些内容可以指导读者如何学习有机化学，如何学好有机化学，即指导学习教材和参考教材的哪些内容和学好这些内容的方法。本书没有替代教材的作用。

　　本书的内容设计是以有机化学的基本理论、基本概念为基础，强化有机化合物的结构与性质关系；强化对基本理论的理解；强化对基本概念的应用；强化有机化学思维方法；强化对实际问题的分析、解决能力。本书另一特点是设计了一些主观题目，扩展读者的思维空间和总结表达能力，弥补只有客观题目的缺欠。

　　在有机化学教学实践中体会到，做习题是学好有机化学的重要方法之一。通过解题可以掌握重要知识点的内容，灵活运用所学知识，提高分析问题、解决问题的能力。做习题时分析清楚习题的目的要求，针对性地认真写好每一步答案。在写反应式时，写清催化剂的作用、化学键断裂方式、电子转移方向、中间体结构、空间位阻、反应控制步骤、溶剂作用、产物结构等，甚至考虑可能的副产物等。同一道习题，思维方法不同，会有不同的切入点，可能运用不同的解题方法。有时"换位"思考是必要的。做习题不要过于追求习题的数量，重要的是对所做习题的真正理解，举一反三。有些习题答案不是唯一的，本书给出的答案不一定是最科学合理的，特别是有机合成和一些应用性题目更是如此。愿读者展开研究、讨论得到科学合理的答案。这种研究、讨论的过程也是创新意识培养的过程。

　　本书带 * 号的内容可供不同专业、不同层次的读者取舍。由于每道习题都有原题，因此本书不仅与《有机化学》第二版配套，也可以与其它教材配套，甚至可直接使用某些内容。

　　大连理工大学国家精品课程建设的师生对本书的某些内容进行了教学实践；高等教育出版社的策划编辑翟怡、责任编辑岳延陆对本书的出版付出了辛勤的劳动。所有这些工作使得本书得以顺利出版，作者表示衷心的谢意。

　　本书的目标是在培养读者终身学习能力方面起到应有的作用，想法是美好的。在撰写过程中深感力不从心，时间紧迫，水平有限。错误与不当之处在所难免，望读者批评指正，提出更好的编写见解，以利再版时修正。

编　者

2007 年 4 月于大连理工大学

目 录

第1章 结构与性能概论 …………… 1
 学习重点 ………………………… 1
 专题讨论与拓展 ………………… 1
  化学键、中间体、试剂、溶剂、化合物的酸碱性和反应控制 ………… 1
 例题解析 ………………………… 4
 自我提升 ………………………… 7
 自我提升参考答案 ……………… 8
 习题解答 ………………………… 8

第2章 分类与命名 …………………… 15
 学习重点 ………………………… 15
 专题讨论与拓展 ………………… 15
  1. 关于官能团的讨论 ………… 15
  2. 系统命名法与 IUPAC 命名法 …………………………… 15
 例题解析 ………………………… 16
 自我提升 ………………………… 17
 自我提升参考答案 ……………… 18
 习题解答 ………………………… 18

第3章 同分异构现象 ………………… 30
 学习重点 ………………………… 30
 专题讨论与拓展 ………………… 30
  1. 结构与旋光性关系 ………… 30
  2. 同分异构现象的新发展 …… 30
  3. 环烷烃衍生物的构型与构象 … 31
 例题解析 ………………………… 32
 自我提升 ………………………… 34
 自我提升参考答案 ……………… 35
 习题解答 ………………………… 36

第4章 结构的表征 …………………… 47
 学习重点 ………………………… 47
 专题讨论与拓展 ………………… 47
  四大谱联合运用表征有机化合物结构 ……………………… 47
 例题解析 ………………………… 47
 自我提升 ………………………… 51
 自我提升参考答案 ……………… 52
 习题解答 ………………………… 52

第5章 饱和烃 ………………………… 59
 学习重点 ………………………… 59
 专题讨论与拓展 ………………… 59
  1. 烷烃化学性质不活泼,主要发生自由基型反应 ……………… 59
  2. 碳自由基活泼中间体 ……… 60
 例题解析 ………………………… 62
 自我提升 ………………………… 67
 自我提升参考答案 ……………… 68
 习题解答 ………………………… 69

第6章 不饱和烃 ……………………… 76
 学习重点 ………………………… 76
 专题讨论与拓展 ………………… 77
  1. 烯烃与质子酸的亲电加成反应 …………………………… 77
  2. 烯烃的稳定性与化学反应活泼性 …………………………… 78
  3. Diels−Aleler 反应 ………… 78
 例题解析 ………………………… 79
 自我提升 ………………………… 89
 自我提升参考答案 ……………… 90
 习题解答 ………………………… 93

第7章 芳香烃 ………………………… 105
 学习重点 ………………………… 105

目录

专题讨论与拓展 …………… 105
 1. 动力学控制、热力学控制产物 …………… 105
 2. 有机化学反应中的电子效应 …………… 107
例题解析 …………… 110
自我提升 …………… 114
自我提升参考答案 …………… 115
习题解答 …………… 116

第 8 章　卤代烃 …………… 126
学习重点 …………… 126
专题讨论与拓展 …………… 126
 1. 亲核试剂的亲核性与碱性 …… 126
 2. 苯的取代反应与卤苯的取代反应 …………… 127
 3. 活泼中间体卡宾 …………… 128
 4. 芳炔活泼中间体 …………… 129
例题解析 …………… 131
自我提升 …………… 135
自我提升参考答案 …………… 136
习题解答 …………… 137

第 9 章　醇、酚、醚 …………… 150
学习重点 …………… 150
专题讨论与拓展 …………… 150
 1. 醇与亚硫酰氯反应的机理 …… 150
 2. 卤烃、醇、醚、酚的取代反应 …………… 152
 3. 醇羟基的弱碱性 …………… 152
 4. 取代环丙烷与取代环氧乙烷的开环加成反应 …………… 153
 5. 碳正离子活泼中间体 …………… 154
 6. 发现冠醚之谜 …………… 156
例题解析 …………… 158
自我提升 …………… 160
自我提升参考答案 …………… 162
习题解答 …………… 164

第 10 章　醛、酮、醌 …………… 177
学习重点 …………… 177
专题讨论与拓展 …………… 177
 1. 烯醇负离子的稳定性与反应性 …………… 177
 2. 膦叶立德(Wittig 试剂及反应) …………… 181
例题解析 …………… 184
自我提升 …………… 191
自我提升参考答案 …………… 193
习题解答 …………… 195

第 11 章　羧酸及其衍生物 …………… 207
学习重点 …………… 207
专题讨论与拓展 …………… 207
 1. 醇、醛(酮)和羧酸(及其衍生物)的亲核反应 …………… 207
 2. 羟醛缩合与酯缩合反应 …………… 209
 3. 碳负离子活泼中间体 …………… 209
 4. $\alpha-H$ 的酸性及应用 …………… 214
例题解析 …………… 217
自我提升 …………… 222
自我提升参考答案 …………… 224
习题解答 …………… 225

第 12 章　有机含氮化合物 …………… 240
学习重点 …………… 240
专题讨论与拓展 …………… 241
 1. 异氰酸酯与烯酮 …………… 241
 2. 氮烯活泼中间体 …………… 241
 3. Grignard 试剂(金属有机化合物)的性质与制备 …………… 242
例题解析 …………… 245
自我提升 …………… 250
自我提升参考答案 …………… 251
习题解答 …………… 252

第 13 章　杂环化合物 …………… 269
学习重点 …………… 269

专题讨论与拓展 …………… 269
　　芳香性 …………………… 269
例题解析 …………………… 271
自我提升 …………………… 274
自我提升参考答案 ………… 275
习题解答 …………………… 276

第14章　糖 …………………… 287
学习重点 …………………… 287
专题讨论与拓展 …………… 287
　　1. 糖与醛、酮、醇化合物 …… 287
　　2. 有机化学反应中的烯醇–
　　　 酮重排反应 ……………… 287
例题解析 …………………… 290
自我提升 …………………… 292
自我提升参考答案 ………… 293
习题解答 …………………… 294

第15章　氨基酸、蛋白质及
　　　　　核酸 ………………… 301
学习重点 …………………… 301
专题讨论与拓展 …………… 301
　　有机化合物中氢键的作用 …… 301

例题解析 …………………… 303
自我提升 …………………… 304
自我提升参考答案 ………… 305
习题解答 …………………… 306

第16章　类脂、萜、甾族化合物
　　　　　及生物碱 …………… 312
学习重点 …………………… 312
专题讨论与拓展 …………… 312
　　生物柴油（可再生性能源）…… 312
例题解析 …………………… 313
自我提升 …………………… 314
自我提升参考答案 ………… 315
习题解答 …………………… 315

第17章　有机合成基础 ………… 322
习题解答 …………………… 322

第18章　绿色有机合成 ………… 332
习题解答 …………………… 332

第19章　各类官能团有机化合物
　　　　　制备方法总结 ……… 333

第 1 章 结构与性能概论

▶▶ **学习重点**

1. 有机化合物及有机化合物的性质
2. 共价键理论
① 价键法、分子轨道法和共振论的基本内容,以及它们之间的关系;
② 碳原子的杂化轨道 sp^3,sp^2,sp 的形成、形状、能量、成键方式;
③ 极性共价键的传递——诱导效应;
④ 给电子基、吸电子基及其给、吸电子能力相对强弱。
3. 有机反应
① 反应中间体:碳正离子、碳负离子、碳自由基的产生,构型及稳定性;
② 反应试剂:亲电试剂、亲核试剂以及它们的相对强度;
③ 动力学控制、热力学控制的概念;
④ 极性溶剂、非极性溶剂、质子溶剂、非质子溶剂及溶剂化作用。
4. 有机酸碱
① 质子酸碱及其相对性,酸碱相对强度顺序;
② Lewis 酸碱及酸碱的相对强度顺序;
③ Lewis 酸碱与亲电试剂、亲核试剂。

▶▶ **专题讨论与拓展**

化学键、中间体、试剂、溶剂、化合物的酸碱性和反应控制

在有机化合物的化学反应中,影响因素主要是有机化合物的结构、试剂的性质和溶剂的作用。有机化合物化学键的性质(极性键、非极性键)是决定反应的本质。在反应中,极性键常常是异裂形成碳正离子(R^+)活泼中间体或碳负离子(R^-)活泼中间体,能与它们反应的试剂必然不同,易形成 R^- 的有机化合物必然

是要求亲电试剂与之反应；易形成 R^+ 的有机化合物必然是要求亲核试剂与之反应。例如：

$$(CH_3)_3 \overset{\delta+}{C}—\overset{\delta-}{Cl} + NaOH \xrightarrow{H_2O} (CH_3)_3COH + NaCl \qquad (1-1)$$
极性键　　亲核试剂

反应是分步进行的：

$$(CH_3)_3C\frown Cl \xrightarrow{慢} (CH_3)_3C^+ + Cl^- \qquad (1-1-1)$$
异裂　　　　碳正离子中间体

$$(CH_3)_3C^+ + {}^-OH \longrightarrow (CH_3)_3COH \qquad (1-1-2)$$

$$Na^+ + Cl^- \longrightarrow NaCl \qquad (1-1-3)$$

又如：

$$\bigcirc + CH_3CH_2Cl \xrightarrow[CH_3COOH]{AlCl_3} \bigcirc\!\!-CH_2CH_3 + HCl \qquad (1-2)$$

反应也是分步进行的：

$$CH_3CH_2Cl + AlCl_3 \longrightarrow CH_3CH_2^+ + [ClAlCl_3]^- \qquad (1-2-1)$$

$$\overset{\delta-}{\bigcirc}\!\!-\overset{\delta+}{H} + CH_3CH_2^+ \longrightarrow \overset{H}{\underset{CH_2CH_3}{\bigcirc^+}} \qquad (1-2-2)$$
活泼中间体

$$\overset{H}{\underset{CH_2CH_3}{\bigcirc^+}} \longrightarrow \bigcirc\!\!-CH_2CH_3 + H^+ \qquad (1-2-3)$$

$$H^+ + ClAlCl_3^- \longrightarrow HCl + AlCl_3 \qquad (1-2-4)$$

有机化合物的非极性键常常是均裂形成碳自由基活泼中间体，该自由基必然要求与自由基型试剂反应。例如：

$$CH_3—H + Cl_2 \xrightarrow{\triangle} CH_3Cl + HCl \qquad (1-3)$$
非极性键　自由基型试剂

反应分步进行：

$$Cl\frown Cl \xrightarrow{\triangle} Cl\cdot + Cl\cdot \qquad (1-3-1)$$
自由基

$$CH_3\frown H + Cl\cdot \longrightarrow CH_3\cdot + HCl \qquad (1-3-2)$$
碳自由基中间体

$$CH_3\cdot + Cl\frown Cl \longrightarrow CH_3Cl + Cl\cdot \qquad (1-3-3)$$

反应(1-3-2)，(1-3-3)连续不断地反应下去，直到自由基死亡。

溶剂在化学反应中起到"推波助澜"的作用。反应(1-1)和(1-2)是离子型反应,需要极性溶剂。极性溶剂有两个作用,一是与极性键通过偶极-偶极或离子-偶极作用使极性键进一步极化或促进极性键异裂;第二个作用是通过溶剂化作用稳定生成的 R^+、R^- 或反应过渡态,从而促进反应进行。反应(1-1)常是水作溶剂,反应(1-2)常用乙酸作溶剂,都是极性溶剂。反应(1-3)是自由基型反应,常是在气相、液相或非极性溶剂中进行。非极性溶剂化学性质比较稳定,也有利于非极性的有机化合物、试剂和生成的 R·中间体分散其中。

化合物的酸碱性对反应也很重要。试剂的亲核性、亲电性与化合物的酸碱性有关,一般情况下,Lewis 碱是亲核试剂,Lewis 酸是亲电试剂。

有机化合物的酸碱性决定需要什么试剂与之反应。常常是碱性化合物需要亲电试剂与之反应;酸性化合物需要亲核试剂与之反应。例如:

$$N(CH_2CH_3)_3 + HCl \longrightarrow (CH_3CH_2)_3N \cdot HCl \qquad (1-4)$$
　　碱性化合物　　亲电试剂

$$CH_3COOH + HOCH_2CH_3 \longrightarrow CH_3COOCH_2CH_3 + H_2O \qquad (1-5)$$
　　酸性化合物　　亲核试剂

常由化合物的酸碱性决定所需要的催化剂。如在反应(1-2)中,CH_3CH_2Cl 有碱性,$AlCl_3$ 是酸可作催化剂生成 $CH_3\overset{+}{C}H_2(ClAlCl_3)^-$,增强了 CH_3CH_2Cl 的亲电性,加快了反应的速率。

在有些反应中,反应物和试剂是相对的。如反应(1-6):

$$CH_3CH_2CH_2CH_2NH_2 + ClCH_2CH_2CH_2CH_3 \longrightarrow (CH_3CH_2CH_2CH_2)_2NH + HCl$$
　　丁胺　　　　　　1-氯丁烷

$$(1-6)$$

若将丁胺看成是反应物,1-氯丁烷是亲电试剂;若将 1-氯丁烷看成反应物,那么丁胺就是亲核试剂。

如果把有机化合物看成是酸或碱,那么反应(1-6)就是酸(1-氯丁烷)与碱(丁胺)之间的反应。

在有些书上,还把反应(1-6)看成是亲电试剂和亲核试剂之间的反应。

在有机反应中,还有一个重要问题就是反应控制问题。在反应(1-1)中,除生成醇外,还有烯烃生成,水为溶剂主要生成醇,醇为溶剂主要生成烯烃。反应(1-1-1)最慢,是速率控制步骤,生成醇的速度是由反应(1-1-1)的反应速率决定的。

总之,有机化合物的结构、试剂的性质、溶剂的作用、反应产量的多少是每一个有机化学反应都要遇到的问题。这里仅是一个初步的讨论,在后续章节中,将逐步详细地展开讨论。

例题解析

例1 写出下列化合物的 Lewis 结构式：

(1) CH_3NH_2 (2) CH_3OCH_3 (3) CH_3ONO

解析：(1) CH_3NH_2

先给出部分 Lewis 结构式(A)，分子中有 6 个键，12 个电子，而 CH_3NH_2 中应有 14 个价电子，故需要再填入 2 个电子并让每个原子都满足"八隅律"的要求。式 A 中 C 和 H 已经合乎八隅律，而 N 需要 2 个电子才能满足八隅律的要求(式 B)。CH_3NH_2 的完整 Lewis 结构式为 C：

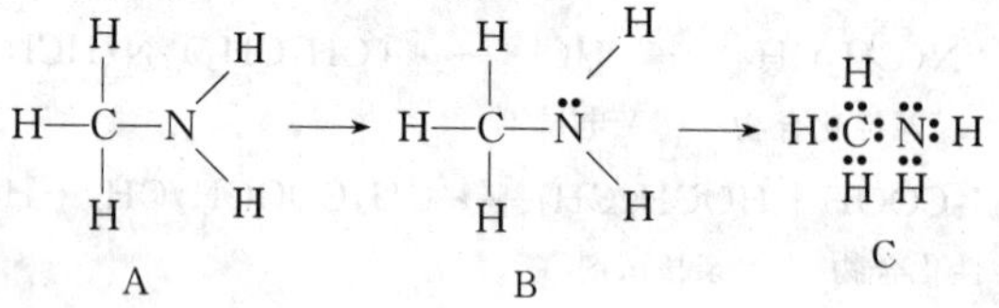

(2) CH_3OCH_3

按上述方法 CH_3OCH_3 的 Lewis 结构式为 C：

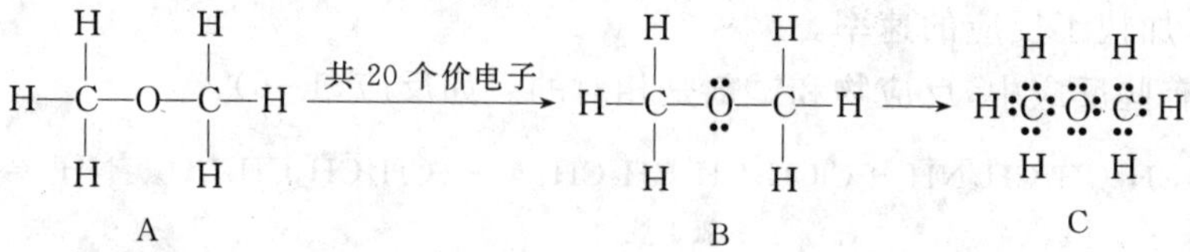

(3) CH_3ONO 的 Lewis 结构式为 D：

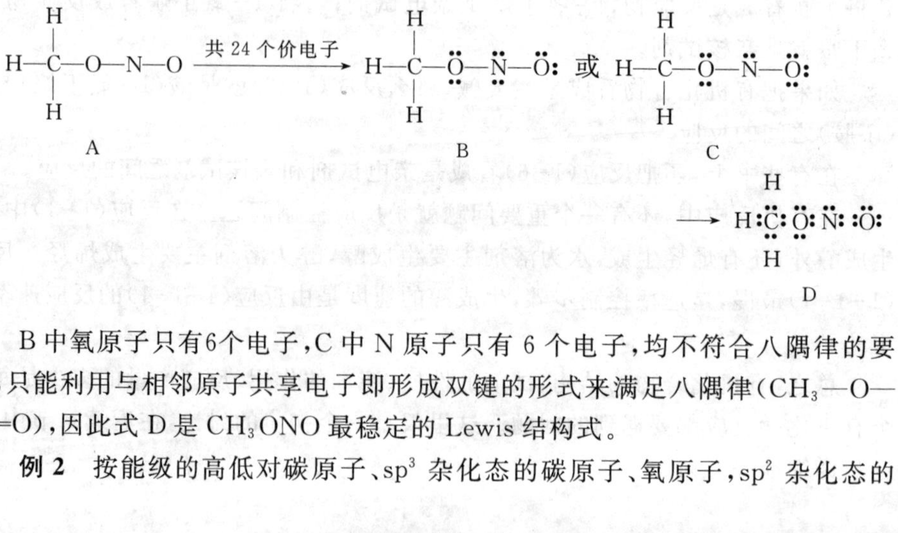

B 中氧原子只有 6 个电子，C 中 N 原子只有 6 个电子，均不符合八隅律的要求，只能利用与相邻原子共享电子即形成双键的形式来满足八隅律(CH_3—O—N═O)，因此式 D 是 CH_3ONO 最稳定的 Lewis 结构式。

例2 按能级的高低对碳原子、sp^3 杂化态的碳原子、氧原子，sp^2 杂化态的氧原子轨道中的电子进行排列。

解析：碳原子的原子序数为6：

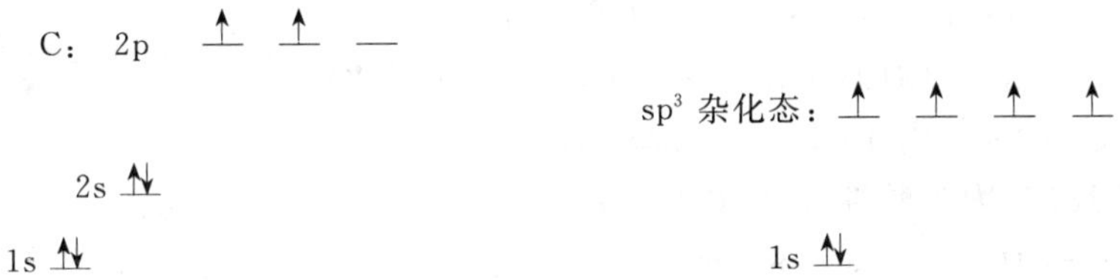

C： 2p ↑ ↑ __   sp³ 杂化态： ↑ ↑ ↑ ↑

2s ↑↓

1s ↑↓   1s ↑↓

氧原子的原子序数为8：

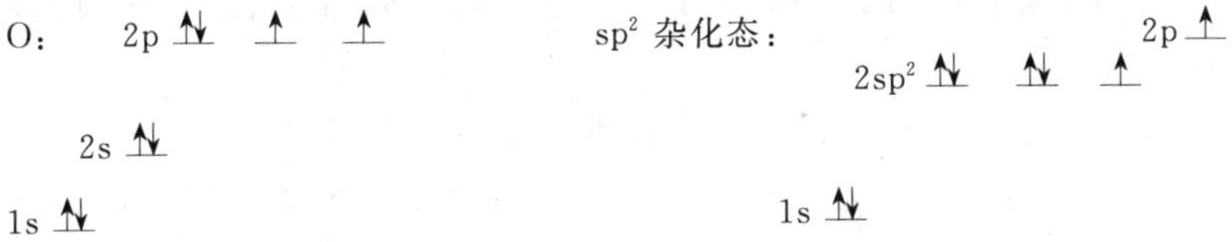

O： 2p ↑↓ ↑ ↑   sp² 杂化态：   2p ↑
                                        2sp² ↑↓ ↑↓ ↑

2s ↑↓

1s ↑↓   1s ↑↓

例3 判断下画线原子的杂化状态。

(1) CH₃<u>CH₂</u>OH　　(2) CH₃CH₂<u>N</u>H₂　　(3) CH₃—<u>O</u>—CH₃

(4) H₃C—C—CH₃　　(5) CH₃C≡<u>N</u>
　　　　‖
　　　　<u>O</u>

解析：

题号	杂化原子	σ键的数目 ＋	未共享电子对的数目＝	杂化轨道数目	杂化态
(1)	C	4	0	4	sp³
(2)	N	3	1	4	sp³
(3)	O	2	2	4	sp³
(4)	O	1	2	3	sp²
(5)	N	1	1	2	sp

例4 下列反应能否进行，如能反应，请写出产物。

(1) HC≡CH ＋NaNH₂ ⟶

(2) HC≡CNa ＋H₂O ⟶

(3) HC≡CNa ＋CH₃COOH ⟶

(4) HC≡CNa ＋C₂H₅OH ⟶

(5) HC≡CH ＋NaCN ⟶

(6) HC≡CH ＋CH₃Li ⟶

解析：化合物的酸性由强至弱的顺序为

CH₃COOH ＞ HCN ＞ H₂O ＞ C₂H₅OH ＞ HC≡CH ＞ NH₃＞ CH₄

强酸能把弱酸从其盐中置换出来。

(1) HC≡CH + NaNH$_2$ ⟶ HC≡CNa + NH$_3$

(2) HC≡CNa + H$_2$O ⟶ HC≡CH + NaOH

(3) HC≡CNa + CH$_3$COOH ⟶ HC≡CH + CH$_3$COONa

(4) HC≡CNa + C$_2$H$_5$OH ⟶ HC≡CH + C$_2$H$_5$ONa

(5) 不反应,因为酸性 HC≡CH < HCN。

(6) HC≡CH + CH$_3$Li ⟶ HC≡CLi + CH$_4$

例 5 解释下列现象。

(1) H—Cl 键长(0.127 nm)比 H—F 键长(0.092 nm)长,但它的偶极矩却比较小。

(2) CO$_2$ 是非极性分子而 SO$_2$ 是极性分子(μ=5.33×10^{-30} C·m)。

(3) NH$_3$ 的偶极矩(μ=4.9×10^{-30} C·m)比 NF$_3$ 的偶极矩(μ=0.8×10^{-30} C·m)大。

解析: (1) 偶极矩 $\mu = q \cdot d$,F 的电负性比 Cl 大,虽然 d 比较小,但 q 却比较大,因此 HF 的 μ 仍然较 HCl 的 μ 大。

(2) 分子的偶极矩与分子的构型有关,偶极矩是矢量。CO$_2$ 分子中 C 为 sp 杂化,是直线形结构,两个 C—O 键的极性相反彼此相互抵消(μ=0),为非极性分子;SO$_2$ 中 S 为 sp^2 杂化,O—S—O 键角为 120°, 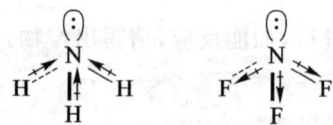,两个 S—O 键极性不能相互抵消,故分子有极性。

(3) NH$_3$ 分子中 N 为 sp^3 杂化,角锥形结构,三个 N—H 键的键矩方向指向 N,其和与 N 的未共享电子对方向一致;而在 NF$_3$ 分子中,N 也为 sp^3 杂化,角锥形结构,但三个 N—F 键的键矩方向指向 F,其和与 N 上未共享电子对的方向相反,相互抵消的结果使 NF$_3$ 的偶极矩很小。

例 6 下列各组结构式中,哪一组可以用共振符号"⟷"表示?哪一组用平衡符号"⇌"表示?

(1) CH$_3$—N̈=N⁺=N̈:⁻ 和 CH$_3$—N̈—N⁺≡N:

(2) H—C(=O)—N̈H$_2$ 和 H—C(—ÖH)=NH

(3) $CH_3-\overset{..}{\underset{..}{O}}-S\overset{\nearrow O:}{\underset{\searrow \overset{..}{\underset{..}{O}}:^-}{}}$ 和 $CH_3-\overset{..}{\underset{..}{O}}-S\overset{\nearrow \overset{..}{\underset{..}{O}}:^-}{\underset{\searrow O:}{}}$

(4) $(CH_3)_3\overset{+}{P}=\overset{..}{\underset{..}{O}}:$ 和 $(CH_3)_3\overset{+}{P}-\overset{..}{\underset{..}{O}}:^-$

解析：(1)、(3)、(4)可以用"⟷"表示，因为它们符合共振式书写规则，电子对动，核不动；满足 Lewis 结构式要求。

(2)是互变异构，用"⇌"表示。核发生了改变，不是共振关系。

▶▶ 自我提升

1. 比较下列化合物的键能大小：

   (1) Cl—Cl   (2) CH_3—CH_3 (3) H—H   (4) H—CH_3

2. 下列化合物哪些属于 Lewis 酸？哪些属于 Lewis 碱？

   (1) $(C_2H_5)_2\overset{..}{N}H$ (2) ⌬$\overset{..}{\underset{..}{O}}H$ (3) $CH_3-\overset{..}{\underset{..}{O}}-CH_3$

   (4) BH_3 (5) $H_2C=CH_2$ (6) $ZnCl_2$

   (7) $FeCl_3$ (8) $(C_6H_5)_3P:$

3. 比较下列化合物的极性：

   (1) $CH_3CH_2NO_2$ (2) CH_3CH_2Cl (3) $CH_3C\equiv CH$

   (4) $CH_3CH=CH_2$ (5) $CH_3CH_2CH_3$

4. 甲醛的偶极矩($\mu = 7.49 \times 10^{-30}$ C·m)比 CH_3F 的偶极矩($\mu = 5.97 \times 10^{-30}$ C·m)更大？为什么？

5. 比较离子的稳定性：

   (1) $(CH_3)_3C^+$ 与 $(CF_3)_3C^+$ (2) $(CH_3)_3C^-$ 与 $(CF_3)_3C^-$

6. 指出下面反应物中的酸和碱：

   (1) $C_2H_5\underset{H}{\overset{+}{O}}CH_3 + H_2O \longrightarrow C_2H_5OCH_3 + H_3\overset{+}{O}$

   (2) $\overset{+}{CH_3}CH_2 + HOC_2H_5 \longrightarrow CH_3CH_2\underset{H}{\overset{+}{O}}C_2H_5$

   (3) $H_2C=CH_2 + H^+ \longrightarrow CH_3\overset{+}{C}H_2$

   (4) ⌬$^+$ + Br^- ⟶ ⌬—Br

7. 指出下列各组共振结构对该共振杂化体相对贡献的大小顺序：

(1) 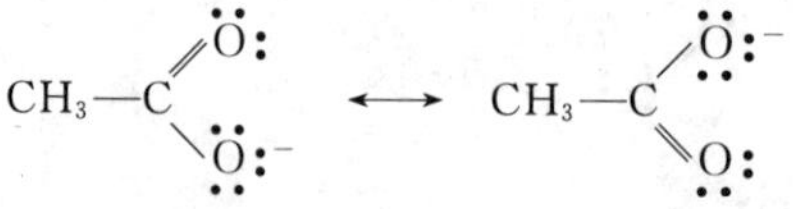 $CH_3-C(=\ddot{O})-\ddot{O}:^-$ ⟷ $CH_3-C(-\ddot{O}:^-)=\ddot{O}$
    A   B

(2) 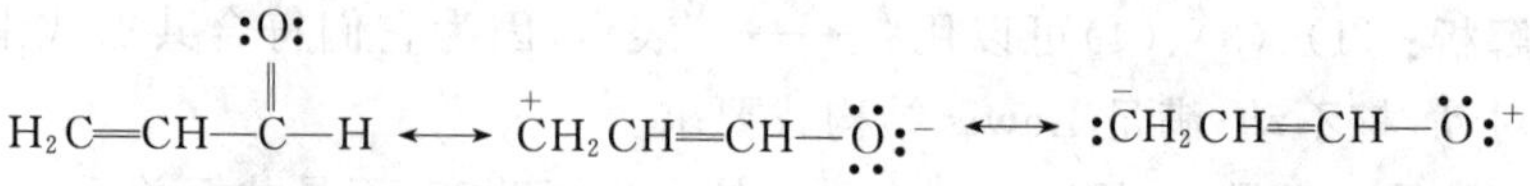 $H_2C=CH-C(=\ddot{O})-H$ ⟷ $\overset{+}{C}H_2-CH=CH-\ddot{O}:^-$ ⟷ $:\overset{-}{C}H_2-CH=CH-\overset{+}{\ddot{O}}:$
  A   B   C

▶▶ 自我提升参考答案

1. (3)＞(4)＞(2)＞(1)

2. Lewis 酸：(4),(6),(7)
   Lewis 碱：(1),(2),(3),(5),(8)

3. (1)＞(2)＞(3)＞(4)＞(5)

4.  $H-\overset{O}{\underset{}{C}}-H$ ⟷ $H-\overset{O^-}{\underset{+}{C}}-H$（高度极化）

5. $(CH_3)_3C^+ ＞ (CF_3)_3C^+$；$(CH_3)_3C^- ＜ (CF_3)_3C^-$

6. (1) 酸 $C_2H_5\overset{+}{O}CH_3$ 碱 H_2O (2) 酸 $CH_3\overset{+}{C}H_2$ 碱 HOC_2H_5
      $\underset{H}{|}$

(3) 酸 H^+ 碱 $H_2C=CH_2$ (4) 酸 ⬡$^+$ 碱 Br^-

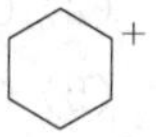

7. (1) A＝B(等价结构,贡献相等)

(2) A＞B＞C

▶▶ 习题解答

1-1 扼要解释下列术语。

(1) 有机化合物   (2) 键能、键的解离能

(3) 键长   (4) 极性键

(5) σ键   (6) π键

(7) 活性中间体   (8) 亲电试剂

(9) 诱导效应   (10) Lewis 碱

(11) 溶剂化作用   (12) 亲核试剂

(13) 动力学控制反应　　　　　(14) 热力学控制反应

解：略。

1-2　简述处理化学键的价键法、分子轨道法和共振论。

解：简单地说，用 Lewis 的电子配对法处理共价键，形成共价键的一对电子局限在成键两原子间的定域观点处理化学键的理论称为价键法（理论）。通过复杂的量子力学运算处理共价键，形成共价键的电子分布在整个分子间，不限于两个成键原子间的非定域观点处理化学键的理论，称为分子轨道法（理论）。共振论是用几个经典的 Lewis 的结构式表示一个电子离域体系的化学键的方法，是价键法的发展，在价键法和分子轨道法间起到"桥梁"作用。

1-3　写出下列化合物短线构造式。如有孤对电子，请用黑点标明。

(1) 苯胺 $C_6H_5NH_2$　　　　　(2) 丙酮 CH_3COCH_3
(3) 亚硝酸乙酯 C_2H_5ONO　　(4) 甲醚 $(CH_3)_2O$
(5) 甲醛 $HCHO$　　　　　　　(6) 乙酸 CH_3COOH
(7) 丙炔 $CH_3C{\equiv}CH$　　　(8) 硝基甲烷 CH_3NO_2
(9) 乙醇 C_2H_5OH

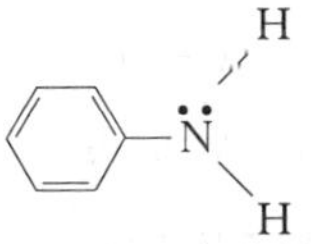

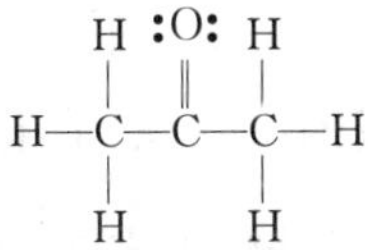

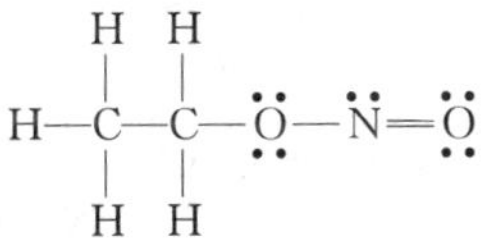

解：（构造式略）

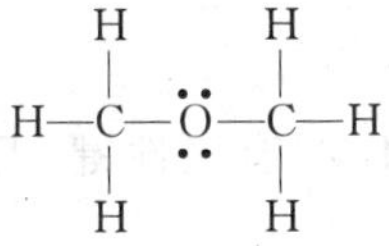

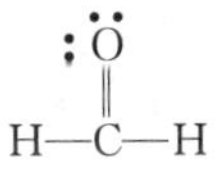

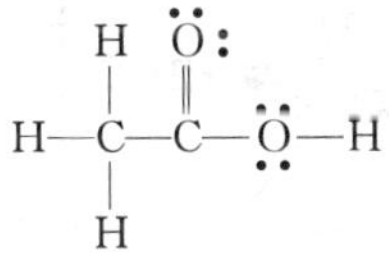

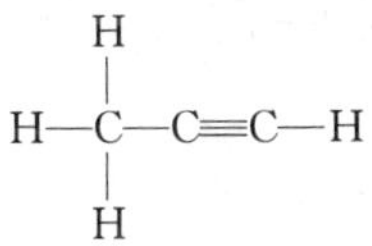

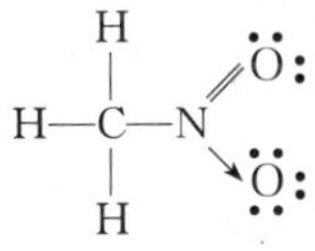

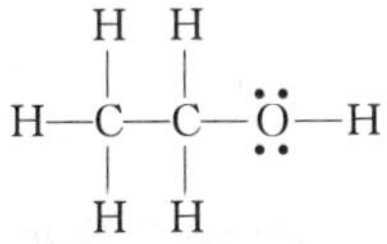

[知识点]　有机化合物构造式的书写方法。

1-4　杂化对键的稳定有何影响？按能量递增的顺序排列 s, p, sp, sp^2, sp^3 轨道。并画出这些轨道的形状。

解：原子轨道杂化相当于轨道的"混合",杂化的结果使轨道"平均化"。如 s 轨道与 p 轨道杂化,使内层的 s 轨道与外层的 p 轨道同样裸露在外,有利于成键;杂化后的轨道能量平均化,形成相等的化学键,杂化后的轨道有确定的方向性,很好地说明了分子的空间构型。对于 s 轨道与 p 轨道的杂化轨道,其中含有 s 的成分越多,所在电子的能量越低,电子也越靠近原子核,与其它轨道形成的键就更强。按能量递增的顺序为:$p > sp^3 > sp^2 > sp > s$。轨道图略。

[知识点] 杂化轨道理论。

1-5 判断下列下画线原子的杂化状态。

(1) $\underline{C}H_2=O$ (2) $CH\equiv\underline{C}-$ (3) $CH_3\underline{C}\equiv N$

(4) $\underline{C}H_3OH$ (5) $H_2C=\underline{C}=O$ (6) $\underline{C}O_2$

解：(1) sp^2 杂化   (2) sp 杂化   (3) sp 杂化

  (4) sp^3 杂化   (5) sp 杂化   (6) sp 杂化

[知识点] 杂化轨道类型判断。

1-6 下列化合物中,哪些分子中含有极性键?哪些是极性分子?试以"⟶"标明分子中偶极矩方向。

(1) HF   (2) I_2 (3) CH_4 (4) $CHCl_3$

(5) CH_3OH (6) CH_3OCH_3 (7) BrCl   (8) CH_2Cl_2

解：解这类题,需先弄清楚分子的空间形象(即分子构型)。

(1) H⟶F

(3) CH_4 中有极性键,但极性互相抵消,是非极性分子。

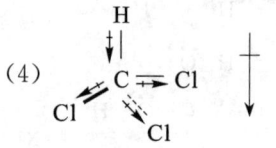

(6) 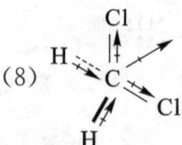   (7) Br⟶Cl

(8)

[知识点] 键的极性;分子的极性;偶极矩是矢量,分子偶极矩是分子中各键偶极矩的矢量和。

1-7 将下列各组化合物中指定键的键长由长到短排列并说明理由。

(1) 乙烷、乙烯、乙炔中的 C—H 键。

(2) 一卤甲烷(CH_3—X)中的碳卤键(X=F,Cl,Br,I)。

(3) 乙烷、乙烯、乙炔中的碳碳键。

解：(1) $CH_3\underline{CH_2—H}$ > $\underline{CH_2=CH—H}$ > $\underline{CH≡C—H}$(键长随碳杂化轨道s轨道成分的增加而减小)

(2) $H_3\underline{C—I}$ > $H_3\underline{C—Br}$ > $H_3\underline{C—Cl}$ > $H_3\underline{C—F}$(成键原子的半径大,电负性小,键长长)

(3) $H_3\underline{C—CH_3}$ > $H_2\underline{C=CH_2}$ > $H\underline{C≡C}H$(键长随成键数的增加而减小)

[知识点] 键长与杂化轨道的关系。

1-8 将下列各组化合物按酸性由强到弱排列。

(1) A. HC≡CH   B. $H_3C—CH_3$

   C. $H_2C=CH_2$ D. H_2O

(2) A. $CH_3CHFCOOH$ B. $CH_3CHClCOOH$

   C. $BrCH_2CH_2COOH$ D. $CH_3CHBrCOOH$

解：(1) D>A>C>B

(C—H键中C的杂化轨道中的s成分越多,吸电子能力越强,氢的酸性越强)

(2) A>B>D>C(−I 效应：F>Cl>Br)

[知识点] 酸性判断；诱导效应。

1-9 下列物种哪些是：(1)亲核试剂,(2)亲电试剂,(3)既是亲核试剂又是亲电试剂？

Cl^-, H_2O, H^+, $AlCl_3$, CH_3OH, Br^+, Fe^{3+}, $^+NO_2$, $H_2C=CH_2$, $HCHO$, CH_4, $CH_3C≡N$, $^+CH_3$, $^-CH_3$, $ZnCl_2$, Ag^+, BF_3

解：(1) 亲核试剂：Cl^-, H_2O, CH_3OH, $H_2C=CH_2$, $^-CH_3$, $CH_3C≡N$

(2) 亲电试剂：$AlCl_3$, Br^+, Fe^{3+}, $^+NO_2$, $HCHO$, $^+CH_3$, $ZnCl_2$, Ag^+, BF_3

(3) 既是亲核试剂又是亲电试剂：$H\overset{\overset{\ddot{O}:}{\|}}{C}H$ 和 $CH_3C≡N$。因为分子中碳是亲电试剂,氧和氮是亲核试剂。

[知识点] 亲电试剂；亲核试剂。

1-10 按质子酸碱理论,下列化合物哪些是酸？哪些是碱？哪些既是酸又是碱？

NH_3, CN^-, HS^-, HBr, H_2O, NH_4^+, HCO_3^-

解：酸：HS^-, HBr, H_2O, HCO_3^-, NH_4^+, NH_3

碱：NH_3, CN^-, H_2O

既是酸又是碱：HS^-, HCO_3^-, H_2O, NH_3

[知识点] 质子酸碱理论。

1-11 按 Lewis 酸碱理论,在下列反应中,哪个反应物为酸?哪个反应物为碱?

(1) $CN^- + H_2O \longrightarrow HCN + OH^-$

(2) $H_2C=O + BF_3 \longrightarrow H_2C=O^+BF_3^-$

(3) $H_2O + CH_3NH_2 \rightleftharpoons CH_3\overset{+}{N}H_3 + OH^-$

(4) $4NH_3 + Cu^{2+} \longrightarrow Cu(NH_3)_4^{2+}$

(5) $COCl_2 + AlCl_3 \longrightarrow {}^+COCl + AlCl_4^-$

(6) $I_2 + I^- \longrightarrow I_3^-$

解:(1) $CN^- + H_2O \longrightarrow HCN + OH^-$
　　　　碱　　酸

(2) $H_2C=O + BF_3 \longrightarrow H_2C\overset{+}{=}OBF_3^-$
　　　碱　　酸

(3) $H_2O + CH_3NH_2 \rightleftharpoons CH_3\overset{+}{N}H_3 + OH^-$
　　酸　　　碱

(4) $4\ NH_3 + Cu^{2+} \longrightarrow Cu(NH_3)_4^{2+}$
　　　碱　　酸

(5) $COCl_2 + AlCl_3 \longrightarrow {}^+COCl + AlCl_4^-$
　　　碱　　酸

(6) $I_2 + I^- \longrightarrow I_3^-$
　　酸　碱

[知识点] Liewis 酸碱理论。

1-12 指出下列溶剂中哪些属于极性质子溶剂?哪些属于极性非质子溶剂?哪些属于非极性溶剂?

(1) $(CH_3)_2S=O$　　(2) CCl_4　　(3) C_6H_6　　(4) $HC\overset{\underset{\displaystyle\|}{O}}{-}N(CH_3)_2$

(5) CH_3OH　　(6) $NH_3(l)$　　(7) $CH_3\overset{\underset{\displaystyle\|}{O}}{C}CH_3$　　(8) $[N(CH_3)_2]_3P=O$

解:极性质子溶剂:(5)、(6)

极性非质子溶剂:(1)、(4)、(7)、(8)

非极性溶剂:(2)、(3)

[知识点] 溶剂的分类。

1-13 矿物油(相对分子质量较大,饱和烃的混合物)不溶于水或乙醇中,但可以溶于正己烷。试解释之。

解:矿物油和正己烷结构相似,都是非极性分子,油-油、己烷-己烷和油-己烷的分子间吸引力相似,它们易相互混溶。而水或乙醇分子间能形成氢键,分子间的引力非常强,故矿物油分子不能克服这种氢键与乙醇或水相互渗透而溶解。

[知识点]　分子间作用力。

1-14　用溶剂化作用比较氯化钠在水中和在二甲亚砜中的溶解方式。

解：水是极性质子溶剂,可以通过溶剂化作用将 NaCl 分解成相互吸引的离子,由于离子-偶极吸引作用,Na^+ 均被水分子包围,水分子偶极的负端氧原子被 Na^+ 吸引,水分子与 Cl^- 之间形成了氢键。二甲亚砜也可以通过离子-偶极吸引作用对 Na^+ 进行溶剂化,S=O 基中的氧原子被 Na^+ 吸引,但是二甲亚砜是极性非质子溶剂,Cl^- 无法与其形成氢键,溶剂化作用很弱。因此,盐在二甲亚砜中的溶解性比水中小。

[知识点]　溶剂化作用,溶剂的极性。

***1-15**　在常温下,下列反应不能发生,请解释原因。

$$CH_4 + I_2 \longrightarrow CH_3I + HI$$

C—H,I—I,C—I,H—I 键键解离能分别为 427 kJ·mol^{-1},151 kJ·mol^{-1},222 kJ·mol^{-1} 和 297 kJ·mol^{-1}。

解：烷烃的卤代反应是自由基型反应,在反应中键的断裂需要吸收能量为

$$427(C—H) \text{ kJ·mol}^{-1} + 151(I—I) \text{ kJ·mol}^{-1} = 578 \text{ kJ·mol}^{-1}$$

键的形成放出的能量为

$$222(C—I) \text{ kJ·mol}^{-1} + 297(H—I) \text{ kJ·mol}^{-1} = 519 \text{ kJ·mol}^{-1}$$

反应焓 $\Delta H = 578 \text{ kJ·mol}^{-1} - 519 \text{ kJ·mol}^{-1} = 59 \text{ kJ·mol}^{-1}$ 故反应为吸热反应。反应物与产物结构相似,ΔS 影响不大。ΔG 与 ΔH 均大于零,反应不能发生。

[知识点]　反应焓的计算。

1-16　乙醇和二甲醚,哪个焓值低?

键解离能：C—C,C—H,C—O 和 O—H 键分别为 356 kJ·mol^{-1},414 kJ·mol^{-1},360 kJ·mol^{-1},464 kJ·mol^{-1}。

解：C_2H_5OH 中总键能为

$$356(C—C) \text{ kJ·mol}^{-1} + 5 \times 414(5C—H) \text{ kJ·mol}^{-1} + 360(C—O) \text{ kJ·mol}^{-1}$$
$$+ 464(O—H) \text{ kJ·mol}^{-1} = 3\,250 \text{ kJ·mol}^{-1}$$

$(CH_3)_2O$ 中总键能为

$$6 \times 414(6C—H) \text{ kJ·mol}^{-1} + 2 \times 360(2C—O) \text{ kJ·mol}^{-1} = 3\,204 \text{ kJ·mol}^{-1}$$

乙醇中有更高的键能,要分解为它的组成元素需要的能量高,形成时的焓则低。

[知识点]　能量计算;焓。

1-17 下列物质是否有共轭酸和共轭碱？如有，请分别写出。

(1) CH_3NH_2 (2) CH_3O^- (3) CH_3CH_2OH

(4) H^- (5) $^-CH_3$ (6) $CH_2=CH_2$

解：共轭酸：(1) $CH_3\overset{+}{N}H_3$ (2) CH_3OH (3) $CH_3CH_2\overset{+}{O}H_2$

(4) H_2 (5) CH_4 (6) $CH_3\overset{+}{C}H_2$

共轭碱：(1) CH_3NH^- (2) 无 (3) $CH_3CH_2O^-$

(4) 无 (5) 无 (6) $CH_2=CH^-$

[知识点] 共轭酸碱。

1-18 将下列物种按碱性由强至弱排列成序。

(1) $CH_3CH_2^-$ (2) CH_3O^- (3) ^-OH

(4) $HC\equiv C^-$ (5) H_2N^-

解：(1) > (5) > (4) > (2) > (3)

通过比较其共轭酸的酸性来比较共轭碱的碱性。共轭酸酸性强，其共轭碱的碱性弱。

[知识点] 碱性强弱判断。

1-19 下列极限式中，哪个式子是错误的，为什么？

(1) $H_2C=CH-\overset{+}{C}H_2 \longleftrightarrow \overset{+}{C}H_2-CH=CH_2 \longleftrightarrow$ △⁺
  A   B   C

(2) $H_2C=CH-\overset{\cdot}{C}H_2 \longleftrightarrow \overset{\cdot}{C}H_2-CH=CH_2 \longleftrightarrow \overset{\cdot}{C}H_2-\overset{\cdot}{C}H-\overset{\cdot}{C}H_2$
  A   B   C

(3) $:\overset{-}{C}H_2-\overset{+}{N}\equiv N: \longleftrightarrow :\overset{-}{C}H_2-\overset{+}{N}=\overset{\cdot\cdot}{N}: \longleftrightarrow CH_2=\overset{-}{N}^-=\overset{+}{N}: \longleftrightarrow$
  A   B   C

$\overset{+}{C}H_2-N=\overset{\cdot\cdot}{N}:^-$
  D

解：(1) C（原子核位置发生改变。）

(2) C（单电子数不等。）

(3) C（中间 N 外层电子多于 8 个。）

[知识点] 共振极限式的书写规则。

第 2 章　分类与命名

▶▶ 学习重点

1. 官能团、官能团的名称、官能团的结构。
2. 常见有机化合物的普通命名(习惯命名)。
3. 系统命名法：官能团优先顺序、最低系列原则和次序规则。
4. 较复杂化合物用"化学介词"命名。

▶▶ 专题讨论与拓展

1. 关于官能团的讨论

官能团是分子中比较活泼、易发生化学反应的原子和基团。

大多数官能团是极性键或含有极性键，如卤代烃(C—X)，醇(C—OH)，醚(C—O—C)，醛($-\overset{\overset{O}{\|}}{C}-H$)，羧酸($-\overset{\overset{O}{\|}}{C}-OH$)等。这些极性键很容易受亲电试剂、亲核试剂"攻击"，发生化学反应。因此，某些化学性质比母体化合物烷烃活泼得多。官能团的极性键还可以增加分子间作用力，甚至产生氢键，因此，官能团对有机化合物的物理性质也起着关键作用。

2. 系统命名法与 IUPAC 命名法

系统命名法是根据 IUPAC 命名法的原则结合中国汉字的特点而制定的命名方法，两者不完全相同。例如，命名时取代基列出顺序，系统命名法是按"次序规则"列出，而 IUPAC 命名法是按取代基英文字母顺序列出：

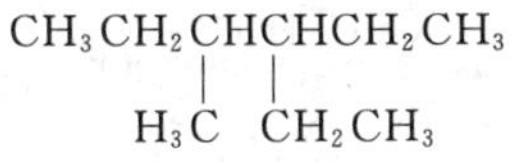

$CH_3CH_2CHCHCH_2CH_3$
　　　　$|$　$|$
　　H_3C　CH_2CH_3

系统命名：3-甲基-4-乙基己烷
IUPAC 命名：3-ethyl-4-methyl hexane

IUPAC 于 1993 年的《A Guide to IUPAC Nomenclature of Organic Compounds》推荐:标记取代基和官能团位次的数字直接写到相应的取代基或官能团名称前。而中国化学会还没有这种规定,目前系统命名仍是按中国化学会 1980 年的《有机化学命名原则》推荐的方法:

$$\text{CH}_3\text{CHCHCH}_2\text{CHCH}_2\text{OH}$$
$$\quad\ \ |\quad\ \ |\quad\quad\ \ |$$
$$\text{H}_3\text{C}\ \text{CH}_2\text{CH}_3\ \ \text{OH}$$

系统命名:5-甲基-4-乙基-1,2-己二醇
IUPAC 命名:4-ethyl-5-methyl hexan-1,2-diol

▶▶ 例题解析

例 1 按次序规则排列下面各组基团的优先次序。

(1) —C≡CH, —CH(CH$_3$)$_2$, —C≡N, —COOH, —C(=O)CH$_3$

(2) —C$_6$H$_5$, —CH(CH$_3$)$_2$, —CH$_2$CH$_2$D, —CHDCH$_3$, —CH$_2$CH$_3$

(3) —OCH$_3$, —OH, —OC(=O)CH$_3$, —C(CH$_3$)$_3$, —C$_6$H$_{11}$(环己基), —CH(CH$_3$)$_2$

解析:(1) —COOH > —C(=O)CH$_3$ > —C≡N > —C≡CH > —CH(CH$_3$)$_2$

(2) —C$_6$H$_5$ > —CH(CH$_3$)$_2$ > —CHDCH$_3$ > —CH$_2$CH$_2$D > —CH$_2$CH$_3$

(3) —OC(=O)CH$_3$ > —OCH$_3$ > —OH > —C(CH$_3$)$_3$ > —C$_6$H$_{11}$ > —CH(CH$_3$)$_2$

例 2 用 IUPAC 命名法(英文)和系统命名法(中文)命名下列化合物,并注意比较中、英文命名的差异。

(1) [structure]   (2) [structure with OH]

(3) [cyclopentyl structure with CHO]   (4) [structure]

(5) CH$_3$CH$_2$C(Cl)=C(CH$_2$CH$_3$)CH$_2$CH$_2$CHBrCH$_3$ (6) [epoxide structure with COOCH$_3$]

(7) 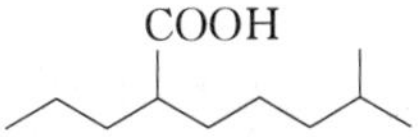 structure with COOH

(8) 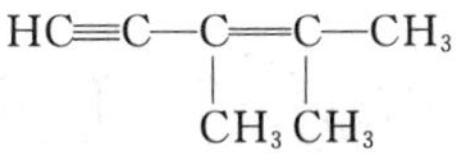 HC≡C—C=C—CH₃ with CH₃, CH₃ substituents

(9) 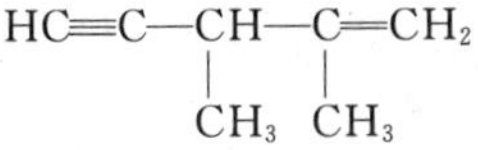 HC≡C—CH—CH=CH₂ with CH₃, CH₃

(10) 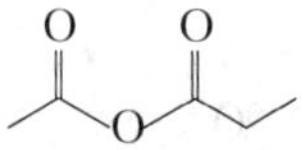 acetic propanoic anhydride structure

(11) 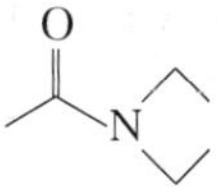 N-acetyl structure with two ethyl groups on N

(12) 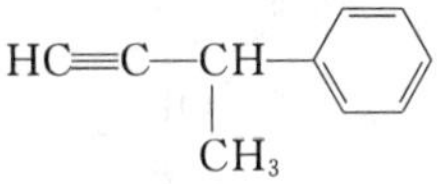 HC≡C—CH(CH₃)—C₆H₅

解析：

(1) 2,7-二甲基-7-乙基壬烷　　　7-ethyl-2,7-dimethyl nonane
(2) 2,5-二甲基-3-己醇　　　　　2,5-dimethyl-3-hexanol
(3) 2-乙基-4-环戊基丁醛　　　　4-cyclopentyl-2-ethyl butanal
(4) 1,5-二甲基螺[2.5]辛烷　　　1,5-dimethyl spiro[2.5]octane
(5) 4-乙基-3-氯-7-溴-3-辛烯　　7-bromo-3-chloro-4-ethyloct-3-ene
(6) 2-甲基-2,3-环氧丁酸甲酯　　methyl-2,3-epoxy-2-methyl butanoate
(7) 6-甲基-2-丙基庚酸　　　　　6-methyl-2-propyl heptanoic acid
(8) 3,4-二甲基-3-戊烯-1-炔　　　3,4-dimethyl-3-penten 1-yne
(9) 2,3-二甲基-1-戊烯-4-炔　　　2,3-dimethyl-1-penten-4-yne
(10) 乙酸丙酸酐　　　　　　　　ethanoic propanoic anhydride
(11) N,N-二乙基乙酰胺　　　　　N,N-diethyl ethanamide
(12) 3-苯基-1-丁炔　　　　　　　3-phenyl-1-butyne

▶▶ 自我提升

用系统命名法命名下列化合物：

(1) 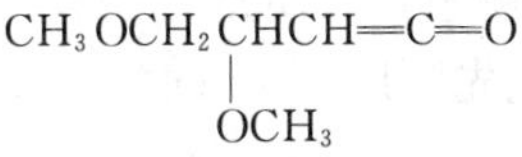 CH₃OCH₂CHCH=C=O
　　　　　　　|
　　　　　　OCH₃

(2) 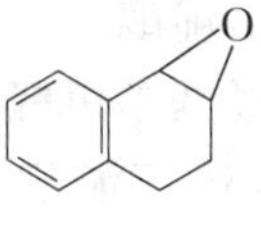 bicyclic structure with epoxide

(3) HC≡CCH₂CH₂OH

(4) 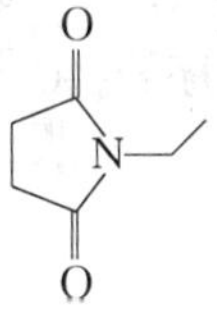 N-ethyl succinimide structure

(5) 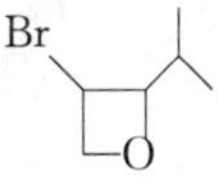 Br-substituted oxetane with isopropyl group

(6)  cyclopentylidene=NCH₂CH₃

(7) 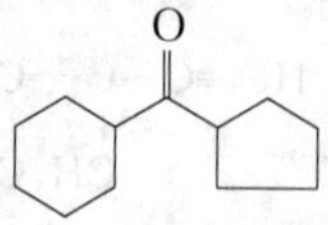 [环戊基环己基酮 结构式]

(8) 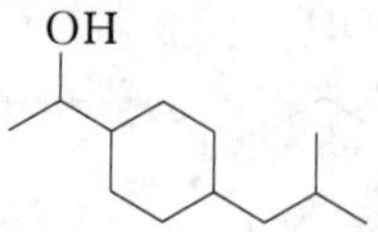 [1-(4-异丁基环己基)乙醇 结构式]

(9) 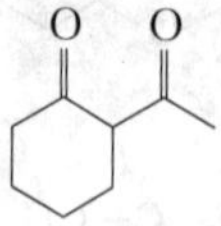 [2-乙酰基环己酮 结构式]

(10) HOCH₂CH₂CH₂CH=CHCOOH

(11) 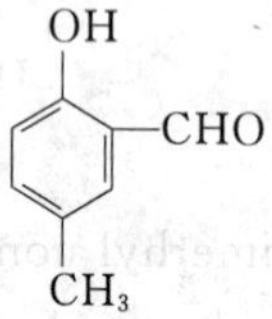 [5-甲基-2-羟基苯甲醛 结构式]

(12) [3-氨基-2,4,6-三溴苯甲酸 结构式]

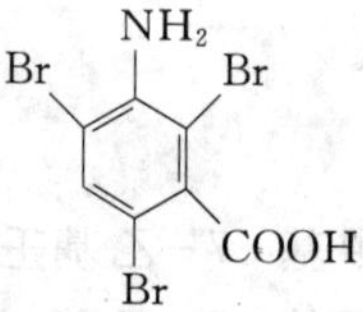

(13) ClCH₂CH₂CH(OH)C(O)NHCH₃

▶▶ 自我提升参考答案

(1) 3,4-二甲氧基-1-丁烯酮

(2) 1,2-环氧-1,2,3,4-四氢化萘

(3) 3-丁炔-1-醇

(4) N-乙基丁二酰亚胺

(5) 4-甲基-1,3-环氧基-2-溴戊烷

(6) 丙亚氨基环戊烷

(7) 环戊基环己基酮

(8) 1-(4-异丁基环己基)乙醇

(9) 2-乙酰基环己酮

(10) 6-羟基-2-己烯酸

(11) 5-甲基-2-羟基苯甲醛(官能团优先顺序：—CHO>—OH)

(12) 3-氨基-2,4,6-三溴苯甲酸(官能团优先顺序：—COOH>—NH₂>—Br)

(13) N-甲基-2-羟基-4-氯丁酰胺
   (官能团优先顺序：—C(=O)—NHCH₃ >—OH>—Cl)

▶▶ 习题解答

2-1 用系统命名法命名下列烷烃。

(1) 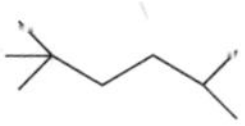 [结构式] (2) 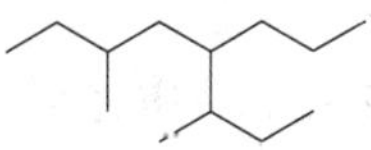 [结构式]

(3) 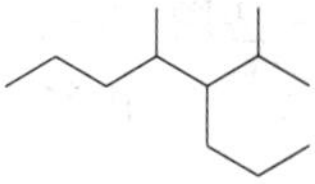 [结构式] (4) 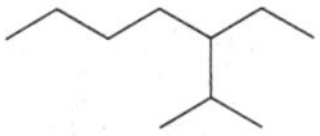 [结构式]

(5) 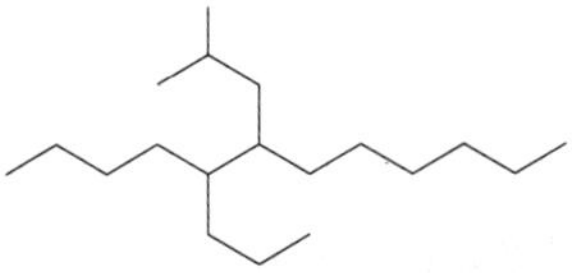 [结构式] (6) 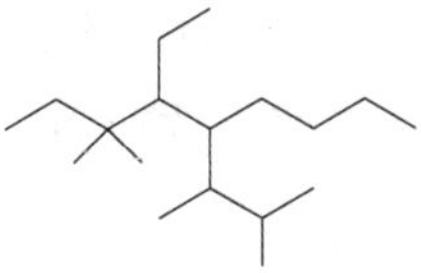 [结构式]

(7) 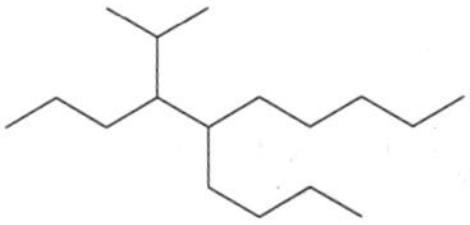 [结构式] (8) 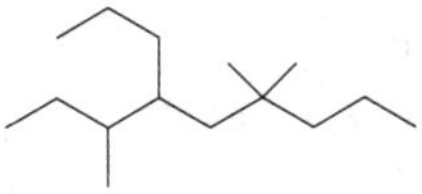 [结构式]

解：(1) 2,2,5-三甲基己烷 (2) 3,6-二甲基-4-丙基辛烷

(3) 4-甲基-5-异丙基辛烷 (4) 2-甲基-3-乙基庚烷

(5) 5-丙基-6-(2-甲基丙基)十二烷

(6) 3,3-二甲基-4-乙基-5-(1,2-二甲基丙基)壬烷

(7) 4-异丙基-5-丁基癸烷

(8) 3,6,6-三甲基-4-丙基壬烷

[知识点] 烷烃的命名。

2-2 用系统命名法命名下列不饱和烃。

(1) $(CH_3)_2CHC\equiv CCH_3$ (2) $HC\equiv CH-\underset{\underset{CH_3}{|}}{\overset{\overset{CH_3}{|}}{C}}-CH_2$

(3) $HC\equiv CH_2CH_2CH=CH_2$ (4) $(CH_3)_2CHCH_2\underset{\underset{CH=CHCH_3}{|}}{CHC}\equiv CH$

(5) $CH_3CH=\underset{\underset{CH_3}{|}}{C}-CH=CH-CH_2CH_3$ (6) $CH_3CH_2CH=C=CHCH_3$

(7) $CH_3CH=CH-CH=CH-C(CH_3)_2$

(8) $HC\equiv C\underset{\underset{CH_3}{|}}{CH}-CH_2-CH=CH_2$

(9) 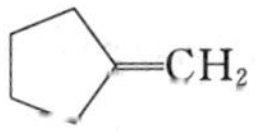 [环戊基=CH₂结构式] (10) $(CH_3)_2CHCH_2-\underset{\underset{CH_3}{|}}{C}=CH_2$

(11) 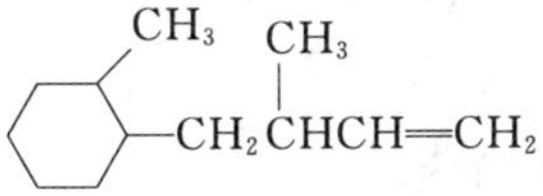 [环己基甲基结构式]

解：(1) 4-甲基-2-戊炔 (2) 2,3-二甲基-1-戊烯-4-炔

(3) 1-己烯-5-炔 (4) 3-(2-甲基丙基)-4-己烯-1-炔
(5) 3-甲基-2,4-庚二烯 (6) 2,3-己二烯
(7) 2-甲基-2,4,-6-辛三烯 (8) 4-甲基-1-己烯-5-炔
(9) 亚甲基环戊烷 (10) 2,4-二甲基-1-戊烯
(11) 3-甲基-4-(2-甲基环己基)-1-丁烯

[知识点] 烯、炔的命名。

2-3 用系统命名法命名下列化合物。

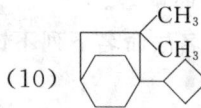

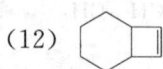

解：(1) 3-甲基环戊烯 (2) 环丙基乙烯
(3) 1,1-二溴-4,4-二氯螺[2.4]庚烷 (4) 3-烯丙基环戊烯
(5) 1-甲基-3-环丙基环戊烷 (6) 3,5-二甲基环己烯
(7) 螺[4.5]-1,6-癸二烯 (8) 1-甲基螺[3.5]-5-壬烯
(9) 2-甲基-1-环丁基戊烷
(10) 2,2-二甲基-1-环丁基二环[2.2.2]辛烷
(11) 5,7,7-三甲基二环[2.2.1]-2-庚烯 (12) 二环[4.2.0]-7-辛烯

(13) 1-甲基-4-乙基二环[3.1.0]己烷

[知识点] 环状化合物,桥环、螺环化合物的命名。

2-4 写出下列化合物的构造式。

(1) 3-甲基环己烯   (2) 3,5,5-三甲基环己烯

(3) 二环[2.2.1]庚烷   (4) 二环[4.1.0]庚烷

(5) 二环[2.2.1]-2-庚烯   (6) 二环[3.2.0]-2-庚烯

(7) 螺[3.4]辛烷   (8) 螺[4.5]-6-癸烯

(9) 2-甲基二环[3.2.1]-6-辛烯

(10) 7,7-二甲基二环[2.2.1]-2,5-庚二烯

解：(1) 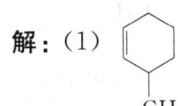 (2) 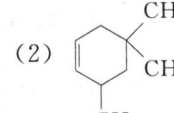 (3) 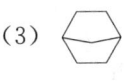 (4)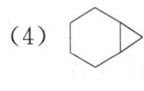

(5) 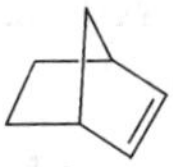 (6) 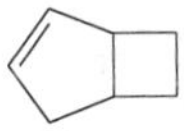 (7) 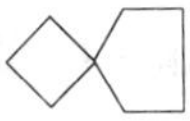 (8)

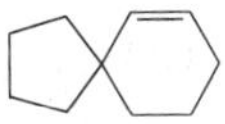

(9) 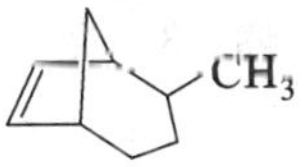 (10)

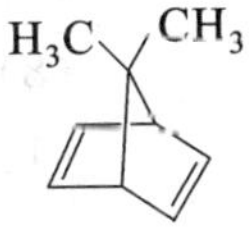

[知识点] 环状化合物、桥环化合物、螺环化合物的命名。

2-5 用系统命名法命名下列化合物。

(1) 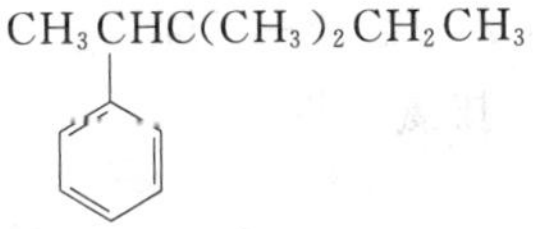 $CH_3CHCH(CH_3)_2CH_2CH_3$ (苯基取代)

(2) 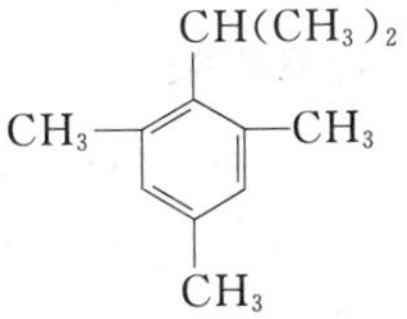 2,4,6-三甲基异丙苯结构

(3) 苯基-CH=CHCH$_3$

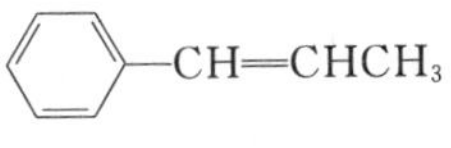

(4) 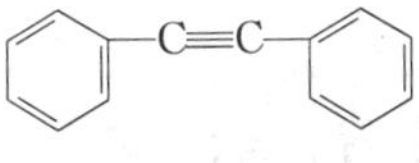 苯基-C≡C-苯基

(5) 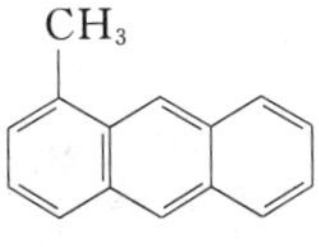 1-甲基蒽

(6) 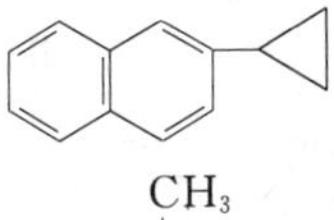 2-环丙基萘

(7) 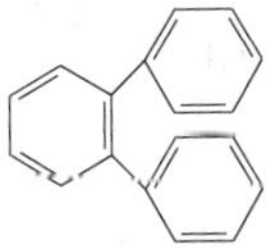 联三苯结构

(8) 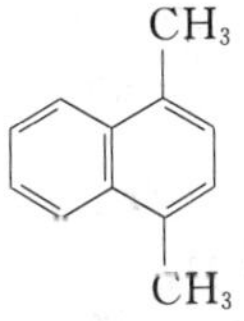 1,5-二甲基萘

解：(1) 3,3-二甲基-2-苯基戊烷   (2) 2,4,6-三甲基异丙苯

(3) 1-苯基丙烯   (4) 二苯基乙炔

(5) 1-甲基蒽
(6) 2-环丙基萘
(7) 1,2-二苯基苯
(8) 1,4-二甲基萘

[知识点] 芳香烃的命名。

2-6 用系统命名法命名下列化合物。

(1) $(CH_3)_2CHCH_2CH_2Br$
(2) $(CH_3)_2CHCHClCH_3$

(3) $CHF_2—CH_2—CF_2Cl$
(4) $CHClF_2$

(5) 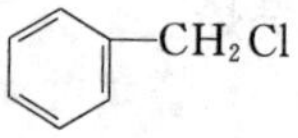 C₆H₅—CH₂Cl （苄基氯结构式）
(6) 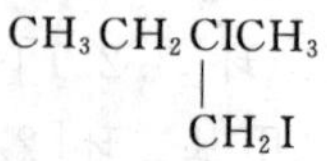 $CH_3CH_2ClCH_3$ 带 CH_2I

(7) 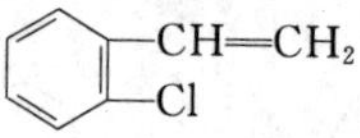 邻氯苯乙烯
(8) $BrCH=CH—C≡CH$

(9) 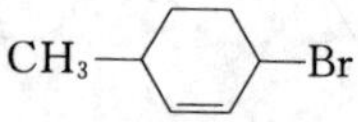 3-甲基-6-溴环己烯结构
(10) $CH_3C≡CCH(CH_3)CH_2Cl$

解：(1) 3-甲基-1-溴丁烷
(2) 2-甲基-3-氯丁烷

(3) 1,1,3,3-四氟-1-氯丙烷
(4) 二氟一氯甲烷

(5) 氯甲基苯
(6) 2-甲基-1,2-二碘丁烷

(7) (2-氯苯基)乙烯
(8) 1-溴丁烯-3-炔

(9) 3-甲基-6-溴环己烯
(10) 4-甲基-5-氯-2-戊炔

[知识点] 卤代烃的命名。

2-7 写出下列化合物的构造式。

(1) 2,4-二硝基氟苯
(2) 六氯化苯

(3) 六溴代苯
(4) 氯化苄

(5) 2-甲基-2,3-二碘丁烷
(6) 2-氯-2-丁烯

(7) 3-苯基-1-溴-2-丁烯
(8) 叔氯丁烷

(9) 仲丁基溴

解：(1) 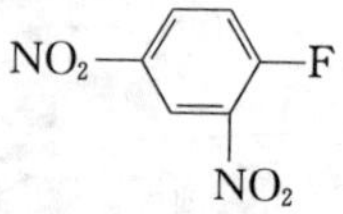 2,4-二硝基氟苯结构式（苯环带NO₂、F、NO₂）
(2) 六氯化苯（环己烷六氯代）

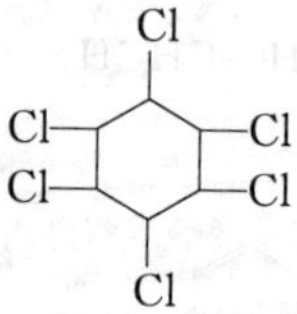

(3) 六溴苯结构
(4) C₆H₅—CH₂Cl

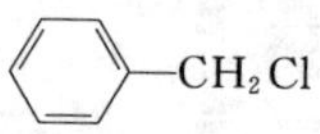

(5) 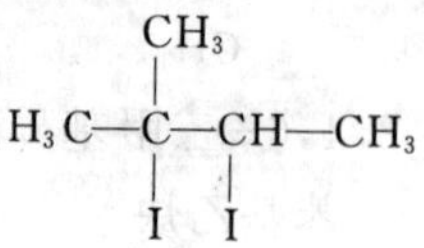 $H_3C—\underset{I}{\overset{CH_3}{C}}—\underset{I}{CH}—CH_3$
(6) 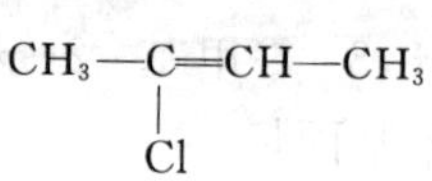 $CH_3—\underset{Cl}{C}=CH—CH_3$

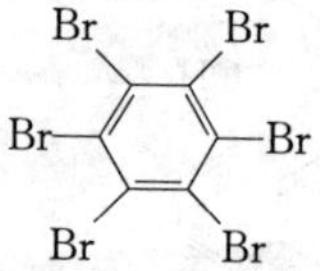

(7) H₃C—C=CH—CH₂—Br
        |
        C₆H₅

(8) (CH₃)₃CCl

(9) CH₃CH₂CHCH₃
         |
         Br

[知识点] 卤代烃的命名。

2-8 用系统命名法命名下列化合物。

(1) CH₃CHCH₂CH(CH₃)₂
        |
        OH

(2) CH₃CH₂CHCHCH₃
              | |
           OCH₃ OH

(3) HC≡C—CHCHCH₃
             | |
             OH Br

(4) CH₃CH₂CHCH₂OH
              |
              C₆H₅
              |
              OH

(5) 1-甲基-1-羟基环己烷 (CH₃ 和 OH 在同一碳上的环己烷)

(6) 3,5-二羟基甲苯 (苯环上 CH₃, OH, OH)

(7) CH₃CH₂CHSH
              |
              CH₃

(8) (CH₃)₂CHCH₂CHCH₃
                    |
                    SH

(9) C₆H₅—CHCH=CH₂
             |
             OH

(10) CH₃—C₆H₄—CH—C₆H₄—CH₂CH₃
                    |
                    OH

(11) 环戊烯-1,3-二醇
     OH
     |
     (环戊烯)
     |
     OH

(12) CH₃CH₂CHCH₂CH₂C(CH₃)₃
              |
              OH
              |
              CH=CHC₆H₅

(13) HOCH₂CH₂CH₂CH₂OH

解: (1) 4-甲基-2-戊醇   (2) 3-甲氧基-2-戊醇
(3) 5-溴-1-己炔-3-醇   (4) 3-苯基-1,2-戊二醇
(5) 1-甲基环己醇   (6) 5-甲基-1,3-苯二酚
(7) 2-丁硫醇   (8) 4-甲基-2-戊硫醇
(9) 1-苯基-2-丙烯醇   (10) 4-甲基-4′-乙基二苯甲醇
(11) 4-环戊烯-1,3-二醇
(12) 4-(3,3-二甲基丁基)-6-苯基-5-己烯-3-醇
(13) 1,4-丁二醇

[知识点] 醇、酚、醚的命名。

2-9 写出下列化合物的构造式。

(1) 仲丁醇   (2) 2,3-二甲基-2,3-丁二醇
(3) 二苯甲醇   (4) 新戊醇
(5) 1,3-丙二醇甲乙醚   (6) 乙硫醇
(7) 1-苯基-2-丙醇   (8) 间溴苯酚
(9) 异丁醇   (10) 叔丁醇
(11) 对苯二酚   (12) 丙三醇
(13) β,β'-二甲氧基乙醚

解:(1) $H_3C-\underset{OH}{CH}-CH_2CH_3$ (2) 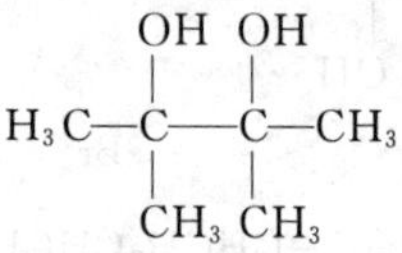 $H_3C-\underset{CH_3}{\overset{OH}{C}}-\underset{CH_3}{\overset{OH}{C}}-CH_3$

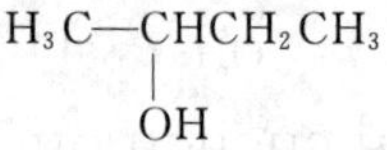

(3) $(Ph)_2CHOH$ (4) $(CH_3)_3CCH_2OH$

(5) $CH_3OCH_2CH_2CH_2OC_2H_5$ (6) CH_3CH_2SH

(7) 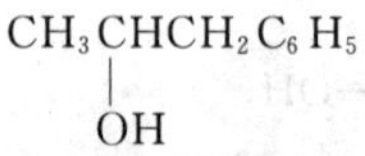 $CH_3\underset{OH}{CH}CH_2C_6H_5$ (8) 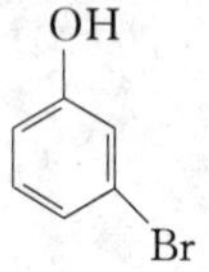 间溴苯酚结构 (OH 和 Br 间位)

(9) $(CH_3)_2CHCH_2OH$ (10) $(CH_3)_3COH$

(11)  对苯二酚结构   (12) 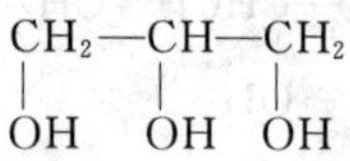 $\underset{OH}{CH_2}-\underset{OH}{CH}-\underset{OH}{CH_2}$

(13) $CH_3OCH_2CH_2OCH_2CH_2OCH_3$

[知识点] 醇、酚、醚的命名。

2-10 用系统命名法命名下列化合物。

(1) 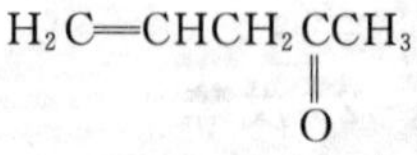 $H_2C=CHCH_2\underset{O}{\overset{\|}{C}}CH_3$ (2) $(CH_3)_2C=CHCHO$

(3) 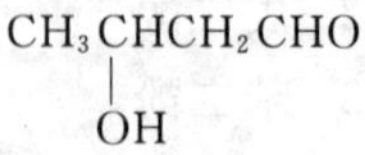 $CH_3\underset{OH}{CH}CH_2CHO$ (4) 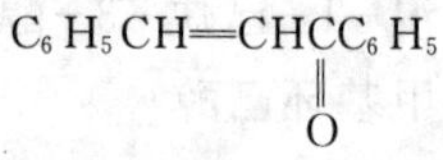 $C_6H_5CH=CHC_6H_5$ (带 O)

(5) 苯基-CH=CH-CHO   (6) 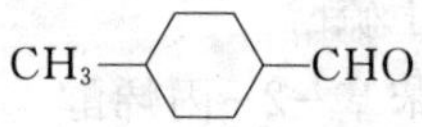 环己基(CH_3, CHO)

(7) 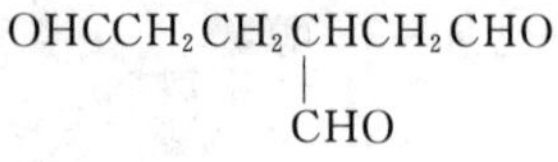 $OHCCH_2CH_2\underset{CHO}{CH}CH_2CHO$ (8) 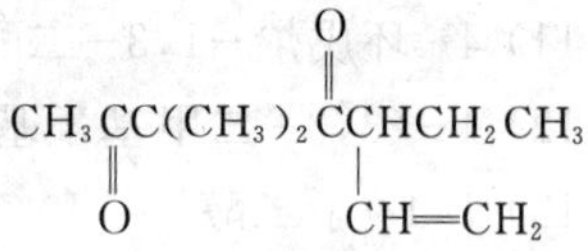 $CH_3\underset{O}{\overset{\|}{C}}C(CH_3)_2\underset{CH=CH_2}{CH}CH_2CH_3$

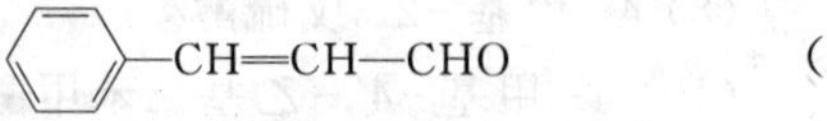

(9) CH₃COCH₂COCH₃

(10) 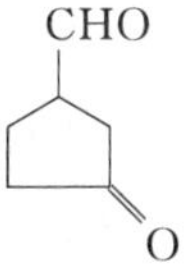 [3-formylcyclopentanone structure with CHO and =O]

(11) 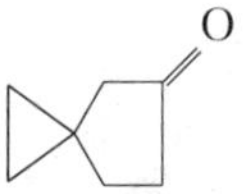 [spiro[2.4] ketone structure]

(12) CH₃CH₂CHCH₂CH₂CHO
             |
             Br

(13) 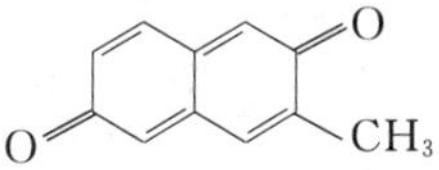 [3-methyl-2,6-naphthoquinone structure]

解：(1) 4－戊烯－2－酮　　　　　　　　(2) 3－甲基－2－丁烯醛

(3) 3－羟基丁醛　　　　　　　　　　(4) 1,3－二苯基丙烯酮

(5) 3－苯基丙烯醛　　　　　　　　　(6) 4－甲基环己基甲醛

(7) 3－甲酰基己二醛

(8) 3,3－二甲基－5－乙基－6－庚烯　2,4－二酮

(9) 2,4－戊二酮　　　　　　　　　　(10) 3－环戊酮基甲醛

(11) 螺[2.4]－5－庚酮　　　　　　　(12) 4－溴己醛

(13) 3－甲基－2,6－萘醌

[**知识点**]　醛、酮、醌的命名。

2-11　写出下列化合物的构造式：

(1) 3－氧代环戊基甲酸　　　　　　　(2) 4－甲酰基苯甲酸

(3) 3－(3－硝基苯基)己酸　　　　　(4) 2,4－环戊二烯基甲酸

(5) 2,3－二甲基丁烯二酸　　　　　　(6) 甲酸异丙酯

(7) 4－甲基－4－氯戊酸－3′－羧基丁酯

解：(1) [cyclopentanone-COOH structure]　　(2) 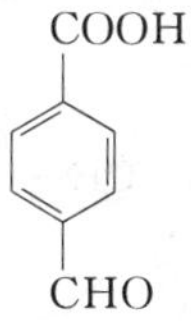 [benzene with COOH and CHO]

(3) 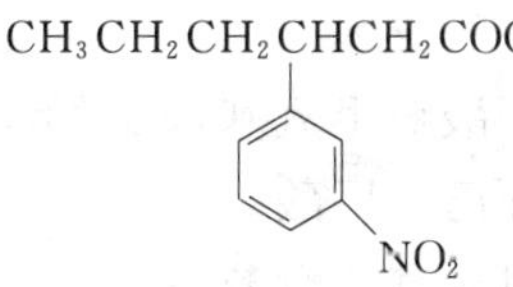 CH₃CH₂CH₂CHCH₂COOH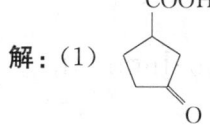

(4) 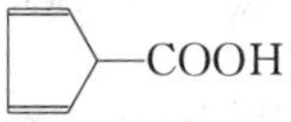 [cyclopentadiene-COOH structure]

(5) HOOC–C=C–COOH
         | |
        CH₃ CH₃

(6) HC(=O)–OCH(CH₃)₂

(7) 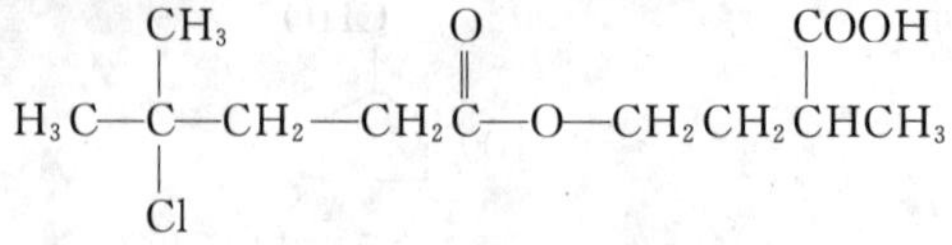

［知识点］ 多官能团化合物的命名。

2-12 命名下列化合物。

(1) 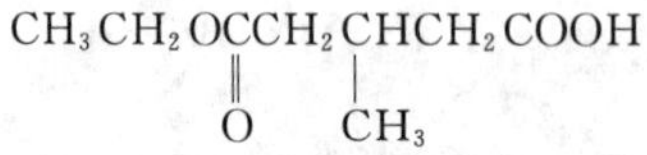

(2) 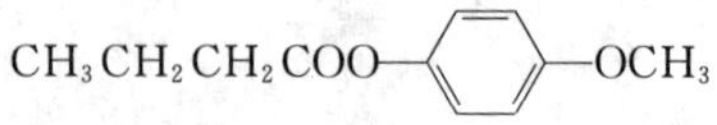

(3) 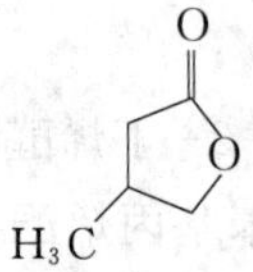

(4) 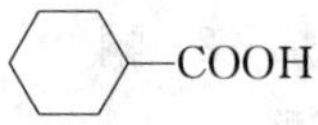

(5) 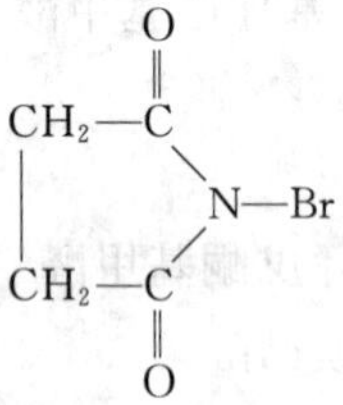

(6) 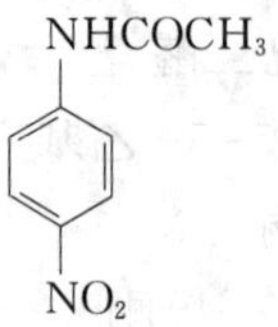

(7) $H_2C{=}CHCOCl$

(8) 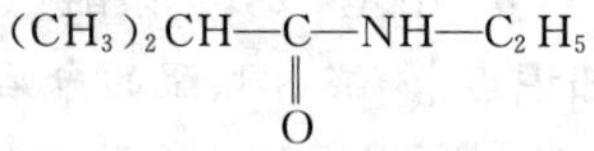

(9) 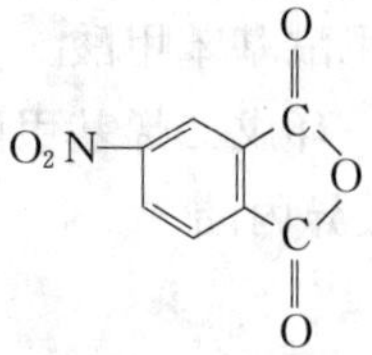

(10) 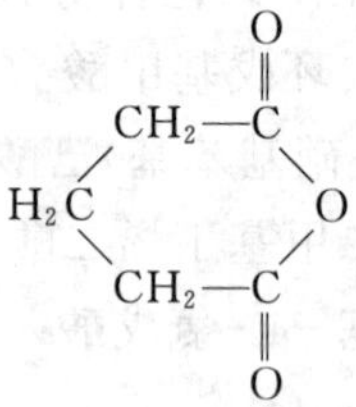

(11) 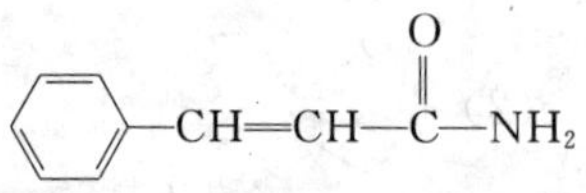

(12) $CH_3COOCH_2CH_2CH_2CH_3$

(13) 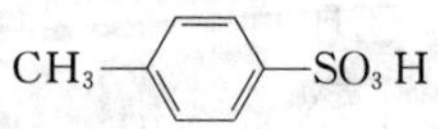

解: (1) β-甲基戊二酸单乙酯　　(2) 丁酸对甲氧基苯酯

(3) β-甲基-γ-丁内酯　　(4) 环己基甲酸

(5) N-溴代丁二酰亚胺　　(6) 对硝基乙酰苯胺

(7) 2-丙烯酰氯　　(8) N-乙基异丁酰胺

(9) 4-硝基-1,2-苯二甲酸酐　　(10) 戊二酸酐

(11) 3-苯基丙烯酰胺(肉桂酰胺)　　(12) 乙酸丁酯

(13) 对甲基苯磺酸

[知识点] 羧酸及其衍生物的命名。

2-13 写出下列化合物的构造式。

(1) 氯乙酸异戊酯　　(2) 乙酰乙酸乙酯　　(3) 苯甲酸酐

(4) 4-甲酰氨基己酰氯　(5) N,N-二甲基乙酰胺　(6) 均苯四甲酸酐

(7) 对苯二甲酰氯　　(8) 对甲基苯磺酰胺

解：(1) $ClCH_2COOCH_2CH_2CH(CH_3)_2$

(2) 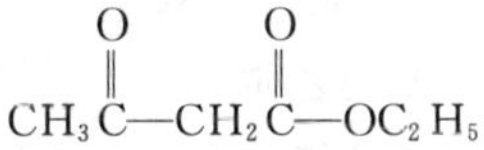 $CH_3\overset{O}{\overset{\|}{C}}-CH_2\overset{O}{\overset{\|}{C}}-OC_2H_5$

(3) $C_6H_5-\overset{O}{\overset{\|}{C}}-O-\overset{O}{\overset{\|}{C}}-C_6H_5$

(4) $CH_3CH_2\underset{\underset{\underset{O}{\|}}{NH-C-H}}{CH}CH_2\overset{O}{\overset{\|}{C}}-Cl$

(5) $CH_3\overset{O}{\overset{\|}{C}}-N(CH_3)_2$

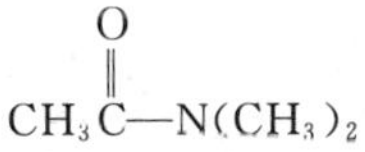

(6) 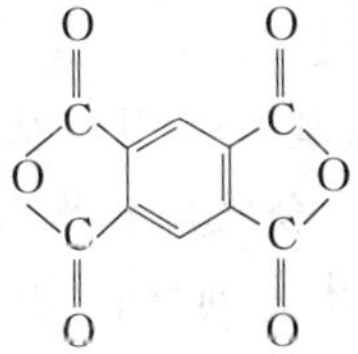 均苯四甲酸酐结构

(7) 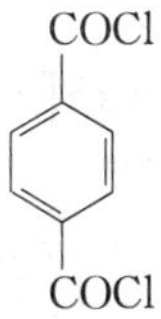 对苯二甲酰氯（苯环对位两个COCl）

(8) 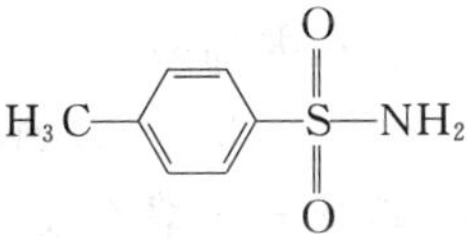 $H_3C-\underset{\underset{O}{\|}}{\overset{\overset{O}{\|}}{C_6H_4-S}}-NH_2$

[知识点] 羧酸衍生物的命名。

2-14 命名下列化合物。

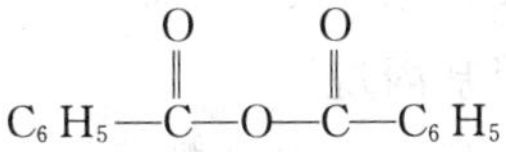

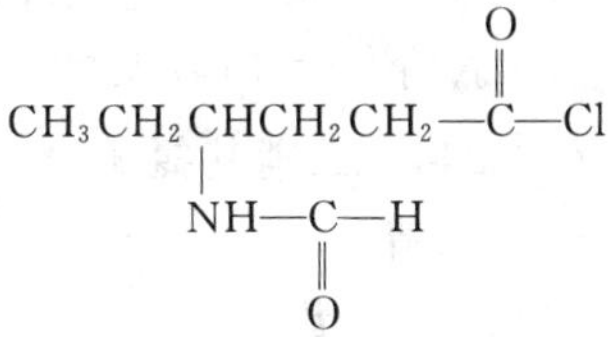

(1) $(C_2H_5)_3N$

(2)  环丙胺 (NH_2 取代环丙烷)

(3) 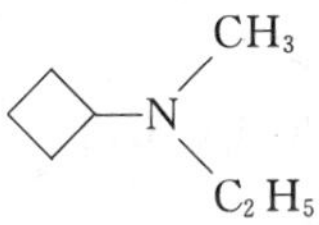 环丁基-N-甲基-N-乙基胺

(4) 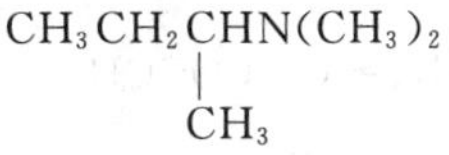 $CH_3CH_2\underset{CH_3}{\overset{}{CH}}N(CH_3)_2$

(5) $C_6H_5N(CH_3)_2$

(6) 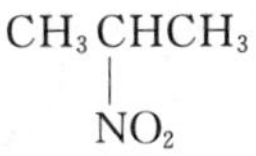 $CH_3\underset{NO_2}{\overset{}{CH}}CH_3$

(7) 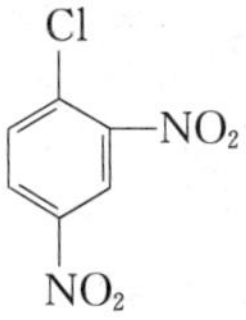 1-氯-2,4-二硝基苯

(8) 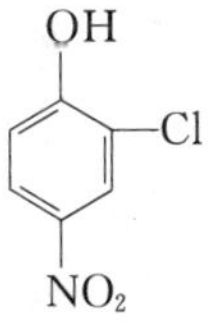 2-氯-4-硝基苯酚

(9) CH₃CH₂CH₂CN (10) CH₂=CHCN

(11) NH₂CH₂CH₂NH₂ (12)  环戊基=NCH₂CH₂CH₃

(13) NCCH₂CH₂CH₂CH₂CN (14)  H₂N—⟨苯环⟩—NH₂

(15) 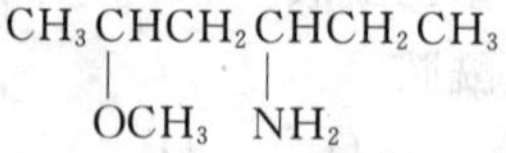 CH₃CHCH₂CHCH₃
         | |
        OCH₃   NH₂

解：(1) 三乙胺 (2) 环丙胺

(3) N-甲基-N-乙基环丁胺 (4) N,N-二甲基仲丁胺

(5) N,N-二甲基苯胺 (6) 2-硝基丙烷

(7) 2,4-二硝基氯苯 (8) 4-硝基-2-氯苯酚

(9) 丁腈 (10) 丙烯腈

(11) 乙二胺 (12) 丙亚氨基环戊烷

(13) 1,6-己二腈 (14) 对苯二胺

(15) 3-氨基-5-甲氧基己烷

[知识点] 含氮化合物的命名。

2-15 写出下列化合物的构造式。

(1) 1,2-环氧丙烷 (2) 3-甲硫基戊烷

(3) α-甲基丙烯酸甲酯 (4) N-(2-氯乙基)-2-萘胺

(5) N-甲基-2,4-二氨基苯胺 (6) 异丁腈

(7) 5-硝基-2-萘乙酸 (8) 5-乙基-3,4-环氧-1-庚烯-6-炔

(9) 9-十八碳烯酸甲酯 (10) 2-氨基-9,10-蒽醌

(11) 甲乙硫醚 (12) 4,4′-二氨基-3,3′-二氯联苯

(13) 双(4-氨基-3-氯苯基)甲烷 (14) α,γ-二甲基-β-戊酮酸

(15) 3-氰基-1,2-苯二甲酸酐 (16) 对甲基苯磺酰氯

解：(1) CH₂—CH—CH₃
              \\O/

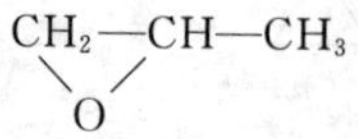

(2) CH₃CH₂CH—CH₂CH₃
              |
             SCH₃

(3) H₂C=C—COOCH₃
         |
         CH₃

(4) ⟨萘环⟩—NCH₂CH₂Cl
              |
              H

(5) ⟨苯环，NHCH₃, NH₂, NH₂取代⟩

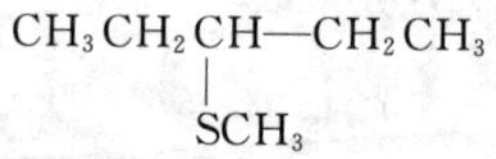

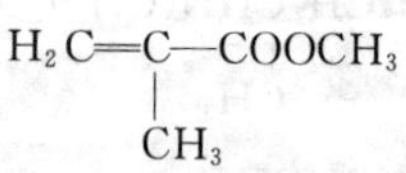

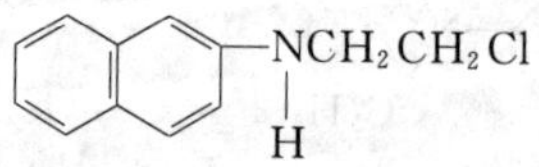

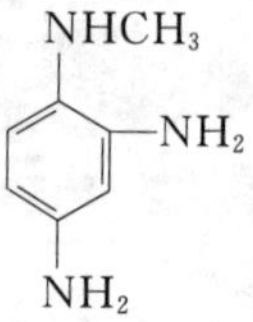

(6) (CH₃)₂CHCN

(7) 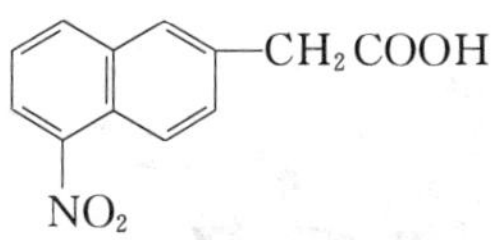

(8) 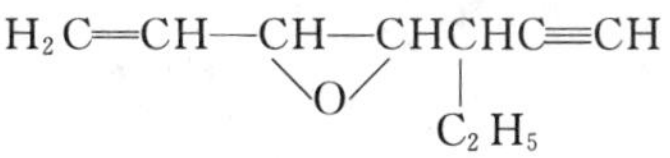

(9) $CH_3(CH_2)_7CH{=}CH{-}(CH_2)_7COOCH_3$

(10) 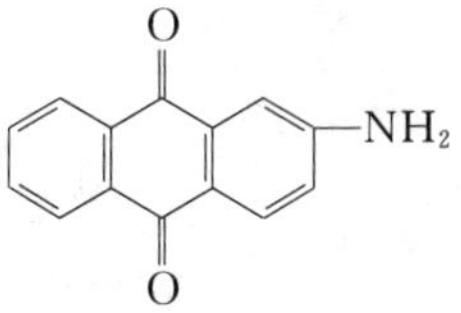

(11) $CH_3SCH_2CH_3$

(12) 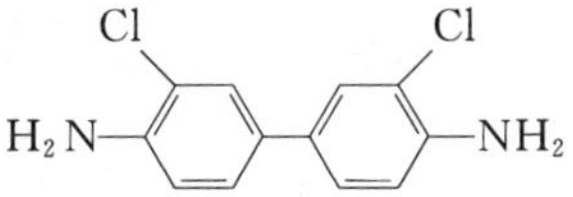

(13) 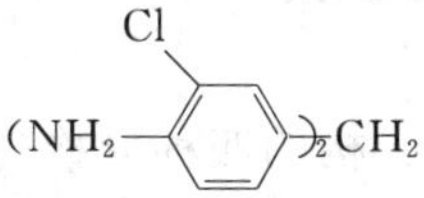

(14) 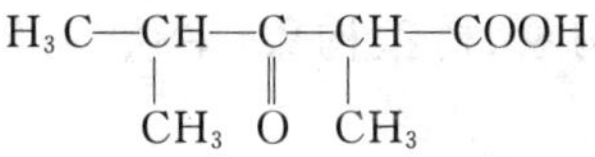

(15) 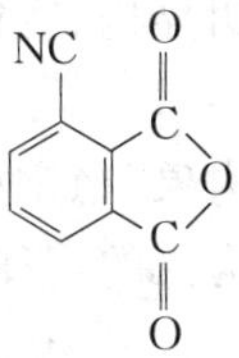

(16) 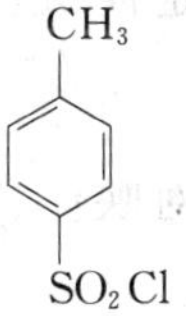

[知识点] 多官能团化合物的命名。

第3章 同分异构现象

▶▶ 学习重点

1. 构造异构的四种异构现象：
骨架异构、官能团异构、官能团位置异构和互变异构现象。
2. 构象异构：
极限构象，优势构象（稳定构象），船型构象、椅型构象，平伏(e)键，直立(a)键，取代环己烷稳定构象的规律。
3. 含 C=C、C=N 和 N=N 化合物的构型、稳定性、顺/反和 Z/E 标记方法；碳环化合物的顺/反标记法。
4. 含手性中心、手性轴和手性面化合物、构象对映异构；对映体、非对映体；手性碳构型的 R/S 标记方法。
手性化合物的旋光性质，比旋光度，外消旋体，内消旋体。
5. 外消旋体的拆分。
6. 立体透视式、Newman 投影式和 Fischer 投影式的书写规则及相互转换。

▶▶ 专题讨论与拓展

1. 结构与旋光性关系

"物质的结构决定性质，性质是物质结构的反映。"这是物质结构理论的基本观点。旋光性是物质的一种属性，必然是分子的某种结构的反映。手性是旋光性的必要条件，而不是充分条件。根据现有的知识，认为分子中的螺旋结构产生旋光性；左手螺旋结构呈左旋光性，右手螺旋结构呈右旋光性；分子的旋光性是所有螺旋结构旋光性的代数和。

2. 同分异构现象的新发展

通过分子模型知道等于或大于 34 个碳的环烷烃可以得到套环结构的化合

物,并合成出这样的套环化合物:

$$\text{(CH}_2)_n + \text{(CH}_2)_n \longrightarrow \text{(CH}_2)_n \text{(CH}_2)_n$$

（单环化合物）$n \geqslant 34$　　　　　　　（二套环化合物）

具有 $2n$ 个碳原子的单环烷烃与两环都为 n 个碳原子的套环化合物是同分异构体,称为拓扑异构体(topological isomer)。

同理有相同碳数的两个环与三个环的套环化合物间也是拓扑异构体。

3. 环烷烃衍生物的构型与构象

碳环化合物的环可以近似地看成一个平面,当环上有两个取代基,如1-甲基-2-氯环己烷,它的构型有两种标记方法。一种是用顺/反标记,两个取代基在环的同侧称为顺式构型,在环的异侧称为反式构型。如顺-1-甲基-2-氯环己烷和反-1-甲基-2-氯环己烷。如用 S/R 标记法,它有两个手性碳原子,四个构型异构体。顺-1-甲基-2-氯环己烷可以分出 (1S,2R) 1-甲基-2-氯环己烷和(1R,2S)-1-甲基-2-氯环己烷,是一对对映体。同样,反式-1-甲基-2-氯环己烷也有一对对映体(1S,2S) 1-甲基-2-氯环己烷和(1R,2R)-1-甲基-2-氯环己烷。顺式异构体与反式异构体之间是非对映体关系:

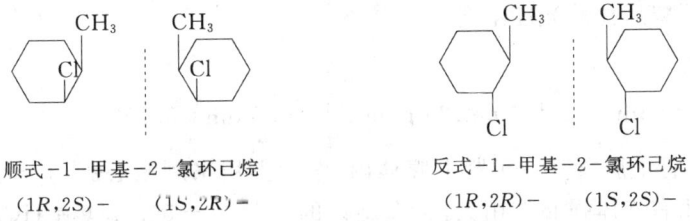

顺式-1-甲基-2-氯环己烷　　　　反式-1-甲基-2-氯环己烷
(1R,2S)-　　(1S,2R)-　　　　(1R,2R)-　　(1S,2S)-

在一般条件下,对映体的物理、化学性质完全相同,非对映体的物理、化学性质不同,只区别顺、反构型就足够了。在手性条件下,如手性试剂、手性溶剂和手性催化剂存在时,不仅非对映体的性质不同,对映体的性质也不同,这时需要用对称性(镜面)来区别化合物,即用 S/R 标记法区别对映体。

如果把环打开,环状化合物的顺、反异构现象消失,就相当于开链化合物的构造异构现象。在有机化学中,一般情况下,只考虑化合物的构造异构和环状化合物的顺反异构,不强调构型异构。只有在手性条件下,才强调构型异构体的原因是对映体的物理、化学性质不相同。随着生命科学的发展,已认识到生物分子是有手性的,能很好地区分对映体的性质,如"反应停"药物造成上万名"海豚儿"事件就是一例。"反应停"药物是一个手性分子,其 S 构型有镇静作用,而 R 构型有使胎儿致残的负面作用。其它的手性药物也有类似的问题。

在书写环己烷衍生物的稳定构象时,构象式中的手性碳原子构型要与表示顺反关系式中的碳的构型一致。如写 [结构式] 的稳定构象式,若写成 [结构式] 就错了,应写成 [结构式] 或 [结构式]。

▶▶ 例题解析

例 1 化合物 A(0.25 g),溶于 10 mL 丙酮中,在 25 ℃时,用 5 cm 长的盛液管,钠光下测得旋光度为+1.50°,则化合物 A 的比旋光度为多少?如果盛液管长度不变,而将测定溶液稀释至 20 mL,旋光度为多少?

解析: $[\alpha]_\lambda^t = \dfrac{\alpha_\lambda^t}{\rho_B \cdot l}$, $\alpha_\lambda^t = +1.50°$, $l = 5$ cm $= 0.5$ dm

$$\rho_B = \dfrac{0.25 \text{ g}}{10 \text{ mL}} = 0.025 \text{ g/mL}$$

$$[\alpha]_\lambda^t = \dfrac{1.50°}{0.025 \text{ g·mL}^{-1} \times 0.5 \text{ dm}} = 120° \cdot \text{dm}^2 \cdot \text{g}^{-1}$$

溶液稀释后比旋光度不变

$$\alpha_\lambda^t = [\alpha]_\lambda^t \cdot \rho_B \cdot l$$
$$= 120° \cdot \text{dm}^2 \cdot \text{g}^{-1} \times 0.0125 \text{ g·mL}^{-1} \times 0.5 \text{ dm} = 0.75°$$

例 2 肾上腺素存在于肾上腺体内,医学上用来刺激心脏,升高血压,左旋肾上腺素比右旋体强心作用大,纯左旋体的$[\alpha]_D^{20} = -50.72°$(稀 HCl 中)。问:(1)如果商品的$[\alpha]_D^{20} = -10.14°$,商品的旋光纯度是多少?(2)样品中含左旋体多少?

解析: (1) 商品的旋光纯度 $= \dfrac{\text{样品实测的比旋光度}}{\text{纯对映体的比旋光度}} \times 100\%$

$$= \dfrac{10.14}{50.72} \times 100\%$$
$$= 20\%$$

(2) 由于旋光纯度为 20%,即说明样品中有 20%的左旋体和 80%的外消旋体。因此,样品中含左旋体的量为

$$20\% + 40\% = 60\%$$

例 3 化合物 $CH_3CHBrCHClCH=CH_2$ 有几个构型异构体?以 C_3—C_4 为旋

转轴,用 Newman 式表示各异构体的优势构象。

解析:分子中有两个不相同手性碳原子,双键没有顺反异构,所以有 4 个构型异构体,它们的优势构象分别是

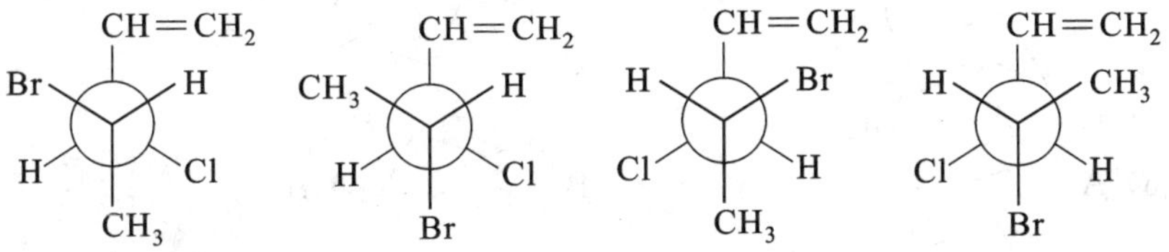

(3*R*,4*S*)　(3*R*,4*R*)　(3*S*,4*R*)　(3*S*,4*S*)

溴的有效体积比甲基大。

例 4　写出下列化合物的 Fischer 投影式和 Newman 投影式。

(1) (1*R*,2*S*)-1,2-二氯-1,2-二苯基乙烷

(2) (2*S*,3*S*)-2,3-丁二醇

解析:在写出正确的 Fischer 投影式之后,按照 Fischer 投影式是重叠的 Newman 式的对应关系,写出相应的 Newman 投影式;再考虑空间位阻或氢键的形成等因素,旋转投影轴,写出比较稳定的 Newman 投影式。

(1) 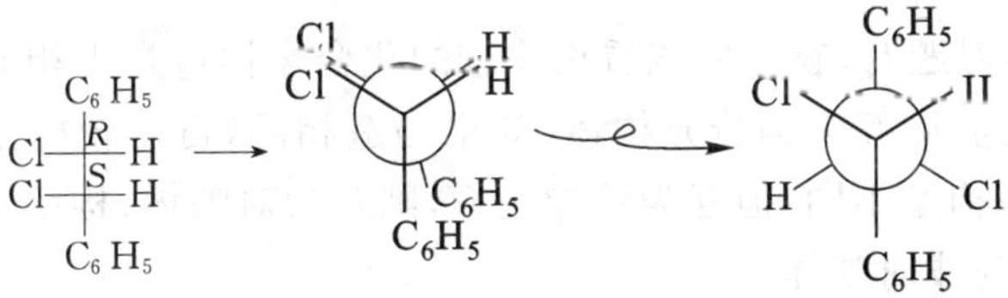

(2) 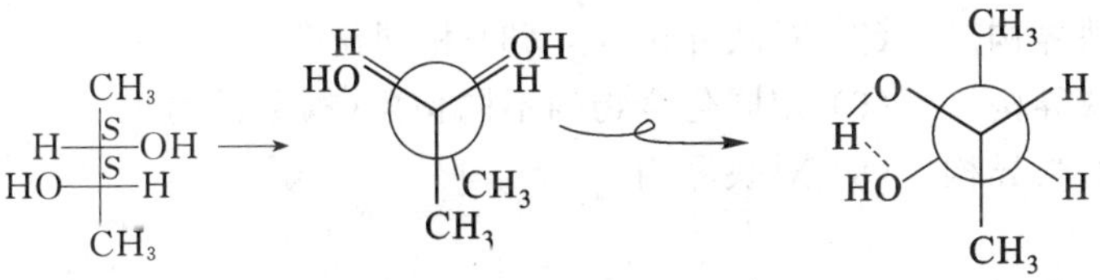

例 5　下列各对化合物是相同的,还是立体异构体?若是立体异构体,指出是何种立体异构关系。

(1) A. 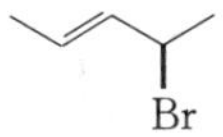　B. 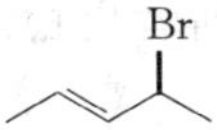

(2) A. 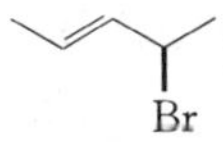　B. 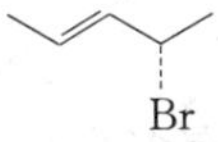

(3) A. 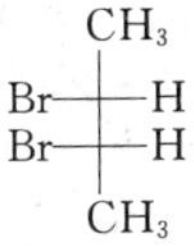　B. 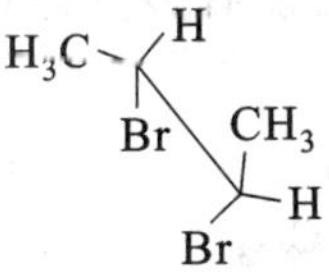

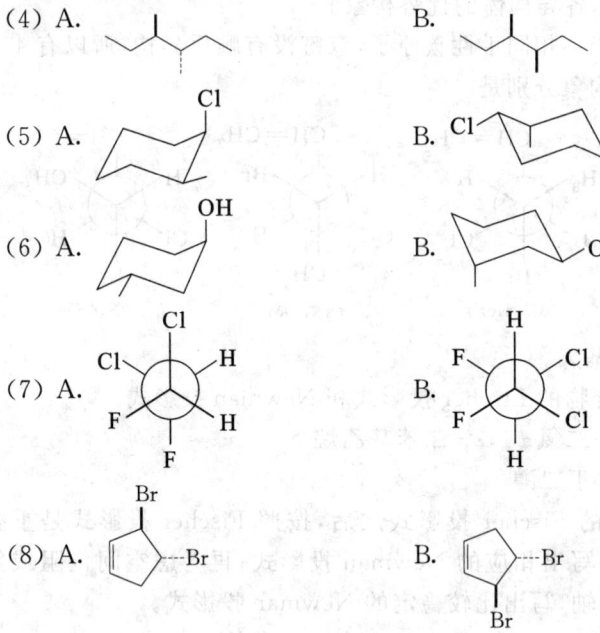

解析: 解答这类习题时,首先应该看被比较的化合物构造是否相同,如果分子组成相同,构造不同,则互为构造异构体;如果构造相同,再比较构型,构型相同,则是同一化合物;构型不同,但互为镜像关系,则互为对映体;构型不同,又不互为镜像关系,则互为非对映体。

(1) 对映异构   (2) 对映异构   (3) 相同化合物   (4) 非对映异构
(5) 对映异构   (6) 相同化合物的不同构象(构象异构)
(7) 非对映异构 (8) 对映异构

▶▶ 自我提升

1. 下列各组化合物何者更稳定?

(1) A.    B.    (2) A. 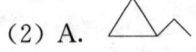   B.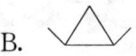

(3) A. 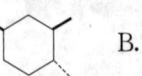   B.    (4) A.    B.

2. 下列化合物各可能有多少种立体异构体。

(1)    (2)

(3) CH₃CH=CHCH(CH₃)CH=CHCH₃   (4) HOOCCH(OH)CH(OH)CH(OH)COOH

3. 写出下列化合物的稳定构象式。

(1) [structure: inositol with OH groups]

(2) [structure: decalin with Br and Cl]

(3) [methylcyclohexane Newman structure] (以 C₁—C₂ 为轴，用 Newman 式表示)

4. 化合物 A 没有旋光活性，也不能拆分为有旋光活性的化合物，确定 A 的构型再写出 A 的构象式。化合物 B 的比旋光度不等于零，B 的构象式是否正确？

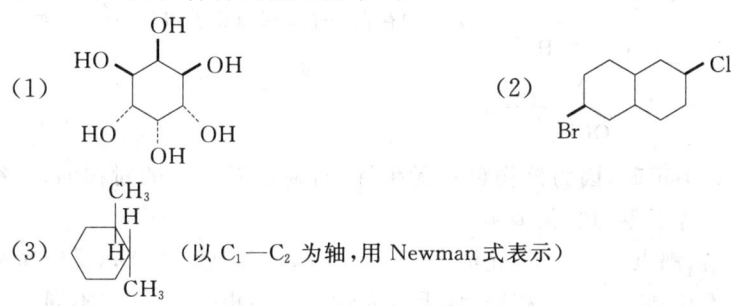

5. 下列各对化合物，在指定的性质上是否相同？
(1) 内消旋酒石酸和外消旋酒石酸
(2) (R)-2-氯丁烷与(S)-2-氯丁烷
(3) (R,R)-2,3-二氯丁烷与(R,S)-2,3-二氯丁烷
A. 熔、沸点   B. 旋光活性   C. 溶解度   D. 与手性试剂反应的速率

▶▶ 自我提升参考答案

1. (1) A   (2) A   (3) A   (4) B
2. (1) 4 种   (2) 4 种   (3) 6 种   (4) 6 种
3. (1) [inositol chair conformation]   (2) [decalin chair with Br and Cl]

(3) [Newman projection with H, CH₃ groups]

4. A

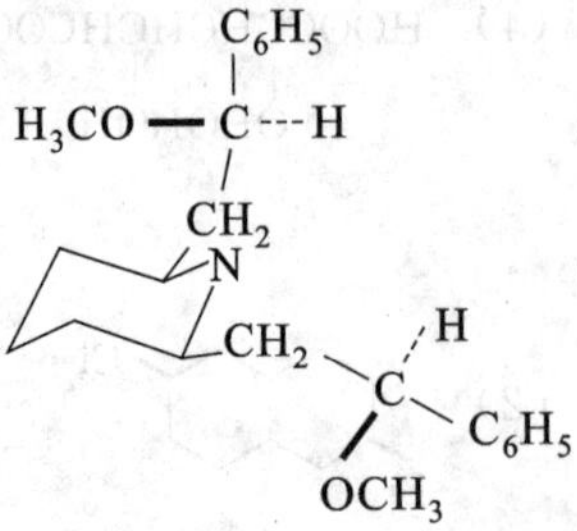

（分子中存在一个通过氮原子和 C_4 的对称面）

B 的构象式不正确，因为该构象式无手性，有通过 C_1，C_4 的对称面，不符合 B 的比旋光度不等于零的实验事实。

5. A. 熔、沸点　　　B. 旋光活性　　　C. 溶解度　　　D. 反应速率

(1)　不相同　　　　相同，均无旋光性　　不相同　　　不同

(2)　相同　　　　　旋光方向相反，　　　相同　　　　不同
　　　　　　　　　　大小相同

(3)　不相同　　　　不相同，前者有旋　　不相同　　　不相同
　　　　　　　　　　光性，后者无旋光性

▶▶ 习题解答

3-1 下列化合物是否有顺反异构体？若有，试写出它们的顺反异构体。

(1) 环己烷=CHCH₃　　　　　(2) Cl—环己烷—CH=CHCH₃

(3) CH₃—环丁烷—CH₃　　　(4) Cl,Cl,Cl—环己烷

解：(1) 无

(2) 有四个顺反异构体：

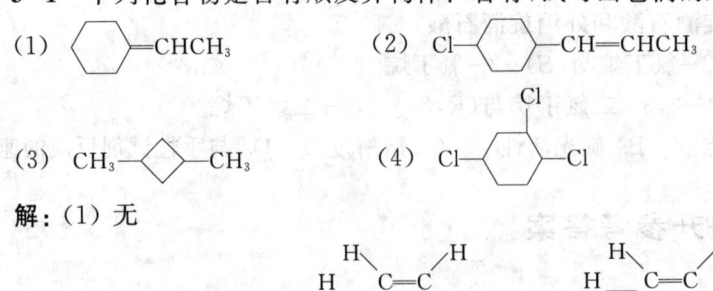

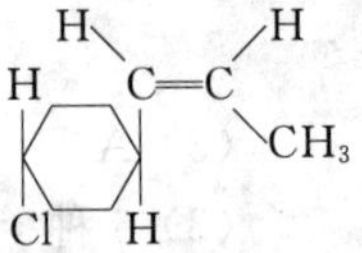

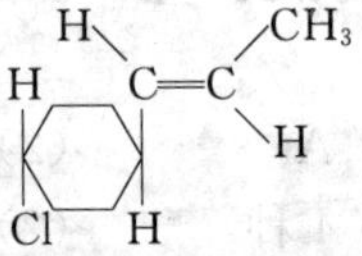

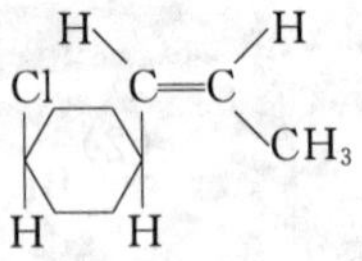

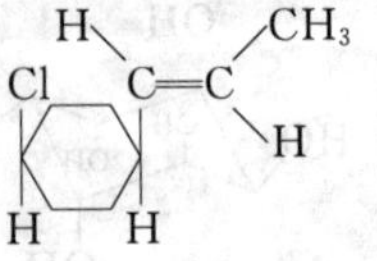

(3) 有两个顺反异构体：

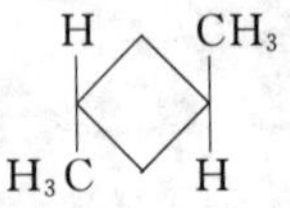

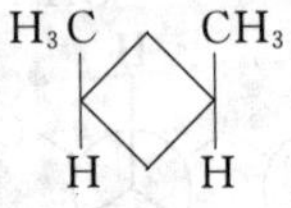

(4) 有六个顺反异构体：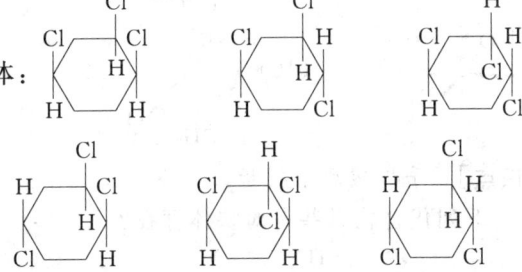

[知识点] 顺反异构体判断。

3-2 下列各化合物中有无手性碳原子？如有,请用 * 标记。

(1) $CH_3CHDC_2H_5$ (2) $BrCH_2CHDCH_2Br$

(3) $CH_2BrCH_2CH_2Cl$ (4) $CH_3CHCH_2CH_2CH_3$
                                     $|$
                                     CH_2CH_3

(5) $CH_3CHClCHClCHClCH_3$ (6) 环己基-OH, Br

(7) Cl—环己基—OCH_3 (8) 结构式

(9) 环氧化合物-CH_3, H   (10) 环己基-COOH, OH, CH_3

(11) 环己基-Cl, H, H, HO   (12) 环己基-HO, Cl, H, H

解：(2)、(3)、(7)、(12)四个化合物无手性碳原子,其余均有手性碳原子。

(1) $CH_3\overset{*}{C}HDC_2H_5$ (4) $CH_3\overset{*}{C}HCH_2CH_2CH_3$
                                                  $|$
                                                  CH_2CH_3

(5) $CH_3\overset{*}{C}HCl\overset{*}{C}HCl\overset{*}{C}HClCH_3$ ($\overset{*}{C}_R$—$CHCl$—C_S^*)

(6) 环己基-*OH, Br*   (8) 结构式含 *CH, CH_3

(9) 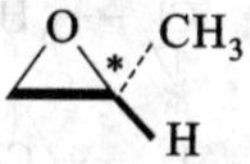 [environment oxirane with CH3 and H on chiral C]   (10) 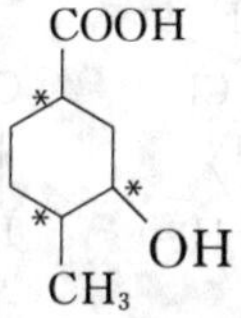 [cyclohexane with COOH, CH3*, OH*]   (11) 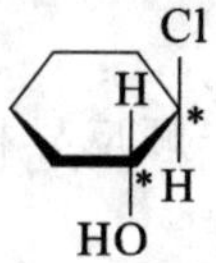 [cyclohexane with Cl, H at one C* and HO, H at another C*]

[知识点] 手性碳原子判断。

3-3 下列化合物哪些有对映体存在?

(1) 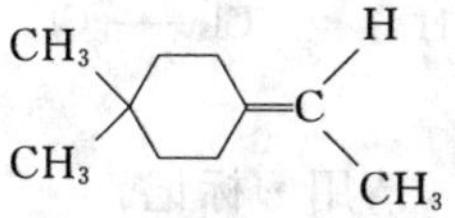 [4,4-dimethylcyclohexylidene=C(H)(CH3)]   (2) $CH_3CH=C=C(CH_3)_2$

(3) 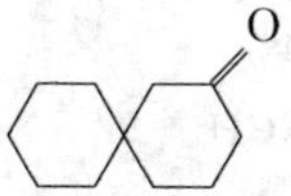 [spiro[5.5] with C=O]   (4) $C_6H_5CH=C=CHC_6H_5$

(5) 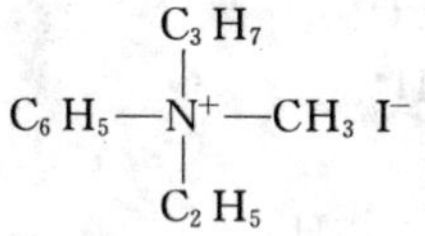 $C_6H_5-\overset{C_3H_7}{\underset{C_2H_5}{N^+}}-CH_3 \; I^-$ (6) [biphenyl with O_2N, Br, HOOC, OCH_3 substituents]

(7) [cyclohexane with CH3 and CH(CH3)2 and OH]   (8) 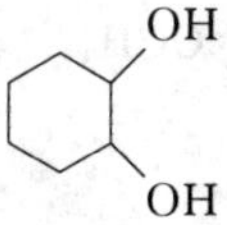 [cyclohexane-1,2-diol]

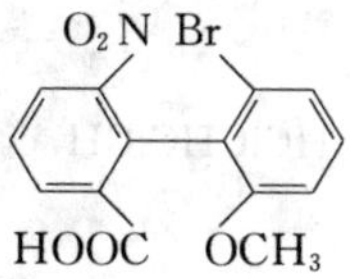

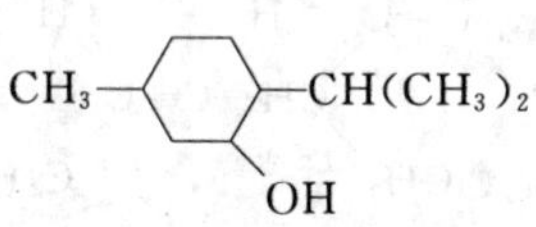

(9) 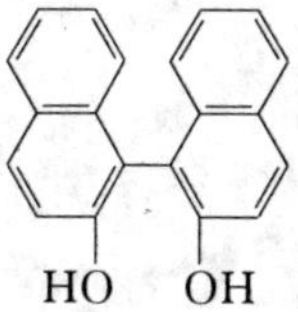 [1,1'-binaphthyl-2,2'-diol]

解：(4)、(5)、(6)、(7)、(8)、(9)有对映体存在。

[知识点] 对映体判断。

3-4 指出下列化合物是否有旋光性？

(1) 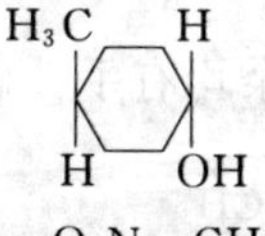 [cyclohexane with H3C, H, H, OH]   (2) [spiro compound with H3C, C6H5, OH, CH(CH3)2]

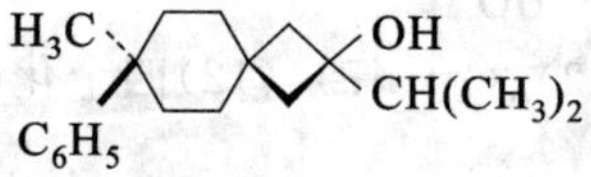

(3) 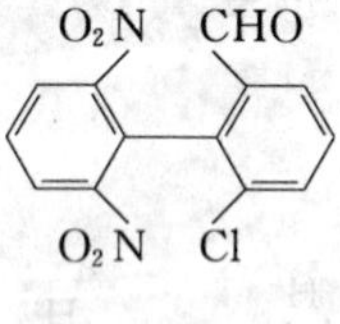 [biphenyl with O_2N, CHO, O_2N, Cl]   (4) 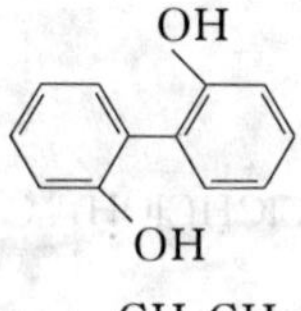 [biphenyl-2,2'-diol]

(5) 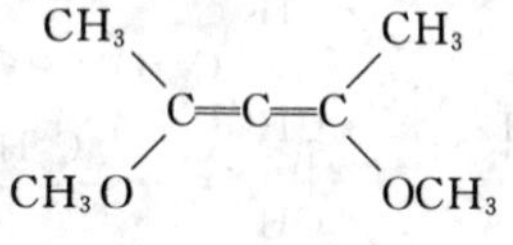 $\underset{CH_3}{\overset{CH_3}{C}}=\underset{OCH_3}{\overset{CH_3}{C}}$ (6) 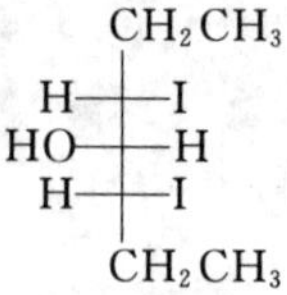 [Fischer projection: CH2CH3 / H—OH / H—I / H—I / CH2CH3]

(7) 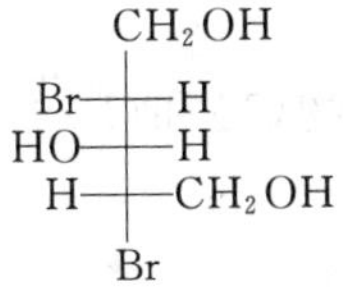

(8) 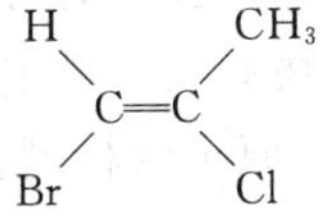

解：(2)、(5)有旋光性，其它化合物均无旋光性。

[知识点] 旋光性的理解。

3-5 下列分子是否有手性？

(1) CH_2=CH—CH=C$(CH_3)_2$

(2) 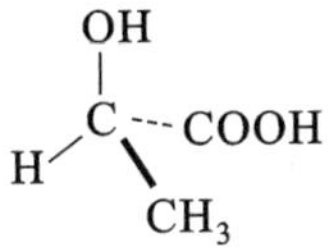

(3) 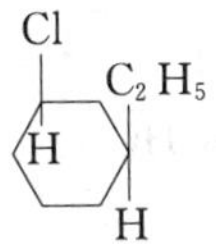

(4) 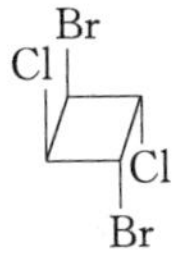

解：(2)、(3)无对称中心或对称面，有手性。

[知识点] 分子结构的对称因素和分子手性的关系。

3-6 标明下列分子中手性碳原子的构型，并指出它们之间的关系。

(1) 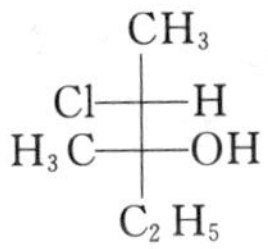

(2) 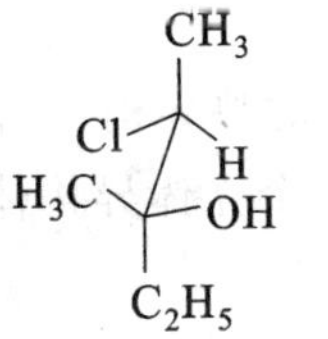

(3) 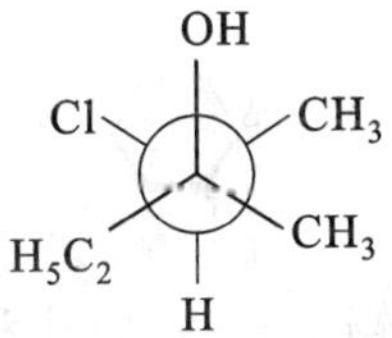

(4) 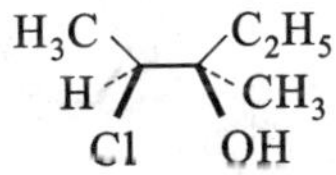

解：(1) 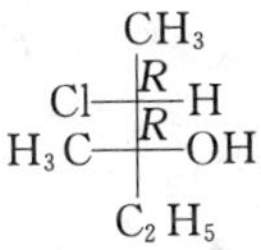

(2) 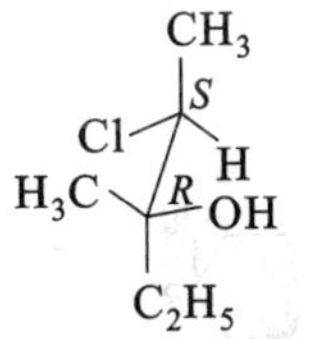

(3) 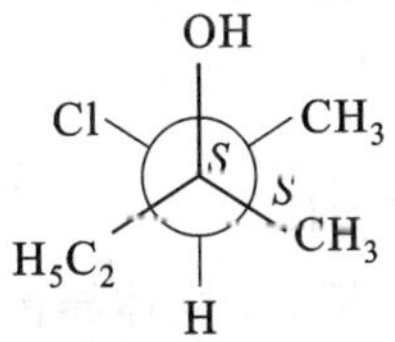

(4) 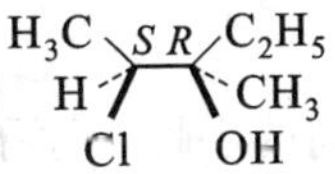

(1)与(3)互为对映异构体；(2)与(4)是相同的化合物；(1)与(2)、(2)与(3)互为非对映体。

[知识点] $R-S$ 构型标记；对映体、非对映体概念。

3-7 下列化合物有几个立体异构体？写出化合物(1)和(2)的立体异构体，并标明其不对称碳原子的构型。

(1) 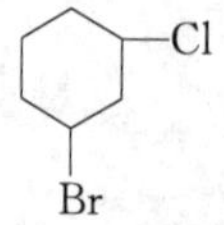 [氯溴环己烷结构]   (2) 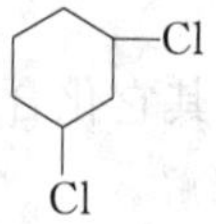 [二氯环己烷结构]

(3) 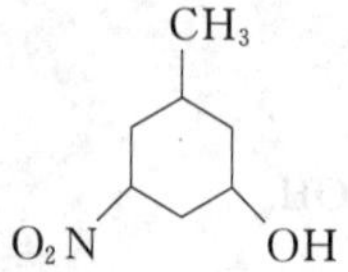 [含甲基、硝基、羟基的环己烷]   (4) 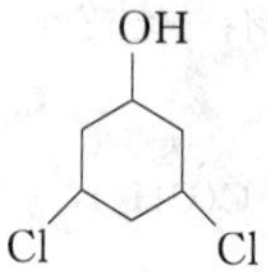 [含羟基和两个氯的环己烷]

(5) 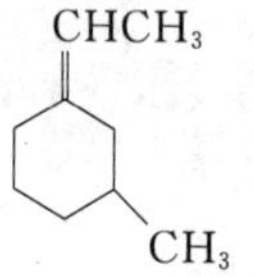 [含 $CHCH_3$ 和 CH_3 的环己烷]   (6) 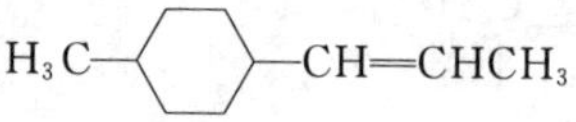 H_3C-[环己烷]$-CH=CHCH_3$

(7) 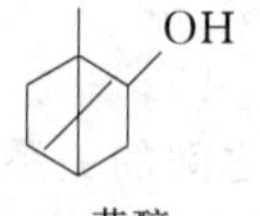 [茨醇结构] 茨醇   (8) 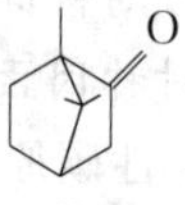 [樟脑结构] 樟脑

解：需将顺反异构、对映异构、对称因素等进行综合分析。(1)有 2 个不相同的手性碳原子，应有 4 个立体异构体：

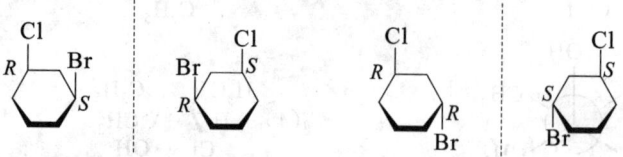

(2)有 2 个相同的手性碳原子，有 3 个立体异构体即一对对映体和一个内消旋体：

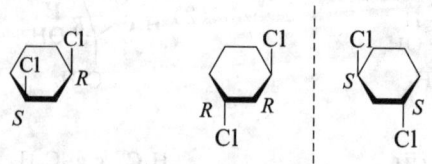

(3) 有 3 个不相同的手性碳原子，应有 8 个立体异构体。
(4) 有 2 个相同手性碳原子和 1 个假手性碳原子，有 4 个立体异构体。
(5) 有 1 个手性碳原子和 1 个有几何异构的双键，应有 4 个立体异构体。
(6) 二取代环己烷和烯烃都存在顺反异构，应有 4 个立体异构体。

(7) 分子中有3个手性碳原子,其中两个桥头手性碳原子相互制约,构型必须同时改变,只能按一个不对称因素考虑,所以只有4个立体异构体。

(8) 分子中有2个相互制约的桥头手性碳原子,相当于一个不对称碳原子,则有2个立体异构体。

[知识点] 立体异构体数目的计算;环状化合物中 R/S 构型标记。

3-8 写出下列化合物的立体结构式。

(1) (R)-3-甲基-1-戊炔
(2) (S)-3-乙基-1-己烯-5-炔
(3) $(2Z,4E)$-2,4-己二烯
(4) (E)-4-甲基-3-异丙基-3-己烯-1-炔
(5) (S)-2-碘辛烷
(6) (Z)-3-戊烯-2-醇
(7) $(2R,3S)$-2,3-二甲氧基丁烷
(8) $(2R,3R)$-2-甲基-3-羟基戊醛

解:

(1)

$$\begin{array}{c} C\equiv CH \\ H - \!\!\!\!-\!\!\!\!- CH_3 \\ C_2H_5 \end{array}$$

(2)

$$\begin{array}{c} CH=CH_2 \\ C_2H_5 - \!\!\!\!-\!\!\!\!- H \\ CH_2C\equiv CH \end{array}$$

(3)

$$\begin{array}{c} CH_3 \quad H \\ C=C \\ H CH_3 \\ C=C \\ H H \end{array}$$

(4)

$$\begin{array}{c} HC\equiv C \quad CH_3 \\ C=C \\ (CH_3)_2CH C_2H_5 \end{array}$$

(5)

$$\begin{array}{c} CH_3 \\ H - \!\!\!\!-\!\!\!\!- I \\ (CH_2)_5CH_3 \end{array}$$

(6)

$$\begin{array}{c} CH_3 \quad CHOHCH_3 \\ C=C \\ H H \end{array}$$

(7)

$$\begin{array}{c} CH_3 \\ H - \!\!\!\!-\!\!\!\!- OCH_3 \\ H - \!\!\!\!-\!\!\!\!- OCH_3 \\ CH_3 \end{array}$$

(8)

$$\begin{array}{c} CHO \\ H - \!\!\!\!-\!\!\!\!- CH_3 \\ H - \!\!\!\!-\!\!\!\!- OH \\ CH_2CH_3 \end{array}$$

[知识点] 名称和结构的对应关系;$R-S$、$Z-E$ 的含义;结构式的正确表示。

3-9 用系统命名法命名下列化合物(立体异构体用 $R-S$ 或 $Z-E$ 标明其构型)。

(1)

$$\begin{array}{c} CH_2CH_3 \\ HC\equiv C - C - CH_2 - CH=CH_2 \\ H \end{array}$$

(2)

$$\begin{array}{c} CH_3 \quad C\equiv C-CH_3 \\ C=C \\ H C(CH_3)_3 \end{array}$$

(3)

$$\begin{array}{c} CH_3 \quad H \quad H \quad CH_2CH_3 \\ C=C C=C \\ CH_3CH_2 CH_2CH_3 CH_3 \end{array}$$

(4)

环己酮环上带 COOH 和 H (楔形键)

(5) 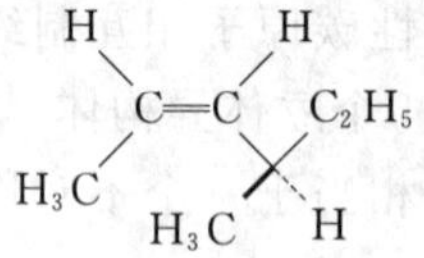 [structure: 2-methyl-2-pentene type with H₃C, H on left C=C and C₂H₅, H on right]

(6) 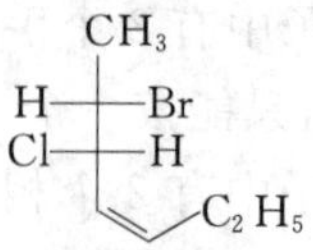 [structure with CH₃, Br, Cl, C₂H₅ groups]

(7) 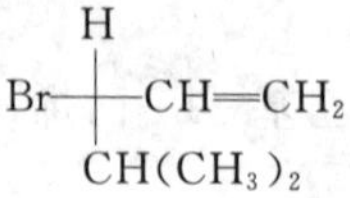 Br–CH(H)–CH=CH₂ with CH(CH₃)₂

(8) 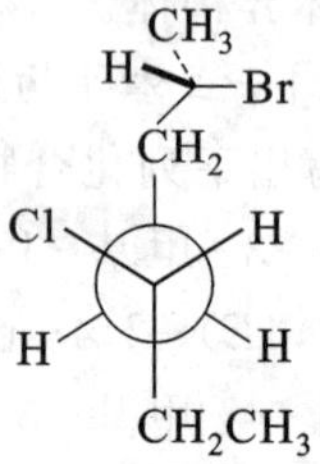 [Newman/wedge structure with CH₃, Br, Cl, H, CH₂CH₃]

(9) 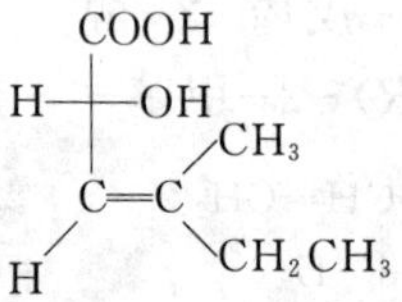 [structure: COOH, OH, H on left C=C and CH₃, CH₂CH₃ on right]

(10) 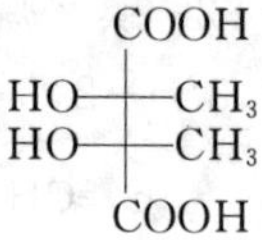 [structure: COOH, HO, CH₃ / HO, CH₃, COOH]

解: (1) (S)-3-乙基-5-己烯-1-炔

(2) (Z)-3-(1,1-二甲基乙基)-2-己烯-4-炔

(3) (3Z,7E)-3,8-二甲基-3,7-癸二烯

(4) (S)-(3-氧代环己基)甲酸

(5) (2Z,4R)-4-甲基-2-己烯

(6) (3Z,5S,6S)-5-氯-6-溴-3-庚烯

(7) (R)-4-甲基-3-溴-1-戊烯

(8) (2S,5S)-5-氯-2-溴庚烷

(9) (2R,3E)-4-甲基-2-羟基-3-己烯酸

(10) (2R,3S)-2,3-二甲基-2,3-二羟基丁二酸

[知识点] 有机化合物的系统命名法；多种立体结构表示式中的 R-S、Z-E 标记方法。

3-10 指出下列构象是否有对映体？如果有写出其对映体：

(1) 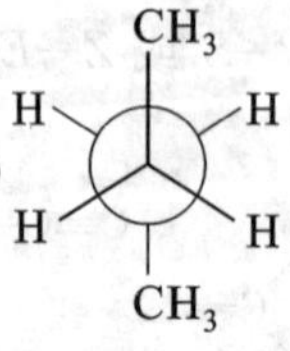 [Newman projection: CH₃/H/H front, CH₃/H/H back]

(2) 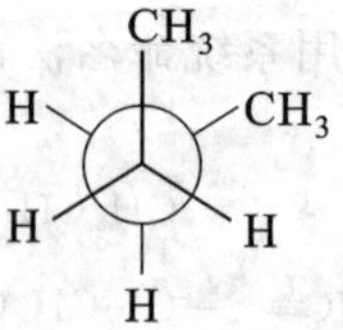 [Newman projection with CH₃, H groups]

(3) 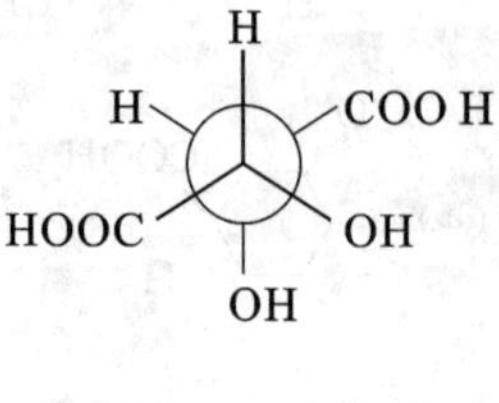 [Newman projection: H/COOH/OH with HOOC/H/OH]

(4) 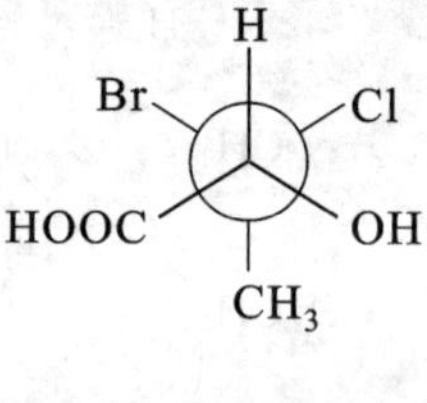 [Newman projection: H/Br/HOOC with H/Cl/OH/CH₃]

解：(1) 有对称面,无对映体。

(2) 无对称面或对称中心,有对映体。

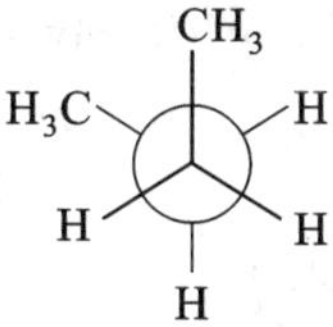

(3) 无对称面或对称中心,有对映体。

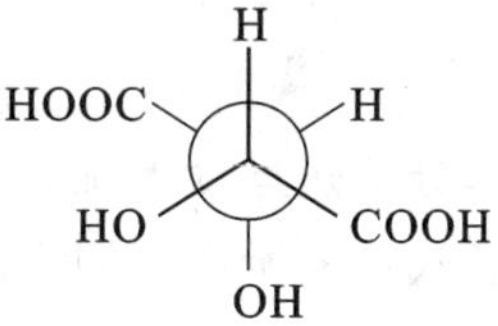

(4) 无对称面或对称中心,有对映体。

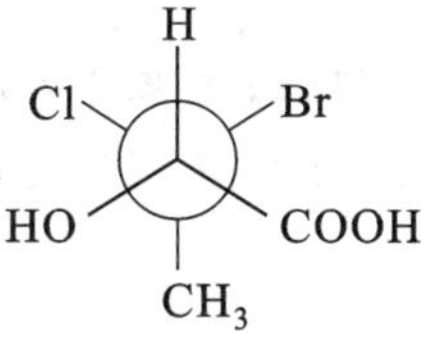

[知识点] 构象的对映异构。

3-11 某化合物的分子式是 $C_5H_{10}O$,无光学活性,分子中有环丙烷环,在环上有两个甲基和一个羟基,请写出它的可能的构型式。

解：

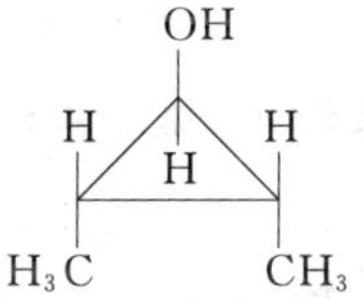

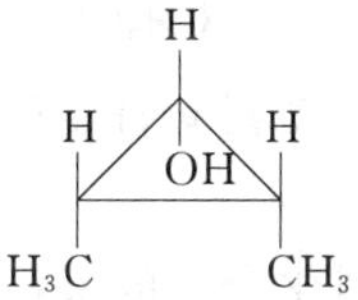

[知识点] 旋光性概念。

3-12 用 Newman 式画出下列分子的优势构象式。

(1) 丙烷 (2) 2-氟乙醇 (3) 2-羟基乙醛

解：大多数有机分子的优势构象都是对位交叉式,但当邻位交叉构象可以形成分子内氢键时,由于氢键的形成可以降低构象的能量,则这类分子主要以邻位交叉构象形式存在,如(2)和(3)。

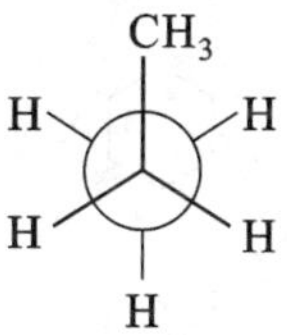

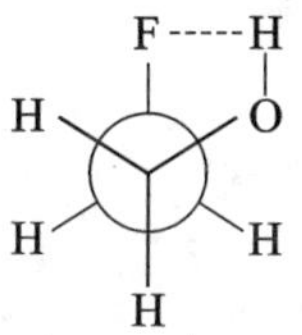

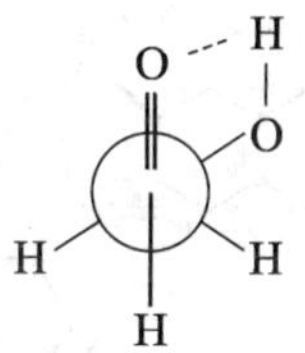

[知识点] 优势构象;氢键与构象的关系;Newman 式。

3-13 在室温下为什么 1,2-二溴乙烷的偶极矩为 0,而乙二醇却有一定的偶极矩?当温度升高时,1,2-二溴乙烷的偶极矩将发生怎样的变化?

解：在室温下,1,2-二溴乙烷的优势构象是全交叉式构象,C—Br 键的极性互为抵消,分子偶极矩为 0。而乙二醇分子中由于存在分子内氢键,其优势构象为邻位交叉式构象,C—O 键的极性没有抵消,故分子有一定的偶极矩。

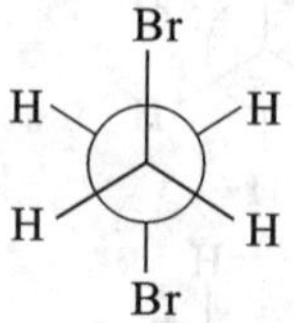

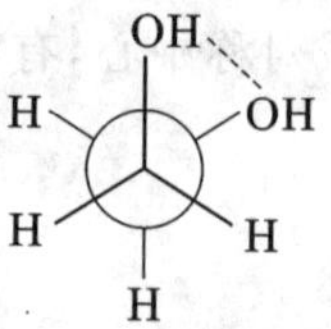

当温度升高时,分子热运动增加,1,2-二溴乙烷的全交叉式构象所占比例越来越小,邻位交叉式构象所占比例增加,故 1,2-二溴乙烷分子的偶极矩逐渐增大。

[知识点] 分子的极性;构象与温度的关系;优势构象。

3-14 请画出 (2S,3R)-2-氯-3-溴戊烷的 Fischer 投影式与其优势构象的锯架式和 Newman 式。

解:

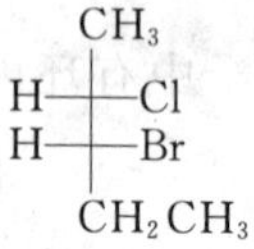

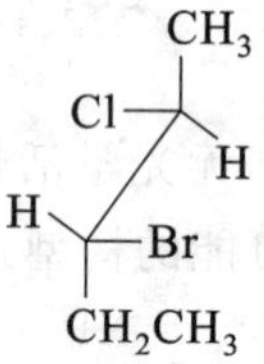

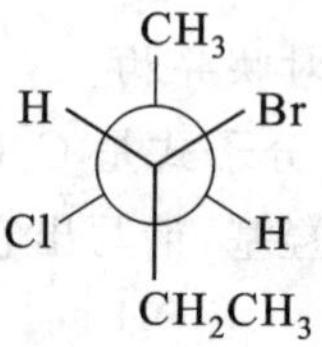

[知识点] $R-S$ 构型判断;Fischer 投影式、锯架式和 Newman 式的正确表示和相互转换。

3-15 试画出下列化合物的最稳定的构象式。

(1)

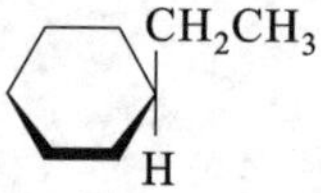

(2)

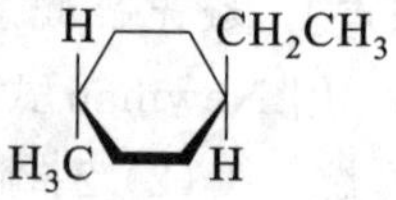

(3)

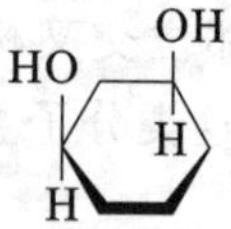

(4)

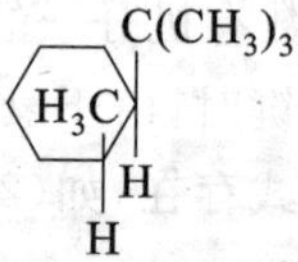

(5)

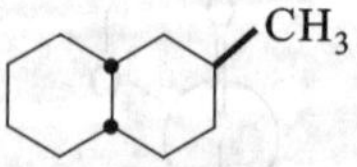

*(6)

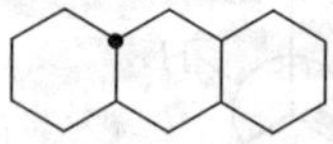

*(7)

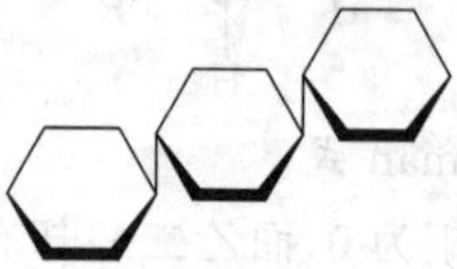

*(8)

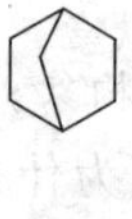

解:(1)

(2)

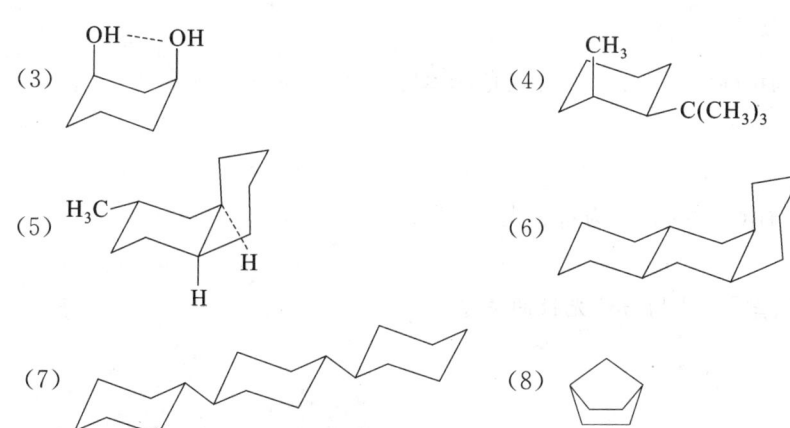

[知识点] 环状化合物的构象式。

3-16 解释下列术语：
(1) 手性分子 (2) 对映体,非对映体 (3) 构象
(4) 外消旋体,内消旋体 (5) 几何异构 (6) 构造异构
(7) 构型异构 (8) 构象异构 (9) 消旋化

解：略。

3-17 已知(1) α-氯苯乙酸的$[M]_D = +327°$(某中);
(2) α-溴乙苯的$[M]_D = +178°$(纯的);
(3) α-氯代丙酸的$[M]_D = +17°$(纯的);
(4) α-氨基乙苯的$[M]_D = +49°$(纯的)。
试写出它们的构型式,并用 $R-S$ 标记手性碳原子的构型。

解：(1) α-氯苯乙酸 C₆H₅—CHCOOH $[M]_D = +327°$
 　　　　　　　　　　　　|
 　　　　　　　　　　　　Cl

基团旋光性贡献—Cl> —C₆H₅ >—COOH>—H,把手性碳原子连接的 H 离观察者最远,则—Cl,—C₆H₅,—COOH 在离观察者近的平面上,按—Cl,—C₆H₅,—COOH 顺序连接为顺时针时 $\left[\begin{array}{c} H \\ | \\ C_6H_5-C-COOH \\ | \\ Cl \end{array}\right]$,为右旋光。再按顺序规则—Cl>—COOH> —C₆H₅ >—H 确定其构型为 S。

(2) 同理确定 α-溴乙苯的构型 $C_6H_5-\underset{\underset{Br}{|}}{\overset{\overset{H}{|}}{C}}-CH_3$ 为右旋光,其构型为 R。

(3) HOOC—C(H)(Cl)—CH$_3$ 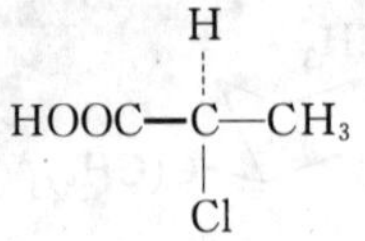 为右旋光，R 型。

(4) 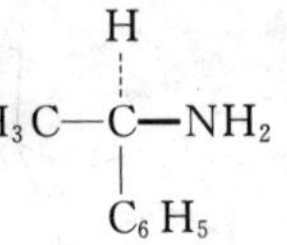 H$_3$C—C(H)(C$_6$H$_5$)—NH$_2$ 为右旋光，R 型。

[知识点] 结构与旋光性的关系。

第4章 结构的表征

▶▶ 学习重点

1. 常用表征手段——红外光谱、核磁共振谱、紫外光谱和质谱的基本原理及在表征分子结构中的作用(提供信息)。

2. IR谱：$\diagup$C=O，$\diagup$C=C$\diagdown$，$\diagup$C=C=C$\diagdown$，—C≡C—，$C_伯$—H，$C_仲$—H，$C_叔$—H，C_{sp^3}—H，C_{sp^2}—H，C_{sp}—H，$C_{苯环}$—H，—O—H 和 N—H 的伸缩振动吸收波数。

3. ^{1}HNMR 谱：磁等性质子、化学位移(δ)、积分曲线(H 的数目)、偶合裂分($n+1$)规律和偶合常数(J)在解析谱图时的应用。

4. UV谱：发色基、助色基、红移、蓝移、κ_{max} 和 λ_{max} 在解析谱图时的作用。

5. MS谱：质荷比、分子离子峰在确定分子结构和相对分子质量的作用。

6. 识别简单的各种谱图的能力。

▶▶ 专题讨论与拓展

四大谱联合运用表征有机化合物结构

红外光谱、核磁共振谱、紫外光谱、质谱都可以用来表征分子结构,但是单独使用任何一种谱都难以确切地表征一个未知分子,常常需要四者联合使用。如用质谱确定分子的相对分子质量,通过碎片推导分子可能的结构;用红外光谱测定分子中有哪些官能团,推导分子属于哪类官能团的化合物;用^{1}HNMR 和 ^{13}CNMR谱推导分子中 C,H 原子如何连接;用紫外光谱推导分子中有哪些发色基团和助色基团等。有时即使使用四大谱,可能还需要一些其它的物理、化学方法印证,才可能确定一个未知化合物的结构。

▶▶ 例题解析

例 1 化合物 A：$C_{10}H_{12}O_2$；UV：$\lambda_{max} = 252$ nm($\kappa = 500$)；IR：1 735 cm^{-1}；

^{1}HNMR:δ7.2(m,5H),δ2.1(s,3H),δ2.9(t,2H),δ4.2(t,2H)。试写出 A 的结构,并指出各峰的归属。(s,t,q,m 分别表示单峰、双峰、三重峰、四重峰、多重峰。)

解析:由 UV:λ_{max}=252 nm 和 δ7.2(m,5H)可推测分子内含有单取代苯环;从 IR:1 735 cm^{-1}可推测分子中含有羰基,再结合分子式和^{1}HNMR:δ7.2(m,5H),δ2.1(s,3H),δ2.9(t,2H),δ4.2(t,2H)可知分子中含有—C$_6$H$_5$,—CH$_3$,—CH$_2$CH$_2$—结构单元。综上分析,化合物 A 的结构为

$$\underset{252\text{ nm}}{C_6H_5}-\underset{\delta2.9}{CH_2}-\underset{\delta4.2}{CH_2}-O-\underset{1735\text{ cm}^{-1}}{\overset{O}{C}}-\underset{\delta2.1}{CH_3}$$

例 2 化合物 A 和 B 的分子离子峰均为 86,A 的 IR 光谱在 1 730 cm^{-1}有吸收峰,其^{1}HNMR 数据如下:δ9.7(s,1H),δ1.2(s,9H)。B 的 IR 光谱在 1 720 cm^{-1}有吸收峰,其^{1}HNMR 谱数据如下:δ2.4(m,1H),δ2.1(s,3H),δ1.2(d,6H)。请写出 A,B 的构造式。

解析:由分子离子峰均为 86 可知化合物 A 和 B 的相对分子质量为 86。A 的 IR:1 730 cm^{-1}可能含有 C=O,δ1.2(s,9H)是—C(CH$_3$)$_3$;由 δ9.7(s,1H),可推测分子中可能含有 $-\overset{\overset{O}{\|}}{C}-H$,结合相对分子质量,A 为(CH$_3$)$_3$CCHO。B 的 IR:1 720 cm^{-1}为 $\overset{}{\underset{}{}}$C=O,$\delta$2.1(s,3H)为—CH$_3$,$\delta$2.4(m,1H),$\delta$1.2(d,6H)为—CH(CH$_3$)$_2$ 结合相对分子质量,B 为(CH$_3$)$_2$CHCOCH$_3$。

***例 3** 某化合物 A 的沸点为 265℃。元素分析:C,68.74%;H,6.29%。质谱(m/z):192(M$^+$,10),105(100),77(45);

IR 谱:3 100 cm^{-1},2 900 cm^{-1},1 710 cm^{-1},1 690 cm^{-1},1 450~1 600 cm^{-1};

^{1}HNMR 谱:δ7.1~7.9(m,5H),δ4.0~4.4(m,2H),δ3.8(s,2H),

δ1.0~1.4(m,3H);

^{13}CNMR 谱:δ_C197.6,δ_C172.0,δ_C137.4,δ_C132.9,δ_C128.6,δ_C128.4,δ_C46.6,δ_C59.2,δ_C13.6。

请推出 A 的可能构造式。

解析:解题思路:由元素分析确定分子中 C 与 H 整数比即 C 与 H 个数;由质谱分子离子峰确定相对分子质量,推出可能的分子式;由^{1}HNMR 谱推测分子骨架及可能的构造式;之后用剩余的各种数据印证推出的构造式,最后用沸点数

据确定 A 的构造式。

元素分析 $(68.74\%/12):(6.29\%/1)=10.94:12\approx11:12$ C,H 的数目，与 ^{1}HNMR 谱一致；由质谱可知化合物的相对分子质量为 192，分子式可能为 $C_{11}H_{12}O_3$，由 ^{1}HNMR $\delta7.1\sim7.9$(m,5H)，可知有苯基结构，$\delta3.8$(s,2H)为 —CH_2—，$\delta4.0\sim4.4$(m,2H)和 $\delta1.0\sim1.4$(d,3H)为 —CH_2—CH_3，综合分子式，A 可能为

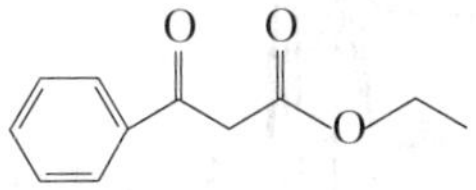

$$\text{Ph-CO-CH}_2\text{-COO-CH}_2\text{-CH}_3$$

质谱 $m/z=105$ 为 $C_6H_5\overset{O}{C}{}^+$，$m/z=77$ 为 $C_6H_5^+$，合理。

IR 谱 3 100 cm^{-1} 为 =C—H，2 900 cm^{-1} 为 C—H，1 690 cm^{-1}，1 710 cm^{-1}，为 2 个 $\overset{}{C}=O$，前者接苯环，后者属 —$\overset{O}{\overset{\|}{C}}$—O—，1 450~1 600 cm^{-1} 为 C=C，符合推导出的 A 的构造式。

^{13}CNMR $\delta_C 197.6$，$\delta_C 172.0$ 为 2 个 $\overset{}{C}=O$ 的 C；δ_C 为 137.4，132.9，128.6 和 128.4 是苯环四种 C 原子；$\delta_C 46.6$ 为 —CH_2— 的 C；δ_C 为 59.2，13.6 分别是 —CH_2CH_3 中的两个 C。此分析合理。

概括起来 A 的构造式如下：

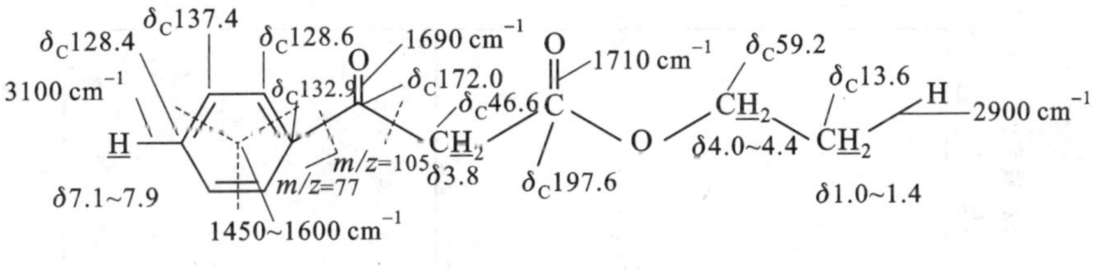

$$\text{structure diagram with labels: } \delta_C 128.4, \delta_C 137.4, \delta_C 128.6, 1690\text{ cm}^{-1}, 1710\text{ cm}^{-1}, \delta_C 59.2, 3100\text{ cm}^{-1}, \delta_C 132.9, \delta_C 172.0, \delta_C 13.6, 2900\text{ cm}^{-1}, m/z=105, \delta 3.8, \delta_C 46.6, \delta_C 197.6, \delta 4.0\sim4.4, \delta 1.0\sim1.4, \delta 7.1\sim7.9, m/z=77, 1450\sim1600\text{ cm}^{-1}$$

最后测定 A 的沸点，如果沸点为 265 ℃，那么推断完全正确，否则，要重新推断。

*例4 化合物 A，元素分析结果为：C:73.20%，H:7.32%；A 的 UV 谱有两个吸收峰：$\lambda_{max}=218$ nm$(\kappa=10\ 000)$，311 nm$(\kappa=26)$；^{1}HNMR 谱、IR 谱和质谱如下图所示，试推测 A 的构造式。(^{1}HNMR 中各组吸收峰积分曲线高度按照化学位移值由小到大顺序依次为 14；13；7；7。)

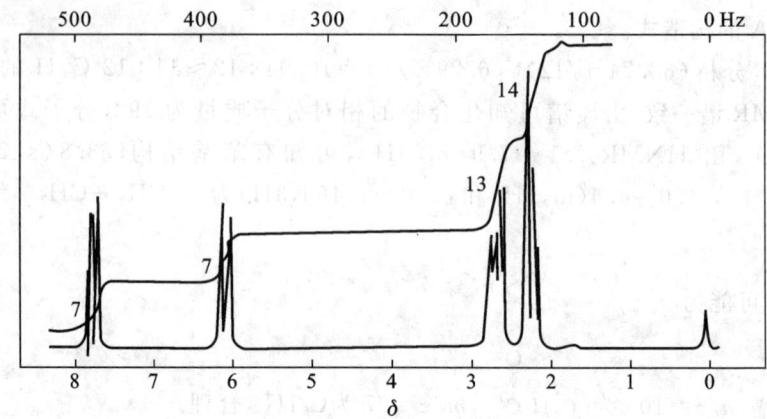

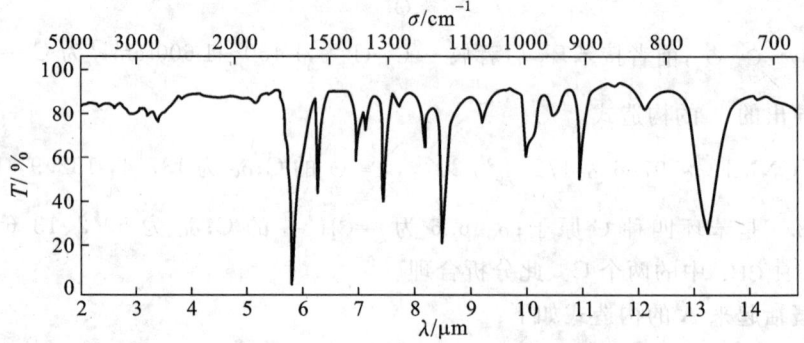

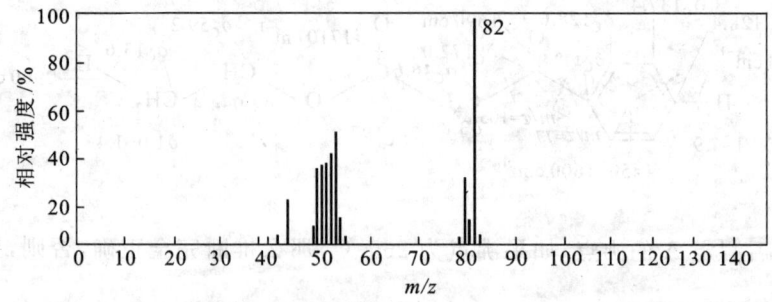

解析： 解题思路，由谱图的坐标，确定 ^{1}HNMR，IR 和 MS 谱。由 MS 谱确定相对分子质量；由 ^{1}HNMR 谱可知 A 中有四种 H，且其比为 2∶2∶1∶1，共 6 个 H。由元素分析确定 C 与 H 的数目比并结合其它条件写出可能的构造式。再用其它条件印证可能的结构。

由 MS 谱可知 A 的相对分子质量为 82；^{1}HNMR 谱确定有四种 H，数目比为 14∶13∶7∶7，不可能是 41 个 H，可能为 2∶2∶1∶1，共 6 个 H；由元素分析数据得 C 与 H 数目比为 73.20/12:7.32/1=5:6,相对分子质量为 82,则 A 的分子式为 C_5H_6O,不饱和度 $\Omega=3$;由 IR 谱可知 1 710 cm^{-1} 处左右有强吸收,为 $\diagdown C=O$;有 UV 吸收。推测 A 可能是 α,β-不饱和羰基化合物。由此可推测 A 为 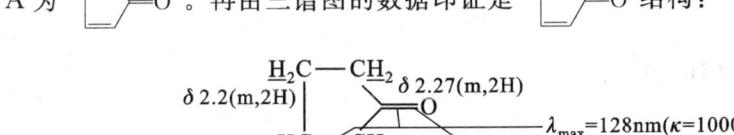 。再由三谱图的数据印证是 结构:

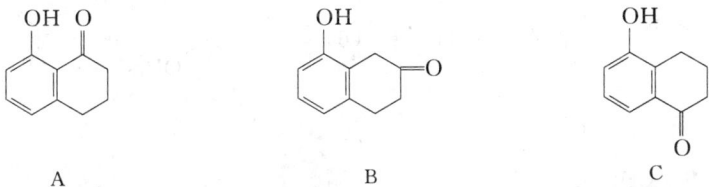

▶▶ 自我提升

1. 已知化合物的分子式为 $C_{10}H_{10}O_2$,其构造式可能为 A,B 或 C。若该化合物的红外光谱在 1 685 cm^{-1} 和 3 360 cm^{-1} 有强吸收峰,A,B,C 中哪种结构更符合该化合物?

2. 某化合物 A($C_5H_{10}O$),IR 显示 3 400 cm^{-1} 附近有宽强吸收峰,1 640 cm^{-1} 有一中等强度吸收峰,^{1}HNMR:δ 5.70(t,$J=7Hz$,1H),δ 4.15(q,$J=7Hz$,2H),δ 3.83(宽峰,1H),δ 1.7(s,3H),δ 1.63(s,3H)。请写出该化合物的构造式。

3. 化合物 A 质谱中显示 m/z 101,86(最大丰度);IR:3 000 cm^{-1} 以上及 2 800~1 500 cm^{-1} 处没有吸收峰;3 000~2 800 cm^{-1} 之间有吸收峰,1 200 cm^{-1} 处有一强的吸收峰;^{1}HNMR:δ 1.0(t,$J=7Hz$,9H),δ 2.4(q,$J=7Hz$,6H)。写出 A 的构造式。

4. 某无色有机化合物是一种重要的有机合成试剂,不溶于水,能与醇和醚混溶,bp:208~210 ℃;元素分析确定其分子式为 $C_5H_7NO_2$;MS 数据(m/z):113 $[M]^+$,68(基峰),IR 谱在 2 250 cm^{-1} 附近有一中等强度的尖锐吸收峰,1 750 cm^{-1},1 200 cm^{-1} 附近有强吸收峰;^{1}HNMR($CHCl_3$/TMS)数据:δ 1.4(t,3H),δ 3.5(s,2H),δ 4.3(q,2H)。请推测该化合物的构造式。

▶▶ 自我提升参考答案

1. A
2. $(CH_3)_2C=CHCH_2OH$
3. $N(CH_2CH_3)_3$
4. $NCCH_2COOCH_2CH_3$

▶▶ 习题解答

4-1 如何用 IR 谱区别下列各组化合物？

*(1)  和

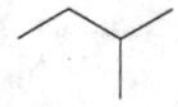

(2)  和

(3)  和

(4) 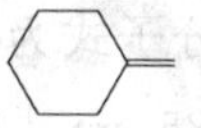 和

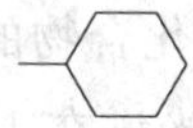

(5) 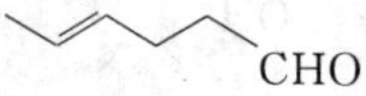 和

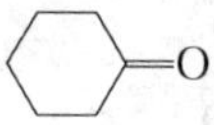

*(6) 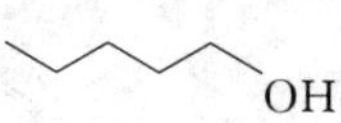 和

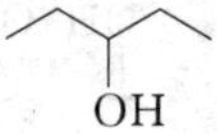

*(7) 和

解：(1) 在 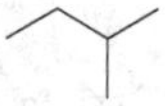 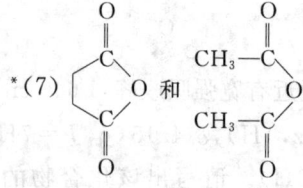 中有异丙基结构单元，则在 IR 谱图中于 $1\,370\sim 1\,380\ cm^{-1}$ 处的吸收峰分裂成强度接近的双峰。

(2) 在 $3\,000\ cm^{-1}$ 以上无吸收峰者为 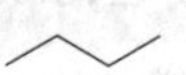 。

(3) 在 $3\,000\sim 3\,100\ cm^{-1}$ 无吸收峰者为 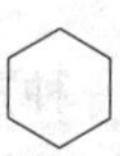 。

(4) 在 $3\,010\ cm^{-1}$ 附近有吸收峰者为 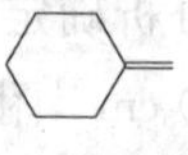 。

(5) 在 $3\,020\ cm^{-1}$ 附近和 $2\,720\ cm^{-1}$ 附近有吸收峰者为 CHO 。

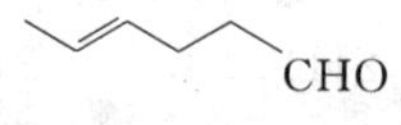

(6) 在 1 060 cm^{-1} 附近有强吸收峰者为伯醇。

(7) 在 1 750~1 860 cm^{-1} 处出现两个峰,其中高频峰强于低频峰者为 $(CH_3CO)_2O$。

[知识点] 化合物的 IR 谱特征吸收峰。

4-2 如何用 ^1H-NMR 谱区分下列各组化合物?

(1) ▢ 和 ▷—CH$_3$ (2) $C(CH_3)_4$ 和 $CH_3CH_2CH_2CH_3$

(3) $ClCH_2CH_2Br$ 和 $BrCH_2CH_2Br$

解:(1) 在 ▢ 中只有一种 ^1HNMR 信号。

(2) 在 $C(CH_3)_4$ 中只有一种 ^1HNMR 信号。

(3) 在 $BrCH_2CH_2Br$ 中只有一种 ^1HNMR 信号。

[知识点] 用 ^1HNMR 谱鉴别化合物。

4-3 比较下面两个化合物中所标出的各质子在 ^1HNMR 谱中化学位移大小,并按低场到高场的顺序排列。

(1) $CH_3\underset{A}{\text{—}}\overset{\overset{O}{\|}}{C}\text{—}O\text{—}CH_2\underset{B}{\text{—}}CH_2\underset{C}{\text{—}}CH_3\underset{D}{}$

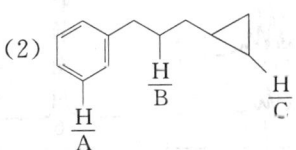

解:(1) 吸电子基使质子核外电子云密度降低,屏蔽效应减弱,质子的共振吸收向低场移动,化学位移大。B > A > C > D。

(2) 苯环在外磁场作用下产生感应磁场,环外氢处于去屏蔽区,质子共振吸收移向低场,化学位移较大。苯环的吸电子效应,质子 B 的周围电子云密度低于质子 C,化学位移比质子 C 的化学位移大,即 A > B > C。

[知识点] 影响化学位移的因素(电子效应,各向异性效应)。

4-4 请将下列各化合物中质子的化学位移按低场至高场的顺序排列:

(1) CH≡CH   (2) CH_2=CH—H   (3) CH_3CH_2—H

解:(2) > (1) > (3)。

[知识点] 影响化学位移的因素。

4-5 将下列化合物按 C=O 键伸缩振动吸收波数由大到小排列成序:

(1) CH_3COCl (2) $(CH_3CO)_2O$ (3) CH_3CONH_2

解:红外光谱中吸收频率与键的力常数有关,力常数越大,吸收频率越高。力常数的大小与键能、键长有关,键能大,键长短,力常数大。酰胺中氮原子与羰基间存在较强的 p-π 共轭,降低了羰基的力常数,乙酐分子中也有较强的共轭效应,故力常数比酰氯中羰基小。即 (1) > (2) > (3)。

[知识点] IR 谱中振动频率与力常数的关系。

4-6 根据题给 ^{1}HNMR 谱推测下列化合物可能的构造式：

(1) C_4H_9Br　　　　　　　　　(2) C_7H_8O

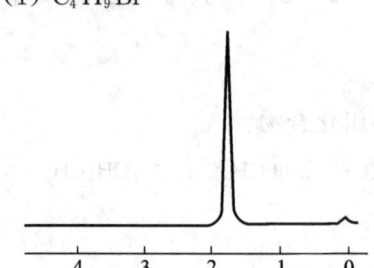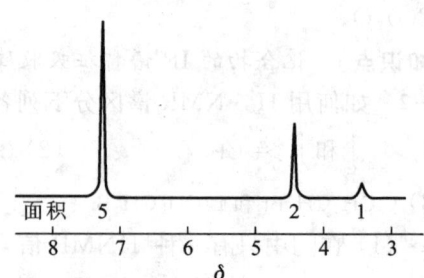

(3) C_3H_7Br　　　　　　　　　(4) $C_4H_8Br_2$

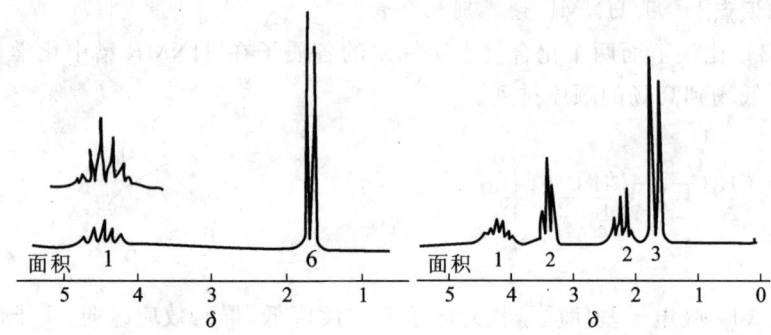

解：(1) $(CH_3)_3C-Br$　　　　　　(2) 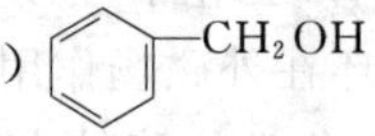 ⌬CH_2OH

(3) $(CH_3)_2CHBr$　　　　　　(4) $CH_3CHBrCH_2CH_2Br$

[知识点] ^{1}HNMR 谱图解析。

4-7 某化合物的分子式为 C_4H_8O，它的红外光谱在 $1715\ cm^{-1}$ 有强吸收峰；它的核磁共振谱有一单峰(3H)，有一四重峰(2H)，有一三重峰(3H)。试写出该化合物可能的构造式。

解：$CH_3CH_2COCH_3$

[知识点] IR 光谱官能团特征吸收；不等性质子和 ^{1}HNMR 谱中的峰数目；偶合裂分。

4-8 根据光谱分析，分别推测下列各芳香族化合物可能的构造式：

(1) 分子式为 $C_9H_{11}Br$

NMR 谱：$\delta=2.15(m,2H), \delta=2.75(t,2H)$,
　　　　$\delta=3.38(t,2H), \delta=7.22(m,5H)$。

(2) 分子式为 $C_9H_{10}O$

IR 谱:1 705 cm^{-1}强吸收峰

NMR 谱:$\delta=2.0(s,3H),\delta=3.5(s,2H),\delta=7.1(m,5H)$。

(3) 分子式 $C_{10}H_{14}$

^1HNMR 谱:$\delta=8.0(s),\delta=1.0(s)$,强度之比为 5:9。

解:(1) Ph—CH$_2$CH$_2$CH$_2$Br　　　(2) Ph—CH$_2$—CO—CH$_3$

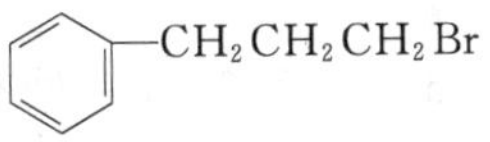

(3) Ph—C(CH$_3$)$_3$

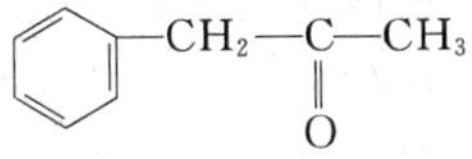

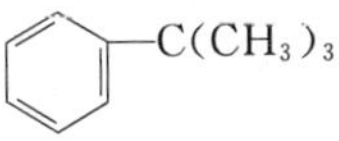

[知识点]　核磁共振光谱分析。

4-9　某化合物 A,其分子式为 $C_8H_{10}O$,MS 显示分子离子峰为 $m/z=122$;在 IR 谱中,3 200~3 600 cm^{-1}处有一强宽峰,在 3 000 cm^{-1}和 700~750 cm^{-1}处也有强吸收峰;^1HNMR 显示,δ 7.5(m,5H),δ 3.7(t,2H),δ 2.7(t,2H),δ 2.5(s,1H)。试推测该化合物的构造式,并标明化合物中各质子的化学位移值。

解:由分子式可知,该化合物不饱和度为 4,结合 ^1HNMR 数据,δ 7.5(m,5H),说明分子中含有一取代苯环;IR 谱在 3 200~3 600 cm^{-1}处有强吸收,说明分子中含有羟基;根据 ^1HNMR 谱数据及裂分情况确定 A 的构造式为

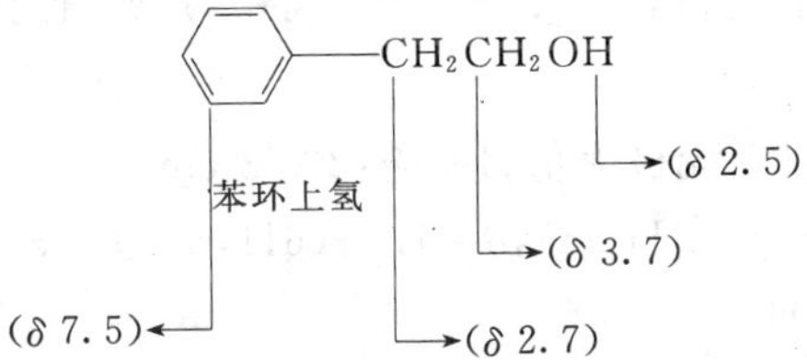

Ph—CH$_2$CH$_2$OH

苯环上氢 (δ 7.5),CH$_2$ (δ 2.7),CH$_2$ (δ 3.7),OH (δ 2.5)

[知识点]　IR 及 ^1HNMR 光谱分析。

4-10　请将下列各组化合物按紫外吸收波长由大到小的顺序排列.

(1) A　异戊二烯　　B　长共轭多烯　　C　1,3-丁二烯　　D　2-甲基-1,3-戊二烯

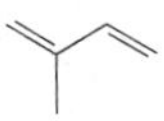

(2) A　2-环己烯酮　　B　十氢萘酮　　C　取代环己烯酮　　D　双环烯酮

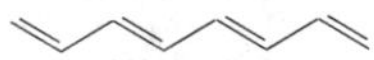

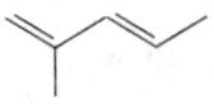

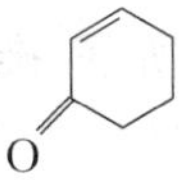

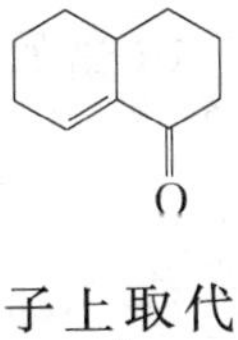

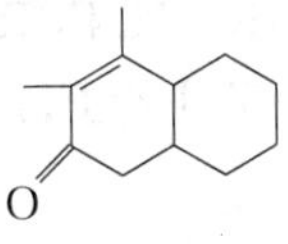

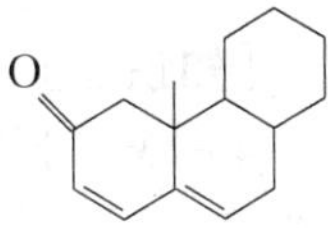

解:共轭双键碳原子上取代基越多,则 λ_{max} 越长;共轭体系链越长,λ_{max} 越长。

(1) B>D>A>C　　　　　　(2) D>C>B>A

[知识点] 紫外吸收与分子结构的关系。

4-11 某化合物的分子式为 C_4H_6O,其光谱性质为 UV 谱:在 230 nm 附近有吸收峰,$\kappa>5\,000$;^{1}HNMR 谱:$\delta=2.03$(双峰 3H),$\delta=6.13$(多重峰,1H),$\delta=6.87$(多重峰,1H),$\delta=9.48$(双峰,1H);IR 谱:在 1 720 cm^{-1},2 720 cm^{-1} 处有强吸收。试推测该化合物的构造式。

解:分子中不饱和度为 2,IR 谱在 1 720 cm^{-1},2 720 cm^{-1} 处有强吸收说明分子中可能含有 —CHO,由 UV 谱可知分子是共轭体系即为不饱和羰基化合物,结合 ^{1}HNMR 谱数据可确定化合物的构造式为

$$CH_3CH=CHCHO$$

[知识点] UV 谱、IR 谱及 ^{1}HNMR 谱分析。

4-12 根据光谱分析,分别推测下列各化合物的构造式:

(1) 分子式为 C_3H_6O
UV 谱:210 nm 以上无极大值;IR 谱:1 080 cm^{-1};
^{1}HNMR 谱:$\delta=4.75$(4H,t),$\delta=2.75$(2H,m),$J=7.1$ Hz。

(2) 分子式为 C_3H_7NO
UV 谱:219 nm($\kappa=60$);IR 谱:3 413 cm^{-1},3 236 cm^{-1},1 667 cm^{-1};
^{1}HNMR 谱:$\delta=6.50$(2H,s),$\delta=2.25$(2H,q),$\delta=1.10$(3H,t)$J=7.5$ Hz。

(3) 分子式为 C_4H_7N
UV 谱:200 nm 以上无极大值;IR 谱:2 273 cm^{-1};
^{1}HNMR 谱:$\delta=2.82$(1H,m),$\delta=1.33$(6H,d),$J=6.7$ Hz。

(4) 分子式为 $C_8H_8O_2$
UV 谱:270 nm($\kappa=420$);IR 谱:1 725 cm^{-1};
^{1}HNMR 谱:$\delta=11.95$(1H,s),$\delta=7.21$(5H,m),$\delta=3.53$(2H,s)。

解:(1) 氧杂环丁烷 (2) $CH_3CH_2\overset{O}{\overset{\|}{C}}-NH_2$

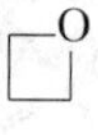

(3) $(CH_3)_2CHCN$ (4) 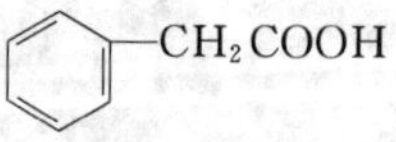 $C_6H_5-CH_2COOH$

[知识点] UV、IR、^{1}HNMR 谱解析。

*4-13 化合物分子式为 $C_4H_6O_2$,其 ^{13}CNMR 谱如下图所示,推断其可能的构造式。

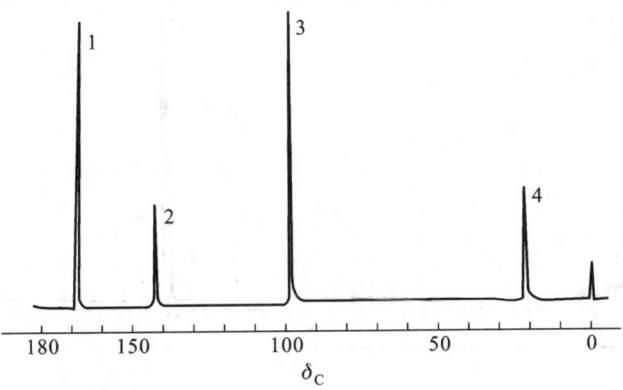

解：$CH_3\overset{O}{\underset{\|}{C}}-OCH=CH_2$

[知识点] ^{13}C NMR 谱解析。

*4-14 化合物 A，mp 21 ℃；元素分析：C:79.97%，H:6.71%，O:13.32%；MS、IR、NMR 谱如图所示。试推出 A 的构造式并解释三谱的归属。

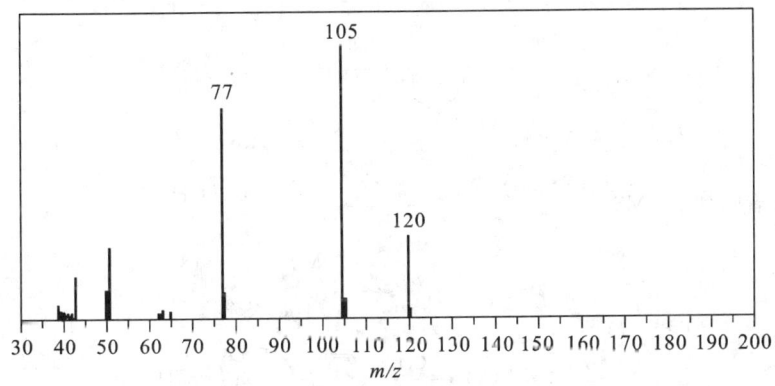

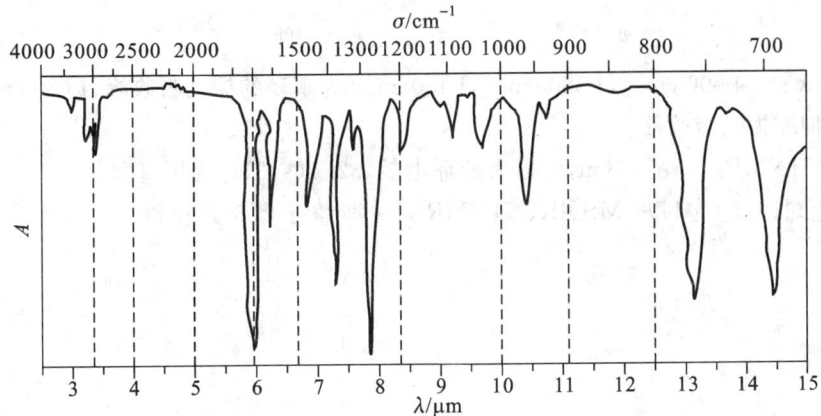

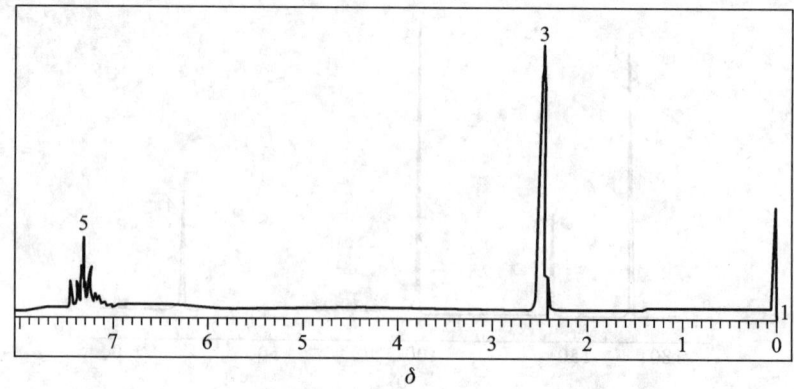

解：$C:H:O = \dfrac{79.97}{12} : \dfrac{6.71}{1} : \dfrac{13.32}{16} \approx 8:8:1$，由 MS 谱可知该化合物相对分子质量为 120，则化合物的分子式为 C_8H_8O。化合物的不饱和度为 5，由其 ^{1}HNMR 谱图可以看出，分子中含有单取代苯环(5H)和 —CH_3(3H)；该化合物的红外光谱在 1 680 cm^{-1} 处有吸收，说明分子中含有羰基，再结合质谱碎片数据可确定化合物 A 的构造式为

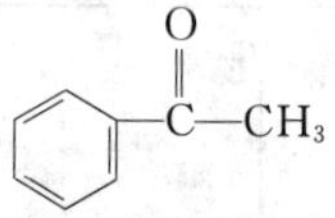

三谱归属：MS

$M_\cdot^+$，$m/z=120$

$\downarrow \alpha$-裂解

$m/z=77 \qquad m/z=105$

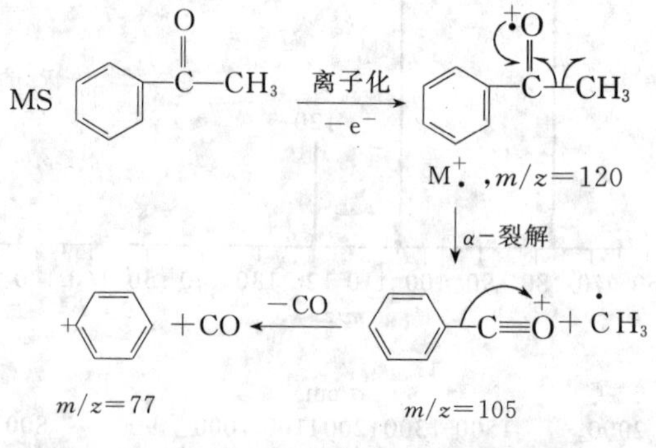

IR 1 600 cm^{-1}，1 580 cm^{-1}，1 450 cm^{-1} 为苯环的振动吸收峰；1 680 cm^{-1} 为羰基伸缩振动吸收峰。

^{1}HNMR $\delta7.3$(m,5H)为苯环上氢，$\delta2.4$(s,3H)为甲基氢。

[知识点] 利用 MS、IR、^{1}HNMR 谱分析推导化合物结构。

第 5 章 饱 和 烃

▶▶ 学习重点

1. 影响烷烃物理性质的本质——分子间作用力,分子间作用力取决于相对分子质量、分子中支链多少和分子的对称性等。
2. 同系列化合物的物理性质变化规律。
3. 烷烃卤代反应活泼性的规律:

$$F_2 > Cl_2 > Br_2 > I_2 \quad (应用较多的是 Br_2 和 Cl_2)$$

$$3°H > 2°H > 1°H > -CH-H > \equiv C-H$$

氯代反应活性>溴代反应活性,氯代反应选择性<溴代反应选择性(活性高,选择性低是普遍规律。)

4. 自由基卤代反应机理。
5. 碳自由基稳定性 $3°R· > 2°R· > 1°R· > CH_3·$。

▶▶ 专题讨论与拓展

1. 烷烃化学性质不活泼,主要发生自由基型反应

因为多数有机化合物的官能团是极性键或由极性键构成,因此与有机化合物反应的试剂大部分是阳离子、阴离子和含有极性键的中性分子,即亲电试剂和亲核试剂与有机化合物反应。而烷烃分子中只有 C—C,C—H 两种非极性键,键难极化,键能很大,很难与亲电试剂或亲核试剂反应,显示出烷烃化学性质的不活泼性。但在高温或光辐射条件下,C—C 键、C—H 键可以进行均裂,发生自由基型反应。例如:

$$Br\overset{\frown}{\ }Br \xrightarrow{\triangle \text{或} h\nu} Br· + Br· \quad (链引发)$$

$$R-CH_2\overset{\frown}{\ }H + Br· \longrightarrow R-CH_2· + HBr \quad (链增长)$$

$$R-CH_2· + Br\overset{\frown}{\ }Br \longrightarrow R-CH_2Br + ·Br$$

$$RCH_2\cdot + Br\cdot \longrightarrow RCH_2Br \quad \text{(链终止)}$$
$$RCH_2\cdot + RCH_2\cdot \longrightarrow RCH_2CH_2R$$

在写反应式时常用"⌢"表示单电子转移方向,"⌢"表示电子对转移方向。在写自由基型反应式时,反应物的单电子数必须等于产物的单电子数或两单电子结合成键。

同样,在写离子型反应式时,反应物的正电荷(或负电荷)数必须等于反应产物的正电荷(或负电荷)数或正、负电荷结合成键。

2. 碳自由基活泼中间体

C—C 键、C—H 键均裂可以生成具有七个价电子的碳自由基($-\overset{|}{\underset{|}{C}}\cdot$),是电中性的。由于价电子没有达到八隅体结构,碳自由基具有亲电性,是极活泼的物种。

大多数碳自由基(特别是烷烃伯碳自由基)的碳原子是 sp^2 杂化,三个 σ 键在一个平面上,单电子在垂直该平面的 p 轨道中。如甲基自由基的结构为 $\overset{H}{\underset{H}{\diagdown}}C-H$。但随着碳上取代基的变化,碳由 sp^2 杂化转化成 sp^3 杂化,即碳自由基也有四面体结构,单电子在一个 sp^3 轨道中 $\overset{\cdot}{C}$。

产生碳自由基的方法很多,可由 C—C 键、C—H 键均裂生成:

$$CH_3\frown CH_3 \xrightarrow{700\,℃} 2\cdot CH_3$$

$$CH_3\overset{O}{\underset{\|}{C}}\frown CH_3 \xrightarrow{h\nu} CH_3\overset{O}{\underset{\|}{C}}\cdot + \cdot CH_3$$

$$CH_3\frown H \xrightarrow{\Delta} \cdot CH_3 + \cdot H \quad \text{(解离能 435 kJ·mol}^{-1}\text{)}$$

其它自由基夺取 C—H 键中氢原子:

$$CH_3\frown H + \cdot Cl \longrightarrow \cdot CH_3 + HCl$$

由各种自由基引发剂如过氧化物、偶氮化合物分解得到碳自由基。例如:

$$C_6H_5\overset{O}{\underset{\|}{C}}-O-O-\overset{O}{\underset{\|}{C}}C_6H_5 \xrightarrow{\Delta} 2C_6H_5\overset{O}{\underset{\|}{C}}O\cdot \longrightarrow 2\cdot C_6H_5 + CO_2$$

$$\underset{CN}{\overset{CH_3}{\underset{|}{C}}}\underset{|}{\overset{|}{C}}-N=N-\underset{CN}{\overset{CH_3}{\underset{|}{C}}}\underset{|}{\overset{|}{C}} \xrightarrow{\Delta} 2CH_3-\overset{\cdot}{\underset{CH_3}{\underset{|}{C}}}-CN + N_2$$

由各种自由基加到 $\diagdown$C=C$\diagup$ 上得到碳自由基：

$$CH_3CH=CH_2 + \cdot Br \longrightarrow CH_3\dot{C}H-CH_2Br$$

碳自由基的稳定性是由碳架结构决定的。根据 R—H 键的解离能可以判断碳自由基的相对稳定性。各类碳自由基的相对稳定性如下：

稳定性： $C_6H_5CH_2\cdot > CH_2=CHCH_2\cdot > (CH_3)_3C\cdot > (CH_3)_2CH\cdot > Cl_3C\cdot$
$E_d/(kJ\cdot mol^{-1})$ 355　　　　369　　　　　380　　　　　395　　　　400

稳定性： $CH_3CH_2CH_2\cdot = CH_3CH_2\cdot > (CH_3)_3CCH_2\cdot > CH_2=CH\cdot$
$E_d/(kJ\cdot mol^{-1})$ 410　　　　410　　　　　415　　　　　　435

稳定性： $C_6H_5\cdot = CH_3\cdot > F_3C\cdot$
$E_d/(kJ\cdot mol^{-1})$ 435　　435　　　443

烷基自由基的相对稳定性为

$$3°R\cdot > 2°R\cdot > 1°R\cdot > CH_3\cdot$$
$$Ph_3C\cdot > Ph_2CH\cdot > PhCH_2\cdot > CH_3\cdot$$

碳自由基可以进行以下反应：

化合反应，如　$CH_3\cdot + \cdot CH_2CH_3 \longrightarrow CH_3CH_2CH_3$

加成反应，如　$R\cdot + CH_2=CH_2 \longrightarrow RCH_2-\dot{C}H_2$

歧化反应，如

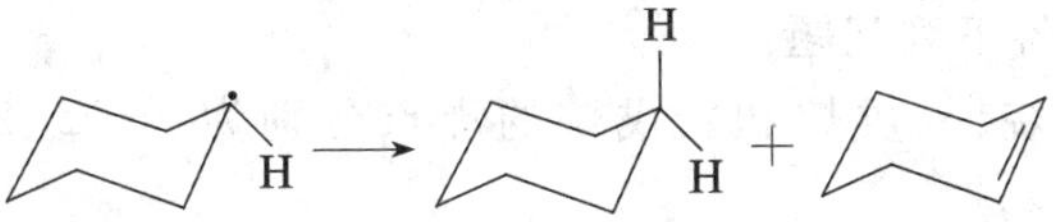

自由基反应有几个特点：

① 无论是在气相中还是在液相中发生反应，它们都十分相似（自由基反应在溶液中发生，由于溶剂化作用会产生一些不同）；

② 酸或碱的存在或溶剂极性的改变对自由基反应影响不大；

③ 自由基反应有典型的自由基源（引发剂），如过氧化物或光所引发或加热；

④ 清除自由基的物质，如 NO、O_2，酚或醌等会使自由基反应的速率减慢或完全被抑制，这种物质称为自由基抑制剂。

有机化学中以碳自由基为中间体的常见反应有以下几类。

① 饱和碳原子上氢的卤代反应 $RH + X_2 \longrightarrow RX + HX$（连锁反应）

C—H 键的活泼性是 $3°H > 2°H > 1°H$。

卤自由基的活泼性是 $\cdot F > \cdot Cl > \cdot Br$。

卤原子对氢的选择性是 $Br \gg Cl > F$，这种选择性也与反应温度有关，每种卤原子都遵循反应温度提高，选择性下降的规律。

② 各种取代烯烃（$RCH=CH_2$）、卤代烯烃（$CH_2=CHCl$、$CF_2=CFCl$）与溴化氢

发生加成反应;烯烃、芳环与卤素发生加成反应等。例如:

$$CF_2=CFCl + HBr \xrightarrow{\text{"}-O-O-\text{"}} F_2BrC-CHClF$$
$$93\%$$

$$RCH=CH_2 + Cl_2 \xrightarrow{h\nu} RCHCl-CH_2Cl$$

③ 自由基聚合反应是合成高分子化合物的重要方法。乙烯、氯乙烯、偏二氯乙烯、丙烯酸酯、氯丁二烯、异戊二烯等都可以发生自由基聚合反应。例如:

$$n\ H_2C=CH \atop Cl \xrightarrow{\text{引发剂}} \left[CH_2-CH \atop Cl \right]_n$$

各种饱和烃热裂化制备乙烯、丙烯、α-烯烃的反应是自由基型反应。例如:

$$\text{石蜡(饱和烃)} \xrightarrow{\Delta} R-CH=CH_2 + H_2$$

得到的高碳数 α-H 烯烃是合成洗涤剂的原料。

▶▶ 例题解析

例 1 回答下列问题:

(1) 正戊烷、异戊烷和新戊烷的沸点分别为 36 ℃、28 ℃ 和 9 ℃,请解释原因。

(2) 将下列化合物按张力能由大到小排列成序:

A.   B.   C.

(3) 将下列化合物按燃烧焓由大到小排列成序:

A.   B.   C.

(4) 将下列各 C—H 键的键能按由大到小的次序排列:

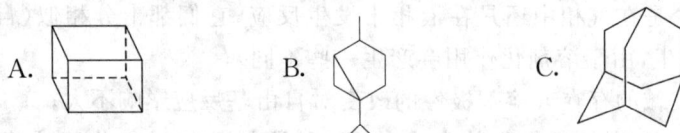

解析: (1) 烷烃分子间的作用力主要是诱导偶极-诱导偶极作用(色散力),带支链的异构体虽然和直链异构体有同样的原子数和电子数,但它们间接触的

表面积相对较小,分子之间接近产生的诱导偶极作用小,故沸点较相同碳原子数目的正构异构体低。正戊烷的构型为棒状,而新戊烷为球状。棒可以以整个长度的各点去接触其它分子,而球只能在一点处接触。故沸点高低顺序为:正戊烷＞异戊烷＞新戊烷。

(2) 小环化合物分子张力能大,但 A 中有 6 个四元环,实验测得张力能达到 694.5 kJ·mol^{-1},故 A＞B＞C。

(3) 燃烧焓是指分子完全燃烧时放出的能量,它的大小反映出分子内能的高低。燃烧焓越大,化合物分子内能越大,越不稳定。故 A＞C＞B。

(4) 键能是键均裂为自由基所需要的解离能,是键均裂难易的量度。均裂产生的自由基越稳定,键能就越小,断裂不同 C—H 键所形成的自由基稳定性由大到小的顺序为

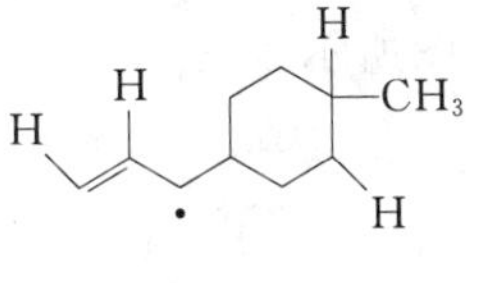

烯丙位碳自由基 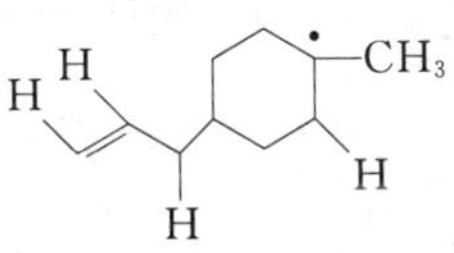   3°R·

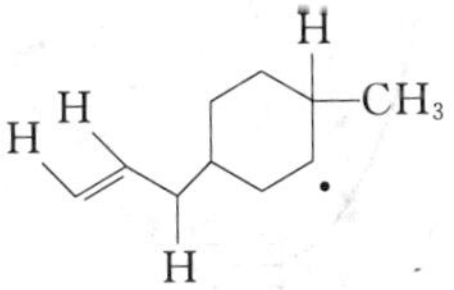

2°R· 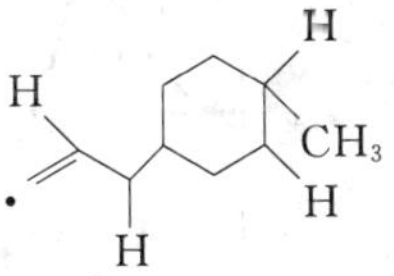   乙烯型自由基

故不同 C—H 键键能由大到小的顺序为 A＞D＞B＞C。

例 2 用 Newman 投影式画出乙烷的重叠式构象和交叉式构象,并回答下列问题:

(1) 重叠式和交叉式构象是否是乙烷仅有的构象?

(2) 室温下乙烷的优势构象是哪一种?

(3) 温度升高时构象会有什么变化?

(4) 室温条件下能否分离出单一构象的乙烷?

(5) 以乙烷为例,其 C—C σ 键的旋转是真正的"自由"旋转吗?

解析:(1) 重叠式和交叉式构象不是乙烷仅有的两种构象,而是乙烷两种极限构象,介于它们之间尚有无数个中间状态的构象。

(2) 室温下乙烷的交叉式构象是优势构象,因为交叉式构象中两个碳原子上的 C—H 键相距最远,扭转能力最小;氢原子间斥力也最小,能量最低。

(3) 分子是不停运动的,温度升高,C—C 键旋转的速率越快,重叠式等能量较高的构象出现的概率增加。

(4) 在室温下,各种构象处于迅速转变的动态平衡中,不能分离出单一构象的乙烷。

(5) 从一个交叉式构象转变为另一个交叉式构象,必须要越过一个重叠式构象的 12.6 kJ·mol^{-1} 的能垒(活化焓)。因此,C—C σ 键的旋转是受"限制"的,而不是真正的"自由"旋转。

乙烷的重叠式构象和交叉式构象如下:

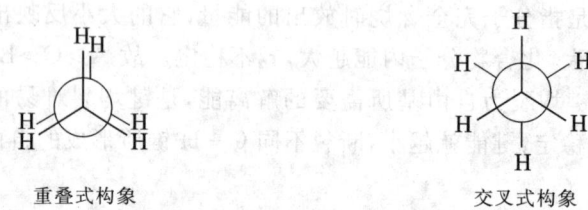

重叠式构象　　　　　　　　交叉式构象

例 3 假设反应 A ⟶ B 的能量图如下图所示:

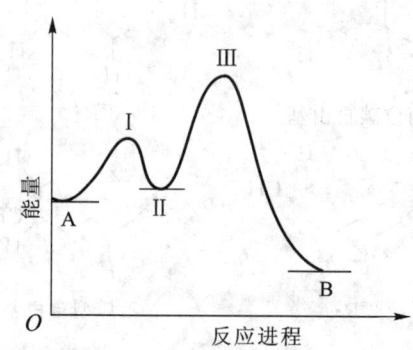

请回答:(1) 状态 Ⅰ,Ⅱ,Ⅲ 分别代表什么?

(2) 反应 A ⟶ B 是放热还是吸热?

(3) 反应步骤 A ⟶ Ⅱ 和 Ⅱ ⟶ B 中,哪一步是决定反应速率的步骤?

(4) 物质 Ⅱ 能从混合物中分离出来吗?哪一个是最稳定的化合物?

(5) 整个反应 A ⟶ B 的活化焓是用什么来表示的?

(6) 反应步骤 A ⟶ Ⅱ 是否可逆?

解析:(1) 状态 Ⅰ 和 Ⅲ 是过渡态,状态 Ⅱ 是反应中间体。

(2) 由于反应的产物 B 比反应物 A 有更低的能量,故反应是放热反应。

(3) 决定反应速率的步骤是活化能高的反应,即 Ⅱ ⟶ B。

(4) 可以。中间体 Ⅱ 到达过渡态 Ⅲ 的活化焓太高,Ⅱ 有一定的稳定性而能够被分离出来。B 是最稳定的化合物。

(5) 整个反应的活化焓 $\Delta E^{\neq}$ 是由反应物 A 和能量最高的过渡态 Ⅲ 之间的焓值来表示的。

(6) 反应 Ⅱ ⟶ A 的活化焓比 Ⅱ ⟶ B 的活化焓更低，且 A ⟶ Ⅱ 和 Ⅱ ⟶ A 的活化焓相差不大，因此Ⅱ转化为 A 比转化为 B 更容易，反应 A ⟶ Ⅱ 是可逆的。

例 4 写出甲基环己烷与 Br_2 发生自由基取代反应可能生成的所有一溴代产物，指出哪个产物是主产物，并写出各产物的稳定构象。

解析：甲基环己烷分子中有 5 种类型的氢，不考虑立体异构，将得到 5 种一溴代产物；但考虑构型异构体时，将得到 12 种产物：

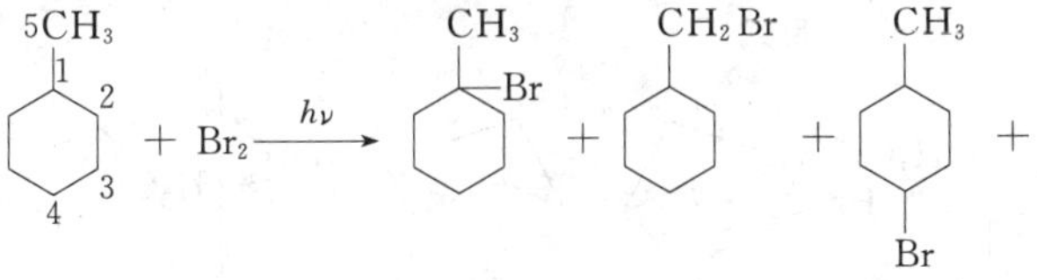

[结构式：甲基环己烷 + Br_2 $\xrightarrow{h\nu}$ A + B + C (2 种构型异构体) + D (4 种构型异构体) + E (4 种构型异构体)]

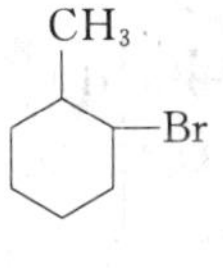

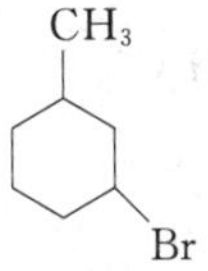

由于叔氢反应活性高，溴的反应选择性好，故产物 A 是主产物。

构造式 [结构式] 包含 4 种构型异构体，是因为溴取代 C_2 上的氢时，形成自由基中间体 [结构式]，自由基为平面结构，Br_2 可以从平面上、下两面进攻，同时由于溴取代了氢，原来反应物中与甲基相连的碳由非手性碳原子转化为手性碳原子，产物含有两个手性碳原子即有 4 种构型异构体：

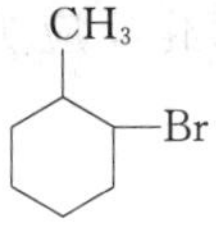

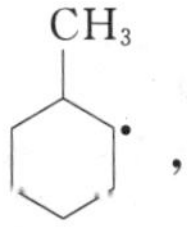

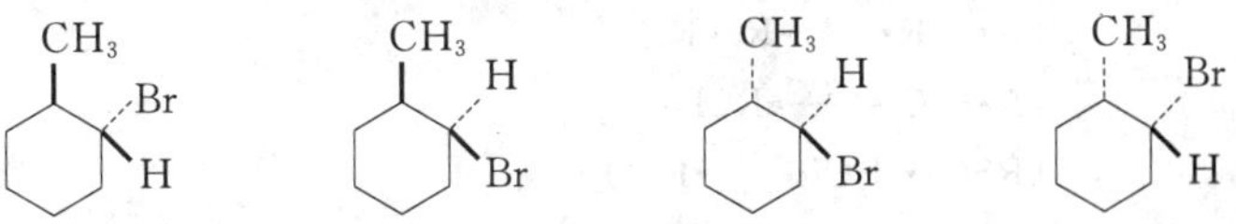

[四个立体结构式]

溴从甲基的反面进攻自由基，空间位阻小，产物含量相对多一些。同理，溴取代 C_3 上的氢原子也将产生 4 种产物，即

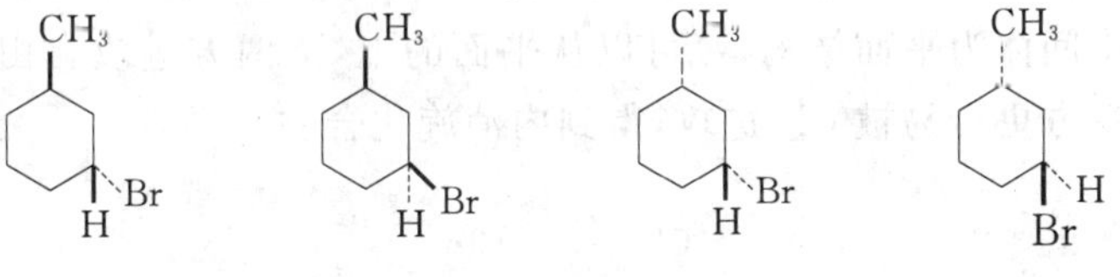

[四个立体结构式]

12种化合物的稳定构象如下：

A. 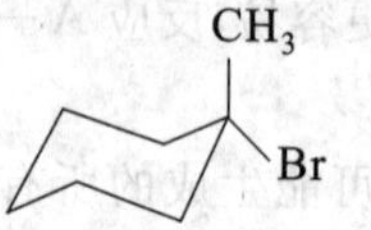 [环己烷构象，CH₃ 和 Br 取代]
B. 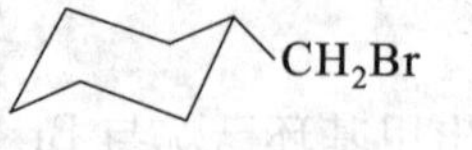 [环己烷构象，CH₂Br 取代]
C. 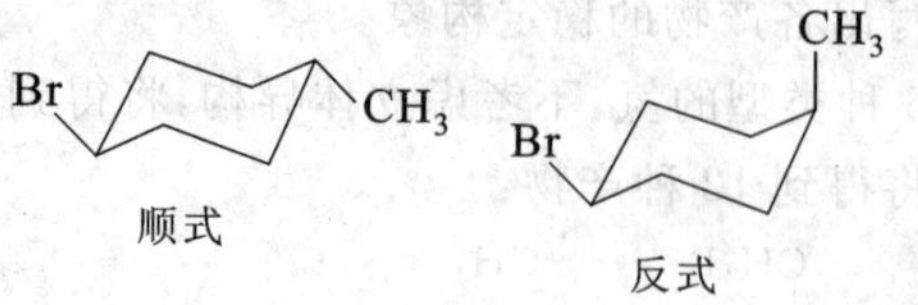 [环己烷构象，Br 和 CH₃ 顺式] [环己烷构象，Br 和 CH₃ 反式]
D. 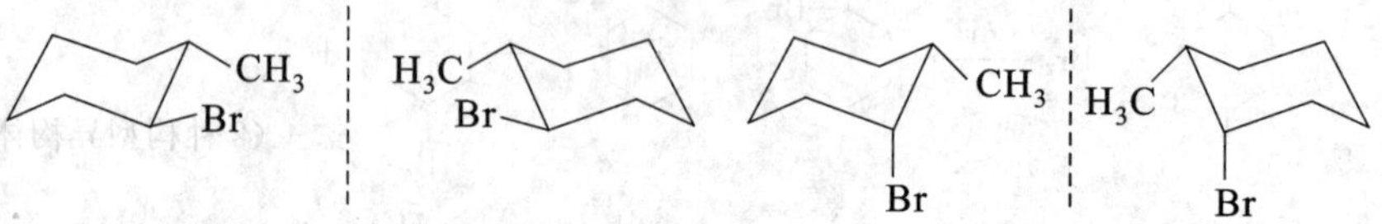 [四种环己烷构象]
E. 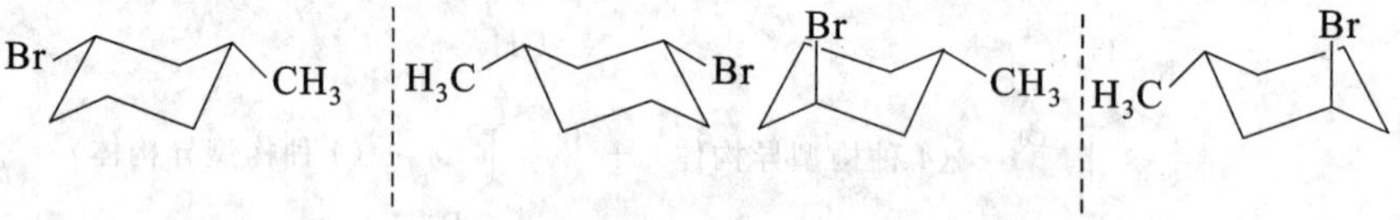 [四种环己烷构象]

例 5 反应 $RH + SO_2 + Cl_2 \xrightarrow[\text{常温}]{h\nu} RSO_2Cl + HCl$ 称为氯磺酰化反应，亦称 Reed 反应。工业上常利用此反应由高级烷烃生成烷基磺酰氯和烷基磺酸钠 ($R—SO_2ONa$)，它们均为合成洗涤剂的原料，请参考烷烃卤化反应机理，写出烷烃氯磺酰化的反应机理。

解析：烷烃氯磺酰化反应的机理为自由基机理：

引发 $\begin{cases} Cl_2 \xrightarrow{h\nu} 2Cl\cdot \end{cases}$

传递 $\begin{cases} RH + Cl\cdot \longrightarrow R\cdot + HCl \\ R\cdot + SO_2 \longrightarrow R—SO_2\cdot \\ R—SO_2\cdot + Cl_2 \longrightarrow RSO_2Cl + Cl\cdot \end{cases}$

终止 $\begin{cases} Cl\cdot + Cl\cdot \longrightarrow Cl_2 \\ R\cdot + R\cdot \longrightarrow R—R \\ R\cdot + Cl\cdot \longrightarrow RCl \\ RSO_2\cdot + Cl\cdot \longrightarrow RSO_2Cl \end{cases}$

* **例 6** 解释下列现象：(R) 或 (S)-2-氯丁烷进行一氯取代反应生成的 2,3-二氯丁烷中含有 70% 的内消旋化合物和 30% 的光活性化合物。

解析：(R) 或 (S)-2-氯丁烷与 Cl_2 反应是自由基取代反应，生成 2-氯丁烷的碳自由基中间体为平面结构，氯可以从平面的上、下两方进攻自由基，但空间位阻较小的一方更容易被 Cl_2 进攻，得到内消旋化合物：

$$Cl_2 \xrightarrow{h\nu} 2Cl\cdot$$

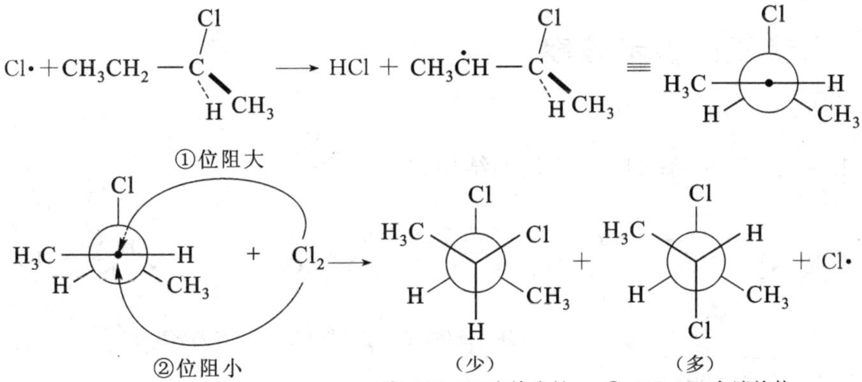

①（2S, 3S）有旋光性　②（2S, 3R）内消旋体

▶▶ 自我提升

1. 写出化合物（S）-2-甲基-1-氯丁烷的结构式，该化合物与氯气在光照下反应生成的产物中含有 2-甲基-1,2-二氯丁烷和 2-甲基-1,4-二氯丁烷。写出反应式，并说明这两个产物有无光学活性，为什么？

2. 下列化合物进行溴代，40 ℃时各种氢原子的相对反应活性为 $1°H:2°H:3°H=1:220:19000$，写出溴代时可能得到一溴代物的构造式，并估算各种异构体的百分含量。

（1）丁烷　　　　　　（2）2-甲基丁烷

3. 叔丁基过氧化物是一种稳定而便于操作的液体，可作为一个方便的自由基来源：

$$(CH_3)_3C-O-O-C(CH_3)_3 \xrightarrow{30\ ℃} 2(CH_3)_3C-O·$$

异丁烷和 CCl_4 的混合物在 130～140 ℃时十分稳定，假如加入少量叔丁基过氧化物就会发生反应，主要生成叔丁基氯和氯仿，同时也得到少量的叔丁醇，其量相当于所加的过氧化物的 2 倍。试写出这个反应的可能机理。

4. （R）-（－）-2-甲基-1-氯丁烷自由基氯代时，所得产物的分子式为 $C_5H_{10}Cl_2$。

（1）试预测能有几种产物，写出产物的构型式；

（2）通过精密分馏，可得到几个馏分？

（3）各馏分有无旋光性，为什么？

▶▶ 自我提升参考答案

1. （S）-2-甲基-1-氯丁烷的结构式：

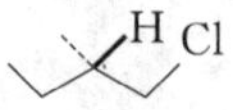

反应式：（结构式）$\xrightarrow[h\nu]{Cl_2}$ （结构式）+ （结构式）+ （结构式）+ HCl

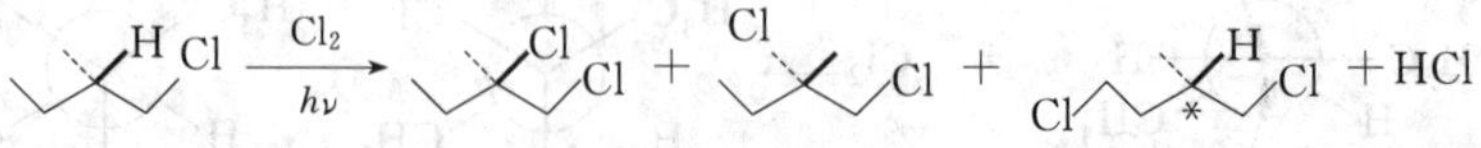

（外消旋体，无光学活性）　（有光学活性）

叔碳自由基中间体

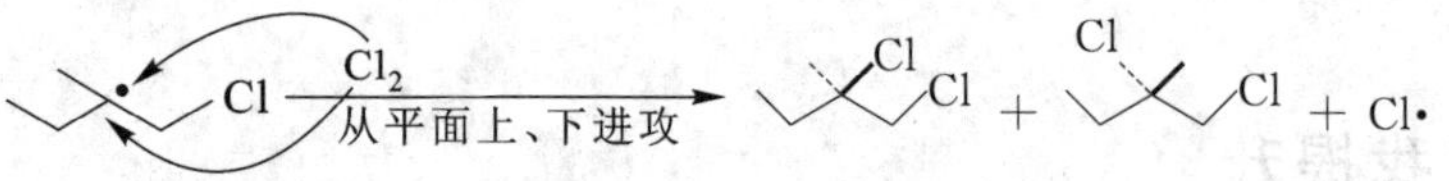

（结构式）$\xrightarrow{Cl_2 \text{ 从平面上、下进攻}}$ （结构式）+ （结构式）+ Cl·

平面结构非手性　　　　　　　　　　　　（外消旋体，无光学活性）

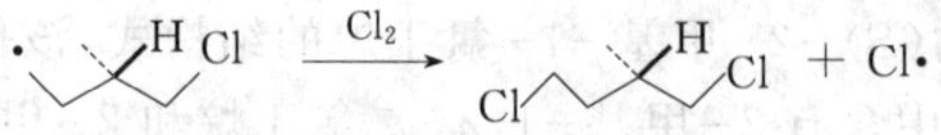

（结构式）$\xrightarrow{Cl_2}$ （结构式）+ Cl·

（有手性，光学活性）　（手性，有光学活性）

2. 正丁烷溴代有两种：$CH_3CH_2CH_2CH_2Br$ 和 $CH_3\overset{*}{C}HCH_2CH_3$（Br在C上）

（1）1-溴丁烷 0.7%，2-溴丁烷 99.3%（R,S 构型各 49.65%）

（2）2-甲基丁烷溴代生成一溴代物及其含量为

$BrCH_2CHCH_2CH_3$ （0.03%)　　　　　$(CH_3)_2CBrCH_2CH_3$ （97.69%）
　　$|$
　　CH_3

$(CH_3)_2\overset{*}{C}HCHBrCH_3$ （2.26%）　　　$(CH_3)_2CHCH_2CH_2Br$（0.02%）

（R,S 各占 1.13%）

3. 链引发：$(CH_3)_3C-O-O-C(CH_3)_3 \xrightarrow{30\ ℃} 2(CH_3)_3C-O·$

$(CH_3)_3CO·+(CH_3)_3CH \longrightarrow (CH_3)_3COH+(CH_3)_3C·$

链传递：$(CH_3)_3C·+CCl_4 \longrightarrow (CH_3)_3CCl+Cl_3C·$

$Cl_3C·+(CH_3)_3CH \longrightarrow Cl_3CH+(CH_3)_3C·$

……

4. （1）（R）-（−）-2-甲基-1-氯丁烷氯代时，共有 7 种产物：

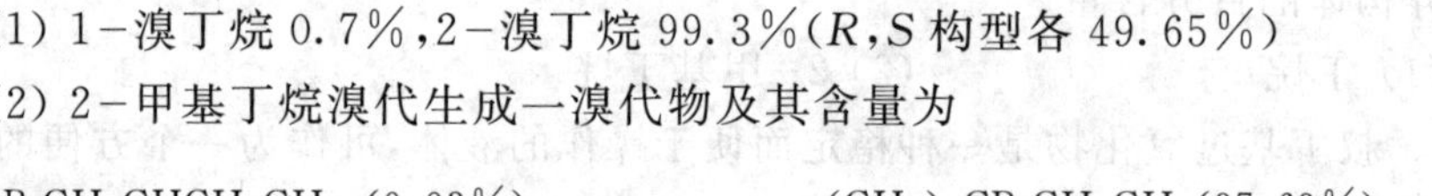

（结构式）$\xrightarrow[h\nu]{Cl_2}$ A + B + C + …

$$\text{ClCH}_2\underset{\text{CH}_2\text{Cl}}{\overset{\text{CH}_2\text{CH}_3}{-\text{C}-\text{H}}} + \text{Cl}\underset{\text{H}_3\text{C}}{\overset{\text{CH}_3}{-\text{C}-\text{H}}}_{\text{CH}_2\text{Cl}} + \text{H}\underset{\text{H}_3\text{C}}{\overset{\text{CH}_3}{-\text{C}-\text{Cl}}}_{\text{CH}_2\text{Cl}} + \text{CH}_3\underset{\text{CH}_2\text{Cl}}{\overset{\text{CH}_2\text{Cl}}{-\text{C}-\text{H}}} + \text{HCl}$$
D   E   F   G

（2）上面 7 种物质经过精密分馏可分出 6 种馏分。由于不同的物质沸点不同，对映体沸点相同，应在同一馏分中（B 和 C），非对映体沸点不同，应不在同一馏分中（E 和 F），因此共有 6 种馏分。

（3）对映体 B，C 所组成的馏分为外消旋体，无旋光性。由于化合物 D 无手性，该馏分无旋光性，其余 4 种馏分有旋光性。

▶▶ 习题解答

5-1 写出 C_7H_{16} 所有构造异构体的结构式，并用系统命名法命名。

解：略。

5-2 写出下列烷基的名称及常用缩写符号。

(1) CH_3—   (2) CH_3CH_2—   (3) $CH_3CH_2CH_2$—

(4) $(CH_3)_2CH$—   (5) $CH_3CH_2CH_2CH_2$—   (6) $(CH_3)_2CHCH_2$—

(7) $CH_3CH_2\underset{CH_3}{\overset{|}{C}H}$—   (8) $(CH_3)_3C$—

解：(1) 甲基（Me）   (2) 乙基（Et）   (3) 正丙基（n-Pr）

(4) 异丙基（i-Pr）   (5) 正丁基（n-Bu）   (6) 异丁基（i-Bu）

(7) 仲丁基（s-Bu）   (8) 叔丁基（t-Bu）

[知识点] 烷基的名称及缩写。

5-3 比较下列化合物沸点的高低。

(1) $CH_3(CH_2)_4CH_3$ (2) $(CH_3)_2CH(CH_2)_2CH_3$

(3) $CH_3CH_2C(CH_3)_3$ (4) $CH_3CH_2CH(CH_3)CH_2CH_3$

解：(1) ＞ (4) ＞ (2) ＞ (3)

[知识点] 沸点与分子间作用力的关系。

5-4 完成下列反应式：

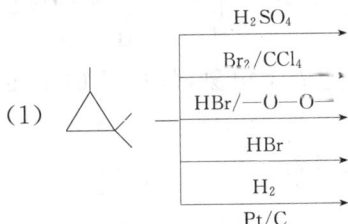

(2) 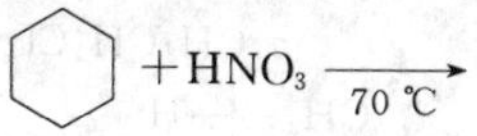 ⬡ + HNO₃ $\xrightarrow{70\ ℃}$

(3) 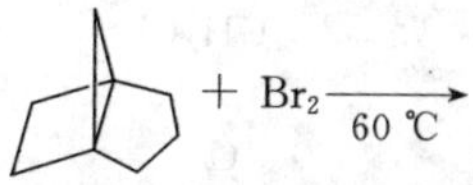 [bicyclic structure] + Br₂ $\xrightarrow{60\ ℃}$

(4) 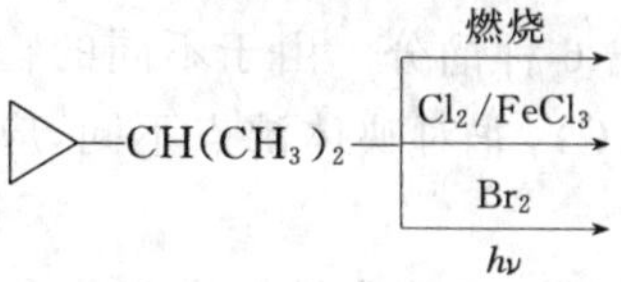 ▷—CH(CH₃)₂ $\begin{cases} \text{燃烧} \\ \text{Cl}_2/\text{FeCl}_3 \\ \text{Br}_2 \\ h\nu \end{cases}$

(5) 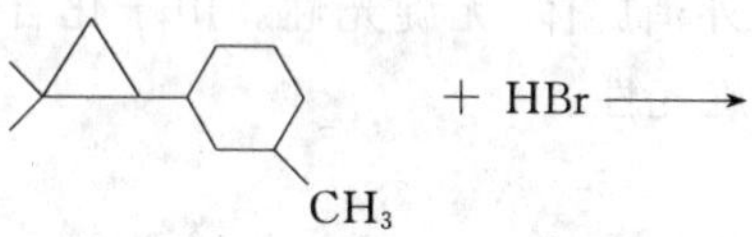 [cyclopropyl-methylcyclohexyl structure] + HBr ⟶

解：(1)
>\<—OSO₃H , >\<(Br)—\< , >\<—\<(Br) , >\<—\<Br , >\<—\<

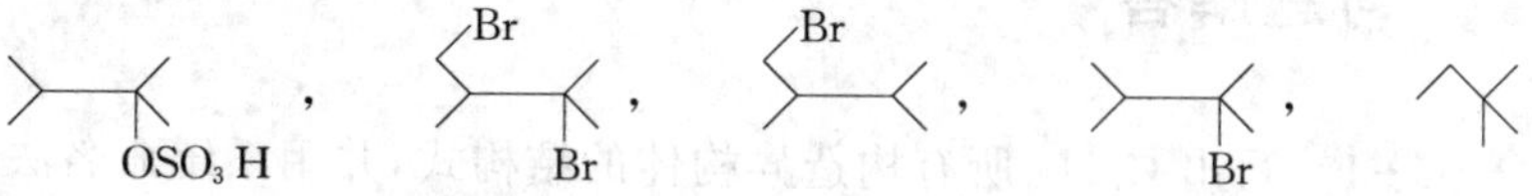

(2) 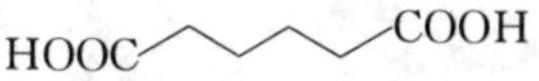 HOOC—(CH₂)₄—COOH

(3) 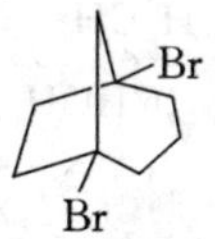 [bicyclic with two Br] （小环烷烃更易开环）

(4) CO₂ + H₂O , [ClCH₂CH(Cl)CH(CH₃)CH₃结构] , [cyclopropyl-C(Br)(CH₃)] + [cyclopropyl-C(CH₃)Br]

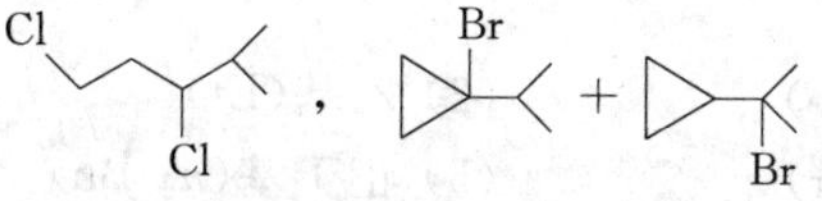

(5) 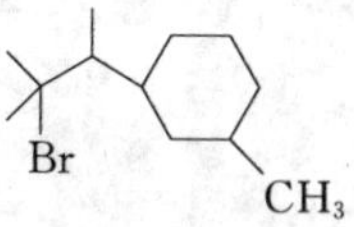 [isopropyl-methylcyclohexyl with Br] （小环烷烃更易开环）

[知识点]　三元环的开环反应、自由基取代反应和氧化反应。

5-5　比较下列化合物构象的稳定性大小。

(1) 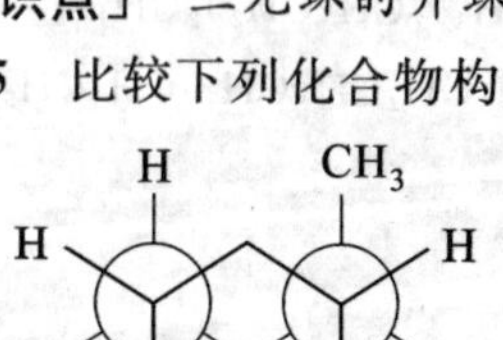 [Newman投影式：H, CH₃前；CH₃, H后]　　(2) 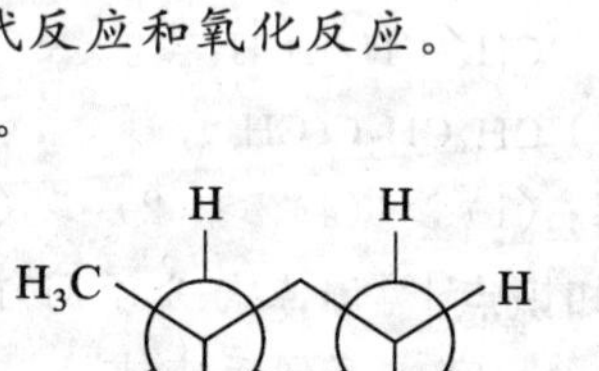 [Newman投影式：H₃C, H前；H, CH₃后]

解：稳定性：对位交叉式构象＞邻位交叉式构象，故构象的稳定性为(2)＞(1)。

[知识点]　构象稳定性判断，Newman 投影式。

***5-6**　下列异构体中哪个最稳定？

(1) 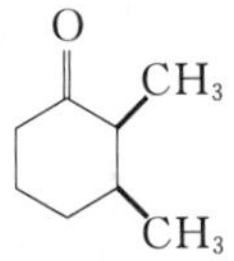 [环己酮,2-CH₃,3-CH₃结构] (2) [环己酮,2-CH₃,4-CH₃结构] (3) [环己酮,3-CH₃,5-CH₃结构]

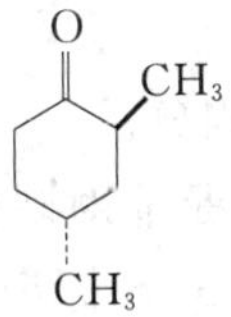

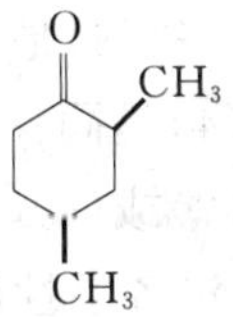

解:(3)最稳定。因为环己酮也是椅型构象,(3)的两个甲基同时位于 e 键上,其构象稳定。

[知识点] 取代环己酮的稳定构象。

5-7 环丙烷内能高是由哪些因素造成的?

解:主要由角张力和扭转张力造成的。

[知识点] 环丙烷的结构特点。

5-8 用 Fischer 投影式表示下列化合物的构型,并用 $R-S$ 标记出手性碳原子的构型。

(1) 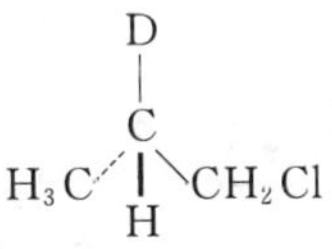 [D, H₃C, CH₂Cl, H 结构]   (2) 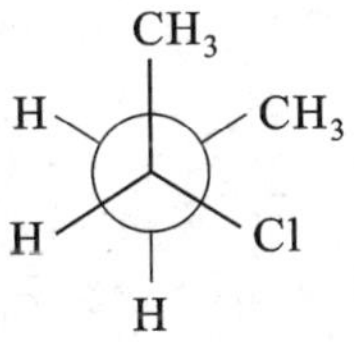 [Newman投影式,CH₃/CH₃/H/H/Cl/H]   (3) 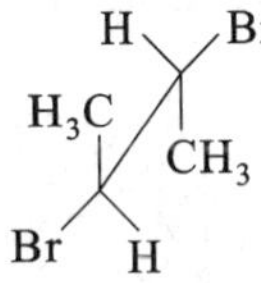 [H—Br, H₃C, CH₃, Br 楔形式]

解:(1) Fischer式: CH₂Cl顶, D—S—H, CH₃底

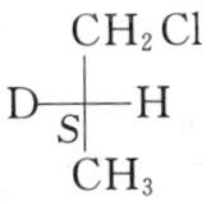

(2) 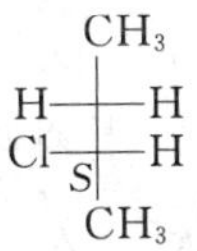 Fischer式: CH₃顶, H—H, Cl—S—H, CH₃底

(3) 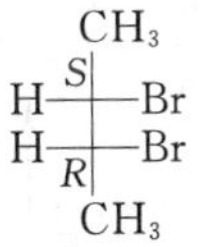 Fischer式: CH₃顶, H—S—Br, H—R—Br, CH₃底

思路:首先对手性碳原子进行 R,S 标记,然后再转化为 Fischer 投影式,注意构型保持不变。

[知识点] Fischer 投影式的表示方法;手性碳原子 $R、S$ 标记法。

5-9 下列四个 Newman 投影式表示的化合物,哪些是对映体?哪些是非对映体?哪些是同一化合物的不同构象?

(1) 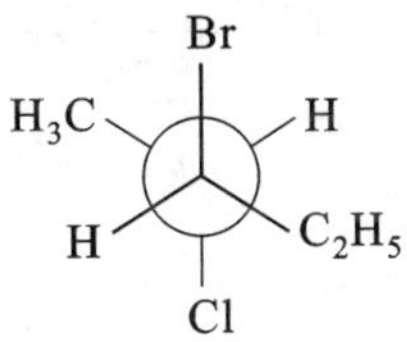 [Newman: H₃C/Br/H 前, H/Cl/C₂H₅ 后]

(2) 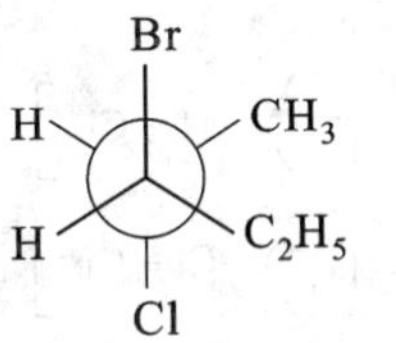 [Newman: H/Br/CH₃ 前, H/Cl/C₂H₅ 后]

(3) 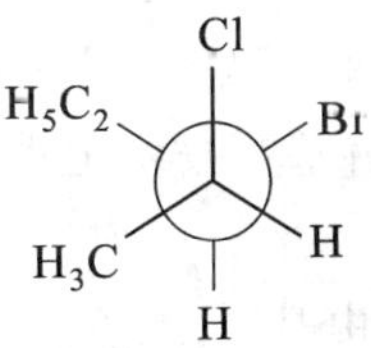 [Newman: H₅C₂/Cl/Br 前, H₃C/H/H 后]

(4) 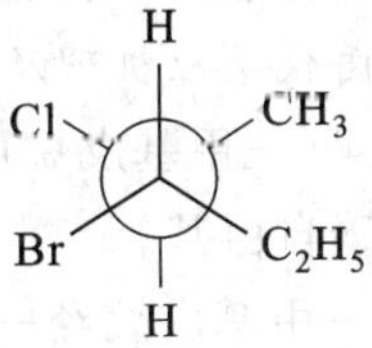 [Newman: H/Cl/CH₃ 前, Br/H/C₂H₅ 后]

解：(1)和(3)是一对对映体。

(2)和(4)是同一化合物的不同构象。

(1)与(2)或(4)、(3)与(2)或(4)是非对映体。

思路：对各手性碳原子构型,用 R,S 标记,构造相同时,若所有的相对应的手性碳原子的构型一致,则为同一化合物的不同构象;若所有的相对应的手性碳原子的构型都相反,则为一对对映体;若只有部分相对应的手性碳原子的构型相反,剩下的相同,则为非对映体。

[知识点] Newman 投影式中手性碳原子的 R,S 标记及对映体,非对映体的概念。

*5-10 写出环戊烷生成氯代环戊烷的反应机理并画出链增长阶段的反应能量变化草图,在图上标明反应物、中间体、过渡态和生成物的结构,并指出哪一步是反应的控速步骤。

解：链的增长阶段：

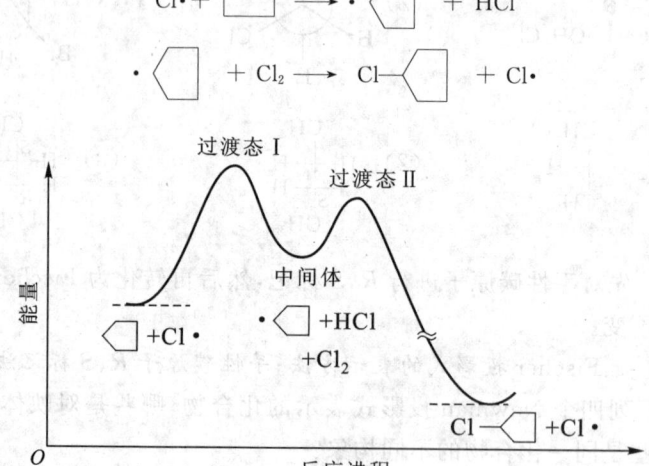

第一步反应活化能高,是控速步骤。

[知识点] 卤代反应机理及反应势能变化图

5-11 2,2,4-三甲基戊烷可以生成哪些种碳自由基?按稳定性由大到小的顺序排列这些碳自由基。

解：2,2,4-三甲基戊烷经一次断裂可形成下列自由基：

·CH₃， CH₃ĊHCH₂C(CH₃)₃， (CH₃)₂ĊH， (CH₃)₃CĊH₂

(CH₃)₂ĊHCH₂， (CH₃)₃C·， (CH₃)₂CHCH₂Ċ(CH₃)₂

碳自由基的稳定性顺序为

$$3°R· > 2°R· > 1°R· > CH_3·$$

[知识点]　自由基的稳定性,键解离能与自由基稳定性的关系。

*5-12　下述反应

$$t\text{-BuOCl} + RH \longrightarrow RCl + t\text{-BuOH}$$

如果链引发反应为

$$t\text{-BuOCl} \longrightarrow t\text{-BuO·} + Cl·$$

试写出链增长反应。

解：链增长反应：$RH + t\text{-BuO·} \longrightarrow R· + t\text{-BuOH}$

$$R· + t\text{-BuOCl} \longrightarrow RCl + t\text{-BuO·}$$

R·和 t-BuO·都是链反应活性自由基。

思路：链增长反应得到产物并且形成链反应活性自由基。产物 t-BuOH 的形成说明 RH 与 t-BuO·反应生成 R·，R·再与 t-BuOCl 反应生成产物 RCl 和活性自由基 t-BuO·。

[知识点]　自由基反应机理。

5-13　甲烷在光照下进行氯代反应时,还可以观察到如下现象,试用烷烃的氯代机理解释这些现象。

(1) 将 Cl_2 气先用光照,然后立即在黑暗中与甲烷混合,可以获得氯代产物。

(2) 氯气经光照后,若在黑暗中放置一段时间再与甲烷混合,则不发生氯代反应。

(3) 如将甲烷经光照后,在黑暗中与氯气混合,也不发生氯代反应。

提示：(1) $Cl_2 \xrightarrow{h\nu} 2Cl·$　引发反应

(2) 放置一段时间后,自由基消失：$2Cl· \longrightarrow Cl_2$

(3) 甲烷中 C—H 键解离能大,光照不易发生均裂,没有产生·CH₃。

[知识点]　自由基反应机理。

5-14　回答下列问题：

(1) 为什么烷烃不活泼?

(2) 为什么在烷烃高温热解过程中,断裂的主要是 C—C 键而不是 C—H 键?

*(3) 烷烃的燃烧是一个强烈的放热反应,但该反应并不在室温下发生。

解：(1) 分子中的反应活性部位通常是有极性键、有缺电子原子、有一对或两对未共享电子。而烷烃分子中不具备这些特点，故不活泼。

(2) C—C 键的能量(347 kJ·mol^{-1})比 C—H 键的能量(414 kJ·mol^{-1})低。

(3) 由于反应的活化能非常高，所以在室温下不易发生。

思路：从烷烃的结构特征，键能大小及活化能方面分析。

[**知识点**] 烷烃的结构与性质的关系。

5-15 下列哪些化合物可以用烷烃的卤化反应制备？哪些不适合？请说明理由。

(1) 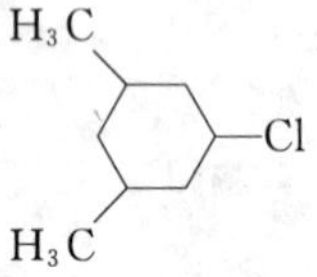 [3,5-二甲基环己基氯结构]　(2) [环丙基氯结构]　(3) [二环己基溴甲基结构]

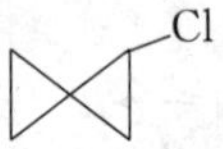

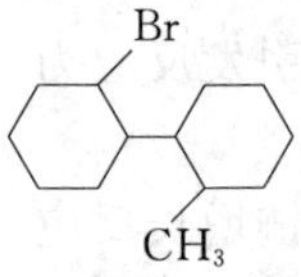

(4) $(CH_3)_3C—Br$　(5) $(CH_3)_3CCH_2Cl$　(6) $(CH_3)_3C—C(CH_3)_2$
$\qquad\qquad\qquad\qquad\qquad\qquad\qquad\qquad\qquad\quad\ \ |$
$\qquad\qquad\qquad\qquad\qquad\qquad\qquad\qquad\qquad CH_2Cl$

解：(2)、(4)、(5)、(6)适合，(1)、(3)不适合。

因为(2)、(5)、(6)化合物分子中只有一种氢，取代哪一个氢原子，氯代产物都是相同的。而(4)中是溴代产物，分子中 1°H:3°H = 9:1，溴代时 $v_{3°H}:v_{1°H} \approx$ 1600:1，$(CH_3)_3C—Br$ 的理论产率为 $\dfrac{1600}{1600+9} \approx 99\%$。

思路：从分子中含有不同类型氢原子的数目比及发生卤化反应速率比分析目标化合物的理论产率。

[**知识点**] 烷烃卤化反应的选择性。

*5-16 下列反应可以得到几种一溴代物(包括立体异构体)？如果伯氢和仲氢的反应速率比为 1:82，请估算各种产物的相对含量。

$$CH_3CH_2CH_2CH_2CH_3 \xrightarrow[h\nu]{Br_2}$$

解：可以得到四种一溴取代物。其结构简式如下：

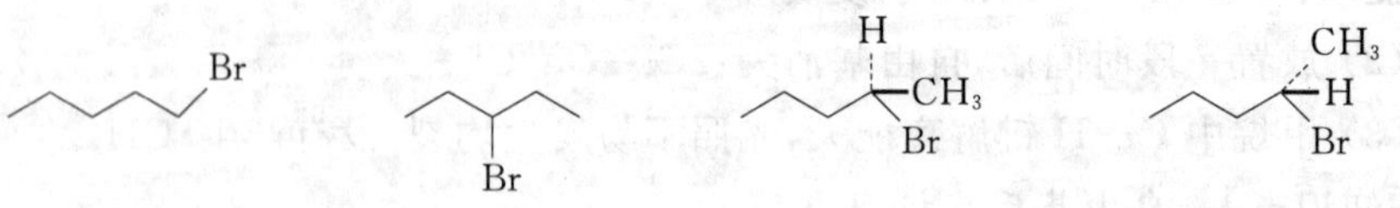

    A   B   C   D

下图是反应物中的不同氢原子被溴取代后生成产物 A～D 的关系：

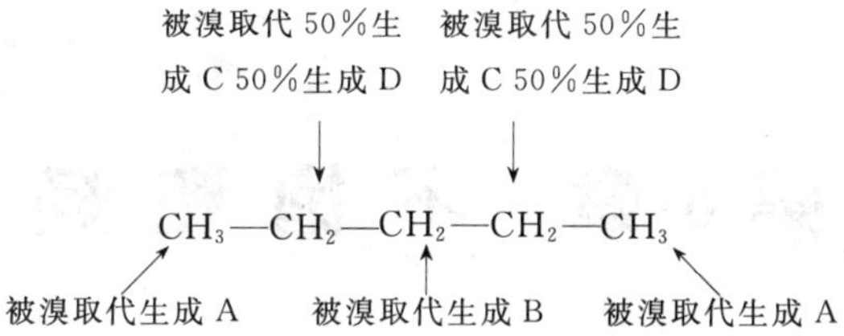

被溴取代 50% 生成 C 50% 生成 D　　被溴取代 50% 生成 C 50% 生成 D

$$CH_3-CH_2-CH_2-CH_2-CH_3$$

被溴取代生成 A　　被溴取代生成 B　　被溴取代生成 A

上图说明,反应物分子中共有 12 个氢原子,生成 A 的概率是 6/12,生成 B 的概率为 2/12,生成 C 和 D 的概率各为 2/12。

伯氢与仲氢的反应速率比为 1∶82,则四种产物的比例应为 $6×1:2×82:4×82×50\%:4×82×50\% = 3:82:82:82$,它们的质量分数为

$$w_A = \frac{3}{249} × 100\% = 1.20\%$$

$$w_B = w_C = w_D = \frac{82}{249} × 100\% = 32.93\%$$

[知识点]　生成概率和反应速率对产物比例的影响。

第6章 不饱和烃

▶▶ **学习重点**

烯烃：
1. 烯烃的加成反应：催化加氢反应、溴化氢的自由基加成反应和亲电加成反应。
2. 烯烃亲电加成反应的三种机理：
① 与质子酸的亲电加成——碳正离子机理。
烯烃的活性：

$$R_2C=CR_2 > R_2C=CHR > RCH=CHR > RCH=CH_2 > CH_2=CH_2$$

HX 的活性：

$$HI > HBr > HCl > HF$$

不对称烯烃加成方向遵守 Markovnikov 经验规律。

加成本质是 H^+ 先加成到 " $\diagdown C=C \diagup$ " 的一个碳上，生成稳定的碳正离子：

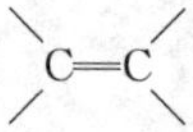

$$3°R^+ > 2°R^+ > 1°R^+$$

加成反应伴随着碳正离子的重排，会得到分子碳架改变的烷烃衍生物。
② 与溴、氯亲电加成——三元环卤鎓离子机理（反式加成）。有孤对电子，原子半径较大的亲电试剂，如：Br_2、Cl_2、ClOH、BrOH、ClI 等，易形成三元环卤鎓离子（ $\diagdown \overset{X}{\underset{\oplus}{C-C}} \diagup$ ）中间体。烯烃的构型不同得到不同构型产物。
③ 与硼氢化物亲电加成——四元环过渡态顺式加成机理。
烯烃是 Lewis 碱，$H-BH_2$ 化物是 Lewis 酸，易形成四元环过渡态：

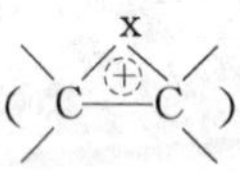

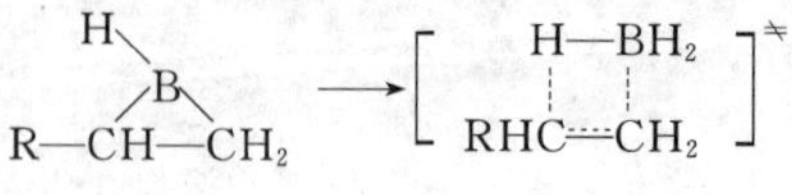

$$\underset{R-CH-CH_2}{\overset{H}{\underset{B}{\diagup}}} \longrightarrow \left[\underset{RHC\cdots CH_2}{\overset{H-BH_2}{\vdots \vdots}} \right]^{\ddagger}$$

加成方向是缺电子的 B 与电子丰富的双键碳原子相连。
3. 不同氧化剂氧化烯烃得到不同产物：碱性高锰酸钾、四氧化锇得顺式氧化产物邻二醇；过氧化物得环氧烷烃；强氧化剂得酮、酸等化合物。

4. 聚合反应。

5. $\alpha-$氢的自由基取代反应和氧化反应。

炔烃：

1. 具有烯的一些典型反应：与质子酸亲电加成遵守马氏规则；与 Br_2 反式加成；与硼氢化物顺式加成；与溴化氢自由基加成；氧化反应；聚合反应。

2. 炔可与 HCN 等试剂发生亲核加成，比烯烃活泼；亲电加成活性不如烯烃。

3. 炔氢的反应：炔化金属盐生成。

4. 炔的分步还原反应，可控制中间产物顺、反烯烃的生成。

共轭二烯烃：

1. 共轭体系类型：$\pi-\pi$，$p-\pi$，$\sigma-\pi$，$\sigma-p$；共轭效应能增加化合物的稳定性和亲电加成的活性。

2. 共轭二烯烃具有烯烃的典型反应，1,2-加成反应。

3. 共轭二烯烃的共轭加成反应（动力学控制产物；热力学控制产物）。

4. 周环反应：二烯烃的电环化反应；Diels-Alder 反应（双烯合成反应），双烯体有给电子取代基，亲双烯体有吸电子基，有利于反应进行，产物的取代基以 1,2 和 1,4 位为主。

5. 共轭二烯是合成橡胶原料——1,2-加成聚合，1,4-加成聚合。

▶▶ 专题讨论与拓展

1. 烯烃与质子酸的亲电加成反应

Markovnikov 研究烯烃与质子酸反应时，发现质子酸的氢离子加成到烯烃含氢较多的双键碳原子上，而酸根部分加到含氢较少的双键的碳原子上，称为 Markovnikov 经验规则。

有机化合物的电子理论出现后，根据化合物的结构，有机反应分为亲电反应和亲核反应。烯烃与质子酸的反应称为亲电加成反应。不对称烯烃双键上的 π 电子分布靠近支链少的碳上，即 $\begin{matrix} R^1 \\ R^2 \end{matrix} \overset{\delta^+}{C} \overset{\delta^-}{=} CH-R^3$，与质子酸加成的第一步是 H^+ 先与双键带负电荷多的碳原子反应，生成烷基碳正离子，中间体是稳定的碳正离子。接着酸根部分与烷基碳正离子结合，完成加成反应。加 H^+ 一步是反应控制步骤。烯烃与质子酸加成的本质是生成稳定的碳正离子中间体，与马氏规则一致，给马氏规则一个理论解释。

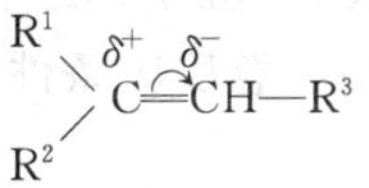

$$\text{Ph-CH=CH-CH(CH}_3)_2 \xrightarrow{H^+} \text{Ph-CH}^+\text{-CH}_2\text{-CH(CH}_3)_2 \xrightarrow{Br^-} \text{Ph-CHBr-CH}_2\text{-CH(CH}_3)_2$$

带有官能团的取代烯烃与质子酸的亲电加成反应,也是 H^+ 先加成到带负电荷多的碳原子上,生成稳定的碳正离子:

$$CF_3 \leftarrow CH=CH_2 \xrightarrow{H^+} CF_3CH_2\overset{+}{C}H_2 \xrightarrow{Br^-} CF_3CH_2CH_2Br$$

$$O_2N \leftarrow CH=CH_2 \xrightarrow{H^+} O_2N-CH_2\overset{+}{C}H_2 \xrightarrow{Br^+} O_2NCH_2CH_2Br$$

$$CH_3-O \leftarrow CH=CH_2 \xrightarrow{H^+} CH_3O\overset{+}{C}H-CH_3 \xrightarrow{Br^-} CH_3OCHBr-CH_3$$

2. 烯烃的稳定性与化学反应活泼性

通过烯烃氢化热的大小,判断烯烃的热力学稳定性次序是

$$R_2C=CR_2 > R_2C=CHR > R_2C=CH_2 > RCH=CH_2 > CH_2=CH_2$$

烯烃与质子酸加成反应,第一步是 H^+ 加成,生成碳正离子,此步是反应的控制步骤,烯烃与质子酸亲电加成反应的活性次序也是

$$R_2C=CR_2 > R_2CH=CHR > R_2C=CH_2 > RCH=CH_2 > CH_2=CH_2$$

如何理解烯烃稳定性顺序与烯烃亲电加成反应活性顺序一致?

化合物的稳定性是指分子在基态时能量高低的度量,是静态的热力学性质,而反应活性是指反应在一定条件下按一定机理进行生成产物的反应速率大小,是动态的动力学性质,反应活化能越小,反应速率越大,反应活性越高。化合物的稳定性和反应活泼性可能是一致的,也可能是相反的。例如,环烷烃的稳定性为 ⬠ > ☐ > △,加氢开环反应活性 △ > ☐ > ⬠。又如,烯烃与 R_2BH 进行加成反应,其活性不一定完全符合与质子酸反应的活性,因为烯烃与 R_2BH 加成反应是通过四元环过渡态,过渡态的能量受烯烃结构控制,支链多,空间障碍大,过渡态能量高,反应不易进行,烯烃反应活性小。因此,在讨论反应物稳定性与反应活性时要注意反应条件、反应机理,对不同反应机理加以分析比较而得出正确的结论。

3. Diels-Alder 反应

这个反应属于周环反应,又称[4+2]反应,是合成六元碳环和六元杂环化合物的重要反应,其反应有如下的特点:

① 双烯体有给电子基、亲双烯体有吸电子基时，反应容易进行。

② 双烯体"〰"在反应过程中先转化成"∥"后，才进行反应。

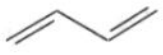

③ 双烯体有给电子基、亲双烯体有吸电子基时，得到取代环已烯的取代基在1,2位或1,4位的产物为主：

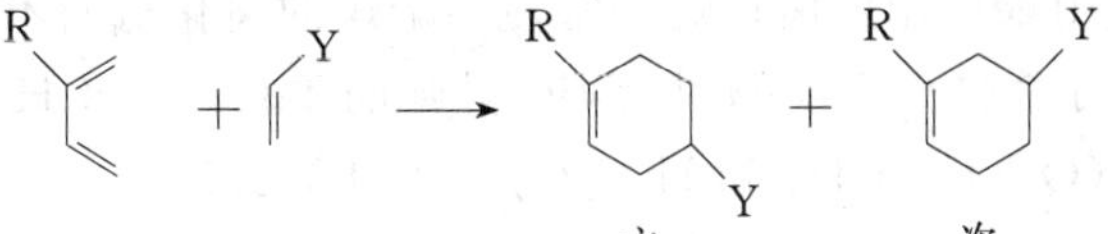

④ 双烯体与亲双烯体有取代基时，反应有高度立体专属性：

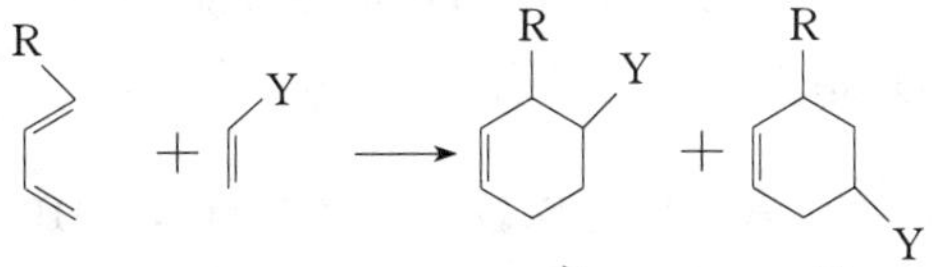

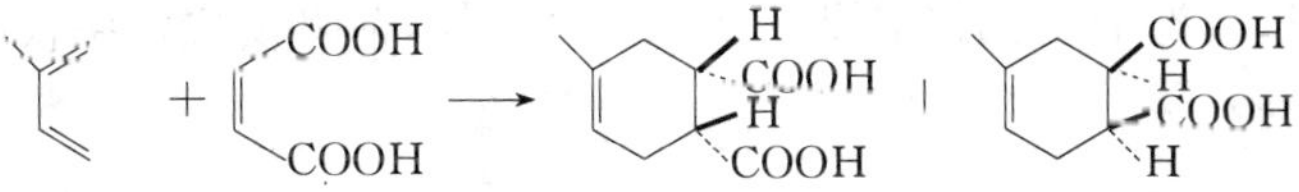

⑤ 环状双烯体反应生成桥环烯烃，以内向型产物为主：

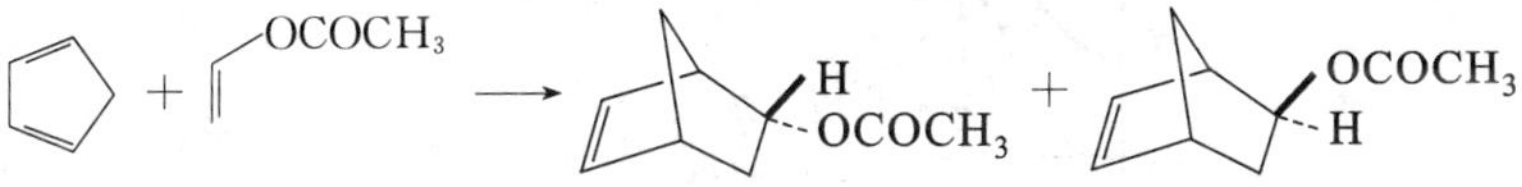

主要（内向型）　　　次要（外向型）

⑥ 如果使用Lewis酸如$AlCl_3$作催化剂，反应温度低，③、④、⑤项产物的选择性可进一步提高。

⑦ 可用于杂环化合物的合成：

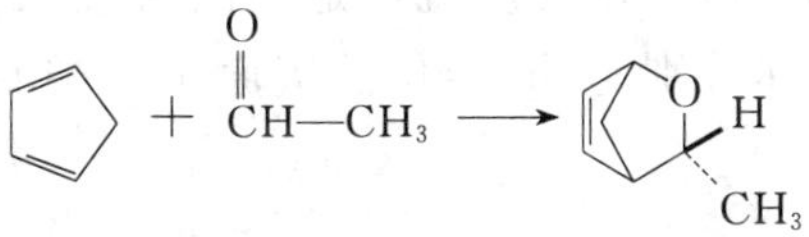

⑧ 反应可在水溶液中进行。

▶▶ 例题解析

例1 回答下列问题：

(1) 乙炔中的 C—H 键键能比烯烃、烷烃中的 C—H 键键能大,但它的酸性是烃中最强的。这两个事实是否矛盾?

(2) 共轭二烯烃比孤立二烯烃更稳定,发生亲电加成反应又比孤立二烯烃更活泼,这一事实是否矛盾?

(3) 根据反应机理说明为什么乙炔与 HX 或 Br_2 等亲电加成反应活性比乙烯弱?

(4) 为什么由烯烃制备卤代烷经常使用干燥的卤化氢而不是它的水溶液?

(5) Br_2 与丙烯在 C_2H_5OH 中反应,得到的不仅是 $BrCH_2CHBrCH_3$,而且还有 $BrCH_2CH(OC_2H_5)CH_3$ 和 $H_5C_2OCH_2CHBrCH_3$。

解析:(1) 不矛盾。键能是对 C—H 键均裂难易的衡量,$HC\equiv C-H \longrightarrow HC\equiv C\cdot + H\cdot$,酸性则是指键异裂的难易即

$$HC\equiv C-H + \bar{B}(碱) \longrightarrow HC\equiv C:^- + HB$$

(2) 不矛盾。反应活性取决于活化能(ΔE)值,虽然共轭二烯烃的基态焓比孤立二烯烃低(热力学稳定性),但与亲电试剂反应时,共轭体系的过渡态的焓比孤立二烯烃过渡态的焓低得多,即 $\Delta E_{共轭} < \Delta E_{孤立}$,前者反应速率快(见图 6-1)。

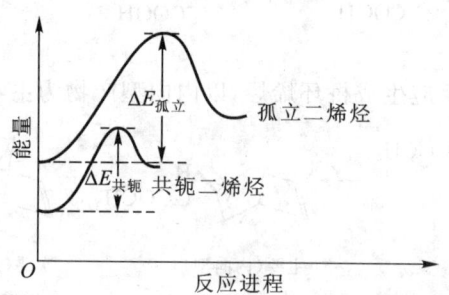

图 6-1 共轭二烯烃和孤立二烯烃反应能量图

(3) 乙炔和乙烯的亲电加成反应机理是类似的,当 HX 加到 C≡C 三键和 C=C 双键上时,中间体分别是 sp 杂化的碳原子上带有正电荷的碳正离子和 sp^2 杂化的碳正离子:

$$-\overset{+}{C}=C-H \text{ sp 杂化} \qquad -\overset{+}{\underset{|}{C}}-\overset{|}{C}-H \text{ } sp^2 \text{ 杂化}$$

由于 sp 杂化的碳原子电负性大于 sp^2 杂化的碳原子,正电荷在电负性大的原子上的中间体稳定性小,因此乙炔与 HX 加成形成的中间体碳正离子稳定性小,反应活性低。用 Br_2 等亲电试剂与炔和烯加成反应的中间体分别为

溴鎓离子：

$$-\overset{}{\underset{Br}{C\!=\!=\!C}}-\quad 与 \quad -\overset{|}{\underset{Br}{C\!-\!\!-\!\!C}}-\overset{|}{}$$

在这种鎓离子中，部分正电荷被分散到碳原子上，这些碳原子具有类似于 sp 杂化和 sp^2 杂化特征，所以类似 sp 杂化的碳原子更难承受分散的正电荷，稳定性小于由乙烯形成的溴鎓离子，乙炔与 Br_2 的反应活性小于乙烯。

（4）干燥的卤化氢的亲电性比其水溶液强，这是由于 H_2O 是极性溶剂，生成水化的 H^+ 和 Cl^-，水化的 H^+ 亲电性小，反应慢。而且水是亲核试剂，它易与中间体 R^+ 反应得到醇。

（5）因为亲电加成反应是分步进行的，首先形成溴鎓离子中间体，然后 Br^- 与 $C_2H_5\ddot{O}H$ 都能作为亲核试剂与溴鎓离子反应而得到了不同产物。

例 2 写出下列反应产物的构型式：

(1) [环己烷，含 CH₃、H、=CH₂] $\xrightarrow{H_2}{Pt}$

(2) [环戊烯] + Br_2 $\xrightarrow{CH_3OH}$ （　　）+（　　）

(3) [降冰片烯衍生物] $\xrightarrow[②H_2O_2/OH^-]{①B_2H_6,THF}$

(4) [环己烯] $\xrightarrow[0\,℃]{稀\ KMnO_4/OH^-}$

(5) [环戊烯] $\xrightarrow{NBS}$ （　　）$\xrightarrow{KOH,EtOH}$ （　　）$\xrightarrow{\overset{H_3COOC\quad COOCH_3}{\underset{H\quad\quad H}{C=C}}}$

(6) $CH_3CH\!=\!CH\!-\!\overset{O}{\overset{\|}{C}}\!-\!O\!-\!CH\!=\!CHCH_3$ + Br_2(1 mol) $\longrightarrow$

(7) $CH_2\!=\!CH\!-\!C\!\equiv\!CH$ + HBr(1 mol) $\longrightarrow$

(8) [降冰片烯] $\xrightarrow[Na_2CO_3]{间-氯过氧苯甲酸\ CO_3H}$ （　　）+（　　）

(9) [降冰片烯衍生物，含 H、CH₃、COOCH₃、H] $\xrightarrow[气相]{热裂}$

(10) 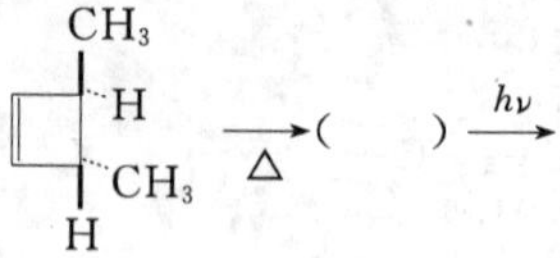 [环烯结构, CH₃, H, CH₃, H] $\xrightarrow{\Delta}$ ( ) $\xrightarrow{h\nu}$

解析: (1) 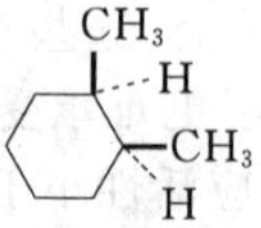 [环己烷结构 CH₃, H, CH₃, H] 催化氢化是发生在位阻较小的面上的顺式加成反应。

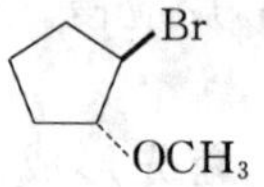

(2) 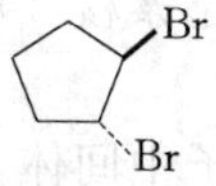 [环戊烷 Br, Br] (dl) + [环戊烷 Br, OCH₃] (dl) 反式加成。

(3) 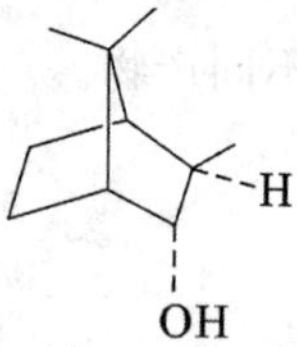 [双环结构 H, OH] 硼烷是从位阻小的方向进攻,顺式加成,硼连在氢原子多的碳原子上。

(4) 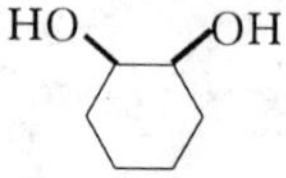 [环己烷 HO, OH] 高锰酸钾碱性氧化得到顺式邻位二醇

(5) 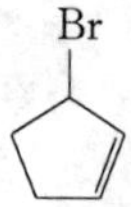 [环戊烯-Br], [环戊二烯], [双环 H COOCH₃, H COOCH₃], 内向型产物

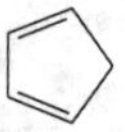

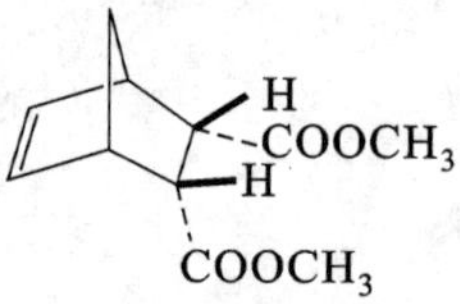

(6) $CH_3CH=CH-O-CHBrCHBrCH_3$ 电子云密度高的双键优先反应。

(7) $CH_2=CH-\underset{Br}{\underset{|}{C}}=CH_2$ 共轭加成,再异构化生成稳定的共轭二烯烃。

(8) 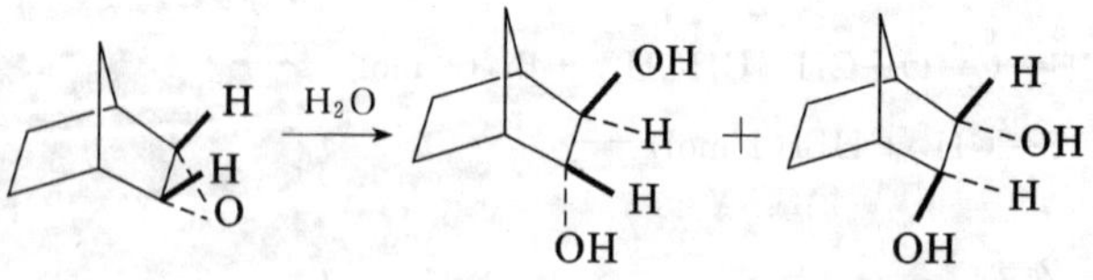 [降冰片烯环氧化物 H, H, O] $\xrightarrow{H_2O}$ [二醇 OH, H, H, OH] + [二醇 H, OH, OH, H] 烯烃环氧化产物水解得到反式二醇。

(9) 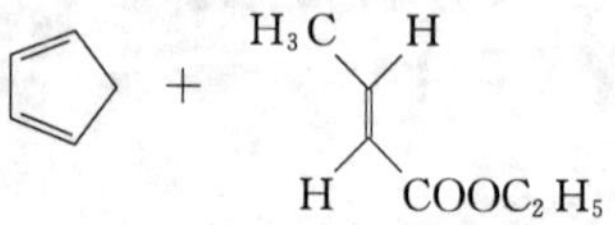 [环戊二烯] + [H₃C, H, H, COOC₂H₅] D-A反应的逆反应

(10)

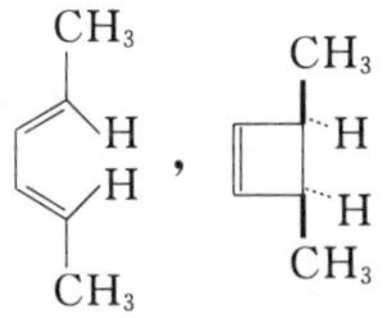

例3 用化学方法鉴别以下化合物

A. 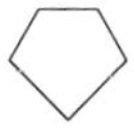 ⬠ B.  ⬠(cyclopentene) C. $CH_3C\equiv CH$ D. 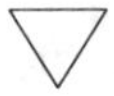 △ E. $CH_3CH=CH_2$

解析：用化学方法鉴别化合物有两点基本要求：一是反应条件不苛刻，操作简单，二是反应现象明显，容易观察。

鉴别题表达方式有多种，常用的方法有叙述式、表格式、图解式和反应式表述式。

(1) 叙述式　取各化合物少许，分别加入氯化亚铜的氨溶液，能产生砖红色沉淀的是C，其余无现象的是A、B、D、E。再分别取A、B、D、E少许，各加入顺丁烯二酸酐，产生白色固体的是B，无此现象的为A、D、E。再分别取A、D、E少许，分别加入Br_2-CCl_4，颜色褪去的为D、E，无此现象的为A。在D和E中分别加入$KMnO_4$溶液，使$KMnO_4$溶液褪色的为E，无此现象的为D。

(2) 表格式

试剂	反应现象	结论				
		A	B	C	D	E
$[Cu(NH_3)_2]^+Cl^-$	砖红色沉淀	−	−	+	−	−
顺丁烯二酸酐	白色沉淀	−	+		−	−
Br_2-CCl_4	颜色褪去	−			+	+
$KMnO_4$	颜色褪去				−	+

注："＋"表示有此现象；"－"表示无此现象

(3) 图解式

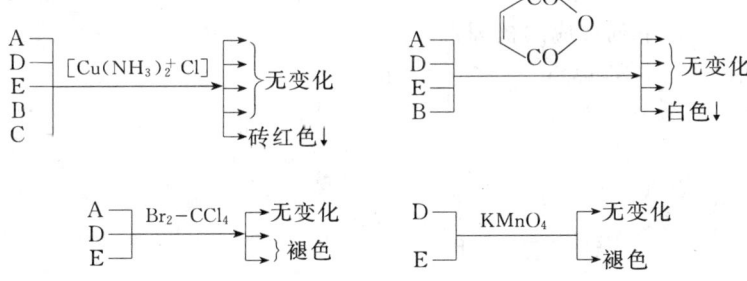

（4）反应式表述式

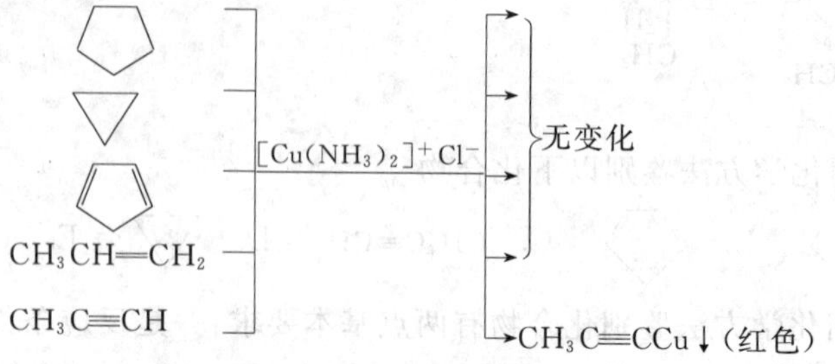

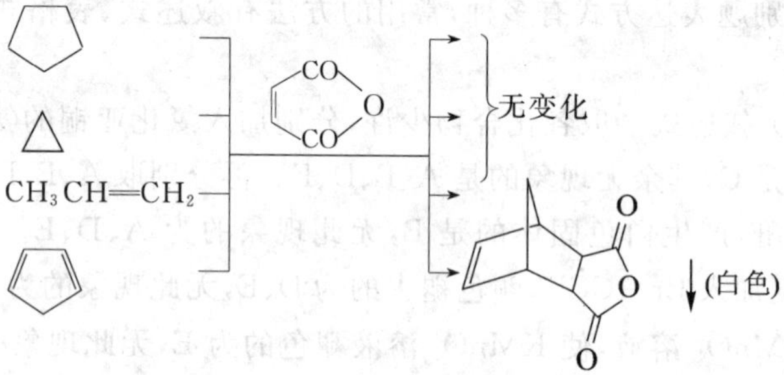

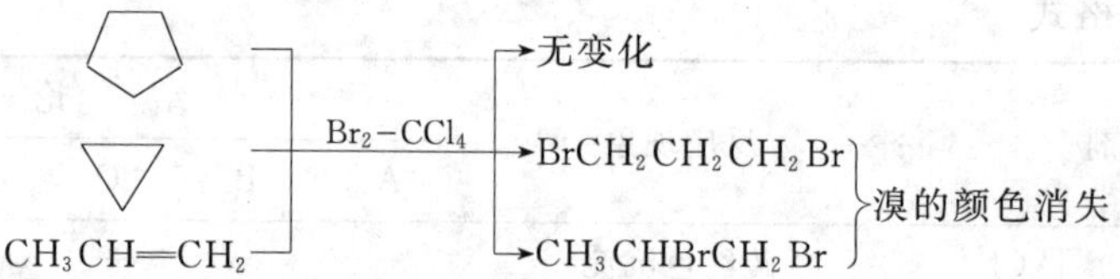

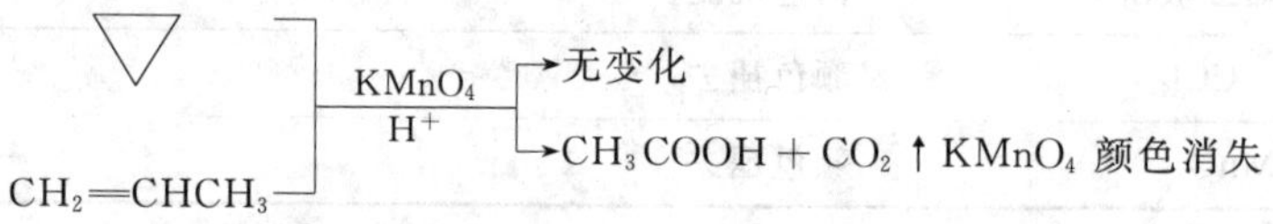

通过以上几种表达方法，可以清楚地看出各表达式的优、缺点。其中图解式简明易辨，层次清晰。而反应式表述式的优点是表述清楚，并可以通过书写反应式达到复习所学知识的目的。根据不同的鉴别问题，可以选用不同的表达方式。

例 4 写出下列反应的机理：

1.

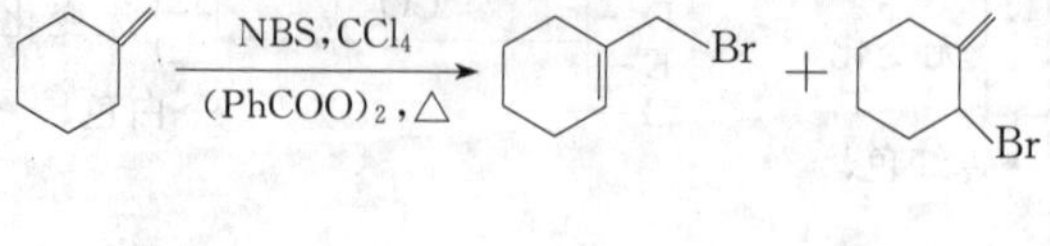

2.

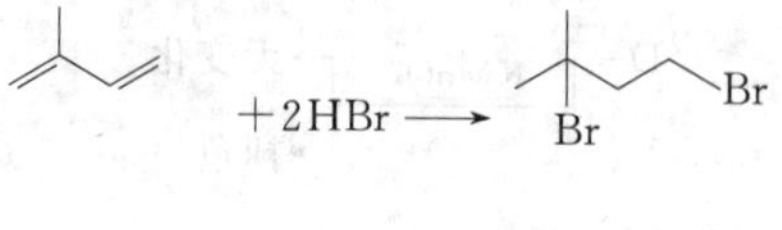

3.

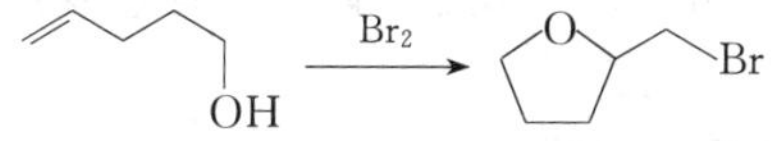

$\underset{\text{OH}}{\diagup\!\!\!\diagup\!\!\!\diagup}$ $\xrightarrow{Br_2}$ 四氢呋喃-2-基甲基溴

解析： 1. 该反应为自由基反应机理，NBS 与反应体系中存在极少量的 HBr 反应产生少量的 Br_2：

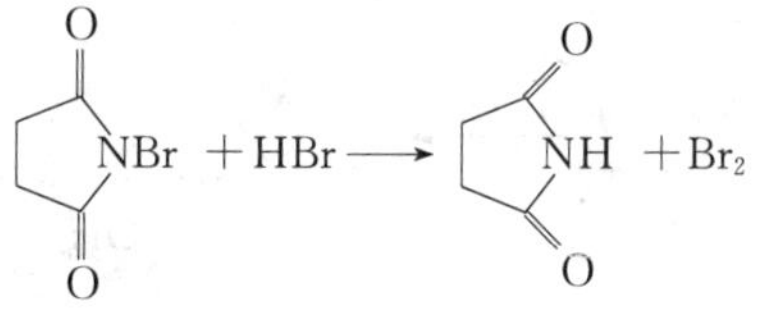

NBS + HBr ⟶ 琥珀酰亚胺 + Br_2

再按下面过程发生反应：

链引发：$(PhCOO)_2 \xrightarrow{\triangle} 2PhCOO\cdot$

$PhCOO\cdot \longrightarrow Ph\cdot + CO_2$

$Ph\cdot + Br_2 \longrightarrow PhBr + Br\cdot$

链传递：环己烯-CH₂ + Br· ⟶ [自由基共振结构] + HBr

自由基 + Br_2 ⟶ 溴代产物 + Br·

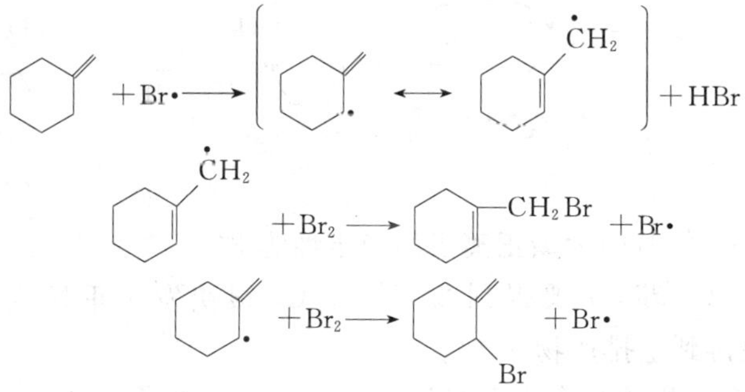

链终止：$Br\cdot + Br\cdot \longrightarrow Br_2$

$Ph\cdot + Ph\cdot \longrightarrow Ph-Ph$

$Ph\cdot + Br\cdot \longrightarrow PhBr$

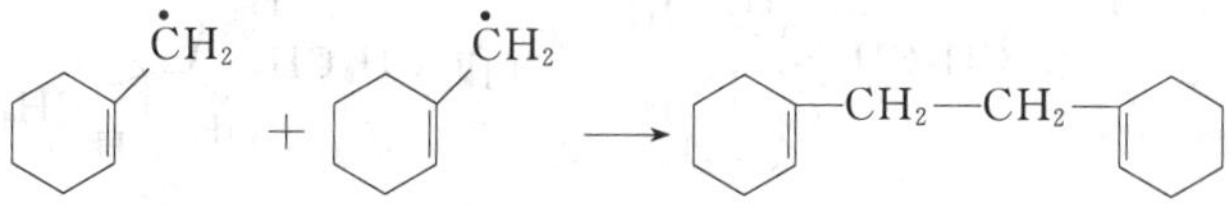

2 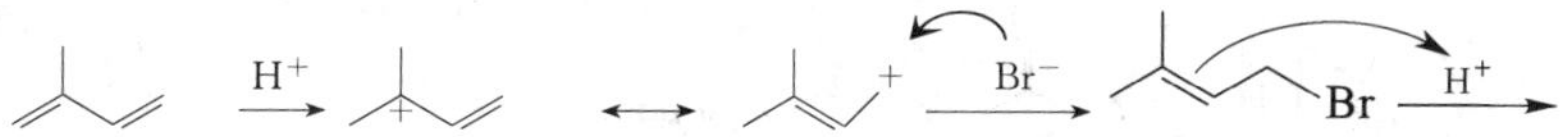 自由基 ⟶ 二聚体

2. 异戊二烯 $\xrightarrow{H^+}$ 叔碳正离子 ⟷ 烯丙基正离子 $\xrightarrow{Br^-}$ 烯丙基溴 $\xrightarrow{H^+}$

（烯丙位叔碳正离子稳定，优先形成）

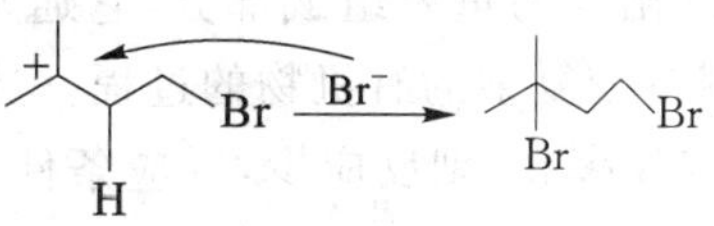

正离子 + Br^- ⟶ 溴代产物

3. 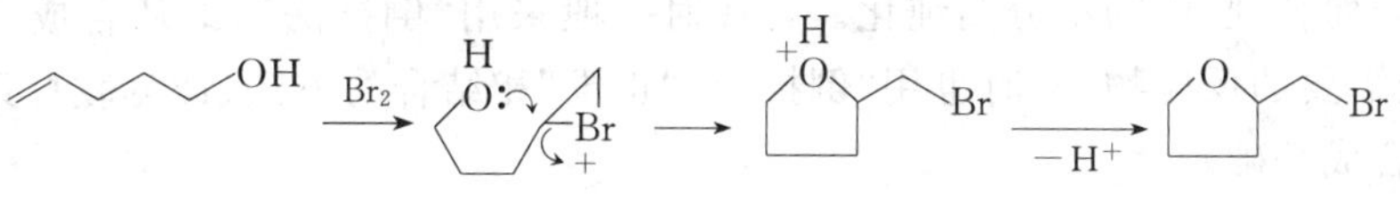 $\underset{\text{OH}}{\diagup\!\!\!\diagup\!\!\!\diagup}$ $\xrightarrow{Br_2}$ 质子化环状中间体 ⟶ 氧鎓离子 $\xrightarrow{-H^+}$ 四氢呋喃-2-基甲基溴

例 5 在下列反应体系中可以得到几种产物醇？哪一种是主要产物？为什么？

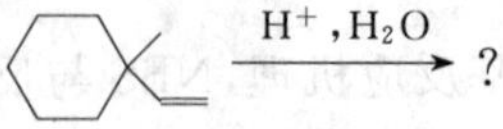

$$\text{环己基-C(CH}_3\text{)=CH}_2 \xrightarrow{H^+, H_2O} ?$$

解析：

[反应机理图：烯烃质子化后生成1°碳正离子和2°碳正离子，分别与 H_2O 作用、脱 H^+ 得到产物1和产物2；2°碳正离子经重排生成3°碳正离子，再与 H_2O 作用、脱 H^+ 得到产物3（主要产物）。]

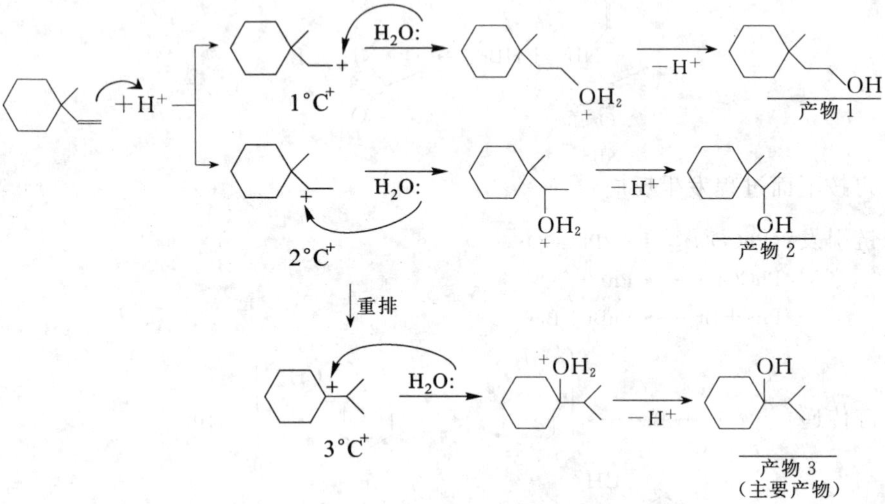

主要产物为产物 3，因为碳正离子的稳定性为 $3°C^+ > 2°C^+ > 1°C^+$。在烯烃与 H^+ 作用的第一步，主要得到 $2°C^+$，$2°C^+$ 很快发生重排生成更稳定的 $3°C^+$，最后主要得到重排产物 3。

例 6 由指定有机原料合成下列化合物：

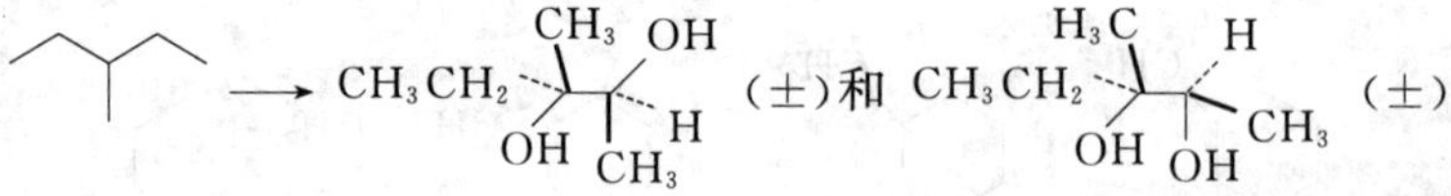

(1) 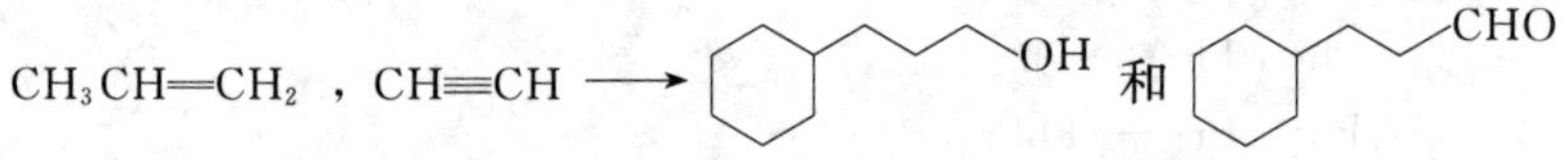 $CH_3CH=CH_2$，$CH\equiv CH \longrightarrow$ 环己基-$CH_2CH_2CH_2OH$ 和 环己基-CH_2CH_2CHO

(2) 2-甲基丁烷 $\longrightarrow$ $CH_3CH_2\underset{OH}{\overset{CH_3}{\underset{|}{C}}}\underset{CH_3}{\overset{OH}{\underset{|}{C}}}H$ ($\pm$) 和 $CH_3CH_2\underset{OH}{\overset{H_3C}{\underset{|}{C}}}\underset{OH}{\overset{H}{\underset{|}{C}}}CH_3$ ($\pm$)

(3) 环己基-CH_3 $\longrightarrow$ 环己基-$\overset{O}{\overset{\|}{C}}$-$CH_2CH_2CH_2COOH$

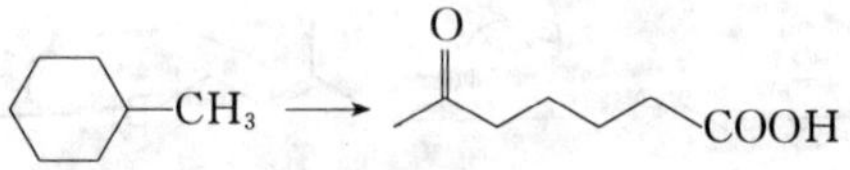

解析： 有机合成是有机化学的重要组成部分，它通常是指以简单的有机物和无机物，通过化学反应制备较复杂的有机物的过程。选用的合成路线应该是：① 原料易得和廉价；② 反应收率高，副反应少，反应条件缓和且易控制；③ 设计路线短而合理，产物易分离纯化。合成时一般采用"倒推法"，即从合成产物"倒推"至需要的反应物，有时也用"倒推"与"正推"相结合的方法（详见教材第 17 章有机合成基础）。

(1) 本题是由链状化合物合成环状化合物的合成问题,可以利用 Diels-Alder 反应实现这一转化,采用"倒推法"合成:

$$\text{C}_6\text{H}_{11}\text{-CH}_2\text{CH}_2\text{CH}_2\text{OH} \Rightarrow \text{C}_6\text{H}_{11}\text{-CH}_2\text{CH=CH}_2 \Rightarrow \text{C}_6\text{H}_{11}\text{-CH}_2\text{C≡CH} \Rightarrow$$

$$\text{CH≡CNa} + \text{C}_6\text{H}_{11}\text{-CH}_2\text{Cl} \Rightarrow \text{CH}_2\text{=CH-CH=CH}_2 + \text{CH}_2\text{=CH-CH}_2\text{Cl}$$

合成如下:

$$2\text{CH≡CH} \xrightarrow[\Delta]{\text{CuCl-NH}_4\text{Cl}} \text{CH}_2\text{=CH-C≡CH} \xrightarrow[\text{P-2 催化剂}]{\text{H}_2} \text{CH}_2\text{=CH-CH=CH}_2$$

$$\text{CH}_3\text{CH=CH}_2 + \text{Cl}_2 \xrightarrow{500\ ℃} \text{ClCH}_2\text{CH=CH}_2$$

$$\text{CH}_2\text{=CH-CH=CH}_2 + \text{CH}_2\text{=CH-CH}_2\text{Cl} \xrightarrow{\Delta} \text{(环己烯-CH}_2\text{Cl)} \xrightarrow{\text{H}_2 / \text{Ni}} \text{(环己烷-CH}_2\text{Cl)} \xrightarrow{\text{CH≡CNa}}$$

$$\text{(环己烷-CH}_2\text{C≡CH)} \xrightarrow{\text{H}_2 / \text{P-2}} \text{(环己烷-CH}_2\text{CH=CH}_2) \xrightarrow[\text{② H}_2\text{O}_2, \text{OH}^-]{\text{① BH}_3 \cdot \text{THF}} \text{(环己烷-CH}_2\text{CH}_2\text{CH}_2\text{OH)}$$

① BH_3, THF ② H_2O_2, OH^- ↓

HBr/—O—O— ↓

$$\text{(环己烷-CH}_2\text{CH}_2\text{CHO)} \qquad \text{(环己烷-CH}_2\text{CH}_2\text{CH}_2\text{Br)} \xrightarrow{\text{H}_2\text{O/OH}^-} \text{(环己烷-CH}_2\text{CH}_2\text{CH}_2\text{OH)}$$

$$\text{(环己烷-CH}_2\text{CH}_2\text{CH}_2\text{OH)} \xrightarrow[\text{CH}_2\text{Cl}_2]{\text{CrO}_3 \cdot \text{吡啶}} \text{(环己烷-CH}_2\text{CH}_2\text{CHO)}$$

合成一个目的产物,可有多种途径,采用哪种方法,要考察每一种方法是否符合上述三条原则。

(2) 本题涉及构型问题,注意试剂的选择:

$$\text{(2-甲基丁烷)} \xrightarrow[h\nu]{\text{Br}_2} \text{(2-甲基-2-溴丁烷)} \xrightarrow[\Delta]{\text{NaOH-C}_2\text{H}_5\text{OH}} \begin{array}{c} \text{H}_3\text{C} \\ \text{C}_2\text{H}_5 \end{array}\!\!\text{C=C}\!\!\begin{array}{c} \text{CH}_3 \\ \text{H} \end{array} \xrightarrow{\text{CH}_3\text{CO}_3\text{H}}$$

$$\begin{array}{c}\text{H}_3\text{C} \quad \text{CH}_3 \\ \text{H}_5\text{C}_2\diagdown\!\!\!\!\diagup\text{H} \\ \text{O}\end{array} (\pm) \xrightarrow[\text{H}^+]{\text{H}_2\text{O}} \begin{array}{c}\text{CH}_3 \\ \text{H}_5\text{C}_2\text{-C-OH} \\ \text{HO-CH}_3\end{array} (\pm) + \begin{array}{c}\text{HO} \quad \text{CH}_3 \\ \text{H}_5\text{C}_2\text{-C-C-H} \\ \text{OH}\end{array} (\pm)$$

上述合成产物是复杂的,叔卤代烷脱 HBr 生成的不仅是顺式内烯烃,也有反式内烯烃,还有端烯烃,要得到高纯的产物,需要细心的分离。

$$\underset{H_5C_2}{\overset{H_3C}{>}}C=C\underset{H}{\overset{CH_3}{<}} \xrightarrow[\substack{\text{或} \\ \text{① } OsO_4, THF, 25\ ℃ \\ \text{② } H_2S}]{\text{稀,冷 } KMnO_4 \quad OH^-} \underset{H_5C_2}{\overset{H_3C}{>}}\underset{OH}{\overset{\vdots}{C}}-\underset{OH}{\overset{CH_3}{\underset{\vdots}{C}}}H + \underset{H_3C}{\overset{HO}{>}}\underset{C_2H_5}{\overset{\vdots}{C}}-\underset{CH_3}{\overset{OH}{\underset{\vdots}{C}}}H$$

尽管稀的碱性 $KMnO_4$ 溶液低温氧化内烯烃,水解得到顺式邻二醇,试剂易得,反应条件温和,但产率很低,产物复杂,基本上不能用于有机合成。用 OsO_4 氧化内烯烃,再还原处理也得到顺式邻位二醇,产率较高,可以用于有机合成,但 OsO_4 价格昂贵,毒性大,直接用于合成也有很大困难,目前一种解决方法是在 OsO_4 分子上接入全氟烷基,OsO_4 回收,反复使用(见教材 18 章绿色合成),解决了这个问题。

(3) 本题是环状化合物转化为链状化合物,可以用氧化反应实现:

$$\text{C}_6\text{H}_{11}\text{-CH}_3 \xrightarrow[h\nu]{Br_2} \text{C}_6\text{H}_{10}(Br)(CH_3) \xrightarrow[\triangle]{NaOH-C_2H_5OH} \text{C}_6\text{H}_9\text{-CH}_3$$

$$\xrightarrow[H^+]{KMnO_4} \underset{O}{\overset{\parallel}{C}}-CH_2CH_2CH_2CH_2-COOH$$

烷烃卤代反应溴代选择性高。

例 7 分子式为 C_7H_{10} 的某开链烃 A,可发生下列反应:A 经催化加氢可生成 3-乙基戊烷;A 与 $AgNO_3/NH_3$ 溶液反应可产生白色沉淀;A 在 $Pd/BaSO_4$ 作用下吸收 1 mol H_2 生成化合物 B;B 可以与顺丁烯二酸酐反应生成化合物 C。试推测 A、B 和 C 的构造。

解析:推导结构题,一般可按下面的解题顺序思考:① 将题中给的各种信息,用简明的表述反映出各化合物的变化关系;② 根据化学式,计算不饱和度;③ 观察反应前后化学式的变化,确定反应类型;④ 在给出的众多信息中找到解题的突破口;⑤ 从突破口入手,顺着给出的信息进行综合分析,进而推出各化合物可能的结构;⑥ 验证所推结构是否满足所给的各种信息。

本题的简明图式:

$$\text{白色沉淀} \xleftarrow{AgNO_3/NH_3} A \xrightarrow{\text{催化氢化}} CH_3CH_2\underset{CH_2CH_3}{\overset{|}{C}H}-CH_2CH_3$$

$$\downarrow Pd-BaSO_4 \quad H_2$$

$$B \xrightarrow{\triangle} C$$

(顺丁烯二酸酐)

化合物 A 的不饱和度为 3。

关键性反应是 A 催化氢化生成 3-乙基戊烷,给出了 A 的分子骨架。A 能使 $AgNO_3/NH_3$ 溶液生成白色沉淀,说明化合物 A 为端位炔烃,同时 A 吸收 1 mol H_2 生成 B 后能发生 Diels-Alder 反应,说明 B 是共轭二烯烃,A 中也存在与三键共轭的双键,即 A 可能的结构为 CH≡C−C(CH$_2$CH$_3$)=CH−CH$_3$,B 为 CH$_2$=CH−C(CH$_2$CH$_3$)=CHCH$_3$,C 为 (环状结构,含 C$_6$H$_5$、CH$_3$ 及 −CO−O−CO− 基团)。化合物 A 不饱和度为 3,并符合题中所给的各种信息,证明所推结构正确。

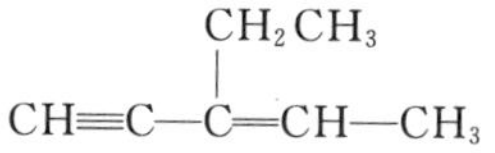

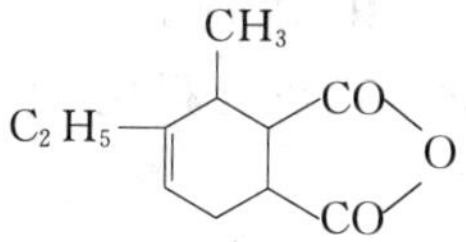

▶▶ 自我提升

1. 完成下列反应式:

(1) 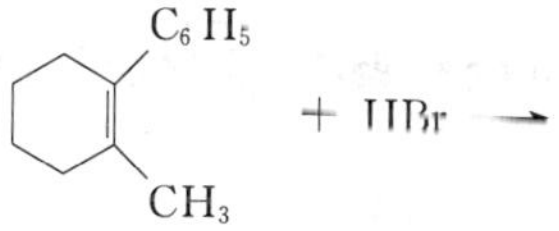 (环己烯,2-位连 C$_6$H$_5$,1-位连 CH$_3$) + HBr ⟶

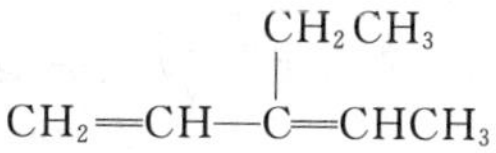

(2) $CH_3CH_2CH=CHCH_2CH=CHCF_3 \xrightarrow[CCl_4]{1 \text{ mol } Br_2}$

(3) 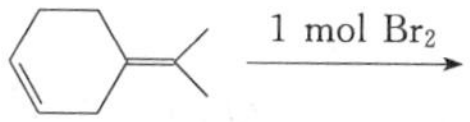 (环己烯上连异丙叉基) $\xrightarrow{1 \text{ mol } Br_2}$

(4) 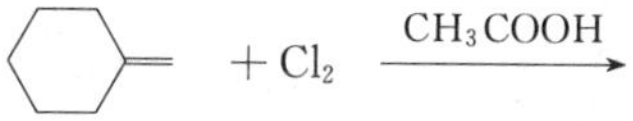 (亚甲基环己烷) + $Cl_2 \xrightarrow{CH_3COOH}$

(5) 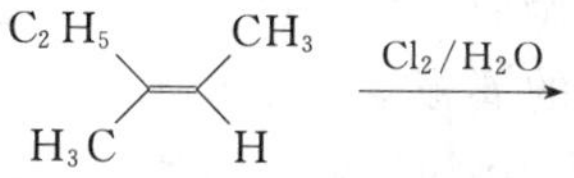 $\underset{H_3C}{\overset{C_2H_5}{\diagdown}}C=C\underset{H}{\overset{CH_3}{\diagup}} \xrightarrow{Cl_2/H_2O}$

(6) 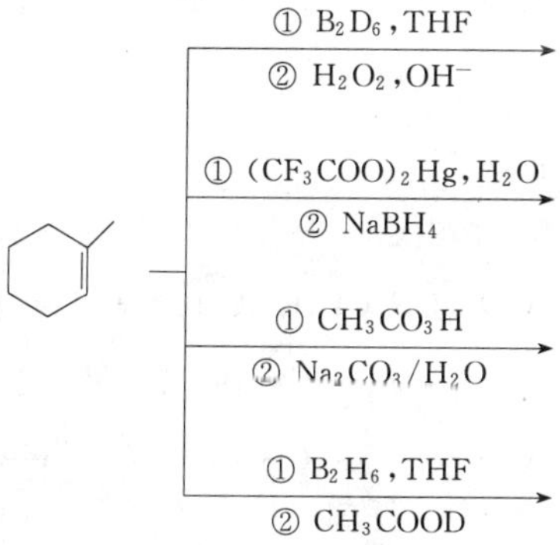 (1-甲基环己烯)
- ① B_2D_6,THF ② H_2O_2,OH^-
- ① $(CF_3COO)_2Hg$,H_2O ② $NaBH_4$
- ① CH_3CO_3H ② Na_2CO_3/H_2O
- ① B_2H_6,THF ② CH_3COOD

2. 写出下列反应的机理:

(1) $CH_2=CHCH_2I + Cl_2 \xrightarrow{H_2O} ClCH_2CHCH_2I + HOCH_2CHCH_2I +$
　　　　　　　　　　　　　　　　　　　　　　|　　　　　　　　　　|
　　　　　　　　　　　　　　　　　　　　　OH　　　　　　　　　Cl
　　　　　　　　　　　　　　　　　　　　　(主)

$ClCH_2CHCH_2OH$
　　　　　|
　　　　　I

(2) $C_2H_5OC\equiv CH \xrightarrow{H^+, H_2O} CH_3COOC_2H_5$

(3) 聚丙烯能够通过酸催化丙烯聚合得到，① 写出开始的三步反应；② 指出重复单体(链节)。

3. 用 4 种简便的化学方法和 IR 光谱法鉴别烯烃和烷烃。

4. 回答下列问题。

(1) 乙炔亲电加成反应比乙烯难，但为什么与 HCl、X_2 反应却能容易停在 "烯的阶段"？

(2) 1,3,5-己三烯与 1 mol 溴化氢加成，可能得到几种产物？哪些是热力学控制产物，并比较产物的相对稳定性。

5. 化合物 $A(C_{10}H_{14})$，UV 在 $\lambda_{max}=236$ nm 处有吸收，催化加氢得 $C_{10}H_{18}$，A 经臭氧氧化后用 Zn/CH_3COOH 处理得

$$HCCH_2CH_2C-C-CH_2CH_2CH$$
　O　　　　　　O　O　　　　　　O

(1) 提出 A 可能的结构。

(2) 如化合物 A 能与顺丁烯二酸酐发生 Diels-Alder 反应，写出 A 的正确结构和相关反应式。

6. 分子式为 C_6H_{10} 的烃 A，经催化加氢可吸收 2 mol 氢气得到正己烷；若 A 吸收 1 mol 氢气生成的产物之一 B，经测定 B 的偶极矩 $\mu=0$，B 能与 Br_2/CCl_4 溶液作用生成 C。试推测 A，B，C 的构造式，并预测 C 的旋光性。

▶▶ 自我提升参考答案

1. (1) 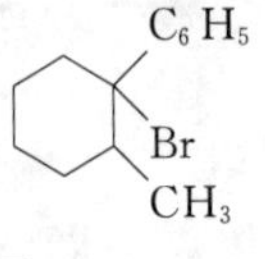 环己烷（C_6H_5, Br, CH_3 取代）
   (2) $CH_3CH_2CHCHCH_2CH=CHCF_3$
　　　　　　　|　|
　　　　　　Br Br
   (3) 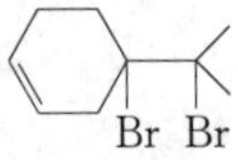 环己烯（Br, 异丙基取代）
   (4) 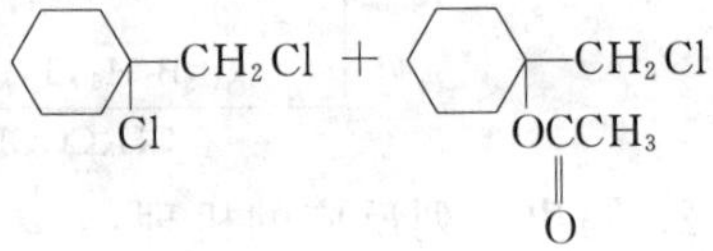 环己烷-CH_2Cl（Cl 取代） + 环己烷-CH_2Cl（$OCCH_3$, O 取代）

(5)
$$\text{H}_5\text{C}_2\text{—}\underset{\text{OH}}{\overset{\text{Cl}}{\text{C}}}\text{—}\underset{\text{H}}{\overset{\text{}}{\text{C}}}\text{—CH}_3 \quad + \quad \text{H}_5\text{C}_2\text{—}\underset{\text{H}_3\text{C}}{\overset{\text{HO}}{\text{C}}}\text{—}\underset{\text{Cl}}{\overset{\text{CH}_3}{\text{C}}}\text{—H}$$

(6) 环己烷 CH₃/D/OH 异构体 + CH₃/D/OH ； CH₃/OH ； CH₃/OH + CH₃/OH ；

CH₃/H/D + CH₃/H/D

2. (1)
$$\text{CH}_2\text{=CHCH}_2\text{I} \xrightarrow{\overset{\delta^+}{\text{Cl}}\text{—}\overset{\delta^-}{\text{Cl}}}$$

三元环中间体 $\overset{+}{\text{Cl}}\cdots\text{CH}_2\text{I} \rightleftharpoons \text{ClCH}_2\overset{+}{\text{CH}}\text{CH}_2\text{I} \rightleftharpoons \text{ClCH}_2\text{CH}\cdots\overset{+}{\text{CH}}_2$ 碘三元环

↓H₂O   ↓H₂O   ↓H₂O   ↓H₂O

HOCH₂CHCH₂I   ClCH₂CHCH₂I   ClCH₂CHCH₂I   ClCH₂CHCH₂OH
  Cl   OH   OH   I
（少量）   （主产物）   （主产物） （少量）

(2) $\text{C}_2\text{H}_5\text{OC}\equiv\text{CH} + \text{H}^+ \rightarrow [\text{C}_2\text{H}_5\text{—}\ddot{\text{O}}\text{—}\overset{+}{\text{C}}\text{=CH}_2 \leftrightarrow \text{C}_2\text{H}_5\overset{+}{\text{O}}\text{=C=CH}_2]$

$\xrightarrow{\text{H}_2\text{O:}} \text{C}_2\text{H}_5\text{OC}=\text{CH}_2 \xrightarrow{-\text{H}^+} \text{C}_2\text{H}_5\text{O}\text{—C}=\text{CH}_2 \xrightleftharpoons{\text{互变异构}} \text{C}_2\text{H}_5\text{OC}\text{—CH}_3$
              +OH₂   OH   ‖O

(3) $\text{CH}_3\text{CH}=\text{CH}_2 \xrightarrow{\text{H}^+} (\text{CH}_3)_2\overset{+}{\text{CH}} \xrightarrow{\text{H}_2\text{C}=\text{CHCH}_3} (\text{CH}_3)_2\text{CHCH}_2\overset{+}{\text{CHCH}}_3$

$\xrightarrow{\text{H}_2\text{C}=\text{CHCH}_3} (\text{CH}_3)_2\text{CH—CH}_2\text{—CH—CH}_2\overset{+}{\text{CHCH}}_3 \cdots$
                                          CH₃

链节为 —CH₂—CH—
                  CH₃

3. $\text{C}=\text{C}$ + Br_2 (红棕色) $\xrightarrow{CCl_4}$ $-\overset{|}{\underset{Br}{C}}-\overset{|}{\underset{Br}{C}}-$ (褪色)

$\text{C}=\text{C}$ + $KMnO_4$ (紫色) $\longrightarrow$ $-\overset{|}{\underset{OH}{C}}-\overset{|}{\underset{OH}{C}}-$ + $MnO_2\downarrow$ (紫色褪去并生成棕色沉淀)

$\text{C}=\text{C}$ + 浓 H_2SO_4 $\longrightarrow$ $-\overset{|}{\underset{H}{C}}-\overset{|}{\underset{OSO_3H}{C}}-$ + 热 (溶于浓 H_2SO_4 中)

$\text{C}=\text{C}$ + H_2 $\xrightarrow{Pt}$ $-\overset{|}{\underset{H}{C}}-\overset{|}{\underset{H}{C}}-$ (可吸收氢气)

以上四种反应链烷烃都不能发生。

IR：$3\,000\sim 3\,100\ cm^{-1}$ 有 $=C-H$ 伸缩振动吸收，$1\,620\sim 1\,680\ cm^{-1}$ 有 $C=C$ 的伸缩振动吸收峰；烷烃在 $3000\ cm^{-1}$ 以上无吸收。

4. (1) 烯烃发生亲电加成反应比炔烃活泼，但炔烃与 HX 或 X_2 反应后生成的产物是双键上连有电负性较大的卤素，这种卤乙烯型烯烃由于其 $-I > +C$ 效应，使双键电子云密度下降，其亲电加成反应比炔烃还不活泼。（烯烃与卤乙烯型烯烃是两类化合物）。

(2) 有4个产物。1,2-加成(C)，1,4-加成(B)，1,6-加成(A)和3,4-加成(D)产物。其中1,6-加成产物是热力学控制产物。产物的热稳定性(A) > (C) > (B) > (D)。

$CH_2=CH-CH=CH-CH=CH_2$ $\xrightarrow{1\ mol\ HBr}$
$\begin{cases} CH_3CH=CHCH=CHCH_2Br\ (A) \\ CH_3CH=CH-CHCH=CH_2\ (B) \\ \qquad\qquad\qquad\ \ |\\ \qquad\qquad\qquad\ Br \\ CH_2=CH-CH=CHCHCH_3\ (C) \\ \qquad\qquad\qquad\qquad\ |\\ \qquad\qquad\qquad\quad\ Br \\ CH_2=CHCH_2CHCH=CH_2\ (D) \\ \qquad\qquad\ \ \ |\\ \qquad\qquad\ Br \end{cases}$

5. (1) A 可能的结构为

环戊烯-环戊烯联接结构, 四氢萘结构

(2) A 能发生 D-A 反应，A 的正确结构为 环戊烯-环戊烯联接结构

反应式为:

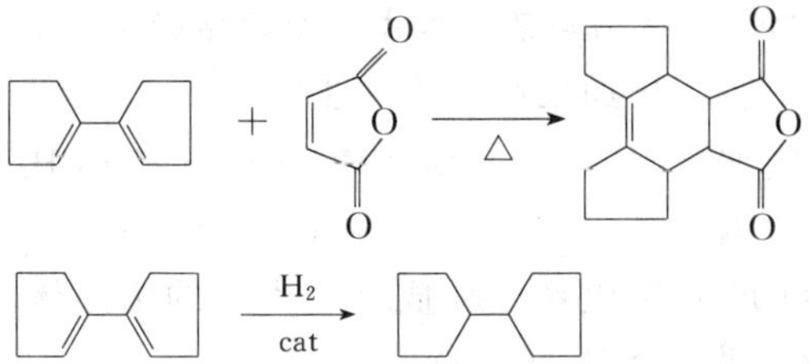

[结构式: 联环戊烯 + 马来酸酐 →(Δ) Diels-Alder加成产物]

[结构式: 联环戊烯 →(H₂/cat) 联环戊烷]

6. A. $CH_3CH=CH-CH=CHCH_3$ B. [顺式结构: CH₃CH₂与H在同侧, H与CH₂CH₃]

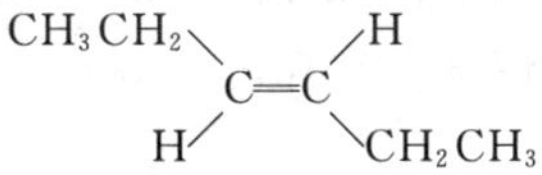

C. [Fischer投影式: CH₂CH₃/H-Br/H-Br/CH₂CH₃]   无旋光性

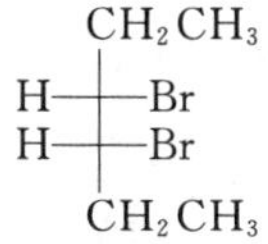

▶▶ 习题解答

6-1 命名下列各化合物。

(1) $(CH_3)_2CHCH_2-C(CH_3)=CH_2$

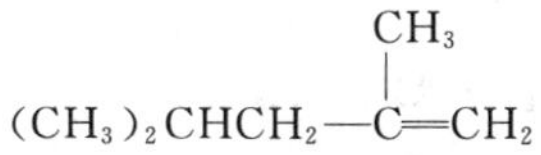

(2) [环己烯取代CH₂CH(CH₃)₂]

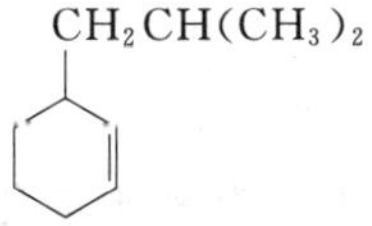

(3) [(CH₃)(H)C=C(H)(CH=CH₂)]

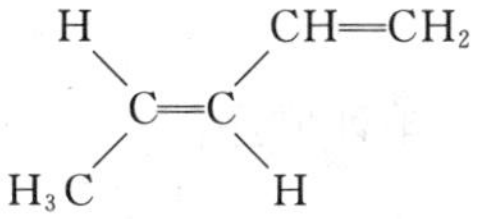

(4) [环辛二烯, H₃C和H连在手性碳上]

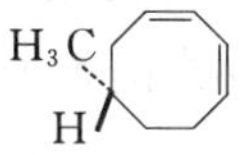

(5) [H-C(CH₂CH₃)(CH₃)-...丙基壬烯结构]

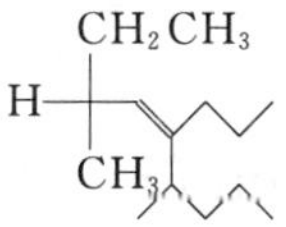

(6) [(H₃C)(H₅C₂)C=C(C(CH₃)₃)-C≡C-C₂H₅]

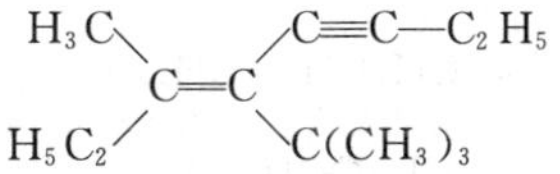

解:(1) 2,4-二甲基-1-戊烯   (2) 3-(2-甲基丙基)环己烯

(3) (E)-1,3-戊二烯   (4) (S)-6-甲基-1,3-环辛二烯

(5) (3R,4Z)-3,6-二甲基-5-丙基-4-壬烯

(6) (E)-3-甲基-4-叔丁基-3-辛烯-5-炔

注意,编号顺序和烯烃几何异构的表示方法,含有手性碳原子的,给出R、S标记。

[知识点] 不饱和烃的命名。

6-2 按要求比较反应活性。

(1) 下列化合物与 Br_2 加成反应的活性

A. $CH_3CH=CH_2$ B. $CH_3OCH=CH_2$ C. $(CH_3)_2C=C(CH_3)_2$

解:B>C>A   双键上连给电子基有利于亲电加成反应。

[知识点] 不饱和烃结构与亲电加成反应的活性关系。

(2) 下列化合物与 HBr 加成反应的活性。

A. $CH_3CH=CHCH=CH_2$ B. $CH_2=CH-CH=CH_2$

C. $CH_3CH=CHCH_3$ D. $CH_3C\equiv CCH_3$

解：从化合物与 HBr 发生亲电加成反应生成的中间体碳正离子的稳定性分析可知，活性顺序应为 A>B>C>D。

[知识点] 不饱和烃发生亲电加成反应的活性、碳正离子稳定性、共轭效应。

(3) 下列化合物与丙烯腈发生 Diels–Alder 反应的活性。

A. ＯCH₃ 结构 B. Cl 结构 C. CH₃ 结构 D. 萘烷二烯结构

解：双烯体上连有给电子基增加 Diels–Alder 反应活性，A>C>B>D。

[知识点] 共轭二烯烃发生 Diels–Alder 反应的条件及反应活性规律。

(4) 下列化合物催化加氢反应的活性。

A. $CH_2=CH_2$ B. $CH\equiv CH$

C. $CH_3CH=CHCH_3$ D. $(CH_3)_2C=CH_2CH_3$

解：空间位阻小有利于催化加氢反应，B>A>C>D。

[知识点] 不饱和烃催化加氢反应活性。

6-3 将下列各组碳正离子按稳定性由大到小排列成序。

(1) A. $CH_3CH_2\overset{+}{C}H_2$ B. $CH_2=CH-CH=\overset{+}{C}H_2$

C. $CH_3\overset{+}{C}H=CH$ D. $CH_3C\equiv C^+$

(2) A. $CH_3O\overset{+}{C}H_2$ B. $CF_3\overset{+}{C}H_2$ C. $CH_3\overset{+}{C}H_2$

(3) A. 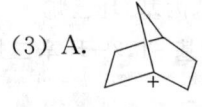   B. 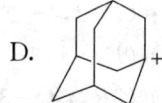   C. $(CH_3)_3C^+$ D.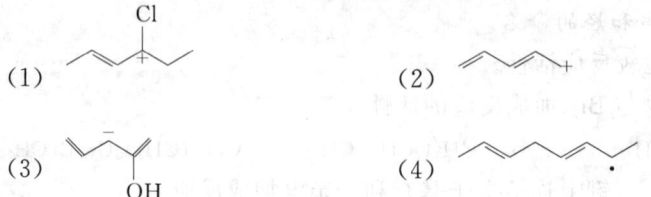

解：(1) B>A>C>D　(2) A>C>B　(3) C>D>B>A

[知识点] 碳正离子的构型与稳定性的关系。

6-4 指出下列分子中各存在哪些类型的共轭？

(1) （含Cl结构）　(2) （烯正离子结构）

(3) （烯醇结构带负电荷OH）　(4) （二烯结构）

解：(1) π-p 共轭、π-σ 超共轭、p-p 共轭、p-σ 超共轭

(2) π-π 共轭、π-p 共轭

(3) p-π 共轭

(4) π-p 共轭、p-σ 超共轭、π-σ 超共轭

[知识点] 分析各种共轭效应。

6-5 下列各对构造式是构造异构体还是共振结构关系？

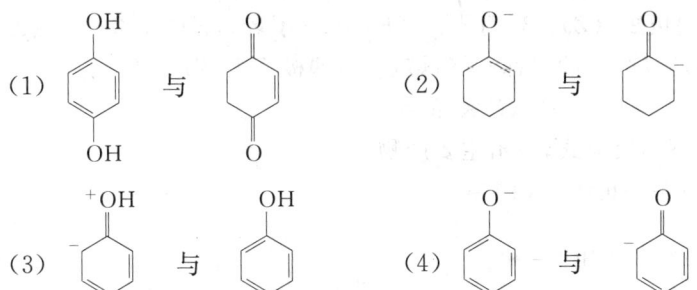

解：(1) 构造异构体　　(2) 共振结构　　(3) 共振结构　　(4) 共振结构

[知识点] 共振极限结构式的书写规则。

6-6 下列各组极限结构式中,哪一个极限结构对共振杂化体的贡献较大？

(1) :CH$_2$—CH=Ö:　⟷　CH$_2$=CH—Ö:⁻
　　　　A　　　　　　　　　　B

(2) $\overset{+}{CH_2}$—Ö—CH$_3$　⟷　CH$_2$=$\overset{+}{Ö}$—CH$_3$
　　　　A　　　　　　　　　　B

(3)

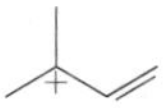

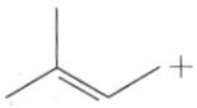

解：判别依据：稳定的共振极限结构式对共振杂化体的贡献较大。

(1) B>A　负电荷在电负性较大的氧原子上比在碳原子上较稳定。

(2) B>A　B 的结构式中,各原子均满足八隅体结构,较稳定。

(3) A>B　A 的结构式中正电荷较分散,较稳定。

[知识点] 共振极限结构式的稳定性分析。

6-7 将下列烯烃按稳定性由大至小排列：

(1) 　　　　　　　　(2)

(3) 　　　　　　　　(4)

解：反式烯烃比顺式烯烃稳定,内烯烃比端烯烃稳定,双键上取代基多的烯烃较取代基少的烯烃稳定,故(2)>(4)>(1)>(3)。

[知识点] 烯烃的结构与稳定性的关系。

6-8 查阅并比较(Z)-2-丁烯与(E)-2-丁烯;(Z)-1,2-二氯乙烯与(E)-1,2-二氯乙烯的熔沸点、偶极矩,说明结构与熔沸点的关系。

解：熔点：(E)-2-丁烯>(Z)-2-丁烯,(E)-1,2-二氯乙烯>(Z)-1,2-二氯乙烯;沸点和偶极矩：(Z)-2-丁烯>(E)-2-丁烯,(Z)-1,2-二氯乙烯>(E)-1,2-二氯乙烯分子的对称性好,熔点高;偶极矩大,沸点高。

[知识点] 结构与熔、沸点的关系。

6-9 完成下列反应式,写出主要产物：

(1) $(C_2H_5)_2C=CHCH_3 + ICl \longrightarrow$

(2) 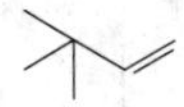 ![structure] $+ HCl \longrightarrow$

(3) 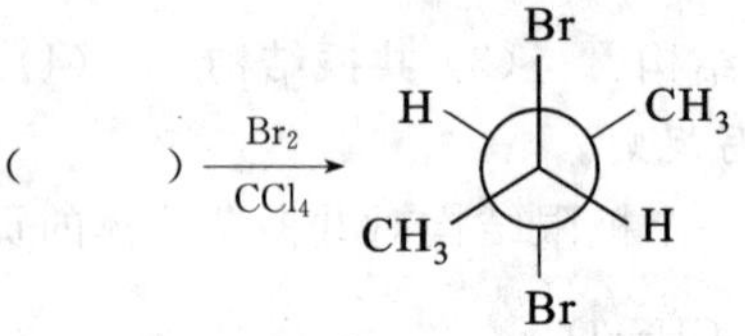 ( ) $\xrightarrow{Br_2}{CCl_4}$ [Newman projection with Br, H, CH₃, CH₃, H, Br]

(4) [t-Bu, CH₃, H, C₂H₅ on C=C] $\xrightarrow{Br_2}{CCl_4}$

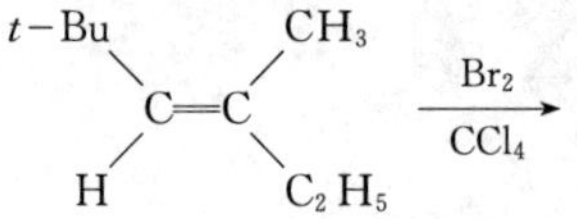

(5) 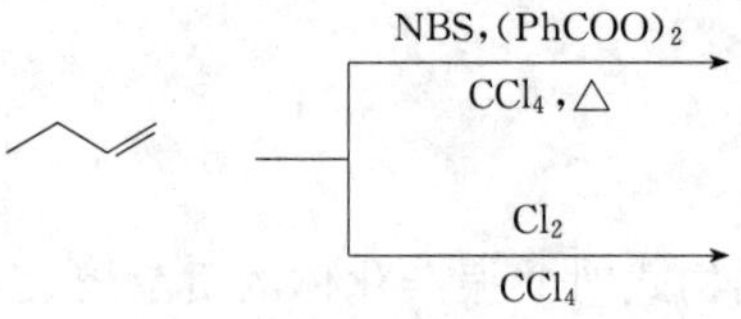 [structure] $\xrightarrow{\text{NBS,(PhCOO)}_2}{CCl_4, \triangle}$

$\xrightarrow{Cl_2}{CCl_4}$

(6) 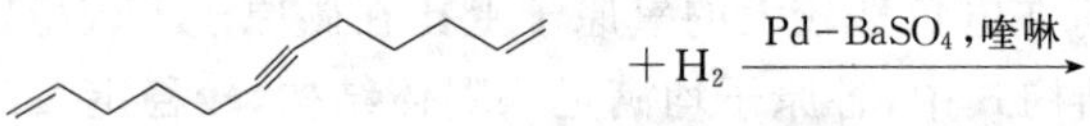 [structure] $+ H_2 \xrightarrow{Pd-BaSO_4, 喹啉}$

(7) 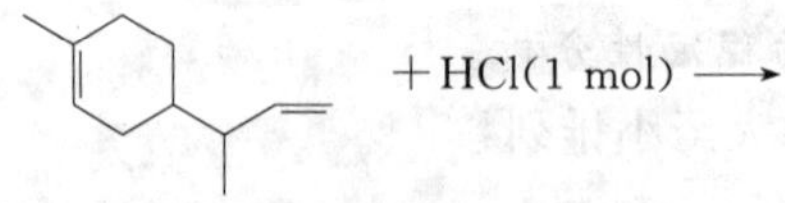 [structure] $+ HCl(1\ mol) \longrightarrow$

(8) 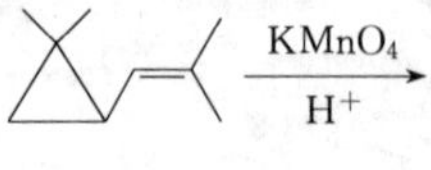 [structure] $\xrightarrow{KMnO_4}{H^+}$

(9) 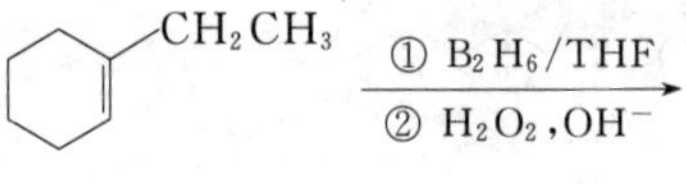 [cyclohexene-CH₂CH₃] $\xrightarrow{① B_2H_6/THF}{② H_2O_2, OH^-}$ 写出稳定构象式

(10) [cyclohexyl]–C≡CH $\xrightarrow[\text{Hg}^{2+},\ \text{H}_2\text{SO}_4]{\substack{①\ \text{H}_3\text{B}\cdot\text{OEt}_2 \\ ②\ \text{H}_2\text{O}_2\cdot\text{OH}^- \\ \text{H}_2\text{O}}}$

(11) [1,2-bis(methylene)cyclohexane] + (1 mol) [maleic anhydride] $\xrightarrow{\triangle}$

(12) [isoprene/butadiene] + [CH$_2$=CH–CHO] $\xrightarrow{\triangle}$

(13) [cyclohexene] $\xrightarrow{\text{Cl}_2/\text{H}_2\text{O}}$ 写出稳定构象式

(14) $2\text{CH}_3\text{CH}=\text{CH}_2 \xrightarrow[\text{烯烃复分解反应}]{\text{"Ru"催化剂}}$

(15) [(2Z,4E)-hexadiene] $\xrightarrow{\triangle}$

解：(1) $(C_2H_5)_2\overset{|}{\underset{Cl}{C}}-\overset{|}{\underset{I}{C}}HCH_3 \quad (\overset{\delta-}{Cl}-\overset{\delta+}{I})$

(2) [structure with Cl on tertiary carbon] （碳正离子重排）

(3) [trans-2-butene structure with H$_3$C and H on one side, H and CH$_3$ on other] （反式加成）

(4) [Newman projection: front Br, CH$_3$; back Bu-t, Br; with CH$_3$CH$_2$ and H]

(5) [CH$_2$=CH–CH(Br)–CH$_3$] + [CH$_3$–CH=CH–CH(Br)–] （烯丙位共振），[ClCH$_2$–CH(Cl)–CH$_2$CH$_3$] (±)

(6) [long chain diene with cis alkenes] （生成顺式烯烃）

(7) 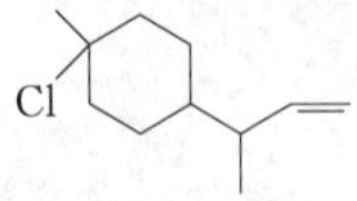 [结构式: 1-氯-1-甲基-4-(1-甲基烯丙基)环己烷] （电子云密度高的双键上容易反应）

(8) 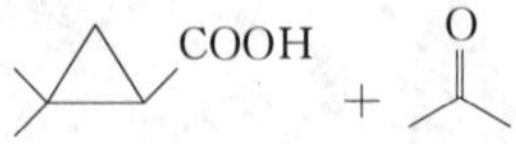 [环丙基甲酸] + [丙酮] （烯烃容易被 KMnO₄ 氧化，而环丙烷环不易被氧化。）

(9) 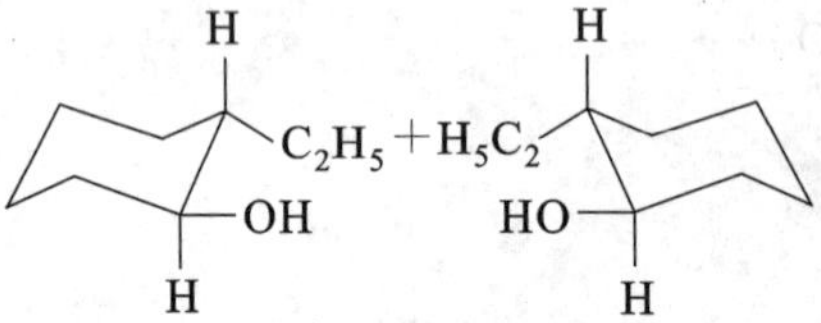 [反式-2-乙基环己醇对映体对] 顺式加成，反马氏醇，对映体。

(10) 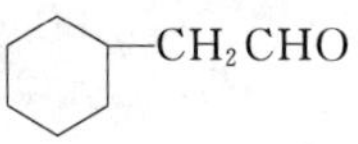 [环己基乙醛], [环己基甲基酮]

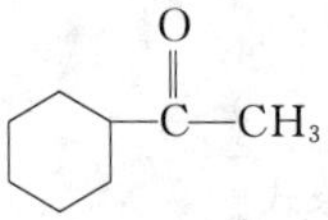

(11) 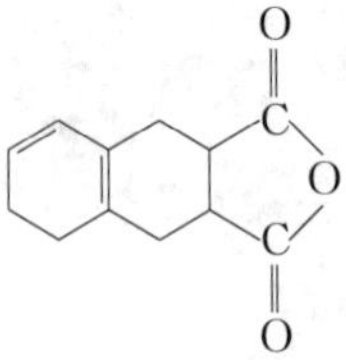 [顺式稠合双内酯结构]

(12) 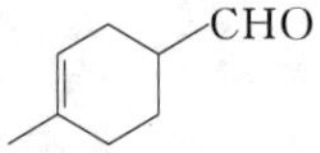 [4-甲基-3-环己烯-1-甲醛] 2-取代的双烯体主要生成1,4位取代产物。

(13) 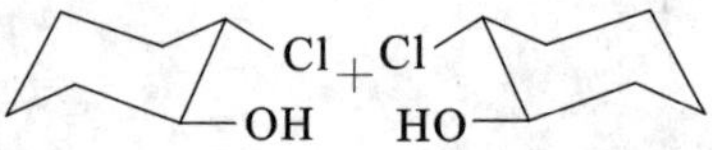 [反式-2-氯环己醇对映体对] 反式加成，对映体。

(14) $CH_3CH{=}CHCH_3 + CH_2{=}CH_2$ "交换舞伴"机理。

(15) 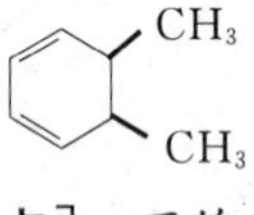 [1,2-二甲基-1,3-环己二烯] 电环化反应。

[知识点] 不饱和烃的化学性质，加成反应机理。

6-10 用化学方法鉴别下列化合物。

(1) A. $CH_3(CH_2)_5CH{=}CH_2$ B. $CH_3(CH_2)_5C{\equiv}CH$

　　C. $CH_3(CH_2)_4C{\equiv}CCH_3$ D. 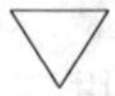 [环丙烷]   E.  [环戊二烯]

(2) A. 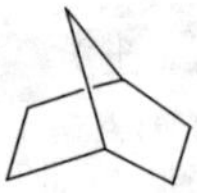 [降冰片烷]   B.  [环己烯]

　　C. $CH{\equiv}C(CH_2)_3CH_3$ D. 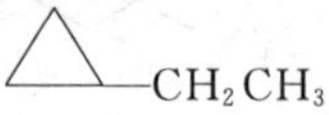 [环丙基]—CH_2CH_3

解：(1)

试剂	A	B	C	D	E
(马来酸酐结构)	—	—	—	—	+(↓)
$Ag(NH_3)_2OH$	—	+(白色↓)	—	—	—
$KMnO_4, H^+, \triangle$	+(CO_2↑)	+	+	—	+

(2) $\left.\begin{array}{l}A\\B\\C\\D\end{array}\right]\xrightarrow{Br_2/CCl_4}\begin{array}{l}-\\+\\+\\-\end{array}\}$褪色 $\left.\begin{array}{l}B\\C\\D\end{array}\right]\xrightarrow{稀\ KMnO_4}\begin{array}{l}+\\+\\-\end{array}\}$紫色褪去

$\left.\begin{array}{l}B\\C\end{array}\right]\xrightarrow{Ag(NH_3)_2OH} +(白↓)$

[知识点] 化学方法鉴别不饱和烃、饱和烃。

6-11 以≤C_3的有机物为原料合成下列化合物。

(1) $CH_3C{\equiv}C(CH_2)_3C{\equiv}CCH_3$

(2) (结构式：$(CH_3CH_2)(H)C=C(H)(CH_2CH_3)$)

(3) (环己烯-CN 结构)

(4) (2R,3S)-2,3-二羟基丁烷

(5) $CH_3\overset{O}{\overset{\|}{C}}CH_2CH_3$

(6) (结构式：含OH和炔基)

解：(1) $2CH{\equiv}CH \xrightarrow[液\ NH_3]{NaNH_2} 2NaC{\equiv}CH \xrightarrow{Br(CH_2)_3Br}$
$CH_3C{\equiv}C(CH_2)_3C{\equiv}CCH_3$

[知识点] 利用末端炔烃的活泼氢进行链增长的合成。

(2) $CH{\equiv}CH \xrightarrow[液\ NH_3]{NaNH_2} CH{\equiv}CNa \xrightarrow{CH_3CH_2Cl} CH{\equiv}CCH_2CH_3 \xrightarrow[液\ NH_3]{NaNH_2}$

$NaC{\equiv}CCH_2CH_3 \xrightarrow{CH_3CH_2Cl} CH_3CH_2C{\equiv}CCH_2CH_3 \xrightarrow[Pd-BaSO_4,喹啉]{H_2}$

(顺式烯烃结构：$(CH_3CH_2)(H)C=C(H)(CH_2CH_3)$)

[知识点] 末端炔烃的性质和炔烃的选择性还原。

(3) $2CH\equiv CH \xrightarrow{Cu_2Cl_2-NH_4Cl} CH_2=CH-C\equiv CH \xrightarrow[Pd-BaSO_4,喹啉]{H_2} CH_2=CHCH=CH_2$

$CH\equiv CH + HCN \xrightarrow[\triangle]{Cu_2Cl_2-NH_4Cl} CH_2=CHCN$

$CH_2=CH-CH=CH_2 + CH_2=CHCN \xrightarrow{\triangle}$ 环己烯-CN

[知识点] 乙炔的聚合反应及双烯合成反应。

(4) $CH\equiv CH \xrightarrow[液\ NH_3]{2NaNH_2} NaC\equiv CNa \xrightarrow{2CH_3Br} CH_3C\equiv C-CH_3$

$CH_3C\equiv CCH_3$

分支1: $\xrightarrow[Pd-BaSO_4,喹啉]{H_2}$ 顺-2-丁烯 $\xrightarrow{KMnO_4/OH^-\ 或\ H_2O_2,OsO_4(催化量)}$ (顺式加成氧化) 内消旋-2,3-丁二醇

分支2: $\xrightarrow{H_2}_{Na/液\ NH_3}$ 反-2-丁烯 $\xrightarrow{CH_3CO_3H}$ 环氧化物 $\xrightarrow[OH^-]{H_2O}$ (水从三元环背面进攻) 2,3-丁二醇

[知识点] 末端炔烃的反应;炔烃的选择性还原和烯烃的氧化反应。

(5) $CH\equiv CH \xrightarrow[液\ NH_3]{NaNH_2} CH\equiv CNa \xrightarrow{C_2H_5Cl} CH\equiv CCH_2CH_3$

$\xrightarrow[Hg^{2+},H_2SO_4]{H_2O} CH_3-\underset{\underset{O}{\|}}{C}-CH_2CH_3$

[知识点] 炔烃的链增长反应及水合反应。

(6) $CH\equiv CCH_3 \xrightarrow[液\ NH_3]{NaNH_2} NaC\equiv CCH_3 \xrightarrow[②\ H_2O]{①\ (CH_3)_2C=O}$ $(CH_3)_2\underset{OH}{C}-C\equiv CCH_3$ (此处按图重绘)

[知识点] 炔烃的活泼氢反应;炔烃与醛酮的加成反应。

6-12 由 $\leqslant C_5$ 的有机物为原料合成下列化合物(无机试剂任选)。

(1) 1,2,3,4-环戊烷四甲酸 (HOOC—环戊烷—COOH, HOOC, COOH)

(2) HOOC—环戊烷—COOH, CN

(3) 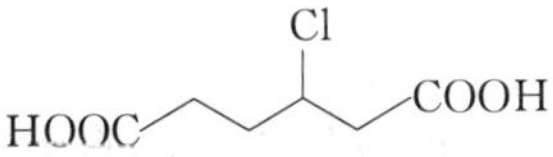 构造式: HOOC-CH₂-CH(Cl)-CH₂-COOH

解：(1) 环戊二烯 + 马来酸酐 →(Δ) 降冰片烯二酸酐 →(KMnO₄/H₃O⁺) 环戊烷四甲酸(HOOC基团在各位置)

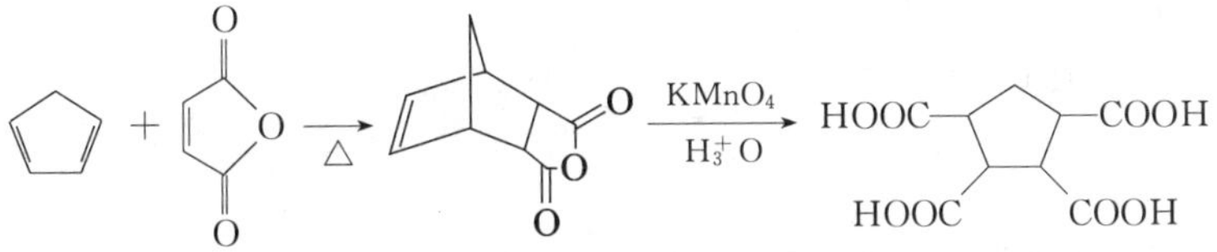

(2) 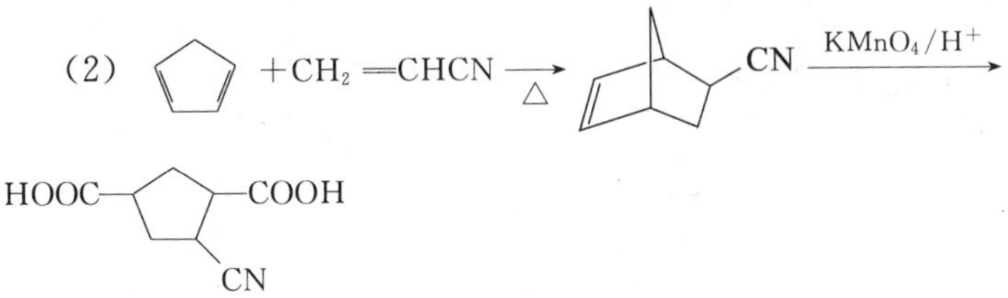 环戊二烯 + CH₂=CHCN →(Δ) 降冰片烯-腈 →(KMnO₄/H⁺) 环戊烷二甲酸-腈(HOOC, COOH, CN)

(3) 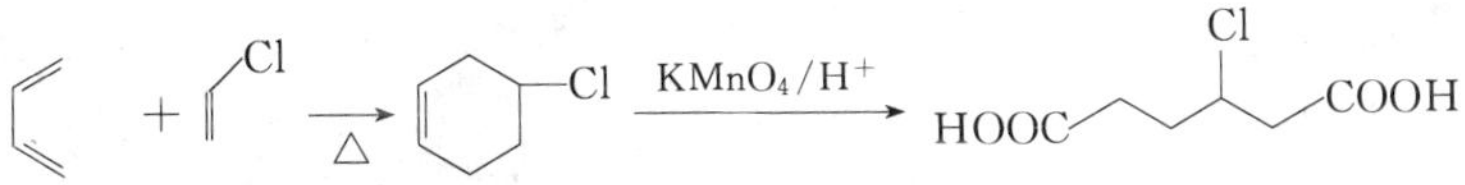 丁二烯 + CH₂=CHCl →(Δ) 3-氯环己烯 →(KMnO₄/H⁺) HOOC-CH₂-CH(Cl)-CH₂-CH₂-COOH

[知识点] 双烯合成反应；烯烃氧化反应。

6-13 写出下列反应的合理反应机理。

(1) 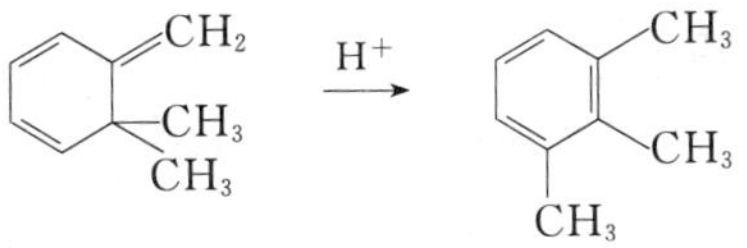 邻位亚甲基-偕二甲基环己二烯 →(H⁺) 1,2,3-三甲苯

解：经质子化生成碳正离子中间体，经甲基迁移，再失去质子得到 1,2,3-三甲基苯。

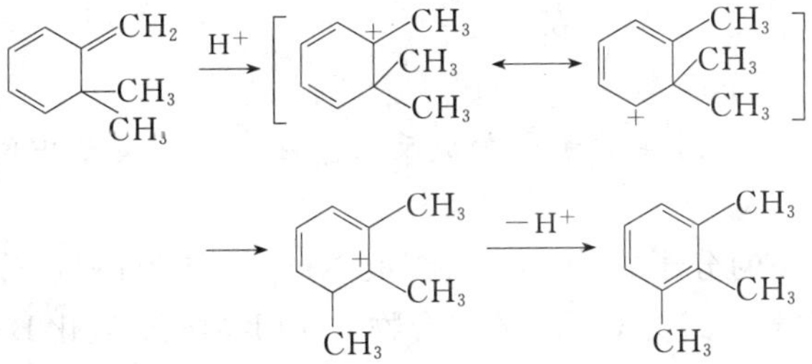

注意观察产物与反应物的结构差异，很明显，甲基发生了迁移，双键位置发生了变化。

[知识点] 烯烃的给电子性；碳正离子重排；电子离域体系中电荷重排。

(2) 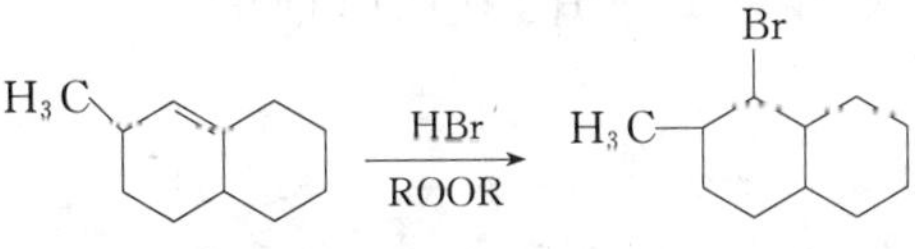 1-甲基-Δ¹,⁹-八氢萘 →(HBr/ROOR) 1-甲基-2-溴十氢萘

解：引发 { ROOR ⟶ 2RO·
HBr + RO· ⟶ ROH + Br· }

传递 { [反应示意图：烯烃与 Br· 加成形成较稳定的自由基中间体；该自由基与 HBr 反应生成产物并释放 Br·]

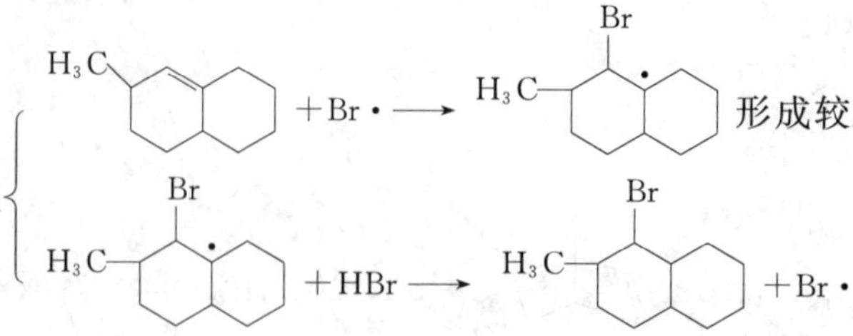

......

[**知识点**] 烯烃与 HBr 自由基加成反应机理。

(3) [反应式：二烯在 H_2SO_4 作用下生成环烯烃]

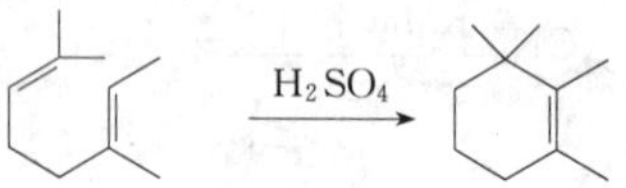

解：[机理示意：质子化 → 碳正离子 → 重排 → 失去 H^+ 得产物]

[**知识点**] 烯烃与亲电试剂的反应；碳正离子的稳定性。

(4) [反应式：1,2-二苯乙烯 + Br_2 → 两种赤型/苏型加成产物的 Fischer 投影式]

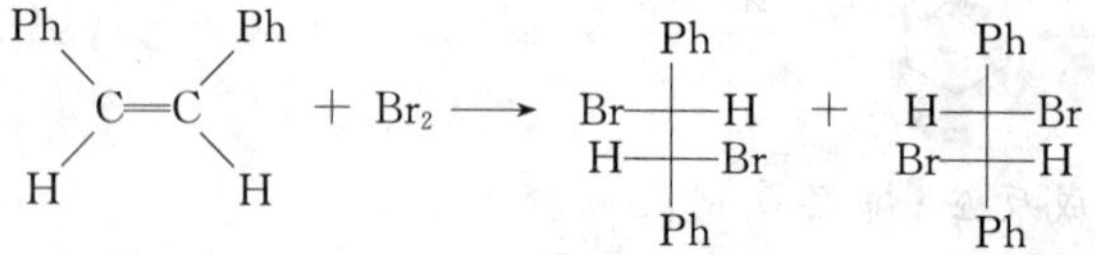

解：[机理示意：烯烃与 Br_2 极化 → 溴鎓离子中间体 → Br⁻ 反式进攻，生成对应产物的 Fischer 投影式]

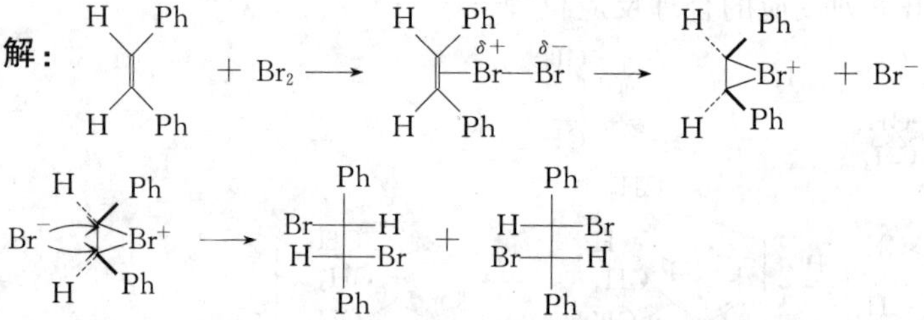

[**知识点**] 烯烃与 Br_2 发生的亲电加成反应。注意溴鎓离子中间体，反式加成的特点。

6-14 某化合物 A 的分子式为 C_5H_8，在液 NH_3 中与 $NaNH_2$ 作用后，再与 1-溴丙烷作用，生成分子式为 C_8H_{14} 的化合物 B；用 $KMnO_4$ 氧化 B 得到分子式为 $C_4H_8O_2$ 的两种不同的酸 C 和 D。A 在 $HgSO_4$ 存在下与稀 H_2SO_4 溶液作用，可得到酮 E($C_5H_{10}O$)。试写出 A～E 的构造式。

解：A. $(CH_3)_2CHC{\equiv}CH$ 　　　B. $(CH_3)_2CHC{\equiv}CCH_2CH_2CH_3$

C. $(CH_3)_2CHCOOH$ 　　　D. $CH_3CH_2CH_2COOH$

E. $(CH_3)_2CH\underset{\underset{O}{\|}}{C}CH_3$

[**知识点**] 末端炔烃的反应；炔烃的氧化反应和水合反应。

* **6-15** 写出下式中 A～E 各化合物的构造式。

$$A \xrightarrow{Br_2} B + C \xrightarrow[C_2H_5OH]{KOH(足量)} D \xrightarrow[NH_3(l)]{Na} A$$

$$A \xrightarrow[H^+]{H_2O} \underset{\substack{C(CH_3)_3 \\ H-\overset{|}{C}-OH(±) \\ CH_2CH_3}}{} \xleftarrow[H^+]{H_2O} E \xleftarrow[PbO, CaCO_3]{H_2, Pd}$$

解：A.
$$\underset{H}{\overset{(CH_3)_3C}{>}}C=C\underset{CH_3}{\overset{H}{<}}$$

B.
$$\underset{Br}{\overset{(CH_3)_3C}{\underset{|}{C}}}-\underset{CH_3}{\overset{Br}{\underset{|}{C}}}-H$$

C.
$$\underset{H}{\overset{Br}{\underset{|}{(CH_3)_3C-C}}}-\underset{Br}{\overset{H}{\underset{|}{C-CH_3}}}$$

D. $(CH_3)_3C\!-\!C\!\equiv\!C\!-\!CH_3$

E.
$$\underset{H}{\overset{(CH_3)_3C}{>}}C=C\underset{H}{\overset{CH_3}{<}}$$

[知识点] 烯、炔、卤代烃和醇的相互转化；逆向推理。

6-16 工业上主要有两种方法生产氯丁橡胶的单体 2-氯丁二烯，分别为乙炔法和丁二烯氯化法。请查阅文献，对比分析这两种生产方法的特点并写出两种方法的各步反应式及其各步反应的类型。

解：乙炔法：

$$2CH\equiv CH \xrightarrow[70\sim 80\ ℃]{① Cu_2Cl_2-NH_4Cl} CH_2=CH-C\equiv CH \xrightarrow[CuCl_2, 20\sim 50\ ℃]{② HCl} \underset{}{\overset{Cl}{\underset{|}{CH_2=C-CH=CH_2}}}$$

丁二烯氯化法：

$$CH_2=CH-CH=CH_2 + Cl_2 \xrightarrow{260\sim 300\ ℃}$$

① ClCH₂-CH=CH-CH₂Cl

② CH₂=CH-CHCl-CH₂Cl

③ NaOH, -HCl → 2-氯丁二烯

④ Cu₂Cl₂, Cu, 130~140 ℃ 异构化

乙炔法：① 乙炔的二聚反应　② 共轭亲电加成反应
丁二烯氯化法：① 亲电共轭加成　② 亲电 1,2-加成
　　　　　　　③ 消除反应　　　④ 异构化反应

[知识点] 生产氯丁橡胶单体的工业方法。

6-17 请比较烯、炔、共轭二烯烃的结构及化学性质的异同点。

解：① 烯 $>C=C<$ ② 炔 $-C\equiv C-$ ③ 共轭二烯 $>C=C-C=C<$

结构：都有 π 键，π 电子易流动（极化），都属于不饱和烃。

①与③的碳为 sp^2 杂化，②的碳为 sp 杂化；①有一个 π 键，②与③各有两个 π 键，但②的两个 π 键在两个碳之间且互相垂直，电子云呈筒状分布，③的两个 π 键在四个碳原子间，是电子离域体系。

性质：①，②，③都具有不饱和烃性质；都易与亲电试剂发生亲电加成，遵循不对称烃加成规律（马氏规律）；都可以加一分子 H_2；都可以被较强氧化剂氧化，生成重键断裂的氧化物；都能发生聚合反应生成高分子化合物。但②用一分子 H_2 还原，产物有顺、反烯烃之分；③有共轭加成反应；②较易与亲核试剂加成反应；②与③都可以与两分子试剂进行加成反应。

[知识点] 烯、炔和共轭二烯的结构和化学性质。

第 7 章 芳 香 烃

▶▶ **学习重点**

1. 芳香性——稳定性，与其它不饱和烃相比：Csp^2—H 亲电取代活性增加，>C=C< 的亲电加成反应和氧化反应活性降低。苯的共轭能(共振能、稳定化能)为 150 kJ·mol^{-1}。

2. 芳香性化合物的分子结构(Hückel 规则)：平面、环状共轭体系、有 $4n+2$ 个 π 电子。也适用于杂环化合物。

3. 芳烃亲电取代的一般机理：π 络合物→σ 络合物→产物。取代反应：卤化、硝化、烷基化/酰基化、磺化和氯甲基化等反应。

4. 一元取代苯取代基的定位作用：两类定位基，定位基的结构和相对定位强度顺序。

5. 二元取代苯取代基的定位作用。

6. 一元取代萘取代基的定位规律。

7. 一元取代萘取代基对氧化、还原产物的影响。

▶▶ **专题讨论与拓展**

1. 动力学控制、热力学控制产物

芳环的烷基化、磺化等反应以及共轭二烯的亲电加成反应都是可逆反应。在较低温度下进行反应，是动力学控制反应，生成热力学较不稳定的产物为主；在较高温度下进行反应，是热力学控制反应，生成热力学较稳定的产物。例如：

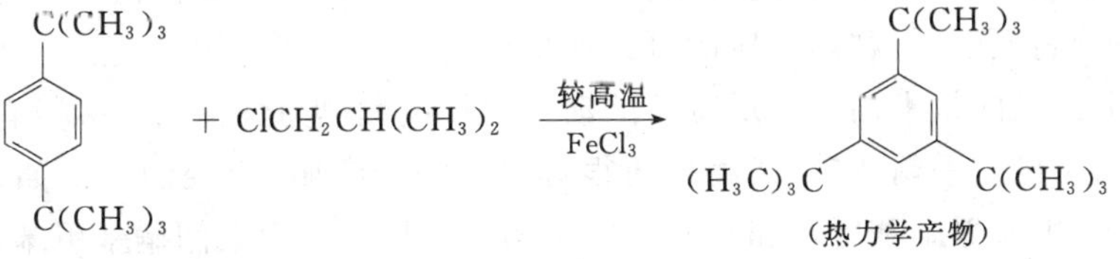

对(1,4-二叔丁基苯) + $ClCH_2CH(CH_3)_2$ $\xrightarrow[FeCl_3]{较高温}$ 1,3,5-三叔丁基苯 (热力学产物)

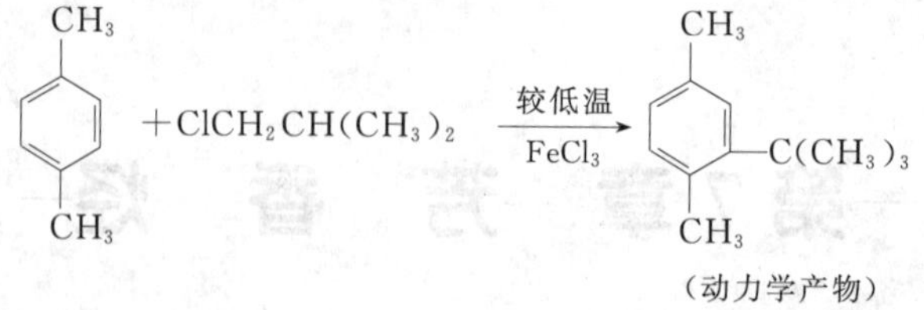

$$\text{对二甲苯} + ClCH_2CH(CH_3)_2 \xrightarrow[FeCl_3]{较低温} \text{2,5-二甲基-叔丁基苯}$$

（动力学产物）

使用强的催化剂和过量的反应物，也可以由动力学控制反应变成热力学控制反应，生成热力学产物。

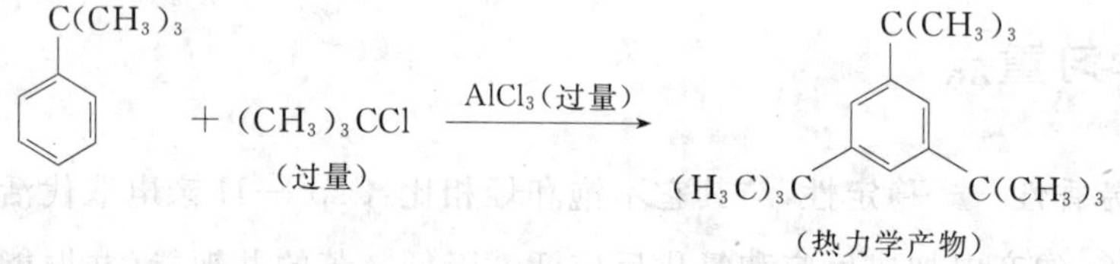

$$\text{叔丁基苯（过量）} + (CH_3)_3CCl \xrightarrow{AlCl_3(过量)} \text{1,3,5-三叔丁基苯}$$

（热力学产物）

萘磺化反应，在较低温度（60 ℃）下主要产物是 α-萘磺酸（动力学控制产物），在较高温度（165 ℃）下，主要产物是 β-萘磺酸（热力学控制产物）。将 α-萘磺酸加热到 165 ℃，也转化成 β-萘磺酸：

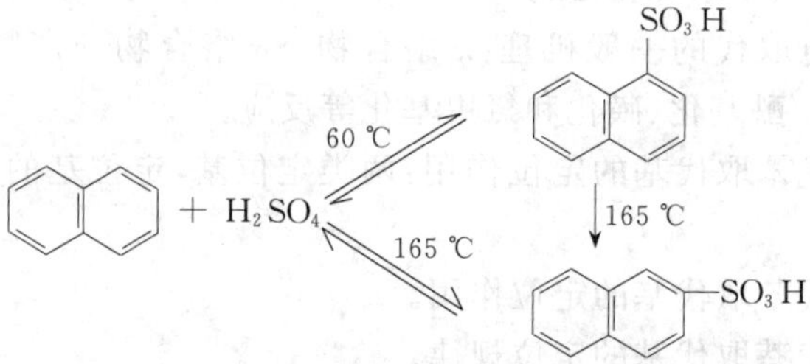

$$\text{萘} + H_2SO_4 \underset{165\ ℃}{\overset{60\ ℃}{\rightleftharpoons}} \alpha\text{-萘磺酸} \xrightarrow{165\ ℃} \beta\text{-萘磺酸}$$

1,3-丁二烯在较低温度与氢溴酸反应生成的主要产物是 3-溴-1-丁烯，而在较高温度下生成的主要产物是 1-溴-2-丁烯。在较高温度下 3-溴-1-丁烯也能转化成 1-溴-2-丁烯：

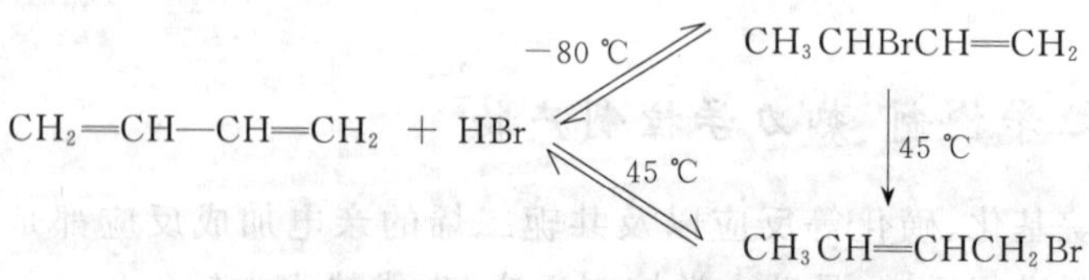

$$CH_2=CH-CH=CH_2 + HBr \underset{45\ ℃}{\overset{-80\ ℃}{\rightleftharpoons}} CH_3CHBrCH=CH_2 \xrightarrow{45\ ℃} CH_3CH=CHCH_2Br$$

动力学控制的反应，提高反应温度可以转化成热力学控制反应；改变反应条件，如增加反应浓度和催化剂的用量，也可使动力学控制反应转化成热力学控制反应；在较高温度下，利用反应的可逆性也可将动力学产物转化成热力学产物。

以上讨论的是平衡可逆反应下的动力学控制和热力学控制。多数有机化学反应不属于可逆平衡反应，或离平衡很远，但也存在动力学控制。例如，甲苯的硝化反应，生成邻硝基甲苯和对硝基甲苯的速率远大于生成间硝基甲苯的速率。

产物混合物中邻硝基甲苯和对硝基甲苯是主要的。生成邻硝基甲苯和对硝基甲苯的反应是动力学控制反应。而苯甲酸的硝化反应,生成间硝基苯甲酸的速率远大于生成邻、对位硝基苯甲酸的速率。苯甲酸硝化生成间硝基苯甲酸的反应是动力学控制反应。芳烃取代基的定位规律都符合动力学控制反应。

一个反应物可以转变成两个或多个产物,其中哪个产物是主要产物,一般取决于生成速率,即生成速率大的产物占的比例大,这个反应就是动力学控制反应。烯炔与氯化氢进行亲电加成反应,双键比三键活泼,主要生成氯代炔烃,烯炔的双键亲电加成反应是动力学控制反应。相反,烯炔与亲核试剂氢氰酸加成反应,三键比双键活泼,烯炔的三键加成反应是动力学控制反应:

$$CH_2=CH-CH_2-CH_2-C\equiv CH \begin{cases} \xrightarrow{HCl} CH_3CHClCH_2CH_2C\equiv CH \text{(动力学控制)} \\ \xrightarrow{HCN/KOH} CH_2=CHCH_2CH_2\underset{CN}{\overset{|}{C}}=CH_2 \text{(动力学控制)} \end{cases}$$

一个反应是动力学控制还是热力学控制是由反应机理决定的。知道了反应机理,就能确定反应是由什么控制的;从实验知道反应是动力学控制还是热力学控制,有助于推导反应机理。

掌握反应的控制类型,可以改变反应条件,得到更多的控制产物。

2. 有机化学反应中的电子效应

在有机化学反应中,电子效应有三种,一种是诱导效应,一种是共轭效应,另一种是场效应。

① 诱导效应 诱导效应是极性共价键引起的。与极性共价键相连的非极性共价键中的 σ 电子和 π 电子受极性键的影响,也向极性键电负性大的一端偏移的现象称为诱导效应(I 效应,inductive effect)。这种 σ 电子对偏移的程度随着碳链的增长而迅速变弱,一般传递三个 σ 键后影响就变得很小,对化学反应的影响即可以忽略。如果极性键与非极性重键相连,重键中不仅 σ 电子偏移,π 电子的偏移程度更大(π 电子易流动),甚至使重键的两个碳原子出现正、负电荷分离,一端带较多的负电荷,一端带较多的正电荷,这时电荷偏移不完全是单方向传递。例如:

$$\overset{\delta-}{X}\leftarrow\overset{\delta+}{C}\leftarrow\overset{\delta\delta+}{C}\leftarrow\overset{\delta\delta\delta+}{C} \qquad \overset{\delta-}{X}-\overset{\delta+}{C}=\overset{\delta+}{C}$$

如果极性方向相反的键与非极性键连接,那么非极性共价键的电子偏移的方向相反。例如:

$$\overset{\delta+}{Y}\rightarrow\overset{\delta-}{C}\rightarrow\overset{\delta\delta-}{C}\rightarrow\overset{\delta\delta\delta-}{C} \qquad \overset{\delta+}{Y}-\overset{\delta+}{C}=\overset{\delta-}{C}$$

通常称 X 是吸电子基,产生吸电子诱导效应(－I 效应),Y 是给电子基,产生给电子诱导效应(＋I 效应)。

基于基态的极性键产生的诱导效应称为静态诱导效应。

在化学反应中,由于电场存在(试剂、溶剂),极性键会被进一步极化,偶极矩变大,其诱导效应也随着增大。即－I 效应或＋I 效应加强,称为动态诱导效应。一般情况下,静态诱导效应与动态诱导效应是一致的。

在化学反应中,动态诱导效应的作用比静态诱导效应的作用重要得多。

② 共轭效应　在共轭体系中,由于电负性的差异,使 π 电子和 p 电子沿着共轭链发生偏移的现象称为共轭效应。使电子向电负性原子 X 方向偏移称为吸电子共轭效应(－C 效应),使电子向离开电负性原子 Y 方向偏移的现象称为给电子共轭效应(＋C 效应)。共轭效应电子偏移的结果是共轭链中原子上电荷分布呈 $\delta+$、$\delta-$ 相间出现,在共轭体系内,这种电子的传递不会随链的增长而减弱:

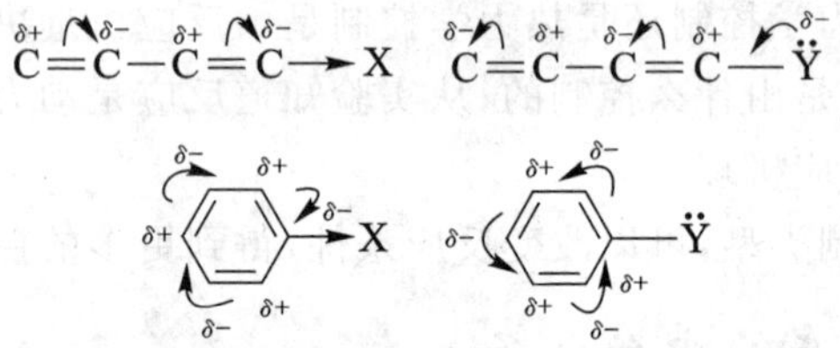

如果把碳链和苯环看成共轭体系,X 是吸电子基团,Y 是给电子基团,上式可写成具体式子:

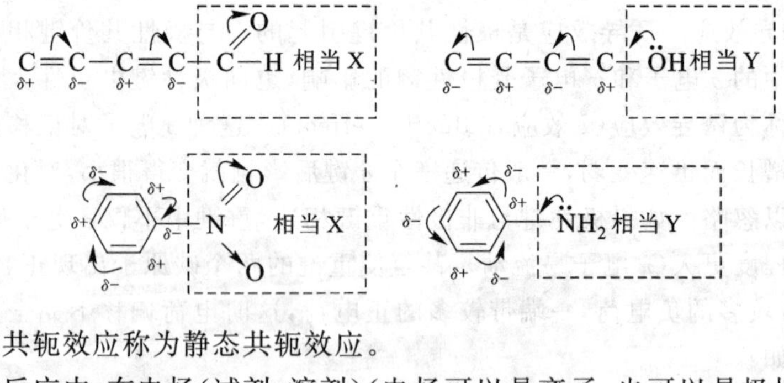

这种基态共轭效应称为静态共轭效应。

化学反应中,在电场(试剂、溶剂)(电场可以是离子,也可以是极性键)作用下,π 电子、p 电子偏离进一步加剧,甚至会使静态时无共轭效应的体系也产生共轭效应。例如:

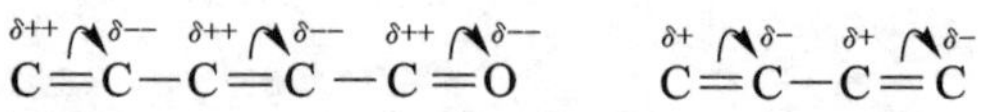

在化学反应中,动态共轭效应比静态共轭效应重要得多。

一般情况下,在共轭体系中,共轭效应与诱导效应同时存在,共轭效应与诱导效应的作用有时一致,有时相反,例如:$\overset{\delta-}{C}=\overset{\delta+}{C}-Y$ 共轭效应与诱导效应作用不一致;$\underset{\delta+}{\overset{\delta-}{\underset{\delta-}{\bigcirc}}}-\overset{+}{N}\overset{O^{\delta-}}{\underset{O}{{<}}}$ 共轭效应与诱导效应作用一致。

在氯苯的亲电取代反应中,诱导效应与共轭效应作用不一致。诱导效应是主要的,钝化了苯环。在取代位置选择上,共轭效应是主要的,氯是邻对位定位基。

在苯酚的亲电取代反应中,诱导效应与共轭效应作用不一致,共轭效应是主要的,活化了苯环,是邻对位定位基。

在苯甲酸的亲电取代反应中,诱导效应与共轭效应作用一致,即钝化苯环,羧基是间位定位基。

在开链共轭体系中,如在 $C=C-Cl + HCl \longrightarrow CH_3CHCl_2$ 的亲电加成反应中,加成反应活性小,诱导效应大于共轭效应;在加成方向上,形成稳定的碳正离子中间体 $CH_3-\overset{+}{C}H\overset{..}{C}l$,共轭效应是主要的。若进行亲核取代反应,诱导效应有利于反应,共轭效应使反应难以进行。

在 $CH_2=CH-CH_3 + HCl \longrightarrow CH_3CHCl-CH_3$ 亲电加成反应中,给电子基 $-CH_3$ 活化了 $C=C$ 双键,又稳定了反应中间体 $CH_3\overset{+}{C}HCH_3$。而在 $C=C-\overset{O}{\overset{\|}{C}}-H$ 中,$C=C$ 双键可亲电加成,也可亲核加成;可以亲电 1,4-加成,也可以亲核 1,4-加成。(见第 9 章)

诱导效应与共轭效应也反映在光谱数据中。如 1-己胺的 ^{13}C NMR 谱是诱导效应的反映:

$$\overset{..}{N}\overset{\delta-}{H_2}-\overset{\delta+}{CH_2}-\overset{\delta\delta+}{CH_2}-\overset{\delta\delta\delta+}{CH_2}-CH_2-CH_2-CH_3$$
δ_C 42.3   34.0   26.7   (31.9)   22.7   14.0

给电子基 $-NH_2$,$-OH$,$-OR$,$-SR$,$-Cl$,$-Br$ 是助色基团,连到共轭体系上,会引起共轭链的紫外光谱产生红移现象。

③ 场效应 分子中带电荷基团间相互影响不是通过共价键碳链诱导传递,也不是通过共轭链传递的,而是通过空间传递的,称为场效应。例如:

邻硝基苯甲酸的酸性较大,就是吸电子取代基—NO_2 的场效应作用的结果;丙二酸的一个负离子对另一羧基酸性减弱的影响有场效应作用的结果;邻氯代苯丙炔酸的酸性变小,也是场效应作用的结果。

▶▶ 例题解析

例 1 解释下列问题:

(1) 苯或甲苯与卤代烷发生 Friedel-Crafts 烷基化反应的产率较高,但苯胺或苯酚的烷基化反应产率很低。

(2) 环戊二烯($K_a = 10^{-16}$)比环庚三烯($K_a = 10^{-45}$)酸性强得多。

(3) 实验结果表明,苯基三氯甲烷分子中的—CCl_3 基是第二类定位基,苯乙烯分子中的—$CH=CH_2$ 基是第一类定位基。如何从理论上给予解释。

解析:(1) 芳香烃与卤代烷发生烷基化反应,一般需在 Lewis 酸如 $AlCl_3$ 催化下进行,苯胺中氨基或苯酚中羟基能与 $AlCl_3$ 发生酸碱反应生成络合物:

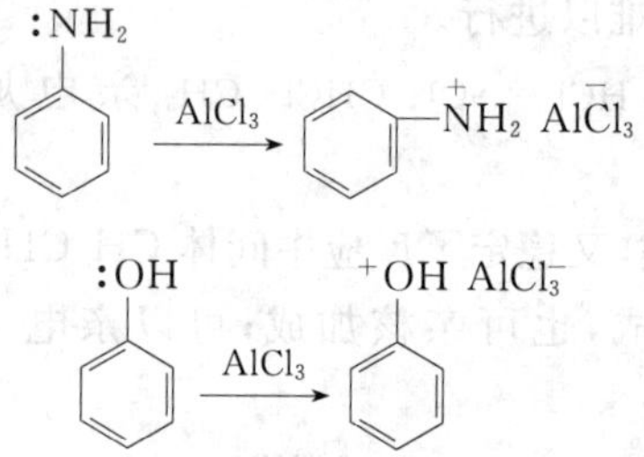

$$\text{C}_6\text{H}_5\text{-NH}_2 \xrightarrow{AlCl_3} \text{C}_6\text{H}_5\text{-}\overset{+}{N}H_2\ AlCl_3^-$$

$$\text{C}_6\text{H}_5\text{-OH} \xrightarrow{AlCl_3} \text{C}_6\text{H}_5\text{-}\overset{+}{O}H\ AlCl_3^-$$

从而降低了环上电子密度,也消耗了一部分催化剂,使烷基化亲电取代反应的活性下降,产率低。

(2) 环戊二烯负离子中的 π 电子数为 6,符合 $4n+2$ 规则,是共平面、闭合的共轭体系,有芳香性,稳定性较高,较易形成,环戊二烯的酸性相对较强。

环庚三烯负离子的 π 电子数为 8,不符合休克尔规则,不稳定,不易形成,故环庚三烯的酸性相对较弱。

(3) 理论上可以通过亲电取代反应形成的中间体的稳定性来判断取代基属于哪一类。苯基三氯甲烷进行亲电取代反应时,可以形成下面三种 σ 络合物中间体:

进攻邻位:（结构式）（较不稳定）

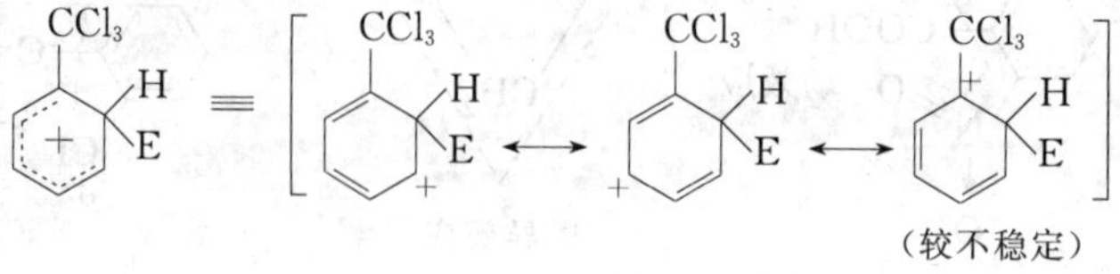

进攻对位：[结构式] ≡ [三种极限结构共振杂化体] （较不稳定）

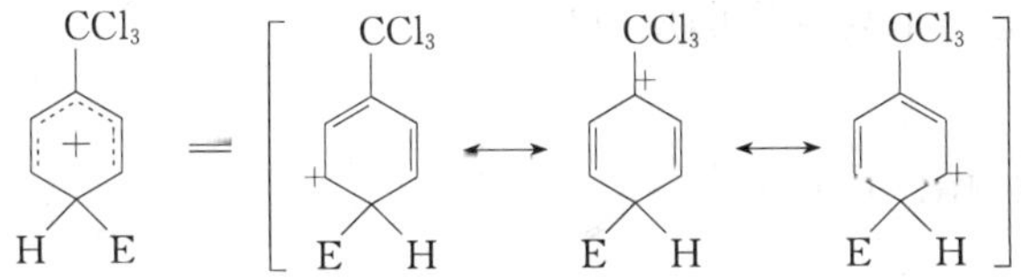

进攻间位：[结构式] ≡ [三种极限结构共振杂化体]

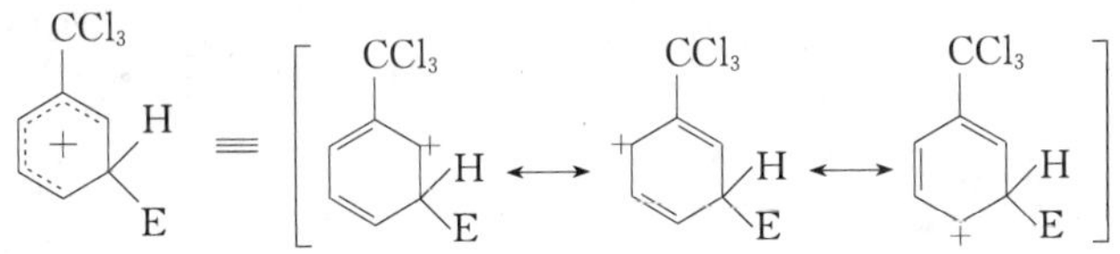

由进攻不同位置形成的σ络合物中间体可以看出，三种σ络合物分别由三种极限结构的共振杂化体表示，但进攻邻、对位形成的σ络合物的共振杂化体均含有一个带正电荷的碳与强吸电子基—CCl_3相连的极限结构，使正电荷更加集中而不稳定，进攻间位则没有这种不稳定的极限结构。因此，—CCl_3是间位定位基，亲电取代反应将发生在间位。

苯乙烯在进行亲电取代反应时，可以形成以下三种σ络合物：

进攻邻位：[结构式] ≡ [四个极限结构共振杂化体]

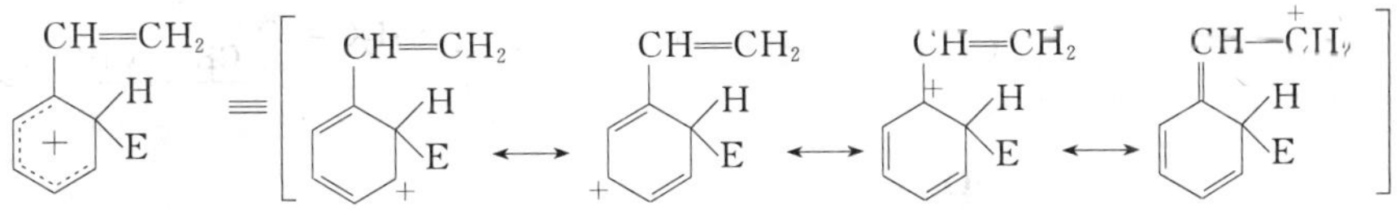

进攻对位：[结构式] ≡ [四个极限结构共振杂化体]

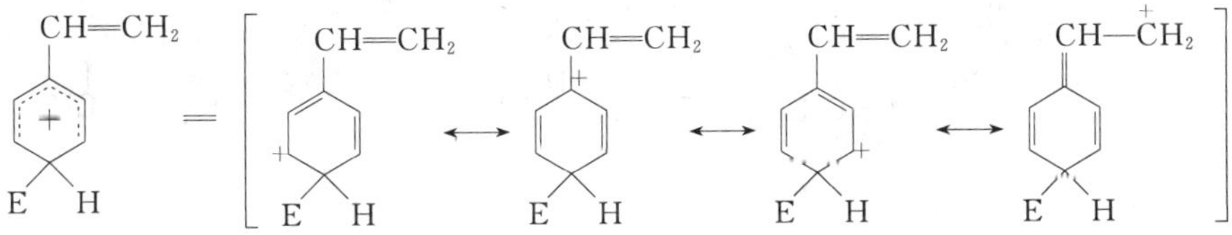

进攻间位：[结构式] ≡ [三个极限结构共振杂化体]

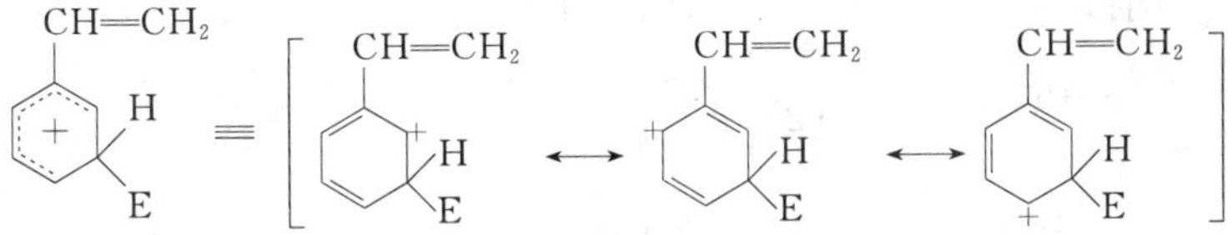

由上面可以看出，亲电试剂进攻邻、对位所生成的σ络合物，均是四个极限结构的共振杂化体，且正电荷可以分散到乙烯基上。进攻间位形成的σ络合物是三个极限结构的共振杂化体，正电荷只能分散在苯环上，不能分散到乙烯基上。共振杂化体的极限结构式越多越稳定，正电荷越分散越稳定。因此，苯乙烯发生亲电取代反应时，亲电试剂主要进攻乙烯基的邻、对位，乙烯基是第一类定位基。

例 2 写出下列反应的反应机理。

(1) 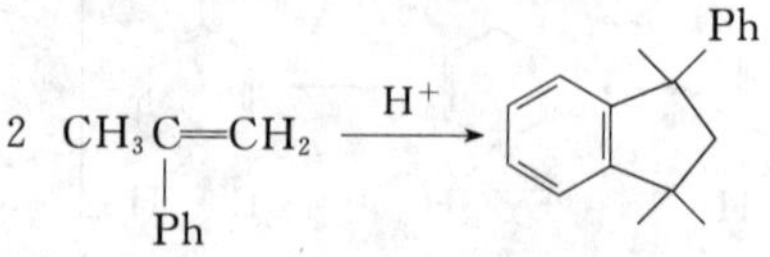

(2) 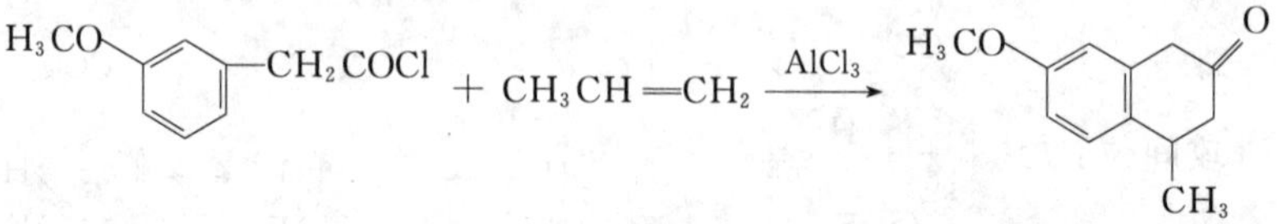

解析:(1) 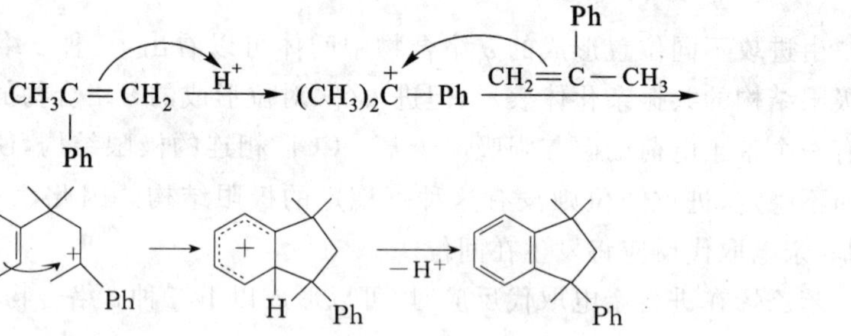

(2) 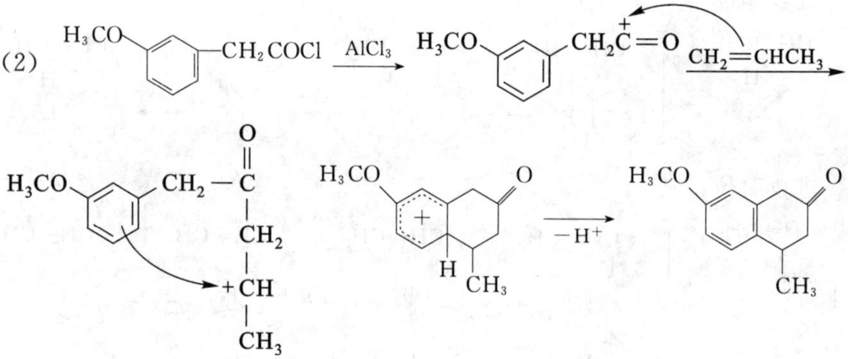

例 3 以苯或甲苯及≤C_3 的烃为原料,合成下列化合物。

(1) 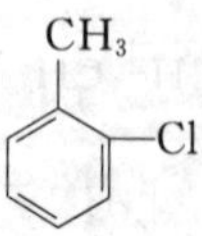　(2) 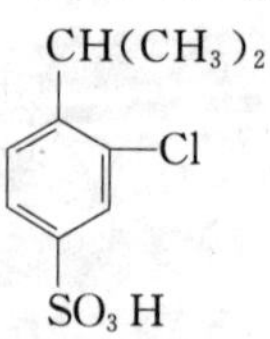

解析:(1) 方法 1:

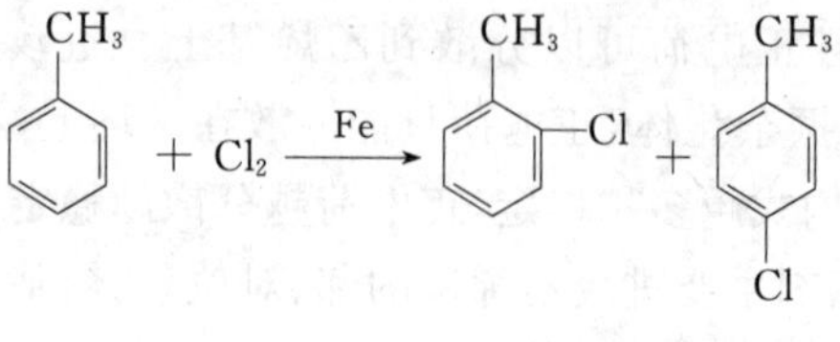

该法生成的邻位氯代甲苯和对位氯代甲苯不易分离,影响产率。

方法2:

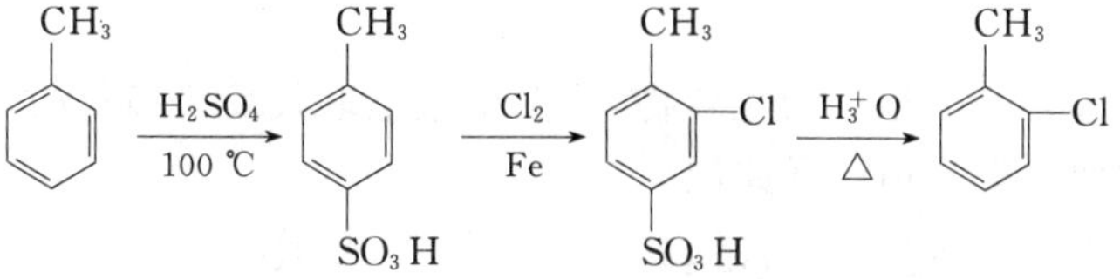

$$\text{甲苯} \xrightarrow[100\,℃]{H_2SO_4} \text{对甲苯磺酸} \xrightarrow{Cl_2/Fe} \text{3-氯-4-甲基苯磺酸} \xrightarrow[\triangle]{H_3^+O} \text{邻氯甲苯}$$

该法利用磺化反应可逆的特点,引入—SO_3H占用对位,使—Cl只进入邻位,然后去掉—SO_3H,产物容易分离提纯,为较佳合成路线。

(2) 方法1:

先磺化,后氯化,最后烷基化,由于—SO_3H和—Cl都使苯环钝化,因而很难烷基化,产率低。

方法2:先氯化,后烷基化,最后磺化:

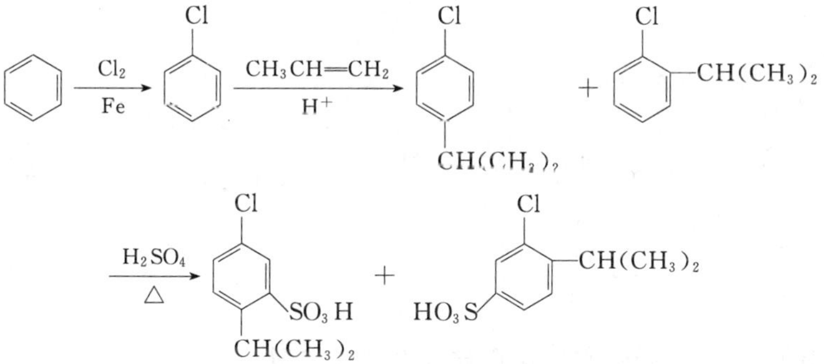

$$\text{苯} \xrightarrow{Cl_2/Fe} \text{氯苯} \xrightarrow[H^+]{CH_3CH=CH_2} \text{对异丙基氯苯} + \text{邻异丙基氯苯}$$

$$\xrightarrow[\triangle]{H_2SO_4} \text{产物A} + \text{产物B}$$

不足之处:氯代后使苯环钝化,影响烷基化;且对位烷基化产物会多于邻位产物,因而产率不高。

方法3:先烷基化,后磺化,最后卤代:

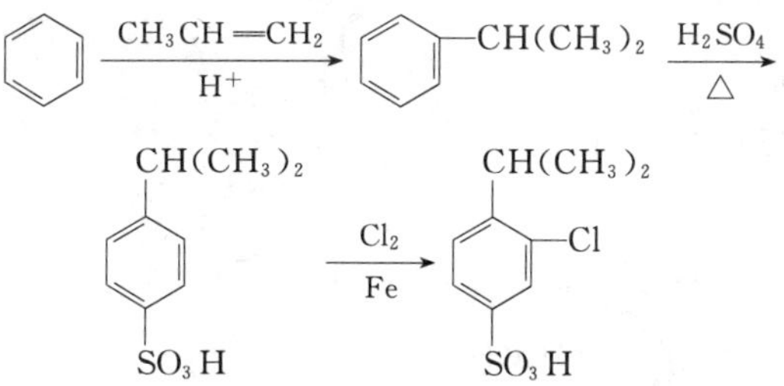

$$\text{苯} \xrightarrow[H^+]{CH_3CH=CH_2} \text{异丙苯} \xrightarrow[\triangle]{H_2SO_4}$$

$$\text{对异丙基苯磺酸} \xrightarrow{Cl_2/Fe} \text{3-氯-4-异丙基苯磺酸}$$

优点:磺化主要在对位,卤代主要在异丙基邻位,产率高,副产物少。因此,方法3为较佳合成路线。

自我提升

1. 䓬酮 A 是一个稳定的化合物,能发生亲电取代反应;环戊二烯酮 B 非常活泼,能自发地二聚。请解释原因。

2. 请比较对硝基甲苯和对硝基氯苯的偶极矩大小。

3. 下列反应中,亲电试剂 E^+ 是如何形成的?

(1) ⌬ $\xrightarrow[\text{浓 H}_2\text{SO}_4,\triangle]{\text{浓 HNO}_3}$ ⌬—NO$_2$

(2) ⌬ + HOCl $\xrightarrow{\text{HCl}}$ ⌬—Cl

(3) ⌬ + HONO $\xrightarrow{\text{H}_2\text{SO}_4}$ ⌬—NO

(4) ⌬ + DCl ⟶ ⌬—D

4. 用苯、甲苯及脂肪族化合物合成下列化合物:

(1) 4-溴-3-硝基苯甲酸(COOH, Br, NO$_2$)

(2) 4-溴-2-硝基苯基甲基酮(COCH$_3$, NO$_2$, Br)

5. 写出下列反应的机理:

芴甲醇 $\xrightarrow[-\text{H}_2\text{O}]{\text{H}^+}$ 菲

6. 讨论下列问题:

(1) 4-硝基联苯的硝化反应,主要在哪个位置上发生?

(2) 薁是否可以进行亲电取代反应,如果可以,容易在哪个环上发生?

(3) 为什么杯烯 [结构图] 具有较大的偶极矩 (19.14×10^{-30} C·m)？

自我提升参考答案

1. 䓬酮 A 的共振杂化体是具有 6 个 π 电子的芳香性结构，所以是稳定的。

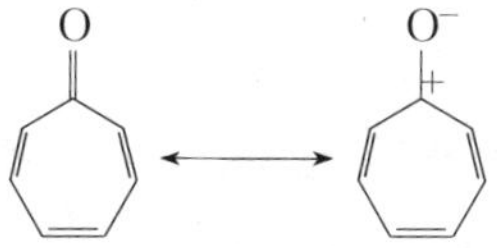

[结构式：䓬酮的两种共振结构]

环戊二烯酮 B 的共振杂化体类似于反芳香性的环戊二烯正离子，具有 4 个 π 电子，不稳定而二聚，发生 Diels-Alder 反应。

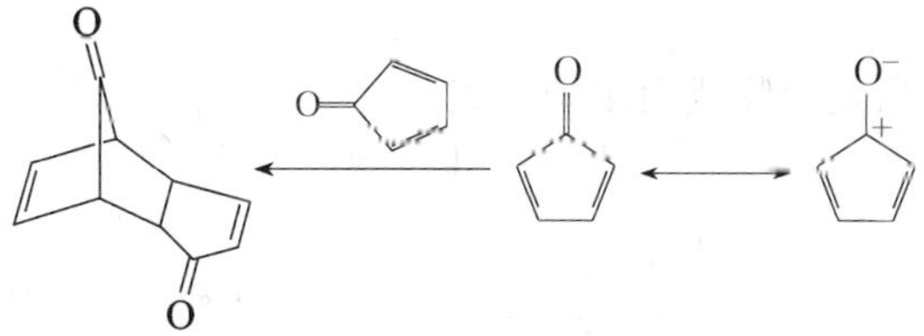

[结构式：环戊二烯酮的二聚产物及共振结构]

2. 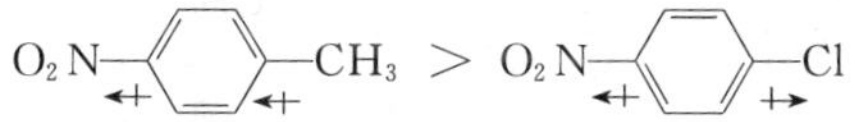 O_2N—⟨⟩—CH_3 > O_2N—⟨⟩—Cl

3. (1) $HONO_2 + 2HOSO_3H \longrightarrow H_3\overset{+}{O} + 2HSO_4^- + \overset{+}{N}O_2\ (E^+)$

(2) $H^+ + HOCl \longrightarrow H_2\overset{+}{O}-Cl \longrightarrow H_2O + Cl^+\ (E^+)$

(3) $H^+ + H-O-N=O \longrightarrow H_2\overset{+}{O}-N=O \longrightarrow H_2O + NO^+\ (E^+)$

(4) $DCl \longrightarrow D^+\ (E^+) + Cl^-$

4. (1) 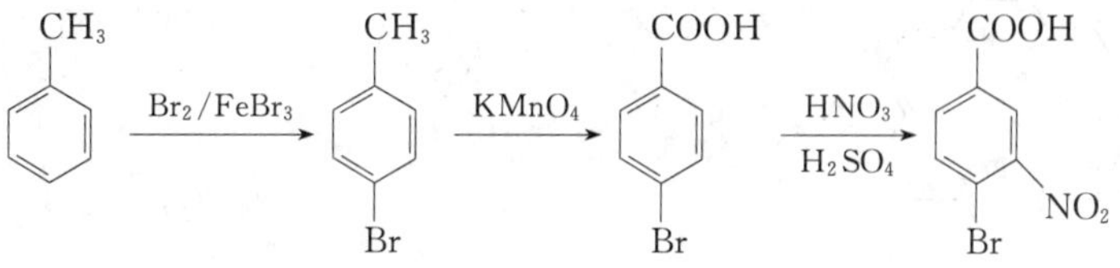 甲苯 $\xrightarrow{Br_2/FeBr_3}$ 对溴甲苯 $\xrightarrow{KMnO_4}$ 对溴苯甲酸 $\xrightarrow[H_2SO_4]{HNO_3}$ 4-溴-3-硝基苯甲酸

(2) 甲苯 $\xrightarrow{Br_2/FeBr_3}$ 对溴甲苯 $\xrightarrow[H_2SO_4]{HNO_3}$ 2-硝基-4-溴甲苯 $\xrightarrow[ROOR]{NBS}$ 2-硝基-4-溴苄基溴

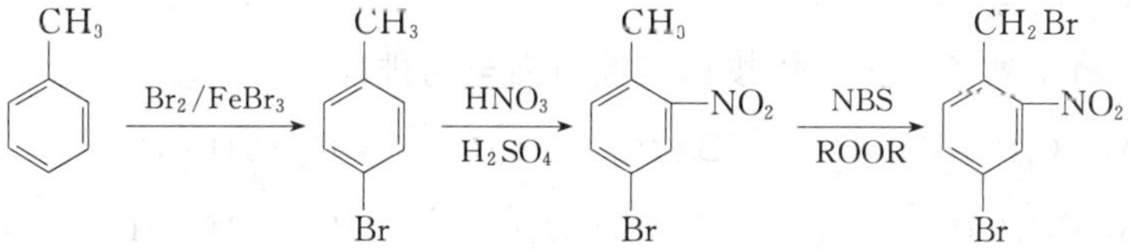

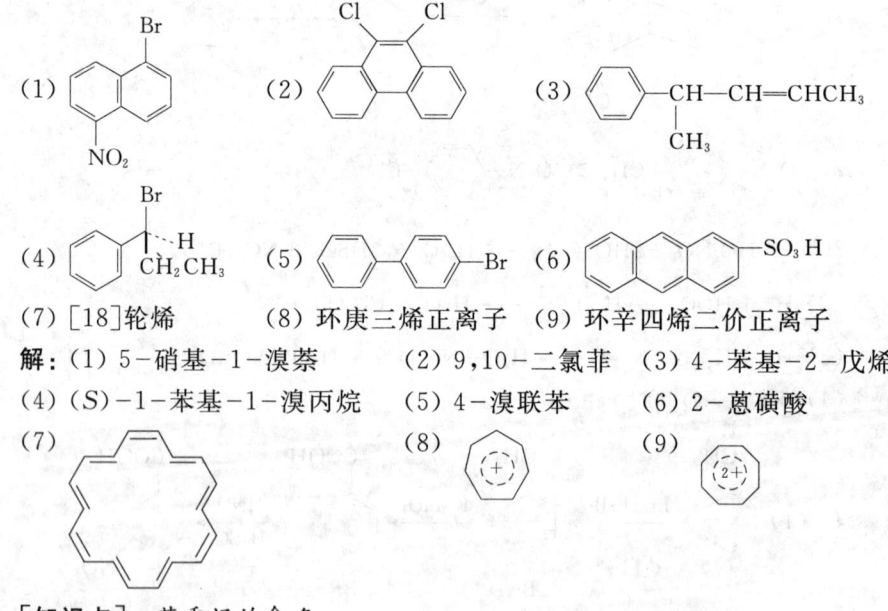

6. 提示:通过形成的中间体共振极限结构式讨论。

▶▶ 习题解答

7-1 命名下列化合物或写出构造式。

(1) 1-溴-5-硝基萘   (2) 9,10-二氯菲   (3) 4-苯基-2-戊烯

(4) (S)-1-苯基-1-溴丙烷   (5) 4-溴联苯   (6) 2-蒽磺酸

(7) [18]轮烯   (8) 环庚三烯正离子   (9) 环辛四烯二价正离子

解: (1) 5-硝基-1-溴萘   (2) 9,10-二氯菲   (3) 4-苯基-2-戊烯

(4) (S)-1-苯基-1-溴丙烷   (5) 4-溴联苯   (6) 2-蒽磺酸

[知识点] 芳香烃的命名。

7-2 将下列各组中间体按稳定性由强至弱排列。

(1) A. $(C_6H_5)_3C^+$ B. $(C_6H_5)_2\overset{+}{C}H$ C. $C_6H_5\overset{+}{C}H_2$

(2) A. $CH_3\dot{C}H_2$ B. $(C_6H_5)_3\dot{C}$ C. $C_6H_5\dot{C}H_2$ D. $\dot{C}H_3$

(3) A. $O_2N-C_6H_4-\overset{+}{C}H_2$ B. $Cl-C_6H_4-\overset{+}{C}H_2$ C. $CH_3-C_6H_4-\overset{+}{C}H_2$

解：(1) A＞B＞C　　　　(2) B＞C＞A＞D

(3) C＞B＞A　　正电荷或电子越分散其中间体越稳定

[知识点]　诱导效应；共轭效应。

7-3　将下列化合物按硝化反应的速率由快至慢排列。

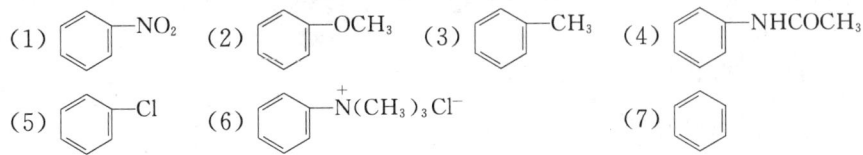

(1) C_6H_5-NO_2 (2) C_6H_5-OCH_3 (3) C_6H_5-CH_3 (4) C_6H_5-NHCOCH_3

(5) C_6H_5-Cl (6) C_6H_5-$\overset{+}{N}(CH_3)_3 Cl^-$ (7) C_6H_6

解：(4)＞(2)＞(3)＞(7)＞(5)＞(1)＞(6)

苯环上电子云密度越高越有利于亲电取代反应，即苯环上连给电子基有利于反应进行。

[知识点]　芳香族化合物亲电取代反应活性；电子效应。

7-4　将下列化合物按与 HCl 反应的速率由快至慢排列。

(1) C_6H_5-CH=CH_2　(2) 4-CH_3-C_6H_4-CH=CH_2　(3) 4-NO_2-C_6H_4-CH=CH_2　(4) 4-CH_3O-C_6H_4-CH=CH_2

解：(4)＞(2)＞(1)＞(3)

烯烃与 HCl 反应是亲电加成反应，中间体为碳正离子。双键上电子云密度越高、中间体碳正离子正电荷越分散，反应速率越快。

[知识点]　亲电加成反应；碳正离子稳定性；取代基的电子效应。

7-5　用 ^{1}H NMR 鉴别下列各组化合物。

(1) C_6H_5-CH_2CH_3 与 C_6H_5-CH(CH_3)_2　(2) 对二甲苯 与 间二甲苯

解：(1) C_6H_5-CH_2CH_3 有三组峰，分别为四重峰(2H)，三重峰(3H)和多重峰(5H)。C_6H_5-CH(CH_3)_2 有三组峰，分别为双峰(6H)，多重峰(1H)，多重峰(5H)。

(2) 对二甲苯有三组峰，分别为单峰(6H)，双峰(2H)，双峰(2H)。而间二甲苯有四组峰，分别为单峰(6H)，单峰(1H)，多重峰(3H)。

[知识点]　^{1}H NMR 谱与结构的关系。

7-6　完成下列各反应式。

(1) 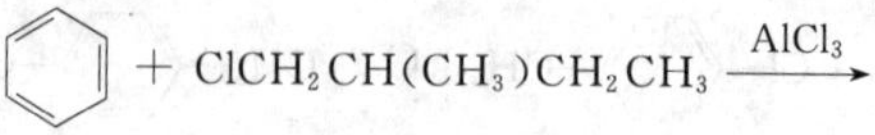 C₆H₆ + ClCH₂CH(CH₃)CH₂CH₃ →(AlCl₃)

(2) 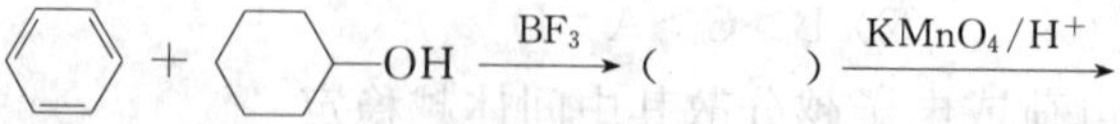 C₆H₆ + C₆H₁₁—OH →(BF₃) ( ) →(KMnO₄/H⁺)

(3) 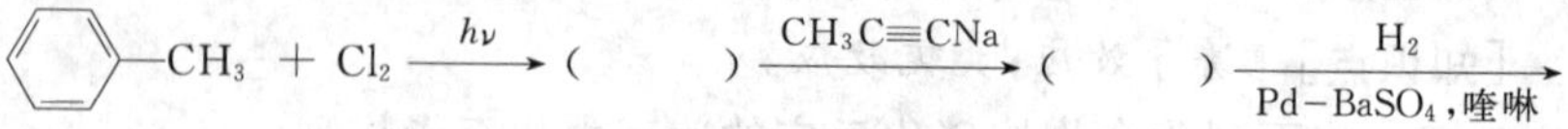 C₆H₅—CH₃ + Cl₂ →(hν) ( ) →(CH₃C≡CNa) ( ) →(H₂, Pd–BaSO₄, 喹啉)

(4) 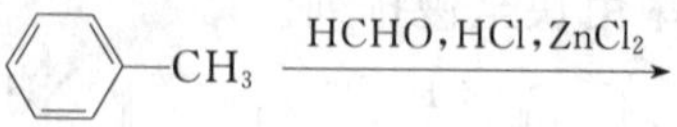 C₆H₅—CH₃ →(HCHO, HCl, ZnCl₂)

(5) 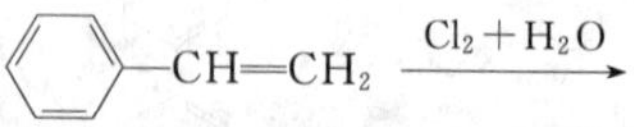 C₆H₅—CH=CH₂ →(Cl₂ + H₂O)

(6) 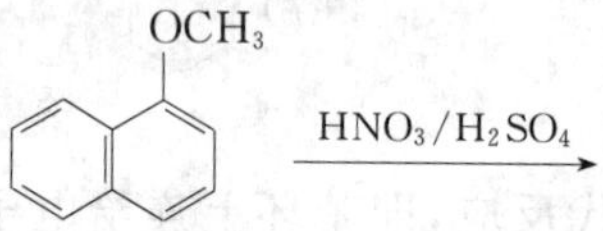 1-甲氧基萘 →(HNO₃/H₂SO₄)

(7) 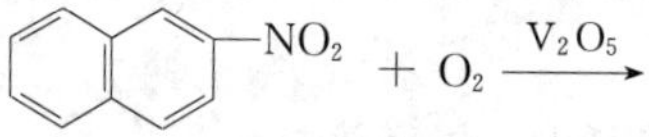 2-硝基萘 + O₂ →(V₂O₅)

(8) 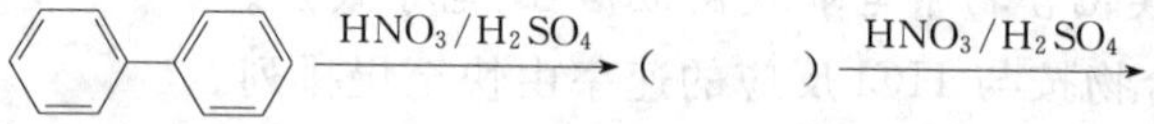 联苯 →(HNO₃/H₂SO₄) ( ) →(HNO₃/H₂SO₄)

(9) 3,4-(H₃CO)₂C₆H₃—CH₂—CH(COCl)—CH₂—C₆H₅ →(AlCl₃)

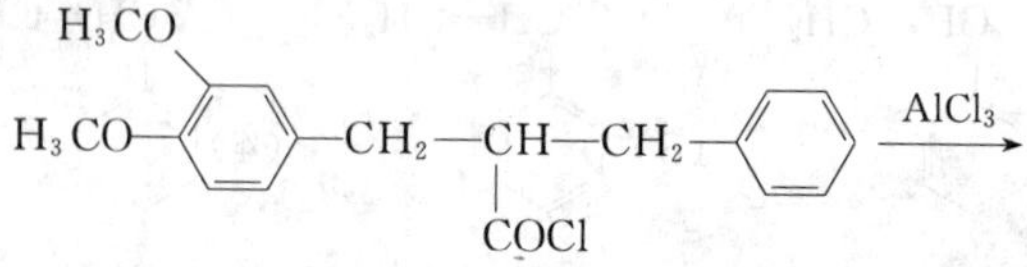

(10) 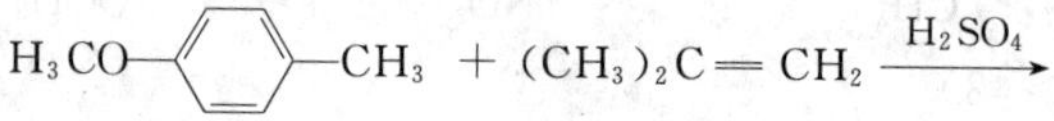 4-H₃CO—C₆H₄—CH₃ + (CH₃)₂C=CH₂ →(H₂SO₄)

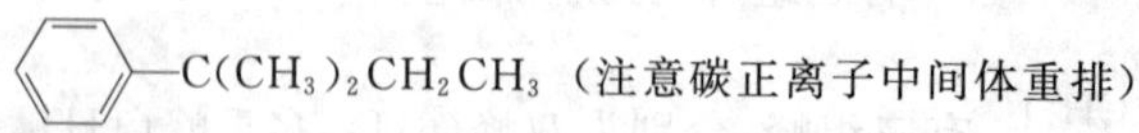

(11) 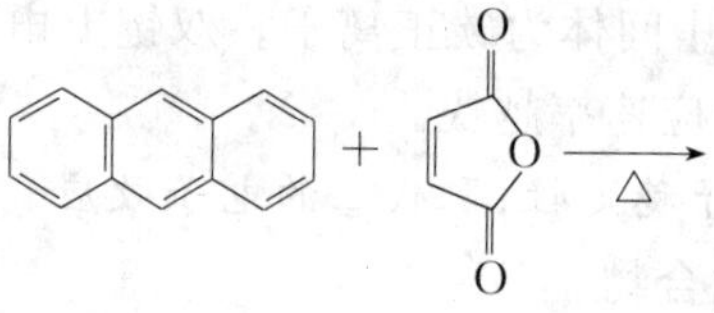 蒽 + 马来酸酐 →(Δ)

(12) 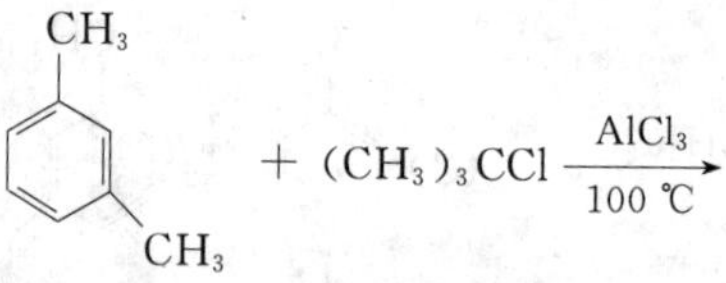 1,3-二甲苯 + (CH₃)₃CCl →(AlCl₃, 100 ℃)

(13) 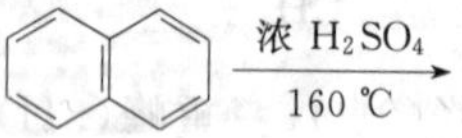 萘 →(浓 H₂SO₄, 160 ℃)

解：(1) C₆H₅—C(CH₃)₂CH₂CH₃ （注意碳正离子中间体重排）

(2) 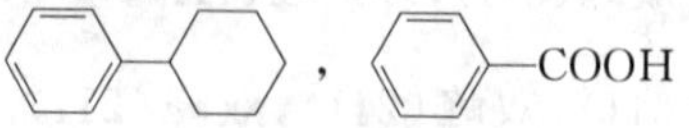 C₆H₅—C₆H₁₁ , C₆H₅—COOH

(3) 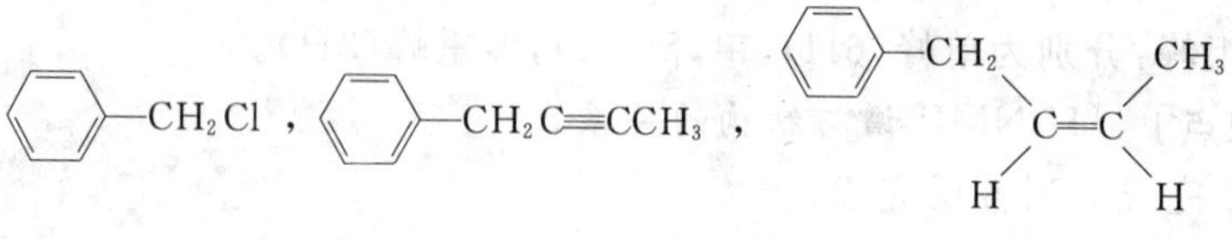 C₆H₅—CH₂Cl , C₆H₅—CH₂C≡CCH₃ , C₆H₅—CH₂—C(CH₃)=CH— (cis, H,H)

(4) 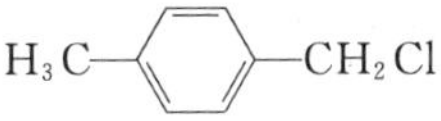 H₃C-C₆H₄-CH₂Cl (对位)

(5) 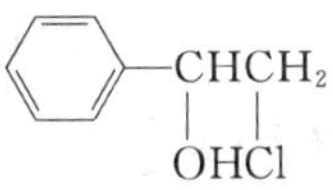 C₆H₅-CH(OH)-CH₂Cl （主）

(6) 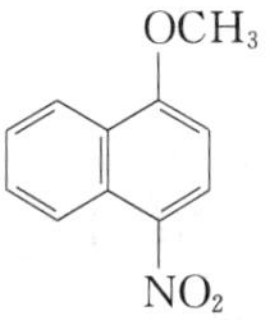 1-甲氧基-4-硝基萘 (OCH₃ 在 1 位，NO₂ 在 4 位)

(7) 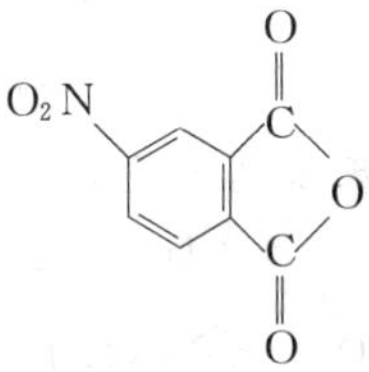 4-硝基邻苯二甲酸酐

(8) 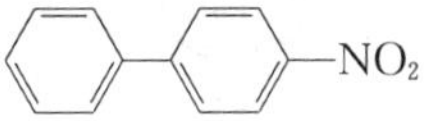 4-硝基联苯, 4,4'-二硝基联苯

(9) 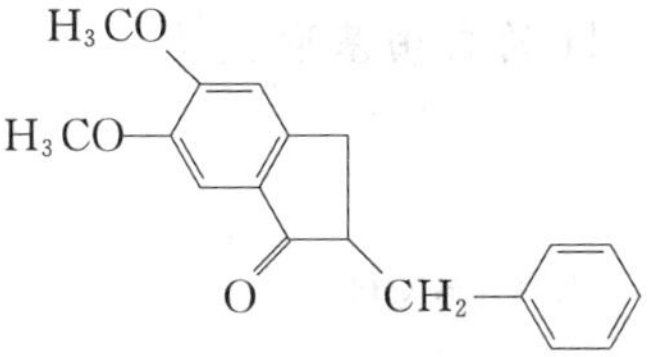 5,6-二甲氧基-2-苄基-1-茚酮 （分子内 Friedel–Crafts 酰基化反应，优先发生在电子密度大的苯环上）

(10) 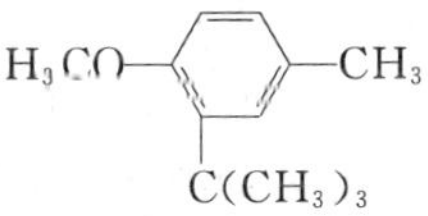 2-甲氧基-5-甲基-1-叔丁基苯 (H₃CO-, -CH₃, -C(CH₃)₃)

(11) 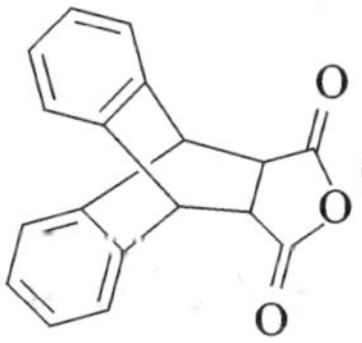 蒽与马来酸酐的 Diels–Alder 加成产物 （双烯合成反应）

(12) 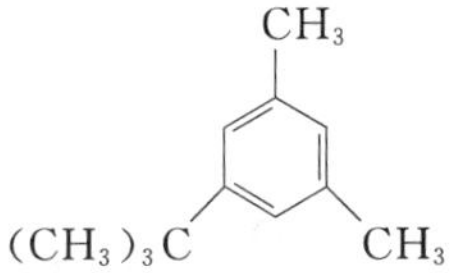 1,3,5-三甲基-2-叔丁基苯 （热力学控制产物）

(13) 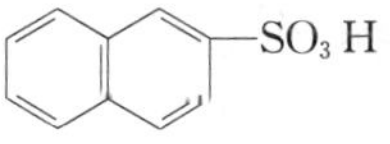 萘-2-磺酸 （热力学控制产物）

[知识点] 芳香烃的化学性质。

7-7 用苯、甲苯或萘为主要原料合成下列化合物：

(1) 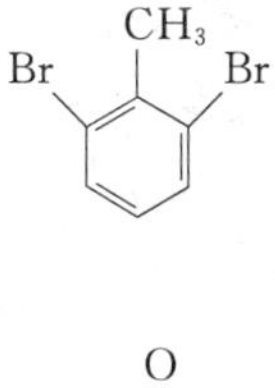 2,6-二溴甲苯

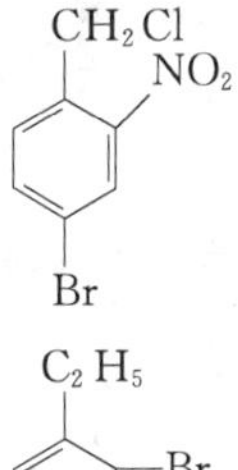

(2) 2-硝基-4-溴苄氯

(3) (E)-1,2-二苄基乙烯 C₆H₅CH₂-CH=CH-CH₂C₆H₅

(4) 2-乙基蒽醌

(5) 3-溴-4-乙基苯磺酸

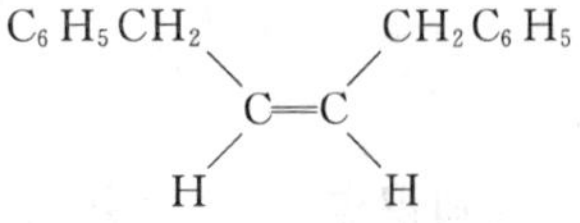

(6) 2-硝基苯甲酸

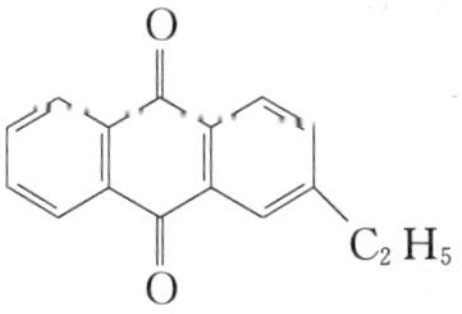

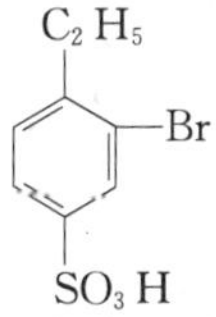

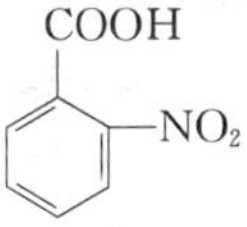

解：(1) C$_6$H$_5$CH$_3$ $\xrightarrow{\text{浓 H}_2\text{SO}_4, \triangle}$ 对-CH$_3$-C$_6$H$_4$-SO$_3$H $\xrightarrow{\text{Br}_2 / \text{Fe}}$ 2,6-二溴-4-磺酸基甲苯 $\xrightarrow{\text{H}_3^+\text{O}, \triangle}$ 2,6-二溴甲苯

[知识点] 烷基苯的磺化反应及其应用；烷基苯的卤代反应。

(2) C$_6$H$_5$CH$_3$ $\xrightarrow{\text{HNO}_3 / \text{H}_2\text{SO}_4}$ 邻硝基甲苯 $\xrightarrow{\text{Br}_2 / \text{Fe}}$ 2-硝基-4-溴甲苯 $\xrightarrow{\text{Cl}_2, h\nu}$ 2-硝基-4-溴-α-氯甲苯

[知识点] 取代苯的硝化、溴代反应；α-H 的自由基取代反应。

(3) C$_6$H$_5$—CH$_3$ $\xrightarrow{\text{Cl}_2, h\nu}$ C$_6$H$_5$—CH$_2$Cl

2 C$_6$H$_5$—CH$_2$Cl + NaC≡CNa ⟶ C$_6$H$_5$—CH$_2$—C≡C—CH$_2$—C$_6$H$_5$

$\xrightarrow{\text{H}_2 / \text{Pd-BaSO}_4, \text{喹啉}}$ 顺式 C$_6$H$_5$CH$_2$—CH=CH—CH$_2$C$_6$H$_5$

[知识点] 烷基苯的 α-H 卤代反应；末端炔烃活泼氢的反应；炔烃的选择性还原反应。

(4) C$_6$H$_6$ $\xrightarrow{\text{CH}_3\text{CH}_2\text{Cl} / \text{AlCl}_3}$ C$_6$H$_5$—CH$_2$CH$_3$

萘 $\xrightarrow{\text{O}_2, \text{V}_2\text{O}_5, \triangle}$ 邻苯二甲酸酐 $\xrightarrow{\text{C}_6\text{H}_5\text{CH}_2\text{CH}_3 / \text{AlCl}_3}$ 2-(4-乙基苯甲酰基)苯甲酸 $\xrightarrow{\text{H}_2\text{SO}_4, \triangle}$ 2-乙基蒽醌

[知识点] 萘的氧化反应；取代苯的烷基化、酰基化反应。

(5) C$_6$H$_5$CH$_2$CH$_3$ $\xrightarrow{\text{浓 H}_2\text{SO}_4, \triangle}$ 对乙基苯磺酸 $\xrightarrow{\text{Br}_2 / \text{Fe}}$ 3-溴-4-乙基苯磺酸

[知识点] 取代基的定位效应；苯的亲电取代反应。

(6)

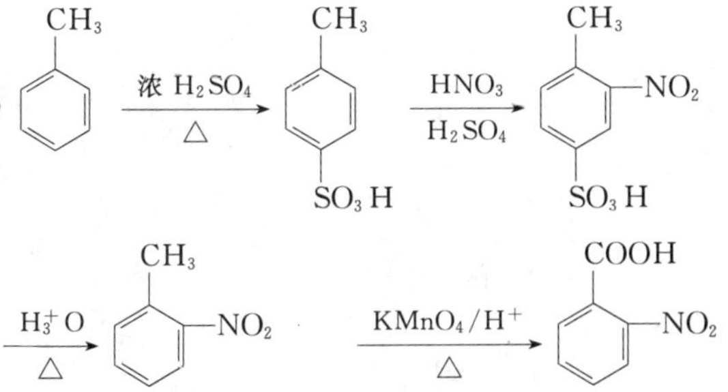

CH_3-C$_6$H$_5$ $\xrightarrow{\text{浓 }H_2SO_4,\ \Delta}$ 对-CH_3-C$_6$H$_4$-SO_3H $\xrightarrow{HNO_3/H_2SO_4}$ 2-NO_2-4-SO_3H-甲苯 $\xrightarrow{H_3^+O,\ \Delta}$ 邻-CH_3-C$_6$H$_4$-NO_2 $\xrightarrow{KMnO_4/H^+,\ \Delta}$ 邻-$COOH$-C$_6$H$_4$-NO_2

[知识点] 苯的亲电取代反应；磺化反应在合成中的应用。

7-8 推测下列反应的机理。

(1) 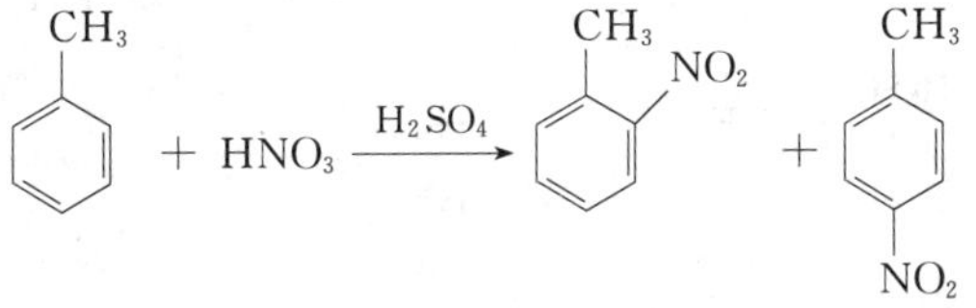 甲苯 + HNO_3 $\xrightarrow{H_2SO_4}$ 邻硝基甲苯 + 对硝基甲苯

解：$2H_2SO_4 + HNO_3 \longrightarrow H_3^+O + 2HSO_4^- + NO_2^+$

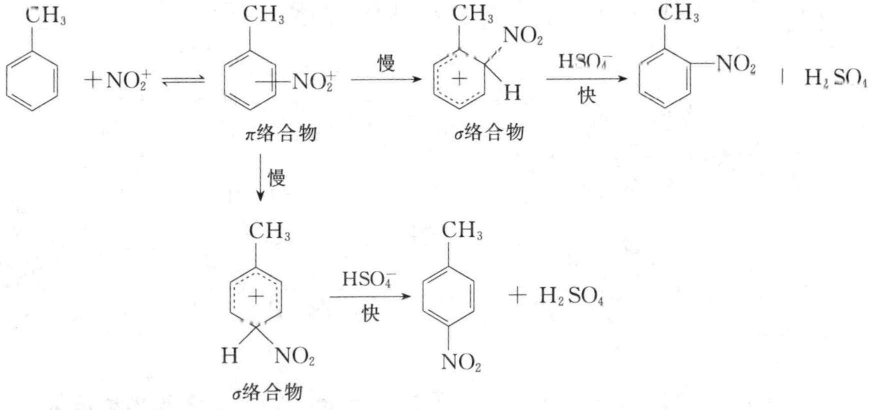

甲苯 + NO_2^+ $\rightleftharpoons$ [π络合物] $\xrightarrow{\text{慢}}$ [σ络合物] $\xrightarrow{HSO_4^-,\ \text{快}}$ 邻硝基甲苯 + H_2SO_4

↓ 慢

[σ络合物] $\xrightarrow{HSO_4^-,\ \text{快}}$ 对硝基甲苯 + H_2SO_4

[知识点] 甲苯的硝化反应机理。

(2) 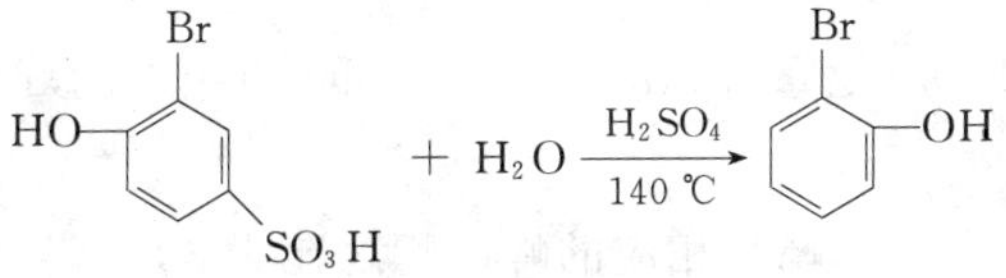 2-Br-4-SO_3H-苯酚 + H_2O $\xrightarrow{H_2SO_4,\ 140\,℃}$ 2-Br-苯酚

解：$H_2SO_4 + H_2O \longrightarrow H_3^+O + {}^-OSO_2OH$

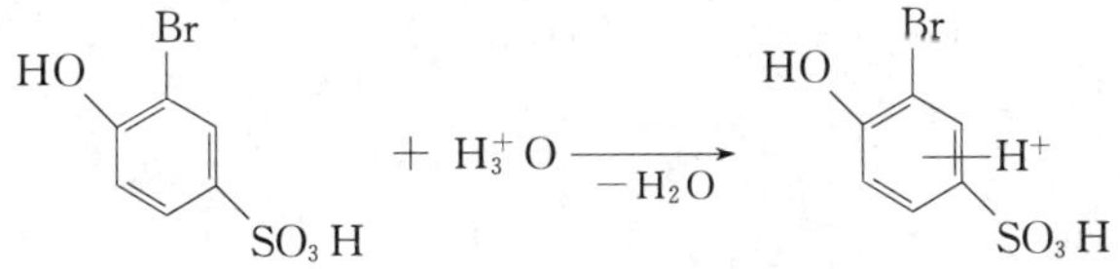

2-Br-4-SO_3H-苯酚 + H_3^+O $\xrightarrow{-H_2O}$ [σ络合物中间体]

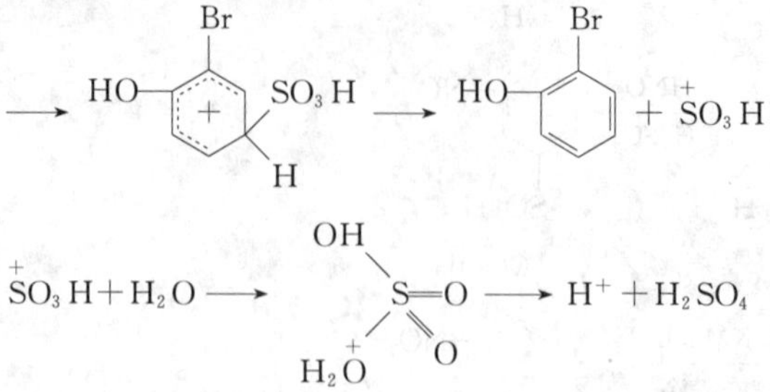

$$\longrightarrow \underset{H}{HO-\overset{Br}{\underset{+}{\bigcirc}}-SO_3H} \longrightarrow HO-\bigcirc-Br + \overset{+}{SO_3}H$$

$$\overset{+}{SO_3}H + H_2O \longrightarrow \underset{H_2O}{\overset{OH}{\underset{O}{S}}}=O \longrightarrow H^+ + H_2SO_4$$

$$H^+ + {}^-OSO_2OH \longrightarrow H_2SO_4$$

[知识点] 芳香烃磺化反应的逆反应机理。

(3) 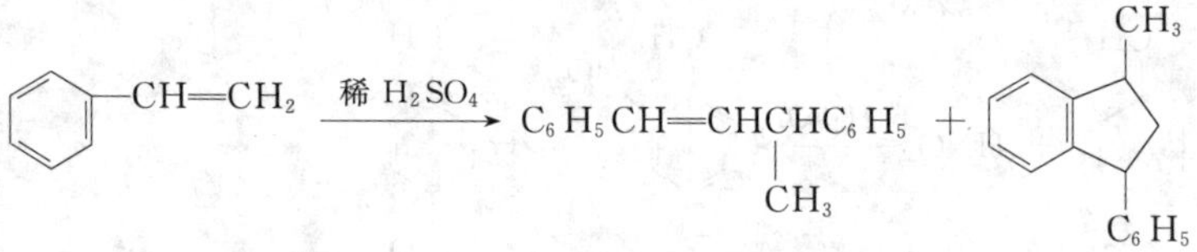 $C_6H_5-CH=CH_2 \xrightarrow{稀 H_2SO_4} C_6H_5CH=CHCHC_6H_5 + $ (1-甲基-3-苯基茚满结构)

解:$C_6H_5-CH=CH_2 \xrightarrow{H^+} C_6H_5-\overset{+}{C}H-CH_3 \xrightarrow{CH_2=CH-C_6H_5}$

$\underset{CH_3}{\overset{+}{C}H-CH_2-CH}-C_6H_5 \xrightarrow{-H^+} C_6H_5-CH=CHCH(CH_3)-C_6H_5$

$\xrightarrow{\text{分子内亲电取代}}$ (环化中间体) $\xrightarrow{-H^+}$ (1-甲基-3-苯基茚满)

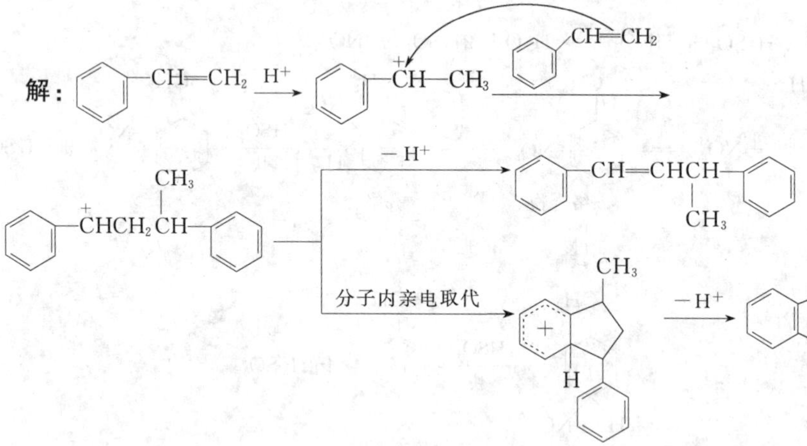

[知识点] 碳正离子的性质；分子内 Friedel-Crafts 烷基化反应机理。

7-9 A 和 B 两个化合物的分子式都是 C_9H_{12}，测得的核磁共振谱的数据如下：

A：$\delta=1.25$(双峰)，$\delta=2.95$(七重峰)，$\delta=7.25$(多重峰)相应的峰面积之比为 6:1:5。

B：$\delta=2.25$(单峰)，$\delta=6.78$(单峰)，相应的峰面积之比为 3:1。

试推测化合物 A 和 B 的构造式。

解：A. 异丙苯   B. 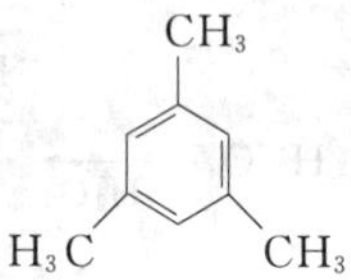 1,3,5-三甲苯

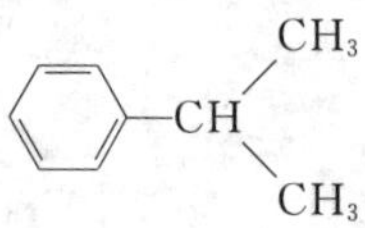

[知识点] 通过 ^{1}H NMR 谱数据推测化合物结构。

7-10 某烃 A 的分子式为 $C_{10}H_{10}$，与 $CuCl/NH_3$ 溶液不起作用，在 $HgSO_4$ 存在下与稀 H_2SO_4 作用生成 $B(C_{10}H_{12}O)$，在 B 的红外光谱图中 1 700 cm^{-1} 附近有强吸收峰。A 氧化生成间苯二甲酸。写出 A 和 B 的构造式。

解：

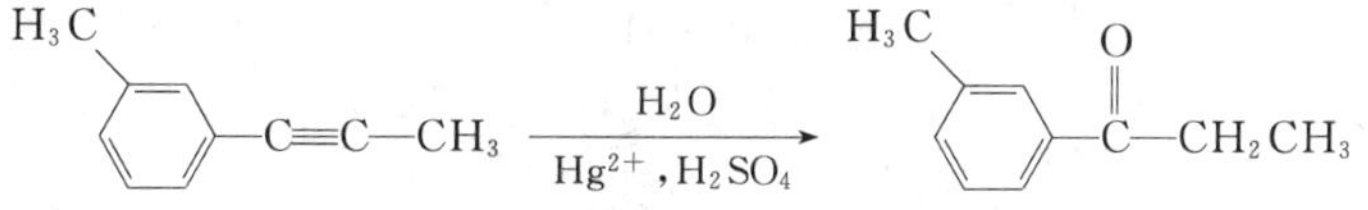

间甲苯基-C≡C-CH$_3$ (A) $\xrightarrow{H_2O, Hg^{2+}, H_2SO_4}$ 间甲苯基-CO-CH$_2$CH$_3$ (B)

[知识点] 炔烃的性质；芳烃的氧化反应；羰基红外光谱特征吸收峰。

7-11 芳烃 $A(C_{10}H_{14})$ 具有 5 种可能的一溴代衍生物 $(C_{10}H_{13}Br)$。剧烈氧化 A 得酸性物质 $C_8H_6O_4$，它只有一种硝基取代产物 $(C_8H_5O_4NO_2)$。试写出化合物 A 及其溴代衍生物的结构。

解：酸性物质只有一种一硝基取代物，说明两个 COOH 处于对位位置，A 有 5 种一溴代产物说明分子中含有 5 种化学环境不同的氢原子。

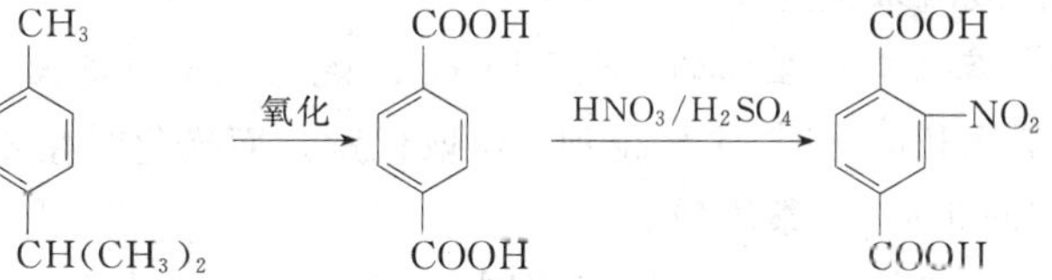

对异丙基甲苯 (A) $\xrightarrow{氧化}$ 对苯二甲酸 $\xrightarrow{HNO_3/H_2SO_4}$ 硝基对苯二甲酸

一溴代产物：（五种结构式，对异丙基苄溴、2-溴-4-异丙基甲苯、3-溴-4-异丙基甲苯、对(1-溴乙基)甲苯、对(2-溴-2-丙基)甲苯）

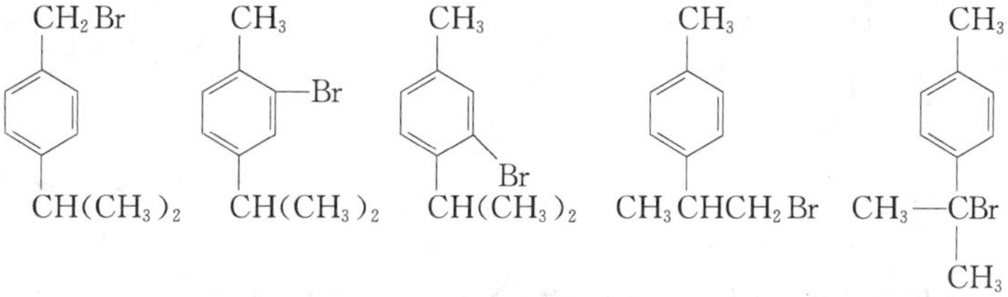

[知识点] 取代基的定位规则；烷基苯的氧化反应。

7-12 写出 （三个带Cl、E、H取代基的环己烯正离子） 的可能共振结构式；比较共振结构对相应共振杂化体的贡献；比较三个共振杂化体的稳定性。

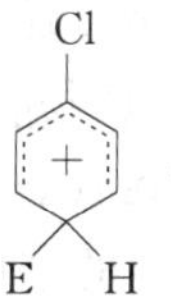

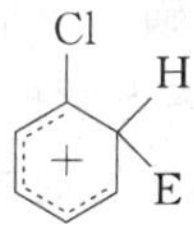

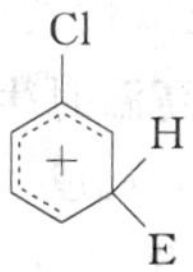

解：略。

7-13 解释下列实验现象。

(1) 苯与 RX 发生单烷基化时，苯要过量。

解：一烷基化产物 C_6H_5R 比 C_6H_6 更活泼，将进一步反应生成 $C_6H_4R_2$ 和 $C_6H_3R_3$，为防止产生多烷基产物，需加入过量苯。

[知识点] 多烷基苯比苯易进行 Friedel-Crafts 烷基化反应。

(2)
$$\text{C}_6\text{H}_6 + 3\text{CH}_3\text{Cl} \xrightarrow[0\ ℃]{\text{AlCl}_3} 1,2,4-\text{三甲苯}$$

$$\text{C}_6\text{H}_6 + 3\text{CH}_3\text{Cl} \xrightarrow[100\ ℃]{\text{AlCl}_3} 1,3,5-\text{三甲苯}$$

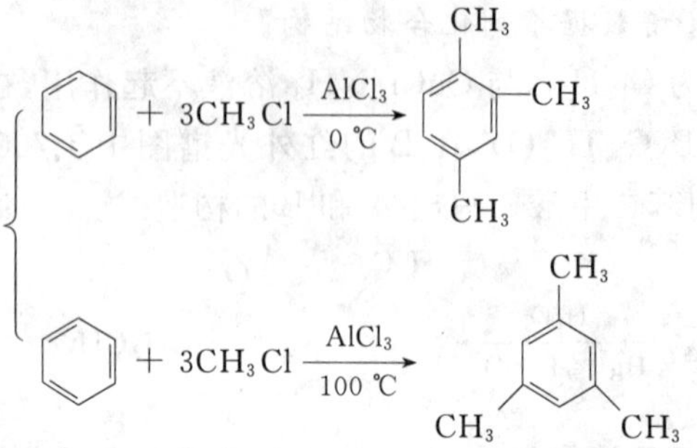

解：烷基化反应是可逆的,0 ℃时得到动力学控制产物,而在 100 ℃时得到热力学控制产物。

[知识点] 动力学控制反应和热力学控制反应。

(3) PhBr 发生 Friedel-Crafts 烷基化反应时,用 PhNO$_2$ 作溶剂,而不用苯。

解：因为苯比 PhBr 更易发生烷基化,—NO$_2$ 是强钝化基团,PhNO$_2$ 不易发生傅-克烷基化或酰基化反应。

[知识点] 苯及其衍生物的 Friedel-Crafts 烷基化反应活性。

(4) 萘在硝化和卤化时,主要得到 α 位取代萘。而磺化时在 80 ℃生成 α-萘磺酸,在 160 ℃时生成 β-萘磺酸。

解：萘的亲电取代反应机理与苯相同,亲电试剂进攻萘的 α 位比进攻 β 位形成的中间体稳定：

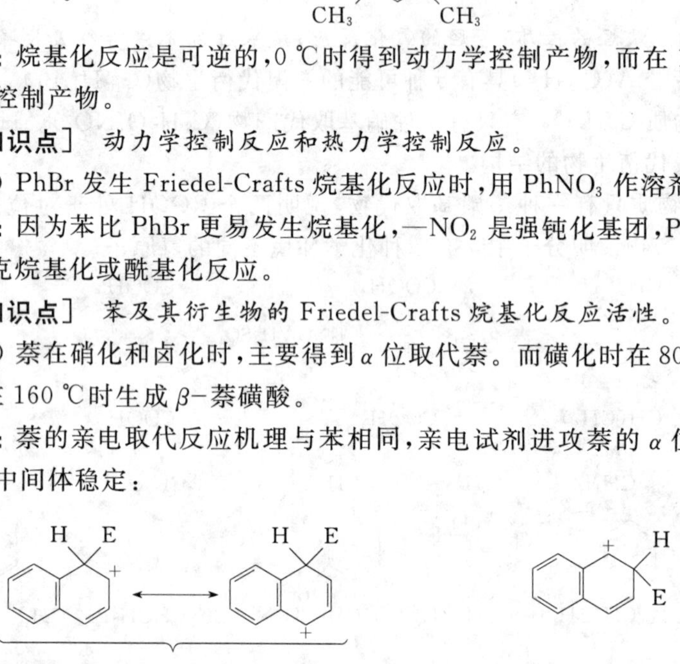

α 位取代,能形成两个保留完整苯环的共振极限式　　β 位取代,只有一个完整苯环的共振极限式

因此,硝化和卤化时主要生成 α 位取代萘。而磺化反应是可逆反应,在低温时得到动力学控制产物 α-萘磺酸,在高温时生成热力学控制产物 β-萘磺酸。

[知识点] 萘的亲电取代反应机理；磺化反应的可逆性。

7-14 芳香族化合物亲电取代反应的第一步与烯烃的亲电加成反应相同,都是亲电试剂进攻不饱和碳原子生成碳正离子,试解释：

(1) 为什么芳香族化合物的取代反应较烯烃的加成反应慢?

(2) 芳香族化合物的亲电取代反应为什么需要催化剂?

(3) 为什么芳香族化合物亲电取代反应的中间体是脱去一个质子而不是加上亲核基团?

解：(1) 因为苯有芳香性,打开苯环的大 π 键的活化能比打开烯烃 π 键的活化能高得多。因此,苯的取代反应比烯烃的加成反应慢。

（2）因为苯环有芳香性、稳定，需要强亲电试剂进攻才能反应，常用的催化剂是酸，它有利于亲电试剂的极化，增加试剂的亲电性。

（3）中间体碳正离子与亲核试剂发生加成反应生成能量高的环己二烯环。相反，失去一个质子则转变为稳定的芳环结构。

[知识点]　芳香烃与烯烃的结构、性质差异；芳香性。

7-15　判断下列化合物哪些具有芳香性？

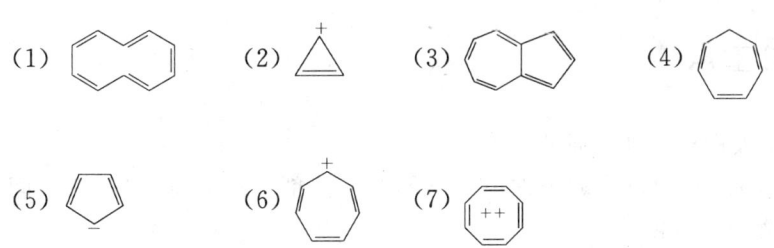

解：（2），（3），（5），（6），（7）符合 Hückel 规则，有芳香性。

[知识点]　Hückel 规则和芳香性。

第8章 卤代烃

▶▶ **学习重点**

1. 分子极性对物理性质的影响。
2. S_N1，S_N2 反应发生的条件（卤代烃种类、溶剂），反应特征（包括中间体、过渡态、产物的立体化学）。
3. 3°RX，2°RX，1°RX 亲核取代反应活性的差异。
4. 烯丙基卤与苄卤和卤乙烯与卤苯的取代反应的差异；烯丙基正离子重排；卤苯亲核取代两种反应机理发生的条件、中间体、过渡态结构等。
5. S_N1 与 E1，S_N2 与 E2 竞争反应，影响竞争反应的因素。
6. β-氯代醇的分子内亲核取代、邻基参与反应。
7. 有机金属化合物 R—MgX，RLi，R_2CuLi，R_3Al 等的形成。
8. 多卤代烃的特殊反应，卡宾中间体的形成、结构与反应。

▶▶ **专题讨论与拓展**

1. 亲核试剂的亲核性与碱性

亲核性与碱性是两个不同的概念。碱性是指试剂与质子或 Lewis 酸结合的能力，通常用酸碱平衡常数表示碱性的强弱；而亲核性可视为亲核试剂提供一对电子和反应物带正电性的某一原子（主要是碳原子）之间成键的能力，亲核性用于动力学研究中，空间因素和可极化性对亲核性有着重要的影响。

亲核试剂的亲核中心为同一原子的一系列阴离子，其亲核性与碱性平行，如 $RO^- > HO^- > RCOO^-$，可由碱强度判断亲核性。

亲核试剂的亲核中心为同一周期原子的阴离子，其亲核性与碱性平行，如 $R_3C^- > RN^- > RO^- > F^-$。

亲核试剂的亲核中心是周期表中不同位置的原子的离子时，亲核性较难判断，常与溶剂的溶剂化作用有关。在极性质子溶剂中，亲核中心原子半径小的阴离子亲核性小些,而亲核中心原子半径大的阴离子亲核性大些,如 $RO^- < RS^-$,$I^- > Br^- > Cl^- > F^-$(与碱性顺序相反)。这是因为原子半径小的阴离子与溶剂形成氢键,溶剂化作用大;而原子半径大的阴离子与溶剂形成氢键时,溶剂化作用小。常见的阴离子在质子溶剂中,亲核顺序为

$$HS^- > {}^-CN > I^- > {}^-OH > {}^-N_3 > Br^- > CH_3COO^- > Cl^- > F^-$$

2. 苯的取代反应与卤苯的取代反应

苯环上电子密度高,它的氢原子被取代的反应是亲电取代。环上有给电子基时,取代反应更容易。反应机理是先生成 π 络合物,再生成环上带正电荷的 σ 络合物,最后脱掉 H^+ 得到产物。例如:

$$\text{C}_6\text{H}_6 + H_2SO_4 \xrightarrow{70\sim 80\ ℃} \text{C}_6\text{H}_5\text{-SO}_3H + H_2O$$

$$\text{C}_6\text{H}_5\text{CH}_3 + H_2SO_4 \xrightarrow{30\sim 40\ ℃} p\text{-CH}_3\text{C}_6\text{H}_4\text{SO}_3H + H_2O$$

$$\text{C}_6\text{H}_6 + E^+ \longrightarrow [\text{π络合物}] \longrightarrow [\sigma\text{络合物}] \xrightarrow{\text{慢}} \text{C}_6\text{H}_5\text{E} + H^+$$

卤苯的 X—C 键是极性键,环上电子密度低,卤原子与环形成 p-π 共轭,卤原子的取代是亲核取代反应。卤苯的亲核取代反应比饱和碳原子上卤原子的亲核取代反应难得多。因此,其反应机理也不同于一般的亲核取代反应机理,当苯环无吸电子基或有给电子基时,反应是苯炔机理;有吸电子基时是加成-消除机理,即先生成环上带负电荷的 σ 络合物,然后脱卤负离子生成取代苯:

$$\text{C}_6\text{H}_5\text{Cl} \xrightarrow[\text{液 NH}_3]{NaNH_2} \text{C}_6\text{H}_5\text{NH}_2 + \text{C}_6\text{H}_5\text{NH}_2$$

此反应需要强亲核试剂,反应的活泼中间体是苯炔。

$$p\text{-}O_2N\text{-C}_6H_4\text{-Cl} \xrightarrow[130\ ℃]{Na_2CO_3/H_2O} p\text{-}O_2N\text{-C}_6H_4\text{-OH} + NaCl$$

其反应机理为

$$Na_2CO_3 + H_2O \longrightarrow NaOH + H_2CO_3$$
$$H_2CO_3 \longrightarrow H_2O + CO_2$$

$$p\text{-}O_2N\text{-C}_6H_4\text{-Cl} + {}^-OH \xrightarrow{\text{慢}} [\sigma\text{络合物}] \longrightarrow p\text{-}O_2N\text{-C}_6H_4\text{-OH} + Cl^-$$

$$Na^+ + Cl^- \longrightarrow NaCl$$

在卤原子的邻、对位吸电子基团越多,反应越容易进行。

苯的亲电取代反应活泼中间体是环上带正电荷的 σ 络合物,而卤苯的亲核取代反应的活泼中间体是环上带负电荷的 σ 络合物。

3. 活泼中间体卡宾

卡宾(又称碳烯)是电中性活泼中间体,由于碳原子只有六个价电子,不是八个电子,因此卡宾具有亲电子性。

根据光谱推测,卡宾有两种结构:一种是单线态,$C{<}_X^X$,其碳原子相当于 sp^2 杂化,两个电子反平行占据一个 sp^2 轨道,剩余一个空的 p 轨道,呈平面结构;另一种是三线态,X—C—X,其碳原子相当于 sp 杂化,两个电子各占据一个 p 轨道,呈线形结构。

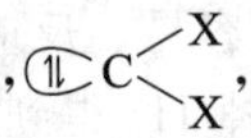

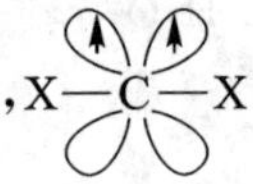

三氯甲烷与浓碱作用可得到活泼中间体二氯卡宾:

$$HCCl_3 + NaOH \longrightarrow :C{<}_{Cl}^{Cl} + NaCl + H_2O$$

乙烯酮和重氮甲烷在光照或加热时,都能得到活泼中间体二氢卡宾:

$$CH_2{=}C{=}O \xrightarrow{h\nu} :CH_2 + CO$$

$$N_2CH_2 \xrightarrow{\triangle} :CH_2 + N_2$$

一般情况下,卡宾上有卤原子等吸电子基时较稳定。

卡宾的重要反应是与 $\diagdown C{=}C \diagup$ 反应形成环丙烷的衍生物:

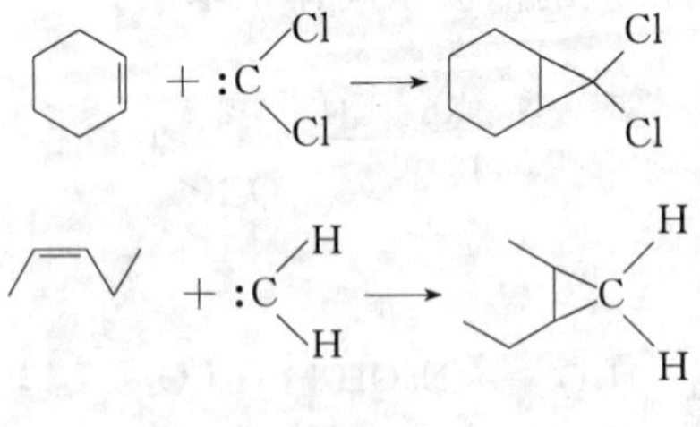

卡宾的单线态进行反应是顺式加成产物,可有四种异构体。

卡宾上有不同取代基,以三线态进行环丙烷化,产物更复杂。

卡宾除形成三元环化合物外,它还能插入 C—C、C—H 和 O—H 等键中,形成相应的化合物。例如：

$$CH_3-CH-CH_3 \xrightarrow{:CH_2} (CH_3)_3COH + CH_3CH_2-C-CH_3 + (CH_3)_2CHOCH_3$$
$$\quad\quad\quad |\quad\quad\quad\quad\quad\text{插入C—H键中}\quad\quad\quad |\quad\quad\quad\quad\text{插入O—H键中}$$
$$\quad\quad OH\quad\quad\quad\quad\quad\quad\quad\quad\quad\quad\quad\quad OH$$
$$\quad\quad\quad\quad\quad\quad\quad\quad\quad\quad\text{插入C—C键中}$$

4. 芳炔活泼中间体

芳炔是芳环裂解掉两个相邻氢原子得到的一种不稳定化合物。如苯炔、萘炔和吡啶炔等。芳炔环上还可有各种取代基，如3-甲基苯炔、四苯基苯炔等。芳炔是电中性的。芳炔中研究得最多的是苯炔。

苯炔炔键上的两个碳原子是 sp^2 杂化。成炔键的两个 sp^2 轨道垂直于芳核的 π 轨道，与芳核同平面，呈 C_2 轴对称。在芳核这种特殊结构条件下，两个 sp^2 轨道相距较远，侧面重叠得不好，可形成极弱的化学键。其成键电子呈单重（线）态。

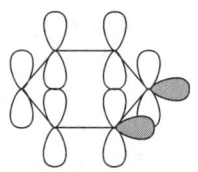

与脂肪炔或较稳定可分离的脂环炔相比，两者成键的方式有本质的不同。稳定的炔键的 C 是 sp 杂化，一个 σ 键、两个 π 键（由 p 轨道侧面重叠形成）组成炔键，其电子云是筒状分布。而苯炔键中一个 σ 键，一个 p—p 轨道形成 π 键构成共轭的大 π 键，而另一个是 sp^2—sp^2 轨道形成的极弱的 π 键。因此苯炔极活泼、"短寿命"，分离不出来，只能作反应中间体。

芳环相邻的两个取代基同步或不同步消除可生成芳炔。

例如：

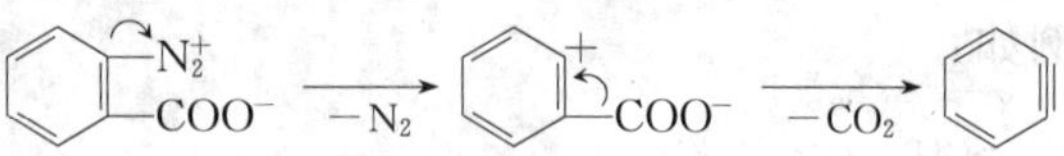

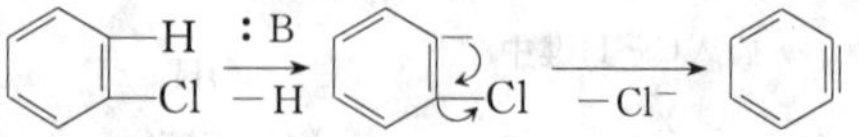

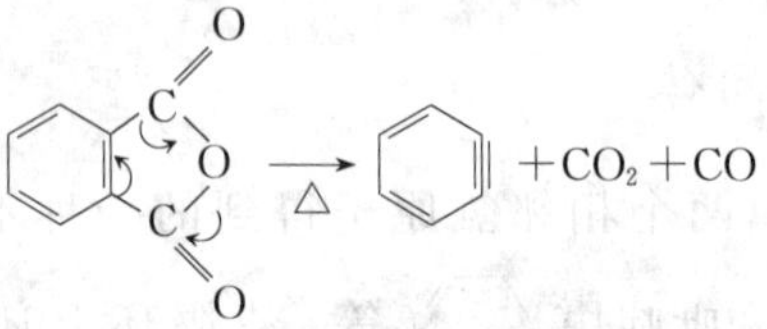

[反应机理示意图]

邻二卤代苯同钾、镁等金属作用得到苯炔。例如：

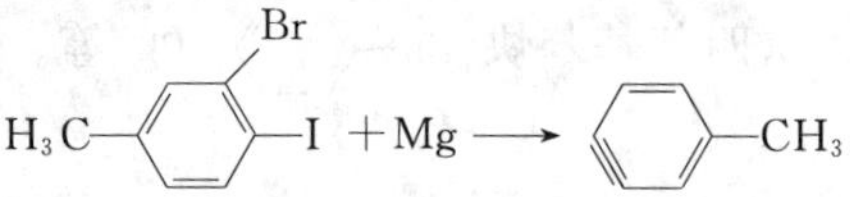

[含Br、I、CH₃的苯与Mg反应生成甲苯炔的示意图]

邻卤苯基金属化合物脱卤盐生成苯炔。例如：

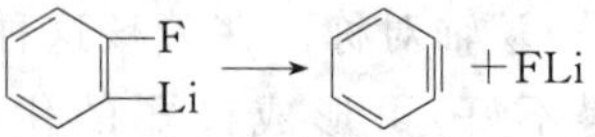

[邻氟苯基锂生成苯炔 + FLi]

有机化学中以苯炔为中间体的反应也较多。苯炔可与各种烯烃、多烯烃、蒽等进行环加成反应。例如：

[2+2] [苯炔 + 烯烃 → 环加成产物]

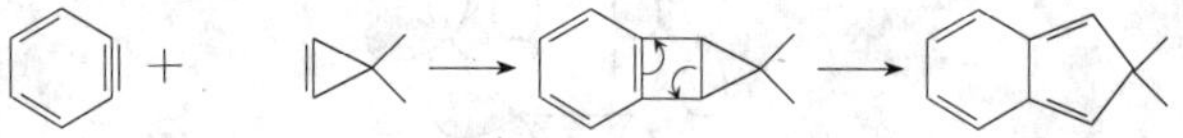

[2+4] [苯炔 + 蒽 → 三蝶烯]

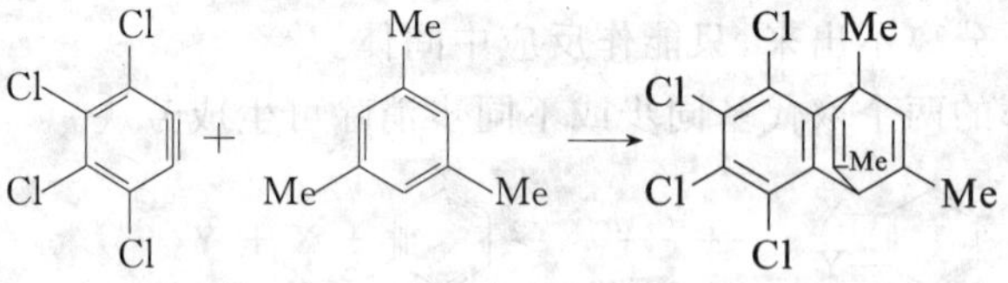

三蝶烯

[三氯苯 + 三甲苯 → 含Cl、Me取代的产物] 50%

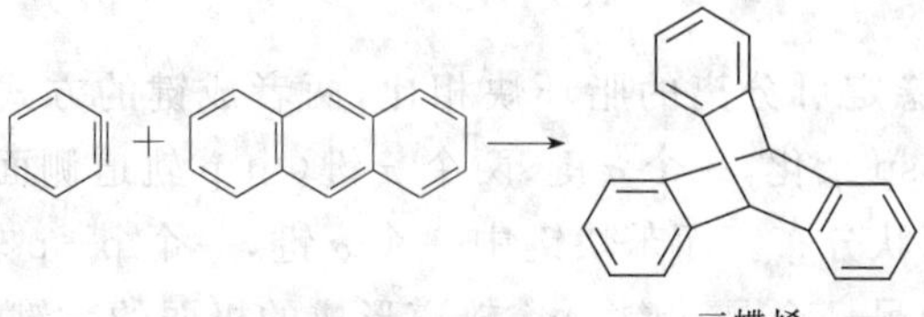

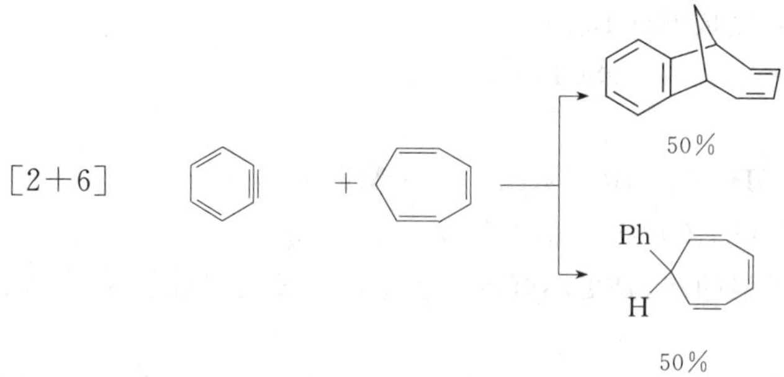

[2+6] (苯+环庚三烯反应，生成50%双环加合物和50%苯基取代产物)

苯炔可发生聚合反应生成二聚物、三聚物等。

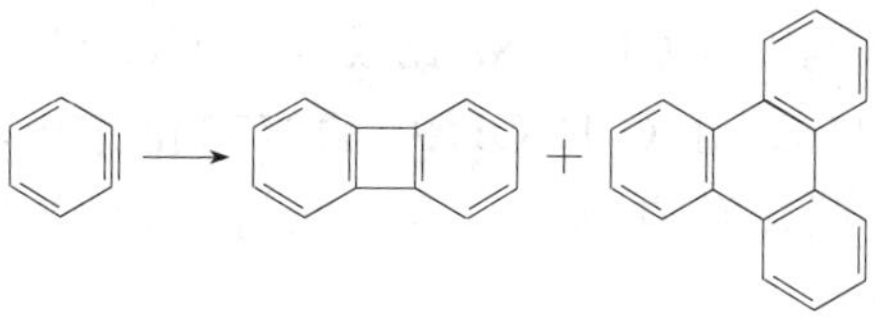

(苯炔 → 联苯撑 + 三亚苯)

苯炔可以与一些常见的亲核试剂 H_2O, ROH, RNH_2, RSH 和 R^- 等反应，生成苯的衍生物。例如：

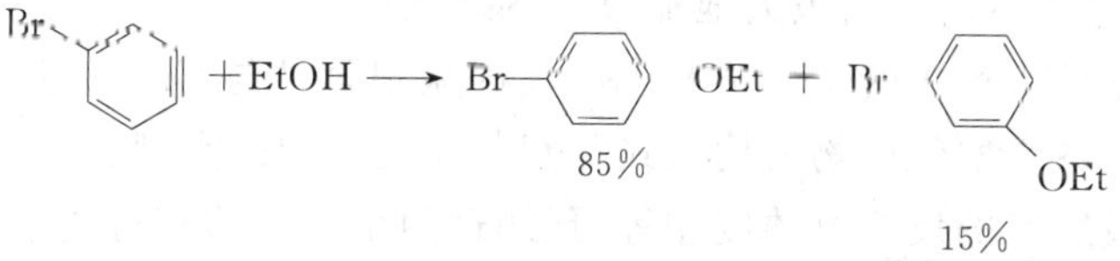

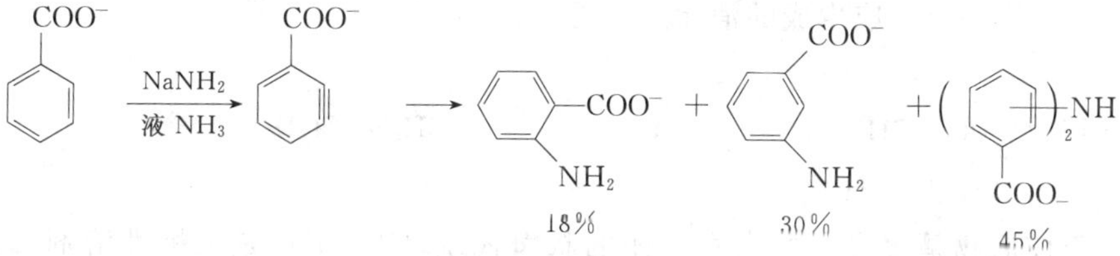

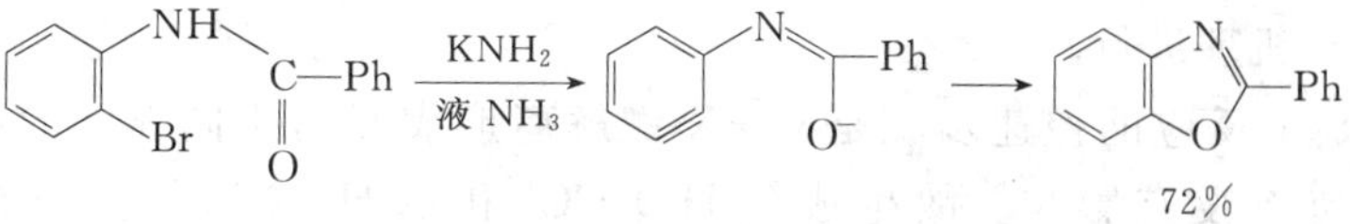

(邻溴苯炔 + EtOH → 邻溴苯乙醚 85% + 间溴苯乙醚 15%)

(苯甲酸根-苯炔 $\xrightarrow{NaNH_2/液NH_3}$ 邻氨基苯甲酸根 18% + 间氨基苯甲酸根 30% + 聚合物 45%)

(邻溴-N-苯甲酰苯胺 $\xrightarrow{KNH_2/液NH_3}$ N-苯基苯甲酰亚胺 → 2-苯基苯并噁唑 72%)

这些亲核加成反应是卤苯、卤萘亲核反应的基本步骤。

▶▶ 例题解析

例 1 反应 $CH_3CH_2ONa + CH_3CH_2Br \xrightarrow{C_2H_5OH} CH_3CH_2OCH_2CH_3 + NaBr$ 在下面各种变化中将受到什么影响？

(1) 将 CH_3CH_2Br 变成 CH_3CH_2F。

(2) 将 CH₃CH₂Br 变成 CH₃Br。

(3) 将 CH₃CH₂ONa 变成 NaSCH₂CH₃。

(4) 将溶剂 C₂H₅OH 变成 $\overset{\overset{O}{\|}}{HC}-N(CH_3)_2$ (DMF)。

解析：反应底物为 CH₃CH₂Br，伯卤代烷，S_N2 反应。

(1) F⁻ 是比 Br⁻ 更强的碱，是更不好的离去基团。反应虽能发生，但反应速率会慢得多。

(2) 溴甲烷中心碳原子比溴乙烷中心碳原子空间位阻小，反应速率会增大，反应产物为 CH₃CH₂OCH₃。

(3) CH₃CH₂SNa 与 CH₃CH₂ONa 比较，CH₃CH₂SNa 中 S 原子半径更大，可极化性更强，CH₃CH₂S⁻ 在 C₂H₅OH 中的溶剂化作用较 CH₃CH₂O⁻ 弱，更"自由"，亲核性增强，更有利于 S_N2 反应，反应速率增大，产物为 CH₃CH₂SCH₂CH₃。

(4) C₂H₅OH 为极性质子溶剂，对亲核试剂的溶剂化作用大，不利于 S_N2 反应，而 DMF 是极性非质子溶剂，通过减少对带有负电荷的氧原子的溶剂化（CH₃CH₂O⁻ 更"自由"）而极大地加快了 S_N2 反应。

例 2 在 CH₃NO₂ 中，2-甲基-2-溴丙烷很容易与 Cl⁻，I⁻ 反应。

(1) 写出各个取代产物的构造式并判断反应机理的类型。

(2) 假设所有的反应物浓度相等，预测这两个反应的相对速率。

(3) 哪一个反应生成的消除产物更多？

解析：(1) $CH_3\underset{\underset{CH_3}{|}}{\overset{\overset{Br}{|}}{C}}CH_3$ + Cl⁻ (I⁻) $\xrightarrow{CH_3NO_2}$ (CH₃)₃CCl(I)

反应底物是含有好的离去基团的叔卤代烷，CH₃NO₂ 是强极性溶剂，因此反应按 S_N1 机理进行。

(2) S_N1 反应的控速步骤是 C—X 键解离形成 C⁺，不同强度的亲核性对 S_N1 反应速率没有影响。故生成（CH₃)₃CCl 和 (CH₃)₃CI 的反应相对速率相同。

(3) S_N1 机理总是伴随 E1 机理的反应。亲核试剂的碱性增加，将引起 E2 反应，消除产物的比例上升，Cl⁻ 的碱性比 I⁻ 强，因此 Cl⁻ 参加的反应中 Cl⁻ 比 I⁻ 生成更多的消除产物。

例 3 解释下列实验结果：

(1) $\underset{R}{\overset{Cl\quad H}{>\!\!<}}$ + CN⁻ $\xrightarrow{丙酮}$ $\underset{S}{\overset{H\quad CN}{>\!\!<}}$

(2) 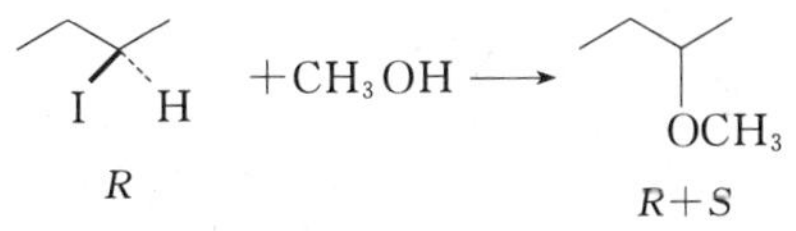 [反应式图: 仲碘代烷 + CH₃OH → 醚产物, R → R+S]

解析: (1) 反应底物为仲卤代烷,CN⁻是好的亲核试剂,丙酮是非质子极性溶剂,这种组合有利于 S_N2 反应。CN⁻从离去基团(Cl⁻)背面进攻中心碳原子,生成了构型翻转的产物。

(2) 反应底物是仲卤代烷,CH₃OH 既是溶剂,又是亲核试剂。甲醇是弱亲核试剂,是极性强的质子溶剂,有利于 C—I 键的解离。I⁻又是好的离去基团,这种组合有利于 S_N1 反应。反应中间体为平面结构的碳正离子,CH₃OH 可以从平面上、下方进攻 C⁺ 而生成 R 和 S 两种立体异构体的混合物。

例 4 完成下列反应式,并写出反应机理。

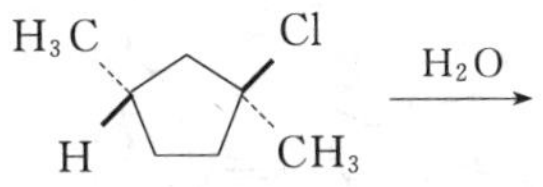

[反应式: 含Cl的环戊烷衍生物 + H₂O →]

解析: 反应底物为 3°RX,H₂O 是弱亲核试剂也是弱碱,反应按 S_N1 机理进行,生成两种醇 A 和 B (非对映异构体):

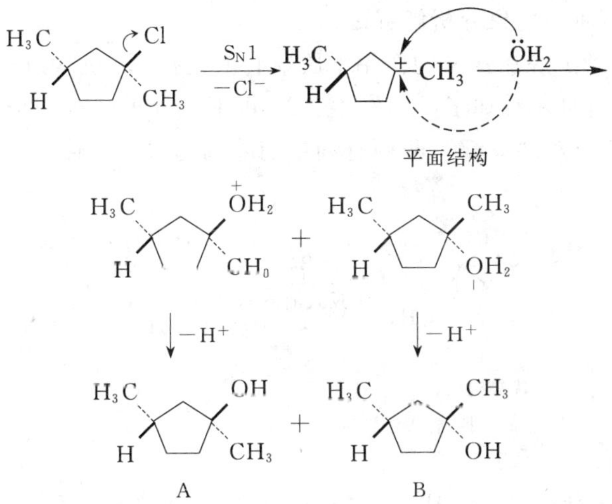

[机理图: 环戊烷衍生物经 S_N1 失去 Cl⁻ 形成平面结构碳正离子,OH₂ 进攻,再失 H⁺,得到产物 A 和 B]

平面结构

A   B

例 5 请解释下列两种立体异构体在相同的反应条件下会得到不同的产物。

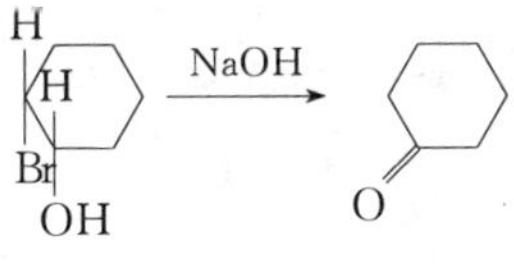

[反应式: 含 Br 和 OH 的环己烷 + NaOH → 环己酮]

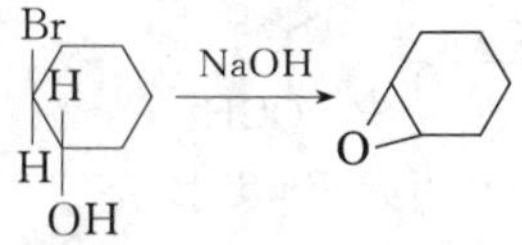

解析：卤代烃发生 E2 消除 HX 的立体化学要求为反式共平面，故前一化合物可以进行 E2 消除反应：

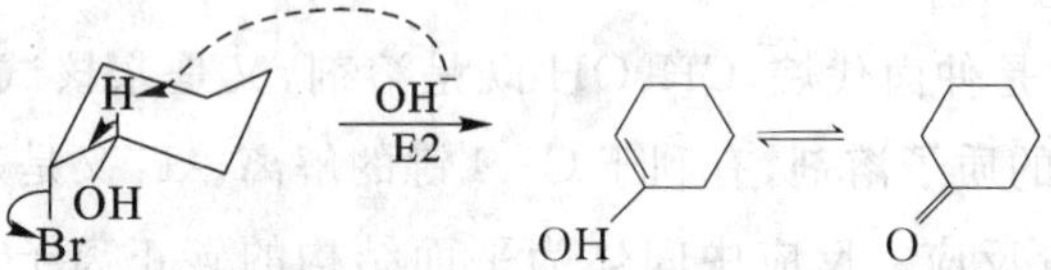

而后一化合物因立体化学原因不利于进行 E2 消除反应，但易进行分子内 S_N2 反应：

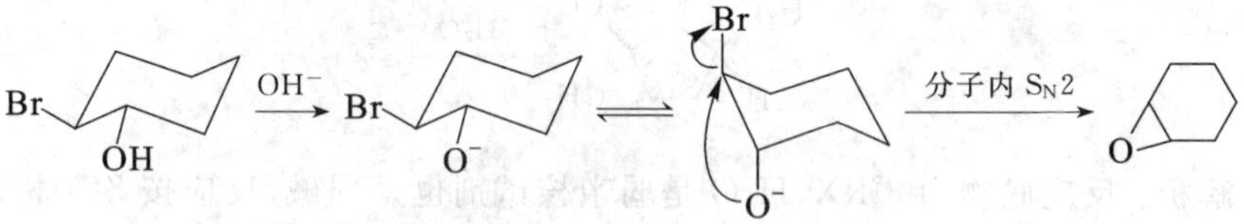

* **例 6**   2-氯丁烷在强碱作用下脱氯化氢时，生成反-2-丁烯和顺-2-丁烯之比为 6∶1，如何用构象分析解释之。

解析：2-氯丁烷在强碱的作用下脱氯化氢是按 E2 机理进行，且当 H 和 Cl 处于反式共平面时才有利于反应发生。2-氯丁烷分子中有一个手性碳原子，有一对对映体，每个对映体都有两种有利于消除的构象异构体：

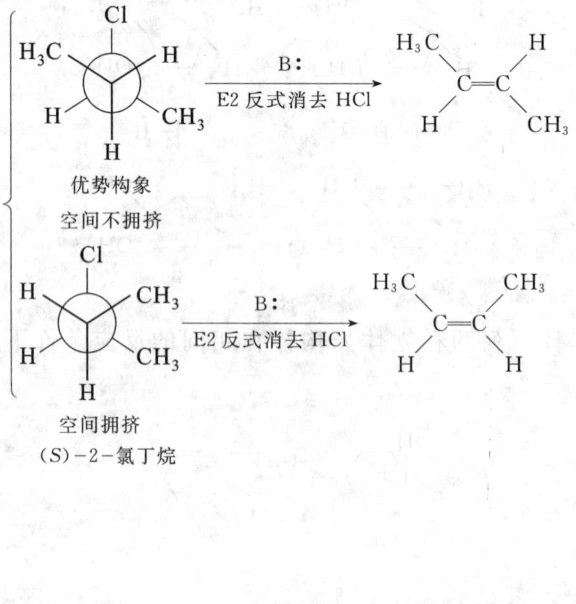

优势构象
空间不拥挤

空间拥挤
(S)-2-氯丁烷

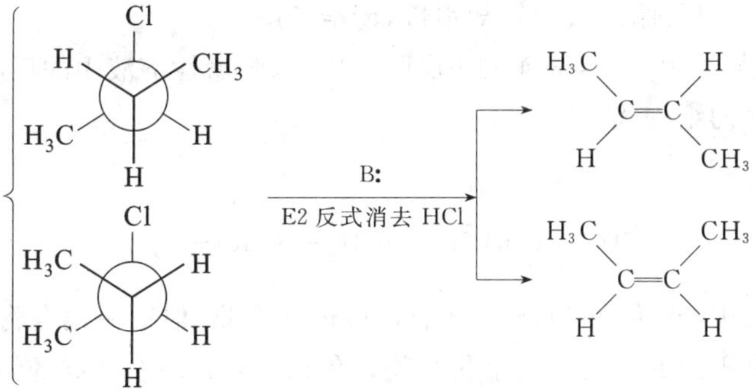

在 2-氯丁烷中,两个甲基处于对位交叉,空间不拥挤,是优势构象,多数 2-氯丁烷分子以该构象形式存在,反应速率大,因此生成的反式烯烃多,同时反式烯烃也比顺式烯烃内能低而较稳定。

例 7 写出下列反应的机理。

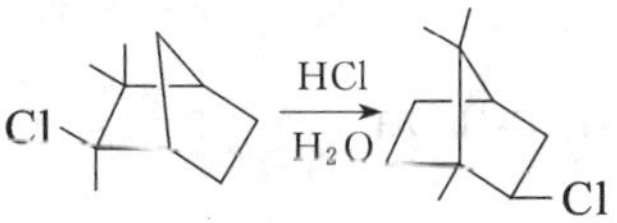

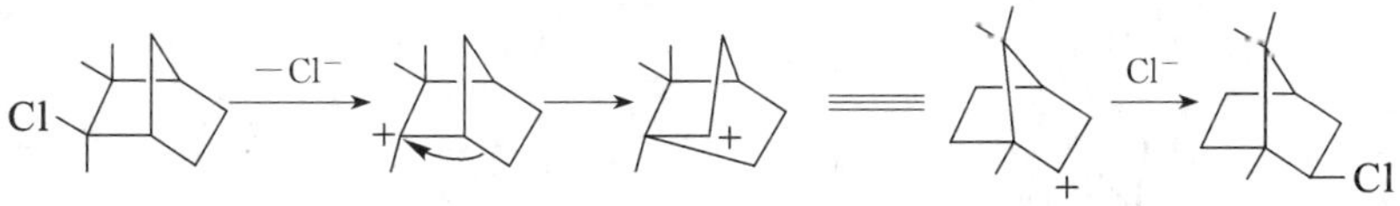

自我提升

1. 下列反应主要是取代反应还是消除反应?
   (1) $CH_3CH_2CH_2Cl + I^-$(丙酮)$\longrightarrow$
   (2) $(CH_3)_3CBr + CN^-$(乙醇)$\longrightarrow$
   (3) $CH_3CHBrCH_3 + OH^-$(水)$\longrightarrow$
   (4) $CH_3CHBrCH_3 + OH^-$(乙醇)$\longrightarrow$
   (5) $(CH_3)_3CBr + H_2O \longrightarrow$

2. 在强碱作用下为什么 CH_3CH_2I 失去 HI 比 CD_3CH_2I 失去 DI 快?

3. 写出下列反应的机理:

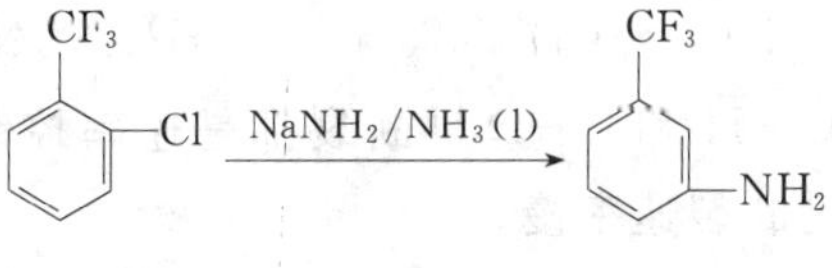

4. α,β,γ-溴代脂肪酸盐分别水解的活性顺序为 γ≫β>α,水解产物构型不

变。而 α,β,γ-溴代脂肪酸水解却很慢,请给予解释。

5. 下式为 4-甲基-4-氯-1-戊醇在中性、强碱性溶液中的反应式,试写出最可能的产物的结构式。

$$(CH_3)_2 \underset{Cl}{\overset{|}{C}} CH_2CH_2CH_2OH \longrightarrow HCl + C_6H_{12}O$$

在强碱性溶液中,起始原料转化为 $C_6H_{12}O$ 的化合物,但这一化合物与中性条件下的产物具有不同的结构。这个化合物是什么?对这两个不同的结果给予合理的解释。

6. 给出下列反应的主要产物。

(1) $(S)\text{-}CH_3CH_2CHBrCH_3 \xrightarrow{HCOOH}$

(2) $(S)\text{-}CH_3CH_2CHBrCH_3 \xrightarrow{HCOONa, DMSO}$

(3) 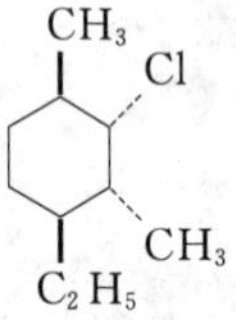 <chemical structure: cyclohexane with CH3, Cl, CH3, C2H5 substituents> $\xrightarrow{NaOC_2H_5, C_2H_5OH}$

(4) 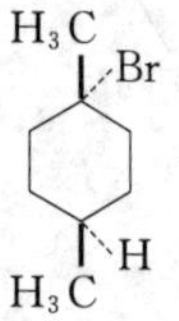 <chemical structure: cyclohexane with H3C, Br, H3C, H substituents> $\xrightarrow{CH_3OH}$

7. 某化合物 $A(C_7H_{11}Br)$ 的构型为 R,在过氧化物存在下与 HBr 反应生成 B 和 C,分子式都为 $C_7H_{12}Br_2$,B 具有光学活性,C 没有光学活性。用 1 mol 叔丁醇钾处理 B,则又生成 A,用 1 mol 叔丁醇钾处理 C,得到 A 和它的对映体。A 用叔丁醇钾处理得到 $D(C_7H_{10})$,D 经臭氧化还原水解得到 2 mol HCHO 和 1 mol 1,3-环戊二酮。试写出 A,B,C,D 的构型式及各步反应式。

▶▶ **自我提升参考答案**

1. (1) S_N2 (2) E1   (3) S_N2 (4) E2   (5) S_N1

2. 均为 E2 反应,C—H 和 C—D 键断裂都是速率控制步骤,因 C—D 键有同位素效应,故 C—D 键断裂速率慢。

3. 苯炔机理:

[反应式：邻位三氟甲基氯苯 $\xrightarrow{NaNH_2}$ [苯炔中间体] $\xrightarrow{NaNH_2}$ 间位三氟甲基苯胺负离子 (较稳定) $\xrightarrow{NH_3}$ 间位三氟甲基苯胺 $+ NH_2^-$]

4. 提示：—COO$^-$ 有邻位参与效应，而—COOH 没有。

5. 中性条件下：[四氢呋喃环 O]；强碱性条件下：$(CH_3)_2C\!=\!CHCH_2CH_2OH$。

6. (1) HCOOH 中发生 S_N1 反应，生成外消旋体 (±)- $CH_3CH_2\overset{\displaystyle |}{\underset{\displaystyle OC-H}{C}}CH_3$
$\|$
O

(2) DMSO 中发生 S_N2 反应，生成构型翻转的产物 (R)- $CH_3CH_2\overset{\displaystyle |}{\underset{\displaystyle OC-H}{C}}CH_3$
$\|$
O

(3) $NaOC_2H_5$ 中发生消除反应，生成 [环己烯，H$_3$C—，C$_2$H$_5$，CH$_3$]

(4) CH_3OH 中发生 S_N1 反应，生成 [环己烷 H$_3$C-OCH$_3$, H$_3$C-H] 和 [环己烷 CH$_3$O-CH$_3$, H$_3$C-H]

7. A. [环戊烷带CH$_2$Br和=CH$_2$] B. [环戊烷带两个CH$_2$Br] C. [环戊烷带两个CH$_2$Br] D. [环戊烷带两个=CH$_2$]

▶▶ 习题解答

8-1 比较并解释卤代烷和它的母烷烃 R—H 在偶极矩、沸点、密度及水中溶解度方面的差异。

解：略。

8-2 完成下列各反应式。

(1) $(CH_3)_3CBr + KCN \xrightarrow{C_2H_5OH}$

(2) $CH_3CH\!=\!CH_2 + HBr \xrightarrow{-O-O-} (\quad) \xrightarrow{NaCN}$

(3) $(CH_3)_2CHCH\!=\!CH_2 + Br_2 \xrightarrow{500\ ℃} (\quad) \xrightarrow[\triangle]{H_2O}$

(4) ClCH=CHCH$_2$Cl + CH$_3$COO$^-$ ⟶

(5) [降冰片烷，7位有CH$_2$Br和桥头Br] $\xrightarrow{\text{NaCN}}$

(6) PhCH$_2$CHCH$_3$ (Br在中间C) $\xrightarrow[\text{C}_2\text{H}_5\text{OH},\triangle]{\text{KOH}}$

(7) 邻溴甲苯 $\xrightarrow[\text{NH}_3(l)]{\text{NaNH}_2}$

(8) 2,5-二氯硝基苯 $\xrightarrow[\triangle]{\text{NaOH}-\text{H}_2\text{O}}$

(9) 苯 + ( ) ⟶ PhCH$_2$Cl $\xrightarrow[\text{乙醚}]{\text{Mg}}$ ( ) $\xrightarrow{\text{CH}\equiv\text{CH}}$

(10) PhCH$_2$MgCl + ClCH$_2$CHCH$_2$CH$_2$CH$_3$ ⟶
　　　　　　　　　　　　 |
　　　　　　　　　　　　CH$_3$

(11) RC≡CLi
　　　├─ R'Cl
　　　├─ ① CO$_2$　② H$_3^+$O
　　　└─ ① 环氧乙烷　② H$_3^+$O

(12) 环己烷=CH$_2$ (亚甲基环己烷) $\xrightarrow[50\%\text{NaOH(aq)}]{\text{CHBr}_3}$

解：(1) (CH$_3$)$_2$C=CH$_2$ (E1 机理，CN$^-$强碱)

(2) CH$_3$CH$_2$CH$_2$Br，CH$_3$CH$_2$CH$_2$CN (S$_N$2 机理)

(3) (CH$_3$)$_2$CCH=CH$_2$，(CH$_3$)$_2$C=CHCH$_2$Br；(CH$_3$)$_2$CCH=CH$_2$ +
　　　　　　|　　　　　　　　　　　　　　　　　　　　　　　　　　　　|
　　　　　 Br　　　　　　　　　　　　　　　　　　　　　　　　　　　　OH

(CH$_3$)$_2$CH=CHCH$_2$OH (共振)

(4) ClCH=CHCH$_2$OCCH$_3$ + CH$_3$COOCHClCH=CH$_2$ （烯丙位卤原子更活泼）
　　　　　　 ‖
　　　　　 O

(5) [降冰片烷，7位CH$_2$CN，桥头Br] （桥头卤代烃不活泼）

(6) 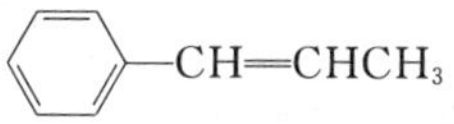 PhCH=CHCH₃ （消除反应）

(7) 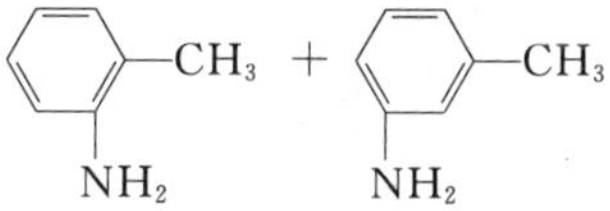 2-甲基苯胺 + 3-甲基苯胺 （苯炔中间体）

(8) 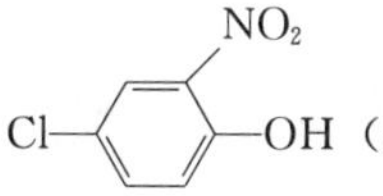 4-氯-2-硝基苯酚 （亲核取代）

(9) HCHO, HCl/ZnCl₂（氯甲基化反应）, $C_6H_5CH_2MgCl$, $C_6H_5CH_3 + CH\equiv CMgCl$

(10) PhCH₂CH₂CHCH₂CH₃
           |
           CH₃

(11) RC≡CR′, RC≡CCOOH, RC≡CCH₂CH₂OH

(12) 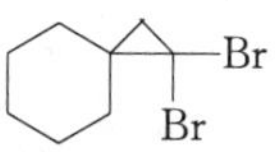 环己基-CBr₂- （卡宾的反应）

[知识点] 卤代烃的化学性质。

8-3 写出下列反应主要产物的构型式。

(1) 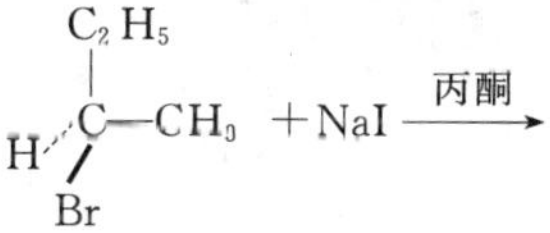 （S）-2-溴丁烷 + NaI $\xrightarrow{\text{丙酮}}$

(2) meso-2-氯-3-碘丁烷 + NaSCH₃ ⟶

(3) 2-碘辛烷 $\xrightarrow[\text{(溶剂解)}]{H_2O}$

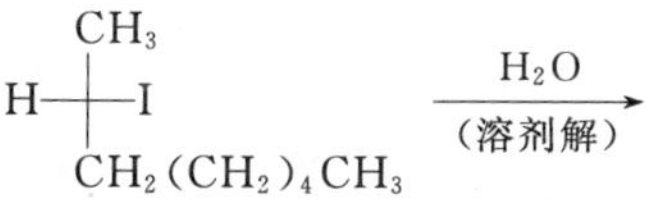

(4) 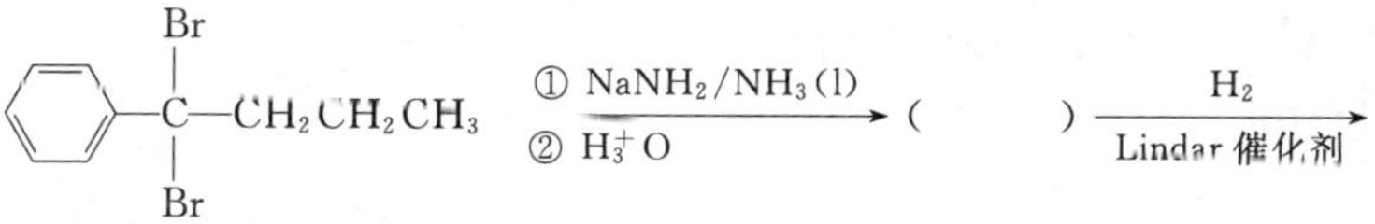 PhC(Br)₂CH₂CH₂CH₃ $\xrightarrow[\text{② } H_3^+O]{\text{① NaNH}_2/\text{NH}_3(l)}$ ( ) $\xrightarrow{\text{Lindar 催化剂}}^{H_2}$

(5) 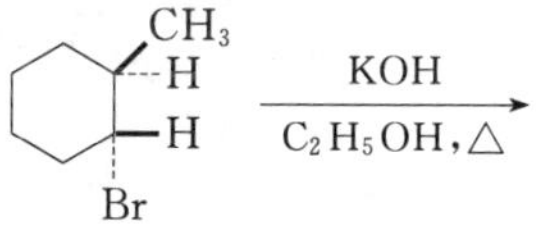 反式-1-甲基-2-溴环己烷 $\xrightarrow[C_2H_5OH, \triangle]{KOH}$

(6) 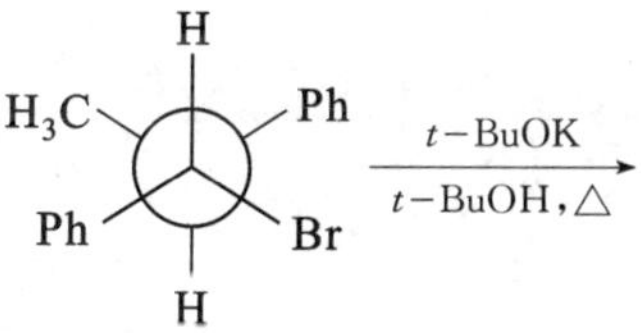 $\xrightarrow[t\text{-BuOH}, \triangle]{t\text{-BuOK}}$

(7) 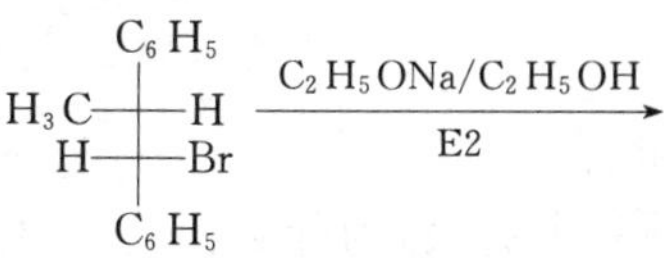 $\xrightarrow[E2]{C_2H_5ONa/C_2H_5OH}$

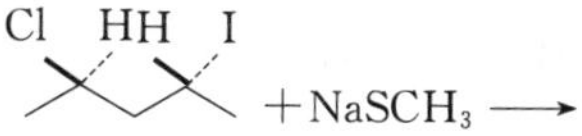

(8) 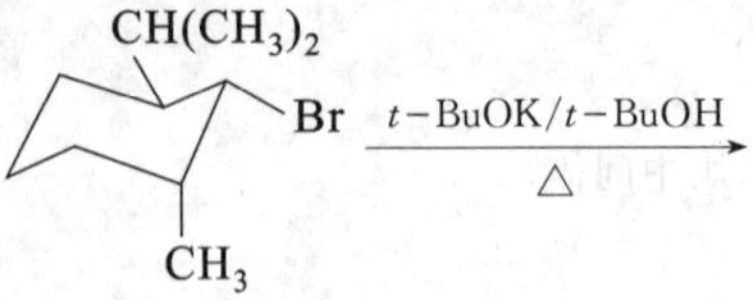 [reactant: 1-bromo-2-isopropyl-4-methylcyclohexane] $\xrightarrow[\Delta]{t\text{-BuOK}/t\text{-BuOH}}$

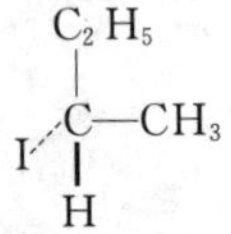

(9) 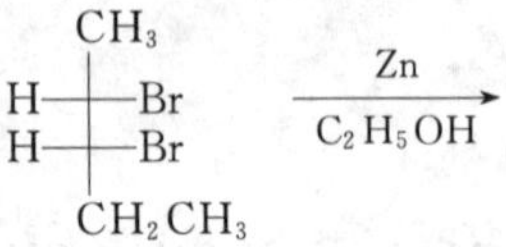 [reactant: 2,2-dibromo-3-methylbutane structure with CH₃, H, Br, H, Br, CH₂CH₃] $\xrightarrow{\text{Zn} \atop C_2H_5OH}$

解：(1) [product: C with C₂H₅, CH₃, I, H] （S_N2 反应，构型翻转）

(2)  [product with Cl, H, SCH₃, H] （I^- 是更好的离去基团，S_N2 反应）

(3) 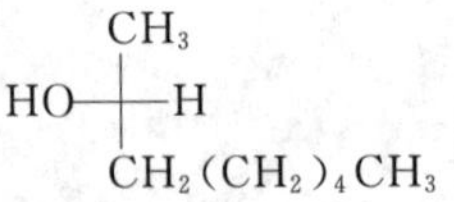 [product: C with CH₃, HO, H, CH₂(CH₂)₄CH₃] （S_N2 反应）

(4) 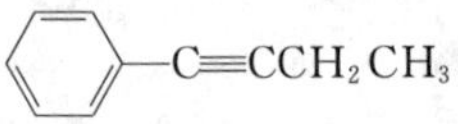 [product: Ph-C≡C-CH₂CH₃] （消除反应），[product: PhCH=CHCH₂CH₃ cis]

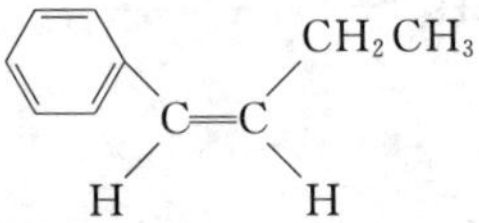

(5) 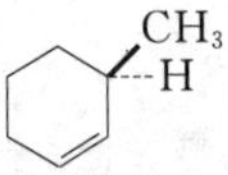 [product: methylcyclohexene] （E2 反式消除）

(6) 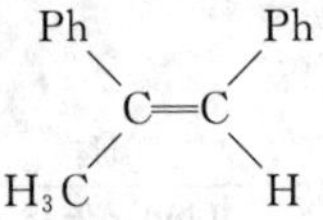 [product: Ph, Ph, H₃C, H on C=C] （E2 反式消除）

(7) 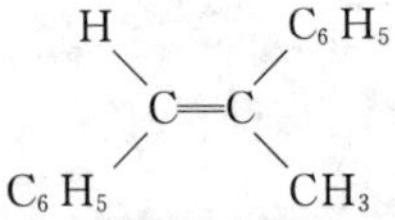 [product: H, C₆H₅, C₆H₅, CH₃ on C=C] （E2 反式消除）

(8) 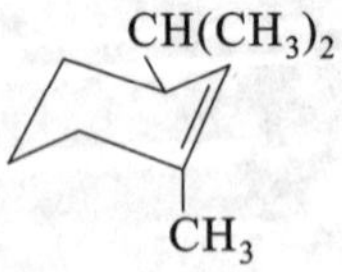 [product: cyclohexene with CH(CH₃)₂ and CH₃] （E2 反式消除但很慢）

(9) 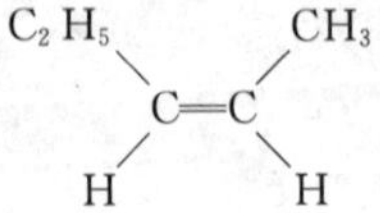 [product: C₂H₅, CH₃, H, H on C=C] （顺式消除）

[知识点] S_N2 反应、E2 反应的立体化学。

8-4 比较下列每对亲核取代反应，哪一个更快，为什么？

(1) A. $CH_3CH_2Br + C_2H_5OH \longrightarrow CH_3CH_2OCH_2CH_3 + HBr$

　　B. $CH_3CH_2Br + C_2H_5ONa \longrightarrow CH_3CH_2OCH_2CH_3 + NaBr$

(2) A. $CH_3CH=CHCH_2Cl + H_2O \xrightarrow{\triangle} CH_3CH=CHCH_2OH + HCl$

　　B. $CH_2=CHCH_2CH_2Cl + H_2O \xrightarrow{\triangle} CH_2=CHCH_2CH_2OH + HCl$

(3) A. $CH_3CH_2Br + I^- \xrightarrow{H_2O} CH_3CH_2I + Br^-$

　　B. $CH_3CH_2Br + I^- \xrightarrow{(CH_3)_2SO} CH_3CH_2I + Br^-$

(4) A. $CH_3CH_2CH_2Br + NaSH \longrightarrow CH_3CH_2CH_2SH + NaBr$

　　B. $CH_3CH_2CH_2Br + NaOH \longrightarrow CH_3CH_2CH_2OH + NaBr$

(5) A. $CH_3CH_2Br + SCN^- \xrightarrow{C_2H_5OH, H_2O} CH_3CH_2SCN + Br^-$

　　B. $CH_3CH_2Br + SCN^- \xrightarrow{C_2H_5OH, H_2O} CH_3CH_2NCS + Br^-$

(6) A. $(CH_3)_2CHCH_2Cl + N_3^- \xrightarrow{CH_3OH} (CH_3)_2CHCH_2N_3 + Cl^-$

　　B. $(CH_3)_2CHCH_2I + N_3^- \xrightarrow{CH_3OH} (CH_3)_2CHCH_2N_3 + I^-$

解:(1) B>A （亲核性 $C_2H_5O^- > C_2H_5OH$）

(2) A>B （烯丙型卤代烃活泼）

(3) B>A （极性非质子溶剂有利于 S_N2 反应）

(4) A>B （亲核性 $^-SH > ^-OH$）

(5) A>B （亲核性硫比氮强）

(6) B>A （离去能力 $I^- > Cl^-$）

[知识点] 影响亲核取代反应的因素。

8-5 卤代烷与 NaOH 在 H_2O—C_2H_5OH 溶液中进行反应，指出哪些是 S_N2 机理的特点，哪些是 S_N1 机理的特点。

(1) 产物发生 Walden 转化;

(2) 增加溶剂的含水量反应明显加快;

(3) 有重排反应产物;

(4) 反应速率明显地与试剂的亲核性有关;

(5) 反应速率与离去基的性质有关;

(6) 叔卤代烷反应速率大于仲卤代烷。

解: S_N2:(1)、(4)、(5)

S_N1:(2)、(3)、(5)、(6)

[知识点] 影响 S_N1、S_N2 反应的因素，S_N1、S_N2 反应机理。

8-6 把下列各组化合物按发生 S_N1 反应的活性排列成序。

(1) A. 正溴丁烷　　　　B. 2-溴丁烷　　　　C. 2-甲基-2-溴丙烷

(2) A. $(CH_3)_3CBr$ B. 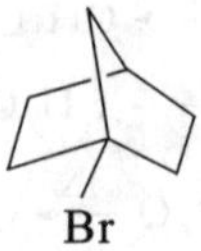 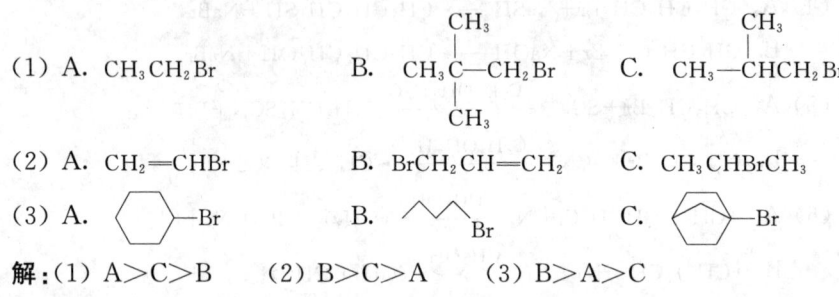 C.

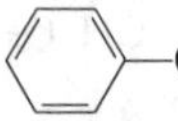

(3) A. CH_3CH_2Cl B. CH_3CH_2Br C. CH_3CH_2I

解：(1) C＞B＞A (2) A＞C＞B (3) C＞B＞A

[知识点] S_N1 反应活性。

8-7 把下列各组化合物按发生 S_N2 反应的活性排列成序。

(1) A. CH_3CH_2Br B. $CH_3\overset{CH_3}{\underset{CH_3}{C}}CH_2Br$ C. $CH_3\overset{CH_3}{CH}CH_2Br$

(2) A. $CH_2=CHBr$ B. $BrCH_2CH=CH_2$ C. $CH_3CHBrCH_3$

(3) A.   B.   C.

解：(1) A＞C＞B (2) B＞C＞A (3) B＞A＞C

[知识点] S_N2 反应活性。

8-8 把下列各组化合物按发生 E2 反应速率由快至慢排列成序。

(1) A. $CH_3CH_2CH_2CH_2Cl$ B. $CH_2=CHCH_2CH_2Cl$

C. 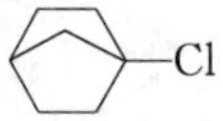   D.

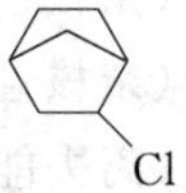

(2) A. 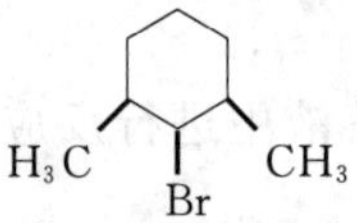   B. 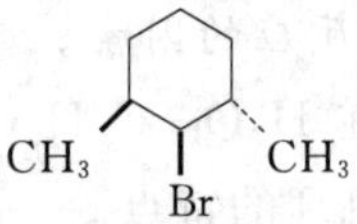   C.

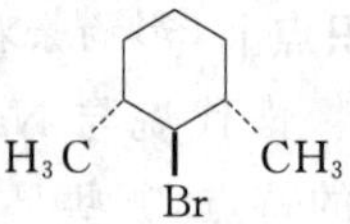

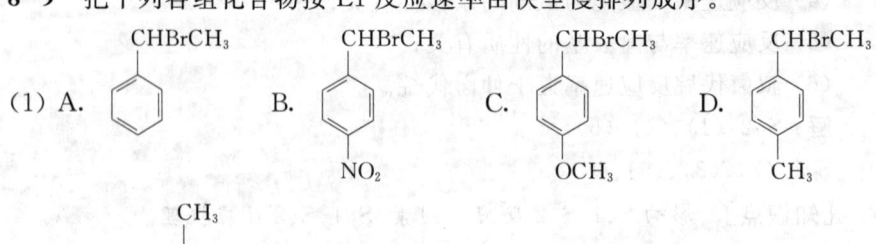

解：(1) B＞A＞D＞C

(2) A＞B＞C

[知识点] E2 反应的活性和立体化学。

8-9 把下列各组化合物按 E1 反应速率由快至慢排列成序。

(1) A.   B.   C.   D.

(2) A. 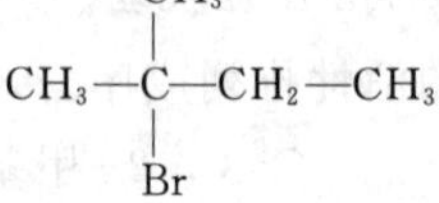 $CH_3-\overset{CH_3}{\underset{Br}{C}}-CH_2-CH_3$ B. 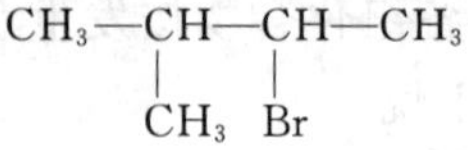 $CH_3-\overset{}{\underset{CH_3}{CH}}-\overset{}{\underset{Br}{CH}}-CH_3$

C. BrCH₂CH₂CHCH₃
　　　　　　|
　　　　　　CH₃

解:(1) C>D>A>B　（E1反应中间体为碳正离子,连给电子基有利于中间体稳定。）

(2) A>B>C

[知识点]　E1反应机理及碳正离子稳定性。

8-10　将下列各组化合物按照对指定试剂的反应活性由大到小排列成序。

(1) 在2% $AgNO_3$ 乙醇溶液中反应

A. CH_3CH_2Cl　　　B. $CH_3-CH-CH_3$　　　C. $(CH_3)_3CCl$
　　　　　　　　　　　　　|
　　　　　　　　　　　　　Cl

(2) 在碘化钠的丙酮溶液中反应:

A. $BrCH_2-CH=CH_2$　　　　　B. $CH_2=CHBr$

C. $CH_3CH_2CH_2CH_2Br$　　　　D. CH_3CHCH_3
　　　　　　　　　　　　　　　　　|
　　　　　　　　　　　　　　　　　Br

解:(1) C>B>A　（S_N1反应）

(2) A>C>D>B　（S_N2反应）

[知识点]　影响 S_N1、S_N2 反应因素。

8-11　把下列各组中的基团按亲核性从强至弱排列成序。

(1) A. $C_2H_5O^-$　　B. HO^-　　C. $C_6H_5O^-$　　D. CH_3COO^-

(2) A. R_3C^-　　B. R_2N^-　　C. RO^-　　D. F^-

(3) A. CH_3O^-　　B. $CH_3CH_2O^-$　　C. $(CH_3)_2CHO^-$　　D. $(CH_3)_3CO^-$

解:　(1) A>B>C>D

(2) A>B>C>D

(3) A>B>C>D

[知识点]　亲核性强弱判定。

8-12　用化学方法区别下列各组化合物。

(1) A. $CH_2=CHCl$　　B. $CH_3C≡CH$　　C. $CH_3CH_2CH_2Br$

(2) A. $n-C_4H_9Cl$　　B. $n-C_4H_9I$　　C. $n-C_6H_{14}$　　D. ⬡

解:(1) A,B,C —Na→ +($CH_3C≡CNa↓$) —$AgNO_3/C_2H_5OH$, △→ +(AgBr↓)

(2)

试剂	A	B	C	D
$AgNO_3/C_2H_5OH$, △	↓(白)	↓(黄)	—	—
Br_2/CCl_4	—	—	—	+(褪色)

[知识点] 不同类型卤代烃的活性,烯、炔的性质。

8-13 给出下列反应的机理。

(1) $CH_3CH=CHCH_2Br \xrightarrow{H_2O} CH_3CH=CHCH_2OH + CH_3\underset{OH}{CH}CH=CH_2$ (±)

解:S_N1 反应:$CH_3CH=CHCH_2Br \longrightarrow$

$[CH_3CH=CH\overset{+}{CH_2} \longleftrightarrow CH_3\overset{+}{CH}CH=CH_2] \xrightarrow{H_2O}$

$CH_3CH=CHCH_2\overset{+}{OH_2} + CH_3CHCH=CH_2$ (±)
$\phantom{CH_3CH=CHCH_2\overset{+}{OH_2} + CH_3CHCH=CH_2xxxx}\underset{\overset{+}{OH_2}}{|}$

$\downarrow -H^+ \downarrow -H^+$

$CH_3CH=CHCH_2OH CH_3\underset{OH}{CH}CH=CH_2$ (±)

[知识点] 烯丙型卤代烃的亲核取代反应。

*(2) 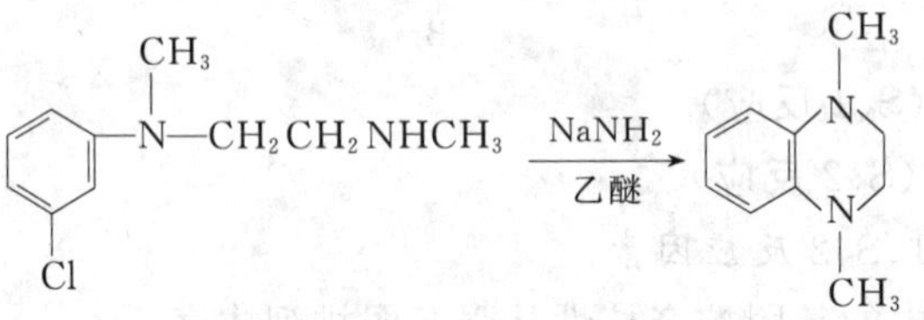 3-氯-N-甲基-N-(2-甲氨基乙基)苯胺 $\xrightarrow[乙醚]{NaNH_2}$ 1,4-二甲基-1,2,3,4-四氢喹喔啉

解:反应经苯炔机理进行,NaNH₂ 脱去邻位氢,消除 Cl⁻生成苯炔中间体,然后分子内氨基进攻苯炔,最后得到环合产物。

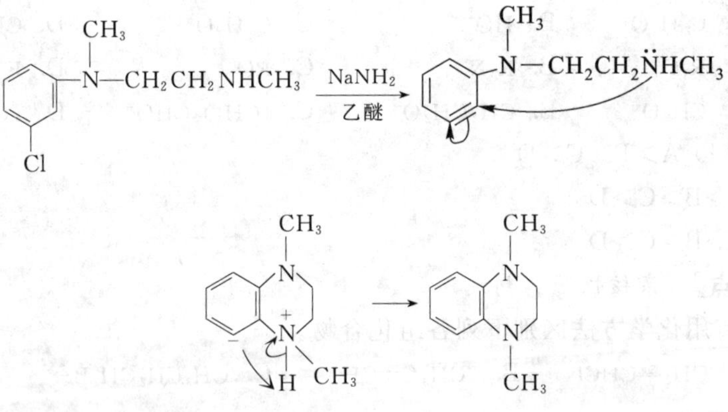

[知识点] 苯炔机理。

(3) 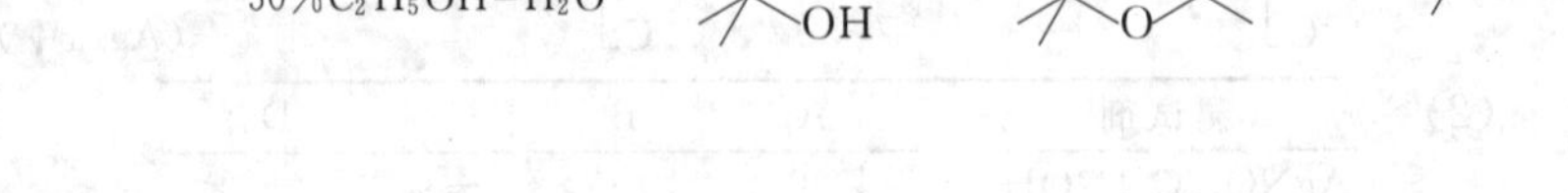 (CH₃)₃CCH₂Br $\xrightarrow[50\%C_2H_5OH-H_2O]{Ag^+}$ (CH₃)₂C(OH)CH₂CH₃ + (CH₃)₂C(OC₂H₅)CH₂CH₃ + (CH₃)₂C=CHCH₃

解：(CH₃)₃C-CH₂Br $\xrightarrow{Ag^+}$ (CH₃)₃C-CH₂⁺ $\xrightarrow{重排}$ (CH₃)₂C⁺-CH₂CH₃

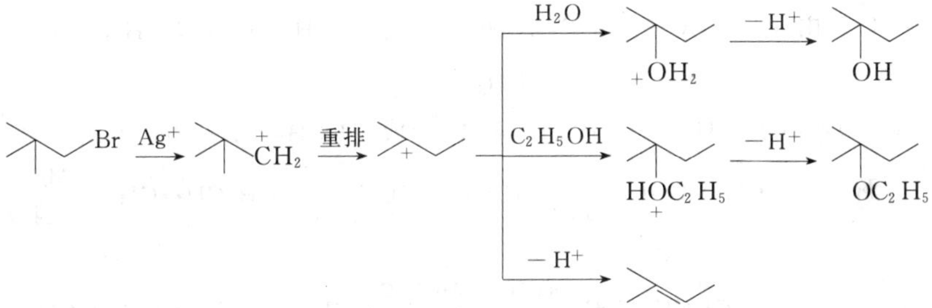

分支反应：
- $\xrightarrow{H_2O}$ (CH₃)₂C(⁺OH₂)CH₂CH₃ $\xrightarrow{-H^+}$ (CH₃)₂C(OH)CH₂CH₃
- $\xrightarrow{C_2H_5OH}$ (CH₃)₂C(HO⁺C₂H₅)CH₂CH₃ $\xrightarrow{-H^+}$ (CH₃)₂C(OC₂H₅)CH₂CH₃
- $\xrightarrow{-H^+}$ (CH₃)₂C=CHCH₃

[知识点] S_N1 机理；碳正离子的性质。

8－14 从丙烯开始制备下列化合物。

(1) CH₃CHDCH₃

(2) CH₂=C(Br)CH₃

(3) CH₃CH₂CH₂C≡C—CH₃

(4) H—C(Br)₂—C(Br)₂—CH₃

解：(1) CH₃CH=CH₂ + HBr ⟶ CH₃CHBrCH₃ $\xrightarrow[乙醚]{Mg}$ CH₃CH(MgBr)CH₃

$\xrightarrow{D_2O}$ CH₃CHDCH₃

(2) CH₃CH=CH₂ + Br₂ $\xrightarrow{CCl_4}$ CH₃CHBrCH₂Br $\xrightarrow[140\ ℃]{KOH/n-C_4H_9OH}$ CH₃C≡CH

$\xrightarrow{1\ mol\ HBr}$ CH₃C(Br)=CH₂

(3) 利用(2)中制备的 CH₃C≡CH $\xrightarrow[NH_3(l)]{NaNH_2}$ CH₃C≡CNa

CH₃CH=CH₂ + HBr $\xrightarrow{—O—O—}$ CH₃CH₂CH₂Br

CH₃CH₂CH₂Br + CH₃C≡CNa ⟶ CH₃CH₂CH₂C≡CCH₃

(4) 用(2)中方法制备 CH₃C≡CH

CH₃C≡CH + 2Br₂ ⟶ CH₃C(Br)₂CH(Br)₂

[知识点] 卤代烃的制备。

8-15 由指定原料合成下列化合物：

(1) 由 $CH_3\underset{|}{\underset{Cl}{C}}HCH_3$ 和 $CH_3\underset{|}{\underset{CH_3}{C}}HCH_2Cl$ 合成 $CH_2=CHCH_2CH_2CH(CH_3)_2$。

(2) 由 CH_3CH_2Cl 和 $CH_3CH=CH_2$ 合成 $CH_3CH=CH-CH=CH_2$。

解：(1) $(CH_3)_2CHCl \xrightarrow[\text{醇},\triangle]{KOH} CH_3CH=CH_2 \xrightarrow[h\nu]{Cl_2} CH_2=CHCH_2 \xrightarrow{Mg}{\text{乙醚}}$
$\underset{|}{\underset{Cl}{}}$

$CH_2=CHCH_2MgCl \xrightarrow{(CH_3)_2CHCH_2Cl} CH_2=CHCH_2CH_2CH(CH_3)_2$

(2) $CH_3CH_2Cl \xrightarrow[\text{乙醚}]{Mg} CH_3CH_2MgCl$

$CH_2=CHCH_2Cl (见(1)中制备) + CH_3CH_2MgCl \longrightarrow CH_3CH_2CH_2CH=CH_2$

$\xrightarrow[h\nu]{Cl_2} CH_3CH_2\underset{|}{\underset{Cl}{C}}HCH=CH_2 \xrightarrow[\text{醇},\triangle]{KOH} CH_3CH=CH-CH=CH_2$

[知识点] 卤代烃的消除反应，Grignard 试剂的性质。

8-16 列出以碳正离子为中间体的 5 类反应，并各举一例加以说明。

解：(1) 亲电加成反应，烯烃与 HX 加成：

$$CH_3CH=CH_2 + HCl \longrightarrow CH_3\underset{|}{\underset{Cl}{C}}HCH_3$$

(2) 亲电取代反应，芳香烃的 Friedel-Crafts 烷基化反应：

$$C_6H_6 + CH_3CH_2Cl \xrightarrow{AlCl_3} C_6H_5CH_2CH_3$$

(3) S_N1 反应，叔卤代烃的取代反应：

$$(CH_3)_3CCl + H_2O \longrightarrow (CH_3)_3COH$$

(4) E1 反应，叔卤代烃的消除反应：

$$(CH_3)_3CCl + NaOEt \xrightarrow{\triangle} (CH_3)_2C=CH_2$$

(5) 重排反应：

$$(CH_3)_3CCH_2Cl \xrightarrow{AgNO_3-C_2H_5OH} (CH_3)_2\underset{|}{\underset{OC_2H_5}{C}}-CH_2CH_3 + (CH_3)_2C=CHCH_3$$

[知识点] 碳正离子的性质。

8-17 化合物 A 和 B，分子式都是 $C_4H_6Cl_2$。二者都能使溴的四氯化碳溶液褪色。A 的 NMR 谱图给出 δ＝4.25（单峰），δ＝5.35（单峰），峰面积比为 2∶1。B 的 NMR 谱图给出 δ＝2.2（单峰），δ＝4.15（双峰）；δ＝5.7（三重峰），峰面积比为 3∶2∶1。写出 A 和 B 的构造式。

解： A. $CH_2=C(CH_2Cl)_2$ B. $CH_3C=CHCH_2Cl$
                                              $|$
                                              Cl

[知识点] 利用 HNMR 谱推测结构。

8-18 某烃 A(C_4H_8)，在低温下与氯气作用生成 B($C_4H_8Cl_2$)，在高温下与氯气作用则生成 C(C_4H_7Cl)。2 mol C 在金属钠作用下，可得到 D(C_8H_{14})，D 可与 2 mol HCl 作用得到 E($C_8H_{16}Cl_2$)，E 与氢氧化钠的乙醇溶液作用主要产物为 F。F 的分子式与 D 相同。F 与一亲双烯体 G 作用得到 H，H 经酸性高锰酸钾溶液氧化成二元酸 $HOOCC(CH_3)_2CH_2—CH_2C(CH_3)_2COOH$。试写出 A～H 的构造式及各步反应式。

解：

$(CH_3)_2C=CH_2$ $\xrightarrow{Cl_2,\ 低温}$ $(CH_3)_2CClCH_2Cl$ (B)

A

$\xrightarrow{Cl_2,\ 高温}$ $CH_2ClC=CH_2$ $\xrightarrow{Na}$ $CH_2=CCH_2CH_2C=CH_2$
                $|$ $|$ $|$
                CH_3 CH_3 CH_3
                  C   D

D $\xrightarrow{2\ mol\ HCl}$ $(CH_3)_2CCH_2CH_2C(CH_3)_2$
                                $|$ $|$
                                Cl Cl
                                       E

E $\xrightarrow{NaOH,\ 乙醇,\ \Delta}$ $(CH_3)_2C=CH—CH=C(CH_3)_2$ (F)

F $\xrightarrow{CH_2=CH_2\ (G)}$ H $\xrightarrow{KMnO_4/H^+}$ $HOOCC(CH_3)_2CH_2CH_2C(CH_3)_2COOH$

[知识点] 烯烃、二烯烃、卤代烃的化学性质。

8-19 分子式为 $C_6H_{11}Cl$ 的链状卤代烃 A，构型为 R；A 水解能得到分子式为 $C_6H_{11}OH$ 的外消旋混合物 B；A 经催化加氢得分子式为 $C_6H_{13}Cl$ 的卤代烃 C，无旋光性。请写出 A，B，C 的构造式（标明立体构型）。

解：

C (无旋光性) $\xleftarrow{催化加氢}$ A (R) $\xrightarrow{H_2O,\ S_N1}$ B (R,S)

[知识点] 烯丙位卤代烃的亲核取代反应；化合物旋光性的判断。

8-20 请分别比较 S_N1 与 S_N2，E1 与 E2，S_N1 与 E1，S_N2 与 E2，卤苯的加成-消除与消除-加成的反应机理的异同点。

解：略。

[知识点] $S_N1, S_N2, E1, E2$，加成-消除，消除-加成反应机理。

8-21 解释下列结果。

(1) 在极性溶剂中，3°RX 的 S_N1 与 E1 反应速率相同。

解： S_N1 和 E1 的控速步骤是相同的：

$$\overset{\delta+}{R}\text{------}\overset{\delta-}{X} \xrightarrow{\text{慢}} R^+ + X^-$$

因而，反应速率也是相同的。

[知识点] S_N1 和 E1 机理。

(2) $\begin{cases} (CH_3)_3CI + H_2O \longrightarrow (CH_3)_3COH + HI \\ (CH_3)_3CI + OH^- \longrightarrow (CH_3)_2C=CH_2 + H_2O + I^- \end{cases}$

解： 在亲核性溶剂中，如果不存在强碱，3°RX 发生 S_N1 溶剂解反应；如果存在强碱(OH^-，RO^- 等)时，3°RX 主要发生 E1 消除反应。

[知识点] 卤代烃取代反应与消除反应的竞争。

(3) $\begin{cases} CH_3CH_2SCH_2CH_2Cl + H_2O \xrightarrow{k_1} CH_3CH_2SCH_2CH_2OH + HCl \\ n\text{-}C_6H_{13}Cl + H_2O \xrightarrow{k_2} n\text{-}C_6H_{13}OH + HCl \end{cases}$

$k_1/k_2 = 3 \times 10^3$

解：

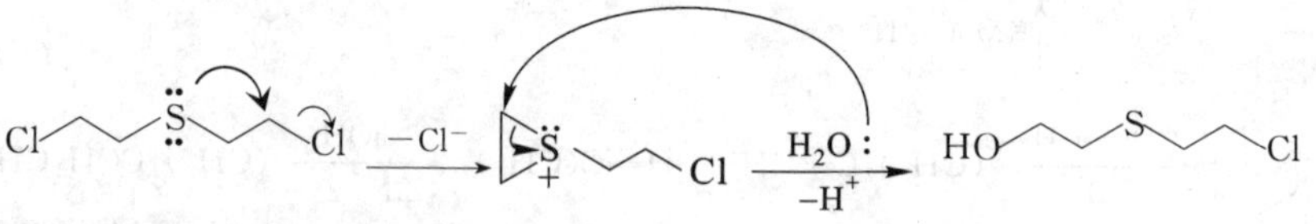

硫原子的邻位参与作用有利于氯原子的解离。

[知识点] 邻位参与效应。

*(4)

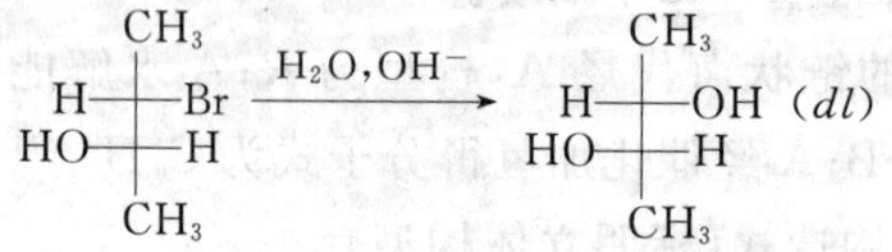

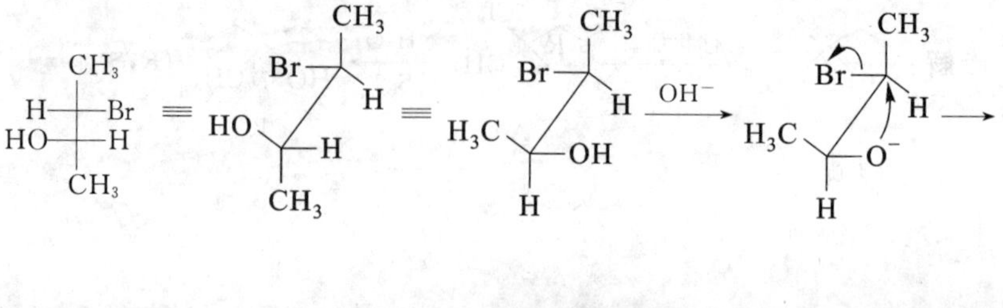

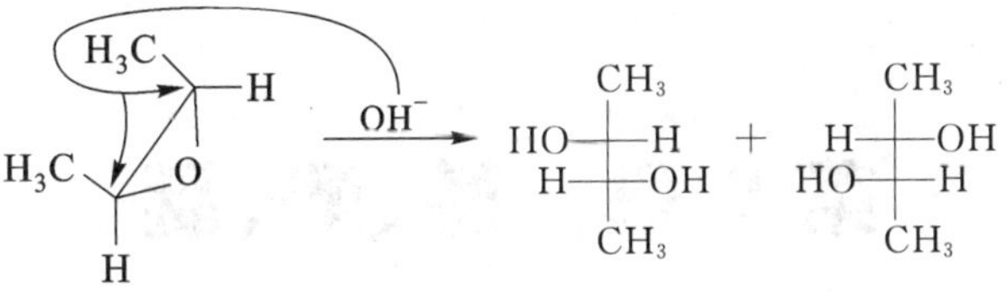

[知识点] 邻位参与效应。

(5) 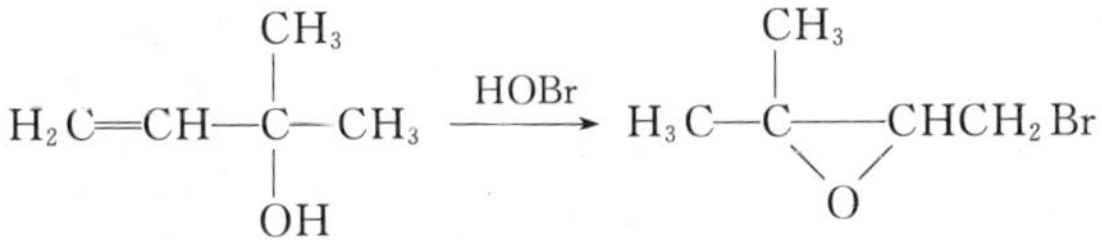 $H_2C=CH-\underset{\underset{OH}{|}}{\overset{\overset{CH_3}{|}}{C}}-CH_3 \xrightarrow{HOBr} H_3C-\underset{\diagdown O \diagup}{\overset{\overset{CH_3}{|}}{C}}-CHCH_2Br$

解: $(CH_3)_2\underset{\underset{OH}{|}}{C}-CH=CH_2 \xrightarrow{Br-OH} CH_3-\underset{\underset{HO:}{|}}{\overset{\overset{CH_3}{|}}{C}}-\overset{+}{\underset{}{CH}}-CH_2 \overset{Br}{}$

$\longrightarrow (CH_3)_2\underset{\underset{\overset{+}{O}H}{|}}{C}-CHCH_2Br \xrightarrow{-H^+} (CH_3)_2\underset{\diagdown O \diagup}{C}-CHCH_2Br$

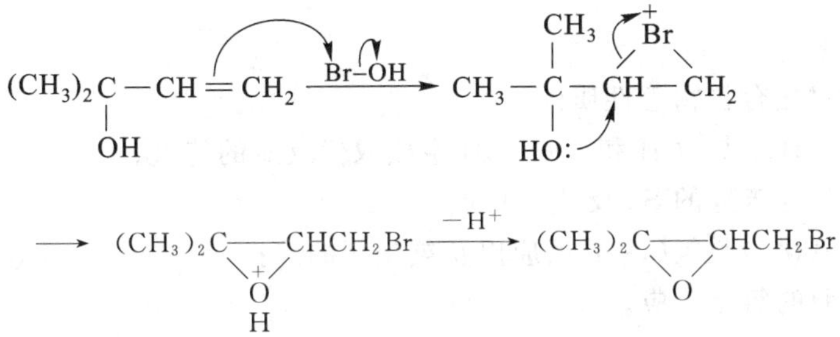

[知识点] 分子内亲核取代反应，邻位参与效应。

8-22 比较下列化合物的结构和性质。

(1) 苯与六氟代苯的结构及物理性质。

(2) 己烷与全氟己烷的稳定构象及溶解性。

解:(1) 苯的结构 [苯环结构图，π电子云上下标-]   六氟苯的结构 [六氟苯结构图，π电子云上下标+]

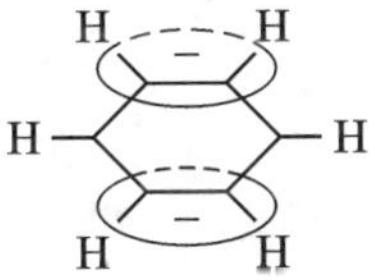

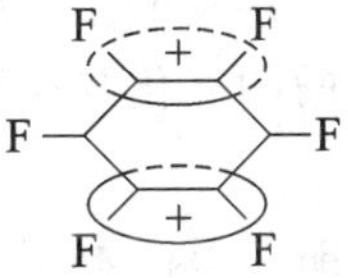

物理性质相似：

    苯   mp   5.5 ℃   bp   80 ℃

    六氟代苯   mp   3.9 ℃   bp   80.5 ℃

(2) 己烷是平面锯齿状结构，全氟己烷非平面锯齿状，而是扭转成棒状。己烷沸点69 ℃，溶于有机溶剂中，不溶于水；而全氟己烷不溶于有机溶剂也不溶于水，形成氟相。

[知识点] 氟化物结构、物理性质，R 构象。

第 9 章 醇、酚、醚

▶▶ **学习重点**

醇：
1. 氢键对化合物物理性质的影响。
2. 3° C—OH、2° C—OH 和 1° C—OH 亲核取代反应的特点。
3. 烯丙醇与苄醇的 S_N 反应的特点。
4. 醇的氧化与脱氢（α-H）反应以及氧化剂的选择。
5. 邻二醇的氧化反应。

酚：
1. 酚的弱酸性，酚环上取代基对酚酸性的影响。
2. 酚氧负离子的碱性、亲核性和对苯环亲电取代反应的影响。
3. 酚氧负离子环上的特殊反应——醛基、羧基的引入。
4. 酚羟基的亲核取代反应。
5. 酚的氧化与还原反应。

醚：
1. 醚的 S_N1 和 S_N2 反应。
2. 醚的 α-H 的氧化反应。
3. 烯丙基芳醚的重排反应和重排反应的规律。
4. 1,2-环醚的不稳定性和开环加成反应。
5. 冠醚的结构及应用。

▶▶ **专题讨论与拓展**

1. 醇与亚硫酰氯反应的机理

仲醇与亚硫酰氯（二氯亚砜）反应得到与醇构型一致的产物，而加入吡啶，不仅反应速率加快，而且得到的产物的构型与醇的构型相反。

$$\begin{matrix}R\\R'\end{matrix}\!\!\!\overset{H}{\underset{OH}{C}} + \underset{Cl}{\overset{Cl}{S}}\!\!=\!O \longrightarrow \begin{matrix}R\\R'\end{matrix}\!\!\!\overset{H}{\underset{Cl}{C}} + SO_2 + HCl \qquad (9-1)$$

$$\begin{matrix}R\\R'\end{matrix}\!\!\!\overset{H}{\underset{OH}{C}} + \underset{Cl}{\overset{Cl}{S}}\!\!=\!O \xrightarrow{\text{吡啶}} \begin{matrix}R\\R'\end{matrix}\!\!\!\overset{Cl}{\underset{H}{C}} + SO_2 + HCl \qquad (9-2)$$

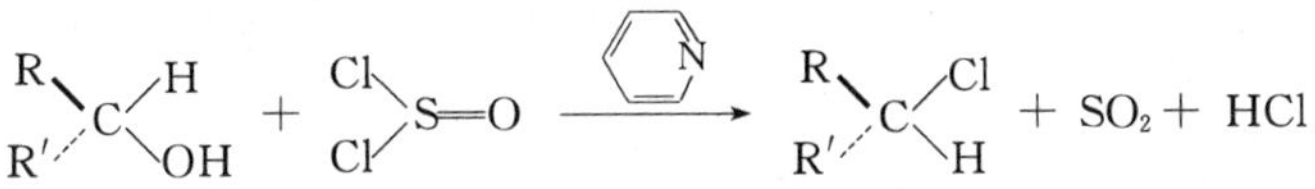

相同的反应物,仅差在是否有 吡啶 存在,就得到两种不同构型的产物,这主要是由反应机理决定的。

反应(9-1)是分子内的亲核取代(S_Ni):

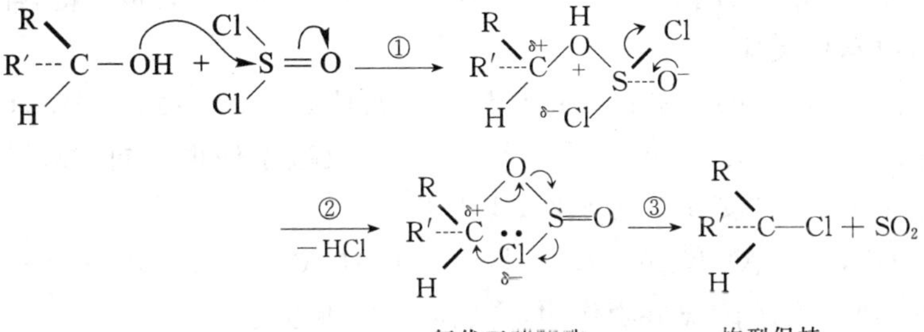

<图:反应机理步骤①②③,生成氯代亚硫酸酯,构型保持>

在第③步中,C—O 键断裂时,Cl—S 键的 Cl 与氧处于碳的同侧;在 C—O 键断裂、O=S 重键形成的同时,Cl—S 键断裂、C—Cl 键形成,类似于四元环的协同机理,是反应控制步骤,因此保持了醇的构型。

反应(9-2)是 S_N2 反应。

在反应(9-1)中加入吡啶后,吡啶是碱,能与②中放出的 HCl 成盐,活化 HCl,吡啶是亲核试剂,也能与氯代亚硫酸酯发生亲核取代反应,如第④步反应,放出 Cl^-。

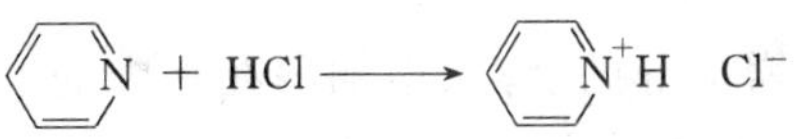

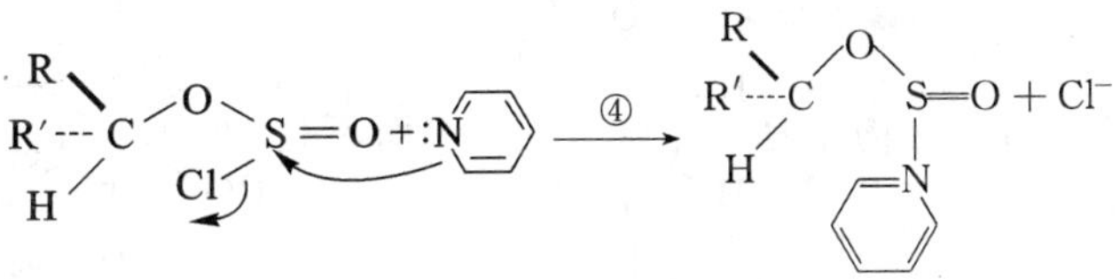

<图:吡啶与HCl成盐,及第④步反应机理>

这时,"自由的"Cl^- 可以从背面进攻中心碳原子,发生 S_N2 反应:

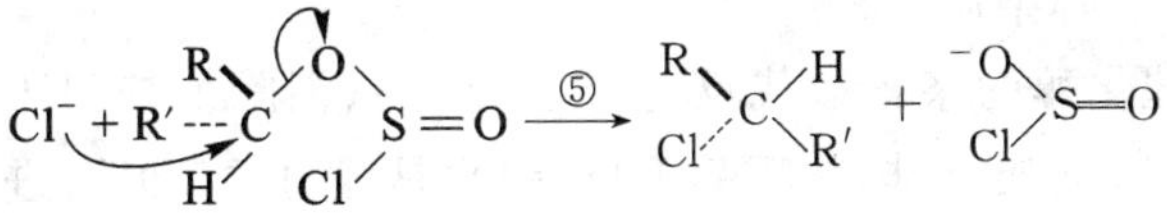

<图:第⑤步反应机理>

$$Cl^- + R'\cdots\overset{R}{\underset{H}{C}}\text{---}\overset{O}{\underset{N^+}{S}}\text{=}O \xrightarrow{⑥} \underset{Cl}{\overset{R}{C}}\underset{R'}{\overset{H}{C}} + \underset{N}{\overset{}{\bigcirc}}\text{---}S\text{=}O$$

⑤、⑥步反应结果都是产物的构型与醇的构型相反。⑤、⑥两步是反应控制步骤，因此是决定产物构型的一步。

2. 卤烃、醇、醚、酚的取代反应

$R^{\delta+}$—$X^{\delta-}$，$R^{\delta+}$—$OH^{\delta-}$，$R^{\delta+}$—$OR'^{\delta-}$ 和 $Ar^{\delta+}$—$OH^{\delta-}$ 的键都是极性键，都能进行亲核取代反应，但反应活性不同。

脂肪族 R—X，R—OH 和 R—OR′ 较易进行亲核取代，但—X，—OH，—OR′的离去能力(—X > —OH > —OR′)不同，反应活性和反应条件也不同(醇、醚需酸催化)。反应机理相似，按 S_N1 或 S_N2 机理反应。

Ar—OH，Ar—X 和 Ar—OAr 以及 RCH=CH—OH，RCH=CH—X 和 RCH=CH—OR 都有 p-π 共轭作用，亲核取代较难进行。

烯丙基化合物如 CH_2=$CHCH_2$—X，CH_2=$CHCH_2$—OH，CH_2=$CHCH_2$—OR，易形成 CH_2=$\overset{+}{C}HCH_2$ (p-π 共轭，稳定)，亲核取代反应容易进行。

苄基型化合物如 $PhCH_2$—OH、$PhCH_2$—X，$PhCH_2$—OR，易形成 $Ph\overset{+}{C}H_2$ (p-π 共轭，稳定)，容易进行亲核取代反应。

3. 醇羟基的弱碱性

醇羟基有弱碱性，对醇的物理、化学性质有重要影响，在实际中也有重要用途。

① 可以形成氢键，增加醇的沸点；增加醇在水中的溶解度；改变分子构象的稳定性，如乙二醇的稳定构象是 [Newman投影式] 而不是 [Newman投影式]。

② 与质子形成醇合质子(锌离子)$R\overset{+}{O}H_2$，能溶于浓硫酸中。利用这一性质可除去卤代烷中的醇杂质。

③ 质子酸催化醇的亲核取代反应(S_N1，S_N2)、消除反应(E1，E2)和各种重排反应(烯丙重排、碳架重排、频哪醇重排等)都是通过 R^+OH_2 进行的。例如：

$$ROH + HCl \xrightarrow{H^+} [ROH_2^+ + HCl^-] \longrightarrow RCl + H_2O \quad (S_N2)$$

$$2ROH \xrightarrow{H^+} R-O-R \quad (S_N2)$$

$$R_3COH \xrightarrow{H^+} \underset{R}{\overset{R}{C}}=CHR' \quad (E1)$$

$$RCH=CH-CH_2OH \xrightarrow{H^+} RCHOH-CH=CH_2 \quad (烯丙重排)$$

$$CH_3CH_2C(CH_3)_2CH_2OH \xrightarrow{H^+} CH_3CH_2\underset{\underset{OH}{|}}{C}(CH_3)_2CH_2CH_3 \quad (碳架重排)$$

④ 与 Lewis 酸反应形成酸碱络合物,有重要用途。如与 $CaCl_2$ 形成 $CaCl_2 \cdot xHOR$,除去甲基叔丁基醚中少量甲醇;增加醇对苯的烷基化能力;使伯、仲、叔醇与 Lucas 试剂进行 S_N1 反应。

4. 取代环丙烷与取代环氧乙烷的开环加成反应

取代环丙烷与取代环氧乙烷的结构如下:

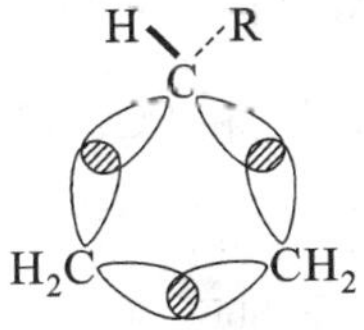

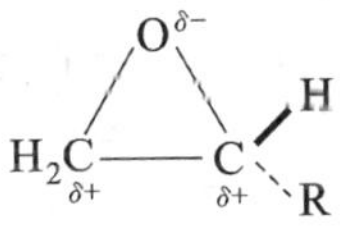

环丙烷环的 C—C 键是弯曲线,σ 电子云裸露在外,很容易受亲电试剂进攻,发生亲电加成开环反应。环氧乙烷环的 C—O 键是极性键,很容易受到亲核试剂进攻,发生亲核取代开环反应。两者都是三元环,环张力很大,都很活泼。

取代环丙烷与质子酸反应,遵循不对称烯烃加成规律:

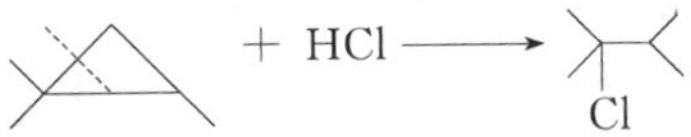

取代环丙烷与其它亲电试剂反应,形成稳定的碳正离子中间体。

取代环氧乙烷的反应,取决于反应的催化剂。如果是质子酸催化,相当于 S_N1 反应,生成稳定碳正离子中间体;如果是碱催化,亲核试剂进攻空间位阻小的碳原子,相当于 S_N2 机理:

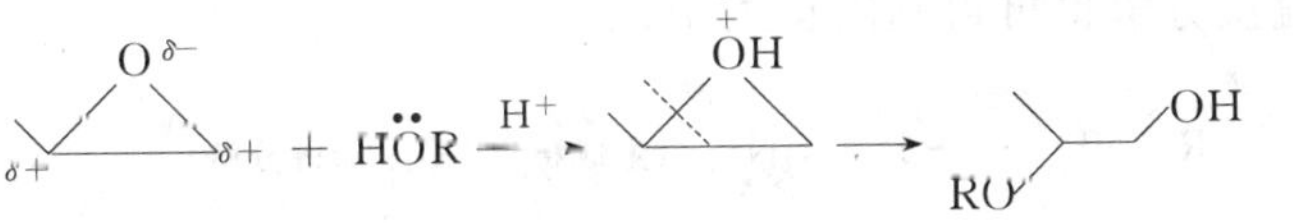

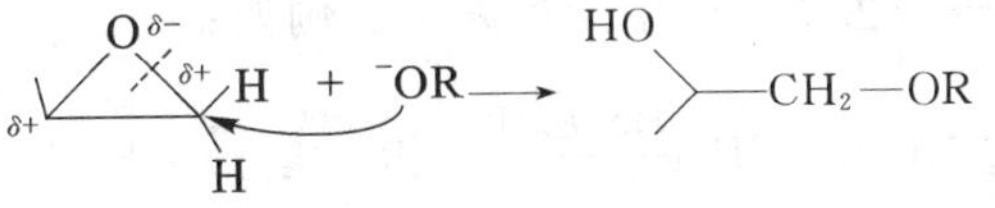

5. 碳正离子活泼中间体

碳正离子是重要的有机反应的活泼中间体,一般情况下,"寿命"很短。带正电荷的碳原子为 sp^2 杂化,$R-C\overset{R''}{\underset{R'}{\big|}}$ 120° 三个 sp^2 杂化轨道形成的三个 σ 键呈平面型,未杂化的空 p 轨道与平面垂直。在化学反应中,这个空的 p 轨道很重要。

常见的形成碳正离子的方法如下。

① 有极性键的分子异裂得到碳正离子。例如:

$$R-X \longrightarrow R^+ + X^-$$

$$\left[X = F, Cl, Br, I, CF_3COO, CF_3SO_3, CH_3COO, CH_3-\!\!\!\!\bigcirc\!\!\!\!-SO_3 \right]$$

Ag^+ 如硝酸银能促进卤代烷解离,形成碳正离子。例如:

$$R-Cl + Ag^+ \longrightarrow AgCl\downarrow + R^+$$

Lewis 酸如 $AlCl_3$,BF_3,$SbCl_5$,$FeCl_3$,$SbCl_3$ 和 PCl_5 等也能促进碳正离子的形成。例如:

$$R-X + SbF_5 \longrightarrow R^+ + SbF_5X^-$$

② 锌离子分子产生碳正离子(这里需要强酸形成锌离子):

$$R-OR' + H^+ \longrightarrow R\overset{H}{\underset{}{-\!\!\!\!^+\!\!\!\!-}}OR' \longrightarrow R^+ + R'OH$$

(R=烷基、酰基,R'=烷基、芳基和 H 等)

例如:

$$(CH_3)_2CH-O-CH_3 \xrightarrow{H^+} (CH_3)_2CH\overset{H}{\underset{}{-\!\!\!\!^+\!\!\!\!-}}O-CH_3 \longrightarrow (CH_3)_2\overset{+}{C}H + HOCH_3$$
(形成稳定的碳正离子)

$$CH_3CH_2CH(CH_3)_2-SH \xrightarrow{H^+} CH_3CH_2(CH_3)_2\overset{+}{C}-SH_2 \longrightarrow CH_3CH_2(CH_3)_2\overset{+}{C} + \overset{+}{H_3S}$$

③ 铵盐、锍盐分解也可得到碳正离子:

$$R-\overset{+}{N}R_3' \longrightarrow R^+ + NR_3' \text{(生成稳定的 } R^+ \text{ 的键分解)}$$

④ 脂肪族重氮离子失去 N_2,产生碳正离子。例如:

$$CH_3CH_2CH_2CH_2-NH_2 \xrightarrow{HNO_2/HCl} R-\overset{+}{N_2} \longrightarrow R^+ + N_2$$

⑤ 烯烃、炔烃与质子加成，形成碳正离子。例如：

$$R-C\equiv C-R' \xrightleftharpoons{H^+} R-\overset{+}{C}=C\overset{H}{\underset{R'}{}}$$

碳正离子的稳定性与其取代基电子效应有关，存在如下规律。

稳定性　　　　　　$3°R^+ > 2°R^+ > 1°R^+ > \overset{+}{C}H_3$

① 在溶液中，溶剂解的速率常数反映了形成碳正离子的稳定性。速率常数越大，形成的碳正离子越稳定。不同氯代烃的相对速率常数如下：

化合物	$(CH_3)_2CHCl$	$HC\equiv CCH_2Cl$	$H_2C=CHCH_2Cl$
相对速率常数	0.1	0.01	1.0

化合物	$(CH_3)_2C=CHCH_2Cl$	$(CH_3)_3CCl$	Ph_2CHCl	Ph_3CCl
相对速率常数	3×10^3	4×10^4	4×10^7	2×10^{10}

② 单取代甲基正离子的相对稳定性（与离域有关）如下：

正离子	$^+CH_3$	$^+CH_2Cl$	$^+CH_2CH_3$	$^+CH_2NO_2$	$^+CH_2Ph$	$^+CH_2OH$
稳定能/kJ·mol^{-1}	0	134	146	225	230	251

正离子	$^+CH_2SH$	$^+CH_2OCH_3$	$^+CH_2SCH_3$	$^+CH_2NH_2$	$^+CH_2N(CH_3)_2$
稳定能/kJ·mol^{-1}	267	288	309	397	443

③ 物质的生成热反映了物质的相对稳定性，生成热越大，越不稳定。一些烃基碳正离子的生成热如下：

正离子	$^+CH_3$	$^+CH_2CH_3$	$^+CH_2CH_2CH_3$	$(CH_3)_2\overset{+}{C}H$	$(CH_3)_3C^+$	$CH_2=\overset{+}{C}H$	$^+C_6H_5$
生成热/kJ·mol^{-1}	1079	941	912	811	728	1192	1242

碳正离子有以下几方面的反应：

① 作为亲电试剂可以与负离子、烯烃、芳烃及强的碳素酸反应。例如：

$R^+ + N_3^- \longrightarrow RN_3$　　　　（这是有机化合物亲核取代的基本反应）

$R^+ + \underset{|}{\overset{|}{C}}=\underset{|}{\overset{|}{C}} \longrightarrow R-\underset{|}{\overset{|}{C}}-\overset{+}{\underset{|}{C}}$　　　　（这是正离子聚合反应链增长步骤）

$R^+ + H-\underset{|}{\overset{|}{C}}-R' \longrightarrow RH + {}^+\underset{|}{\overset{|}{C}}R'$　　　　（强碱与弱酸反应，生成新的正离子）

$R^+ + \underset{\text{苯环}}{} \longrightarrow \underset{\text{苯环}}{}-R + H^+$　　　　（芳烃亲电取代反应）

② β-H 消除反应，生成烯烃。

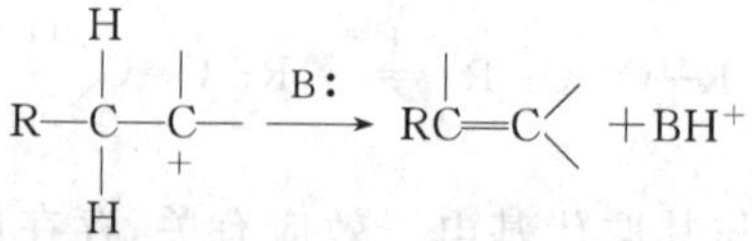

$$R-\underset{H}{\overset{H}{C}}-\overset{+}{C}\xrightarrow{B:} RC=C< + BH^+$$

③ 碳链重排反应，生成更稳定的碳正离子。例如：

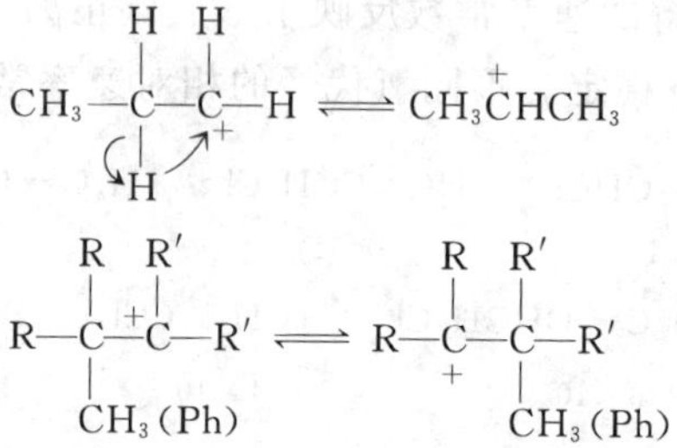

$$CH_3-\underset{H}{\overset{H}{C}}-\overset{+}{C}H \rightleftharpoons CH_3\overset{+}{C}HCH_3$$

$$R-\underset{CH_3(Ph)}{\overset{R\ R'}{\overset{|\ |}{\underset{|}{C}}}}-R' \rightleftharpoons R-\underset{CH_3(Ph)}{\overset{R\ R'}{\overset{|\ |}{C}}}-R'$$

④ β-C 裂解反应生成烯烃和新的碳正离子。例如：

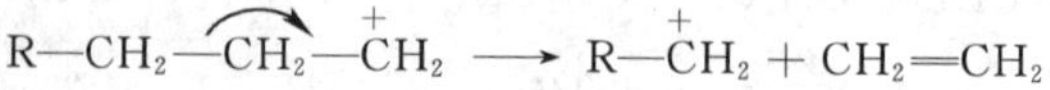

$$R-CH_2-CH_2-\overset{+}{C}H_2 \longrightarrow R-\overset{+}{C}H_2 + CH_2=CH_2$$

这个反应是烷烃催化裂化的基本反应步骤。

6. 发现冠醚之谜

冠醚是 20 世纪 60 年代合成出来的一种大环状醚，因其与金属离子配合时，所有的 C—C 键在一个平面上，而 ⌒O⌒ 在另一近似平行的平面上，如 18-冠-6 与硫氰酸钾配合，像座王冠，由此得冠醚之称。但在无配合离子存在时呈非冠状。

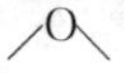

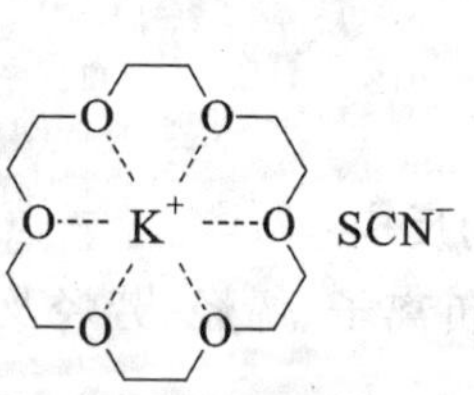

① 冠醚命名　按 IUPAC 命名法冠醚命名比较复杂，如上所述的冠醚应为 1,4,7,10,13,16-六氧杂环十八烷，普通(缩称)命名法为 18-冠-6，意为环上共 18 个原子，其中 6 个是氧原子。

② 冠醚的发现　冠醚是美国杜邦公司 Pedersen C J 发现的。他合成聚烯烃催化剂的配体 A 时，意外地在产物中发现了仅有 0.4% 的无色纤维状的晶体 B。他抓住了这个现象，分离出 B，进行了结构测定，B 是由 2 mol 的邻苯二酚和 4 mol 的二氯乙醚缩合而成的环状醚。化合物 B 在甲醇中的溶解度随着 NaOH

的存在而显著增大。这一现象引起了 Pedersen 对大环多醚性质研究的兴趣,他发现这类大环多醚的特征是能与碱金属及碱土金属盐形成稳定的、溶于有机溶剂中的配合物,他把具有配合金属离子特性的大环多醚化合物命名为冠醚化合物。

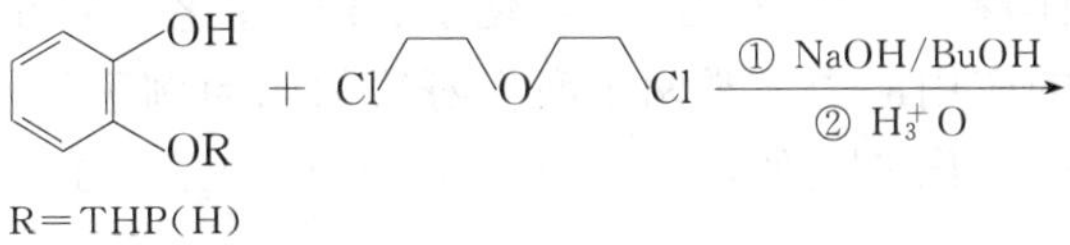

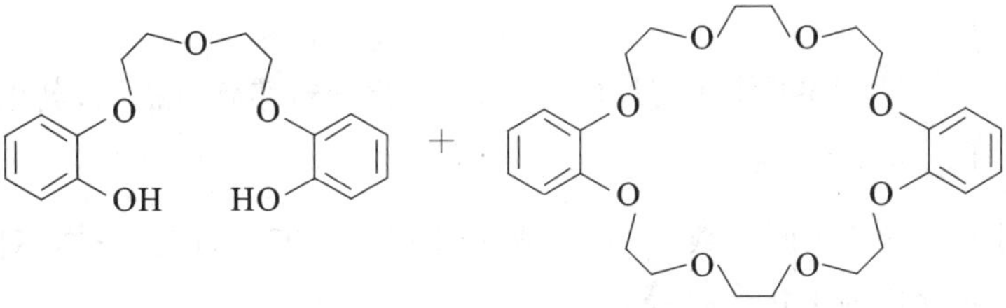

自此,Pedersen 一发不可收拾,在短短几年时间内合成了 49 种大环多醚,并使它们与ⅠA 族(Li^+, Na^+, K^+, Rb^+, Cs^+)、ⅠB 族(Ag^+, Au^+)、ⅡA 族(Ca^{2+}, Sr^{2+}, Ba^{2+})、ⅡB 族(Cd^{2+}, Hg^+, Hg^{2+})、ⅢB 族(La^{3+}, Ce^{3+})、ⅢA(Te^+)和ⅣA 族(Pb^{2+})等离子形成配合物。于 1967 年在日本东京举行的第十届配位化学国际学术会议上发表了第一篇冠醚化合物合成及性能的论文,引起了与会代表的极大兴趣,特别是冠醚能与金属离子形成配合物的能力,受到重视。20 年之后,1987 年 Pedersen 等三人同获诺贝尔奖。

③ 冠醚的合成　合成冠醚的原料及中间体是二元酚、多甘醚(多醚键二元醇)和多甘醇二卤化物(多醚键二元卤化物)。在碱性条件下二元醚和二元醇作亲核试剂,与二卤代多醚反应,关环得冠醚。反应条件是在很稀的溶液中,常采用"模板合成法"合成(因为存在一个生成线状多醚的竞争反应)。例如,合成 18-冠-6 是采用 K^+ 为模板:

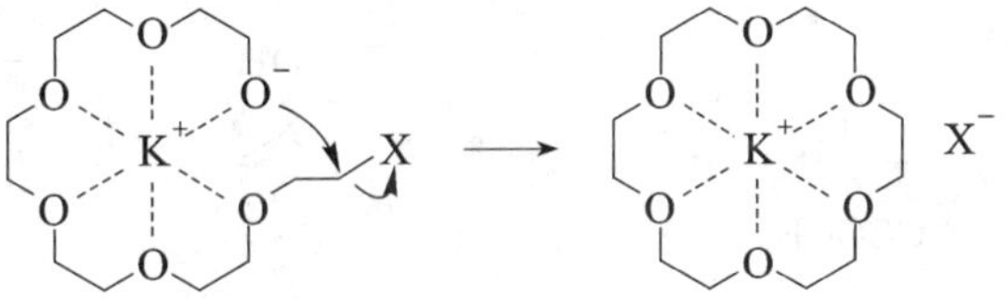

关环时,依靠 K^+ 的配合,使~O⁻ 与~C—X 靠近,进行分子内的 S_N2 反应完成。

④ 冠醚化学的发展　冠醚化学发展很快,配位原子不限于 O,还有 S,N,As

等原子。有低分子化合物、超分子化合物、高分子化合物;有单环的、多环的醚等。

⑤ 冠醚的用途　由于冠醚有许多新奇的化学结构和独特性质,"横看成岭侧成峰",无机化学家看成环状多齿配体,有机化学家视之为合成宿主或饱和杂环,生物化学家视之为酶、膜、载体、受体等的模型,是分子识别、弱化学作用和超分子化学的典型体现。在分析、分离、电化学、分子催化等诸方面已得到应用,从中可以看出冠醚的应用潜力。举两个我们身边的应用例子:

a. 相转移催化剂,如 18-冠-6 可作 $KMnO_4$ 的催化剂,形成

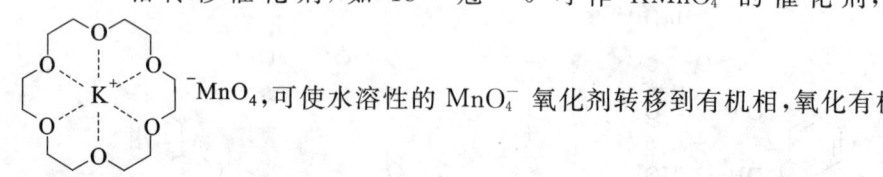

MnO_4^-,可使水溶性的 MnO_4^- 氧化剂转移到有机相,氧化有机物。

b. 利用冠醚的氧原子数不同,形成醚"腔"直径不同,可以分离不同直径的金属离子,如分离稀土化合物等。

▶▶ 例题解析

例 1　解释下列现象:

(1) HBr 的浓水溶液与 C_2H_5OH 反应能得到 C_2H_5Br,而 NaBr 的浓水溶液并不能与 C_2H_5OH 反应得到 C_2H_5Br。

(2) 化合物 A 的椅型构象中,—OH 在 e 键上是优势构象;化合物 B 的优势构象却是—OH 在 a 键上。

(3) 苯酚硝化生成邻硝基苯酚和对硝基苯酚的混合物,将该混合物通过水蒸气蒸馏,可将邻硝基苯酚从反应混合物中蒸出而与对硝基苯酚分离。

(4) 乙酸苯酯在 $AlCl_3$ 存在下发生 Fries 重排,在室温下以生成对羟基苯乙酮为主;在高温时(165 ℃)以生成邻羟基苯乙酮为主:

解析：(1) $C_2H_5OH \xrightleftharpoons{HBr} C_2H_5\overset{+}{O}H_2 + Br^- \longrightarrow C_2H_5Br + H_2O$

$Br^- + C_2H_5OH \xrightarrow{\quad\quad} C_2H_5Br + OH^-$

前一个反应中，醇羟基质子化后，离去基团转变成易离去的 H_2O。后一个反应中，OH^- 碱性强，不易离去。因此，醇羟基被取代的反应一般需要在酸性条件下进行。

(2) A. 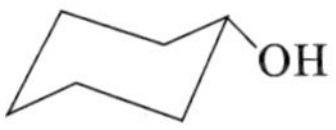 [椅式环己醇结构] B. 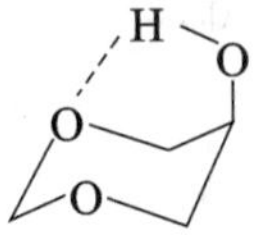 [分子内氢键结构]

A 中不能形成氢键，—OH 在 e 键上稳定；B 中由于含氧原子，—OH 在 a 键上有利于形成分子内氢键使构象稳定。（注意—OH 与环上氧的位置，相邻不能形成稳定构象，1,4 位可形成船型稳定构象。）

(3) 邻硝基苯酚能形成分子内氢键，沸点低，100 ℃时，在水蒸气中有一定的分压，能与水蒸气一起蒸馏出来，冷凝后又与水不相溶；对硝基苯酚则形成分子间氢键，沸点高，不易挥发，在 100 ℃时，蒸气压很小，在水蒸气中的分压亦很小，蒸馏出的量极少。

(4) 邻羟基苯乙酮能形成分子内氢键而使体系稳定。由于两个取代基处于邻位，空间拥挤，生成它时需要的活化能大，是热力学控制产物，而对羟基苯乙酮空间位阻小，生成时活化能较低，是动力学控制产物。因此，在低温 25 ℃时以生成对羟基苯乙酮为主。

例 2 给出下面反应的机理：

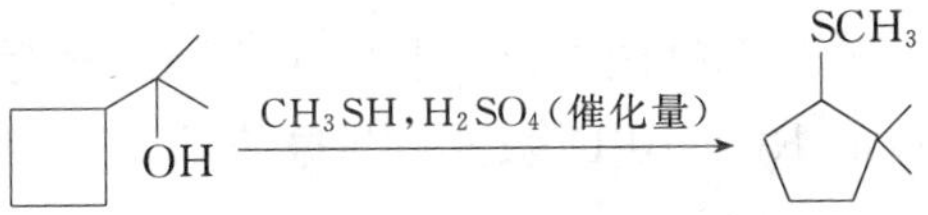

[反应式：四元环叔醇 + CH_3SH, H_2SO_4（催化量）→ 五元环硫醚产物]

解析：反应物到产物有下列变化① 叔醇的羟基消失，分子中多了 CH_3S—基；② 碳架发生变化，由四元环扩大到五元环。反应底物为叔醇，在催化量酸的作用下，可能发生质子化，生成碳正离子中间体，重排后与 CH_3SH 进行 S_N1 反应得到产物。机理如下：

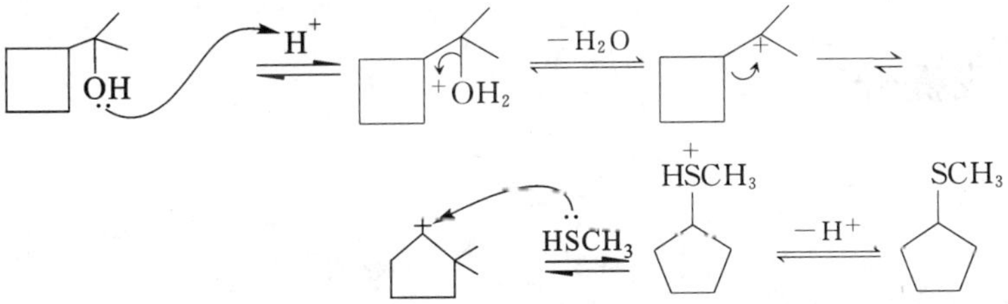

[机理反应式图]

其中由 $3°R^+$ 重排为 $2°R^+$ 的驱动力是环张力的释放，由四元环缓解为五元环。

例3 完成下列转化：

(1) 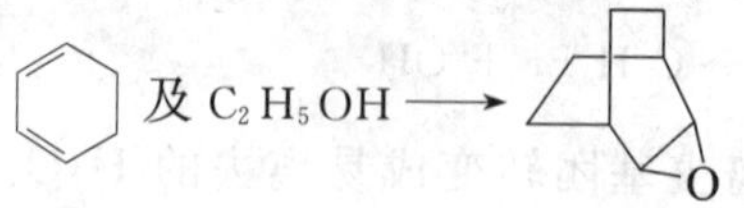 [环己烯] 及 C_2H_5OH ⟶ [双环氧化物]

(2) 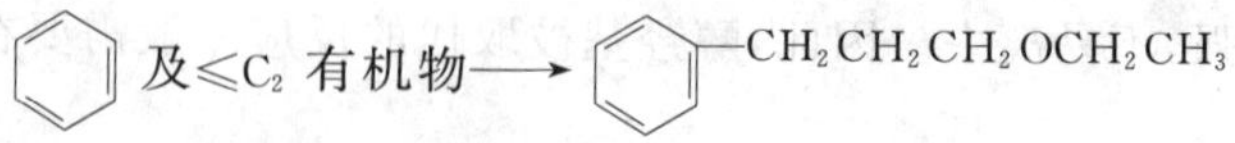 [苯] 及 ≤C_2 有机物 ⟶ $C_6H_5CH_2CH_2CH_2OCH_2CH_3$

解析：(1) $C_2H_5OH \xrightarrow[\triangle]{Al_2O_3} CH_2=CH_2$

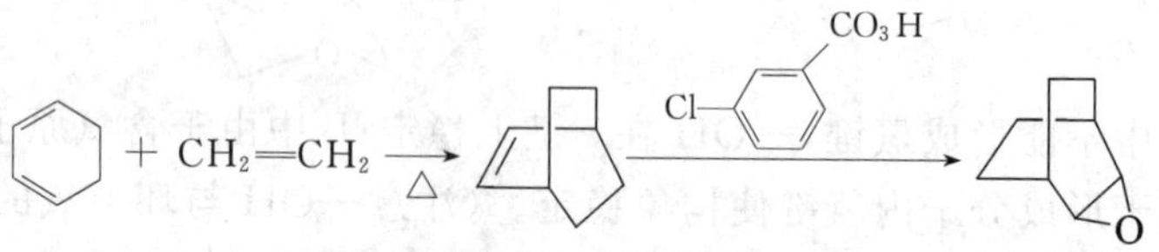

[环己烯] + $CH_2=CH_2 \xrightarrow{\triangle}$ [双环烯] $\xrightarrow{\text{间-}Cl\text{-}C_6H_4CO_3H}$ [双环氧化物]

(2) [苯] + HCHO $\xrightarrow{HCl, ZnCl_2}$ $C_6H_5CH_2Cl$ $\xrightarrow[(C_2H_5)_2O]{Mg}$ $C_6H_5CH_2MgCl$ $\xrightarrow[② H_3O^+]{① \text{环氧乙烷}}$

$C_6H_5CH_2CH_2CH_2OH$ $\xrightarrow[② CH_3CH_2Br]{① Na}$ $C_6H_5CH_2CH_2CH_2OCH_2CH_3$

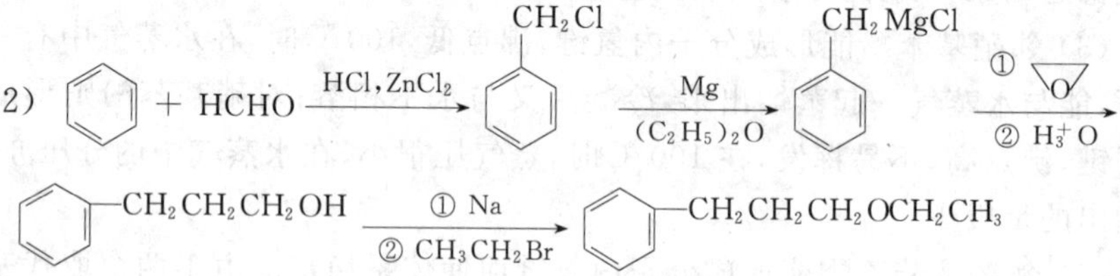

例4 某化合物 $A(C_4H_{10}O)$ 的核磁共振谱有如下数据：$\delta=0.8(d,6H)$，$\delta=1.7(m,1H)$，$\delta=3.2(d,2H)$，$\delta=4.2(s,1H)$。当样品与 D_2O 作用后，该位置吸收峰($\delta=4.2$)消失。试推测化合物 A 的构造式。

解析：该化合物为饱和化合物且含有一个氧原子，可能为醇或醚。样品与 D_2O 作用后在 $\delta=4.2$ 处的单峰消失，说明 $\delta=4.2$ 处的氢为醇羟基中的氢，当发生同位素交换后，生成的 ROD 中 D 无核磁共振信号。

$$ROH + D_2O \longrightarrow ROD + DOH$$

A 中有 6 个磁等性 H，1 个 H 多重峰，2 个 H 双峰；故 A 的构造式为

$(CH_3)_2CH\ CH_2\ OH$
$\delta:\ \ 0.8\ \ \ \ 1.7\ \ 3.2\ \ 4.2$

▶▶ 自我提升

1. 完成下列反应式：

(1) 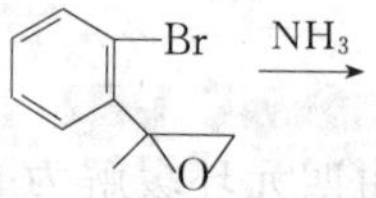 [邻溴环丙基苯] $\xrightarrow{NH_3}$

(2) 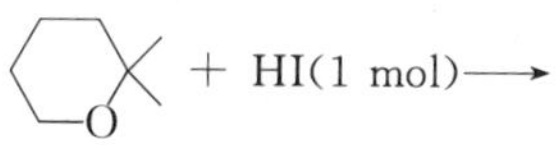 ![structure] + HI(1 mol) ⟶

(3) 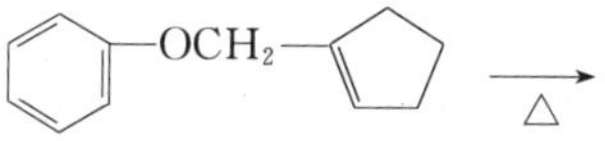 PhOCH₂-cyclopentenyl $\xrightarrow{\Delta}$

(4) 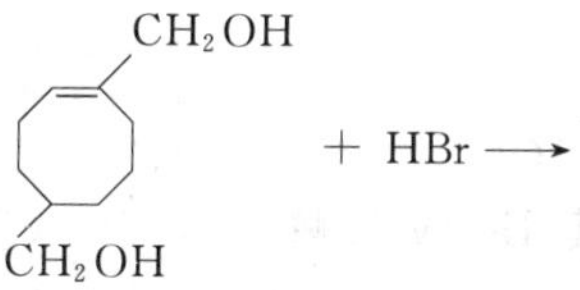 1-CH₂OH, 4-CH₂OH-cyclohexene + HBr ⟶

(5) 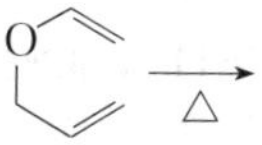 2H-pyran $\xrightarrow{\Delta}$

(6) 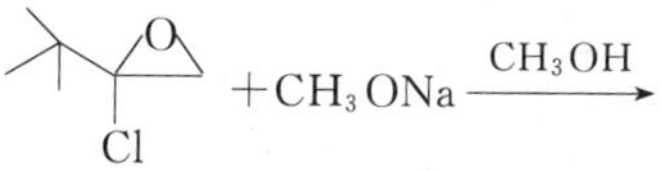 (CH₃)₃C-epoxide-Cl + CH₃ONa $\xrightarrow{CH_3OH}$

(7) 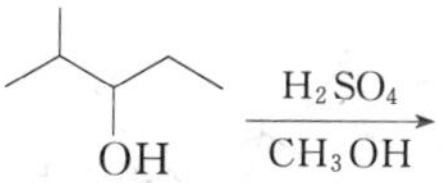 (CH₃)₂CHCH(OH)CH₂CH₃ $\xrightarrow[CH_3OH]{H_2SO_4}$

(8) 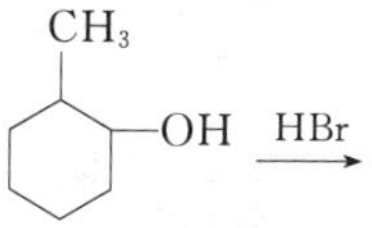 2-methylcyclohexanol $\xrightarrow{HBr}$

2. 如何从 PhOH，PhCH₂OH 和 PhCOOH 的混合物中分离各个组分？试画出分离过程流程图，并鉴定所得的各组分是否是分离的组分。

3. 完成下列转化：

(1) 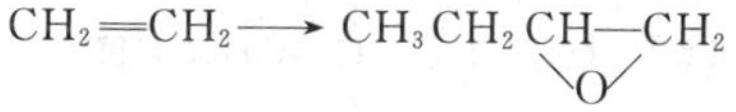 $CH_2=CH_2 \longrightarrow CH_3CH_2CH\underset{O}{-}CH_2$

(2) C₆H₆ ⟶ 4-methyl-3-bromo-phenol

(3) cyclohexanol ⟶ cyclohexyl-CH₂CH₂OH

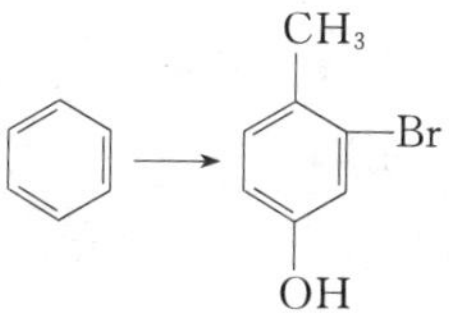

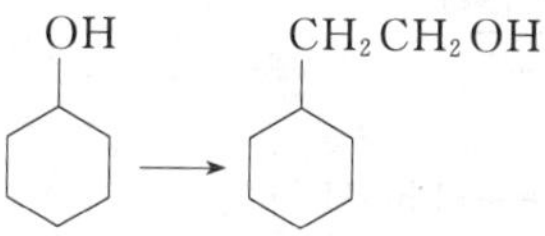

(4) C₆H₅Br ⟶ C₆H₅CH₂CH(OH)CH₃

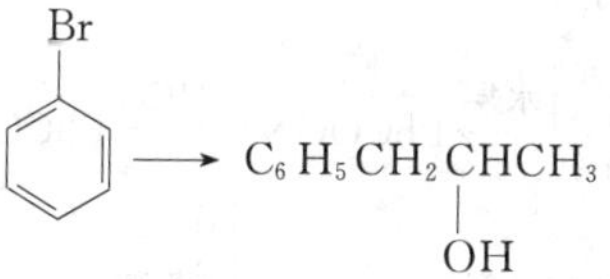

4. 写出下列反应的机理：

(1) $(CH_3)_2C\underset{O}{-}C(CH_3)_2 \xrightarrow{BF_3} (CH_3)_3C-\underset{\underset{O}{\|}}{C}-CH_3$

(2) [环己烷 H,OH / Cl,H 构型] $\xrightarrow[\text{② HBr},\triangle]{\text{① NaOH}}$ [环己烷 H,OH / Br,H] + [环己烷 Br,H / H,OH]

5. 一个化合物，分子式为 $C_8H_{10}O_2$，其 IR 吸收峰为 3 300（宽）cm^{-1}，2 900 cm^{-1}，1 600 cm^{-1}，1 500 cm^{-1}，1 050 cm^{-1}，810~830 cm^{-1}；^{1}HNMR 谱为 $\delta=3.6(s,1H)$，$\delta=3.8(s,3H)$，$\delta=4.5(s,2H)$，$\delta=7.2(m,4H)$，推测其可能的结构。

▶▶ 自我提升参考答案

1. (1) 邻溴苯基 $-C(CH_3)(OH)-CH_2NH_2$

(2) $HO-(CH_2)_4-C(CH_3)_2-I$ （S_N1 机理）

(3) 邻羟基苯基-环戊基(亚甲基) （生成环外双键稳定）

(4) 环辛烯-CH_2Br/CH_2OH + 环辛烯-Br/$=CH_2$/CH_2OH （烯丙醇活泼）

(5) $CH_2=CH-CH_2-CHO$ （H,O 醛）

(6) $(CH_3)_3C-\underset{\underset{O}{\|}}{C}-CH_2OCH_3$

(7) $(CH_3)_2CH-CH(OCH_3)-CH_2CH_3$ 型 $-OCH_3$ （主）

(8) 1-甲基-1-溴环己烷 （主）

2.

$\left.\begin{array}{l}\text{PhOH}\\\text{PhCH}_2\text{OH}\\\text{PhCOOH}\end{array}\right\}$ $\xrightarrow{\text{加乙醚至混合物全部溶解}}$ $\xrightarrow[\text{分液}]{\text{加 NaOH 水溶液}}$

水层 → PhONa, PhCOONa $\xrightarrow{\text{通入 }CO_2}$ → PhOH 析出

水层 → PhCOONa $\xrightarrow{\text{HCl}}$ PhCOOH 析出

乙醚层 → $PhCH_2OH + (C_2H_5)_2O$ $\xrightarrow{\text{蒸出乙醚}}$ $PhCH_2OH$ $\xrightarrow{\text{蒸馏}}$ $PhCH_2OH$

可用 $FeCl_3$ 溶液鉴别分离出的 PhOH，测熔点鉴定 PhCOOH，蒸馏 $PhCH_2OH$ 时由沸程鉴定。

3. (1) $CH_2=CH_2 + HCl \longrightarrow CH_3CH_2Cl \xrightarrow{CH\equiv CNa} HC\equiv CCH_2CH_3$

$\xrightarrow[\text{喹啉}]{H_2, Pd/CaCO_3} CH_3CH_2CH=CH_2 \xrightarrow{HOCl} CH_3CH_2\underset{OH}{CH}CH_2Cl$

$\xrightarrow{Ca(OH)_2} CH_3CH_2\underset{O}{CH-CH_2}$

(2) 苯 $\xrightarrow[AlCl_3]{CH_3Cl}$ 甲苯 $\xrightarrow[100℃]{浓 H_2SO_4}$ 对甲苯磺酸 $\xrightarrow{Br_2/FeBr_3}$

2-溴-4-甲苯磺酸 $\xrightarrow[②H_3^+O]{①碱熔}$ 2-溴-4-甲基苯酚

(3) 环己醇 $\xrightarrow{SOCl_2}$ 氯代环己烷 $\xrightarrow[乙醚]{Mg}$ 环己基MgCl $\xrightarrow[②H_3^+O]{①\triangle O}$ 环己基CH_2CH_2OH

(4) 溴苯 $\xrightarrow[乙醚]{Mg}$ PhMgBr $\xrightarrow{H_2C-CHCH_3 \atop O}$

$C_6H_5CH_2\underset{OMgBr}{CHCH_3} \xrightarrow{H_3^+O} C_6H_5CH_2\underset{OH}{CHCH_3}$

4. (1) $(CH_3)_2C-C(CH_3)_2 \xrightarrow{BF_3} (CH_3)_2C-C(CH_3)_2 \longrightarrow$
$\underset{\ddot{O}}{} \underset{\underset{BF_3^-}{O^+}}{}$

$CH_3-\underset{OBF_3}{\underset{|}{C}}-\underset{CH_3}{\overset{CH_3}{\underset{|}{C^+}}}-CH_3 \longrightarrow CH_3\overset{+}{C}-C(CH_3)_3 \longrightarrow$
$:\underset{BF_3^-}{O}-$

$CH_3-C-C(CH_3)_3 \xrightarrow{-BF_3} CH_3-\underset{O}{\underset{\|}{C}}-C(CH_3)_3$
$\underset{\underset{BF_3^-}{O}}{\|}$

该机理与频哪醇重排机理类似。

(2) 该机理是分子内亲核取代反应和环醚与 HX 的 S_N2 开环反应。

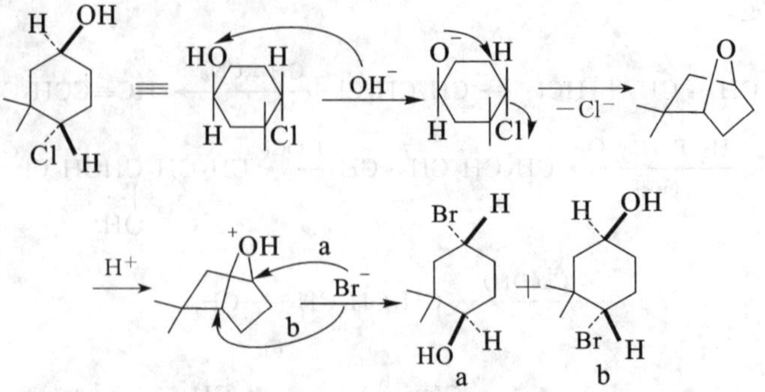

5. 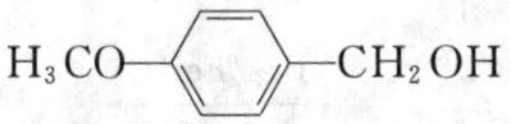 $H_3CO\!-\!\!\bigcirc\!\!-\!CH_2OH$

▶▶ 习题解答

9-1 命名下列化合物。

(1) $CH_3CH(OH)C\!\equiv\!CH$

(2) 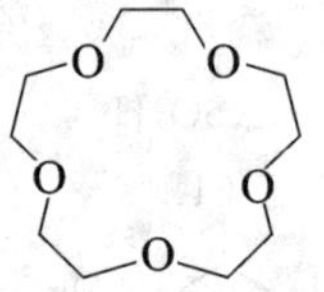 15-冠醚-5 结构

(3) 薄荷醇结构

(4) 3,5-取代苯酚结构 $H_3C\!-\!\bigcirc\!-\!OCH_3$

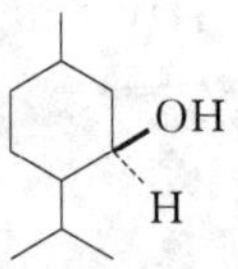

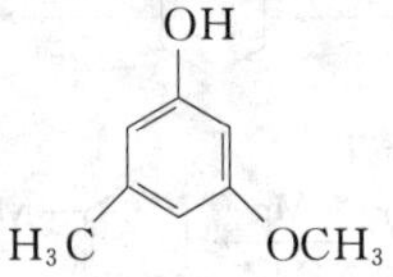

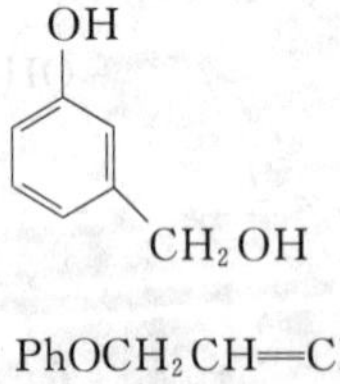

(5) 3-羟甲基苯酚结构

(6) $Ph\!-\!CH(OH)CH_2CH_3$

(7) $PhOCH_2CH\!=\!CH_2$

(8) 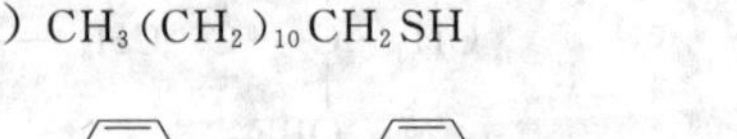 $CH_3O\!-\!\bigcirc\!-\!O\!-\!\bigcirc\!-\!OCH_3$

(9) 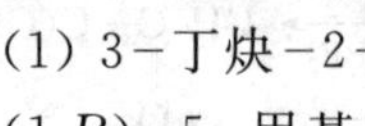 环氧乙烷-CH_2CH_3

(10) $CH_3(CH_2)_{10}CH_2SH$

(11) $CH_3SCH_2CH_3$

(12) 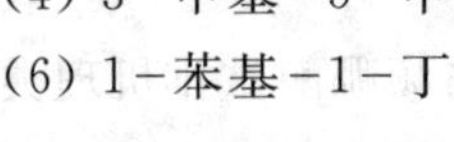 $Ph\!-\!SO_2\!-\!Ph$

解：(1) 3-丁炔-2-醇 (2) 15-冠醚-5
(3) (1R)-5-甲基-2-异丙基环己醇 (4) 3-甲基-5-甲氧基苯酚
(5) 3-羟甲基苯酚 (6) 1-苯基-1-丁醇

(7) 苯基烯丙基醚 (8) 4,4′-二甲氧基二苯醚
(9) 1,2-环氧丁烷 (10) 正十二硫醇
(11) 甲乙硫醚 (12) 二苯砜

[知识点] 醇、酚、醚的命名。

9-2 完成下列反应。

(1) 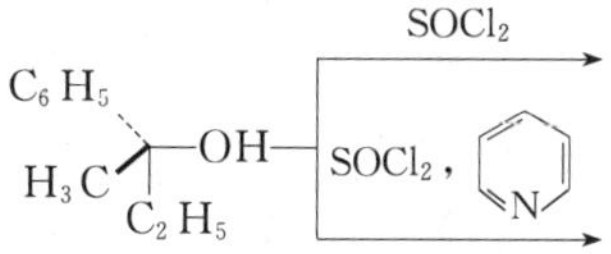 $\underset{C_2H_5}{\underset{H_3C}{C_6H_5}}\!\!>\!\!C\!-\!OH \xrightarrow[\text{SOCl}_2, \text{吡啶}]{\text{SOCl}_2}$

(2) (环戊烷-H_3C,H,OH) $\xrightarrow{PBr_3}$

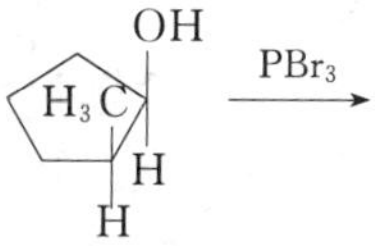

(3) $(CH_3)_3C-CH_2OH \xrightarrow[\Delta]{H_2SO_4}$

(4) 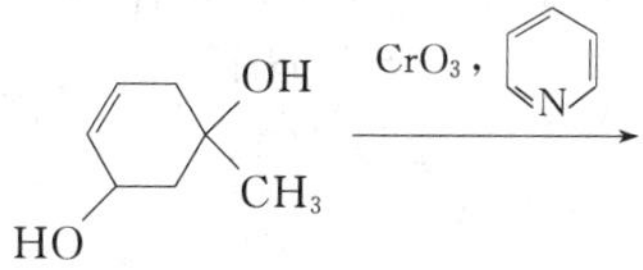 (环己烯-OH, HO, CH_3) $\xrightarrow[\text{吡啶}]{CrO_3}$

(5) 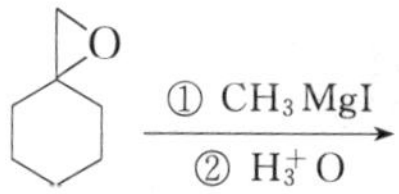 (环己烷螺环氧) $\xrightarrow[\text{② } H_3^+O]{\text{① } CH_3MgI}$

(6) 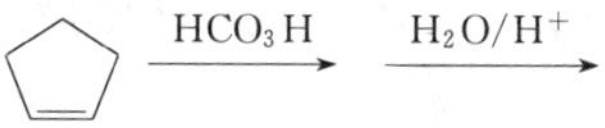 (环戊烯) $\xrightarrow{HCO_3H} \xrightarrow{H_2O/H^+}$

(7) 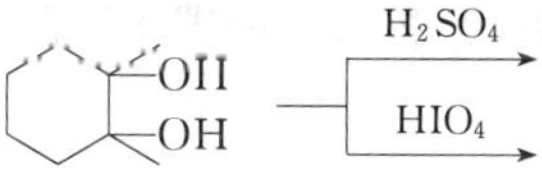 (2-甲基环己-1,2-二醇) $\xrightarrow[HIO_4]{H_2SO_4}$

(8) 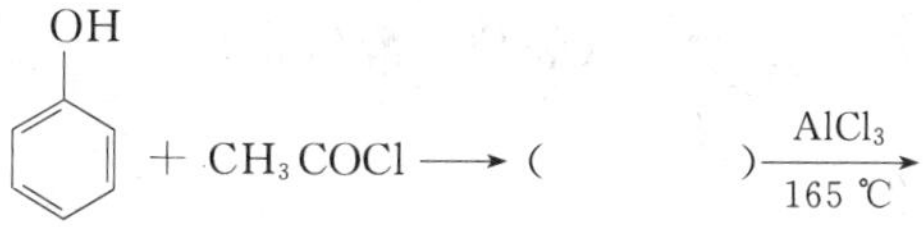 (苯酚) $+ CH_3COCl \longrightarrow (\ ) \xrightarrow[165\ ^\circ C]{AlCl_3}$

(9) 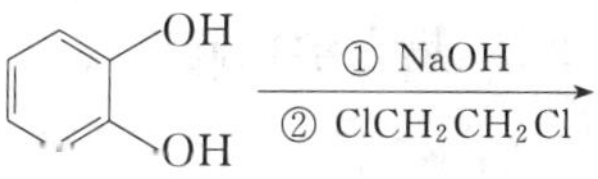 (邻苯二酚) $\xrightarrow[\text{② } ClCH_2CH_2Cl]{\text{① } NaOH}$

(10) 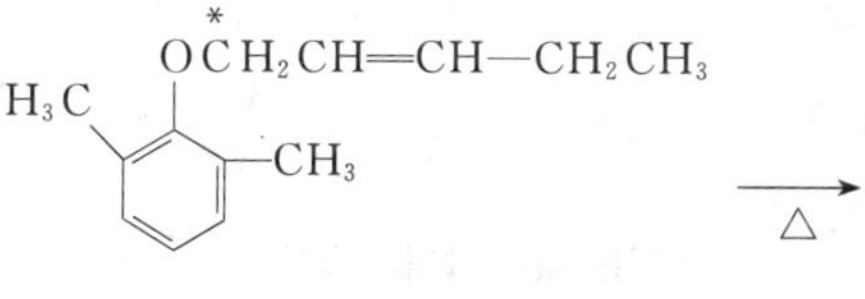 (2,6-二甲基苯基 $\overset{*}{O}CH_2CH=CH-CH_2CH_3$) $\xrightarrow{\Delta}$

(11) 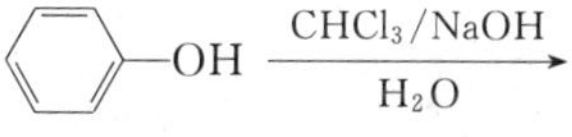 (苯酚)-OH $\xrightarrow[H_2O]{CHCl_3/NaOH}$

(12) $CH_3CH_2\underset{OCH_3}{C}HCH_2CH_3 + HBr \xrightarrow{\Delta}$

(13)  (2,2-二甲基四氢呋喃) $\xrightarrow{HBr}$

(14) $C_2H_5SH + (CH_3)_2CHCH_2CH_2CH_2Br \xrightarrow{OH^-}$

(15) 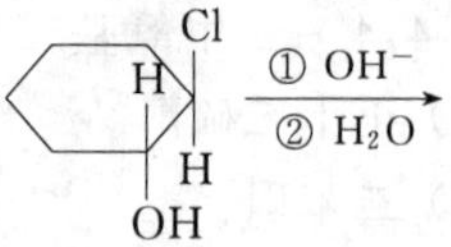 [环己烷，Cl和OH顺式] $\xrightarrow{① OH^-}{② H_2O}$

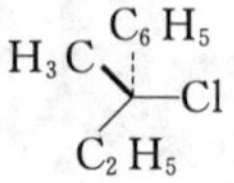

解：(1) $H_3C-\underset{C_2H_5}{\overset{C_6H_5}{|}}-Cl$ (S_Ni 反应，构型保持)， $Cl-\underset{C_2H_5}{\overset{C_6H_5}{|}}-CH_3$ (S_N2 反应，构型翻转)

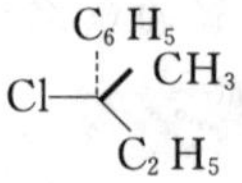

(2) 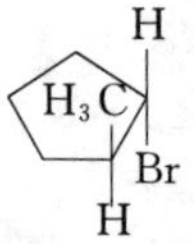 [环戊基-CH₃，Br，H立体结构] (S_N2 反应，构型翻转)

(3) $(CH_3)_2C=CHCH_3$ (E1 反应，碳骨架重排)

(4) 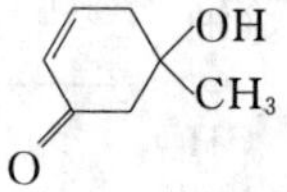 [2-环己烯酮，4位有OH和CH₃] (弱氧化剂不能氧化叔醇)

(5) 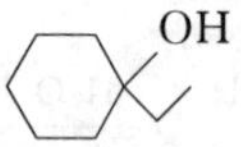 [环己基-C(OH)(CH₃)₂类结构] (S_N2 反应，进攻位阻较小的碳原子)

(6) 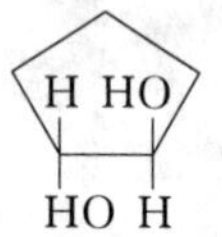 [环戊二醇顺式]，[环戊二醇反式] (中间产物环氧化物，亲核试剂两碳原子概率相等)

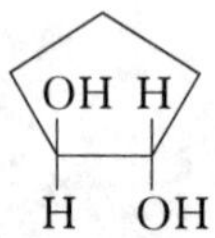

(7) 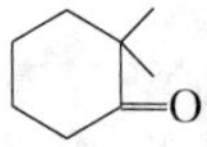 [环己酮带甲基] (频哪醇重排)，[δ-内酯类结构] (邻位二醇氧化)

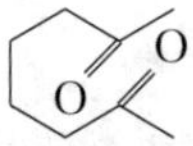

(8) 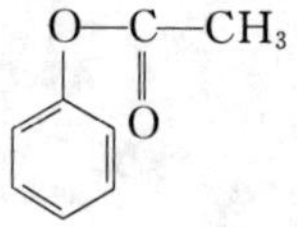 [苯基乙酸酯 PhO-CO-CH₃]，[邻羟基苯乙酮 o-HO-C₆H₄-CO-CH₃] (Fries 重排，热力学控制产物)

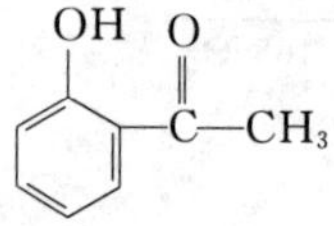

(9) 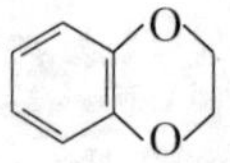 [苯并-1,4-二氧六环] (亲核取代反应)

(10) 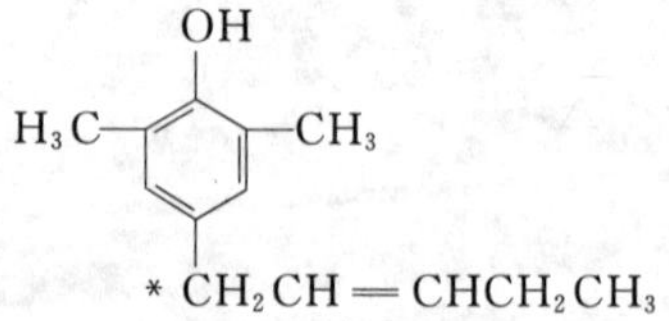 [2,6-二甲基-4-(1-甲基烯丙基)苯酚]
H_3C — (OH) — CH_3
     * $CH_2CH=CHCH_2CH_3$ (Claisen 重排两次)

(11) 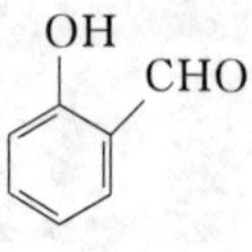 [邻羟基苯甲醛] + [对羟基苯甲醛] (Reimer–Tiemann 反应)

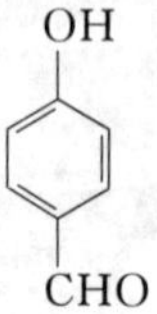

(12) $CH_3CH_2\underset{OH}{\overset{}{C}HCH_2CH_3} + CH_3Br$ (S_N2 反应)

(13) 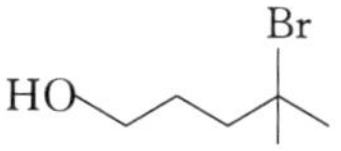 HO⎯⎯⎯C(Br)(CH₃)⎯ (S_N1 反应)

(14) $(CH_3)_2CH(CH_2)_3SCH_2CH_3$ (S_N2 反应)

(15) 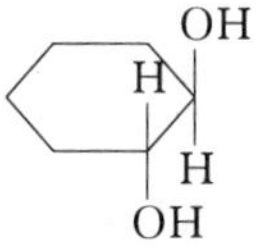 [环己烷 反-1,2-二醇] , [环己烷 顺-1,2-二醇]

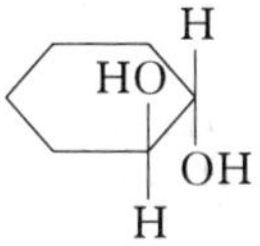

[知识点] 醇、酚、醚的典型化学性质。

9-3 将下列各组化合物按酸性由强至弱排列成序。

(1) A. 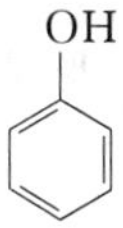 苯酚 B.  对硝基苯酚 C. 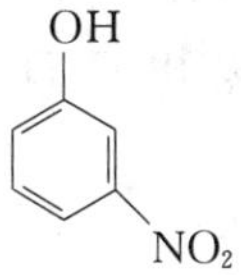 间硝基苯酚 D. 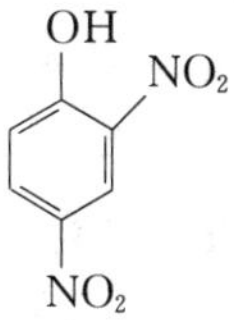 2,4-二硝基苯酚 E. 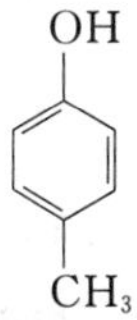 对甲基苯酚

(2) A. 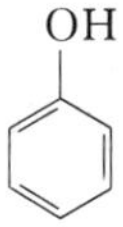 苯酚 B. 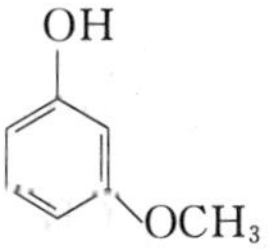 间甲氧基苯酚 C. 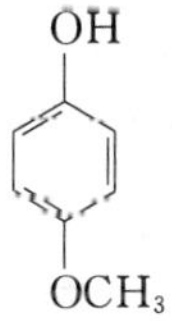 对甲氧基苯酚 D. 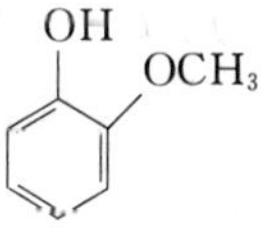 邻甲氧基苯酚

解：(1) D > B > C > A > E

(2) B > A > D > C

[知识点] 酚的酸性；电子效应；邻位效应。

9-4 将下列化合物按分子内脱水反应的相对活性排列成序：

(1) A. 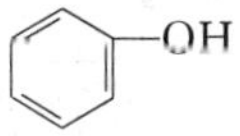 苯甲醇 (PhCH₂OH) B. 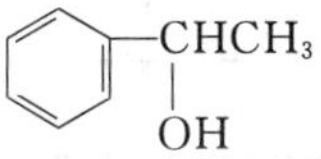 1-苯基乙醇 (PhCH(OH)CH₃) C. 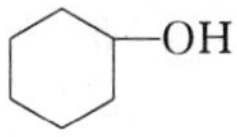 环己醇

(2) A. $CH_3CH_2CH_2OH$ B. $H_2C=CHCH(OH)CH_3$ C. $(CH_3)_2CHOH$

解：(1) B > C > A

(2) B > C > A

[知识点] 醇分子内脱水反应机理。

9-5 将下列各组化合物按与氢溴酸反应的相对活性排列成序。

(1) A. 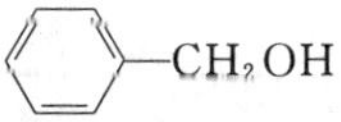 Ph⎯CH₂OH B. 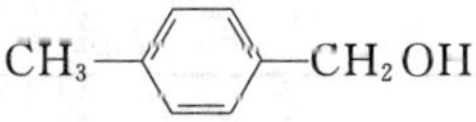 CH₃⎯C₆H₄⎯CH₂OH C. 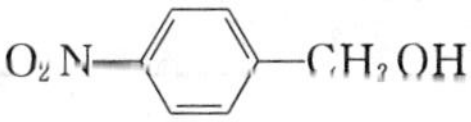 O₂N⎯C₆H₄⎯CH₂OH

(2) A. 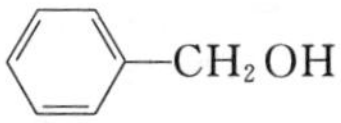 Ph⎯CH₂OH B. 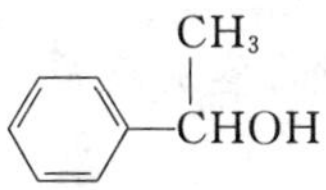 Ph⎯CH(CH₃)OH C. 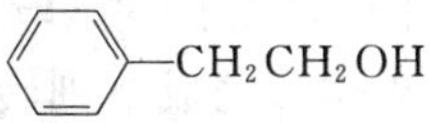 Ph⎯CH₂CH₂OH

解：(1) B＞A＞C

(2) B＞A＞C（从中间体碳正离子稳定性考虑）

[知识点] 醇的亲核取代反应机理。

9-6 试写出除去下列化合物中少量杂质的方法和原理。

(1) C_2H_5OH 中含有少量 H_2O

(2) $(C_2H_5)_2O$ 中含有少量 H_2O 和 C_2H_5OH

(3) C_2H_5Br 中含有少量 C_2H_5OH

(4) $n\text{-}C_6H_{14}$ 中含有少量 $(C_2H_5)_2O$

解：(1) 加 Mg，加热回流，蒸出乙醇。

(2) 先加 $CaCl_2$ 除大部分水和乙醇，再加入钠，回流，蒸出乙醚。

(3) 用 H_2SO_4 洗涤，分液，蒸出 C_2H_5Br。醇可与 H_2SO_4 形成𬭩盐并溶于 H_2SO_4 中。

(4) 用 H_2SO_4 洗涤，分液，蒸出 $n\text{-}C_6H_{14}$。

[知识点] 醇、醚的提纯方法。

9-7 用化学方法鉴别下列各组化合物。

(1) A. $CH_3CH_2CH_2CH_2OH$ B. $CH_3CH_2CHCH_3$ C. $(CH_3)_3COH$
                                          |
                                          OH

(2) A. ⌬—OH   B. $CH_2=CH-CH_2Br$ C. CH_3CHCH_2OH
                                              |
                                              OH

D. $(CH_3)_3CBr$ E. $C_2H_5OC_2H_5$ F. $n\text{-}C_4H_{10}$

解：(1) 用 Lucas 试剂（浓 $HCl\text{-}ZnCl_2$）鉴别。

试剂	A	B	C
浓 $HCl/ZnCl_2$	—	片刻混浊	立即混浊

(2)

试剂	A	B	C	D	E	F
$FeCl_3$	+（蓝紫色）	—	—	—	—	—
Br_2/CCl_4		+（褪色）	—	—	—	—
① HIO_4 ② $AgNO_3$			+（↓）	—	—	—
$AgNO_3/C_2H_5OH$				+（↓）	—	—
浓 H_2SO_4					溶	—

[知识点] 醇、酚、醚、卤代烃的鉴别反应。

9-8 完成下列转化。

(1) ![cyclopentyl]-CH₂Br ⟶ ![cyclopentyl]-CH₂CH—CH₂ (epoxide)

(2) 4-methylphenol ⟶ 2-(1-methylallyl)-4-methylphenol

(3) cyclohexanol ⟶ cyclohexanecarboxylic acid

(4) phenol ⟶ 2,6-dichlorophenol

(5) ethylene oxide ⟶ 1,4-dioxane

解：(1)
$$\text{cyclopentyl-CH}_2\text{Br} \xrightarrow[\text{醚}]{\text{Mg}} \text{cyclopentyl-CH}_2\text{MgBr} \xrightarrow[\text{② H}_3^+\text{O}]{\text{① } \triangle\!\!\!\!O} $$
$$\text{cyclopentyl-CH}_2\text{CH}_2\text{CH}_2\text{OH} \xrightarrow[\triangle]{\text{H}^+} \text{cyclopentyl-CH}_2\text{CH}=\text{CH}_2$$
$$\xrightarrow{\text{CH}_3\text{CO}_3\text{H}} \text{cyclopentyl-CH}_2\text{CH—CH}_2 \text{ (epoxide)}$$

[**知识点**] 利用 Grignard 试剂增长碳链的合成。

(2)
$$\text{p-cresol} \xrightarrow{\text{NaOH}} \text{p-cresol sodium salt} \xrightarrow{\text{CH}_3\text{CH}=\text{CHCH}_2\text{Cl}} \text{4-methylphenyl crotyl ether}$$
$$\xrightarrow{\triangle} \text{2-(1-methylallyl)-4-methylphenol}$$

[**知识点**] Claisen 重排反应。

(3)
$$\text{cyclohexanol} \xrightarrow{\text{PBr}_3} \text{cyclohexyl bromide} \xrightarrow[\text{乙醚}]{\text{Mg}} \text{cyclohexyl-MgBr} \xrightarrow[\text{② H}_3^+\text{O}]{\text{① CO}_2} \text{cyclohexanecarboxylic acid}$$
$$\downarrow \text{NaCN}$$
$$\text{cyclohexyl-CN} \xrightarrow[\triangle]{\text{H}_3^+\text{O}} \text{cyclohexanecarboxylic acid}$$

卤烃与 NaCN 反应，虽然能制备目标产物，但不是理想路线，因为 NaCN 剧毒。

[知识点] 增加一个碳原子的酸制备方法。

(4) PhOH $\xrightarrow{\text{浓}H_2SO_4, \triangle}$ 4-HOC$_6$H$_4$SO$_3$H $\xrightarrow{Cl_2/Fe}$ 3,5-Cl$_2$-4-HO-C$_6$H$_2$SO$_3$H $\xrightarrow{H_3^+O}$ 2,6-二氯苯酚

[知识点] 合成中—SO$_3$H 的占位应用。

(5) 环氧乙烷 + Cl—CH$_2$CH$_2$—ONa ⟶ NaO—CH$_2$CH$_2$—O—CH$_2$CH$_2$—Cl ⟶ 1,4-二氧六环 + NaCl

[知识点] 醚的制备。

9-9 用适当的原料合成下列化合物：

(1) $CH_3CH_2CH_2OCH(CH_3)_2$ (2) $CH_3CH_2OCH=CH_2$

(3) $C_2H_5-O-C_6H_4-CH_2CH_2OH$ (4) $(CH_3)_3CCHOCH(CH_3)_2$
                 |
                 CH$_3$

解：

(1) $(CH_3)_2CHONa + CH_3CH_2CH_2Cl \xrightarrow{\triangle} (CH_3)_2CHOCH_2CH_2CH_3$

(2) $CH_3CH_2OH +$ 环氧乙烷 $\xrightarrow{H^+} CH_3CH_2OCH_2CH_2OH \xrightarrow{H_2SO_4, \triangle} CH_3CH_2OCH=CH_2$

(3) PhONa + C$_2$H$_5$Br ⟶ PhOC$_2$H$_5$ $\xrightarrow{Br_2/Fe}$ 4-BrC$_6$H$_4$OC$_2$H$_5$ + 2-BrC$_6$H$_4$OC$_2$H$_5$

（分出邻位）$\xrightarrow[(C_2H_5)_2O]{Mg}$ 4-(C$_2$H$_5$O)C$_6$H$_4$MgBr $\xrightarrow[\text{② }H_3^+O]{\text{① 环氧乙烷}}$ 4-(C$_2$H$_5$O)C$_6$H$_4$CH$_2$CH$_2$OH

(4) $(CH_3)_3CCH=CH_2 + (CH_3)_2CHOH \xrightarrow[\text{② }NaBH_4]{\text{① }Hg(OOCCF_3)_2} (CH_3)_3CCHOCH(CH_3)_2$
                          |
                          CH$_3$

该反应生成醚可避免消除重排等副反应发生，但所用试剂毒性较大。

[知识点] 醚的制备。

9-10 化合物 A 是一种性引诱剂，请给出它的系统命名法的名称，并选择适当原料合成化合物 A。

A: (CH$_3$)$_2$CH—(CH$_2$)$_n$—CH(环氧)CH—(CH$_2$)$_m$CH$_3$（顺式环氧化物）

解： (7R,8S)-2-甲基-7,8-环氧十八烷

合成路线如下：

$$\text{异丁烯} + HBr \xrightarrow{-O-O-} \text{异丁基Br} \xrightarrow[\text{(C}_2\text{H}_5)_2\text{O}]{Mg} \text{异丁基MgBr} \xrightarrow{\text{CH}_2=\text{CHCH}_2\text{Br}}$$

$$\text{(4-甲基-1-戊烯)} \xrightarrow[\text{② H}_2\text{O,OH}^-]{\text{① B}_2\text{H}_6} \text{(5-甲基己醇)} \xrightarrow{PBr_3} \text{(5-甲基己基溴)} \xrightarrow{CH \equiv CNa}$$

$$\text{(7-甲基-1-辛炔)} \xrightarrow{NaNH_2} \text{(炔钠)} \xrightarrow{CH_3(CH_2)_8CH_2Br}$$

$$\text{(内炔)} \xrightarrow[\text{Pd/BaSO}_4\text{/喹啉}]{H_2}$$

$$\text{(顺式烯烃)} \xrightarrow{CH_3CO_3H} A(\pm)$$

[知识点] 环醚的命名和制备。

9-11 推测下列反应的机理，并用弯箭头表示出电子转移方向。

(1)
$$\text{HO—C(环丙基)—CH=CH}_2 \xrightarrow{HBr} \text{2-甲基环丁酮}$$

解：
$$\text{HO—C(环丙基)—CH=CH}_2 + H^+ \longrightarrow \text{HO—C(环丙基)—}\overset{+}{C}\text{HCH}_3 \longrightarrow$$

$$\left[\text{环丁基-}\overset{+}{O}H\text{-CH}_3 \longleftrightarrow \text{环丁基=}\overset{+}{O}H\text{-CH}_3 \right] \xrightarrow{-H^+} \text{2-甲基环丁酮}$$

[知识点] 碳正离子重排。

(2)
$$\text{(十氢萘)-CH}_2\text{OH} \xrightarrow[\Delta]{H^+} \text{(八氢萘)} + \text{(八氢萘烯)}$$

解：
$$\text{-CH}_2\ddot{\text{O}}\text{H} \xrightarrow{H^+} \text{-CH}_2\text{-}\overset{+}{O}H_2 \xrightarrow[\Delta]{H_2O} \text{H}_2\overset{+}{\text{C}}\text{-} \longrightarrow \overset{+}{\text{(环)}}$$

$$\xrightarrow{-H^+} \text{(萘烯)} + \text{(萘烯)}$$

[知识点] 醇脱水反应机理。

(3) 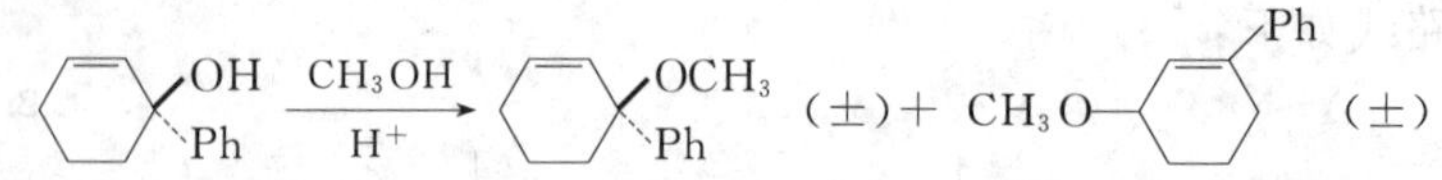 反应式及机理（含烯丙基碳正离子共振离域，生成外消旋 (±) 产物的甲醚化产物）。

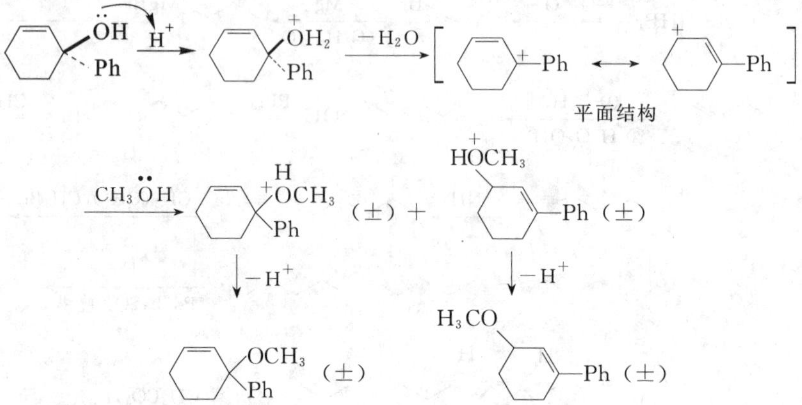

[知识点] 烯丙位碳正离子共振。

(4) 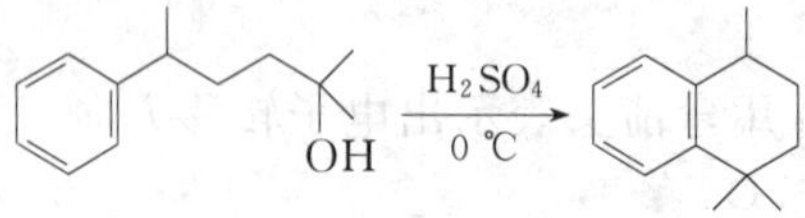 2-甲基-5-苯基己-2-醇在 H_2SO_4, 0 ℃ 条件下环化生成 1,1,4-三甲基四氢萘。

机理：质子化 → 失水形成叔碳正离子 → 分子内芳香环亲电进攻 → 失去 H^+ 得产物。

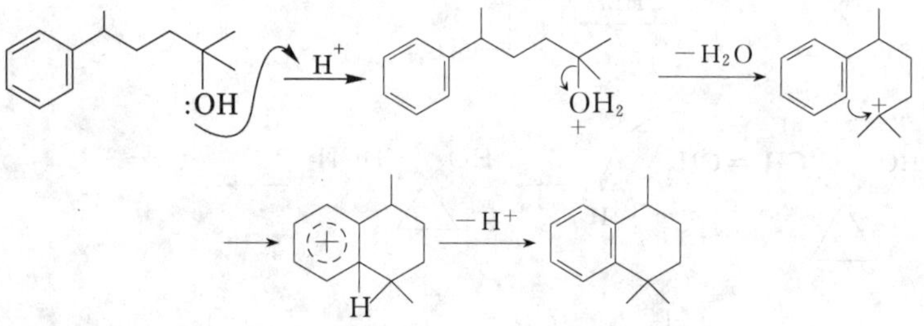

[知识点] 芳香烃亲电取代反应机理。

*(5) 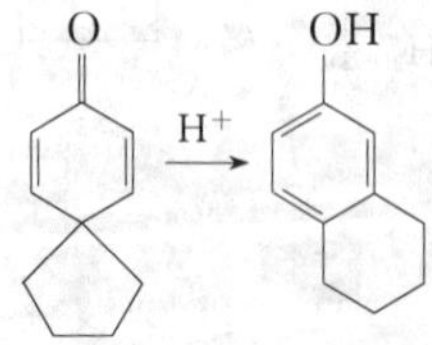 螺[5.5]环十一烷-3-酮在 H^+ 作用下重排为 6-羟基-1,2,3,4-四氢萘。

解：羰基质子化 → 碳正离子重排（环扩张） → 酚-酮互变 → 芳构化失 H^+ 得萘酚产物。

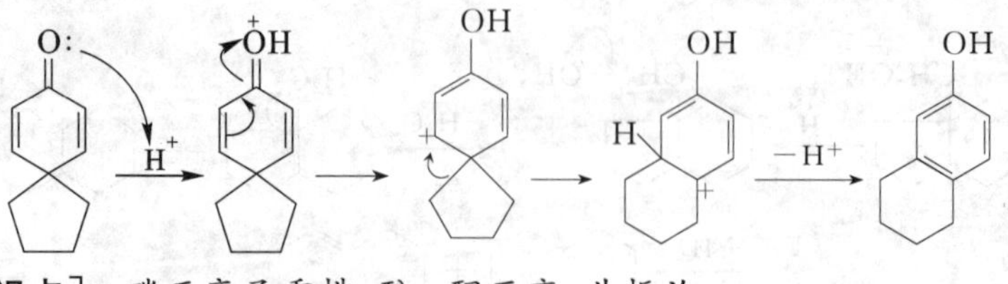

[知识点] 碳正离子重排；酚-酮互变；共振论。

(6) $(CH_3)_2\underset{OH}{\underset{|}{C}}\overset{I}{\underset{|}{C}}(CH_3)_2 \xrightarrow{Ag^+} (CH_3)_3C-\underset{O}{\underset{\|}{C}}-CH_3$

解：$CH_3-\underset{\underset{CH_3}{|}}{\overset{\overset{I}{|}}{C}}-\underset{\underset{OH}{|}}{\overset{\overset{CH_3}{|}}{C}}-CH_3 \xrightarrow{Ag^+} CH_3-\underset{\underset{CH_3}{|}}{\overset{+}{C}}-\underset{\underset{OH}{|}}{\overset{CH_3}{C}}-CH_3 \longrightarrow \left[(CH_3)_3C-\overset{+}{\underset{:OH}{C}}-CH_3\right]$

$\longleftrightarrow (CH_3)_3C-\underset{+OH}{\underset{\|}{C}}-CH_3 \xrightarrow{-H^+} (CH_3)_3C-\underset{O}{\underset{\|}{C}}-CH_3$

[知识点] pinacol 重排反应机理。

9-12 一中性化合物 A($C_{10}H_{12}O$)，经臭氧分解产生甲醛，但无乙醛。加热至 200 ℃以上时，A 迅速异构化成 B。B 经臭氧分解产生乙醛但无甲醛；B 与 $FeCl_3$ 呈阳性反应；B 能溶于 NaOH 溶液；B 在碱性条件下与 CH_3I 作用得到 C。C 经碱性 $KMnO_4$ 溶液氧化再酸化后得到邻甲氧基苯甲酸。推断 A，B，C 的构造式。

解：各化合物之间的关系如下：

$A(C_{10}H_{12}O) \xrightarrow{200\ ℃} B(C_{10}H_{12}O) \xrightarrow{① NaOH\ ② CH_3Br} C$

$A \xrightarrow{① O_3\ ② Zn, H_2O} HCHO$

$B \xrightarrow{FeCl_3}$ 化合物溶于 NaOH $\xrightarrow{① O_3\ ② Zn, H_2O} CH_3CHO$

$C \xrightarrow{① KMnO_4/^-OH\ ② H_3^+O}$ 邻甲氧基苯甲酸(COOH, OCH_3)

化合物 B 的信息较多，是解题关键。根据 B 的性质可推出 B 可能的结构为 邻-$HOC_6H_4CH_2CH=CHCH_3$，结合 A、C 的性质，可推出 A 的结构为 邻-$CH_3CH(O)C_6H_4CH=CH_2$（邻位 O-CH(CH_3)-CH=CH_2 取代苯），C 的结构为 邻-$CH_3OC_6H_4CH_2CH=CHCH_3$。

[知识点] 酚的性质；烯烃的氧化；Claisen 重排。

9-13 某化合物 A($C_{10}H_{14}O$)，能溶于 NaOH 溶液中，而不溶于 $NaHCO_3$ 水溶液中，与 Br_2/H_2O 反应得到二溴代化合物 B($C_{10}H_{12}Br_2O$)。A 的光谱分析

数据如下。IR 谱：3 250 cm^{-1}有宽峰；830 cm^{-1}有吸收峰。^{1}HNMR 谱：$\delta=1.3$(9H)单峰；$\delta=4.9$(1H)单峰；$\delta=7.0$(4H)多重峰。试推断 A 的构造式，并标明质子的化学位移及红外吸收的归属。

解：化合物 A($C_{10}H_{14}O$)，不饱和度为 4，可能含有苯环；A 能溶于 NaOH 溶液，但不溶于 $NaHCO_3$ 溶液，可能为酚；结合 IR 光谱数据可知，A 为对位二取代（830 cm^{-1}有吸收峰）酚类。再结合^{1}HNMR 数据可推测 A 可能的构造式为

$(CH_3)_3C$—〈 〉—OH   IR：3 250 cm^{-1}为 ν_{O-H} 吸收峰
 1.3   7.0   4.9   830 cm^{-1}为 ν_{Ar-H}（面外）吸收峰
(9H,s) (4H,m)(1H,s)

[知识点]　酚的性质；IR 谱和 HNMR 谱。

9-14　中性化合物 A($C_8H_{16}O_2$)，与 Na 作用放出 H_2，与 PBr_3 作用生成相应的化合物 $C_8H_{14}Br_2$；A 被 $KMnO_4$ 氧化生成 $C_8H_{12}O_2$；A 与浓 H_2SO_4 一起共热脱水生成 B(C_8H_{12})。B 可使溴水和碱性 $KMnO_4$ 溶液褪色；B 在低温下与 H_2SO_4 作用再水解，则生成 A 的同分异构体 C，C 与浓 H_2SO_4 一起共热也生成 B，但 C 不能被碱性 $KMnO_4$ 氧化，B 氧化生成 2,5-己二酮和乙二酸。试写出 A,B,C 的构造式。

解：A. [2,3-二甲基环己烷-1,1-二醇结构，含 CH_3, OH, OH, CH_3]
B. [1,4-二甲基-1,4-环己二烯结构，含 CH_3, CH_3]
C. [1,4-二甲基-1,4-环己二醇结构，含 HO, CH_3, HO, CH_3]

[知识点]　醇的亲核取代反应；消去反应，烯烃的氧化反应，水解反应。

9-15　为什么 RX,ROH,R—O—R 都能发生亲核取代反应？试说明它们发生亲核取代反应的异同点。

解：请参考本章[专题讨论与拓展]部分后，自己归纳总结。

[知识点]　结构与性质的关系；亲核取代反应。

9-16　说明烯丙基卤与烯丙基醇，苄卤与苄醇的取代反应有何异同。

解：请参考本章[专题讨论与拓展]部分后，自己归纳总结。

[知识点]　结构与性质的关系。

9-17　试说明 HI 分解醚的反应是如何按 S_N2 或 S_N1 机理进行的，为什么 HI 比 HBr 更好？

解：醚有弱碱性，与 HX 生成𬭩盐，加大了 C—O 键的极性，C 上正电荷更高，X^- 对其进行亲核进攻，醚键断裂，发生了 S_N2 反应；如果是叔丁基醚，由于叔丁基正离子较稳定，反应以 S_N1 机理进行。详细机理参见 9-19。HI 比 HBr 更

好,因为 HI 酸性较 HBr 强,有利于形成鲜盐,且亲核性 $I^- > Br^-$。

[知识点]　醚键断裂。

9-18　为什么醚蒸馏前必须检验是否有过氧化物存在?$(RCH_2)_2O$ 和 $(R_2CH)_2O$ 哪个更容易生成过氧化物?

解: 久置的醚中可含有过氧化物;在蒸馏乙醚时,其中含有的过氧化物因乙醚的蒸出而浓度变大,受热时会发生爆炸。因此,蒸馏醚前必须检验是否有过氧化物存在。可用 KI 淀粉试纸进行检验,如果有(试纸变蓝),则可以向醚中加入 5% $FeSO_4$ 溶液,经充分搅拌,可以破坏过氧化物。醚的过氧化物的形成是自由基反应,$(R_2CH)_2O$ 比 $(RCH_2)_2O$ 更容易形成过氧化物。

[知识点]　醚的过氧化物的形成。

9-19　说明下列实验现象。

$$(CH_3)_3COCH_3 \xrightarrow[\text{HI水溶液}]{\text{无水 HI, 醚}} \begin{array}{l} CH_3I + (CH_3)_3COH \\ CH_3OH + (CH_3)_3CI \end{array}$$

解: 在乙醚中,反应介质的极性低,有利于 S_N2 机理,亲核试剂 I^- 进攻空间位阻小的甲基碳原子:

$$(CH_3)_3COCH_3 + H^+ \longrightarrow (CH_3)_3C\overset{H}{\underset{+}{O}}CH_3 \xrightarrow{I^-} (CH_3)_3COH + CH_3I$$

在水溶液中,反应介质的极性很高,有利于 S_N1 机理,生成较稳定的叔碳正离子中间体:

$$(CH_3)_3C\overset{H}{\underset{+}{O}}CH_3 \longrightarrow (CH_3)_3\overset{+}{C} + CH_3OH$$

$$(CH_3)_3\overset{+}{C} \xrightarrow{I^-} (CH_3)_3CI$$

[知识点]　反应介质对 S_N1、S_N2 机理的影响。

9-20　试说明 $(CH_3)_2C\underset{O}{\overset{}{\text{——}}}CH_2$ 和 CH_3OH 在酸性(H^+)和碱性(CH_3O^-)介质中反应生成不同异构体的原因。

解: 在酸性介质中,H^+ 催化反应按 S_N1 机理进行,生成较稳定的碳正离子:

$$(CH_3)_2C\underset{O}{\overset{}{\text{——}}}CH_2 \xrightarrow{H^+} (CH_3)_2C\underset{\overset{+}{O}\atop H}{\overset{}{\text{——}}}CH_2 \longrightarrow (CH_3)_2\overset{+}{C}\text{——}CH_2OH$$

$$\xrightarrow{CH_3OH} (CH_3)_2C\text{——}CH_2OH \atop {+OCH_3 \atop H} \xrightarrow{-H^+} (CH_3)_2C\text{——}CH_2OH \atop OCH_3$$

在碱性介质中，反应按 S_N2 机理进行，亲核试剂进攻空间位阻小的碳原子：

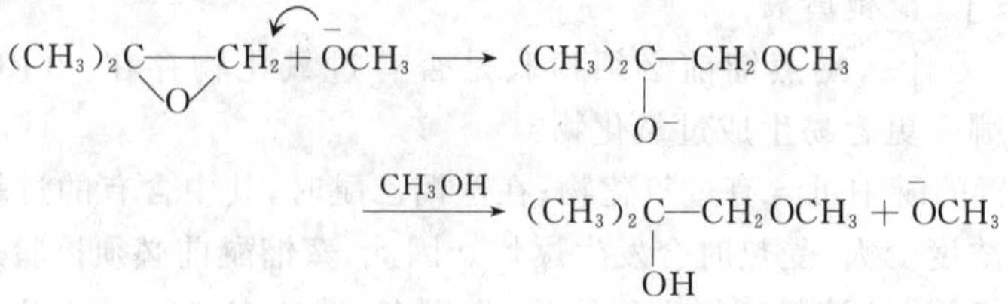

$$(CH_3)_2C\underset{O}{-\!\!\!-\!\!\!-}CH_2 + {}^-OCH_3 \longrightarrow (CH_3)_2\underset{\underset{O^-}{|}}{C}-CH_2OCH_3$$

$$\xrightarrow{CH_3OH} (CH_3)_2\underset{\underset{OH}{|}}{C}-CH_2OCH_3 + {}^-OCH_3$$

[知识点] 环醚在不同介质中开环反应机理及开环规律。

第10章 醛、酮、醌

▶▶ **学习重点**

1. 醛、酮亲核加成反应。按亲核试剂分类,有含碳亲核试剂(HCN, HC≡CH,Wittig 试剂等);含硫亲核试剂(饱和 $NaHSO_3$,$HSCH_2CH_2SH$ 等);含氧亲核试剂(ROH,H—⟨ ⟩—OH,H_2O);含氮亲核试剂(NH_3,RNH_2,NH_2OH,NH_2—NH_2,H_2N—NH—⟨ ⟩—NO_2,NH_2CONH_2,NH_2—$NHCONH_2$ 等,总称羰基
         NO_2
试剂);金属有机化合物(R—Li、R—C≡C—Na、R—MgX),以及各种碳负离子($^-CR_3$),特别是烯醇负离子进行的亲核加成反应。

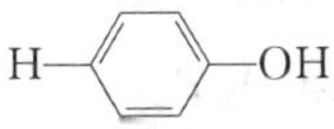

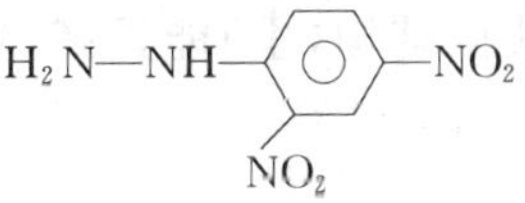

2. 羰基亲核加成反应的酸、碱催化作用的原理及催化反应机理。

3. 醛缩合反应、酮缩合反应和醛酮交叉缩合(此三类缩合反应包括分子内、分子间缩合)。

4. 醛酮的还原反应,包括还原剂的选择、还原反应条件和还原产物。

5. 几个重要反应:Beckmann 重排反应,卤仿反应,Perkin 反应,Cannizzaro 反应,Wittig 反应,黄鸣龙反应,Michel 加成反应等。

6. α,β-不饱和醛酮(包括有插烯规律的不饱和化合物)的亲电加成,亲核加成反应。

7. 醌的 1,2-加成和 1,4-加成反应。

▶▶ **专题讨论与拓展**

1. 烯醇负离子的稳定性与反应性

① 乙醛在 5%~10%NaOH 作用下生成 CH_3—$\overset{OH}{\underset{|}{C}}HCH_2\overset{O}{\underset{\|}{C}}$—H。

第一步：

$$CH_3\overset{O}{\overset{\|}{C}}-H + NaOH \underset{}{\overset{快}{\rightleftharpoons}} \overset{Na^+}{\underset{}{CH_2^-\overset{O}{\overset{\|}{C}}}}_H \longrightarrow \left[Na^+ \ ^-CH_2-\overset{O}{\overset{\|}{C}}-H \longleftrightarrow CH_2=\overset{O^-}{\overset{|}{C}}-H \right] + H_2O$$

(Ⅰ)   (Ⅱ)

共振结构(Ⅱ)比(Ⅰ)稳定，(Ⅱ)对共振杂化体 $CH_2\overset{\cdot\cdot}{\overset{O}{\overset{|}{C}}}_H$ 贡献大。

第二步是反应控制步骤：

$$CH_3\overset{O}{\overset{\|}{C}}-H + Na^+ \ ^-CH_2-\overset{O}{\overset{\|}{C}}-H \underset{}{\overset{慢}{\rightleftharpoons}} CH_3\underset{H}{\overset{ONa}{\overset{|}{C}}}-CH_2-\overset{O}{\overset{\|}{C}}-H$$

第三步：

$$CH_3\underset{H}{\overset{ONa}{\overset{|}{C}}}-CH_2-\overset{O}{\overset{\|}{C}}H + H_2O \longrightarrow CH_3\overset{OH}{\overset{|}{C}H}CH_2\overset{O}{\overset{\|}{C}}H + NaOH$$

因为第二步反应是控制步骤，不稳定的共振结构(Ⅰ)能量高，较活泼，与羰基的亲核加成，主要生成 $CH_3\overset{OH}{\overset{|}{C}H}CH_2\overset{O}{\overset{\|}{C}}-H$ 。

类似的例子还有

$$\underset{O}{\bigcirc} + HOR \xrightarrow{H^+} \underset{O}{\bigcirc}\text{-}OR$$

其反应机理为

$$\underset{O}{\bigcirc} \xrightarrow{H^+} \left[\underset{\underset{活泼}{+}}{\bigcirc}\text{-}H \longleftrightarrow \underset{\underset{稳定}{+}}{\bigcirc}\text{-}H \right] \xrightarrow{HOR} \underset{O}{\bigcirc}\underset{\underset{H}{\overset{+}{O}R}}{} \xrightarrow{-H^+} \underset{O}{\bigcirc}\text{-}OR$$

通常说的稳定的共振结构对杂化体贡献大，是指对共振杂化体热力学稳定性的贡献。而作为反应物，能量高、不稳定的共振结构化学反应活性大。

② 在10%的NaOH作用下，乙醛与丙酮交叉缩合发生下列反应：

$$CH_3-\overset{O}{\overset{\|}{C}}-H + H_3C\overset{O}{\overset{\|}{C}}CH_3 \longrightarrow CH_3\overset{OH}{\overset{|}{C}H}-CH_2\overset{O}{\overset{\|}{C}}CH_3$$

第一步：

$$CH_3\overset{O}{\overset{\|}{C}}-H + NaOH \rightleftharpoons Na\left[^-CH_2\overset{O}{\overset{\|}{C}}-H \longleftrightarrow CH_2=CH-O^- \right] + H_2O$$

(10-1)

$$CH_3\overset{O}{\overset{\|}{C}}CH_3 + NaOH \rightleftharpoons Na\left[CH_2COCH_2 \longleftrightarrow CH_2=\underset{CH_3}{\overset{|}{C}}-O^-\right] + H_2O \quad (10-2)$$

显然，酸性大的 $\alpha-H$ 易生成烯醇负离子，即 CH_3CHO 易生成负离子。

第二步：

$$CH_3\overset{O}{\overset{\|}{C}}-H + NaCH_2\overset{O}{\overset{\|}{C}}-CH_3 \rightleftharpoons CH_3-\underset{}{\overset{ONa}{\overset{|}{C}}H}-CH_2\overset{O}{\overset{\|}{C}}CH_3 \quad (10-3)$$

$$CH_3\overset{O}{\overset{\|}{C}}-H + NaCH_2\overset{O}{\overset{\|}{C}}-H \rightleftharpoons CH_3-\underset{}{\overset{ONa}{\overset{|}{C}}H}-CH_2-CHO \quad (10-4)$$

$$CH_3\overset{O}{\overset{\|}{C}}CH_3 + NaCH_2\overset{O}{\overset{\|}{C}}-H \rightleftharpoons CH_3\underset{CH_3}{\overset{ONa}{\overset{|}{C}}}-CH_2CHO \quad (10-5)$$

$$CH_3\overset{O}{\overset{\|}{C}}CH_3 + NaCH_2\overset{O}{\overset{\|}{C}}CH_3 \rightleftharpoons CH_3-\underset{CH_3}{\overset{ONa}{\overset{|}{C}}}-CH_2\overset{O}{\overset{\|}{C}}-CH_3 \quad (10-6)$$

这一步是速度控制步骤，反应取决于羰基连接的取代基的电子性能和体积，也取决于碳负离子的亲核强度和空间位阻，显然 $CH_3\overset{O}{\overset{\|}{C}}-H$ 的空间位阻小，$\diagdown C=O$ 的 C 上正电荷多；$NaCH_2\overset{O}{\overset{\|}{C}}CH_3$ 亲核性也强于 $NaCH_2\overset{O}{\overset{\|}{C}}-H$，反应(10-3)是主要反应。

第三步：

$$CH_3\underset{}{\overset{ONa}{\overset{|}{C}}H}-CH_2\overset{O}{\overset{\|}{C}}CH_3 + H_2O \longrightarrow CH_3\underset{}{\overset{OH}{\overset{|}{C}}H}-CH_2\overset{O}{\overset{\|}{C}}CH_3 + NaOH \quad (10-7)$$

$$CH_3\underset{}{\overset{ONa}{\overset{|}{C}}H}-CH_2CHO + H_2O \longrightarrow CH_3\underset{}{\overset{OH}{\overset{|}{C}}H}-CH_2-CHO + NaOH \quad (10-8)$$

$$CH_3-\underset{CH_3}{\overset{ONa}{\overset{|}{C}}}-CH_2CHO + H_2O \longrightarrow CH_3-\underset{CH_3}{\overset{OH}{\overset{|}{C}}}-CH_2CHO + NaOH \quad (10-9)$$

$$CH_3-\underset{\underset{CH_3}{|}}{\overset{\overset{ONa}{|}}{C}}-CH_2-\overset{\overset{O}{\|}}{C}CH_3 + H_2O \longrightarrow CH_3-\underset{\underset{CH_3}{|}}{\overset{\overset{OH}{|}}{C}}-CH_2-\overset{\overset{O}{\|}}{C}CH_3 + NaOH$$

(10-10)

这一步中 $CH_3\overset{\overset{ONa}{|}}{C}HCH_2\overset{\overset{O}{\|}}{C}CH_3$，$CH_3\underset{\underset{CH_3}{|}}{\overset{\overset{ONa}{|}}{C}}CH_2CHO$，$CH_3-\underset{\underset{CH_3}{|}}{\overset{\overset{ONa}{|}}{C}}-CH_2-\overset{\overset{O}{\|}}{C}CH_3$ 和 $CH_3\overset{\overset{ONa}{|}}{C}HCH_2CHO$

的碱性都比 ^-OH 碱性强。因此，生成四种产物，其中 $CH_3\overset{\overset{OH}{|}}{C}HCH_2COCH_3$ 是主要产物。

③ 在弱碱作用下，加热 6-庚酮醛生成 1-环戊烯基甲基酮。

$$\underset{\underset{4567}{CH_2CH_2COCH_3}}{\overset{\overset{O}{\|}}{\underset{3}{C}H_2}-\overset{1}{C}-H} \xrightarrow[\triangle]{10\%\,NaOH} \text{环戊烯基}-\overset{\overset{O}{\|}}{C}CH_3 + H_2O$$

第一步：这个反应物有三种 α-H，可生成三种碳负离子，依次生成 2-，7-，5-碳负离子的量在减少。

第二步：有两个 >C=O 可被加成，1 位 >C=O 空间位阻小，C 上正电荷多，易被加成。5 位碳负离子亲核性比 7 位的强，生成五元环稳定的结构，但其位阻大。而 7 位的空间位阻小，但生成的七元环结构不稳定。因此主要生成五元环结构。

$$\underset{CH_2CH_2COCH_3}{CH_2-\overset{\overset{O}{\|}}{C}-H} \xrightleftharpoons{NaOH} \underset{}{\overset{O^-}{\bigcirc}}-COCH_3$$

第三步：

$$\overset{O^-}{\bigcirc}-COCH_3 + H_2O \longrightarrow \overset{OH}{\bigcirc}-COCH_3 + {}^-OH$$

第四步：

$$\underset{COCH_3}{\overset{OH}{\bigcirc}} \xrightarrow{\triangle} \underset{COCH_3}{\bigcirc}$$

反应机理：

$$\underset{\text{CH}_2\text{—C—CH}_3}{\underset{|}{\text{CH}_2\text{—CH—C—H}}} \xrightleftharpoons[-\text{H}_2\text{O}]{^-\text{OH}} \underset{\text{CH}_2\text{—C—CH}_3}{\underset{\|}{\text{CH}_2\text{CH}_2\text{—C—H}}} \rightleftharpoons \underset{\text{CH}_2\text{—C—CH}_3}{\underset{\|}{\text{CH}_2\text{CH}_2\text{—CH}}} \xrightleftharpoons[-^-\text{OH}]{\text{H—OH}}$$

$$\underset{\underset{\text{HO}}{|}\underset{\text{O}}{\|}}{\text{CH}_2\text{CH}_2\text{—CH}\atop\text{CH}_2\text{—C—CH}_3} \xrightarrow[\Delta,-\text{H}_2\text{O}]{^-\text{OH}} \underset{\underset{\|}{\text{O}}}{\text{CH}_2\text{CH}_2\text{—CH}\atop\text{CH}_2\text{—C—CH}_3}$$

2. 膦叶立德（Wittig 试剂及反应）

三苯基膦与溴代烷进行 S_N2 反应得溴化鏻盐（内鎓盐），后者在强碱作用下脱 α-H，得到膦叶立德（ylide），又称 Wittig 试剂。例如：

$$\text{CH}_3\text{CH}_2\text{Br} + \text{Ph}_3\text{P} \xrightarrow{S_N2} \text{Ph}_3\text{P}^+\text{CH}_2\text{CH}_3\text{Br}^- \xrightarrow{C_4H_9Li} \text{Ph}_3\text{P}^+ - \bar{\text{C}}\text{HCH}_3 + \text{Br}^- + \text{H}$$

Wittig 试剂是电中性的，存在下列共振：

$$\text{Ph}_3\text{P}^+\text{—}\bar{\text{C}}\text{HCH}_3 \longleftrightarrow \text{Ph}_3\text{P}\text{=CHCH}_3$$
$$(\text{I}) \qquad\qquad (\text{II})$$

① 稳定性比较　(Ⅱ) 是较稳定结构，因为 P=C⟨ 的 C 为 sp^2 杂化，其 p 轨道可与 P 的 3d 轨道形成 d—pπ 键，这个 π 键是极性键。（Ⅰ）的能量高，化学反应活泼性高。Wittig 试剂在 −80 ℃ 就能与醛、酮化合物反应生成四元杂环，当温度升到 0 ℃，四元环分解，生成一个烯烃和 $\text{Ph}_3\text{P=O}$。因此，Wittig 试剂也被看成是活泼中间体。

$$\text{Ph}_3\text{P}^+\text{—}\bar{\text{C}}\text{HCH}_3 + \underset{\text{CH}_3}{\overset{\text{CH}_3}{>}}\text{C=O} \xrightarrow[-80\,℃]{\text{亲核加成}} \left[\underset{\underset{\text{CH}_3}{|}}{\text{CH}_3\text{—C—CH—CH}_3}\overset{\text{O}^-\ ^+\text{PPh}_3}{} \right] \longrightarrow$$

$$\underset{\underset{\text{CH}_3}{|}}{\text{H}_3\text{C—C—CH—CH}_3}\overset{\text{O—PPh}_3}{} \xrightarrow{0\,℃} \underset{\text{CH}_3}{\overset{\text{CH}_3}{>}}\text{C=CHCH}_3 + \text{Ph}_3\text{P=O}$$

② Wittig 试剂的多种制备方法

三苯基鏻盐脱 α-H,如:$Ph_3\overset{+}{P}-CH_2CH=CH_2 \xrightarrow{LiOCH_3} CH_2=CH-CH=PPh_3$

三苯基膦与卡宾反应,如:$Ph_3P + CHCl_3 \xrightarrow{(CH_3)_3COK} Ph_3P=CCl_2 + HCl$

三烃基膦与苯炔反应,如:

$$\text{C}_6\text{H}_4 + Ph_2P-CH_3 \longrightarrow \left[\begin{array}{c}Ph\\ \overset{+}{P}-Ph\\ CH_3\end{array}\right]^{-} \longrightarrow Ph_3P=CH_2$$

三苯基膦与 α,β-不饱和羰基化合物反应,如:

$$Ph_3P + CH_2=C-\overset{O}{\underset{|}{C}}- \longrightarrow \left[Ph_3\overset{+}{P}-CH_2-\overset{\overset{\bar{O}}{|}}{C}=C-\right] \longrightarrow Ph_3P=CH-CH-\overset{O}{\underset{|}{C}}-$$

③ Wittig 试剂可进行多种反应 与羰基化合物生成烯烃:

$$Ph_3\overset{+}{P}-\overset{-}{C}HPh + PhCH=O \longrightarrow \underset{Ph}{\overset{H}{>}}C=C\underset{H}{\overset{Ph}{<}} + \underset{Ph}{\overset{H}{>}}C=C\underset{Ph}{\overset{H}{<}}$$

$$\qquad\qquad\qquad\qquad\qquad\qquad\qquad 35\% \qquad\qquad 41\%$$

制备的烯烃双键位置是固定的。但顺、反异构体选择性取决于 Wittig 的活性,Wittig 试剂的活性高,则顺、反异构的选择性小。若 Wittig 试剂的 α-碳原子上连有 $>C=O$ 时,则选择性提高。例如:

$$CH_3CHO + Ph_3\overset{+}{P}-\overset{-}{\underset{COCH_3}{C}}\overset{CH_3}{} \xrightarrow{CH_2Cl_2} \underset{H}{\overset{CH_3}{>}}C=C\underset{C-CH_3}{\overset{CH_3}{<}}$$
$$\qquad\qquad\qquad\qquad\qquad\qquad\qquad\qquad\qquad\qquad 96\%$$

因此,可以用 Wittig 试剂反应制备特殊的烯烃。例如:

$$\text{环己酮}=O + Ph_3P=CH_2 \longrightarrow \text{环己烷}=CH_2 + Ph_3P=O$$

用下述方法得不到亚甲基环己烷:

$$\text{环己烷}\underset{CH_3}{\overset{OH}{<}} \begin{array}{c}\xrightarrow{\Delta}\text{环己烯}-CH_3 \quad (\text{稳定})\\ \xrightarrow{\times}\text{环己烷}=CH_2 \quad (\text{不稳定})\\ \Delta\end{array}$$

制备共轭烯烃,如:

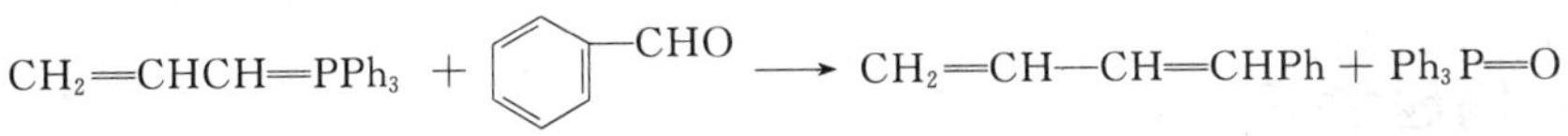

$$CH_2=CHCH=PPh_3 + C_6H_5CHO \longrightarrow CH_2=CH-CH=CHPh + Ph_3P=O$$

可以被水解,如:

$$Ph_3P=CHCH_3 \xrightarrow{H_2O} Ph_2\overset{O}{\underset{\|}{P}}-C_2H_5 + C_6H_6$$

可以被还原,如:

$$Ph_3P=CHC_6H_5 \xrightarrow{LiAlH_4} Ph_2PCH_2C_6H_5 + C_6H_6$$

④ 改进的 Wittig 试剂　　可用亚磷酸酯代替三苯基膦制备膦叶立德。例如:

$$(C_2H_5O)_3P + BrCH_2CO_2Et \longrightarrow (C_2H_5O)_2\overset{+}{\underset{OC_2H_5}{P}}-CH_2CO_2Et\ Br^- \xrightarrow{-C_2H_5Br}$$

$$(C_2H_5O)_2\overset{O}{\underset{\|}{P}}-CH_2CO_2Et \xrightarrow{NaH} (C_2H_5O)_2\overset{O}{\underset{\|}{P}}-\overset{Na}{C}HCO_2Et + H_2$$

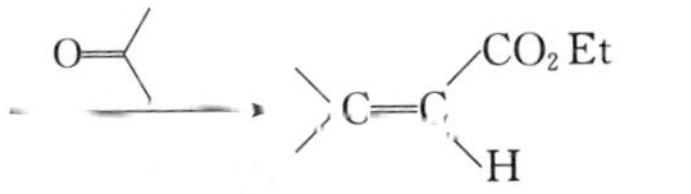

$$\xrightarrow{\underset{\|}{O}=\underset{\|}{\overset{}{C}}} \underset{}{\overset{}{>}}C=C\overset{CO_2Et}{\underset{H}{}}$$

由于改进的 Wittig 试剂活性低,与羰基化合物反应生成烯烃的选择性高,主要是(E)-烯烃。

用改进的方法(称为 Wittig–Horner 反应),可以合成多烯化合物:

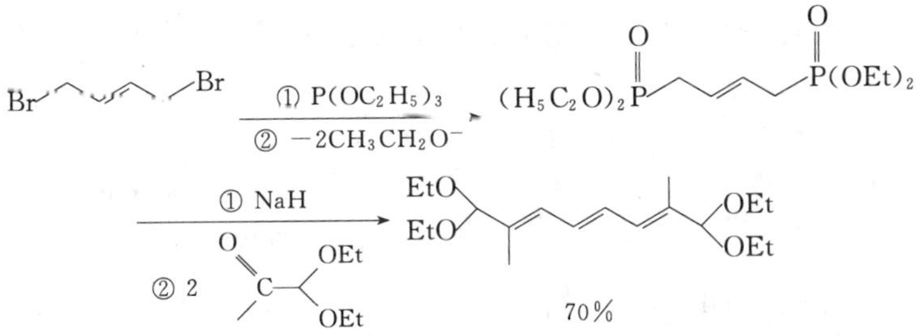

⑤ 其它叶立德

除膦叶立德外,还有其它叶立德,其通式可写成:

$$>\overset{-}{C}-Z^+ \quad (Z=S, As, Sb, Se\ 等)$$

这些叶立德的性质与膦叶立德相似。

例题解析

例 1 用化学方法鉴别下列化合物：

A. C₆H₅—CH₂CHO   B. C₆H₅—COCH₃   C. C₆H₅—CHO

D. 4-CH₃O-C₆H₄-CH₃   E. 4-HO-C₆H₄-C₂H₅

解析：上述化合物可先鉴别出两组，一组是含羰基的化合物，一组是不含羰基的化合物。再对各组逐一鉴别。

```
                                                      砖红色沉淀
                           有银镜形成 A    Fehling 试剂  (+)   A
              有黄色沉淀 A  Tollens试剂 (+)  ───────────→
              (+)      B              C                (-)   C
A          2,4-二硝基苯肼  C           (-) B
B          ─────────────→
C                        无现象  D  FeCl₃  紫色溶液 (+)  E
D                        (-)   E        ─────────→
E                                              (-) D
```

例 2 以 ≤C₄ 的有机物为起始原料合成 3-环丁基-3-庚醇。

解析：醇可由 RMgX 与醛或酮反应制备。采用逆分析法，可有下面三种途径：

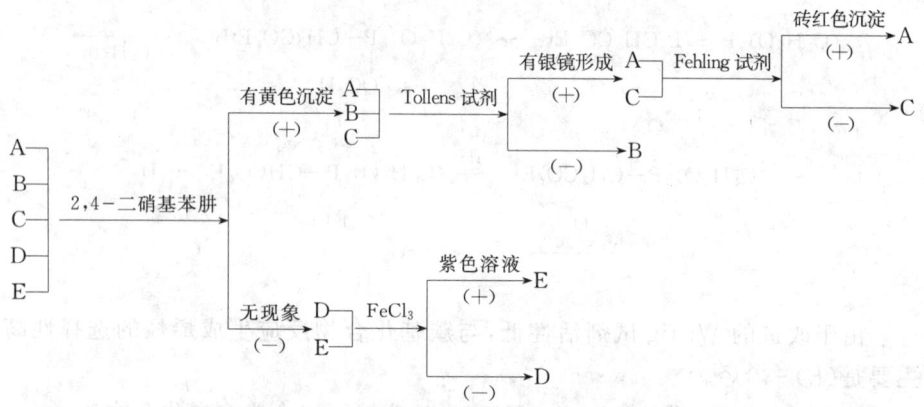

上述三种"切割"方式都不能满足题目要求的由 ≤C₄ 的原料合成。路线 b 中需要九个碳的酮，不能直接由两个四碳单元搭建碳骨架，因此 a 和 c 路线看上去较 b 更好。对 a 和 c 路线中未满足 ≤C₄ 原料的化合物进一步逆分析：

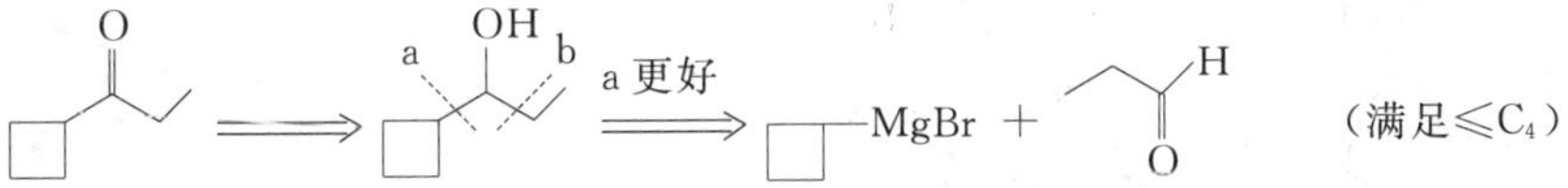

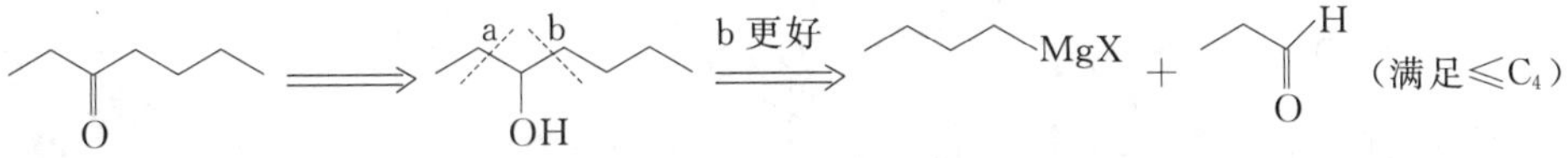

上述每种酮还可以通过 RC≡CNa + R'X 生成 RC≡CR'，再水合得到，但该反应得到 R—C(=O)—CH₂R' 和 RCH₂—C(=O)—R' 的混合物，选择性不好，不易分离，不是好的合成路线。

合成路线 1：

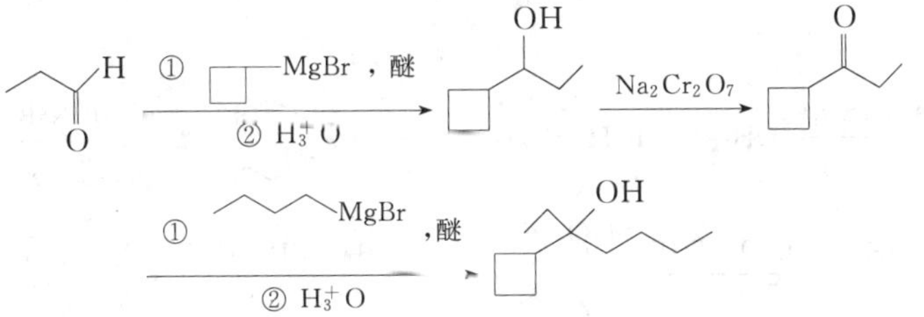

[反应式：丙醛 + 环丁基MgBr（醚，① ② H₃O⁺）→ 1-环丁基-1-丙醇 → Na₂Cr₂O₇ → 1-环丁基丙酮]

[反应式：+ 丁基MgBr（① 醚，② H₃O⁺）→ 环丁基丁基甲醇]

合成路线 2：

[反应式：丙醛 + 丁基MgX（① 醚，② H₃O⁺）→ 1-庚醇类 → Na₂Cr₂O₇ → 3-庚酮]

[反应式：3-庚酮 + 环丁基MgBr（① ② H₃O⁺）→ 环丁基取代的醇]

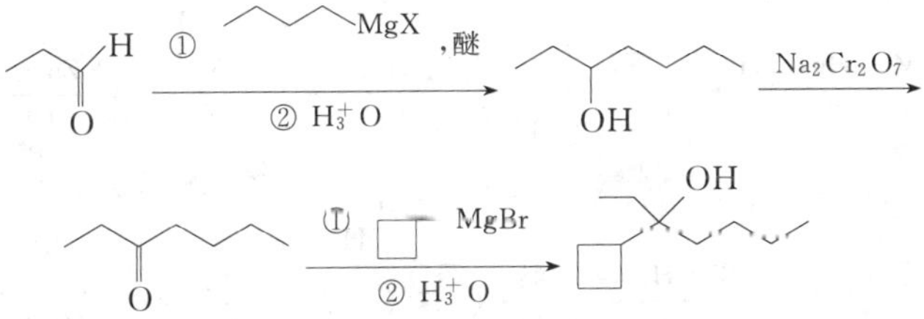

上述两种合成路线所用原料相同，步骤也相同，但先后反应顺序不同。合成路线 1 是先引入四元环，而合成路线 2 是最后引入四元环。四元环有张力，容易发生副反应，在合成过程中后引入更好，因此合成路线 2 更完美。

例 3 完成下列转化：

(1) CH₃CHO → [缩醛-六元环-CH₂OH 结构]

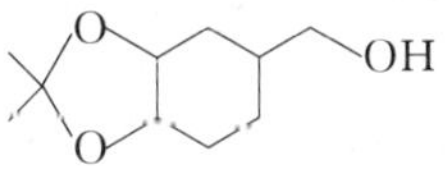

(2) 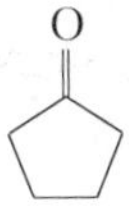 [环戊酮] → [螺[4.5]结构] 和 [环戊基-C(CH₃)(COCH₃)-CH₂CH₂CH₂COOH 结构]

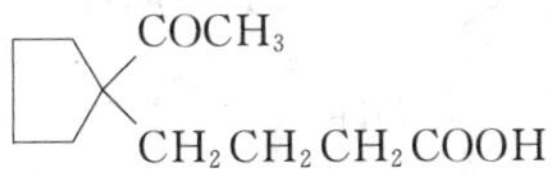

(3) 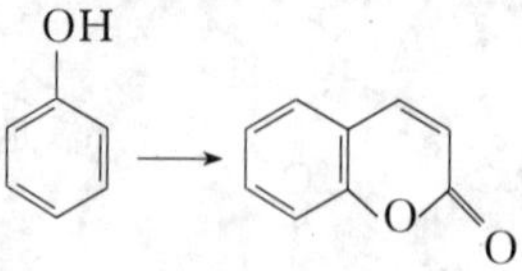 苯酚 ⟶ 香豆素

*(4) 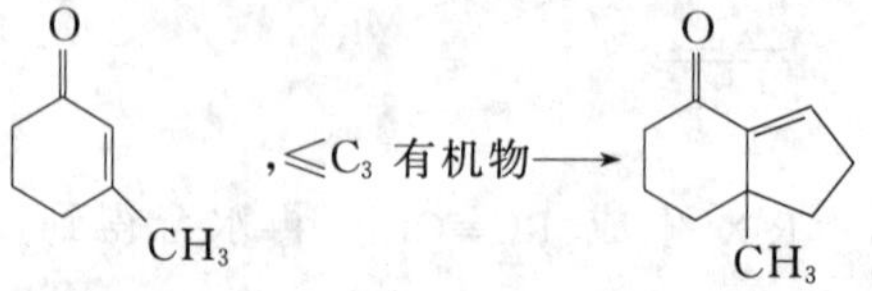 3-甲基-2-环己烯酮, ≤C₃ 有机物 ⟶ 稠环酮

解析：(1) 目标分子是缩酮，并且是六元环状化合物，可通过 Diels–Alder 反应实现环状骨架的搭建。

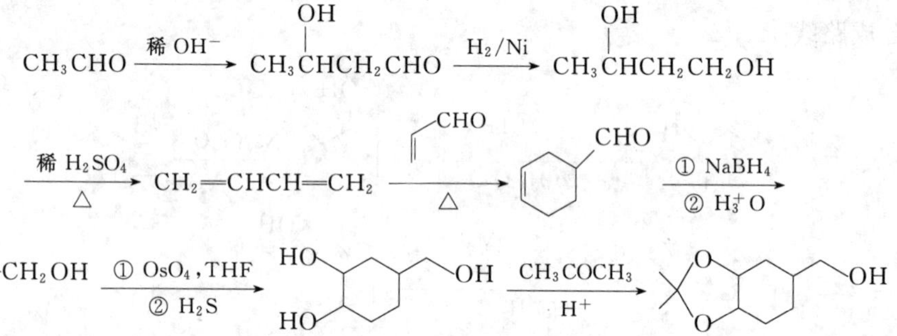

$$CH_3CHO \xrightarrow{\text{稀 } OH^-} CH_3CHCH_2CHO \xrightarrow{H_2/Ni} CH_3CHCH_2CH_2OH$$
$$\xrightarrow[\Delta]{\text{稀 } H_2SO_4} CH_2=CHCH=CH_2 \xrightarrow[\Delta]{CHO} \text{环己烯甲醛} \xrightarrow[\text{② } H_3^+O]{\text{① } NaBH_4}$$
环己烯-CH₂OH $\xrightarrow[\text{② } H_2S]{\text{① } OsO_4, THF}$ 二醇 $\xrightarrow[H^+]{CH_3COCH_3}$ 缩酮产物

(2) 目标分子是 pinacol 醇重排产物形成的碳骨架。

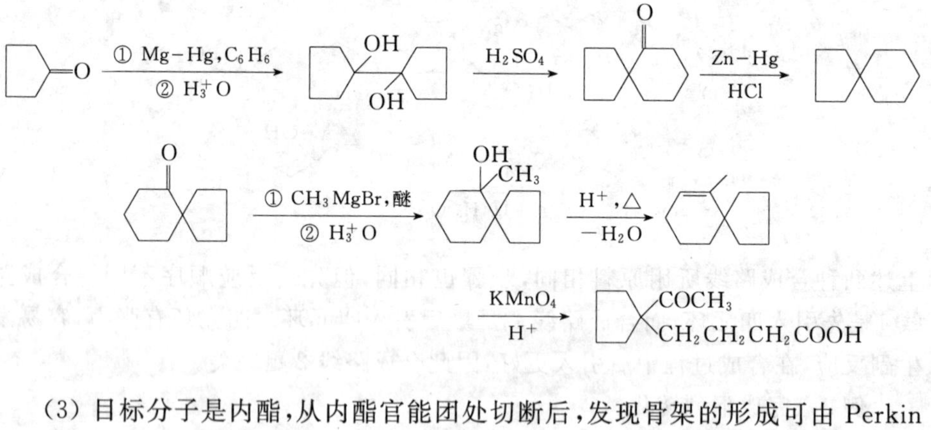

环己酮 $\xrightarrow[\text{② } H_3^+O]{\text{① } Mg-Hg, C_6H_6}$ 双醇 $\xrightarrow{H_2SO_4}$ 螺酮 $\xrightarrow[HCl]{Zn-Hg}$ 螺环

螺酮 $\xrightarrow[\text{② } H_3^+O]{\text{① } CH_3MgBr, 醚}$ 螺醇 $\xrightarrow[-H_2O]{H^+, \Delta}$ 螺烯 $\xrightarrow[H^+]{KMnO_4}$ 环丁烷-C(COCH₃)CH₂CH₂COOH

(3) 目标分子是内酯，从内酯官能团处切断后，发现骨架的形成可由 Perkin 反应实现：

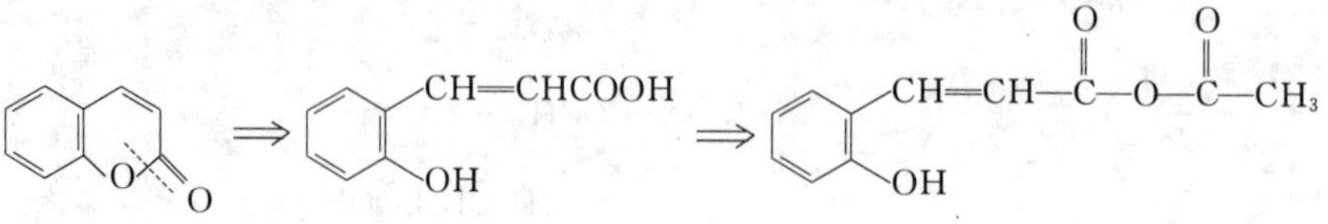

香豆素 ⟹ 邻羟基肉桂酸 ⟹ 邻羟基肉桂酸乙酸酐

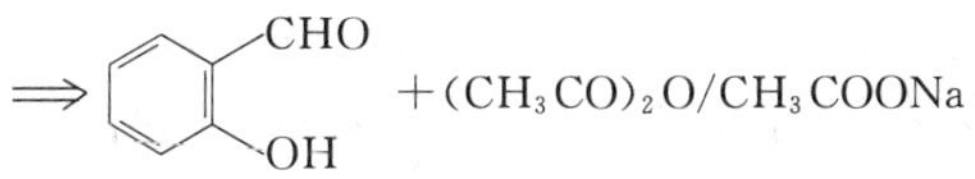

合成路线如下：

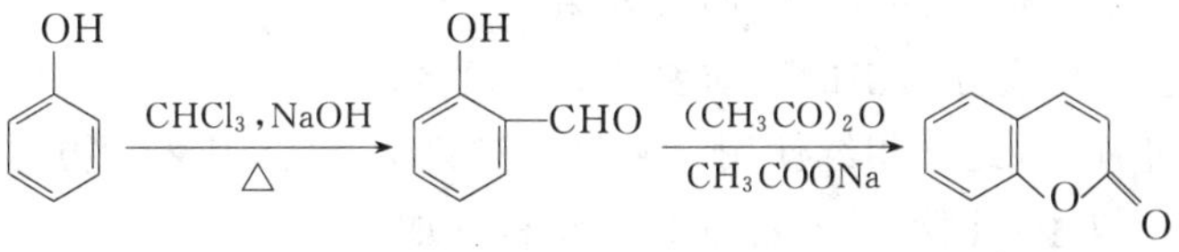

$$\text{PhOH} \xrightarrow[\triangle]{\text{CHCl}_3, \text{NaOH}} \text{邻羟基苯甲醛} \xrightarrow[\text{CH}_3\text{COONa}]{(\text{CH}_3\text{CO})_2\text{O}} \text{香豆素}$$

（4）目标分子是 α,β-不饱和酮，可由羟醛缩合反应实现。在醛酮分子中，β-碳上的碳链可由 α,β-不饱和醛、酮与金属有机化合物发生 1,4-共轭加成反应来实现。

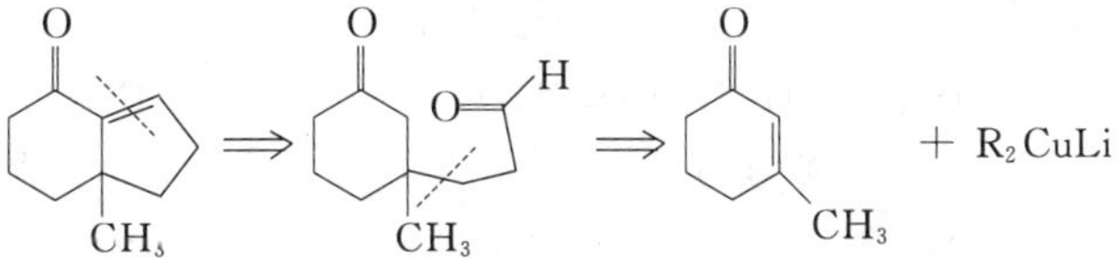

$R_2\text{CuLi}$ 中 R 是含有醛基的烃基，故需要保护醛基：

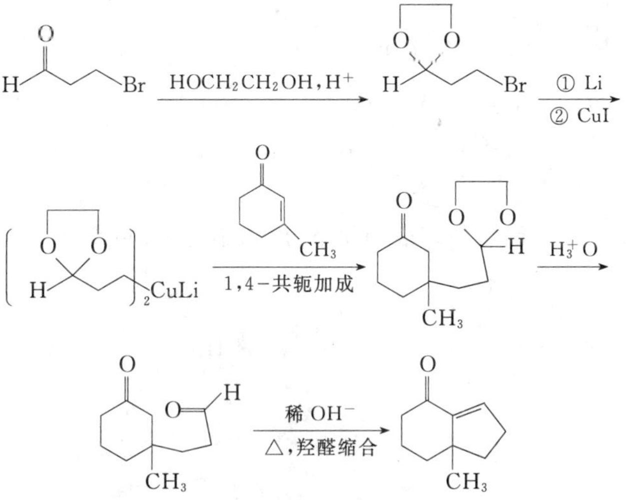

$$\text{H(C=O)CH}_2\text{CH}_2\text{Br} \xrightarrow{\text{HOCH}_2\text{CH}_2\text{OH}, \text{H}^+} \text{缩醛-CH}_2\text{CH}_2\text{Br} \xrightarrow[\text{② CuI}]{\text{① Li}}$$

经 1,4-共轭加成，再经 H_3O^+ 水解，最后经稀 OH^-、$\triangle$，羟醛缩合得目标产物。

例 4 用化学方法分离正溴丁烷、正丁醚、正丁醛

解析：该题是实验室中经常遇到的分离问题。分离与提纯的涵义不同，提纯除去的杂质是不要的，而分离指的是把混合物中的各个组分一一分离开来，在分离时，如果是使用了先把这些化合物中的一个或几个转变成为其它化合物的化学方法，在分离之后还必须把它们一一复原。分离或提纯的方法可以用物理方法，也可以用化学方法。物理方法是根据其物理性质，如溶解性、熔点、沸点等的差异采取洗涤、萃取、蒸馏、重结晶等手段；化学方法是通过化学反应使某一物质转化为另一物质以便相互分开。分离和提纯有以下几个基本要求：

(1) 方法简便易行(如首先考虑这些化合物在 H_2O、稀 HCl、稀 $NaHCO_3$、稀 $NaOH$、浓 H_2SO_4 中是否溶解,然后才考虑使用其它试剂);

(2) 损失应尽量少;

(3) 耗费的药品少,价格低,回收容易;

(4) 经过提纯或分离出的物质要达到纯度要求。

在实际过程中,经常相继使用多种物理和化学方法,其表示方法常用图解式(实验流程)和叙述式两种。本题的分离流程图如下:

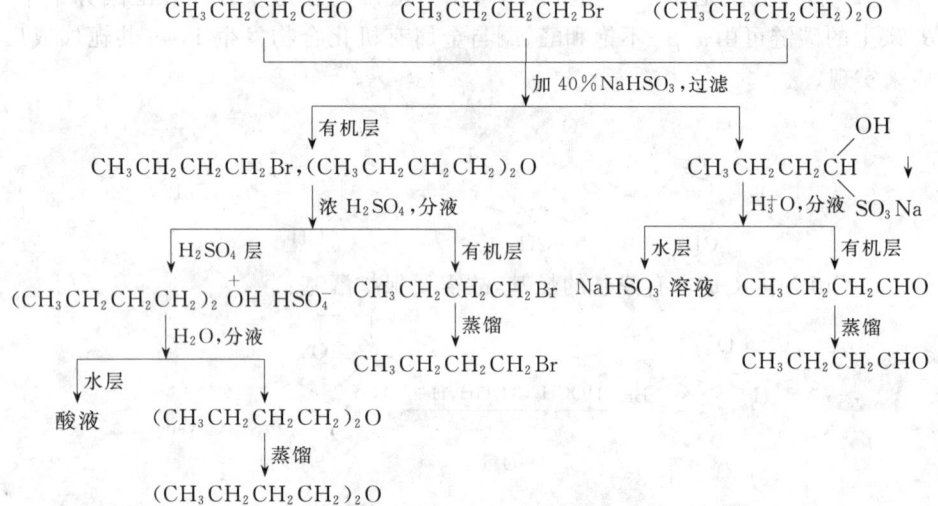

* **例 5** (1) 2,4-己二酮在酸催化下,产物中有 A 生成;在碱催化下,产物中有 B 生成:

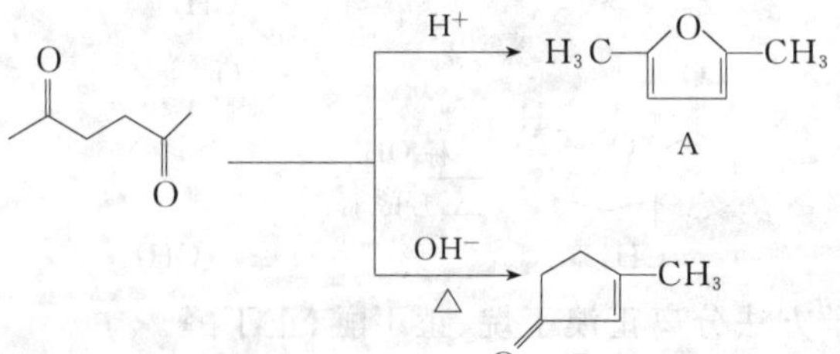

试写出生成 A、B 的反应机理。

解析:

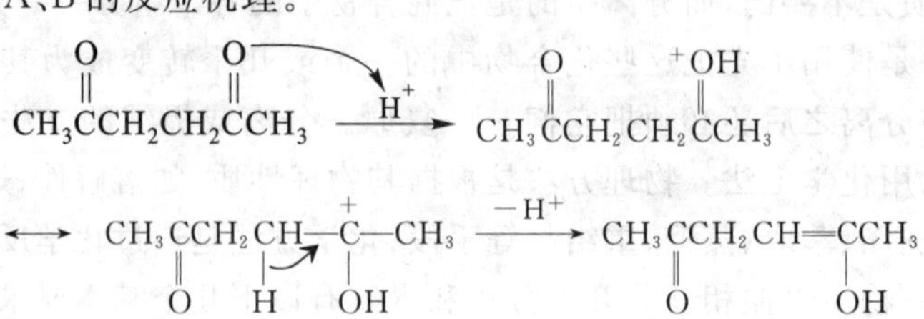

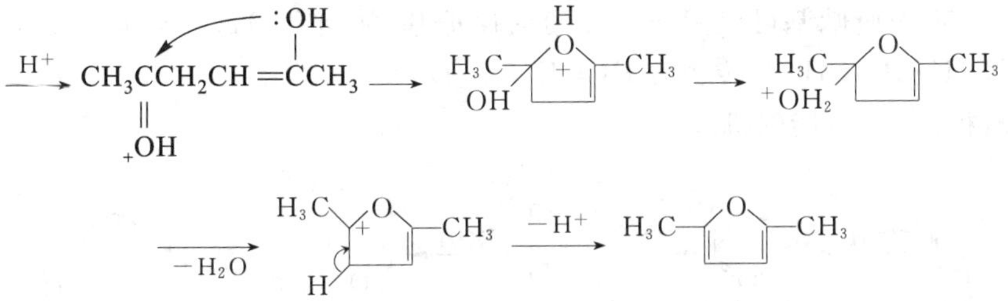

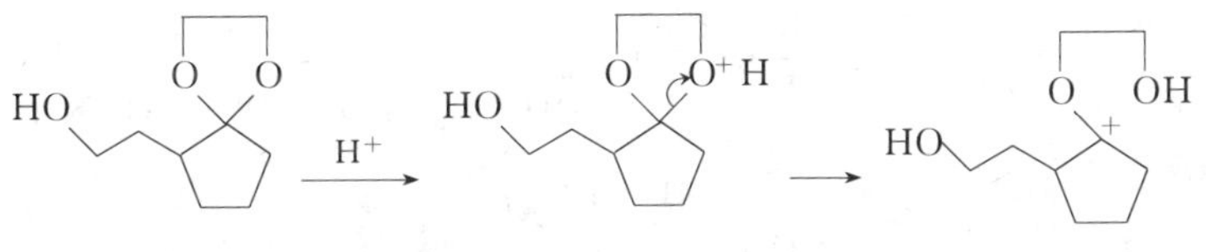

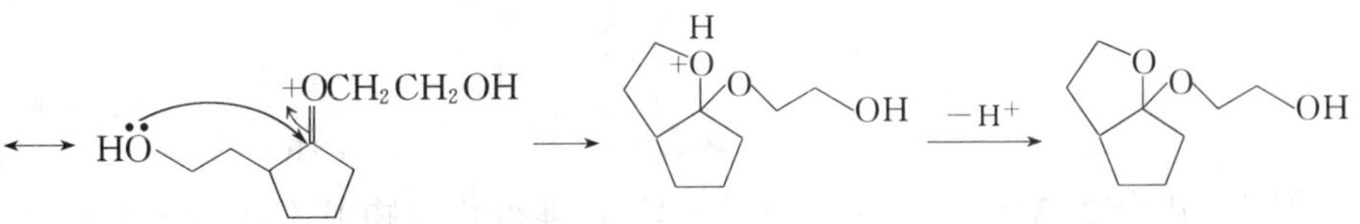

例6 在无水 HCl 或 H$_2$SO$_4$ 存在下，醇能与二氢吡喃(DHP)迅速反应，生成四氢吡喃(THP)基醚：

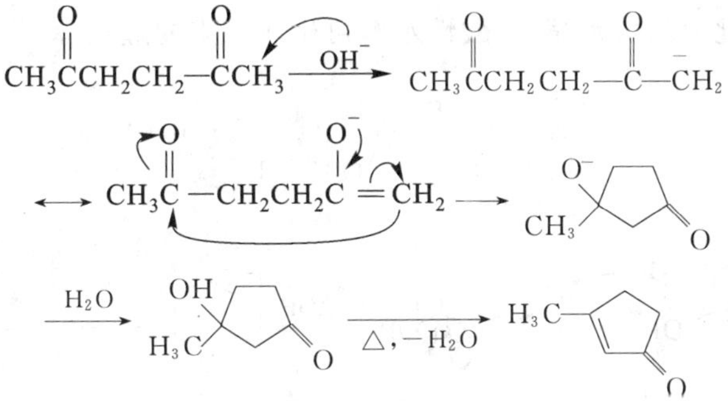

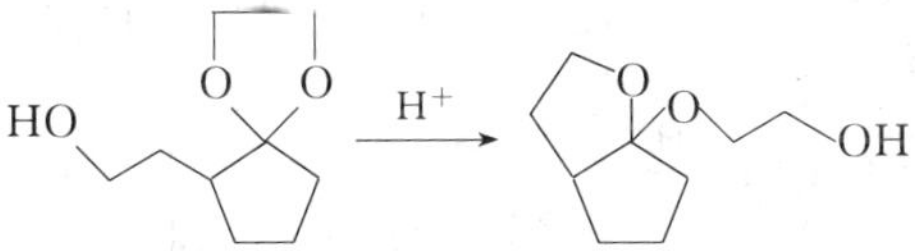

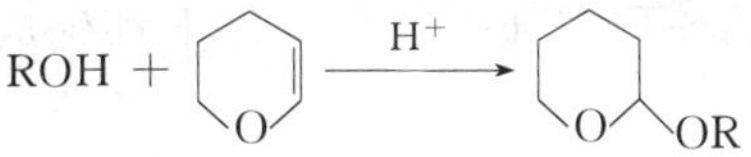

(1) 请写出该反应可能的机理；

(2) 四氢吡喃基醚在碱性溶液中是稳定的，但遇酸水解为原来的醇和化合物 A，写出 A 的结构和反应机理；

(3) 四氢吡喃基可以用作醇或酚的保护基,如何利用这一点通过 Grignard 试剂将 $HOCH_2CH_2Cl$ 转变为 $HOCH_2CH_2D$?

解析:(1) 可能的机理:

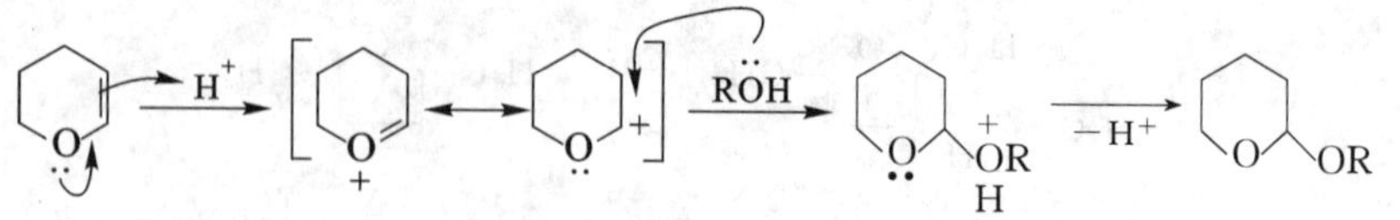

(2) 四氢吡喃基醚是缩醛,酸性水解可生成原来的醛和醇:

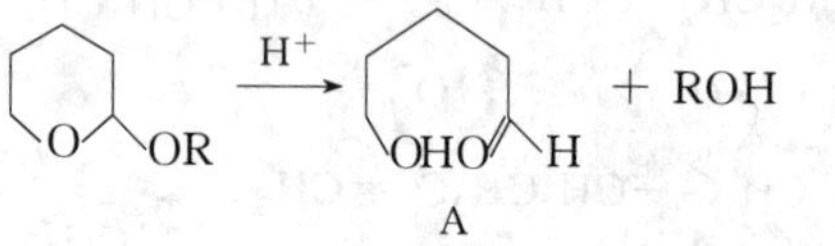

机理:

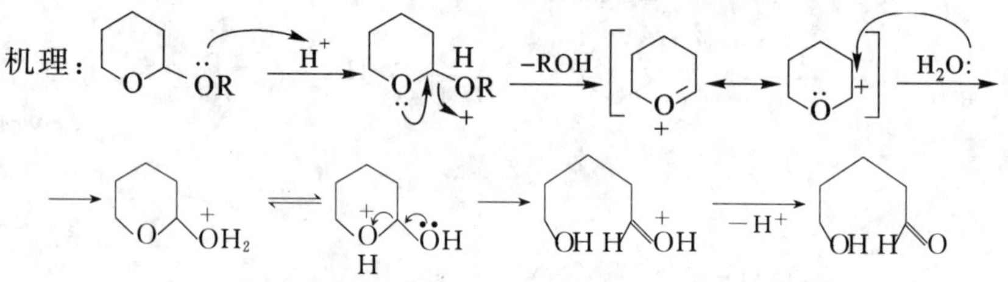

(3)

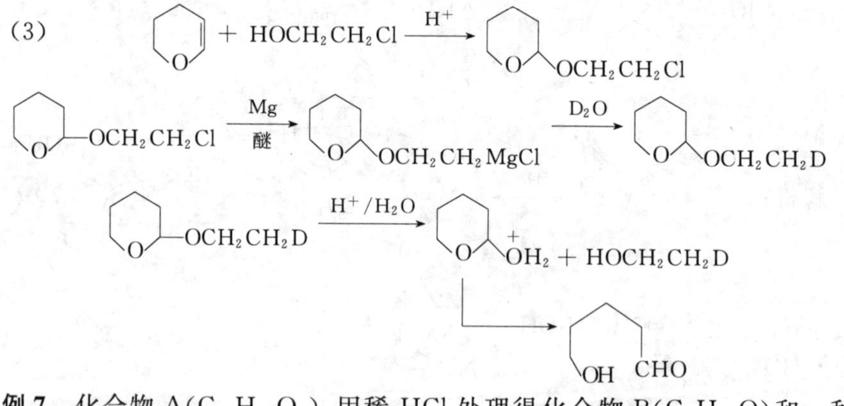

例 7 化合物 $A(C_{13}H_{20}O_2)$,用稀 HCl 处理得化合物 $B(C_9H_{10}O)$ 和一种含两个碳原子的化合物,B 用 Br_2/NaOH 处理后再酸化,得到酸 $C(C_8H_8O_2)$,用 Wolff-Kishner-黄鸣龙法还原 B 得化合物 $D(C_9H_{12})$,B 在稀碱溶液中与苯甲醛作用得 $E(C_{16}H_{14}O)$,A~E 在强烈氧化条件下都生成苯甲酸。试推测 A~E 的构造式。

解析:列出反应相关图:

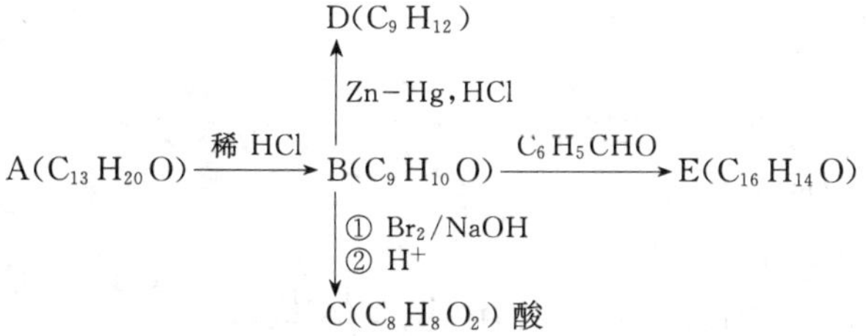

根据 B 的不饱和度和 B 能发生卤仿反应、还原反应与 C_6H_5CHO 反应，可推测化合物 B 可能为甲基芳香酮，又由于 B 氧化生成 C_6H_5COOH，则 B 的构造式为 $C_6H_5-CH_2-CO-CH_3$。A 酸化后生成 B 和含两个碳原子的化合物，再结合 A → B 分子组成的变化，A 可能是缩酮，A 的构造式为 $C_6H_5-CH_2-C(CH_3)(OCH_2CH_3)_2$。根据化合物的性质 C,D,E 的构造式如下：

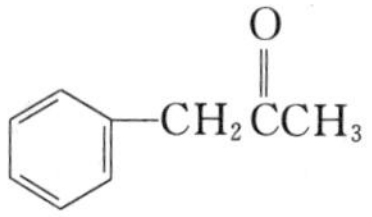

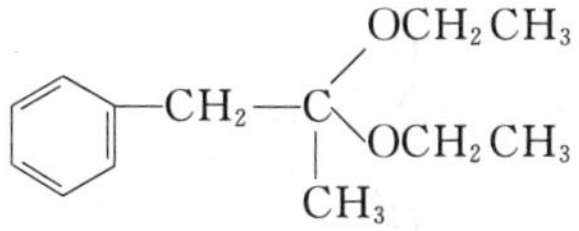

C. 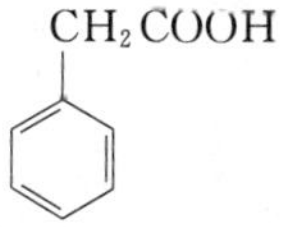 $C_6H_5-CH_2COOH$

D. 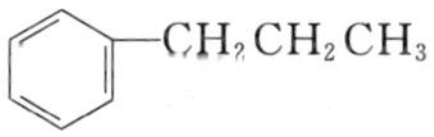 $C_6H_5-CH_2CH_2CH_3$

E. 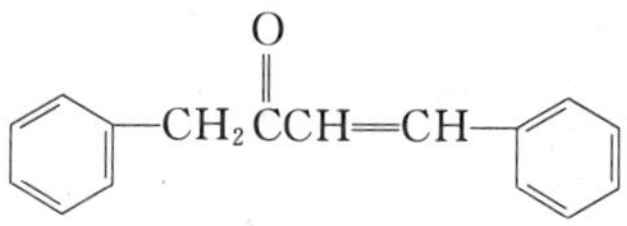 $C_6H_5-CH_2-CO-CH=CH-C_6H_5$

▶▶ **自我提升**

1. 完成下列反应式：

(1) 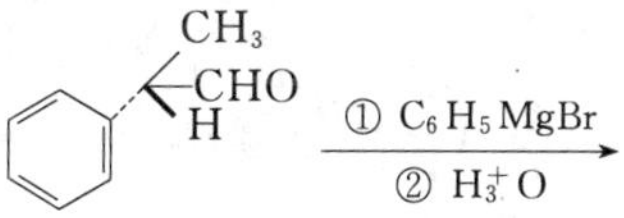 $C_6H_5-C^*(CH_3)(H)-CHO \xrightarrow{\text{① } C_6H_5MgBr}{\text{② } H_3^+O}$

(2) 2-甲基环己酮 + $CH_2=CH-CO-CH_3 \xrightarrow{EtO^-}$

(3) 1-甲基-2-四氢萘酮 $\xrightarrow{\text{① } LiAlH_4}{\text{② } H_3^+O}$

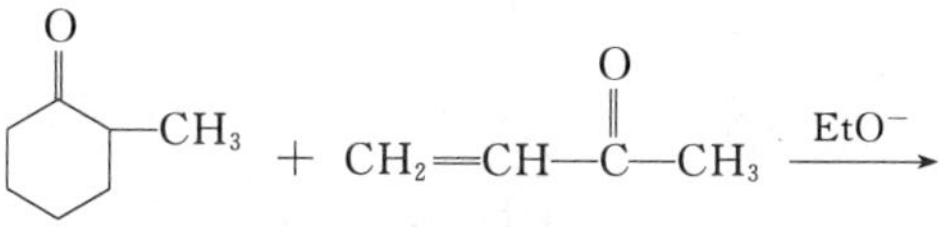

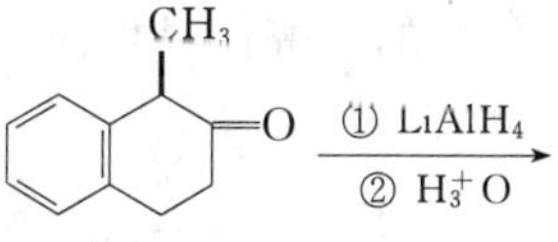

(4) $Ph_3\overset{+}{P}-\overset{-}{C}H(CH_2)_3COPh \xrightarrow{\Delta}$

(5) 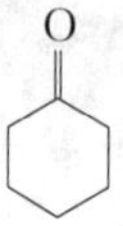 [cyclohexanone] + 过量 CH₃OH $\xrightarrow{OH^-}$

2. 写出下列反应的机理：

(1) $(CH_3)_2C=CHCH_2CH_2C(CH_3)=CHCHO \xrightarrow{H^+, H_2O}$ [cyclohexene with OH and C(CH₃)₂OH substituents]

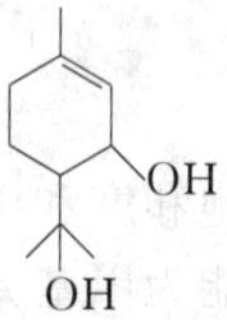

(2) 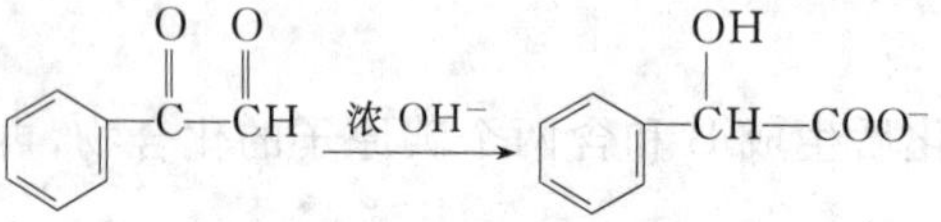 [PhCO-CHO (phenylglyoxal)] $\xrightarrow{\text{浓} OH^-}$ [PhCH(OH)COO⁻]

(3) 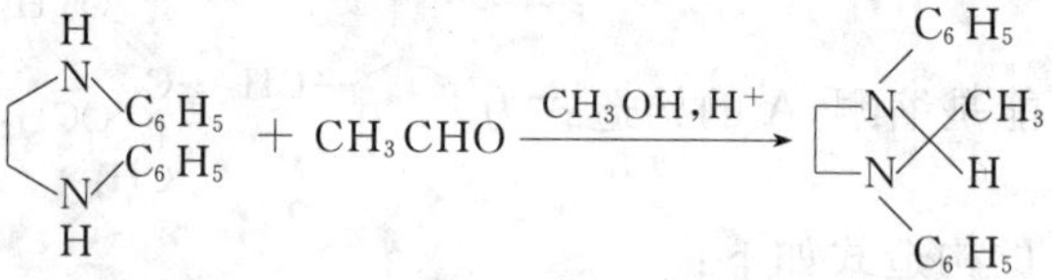 [piperazine (HN-CH₂CH₂-NH with C₆H₅ groups)] + CH₃CHO $\xrightarrow{CH_3OH, H^+}$ [bicyclic N,N-acetal product]

3. 完成下列转化：

(1) $ClCH_2CH_2CH_2OH \longrightarrow$ [2-methyl-2-hydroxytetrahydrofuran]

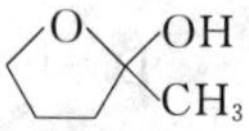

(2) $CH_3CH=CH_2 \longrightarrow CH_3CH_2CH_2CHO$

(3) $CH_3CHCH_2CH_3 \longrightarrow CH_3CH_2CHCH_2OH$
        $|$ $|$
       OH   CH₃

(4) $CH_3CHO \longrightarrow$ [1,3-dioxane-type acetal CH₃CH(OCH₂CH₂OCH(CH₃))]

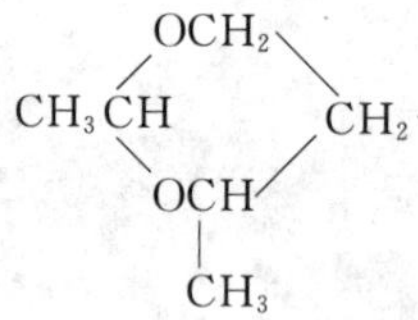

(5) 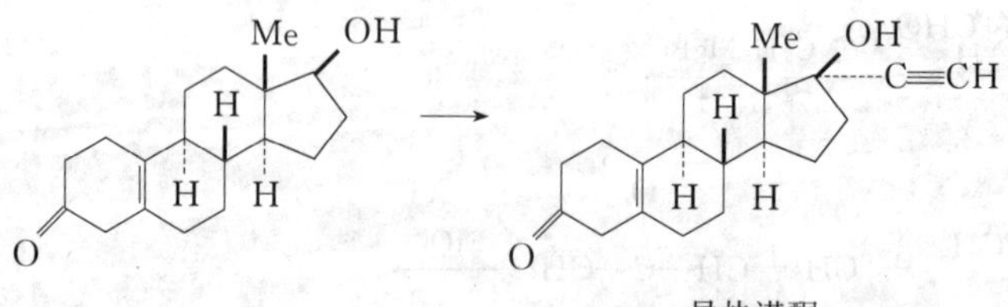 [steroid with Me, OH, and ketone] $\longrightarrow$ [steroid with Me, OH, C≡CH, and ketone]

异炔诺酮

4. 用 PCC 氧化 4-羟基丁醛并不生成可能预想的二醛而是生成一个内酯：

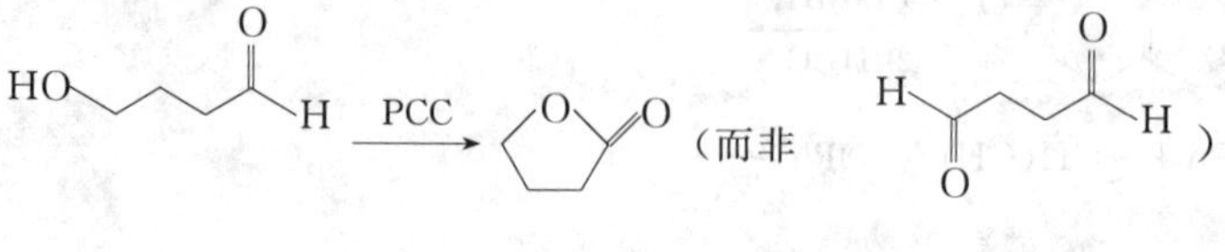

$HOCH_2CH_2CH_2CHO \xrightarrow{PCC}$ [γ-butyrolactone] （而非 [OHC-CH₂CH₂-CHO]）

请解释这一结果。

5. 以 ⬡ 和 ≤C₄ 的有机物为起始原料合成 [环己基(HO)(环丁基)甲基-CH₂-] 有几种方法，哪种方法更合理？

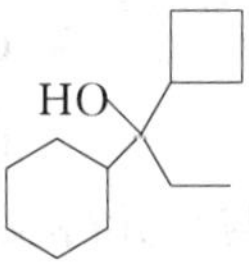

6. 试解释反应活性差的 Wittig 试剂的产物中 E 型烯烃选择性大的原因。

▶▶ 自我提升参考答案

1. (1) 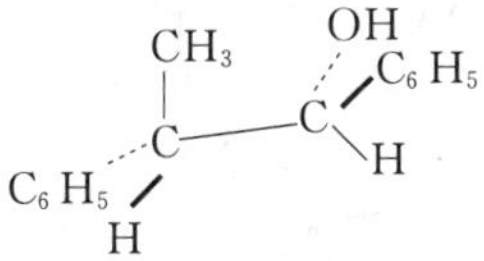 [结构式：C₆H₅-C(CH₃)(H)-C(OH)(C₆H₅)(H)] （空间位阻小的一面受到亲核试剂进攻）

(2) 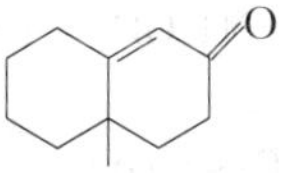 [八氢萘酮结构，带甲基和酮] （Michael 加成反应，羟醛缩合反应）

(3) 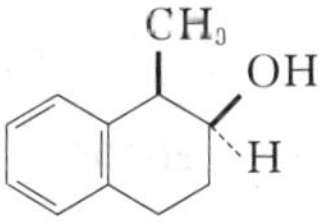 [四氢萘结构，带 CH₃ 和 OH]

(4) 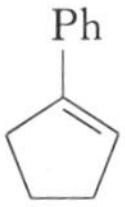 [1-苯基环戊烯] （分子内 Wittig 反应）

(5) 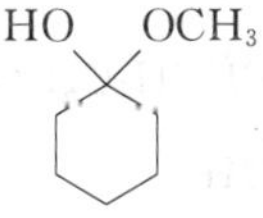 [环己烷，同碳上带 HO 和 OCH₃]

2. (1) 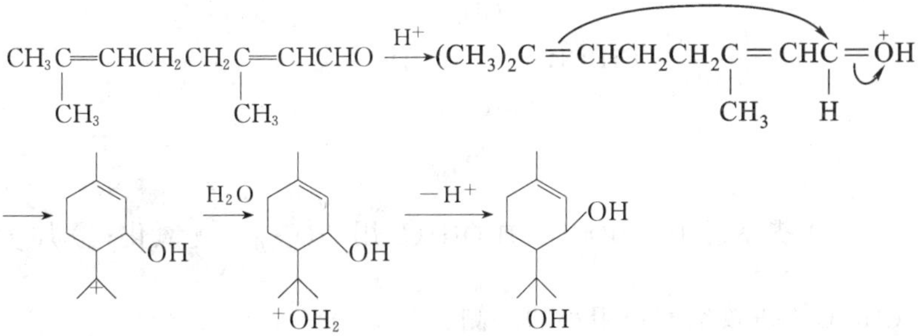 $CH_3C=CHCH_2CH_2C=CHCHO$ （CH₃ 取代） $\xrightarrow{H^+}$ $(CH_3)_2C=CHCH_2CH_2\overset{|}{\underset{CH_3}{C}}=\overset{|}{\underset{H}{C}}HC=\overset{+}{O}H$

→ [环己烯结构，带甲基、异丙基和OH] $\xrightarrow{H_2O}$ [环己烯结构，带⁺OH₂] $\xrightarrow{-H^+}$ [环己烯结构，带OH]

(2) [苯甲酰基-CH₂-H 与 OH⁻ 反应，生成 PhC(=O)-C(OH)(H)-H 的机理箭头]

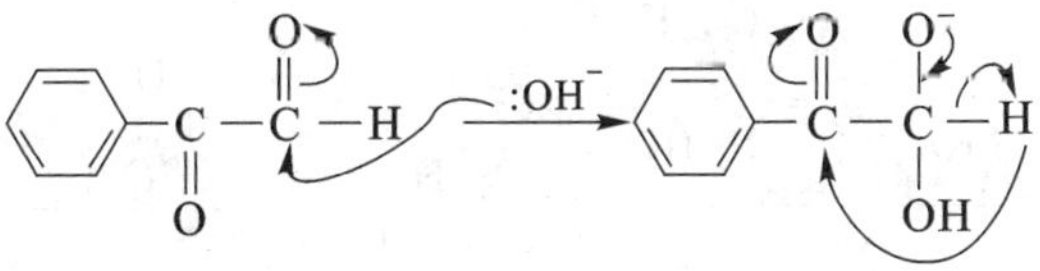

$$\underset{\substack{|\\H}}{\overset{O^-}{\underset{|}{C}}}\text{-COOH} \rightleftharpoons \text{Ph-CH(OH)-CHCOO}^-$$

（3）参考醛与二元醇反应形成缩醛的机理。

3．(1) $ClCH_2CH_2CH_2OH \xrightarrow[H^+]{(CH_3)_2C=CH_2} ClCH_2CH_2CH_2OC(CH_3)_3 \xrightarrow{Mg,醚}$

$ClMgCH_2CH_2CH_2OC(CH_3)_3 \xrightarrow[② H_3^+O]{① CH_3CHO} CH_3\underset{\underset{OH}{|}}{CH}-CH_2CH_2CH_2OC(CH_3)_3$

$\xrightarrow{Na_2Cr_2O_7} CH_3\underset{\underset{O}{\|}}{C}-CH_2CH_2CH_2OC(CH_3)_3 \xrightarrow[50\ ℃]{H_2SO_4,H_2O} CH_3\underset{\underset{O}{\|}}{C}-CH_2CH_2CH_2OH$

$\xrightarrow{H^+}$ (四氢呋喃环，2-甲基-2-羟基)

(2) $CH_3CH=CH_2 \xrightarrow[-O-O-]{HBr} CH_3CH_2CH_2Br \xrightarrow[乙醚]{Mg} CH_3CH_2CH_2MgBr$

$\xrightarrow[② H_3^+O]{① HCHO} CH_3CH_2CH_2CH_2OH \xrightarrow{PCC} CH_3CH_2CH_2CHO$

(3) $CH_3\underset{\underset{OH}{|}}{CH}CH_2CH_3 \xrightarrow{PCC} CH_3\underset{\underset{O}{\|}}{C}CH_2CH_3 \xrightarrow{Ph_3P=CH_2} CH_3CH_2\underset{\underset{CH_3}{|}}{\overset{CH_2}{\overset{\|}{C}}}-CH_3$

$\xrightarrow[② H_2O_2,NaOH]{① BH_3,THF} CH_3CH_2\underset{\underset{CH_2OH}{|}}{CH}CH_3$

(4) $CH_3CHO \xrightarrow{稀 OH^-} CH_3\underset{\underset{OH}{|}}{CH}CH_2CHO \xrightarrow[② H_2O]{① NaBH_4} CH_3\underset{\underset{OH}{|}}{CH}CH_2CH_2OH$

$\xrightarrow[TsOH]{CH_3CHO}$ (1,3-二氧六环，2-甲基-4-位取代)

(5) 提示 ① H^+，$HOCH_2CH_2OH$；② 用 $CrO_3\cdot$ [吡啶] 氧化；③ 加 $CH\equiv CMgX$ 或 $CH\equiv CLi$ 进攻空间位阻小的一侧。

4. $\underset{OH}{\overset{O}{\overset{\|}{\underset{}{C}H}}}\text{-}CH_2CH_2CH_2OH \xrightarrow[CH_2Cl_2]{CrO_3\cdot 吡啶\cdot HCl} \rightarrow \rightarrow \xrightarrow{-H^+}$ (四氢呋喃-2-醇)

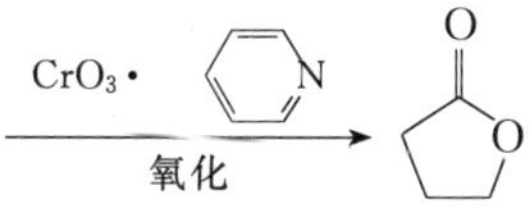

$$\xrightarrow[\text{氧化}]{\text{CrO}_3 \cdot \text{吡啶}} \quad \text{(γ-丁内酯)}$$

5. 提示:分析方法参考本章[例题解析]部分例 2。较优的合成路线如下:

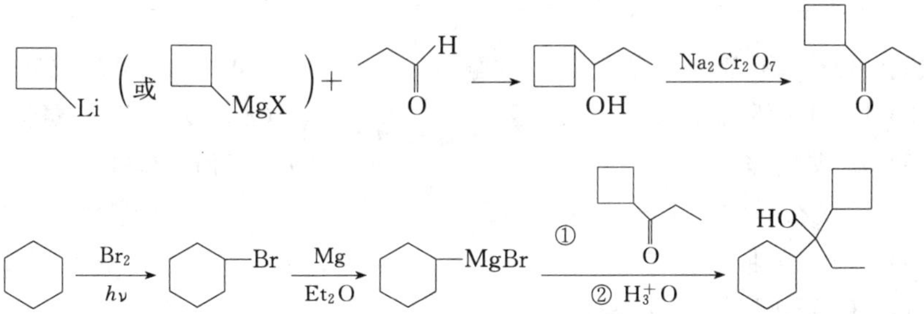

$$\text{环丁基-Li} \; \left(\text{或} \; \text{环丁基-MgX} \right) + \text{CH}_3\text{CHO} \longrightarrow \text{环丁基-CH(OH)CH}_3 \xrightarrow{\text{Na}_2\text{Cr}_2\text{O}_7} \text{环丁基-C(O)CH}_3$$

$$\text{环己烷} \xrightarrow[h\nu]{\text{Br}_2} \text{环己基-Br} \xrightarrow[\text{Et}_2\text{O}]{\text{Mg}} \text{环己基-MgBr} \xrightarrow[\text{② H}_3^+\text{O}]{\text{①（环丁基酮）}} \text{环己基-C(OH)(环丁基)(Et)}$$

6. 提示:从活性、选择性、稳定性方面考虑。

▶▶ 习题解答

10-1 命名下列化合物。

(1) 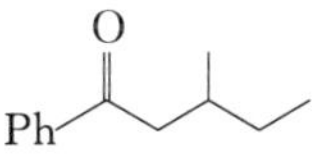 Ph-CO-CH₂-CH(CH₃)-CH₂CH₃

(2) 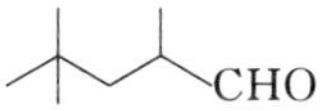 (CH₃)₃C-CH₂-CH(CH₃)-CHO

(3) 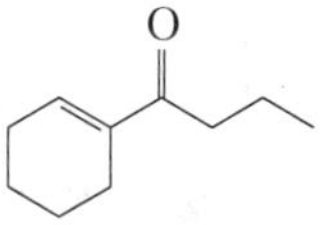 1-环己烯基-CO-CH₂CH₂CH₃

(4) 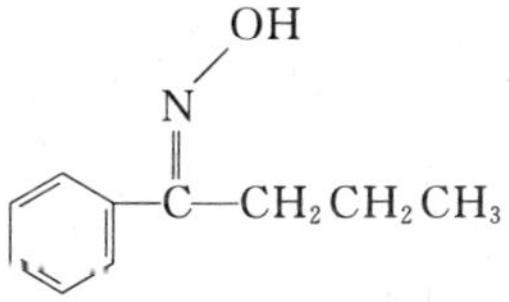 Ph-C(=NOH)-CH₂CH₂CH₃

(5) 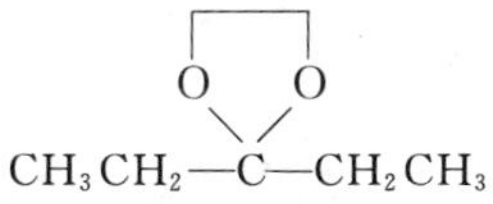 CH₃CH₂-C(OCH₂CH₂O)-CH₂CH₃（环状缩酮）

(6) 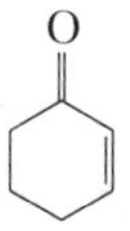 2-环己烯-1-酮

(7) 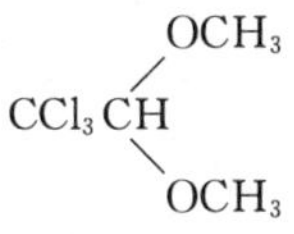 CCl₃-CH(OCH₃)₂

(8) 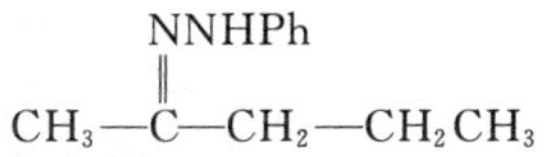 CH₃-C(=NNHPh)-CH₂-CH₂CH₃

(9) 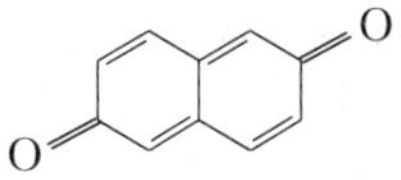 2,6-萘二酮

(10) 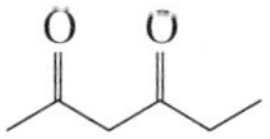 CH₃-CO-CH₂-CO-CH₂CH₃

(11) 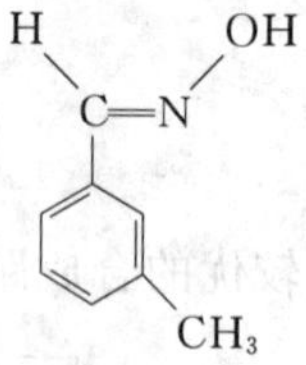 [structure: 3-methylbenzaldehyde oxime]

解：(1) 3-甲基-1-苯基-1-戊酮　　　　(2) 2,4,4-三甲基戊醛

(3) 1-(1-环己烯基)丁酮　　　　(4) (E)-苯基丙基酮肟

(5) 3-戊酮缩乙二醇　　　　(6) 2-环己烯酮

(7) 三氯乙醛缩二甲醇　　　　(8) 2-戊酮苯腙

(9) 2,6-萘醌　　　　(10) 2,4-己二酮

(11) (E)-间甲基苯甲醛肟

[知识点] 醛、酮、醌及其衍生物的命名。

10-2 写出下列反应的主要产物。

(1) PhCHO + HCHO $\xrightarrow{\text{浓 NaOH}}$

(2) 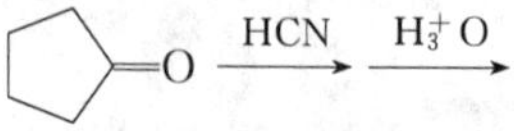 [cyclopentanone] $\xrightarrow{\text{HCN}}$ $\xrightarrow{H_3^+O}$

(3) [bicyclic enone] $\xrightarrow{\text{Zn-Hg/HCl}}$

(4) $CH_3-\underset{\underset{O}{\|}}{C}-CH_3$ $\xrightarrow[C_6H_6]{\text{Mg}}$ $\xrightarrow{H_3^+O}$ ( ) $\xrightarrow[\triangle]{H_2SO_4}$

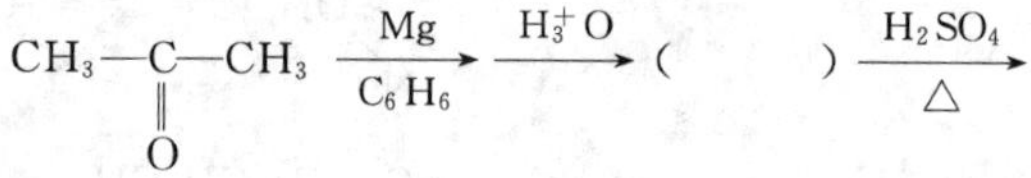

(5) 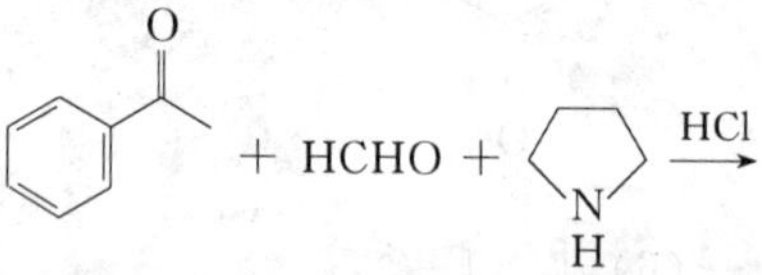 [PhCOCH_3] + HCHO + [pyrrolidine] $\xrightarrow{\text{HCl}}$

(6) 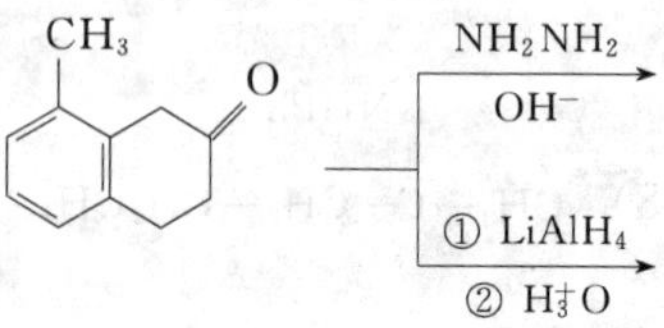 [8-methyl-2-tetralone] $\xrightarrow[\text{OH}^-]{NH_2NH_2}$; $\xrightarrow{\text{① LiAlH}_4}{\text{② H}_3^+O}$

(7) 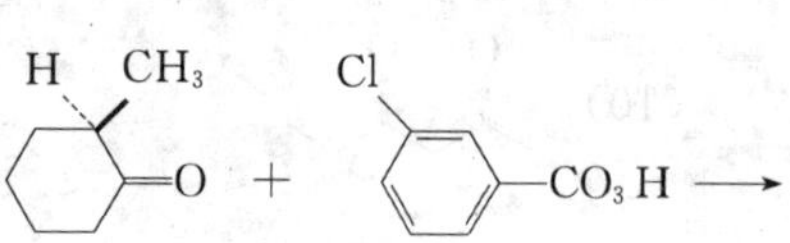 [2-methylcyclohexanone] + [m-chloroperbenzoic acid, Cl-C_6H_4-CO_3H] $\longrightarrow$

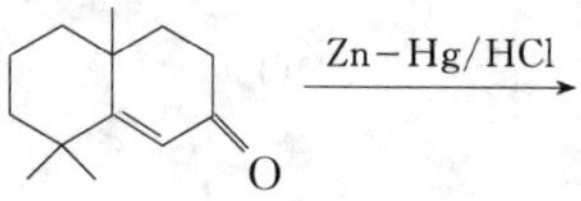

(8) 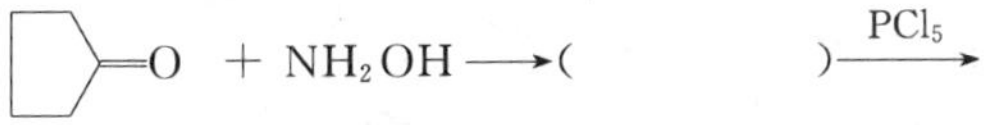 [cyclopentanone] + NH$_2$OH ⟶ ( ) $\xrightarrow{PCl_5}$

(9) 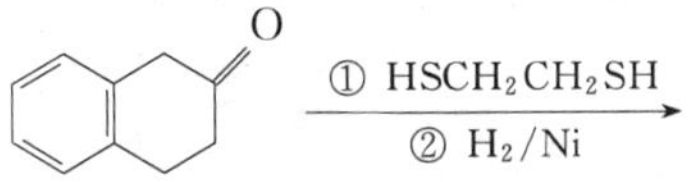 [2-tetralone] $\xrightarrow{① HSCH_2CH_2SH}{② H_2/Ni}$

(10) 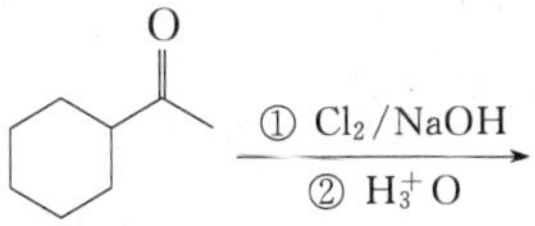 [cyclohexyl methyl ketone] $\xrightarrow{① Cl_2/NaOH}{② H_3^+O}$

(11) 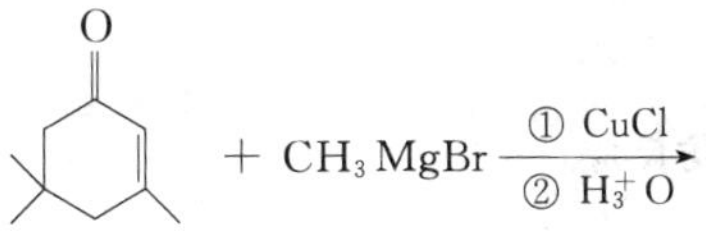 [3,5,5-trimethylcyclohex-2-enone] + CH$_3$MgBr $\xrightarrow{① CuCl}{② H_3^+O}$

(12) 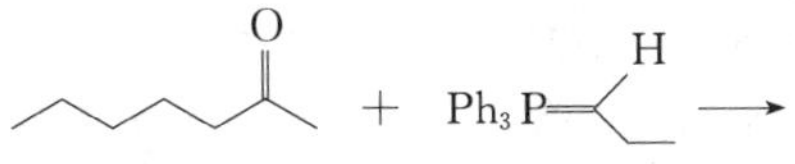 [2-heptanone] + Ph$_3$P=CHCH$_3$ ⟶

(13) 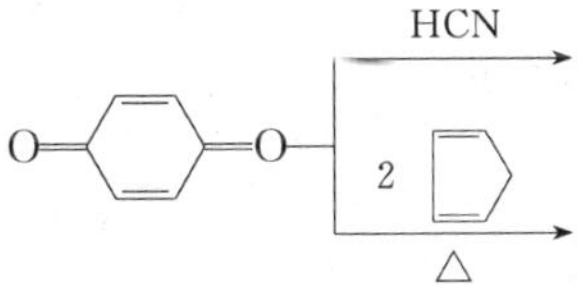 [1,4-benzoquinone] $\xrightarrow{\substack{HCN\\ \\ 2\\ \\ \Delta}}$ [cyclopentadiene]

解：(1) PhCH$_2$OH + HCOONa （Cannizzaro 反应）

(2) 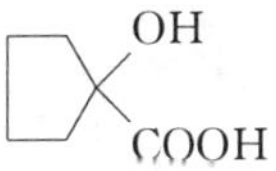 [1-hydroxycyclobutane-1-carboxylic acid]

(3) 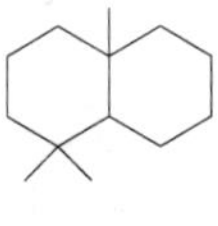 [decalin with gem-dimethyl and methyl substituents] （Clemmensen 还原）

(4) (CH$_3$)$_2$C—C(CH$_3$)$_2$, (CH$_3$)$_3$C—C—CH$_3$ （pinacol 重排）
　　　　|　　|　　　　　　　　　||
　　　OH　OH　　　　　　　　　O

(5) 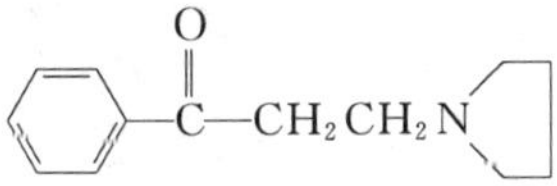 [PhC(O)—CH$_2$CH$_2$N(pyrrolidine)] （Mannich 反应）

(6) 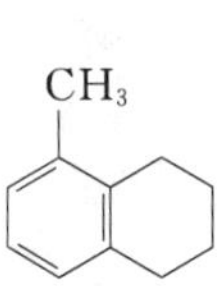 [1-methyl-tetralin] （黄鸣龙还原），[1-methyl-2-hydroxy-tetralin]

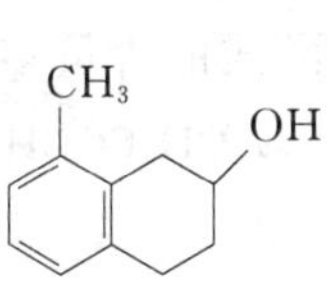

(7) 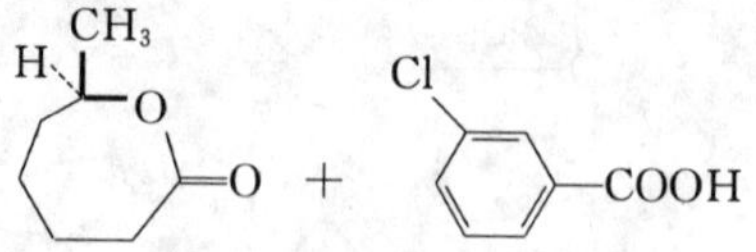 [结构: 含CH₃的七元环内酯] + [3-氯苯甲酸]-COOH （Baeyer-Villiger 反应）

(8) 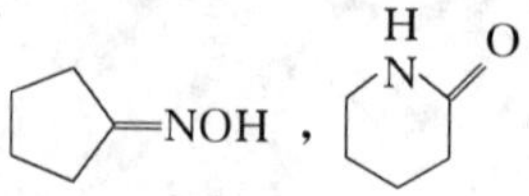 [环戊酮肟] , [δ-戊内酰胺] （Beckmann 重排）

(9) 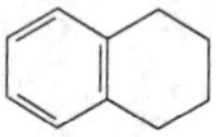 [四氢萘]

(10) 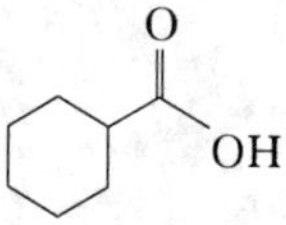 [环己基甲酸] OH + CHCl₃ （卤仿反应）

(11) 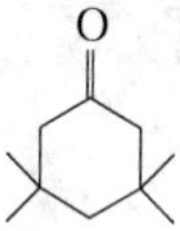 [3,3,5,5-四甲基环己酮] （1,4-加成产物）

(12) 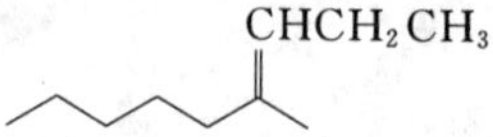 [含 =CHCH₂CH₃ 的烯烃结构] （Wittig 反应）

(13) 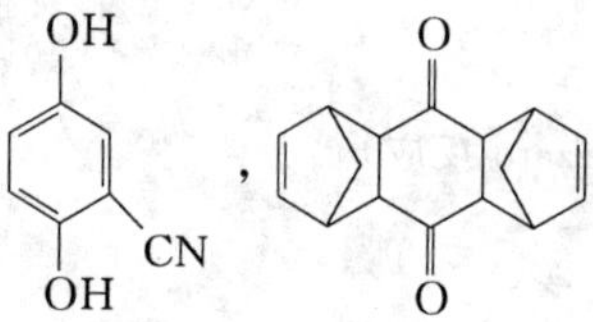 [2,5-二羟基苯甲腈], [含双环戊二烯加合的蒽醌结构] （双烯合成反应）

[知识点] 醛、酮、醌的化学性质。

10-3 比较下列化合物的亲核加成反应活性：

(1) 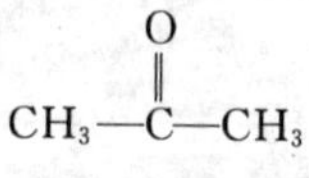 $CH_3-CO-CH_3$ (2) $C_6H_5-CO-CH_3$

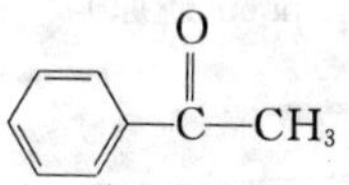

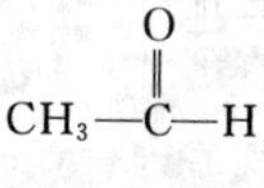

(3) CH_3-CO-H (4) 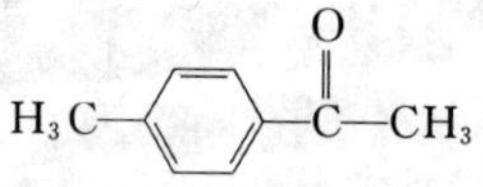 $H_3C-C_6H_4-CO-CH_3$ (5) CF_3CHO

解：(5)＞(3)＞(1)＞(2)＞(4)

[知识点] 亲核加成反应活性。

10-4 将下列化合物按烯醇式的含量多少排列成序。

(1) 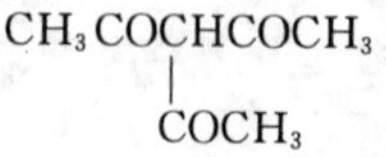 $CH_3COCHCOCH_3$ (2) $CH_3COCH_2CH_3$
         $|$
         $COCH_3$

(3) CH₃COCH₂COCH₃   (4) PhCOCH₂COCH₃

解：(1)＞(4)＞(3)＞(2)

[知识点] 烯醇式与酮式互变异构。

10-5 指出下列化合物中,哪些能发生碘仿反应？哪些能与饱和 NaHSO₃ 反应？

(1) ICH₂CHO   (2) CH₃CH₂CHO   (3) CH₃CH₂CH(OH)CH₃

(4) C₆H₅COCH₃   (5) CH₃CHO   (6) CH₃CH₂CH₂OH

(7) CH₃CH₂CH₂CCH₃ (O下方)   (8) 环己酮

解： 能与饱和 NaHSO₃ 反应的有(2)、(5)、(8)（脂肪族甲基酮、大多数醛和 8 个碳原子以下的脂肪酮能进行反应）。

能发生碘仿反应的是(1)、(3)、(4)、(5)。

[知识点] 碘仿反应发生的条件；与 NaHSO₃ 加成反应的条件。

10-6 用简单的化学方法区别下列化合物：
(1) 2-己醇   (2) 2-己酮   (3) 3-己酮   (4) 己醛

解： 图解式：

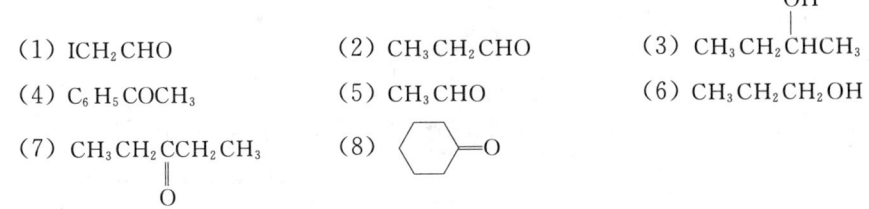

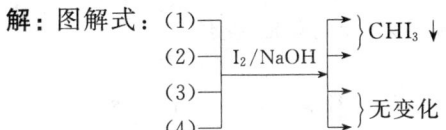

[知识点] 醇、醛、酮的鉴别。

10-7 设计用化学方法分离苯甲酸、苯酚、环己酮和环己醇混合物的方案，写出操作流程图，并鉴别得到的化合物。

解： 作为分离题，必须得到纯的化合物。

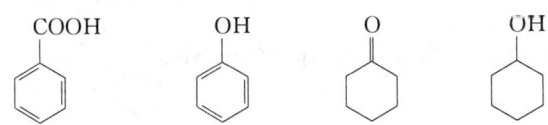

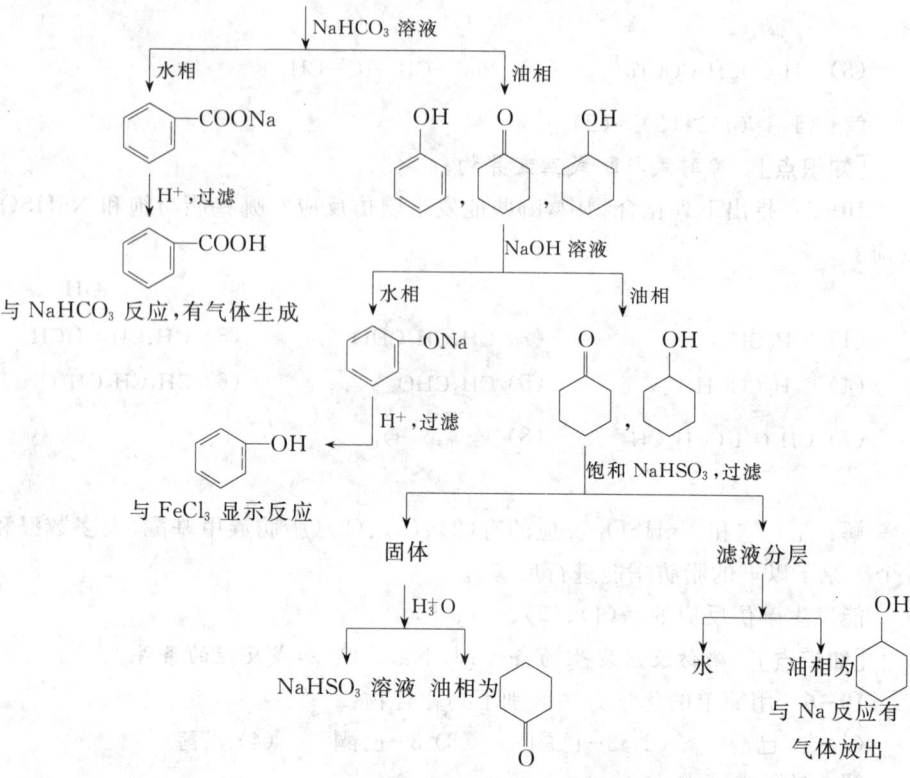

[知识点] 利用化合物物理、化学性质进行液-液、液-固分离。

10-8 完成下列转化：

(1) 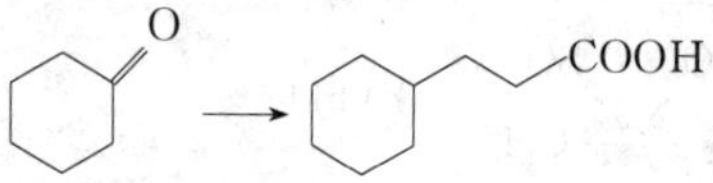 环己酮 → 环己基CH₂CH₂COOH

(2) 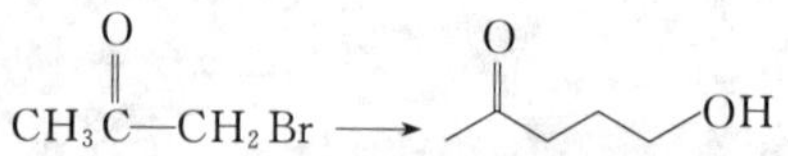 CH₃C(O)CH₂Br → CH₃C(O)CH₂CH₂CH₂OH

(3) 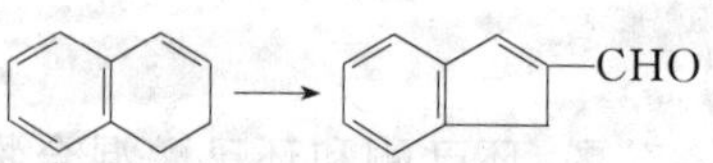 二氢萘 → 茚-2-CHO

*(4) 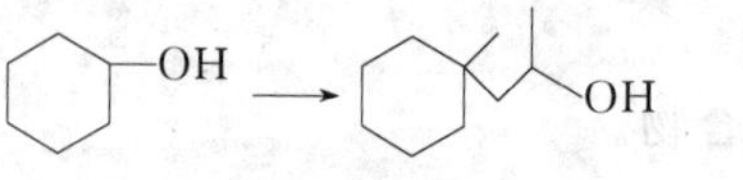 环己醇 → 1-(1-羟基乙基)环己基

(5) 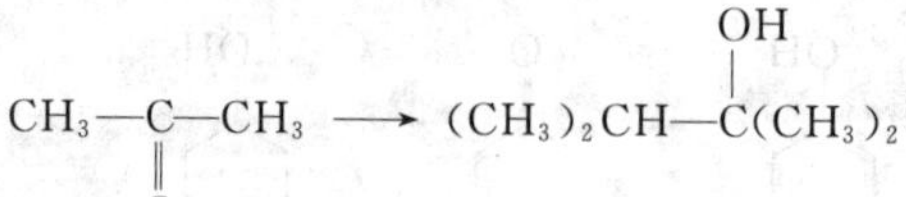 CH₃C(O)CH₃ → (CH₃)₂CHC(OH)(CH₃)₂

(6) $CH_3CHO \longrightarrow CH_3C(CH_2OH)_3$

(7) $CH_3CHO \longrightarrow CH_2=CH-CH=CH_2$

(8) $CH_3\underset{\underset{O}{\|}}{C}-CH_3 \longrightarrow (CH_3)_2C=CHCOOH$

解：(1) 环己酮 $\xrightarrow[\text{② }H_2O]{\text{① }LiAlH_4}$ 环己醇 $\xrightarrow{PBr_3}$ 环己基溴 $\xrightarrow{Mg, (C_2H_5)_2O}$ 环己基MgBr $\xrightarrow[\text{② }H_2O]{\text{① 环氧乙烷}}$

环己基-CH_2CH_2OH $\xrightarrow{PBr_3}$ 环己基-CH_2CH_2Br $\xrightarrow[\text{② }CO_2 \text{ ③ }H_2O]{\text{① }Mg, (C_2H_5)_2O}$ 环己基-CH_2CH_2COOH

[知识点] Grignard 试剂的制备及在合成中的应用。

(2) $CH_3-\underset{\underset{O}{\|}}{C}-CH_2Br \xrightarrow{HOCH_2CH_2OH/H^+}$ 缩酮-$CH_2Br \xrightarrow{Mg, (C_2H_5)_2O}$ 缩酮-$CH_2MgBr \xrightarrow[\text{② }H_3O^+]{\text{① 环氧乙烷}}$ $CH_3-\underset{\underset{O}{\|}}{C}-CH_2CH_2CH_2OH$

[知识点] 酮羰基的保护与去除保护；Grignard 试剂的制备与应用。

(3) 四氢萘 $\xrightarrow[\text{② }Zn, H_2O]{\text{① }O_3}$ 二醛中间体 $\xrightarrow[\triangle, -H_2O]{\text{稀 }OH^-}$ 茚-CHO

[知识点] 羟醛缩合反应。

(4) 环己醇 $\xrightarrow{Na_2Cr_2O_7}$ 环己酮 $\xrightarrow[\text{② }H_3O^+]{\text{① }CH_3MgX}$ 1-甲基环己醇 $\xrightarrow{PCl_3}$ 1-甲基-1-氯环己烷 $\xrightarrow{Li}$ 1-甲基环己基Li $\xrightarrow[\text{② }H_3O^+]{\text{① 环氧丙烷}}$ 产物

[知识点] 酮的生成，与 Grignard 试剂的反应；金属有机化合物生成，与环氧化合物的反应。

(5) 丙酮 $\xrightarrow{H_2, Ni}$ 异丙醇 $\xrightarrow{HCl, ZnCl_2}$ 异丙基氯 $\xrightarrow{Mg, (C_2H_5)_2O}$ 异丙基MgCl $\xrightarrow{}$

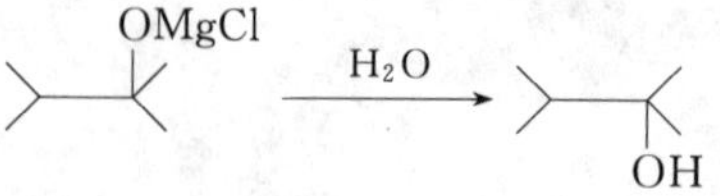

第 10 章　醛、酮、醌

$$(CH_3)_2C(OMgCl)CH(CH_3)_2 \xrightarrow{H_2O} (CH_3)_2C(OH)CH(CH_3)_2$$

[知识点]　格氏试剂与酮反应制备叔醇。

(6) $CH_3CHO + 3HCHO \xrightarrow{\text{稀 }OH^-} OHCC(CH_2OH)_3$

$\xrightarrow[\text{② }H_2/Ni]{\text{① }SH\text{ }SH} CH_3C(CH_2OH)_3$（或用黄鸣龙反应还原，但不能用 Zn-Hg/HCl）

[知识点]　羟醛缩合反应；还原反应。

(7) $2CH_3CHO \xrightarrow{\text{稀 }OH^-} CH_3CH(OH)CH_2CHO \xrightarrow{H_2/Ni} CH_3CH(OH)CH_2CH_2OH$

$\xrightarrow[\triangle]{\text{浓 }H_2SO_4} CH_2=CH-CH=CH_2$

[知识点]　羟醛缩合反应；醇脱水反应。

(8) $2CH_3COCH_3 \xrightarrow[\triangle]{\text{稀 }OH^-} (CH_3)_2C=CHCOCH_3 \xrightarrow{NaOCl}$

$(CH_3)_2C=CH-C(=O)-ONa \xrightarrow{H^+} (CH_3)_2C=CH-C(=O)-OH$

[知识点]　羟醛缩合反应；碘仿反应。

*10-9　我国盛产山茶籽油，其主要成分是柠檬醛，设计以它为原料合成香料——β-紫罗兰酮的合成路线，写出反应过程。

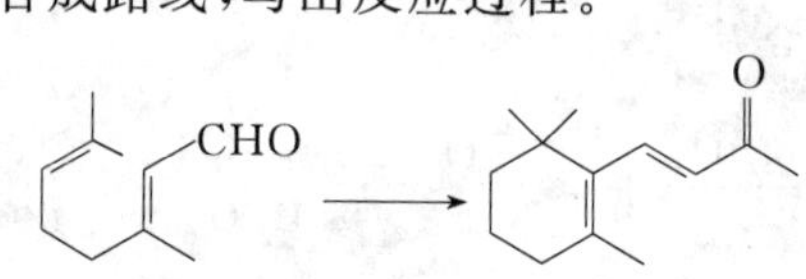

柠檬醛 → β-紫罗兰酮

解：柠檬醛 + $CH_3COCH_3 \xrightarrow[\triangle]{\text{稀 }OH^-}$ （中间产物）$\xrightarrow{H^+ \atop BF_3 + HOAc}$

（碳正离子中间体）→（环化产物）$\xrightarrow{-H^+}$ β-紫罗兰酮

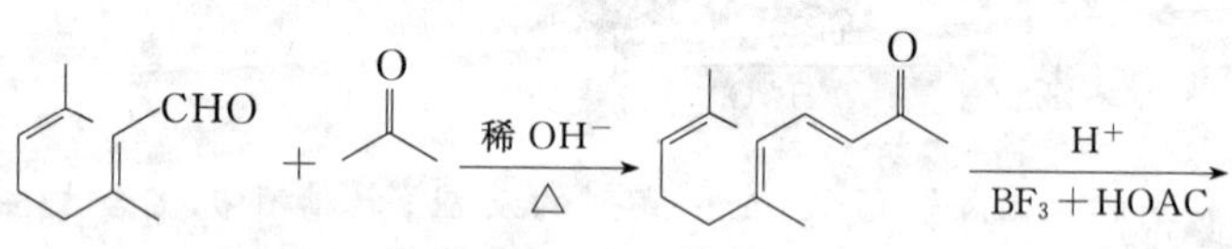

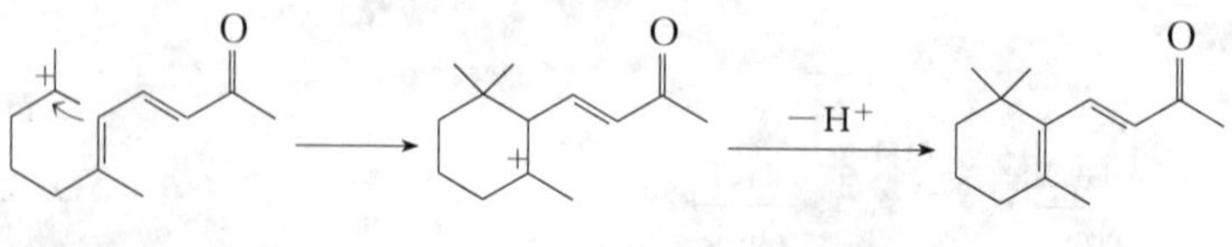

[知识点]　羟醛缩合反应；烯烃的性质；碳正离子的反应。

10-10 写出下列反应的机理,用弯箭头表示电子转移方向。

(1) PhOH + $\overset{O}{\underset{}{\|}}$ (CH₃)₂C=O $\xrightarrow{H_2SO_4}$ HO—C₆H₄—C(CH₃)₂—C₆H₄—OH 双酚A

解:

$$CH_3-\overset{\overset{..}{O}:}{\underset{}{\|}}-CH_3 \xrightarrow{H^+} \left[CH_3-\overset{\overset{+}{OH}}{\underset{}{\|}}-CH_3 \leftrightarrow CH_3-\overset{\overset{OH}{|}}{\underset{+}{C}}-CH_3 \right] \xrightarrow{PhOH, \text{亲电取代}}$$

$$(CH_3)_2\overset{H}{\underset{HO}{C}}-C_6H_4-OH \xrightarrow{-H^+} HO-C_6H_4-C(CH_3)_2-\overset{..}{O}H \xrightarrow{H^+}$$

$$HO-C_6H_4-C(CH_3)_2-\overset{+}{O}H_2 \xrightarrow{-H_2O} HO-C_6H_4-\overset{+}{C}(CH_3)_2 \xrightarrow{PhOH}$$

$$HO-C_6H_4-C(CH_3)_2-\overset{H}{\underset{}{C_6H_4}}-OH \xrightarrow{-H^+} HO-C_6H_4-C(CH_3)_2-C_6H_4-OH$$

[知识点] 酮、醇的Lewis碱性;芳环亲电取代反应机理。

(2) HOCH₂CH₂CH₂CHO $\xrightarrow[CH_3OH]{H^+}$ 四氢呋喃-2-基-OCH₃ + H₂O

解:

$$HO(CH_2)_3\overset{\overset{..}{O}:}{\underset{}{\|}}C-H \rightleftharpoons HO(CH_2)_3\overset{\overset{+}{OH}}{\underset{}{\|}}C-H \rightleftharpoons \text{(环化产物 } \overset{H}{\underset{OH}{\text{四氢呋喃}}}\text{)}$$

$$\xrightarrow{-H^+} \text{半缩醛} \xrightarrow{H^+} \rightleftharpoons \xrightarrow{-H_2O} \rightleftharpoons \xrightarrow{CH_3OH}$$

$$\rightleftharpoons \text{四氢呋喃-OCH}_3 \xrightarrow{-H^+} \text{缩醛}$$

[**知识点**] 缩醛形成机理。

*(3) [reaction scheme: hydroxy-diketone bicyclic compound $\xrightarrow{OH^-}$ enone bicyclic compound]

解: [mechanism showing intramolecular aldol condensation steps: alkoxide intermediate $\xrightarrow{OH^-}$ enolate attack $\rightarrow$ bicyclic alkoxide intermediate $\xrightarrow[-HO^-]{H_2O}$ β-hydroxy ketone $\xrightarrow{\triangle,\,-H_2O}$ enone + ^-OH]

[**知识点**] 羟醛缩合反应及其逆反应机理。

10-11 某不饱和酮 A(C_5H_8O)与 CH_3MgI 反应,经酸化水解后得到饱和酮 B($C_6H_{12}O$)和不饱和醇 C($C_6H_{12}O$)的混合物。B 经溴的氢氧化钠溶液处理转化为 3-甲基丁酸钠。C 与 $KHSO_4$ 共热脱水生成 D(C_6H_{10}),D 与丁炔二酸反应得到 E($C_{10}H_{12}O_4$)。E 经钯催化脱氢得到 3,5-二甲基-1,2-苯二甲酸。试推导 A,B,C,D,E 的构造式,并写出相关的反应式。

解:

$$CH_3-\underset{A}{\underset{\|}{\overset{O}{C}}}-CH=CH-CH_3 \xrightarrow[\text{② } H_3^+O]{\text{① } CH_3MgI}$$

$$\rightarrow CH_3\overset{O}{\overset{\|}{C}}CH_2CH(CH_3)_2 \quad \text{B(1,4-共轭加成产物)}$$

$$\rightarrow CH_3-\underset{CH_3}{\underset{|}{\overset{OH}{\overset{|}{C}}}}-CH=CHCH_3 \quad \text{C(1,2-加成产物)}$$

$$(CH_3)_2CHCH_2\overset{O}{\overset{\|}{C}}CH_3 \xrightarrow{Br_2/NaOH} (CH_3)_2CHCH_2\overset{O}{\overset{\|}{C}}-ONa$$
(B)

$$(CH_3)_2\underset{OH}{\underset{|}{C}}CH=CHCH_3 \xrightarrow{KHSO_4} CH_3-\underset{\underset{D}{}}{\overset{CH_2}{\overset{\|}{C}}}-CH=CHCH_3 \xrightarrow{HOOCC\equiv C-COOH}$$

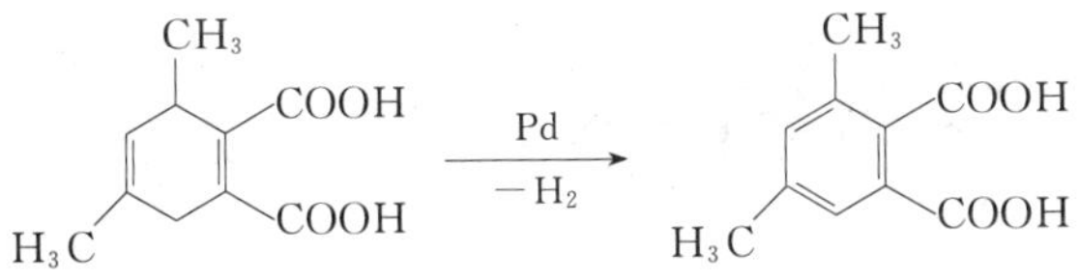

$$\underset{E}{\text{(structure)}} \xrightarrow[-H_2]{Pd} \underset{E}{\text{(structure)}}$$

[知识点] α,β-不饱和酮的亲核加成反应;卤仿反应;双烯合成。

10-12 有一化合物 A,分子式为 $C_{12}H_2O$,具有旋光活性,在铂催化下加一分子氢得到两个异构体 B 和 C,分子式为 $C_{12}H_{22}$。A 臭氧化只得到一个化合物 D,分子式为 $C_6H_{10}O$,也具有旋光活性,D 与羟氨反应得 $E(C_6H_{11}NO)$。D 与 DCl 在 D_2O 中可以与 α-活泼氢发生交换反应得到 $C_6H_7D_3O$,表明有三个 α-活泼氢,D 的 PMR 谱表明有一个甲基。试推测化合物 A~E 的结构式。

解:

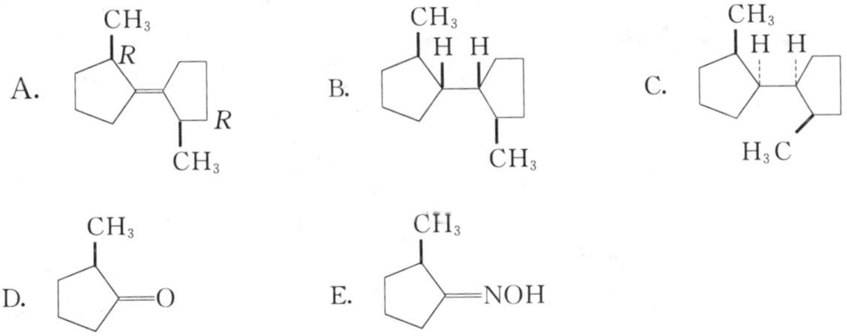

A. (结构) B. (结构) C. (结构)

D. (结构) E. (结构)

还有另一组解即 S,S 构型。

[知识点] 旋光性;酮的性质;烯烃的性质;HNMR 谱。

10-13 化合物 A 的分子式为 $C_6H_{12}O_3$,在 1710 cm^{-1} 处有强吸收峰。A 和 $I_2/NaOH$ 溶液作用得黄色沉淀,与 Tollens 试剂作用无银镜产生。若 A 用稀 H_2SO_4 处理后,所生成的化合物与托伦试剂作用则有银镜产生。A 的 HNMR 数据如下:

$\delta=2.1$(单峰,3H) $\delta=2.6$(双峰,2H)
$\delta=3.2$(单峰,6H) $\delta=4.7$(三重峰,1H)

写出 A 的构造式及相关反应式。

解:

$$\underset{A}{CH_3\overset{O}{\overset{\|}{C}}CH_2CH(OCH_3)_2} \xrightarrow{I_2/NaOH} NaOOCCH_2CH(OCH_3)_2 + HCl_3 \downarrow$$

黄色

↓ 稀 H_2SO_4

$$CH_3CCH_2CHO \xrightarrow{Ag(NH_3)_2OH} CH_3CCH_2COONH_4 + Ag\downarrow$$
$$\underset{O}{\|} \qquad\qquad\qquad\qquad \underset{O}{\|}$$

[知识点]　缩醛的性质；碘仿反应；HNMR 谱。

10-14　试说明影响醛酮发生亲核加成反应活性的因素。

解：(1) 电子效应：羰基碳原子上电子密度低，有利于反应，连吸电子基反应活性高。

(2) 空间效应：空间位阻大，不利于亲核试剂进攻，反应活性低。

[知识点]　亲核加成反应机理。

10-15　试自查文献说明甲醛、乙醛、丙酮、环己酮的工业制备方法。如有多种方法，请评述各方法的优缺点。

解：略。

第 11 章　羧酸及其衍生物

▶▶ **学习重点**

1. 羧酸衍生物的生成及其反应机理。
2. 二元酸的脱酸和脱水反应。
3. α-H 的卤代反应。
4. 羧酸衍生物的水解、醇解、氨(胺)解和酸解反应及其反应机理。
5. 羧酸衍生物的还原反应。
6. 酯缩合反应和酰胺的降级反应。
7. 羟基酸的脱水反应。
8. β-酮酸酯及丙二酸酯在有机合成中的应用。

▶▶ **专题讨论与拓展**

1. 醇、醛(酮)和羧酸(及其衍生物)的亲核反应

醇的结构为 $\overset{\delta+}{R}-\overset{\delta-}{OH}$，会发生典型的 S_N 反应，R 的结构不同会有 S_N1、S_N2、S_Ni 等反应，常用质子酸催化。在发生 S_N 反应的同时，还会伴随着 E1、E2 反应，甚至还会引起碳骨架重排反应：

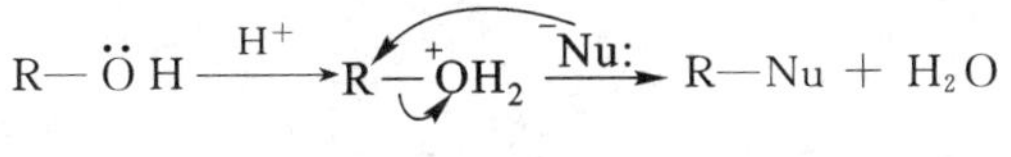

$$R-\ddot{O}H \xrightarrow{H^+} R-\overset{+}{O}H_2 \xrightarrow{Nu:} R-Nu + H_2O$$

醛(酮)的结构为 $R-\overset{\overset{O\delta-}{\parallel}}{\underset{}{C}}-H(R')$，会发生典型的亲核加成反应，生成相应的羟基(醇)的衍生物。质子酸也能催化此反应：

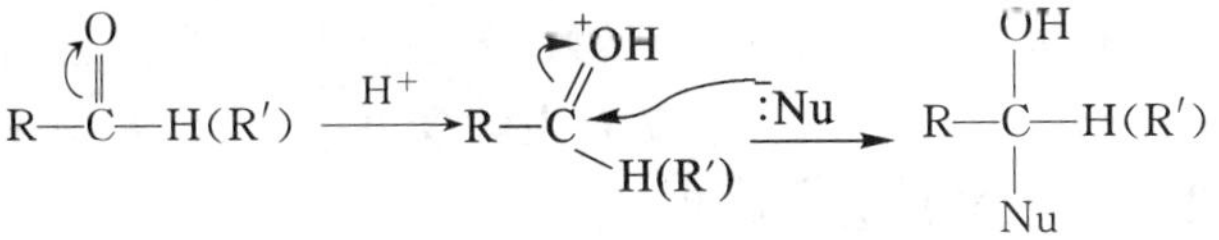

$$R-\underset{H(R')}{\overset{O}{\overset{\parallel}{C}}}-H(R') \xrightarrow{H^+} R-\underset{H(R')}{\overset{+OH}{\overset{\parallel}{C}}} \xrightarrow{:Nu} R-\underset{Nu}{\overset{OH}{\underset{|}{C}}}-H(R')$$

酸（及其衍生物）的结构为 R—C(=O)—Y [Y= $\ddot{O}H$, $\ddot{X}$, $RCO\ddot{O}$, $R\ddot{O}$, $\ddot{N}H_2$（$\ddot{N}HR'$, $\ddot{N}R'R''$）]，由于 p-π 共轭作用，使 C 上正电荷减少，C—Y 键极性变小，>C=O 键极性也变小。C—Y 的亲核取代比醇的 C—OH 难；>C=O 的亲核加成比醛（酮）的 >C=O 也难进行，随着 Y 的不同，这种难度是有差异的。共轭不好的 Y 较易被亲核取代。C—Y 的亲核取代也被质子酸催化。但亲核取代的机理与醇的亲核取代机理不同，是亲核加成-消除机理：

$$R-\overset{O}{\underset{Y}{C}} \xrightarrow{H^+} R-\overset{+OH}{\underset{Y}{C}} \xrightarrow{Nu:} R-\overset{+OH}{\underset{Nu}{C}}-Y \longrightarrow R-\overset{O}{\underset{Nu}{C}} + HY$$

在以上三类反应中，亲核试剂 $^-Nu:$ 进攻的目标都是带正电荷的碳原子。催化剂 H^+ 的作用不尽相同。在醇取代反应中，H^+ 使羟基质子化 $R-\overset{+}{O}H_2$，一方面增加 C—O 键极性，另一方面减小 ^-OH 的亲核性，变成一个好的离去基团，两种作用，使亲核取代顺利完成。在醛（酮）亲核加成反应中，H^+ 使羰基氧质子化 >C=$\overset{+}{O}$H，使 π 电子极化，促进亲核加成，形成羟基衍生物。而在酸及其衍生物的亲电取代反应中，H^+ 也是使羰基氧质子化，使 π 电子极化，促进亲核加成反应形成羟基衍生物，然后 Y 离去（不易直接取代 Y），完成亲核取代反应。

问题是，为什么醛（酮）加成反应停留在生成羟基衍生物 $\left[R-\overset{OH}{\underset{Nu}{C}}-H(R') \right]$ 这一步，而酸及其衍生物却不能停留在 $R-\overset{OH}{\underset{Nu}{C}}-Y$ 一步，而是消去 Y，生成 $R-\overset{O}{\underset{}{C}}-Nu$ 呢？首先不论是 $R-\overset{+OH}{\underset{Nu}{C}}-H(R')$ 还是 $R-\overset{+OH}{\underset{Nu}{C}}-Y$ 都有消除的倾向，变成较稳定的 $R-\overset{O}{\underset{}{C}}-Nu$。但是，C 周围的拥挤程度不一样，消去的倾向不同，更重要的是 ^-H 和 $^-R'$ 有极强的亲核性，不是好的离去基，不能消去，而多数 Y 的亲核性较弱是一个较好的离去基，Y 上又有未共享电子对，羟基上的 H^+ 较易转移到 Y 上，进一步促进 HY 离去。如酯化反应：

$$RCOOH \xrightleftharpoons{H^+} R-\overset{+}{C}(OH)_2 \xrightleftharpoons{H\ddot{O}R'} R-\underset{\overset{+}{O}HR'}{\overset{OH}{C}}-\ddot{O}H \xrightleftharpoons{-H^+}$$

$$R-\underset{OR'}{\overset{:\ddot{O}-H}{C}}-\ddot{O}H \rightleftharpoons R-\overset{O}{C}-OR' + H_2O$$

2. 羟醛缩合与酯缩合反应

羟醛缩合与酯缩合都是由羰基 α-H 的酸性引起的反应，α-H 酸性顺序为 $RCOX > (RCO)_2O > RCHO > RCOR' > RCOOH > RCOOR' > RCONH_2$。羟醛缩合反应产物是 β-羟基醛（酮），热力学不是很稳定，反应是可逆的，加热脱水可生成热力学较稳定的 α,β-不饱和羰基化合物。酯缩合反应产物是 β-酮酸酯，由于羰基和酯基的吸电子作用，使其亚甲基上的氢酸性增加，在缩合反应体系中，与碱作用生成烯醇盐，这一步不可逆，从而使总的反应平衡不断向正方向移动。由于上述原因，酯与酮反应的主产物为酮酯缩合产物。例如：

$$CH_3-COOCH_3 + CH_3-\overset{O}{C}-CH_3 \xrightarrow{C_2H_5ONa/C_2H_5OH} CH_3-\underset{}{\overset{ONa}{C}}=CHC\overset{O}{C}CH_3$$

$$\xrightarrow{H_3^+O} CH_3C\overset{O}{C}-CH_2COCH_3$$

酮的 α-H 活性和酮羰基碳的正电性都比酯的强，反应开始阶段主要产物是羟醛缩合产物，为动力学产物，反应是可逆的，随着时间的延长，稳定的醛酯缩合产物 $\left[H_3C\overset{ONa}{C}=CHC\overset{O}{C}CH_3\right]$ 逐渐增加，该产物热力学稳定，反应不可逆，羟醛缩合产物逆向分解为原料，整个平衡向醛酯缩合产物方向移动，得到了主产物醛酯缩合产物。该反应的副产物是酯缩合产物，酯缩合产物也具有热力学稳定性，为避免副产物，可先将酮变成烯醇盐再加酯反应或选择不含 α-H 的酯为原料，可达到生成酮酯缩合产物的目的。

3. 碳负离子活泼中间体

碳负离子是碳原子上带负电荷的反应活泼中间体。在大多数情况下，带负电荷的碳原子是 sp^3 杂化。sp^3 杂化的碳原子是四面体构型，未共享的电子对处于一个 sp^3 杂化轨道中。但是，这种四面体构型是处于快速翻转之中，即处于

$sp^3 \rightleftharpoons sp^2 \rightleftharpoons sp^3$ 动态翻转中。

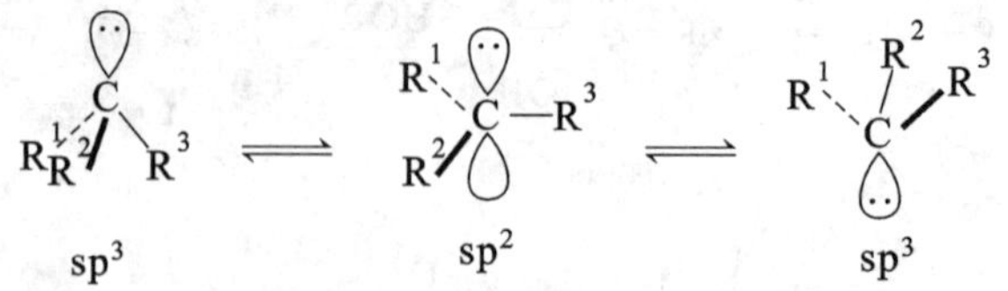

翻转的速率取决了碳负离子连接的三个基团的体积和其与基团相连接键的极性,可以想象基团体积大、键的极性强,构型翻转就慢。

尽管碳负离子是极活泼的"短寿命"反应中间体,但是这种翻转还是存在的。例如:

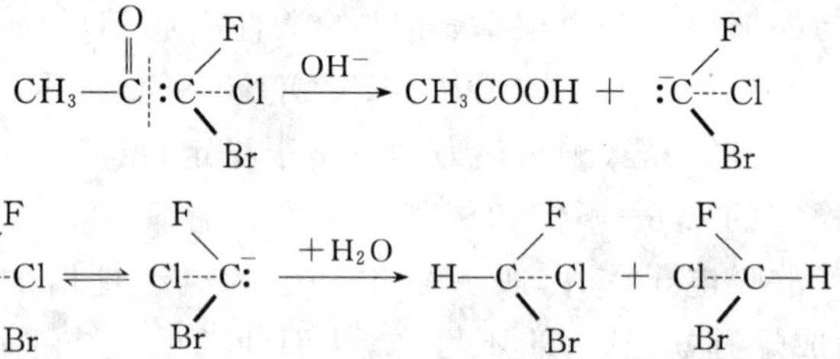

$$CH_3-C(=O)-\overset{..}{C}(F)(Br)Cl \xrightarrow{OH^-} CH_3COOH + :\overset{..}{C}(F)(Br)Cl$$

$$:\overset{..}{C}(F)(Br)Cl \rightleftharpoons Cl\overset{..}{C}:(F)(Br) \xrightarrow{+H_2O} H-C(F)(Br)Cl + Cl-C(F)(Br)H$$

当碳负离子的 C 与有 π 键的基团(如苯基、硝基、羰基、氰基)相连或两个取代基变成环状时,碳负离子可能是平面结构。如 7-苯基降冰片烷负离子与 K^+、Cs^+ 成盐时即为平面结构。

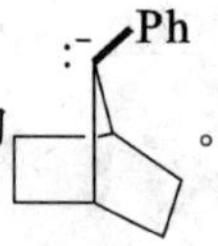

碳负离子具有未共享电子对,是一种碱。它接受质子成为共轭酸。碳负离子的稳定性与共轭酸的强度有直接关系。强酸的共轭碱是弱碱,碳负离子的稳定性大。通过 KNH_2 催化氘交换反应,测定某些酸的强度如下:

$$H_3C-H > CH_3CH_2-H > \text{C}_6\text{H}_{11}-H > (CH_3)_3C-H$$

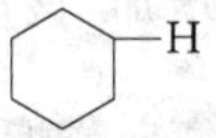

则碳负离子的稳定性为

$$^-CH_3 > {}^-CH_2CH_3 > {}^-C_6H_{11} > (CH_3)_3C^-$$

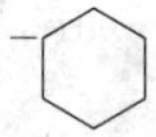

在质子溶剂中测定碳素酸(有机 C—H)的酸性如下:

化合物	乙酰丙酮	环戊二烯	硝基甲烷	9-苯基芴	茚	苯乙炔	芴	己炔
pK_a	9	15	15	18.3	18.5	18.5	22.9	25
化合物	1,3,3-三苯基丙烯	乙腈	三苯甲烷	二苯甲烷	甲苯	丙烯(α位)	环庚三烯	乙烯	苯
pK_a	26.5	29	32.5	32	35	35.5	36	36.5	37
化合物	异丙苯(α位)	环丙烷	甲烷	乙烷	新戊烷	丙烯(α位)	环戊烷	环己烷
pK_a	37	39	40	42	44	44	44	45

在 DMSO(二甲基亚砜)中测定酸性如下:

化合物	苯基丙二腈	苯甲酸	丙二腈	甲基丙二腈	β-戊二酮	丙二酸二甲酯	硝基乙烷
pK_a	4.2	11.0	11.1	12.4	13.3	15.7	16.7
硝基甲烷	环戊二烯	苯酚	茚	对硝基甲苯	硫脲	苯乙腈	三(苯硫)甲烷	芴
17.2	18.0	18.2	20.1	20.5	21.9	21.9	22.5	22.6
苯甲酸乙酯	苯乙酮	乙酰胺	环己酮	丙酮	脲素	苯乙炔	苯甲亚砜	甲醇
24.4	24.7	25.5	26.4	26.5	26.9	28.7	29.0	29.0
乙酸乙酯	三苯甲烷	二甲基砜	乙腈	水	甲苯	叔丁醇	二甲基甲砜	氢
30~31*	30.6	31.1	31.3	31.4	31.4	32.2	35.1	36*
氨	甲苯	丙烯	四氢吡啶	甲烷				
41*	42*	43	44*	55*				

这两组数据说明,碳负离子在质子溶剂中和在非质子极性溶剂中的稳定性是不一样的。

碳负离子可通过如下方法形成:

① 烃金属化(M—H 交换反应)。例如:

$$\text{C}_6\text{H}_6 + n\text{-C}_4\text{H}_9\text{Li} \xrightarrow[\text{叔胺}]{\text{己烷}} \text{C}_6\text{H}_5\text{Li} + n\text{-C}_4\text{H}_{10}$$

② 卤烃金属化(M—X 交换反应)。例如:

$$\text{2-萘基-Br} + n\text{-C}_4\text{H}_9\text{Li} \xrightarrow{\text{醚}} \text{2-萘基-Li} + n\text{-C}_4\text{H}_9\text{Br}$$

$$\text{R-CH=CH-Br} + n\text{-C}_4\text{H}_9\text{Li} \xrightarrow[-70℃]{\text{THF}} \text{RCH=CHLi} + n\text{-C}_4\text{H}_9\text{Br}$$

③ 制备格利雅试剂。例如:

$$\text{C}_6\text{H}_5-\text{Br} + \text{Mg} \xrightarrow{\text{醚}} \text{C}_6\text{H}_5-\text{MgBr}$$

④ 含有各种活泼氢的化合物,如醛、酮、酸、酯、硝基烷、腈、砜、β,β'-二羰基化合物等的 α-H 用碱处理。例如:

$$\text{CH}_3\text{CHO} + \text{NaOH} \longrightarrow \text{Na}^+\overset{-}{\text{C}}\text{H}_2\text{CHO} + \text{H}_2\text{O}$$

$$\text{CH}_3\text{COCH}_3 + \text{KOH} \longrightarrow \text{K}^+\overset{-}{\text{C}}\text{H}_2\text{COCH}_3 + \text{H}_2\text{O}$$

$$\text{CH}_2(\text{COOEt})_2 + \text{NaOC}_2\text{H}_5 \longrightarrow \text{NaCH}(\text{COOEt})_2 + \text{HOC}_2\text{H}_5$$

影响碳负离子稳定性的因素:

① 碳负离子的负电荷离域作用。例如:

$$^-\text{CH}_2\text{COCH}_3 \longleftrightarrow \text{CH}_2=\overset{\overset{\text{O}^-}{|}}{\text{C}}-\text{CH}_3$$

② 诱导效应:季铵离子的 α-H 比叔胺的 α-H 酸性强。例如:

$$\text{R}_3\text{N}^+-\text{CH}_3 \xrightarrow{\text{碱}} \text{R}_3\text{N}^+-\overset{-}{\text{C}}\text{H}_2 \xrightarrow{\text{D}_2\text{O}} \text{R}_2\text{N}-\text{CH}_2\text{D}$$

③ 碳原子的杂化状态:C—H 的酸性取决于碳的杂化状态,碳杂化轨道中 s 轨道成分越多酸性越强,碳负离子的稳定性(碱性)越弱。例如:

化合物	己烷	环丙烷	乙烯	乙炔
C 杂化状态	sp^3	$sp^{2.7}$	sp^2	sp
s 成分含量	25%	30%	33%	50%
pK_a	42	39	36.5	25

④ 有芳香性的碳负离子稳定,如环戊二烯负离子、环壬四烯负离子等。

以碳负离子为中间体的有机反应主要是上述生成的各种碳负离子进行的如下反应:

① 与含 >C=O 化合物的亲核加成反应。例如:

$$\text{CH}_3\text{CHO} \xrightarrow{^-\text{CN}} \text{CH}_3\overset{\overset{\text{OH}}{|}}{\text{C}}\text{H}-\text{CH}_2\text{CHO}$$

$$\text{C}_6\text{H}_5\overset{\overset{\text{O}}{\|}}{\text{C}}-\text{H} + \text{BrZn}-\text{CH}_2\text{COOEt} \longrightarrow \text{C}_6\text{H}_5\overset{\overset{\text{OZnBr}}{|}}{\text{C}}\text{H}-\text{CH}_2\text{COOEt}$$

② 与含 $\text{>C=N}-$ 化合物的亲核加成反应。例如:

$$(C_6H_5)_2C=N-C_6H_5 + LiC_6H_5 \longrightarrow (C_6H_5)_3C-N(Li)-C_6H_5$$

③ 与羧酸及其衍生物的亲核反应。例如：

$$CH_3\overset{O}{C}-Y + BrMg-CH_2CH_3 \longrightarrow CH_3\overset{O}{C}-CH_2CH_3 + BrMgY$$

$$(Y=Cl, Br, OR, \ O-\overset{O}{C}-R \ \text{等})$$

④ 与卤烃、酰卤等的烷基化和酰基化反应。例如：

$$CH_3\overset{O}{C}-CH_2\overset{O}{C}CH_3 + ClCH_2CH_3 \xrightarrow{NaOH} CH_3\overset{O}{C}-\underset{CH_2CH_3}{CH}-\overset{O}{C}-CH_3$$

$$CH_3\overset{O}{C}-CH_2\overset{O}{C}-OC_2H_5 + CH_3CH_2\overset{O}{C}-Cl \xrightarrow{NaOH} CH_3\overset{O}{C}-\underset{CH_3CH_2C=O}{CH}-\overset{O}{C}-OC_2H_5 + HCl$$

⑤ Michael 加成反应。例如：

$$CH_2=CH-\overset{O}{C}-H + CH_2(COOEt)_2 \xrightarrow{NaOC_2H_5} H-\overset{O}{C}-CH_2-CH_2-CH(COOEt)_2$$

$$CH_2=CH-\overset{O}{C}-CH_3 + \underset{COOCH_2CH_3}{\overset{COCH_3}{CH_2}} \xrightarrow{NaOH} \underset{CH_3CH_2O_2C}{\overset{CH_3CO}{CH}}-CH_2-CH_2-\overset{O}{C}-CH_3$$

$$CH_2=CH-CN + CH_3-NO_2 \xrightarrow{KH} NC-CH_2-CH_2-CH_2-NO_2$$

⑥ 能形成双碳负离子的 β-羰基化合物的烷基化、缩合等反应。能形成双碳负离子的化合物有如下几种：

A. $CH_3CO\bar{C}HCO\bar{C}H_2$,

B. $\bar{C}H_2CO\bar{C}HCHO$

C. <chemical structure: cyclopentanone with α-carbanion attached to COCH₂⁻ group>

D. <chemical structure: cyclohexanone with α-carbanion bearing CHO group>

E. $CH_3CH_2CH_2CH_2CH_2CO\bar{C}HCO\bar{C}H_2$

F. $\bar{C}H_2\overset{O}{C}-\bar{C}HCOOC_2H_5$

G. $C_6H_5\bar{C}HCO\bar{C}HCOCH_3$

H. $C_6H_5CO\bar{C}HCO\bar{C}H_2$

这些双碳负离子中有下画线的碳负离子能与亲电试剂反应。例如：

$$C_6H_5CO\bar{C}HCOCH_2 \xrightarrow[\text{② }H_3^+O]{\text{① 亲电试剂}} C_6H_5COCH_2COCH_2Z$$

亲电试剂	Z	产率/%
$C_6H_5CH_2Cl$	$C_6H_5CH_2-$	97
$CH_3O-C_6H_4-COOC_2H_5$	$CH_3O-C_6H_4-CO-$	61
$Cl-C_6H_4-CO-C_6H_5$	$Cl-C_6H_4-C(OH)(C_6H_5)-$	69
CO_2	$HOOC-$	58
2,4,6-三甲基苯基-CO-CH=CH-C_6H_4-	三甲基苯基-CO-CH_2-CH(C_6H_5)-	84

从这组数据可以看到,似乎是亲核性强的碳负离子活泼。

4. α-H 的酸性及应用

有机化合物 α-H 可以质子 H^+ 离去,生成碳负离子 C^-,有机化合物可以看成是一种酸,称氢碳酸。氢碳酸的酸性强度用 pK_a 表示。例如:

① CH_3-CH_3　　$CH_3-CH=CH_2$　　$CH_3-C\equiv CH$　　H_2C(环戊二烯)

pK_a　　50　　　　　35　　　　　　　25　　　　　　　16

② CH_3-CN　　CH_3COOCH_3　　CH_3COCH_3　　CH_3CHO　　CH_3-COCl　　CH_3-NO_2

pK_a　　25　　　　　25　　　　　　　20　　　　　　17　　　　　　16　　　　　　10.4

③ $C_2H_5OC(O)-CH_2-C(O)OC_2H_5$　　$NC-CH_2-CN$　　$CH_3C(O)CH_2C(O)OC_2H_5$

pK_a　　13　　　　　　　　　　　　　13　　　　　　　　11

$NC-CH_2-C(O)-OCH_3$　　　　$CH_3C(O)-CH_2-C(O)-CH_3$

　　　　9　　　　　　　　　　　　　　　9

α-H 有酸性的原因:一方面是极性键产生的诱导效应,如不同杂化状态碳的电负性不同,C_{sp^3} 2.48,C_{sp^2} 2.75,C_{sp} 3.29,更重要是 α-H 离去生成碳负离子的稳定性。例①组中:

$$\bar{C}H_2-CH_3$$
$$\bar{C}H_2-CH=CH_2 \longleftrightarrow CH_2=CH-\bar{C}H_2$$
$$\bar{C}H_2-C\equiv CH \longleftrightarrow CH_2=C=\bar{C}H$$

$$\diagup\!\!\!\!\!\bigcirc^{-} \longleftrightarrow \diagup\!\!\!\!\!\bigcirc^{-} \longleftrightarrow \diagup\!\!\!\!\!\bigcirc^{-}$$

由前至后离域范围越来越大,至环戊二烯负离子具有芳香性。

在②组中:

$$\overset{-}{C}H_2-CN \longleftrightarrow CH_2=C=\overset{-}{N}$$

$$\overset{-}{C}H_2-\overset{O}{\underset{\|}{C}}-OCH_3 \longleftrightarrow CH_2=\overset{O^-}{\underset{|}{C}}-OCH_3$$

$$\overset{-}{C}H_2-\overset{O}{\underset{\|}{C}}-CH_3 \longleftrightarrow CH_2=\overset{O^-}{\underset{|}{C}}-CH_3$$

$$\overset{-}{C}H_2-\overset{O}{\underset{\|}{C}}-H \longleftrightarrow CH_2=\overset{O^-}{\underset{|}{C}}-H$$

$$\overset{-}{C}H_2-\overset{O}{\underset{\|}{C}}-Cl \longleftrightarrow CH_2=\overset{O^-}{\underset{|}{C}}-Cl$$

$$\overset{-}{C}H_2-\overset{O}{\underset{\|}{N}}\diagdown_{O} \longleftrightarrow CH_2=\overset{O^-}{\underset{|}{N}}\diagdown_{O}$$

不仅形成离域体系,而且是稳定的烯醇负离子,α-H 的酸性很强。

在③组中,烯醇负离子离域范围更大:

$$CH_3-\overset{O}{\underset{\|}{C}}\overset{-}{C}H-\overset{O}{\underset{\|}{C}}CH_3 \longleftrightarrow CH_3-\overset{O^-}{\underset{|}{C}}=CH-\overset{O}{\underset{\|}{C}}-CH_3 \longleftrightarrow CH_3\overset{O}{\underset{\|}{C}}-CH=\overset{O^-}{\underset{|}{C}}CH_3$$

$$NC-\overset{-}{C}H-CN \longleftrightarrow \overset{-}{N}=C=CH-C\equiv N \longleftrightarrow N\equiv C-CH=C=\overset{-}{N}$$

所以 α-H 的酸性更强。

这些碳负离子是强亲核试剂,在有机合成中有重要用途。

① 与卤烃、酰氯等发生 S_N 反应,生成烷基化和酰基化产物。例如:

$$CH_3COCH_3 \xrightarrow{NaOC_2H_5} \overset{-}{C}H_2COCH_3 \xrightarrow{C_2H_5Br} CH_3CH_2CH_2\overset{O}{\underset{\|}{C}}CH_3$$

$$CH_3-CN \xrightarrow{NaOC_2H_5} \overset{-}{C}H_2CN \xrightarrow{CH_3\overset{O}{\underset{\|}{C}}-Cl} CH_3\overset{O}{\underset{\|}{C}}-CH_2CN$$

$$\xrightarrow{ClCN} NC-CH_2-CN$$

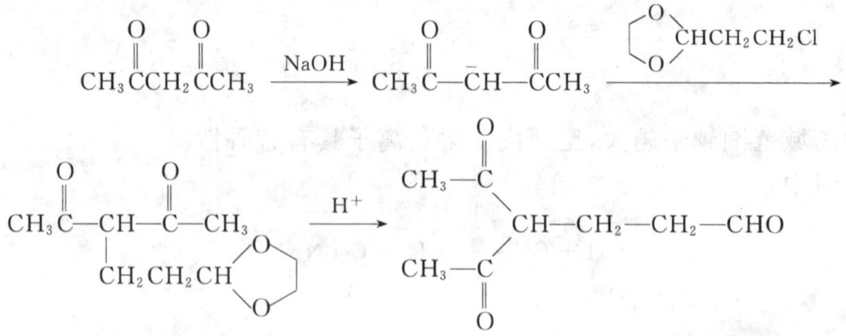

② 自身缩合和交互缩合，例如：

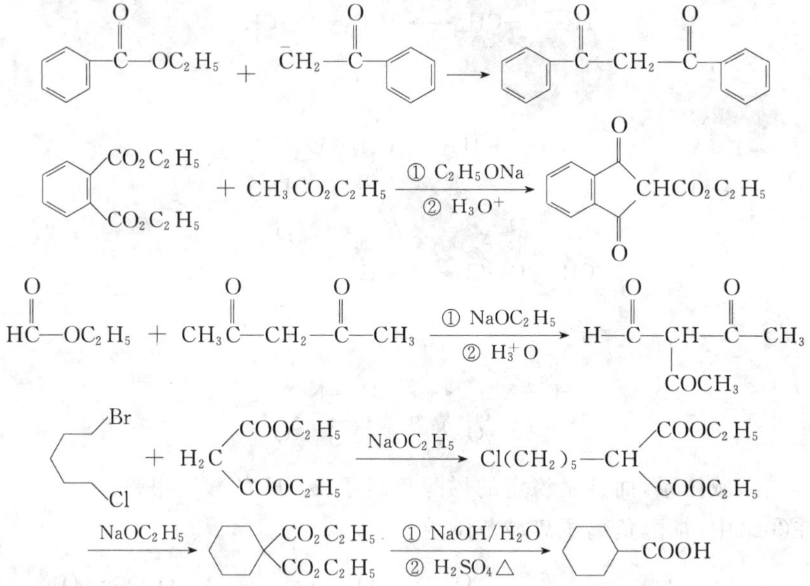

③ 进行 Michael 加成反应。例如：

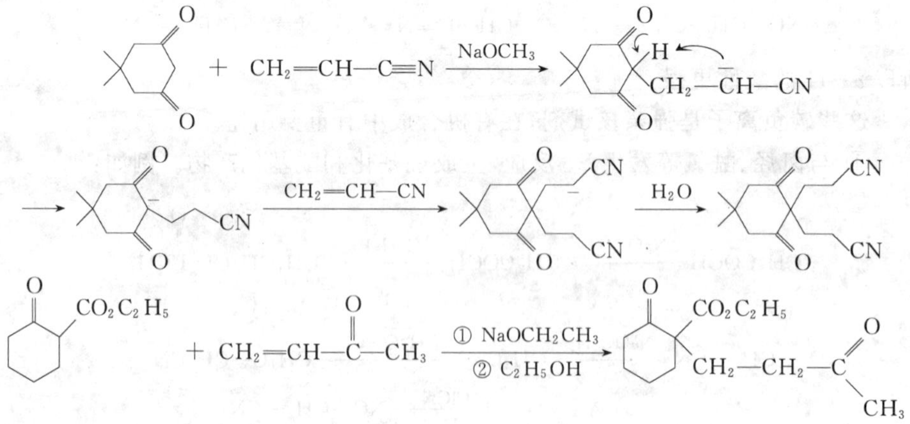

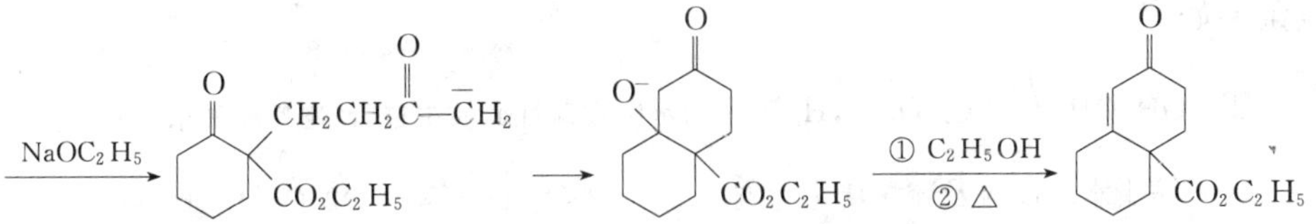

▶▶ 例题解析

例1 丁子香烯(clovene)是倍半萜烯,它由石竹烯(caryophyllene)的酸催化重排而得。下列的转化反应是丁子香烯全合成的一部分。请为每个转化反应提供合适的试剂和反应条件(其中有些转化不限一步),并指出反应类型。

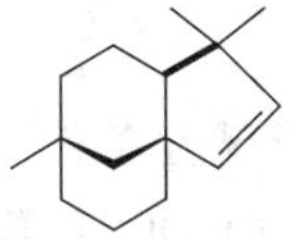

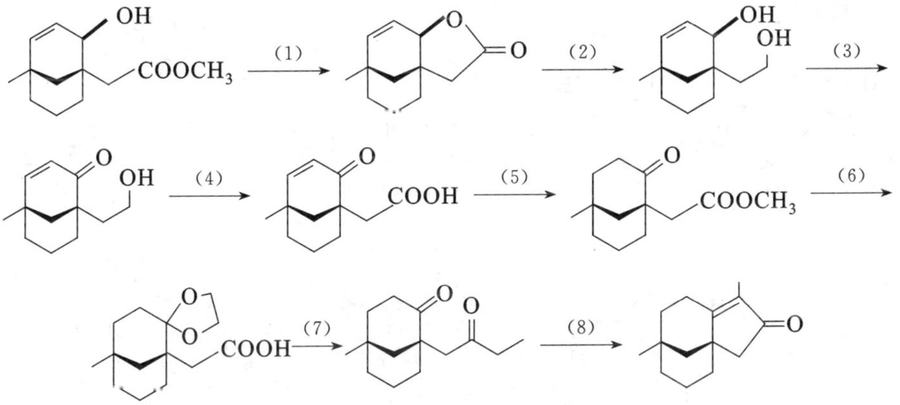

解析: 完成此类合成的方法是关注每步转化反应的特征,准确地确定所发生的变化。

(1) 是酯的分子内醇解反应(酯交换反应),反应条件是催化量的质子酸(H^+)。

(2) 内酯的还原,试剂是① $LiAlH_4$,醚② H_3^+O。

(3) 是醇的选择性氧化反应,烯丙位醇能够被 MnO_2 选择性氧化,而另一个羟基不变。反应试剂是 MnO_2/丙酮。

(4) 伯醇的氧化反应。反应试剂是 $K_2Cr_2O_7/H_2SO_4$。

(5) α,β-不饱和酮双键的选择性还原和醇的酯化反应。反应步骤是① H_2, Pd-C;② $SOCl_2$,CH_3OH,H^+ 或 CH_3OH,H^+。

(6) 酮的保护(酮与醇的亲核加成反应)和酯的水解反应。为两步反应,反应条件如下：

① OH OH （缩酮） / H⁺ ② OH⁻, H₂O (酯的水解在碱性介质中进行，避免缩酮水解)

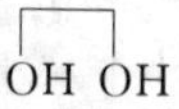

(7) 缩酮水解反应及羧酸转化为酮。反应步骤是① SOCl₂；② (CH₃CH₂)₂CuLi, 醚(增长碳链)；③ H⁺, H₂O(去保护)。

(8) 分子内羟醛缩合反应，反应条件是 HO⁻, H₂O。

例 2 用反应机理解释下列实验结果：

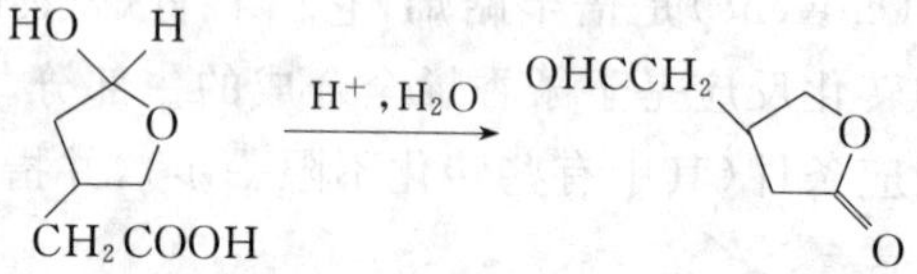

$$\text{半缩醛(含CH}_2\text{COOH)} \xrightarrow{H^+, H_2O} \text{OHCCH}_2\text{-内酯}$$

解析：反应物是半缩醛，产物是内酯。在酸或碱性条件下，半缩醛不稳定，可以转化为醇和醛。分子中含有—OH，—CHO，—COOH，羟基酸在酸的作用下生成内酯：

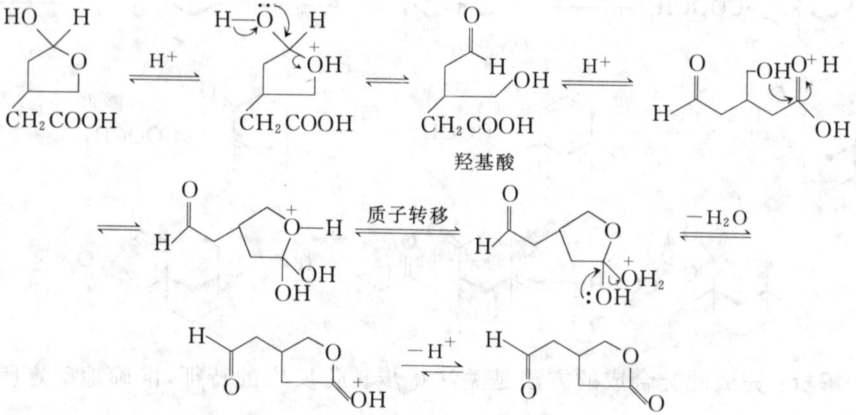

[反应机理图：半缩醛 ⇌ 质子化 ⇌ 开环生成羟基酸 ⇌ 质子转移 ⇌ 脱水 ⇌ 生成内酯]

羟基酸 → 质子转移 → −H₂O → −H⁺ → 内酯

例 3 完成下列转化：

(1) 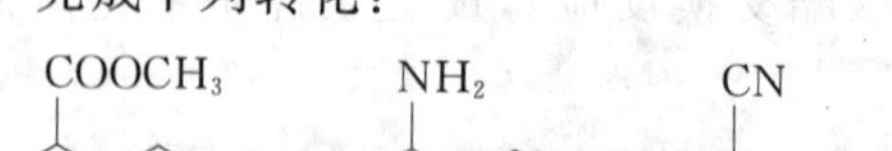 $\text{CH}_3\text{CH}_2\text{CH}_2\text{CH(COOCH}_3\text{)CH}_3 \longrightarrow \text{CH}_3\text{CH}_2\text{CH}_2\text{CH(NH}_2\text{)CH}_3$, $\text{CH}_3\text{CH}_2\text{CH}_2\text{CH(CN)CH}_3$

(2) $\text{BrC(CH}_3\text{)}_2\text{CH}_2\text{CH}_2\text{CHO} \longrightarrow \text{HOOCC(CH}_3\text{)}_2\text{CH}_2\text{CH}_2\text{CHO}$

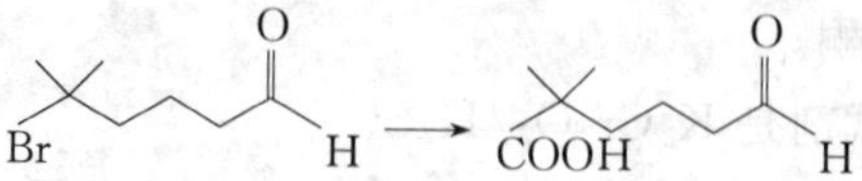

(3) $\text{CH}_2(\text{COOCH}_3)_2 \longrightarrow \text{CH}_3\text{C(O)}-\text{OCH(CH}_2\text{CH}_3)\text{CH}_2\text{CH=CH}_2$

*(4) 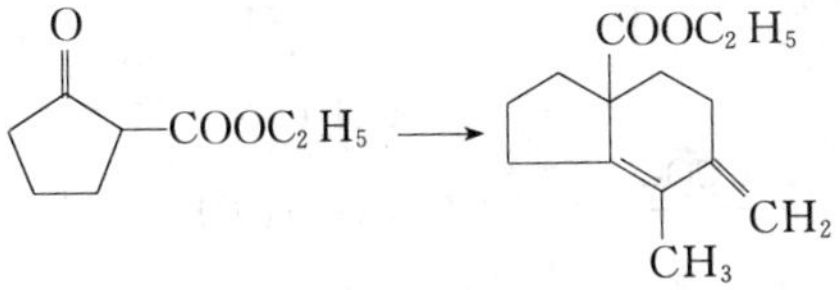 [结构式:环戊酮-2-甲酸乙酯] → [结构式:双环结构含COOC₂H₅, =CH₂, CH₃]

解析：(1) 由酯合成少一个碳的胺可通过酰胺降解反应来实现：

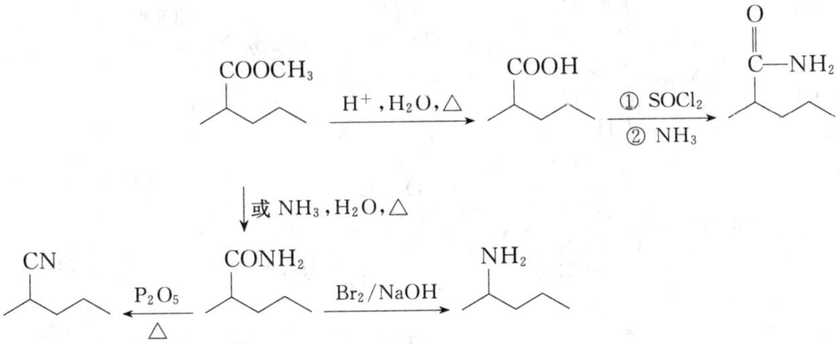

[反应式: COOCH₃化合物 →(H⁺, H₂O, Δ) COOH化合物 →(① SOCl₂ ② NH₃) CONH₂化合物]

↓ 或 NH₃, H₂O, Δ

[反应式: CN化合物 ←(P₂O₅, Δ) CONH₂化合物 →(Br₂/NaOH) NH₂化合物]

(2) 本题是由卤代烃合成增加一个碳原子的酸的问题。一般可采纳两种方法：一是卤代烃与氰化钠反应后水解，二是将卤代烃转化为有机金属试剂后与CO_2反应，最后经酸忄水溶液处理制备。

该合成反应物是叔卤代烃与氰化物的反应，主要发生消除反应，因此，本合成不宜应用该方法。应选择如下的合成路线：

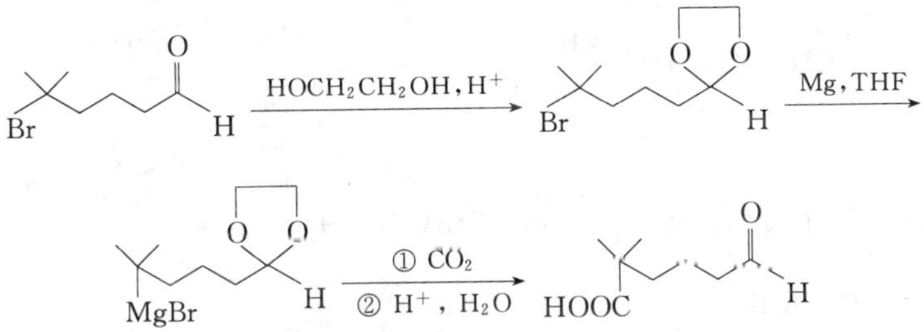

[反应式: Br-化合物-CHO →(HOCH₂CH₂OH, H⁺) Br-化合物-缩醛 →(Mg, THF)]

[反应式: MgBr-化合物-缩醛 →(① CO₂ ② H⁺, H₂O) HOOC-化合物-CHO]

(3) 用丙二酸酯法可以较方便地制备酸，酸还原为醇，再转化为目标产物酯：

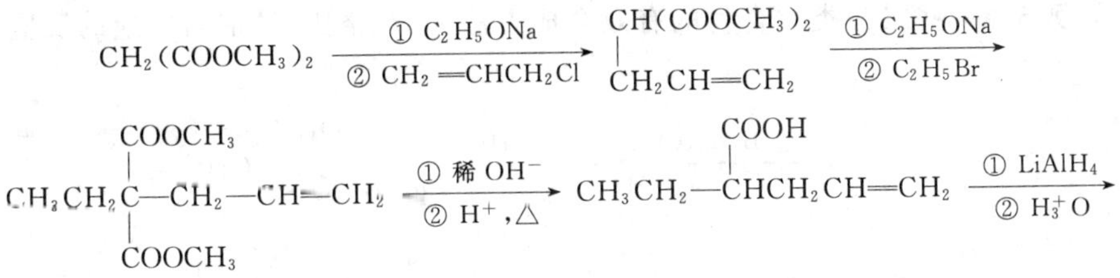

[反应式: CH₂(COOCH₃)₂ →(① C₂H₅ONa ② CH₂=CHCH₂Cl) CH(COOCH₃)₂-CH₂CH=CH₂ →(① C₂H₅ONa ② C₂H₅Br)]

[反应式: CH₃CH₂-C(COOCH₃)₂-CH₂-CH=CH₂ →(① 稀 OH⁻ ② H⁺, Δ) CH₃-CH₂-CH(COOH)-CH₂CH=CH₂ →(① LiAlH₄ ② H₃⁺O)]

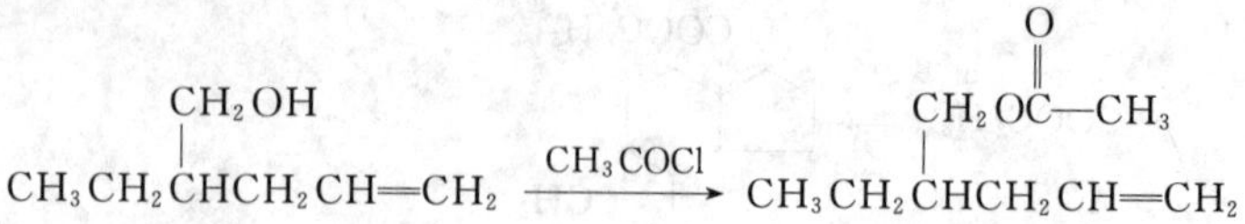

（4）对目标分子进行逆分析：

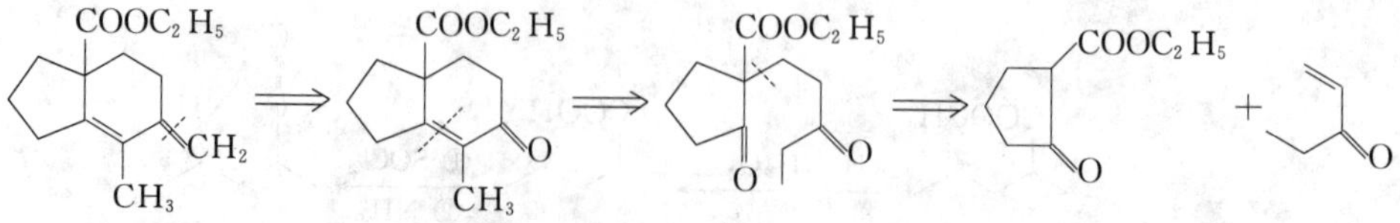

合成

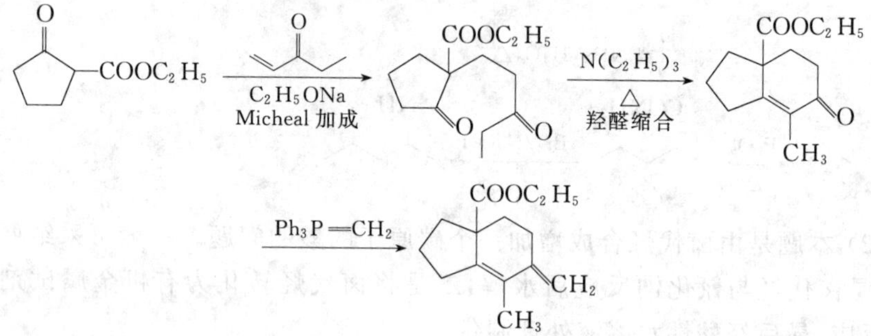

例4 写出下面反应机理，并指出各步反应类型。

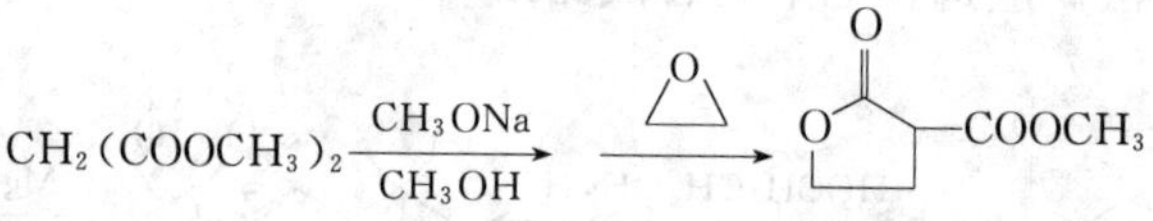

解析：

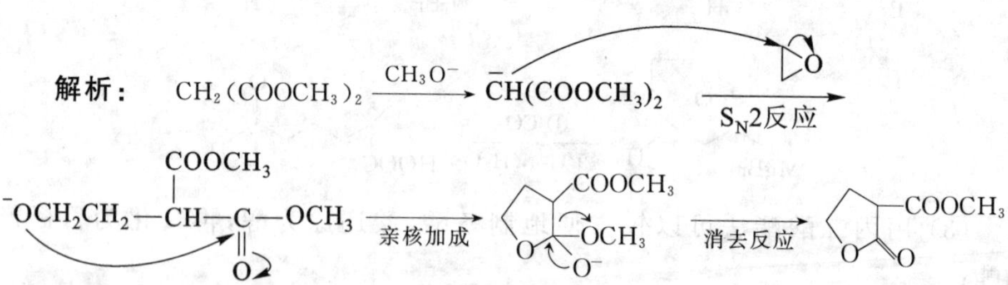

＊**例5** 一些二醇类化合物的有效合成方法为“双格氏”试剂与内酯的反应：

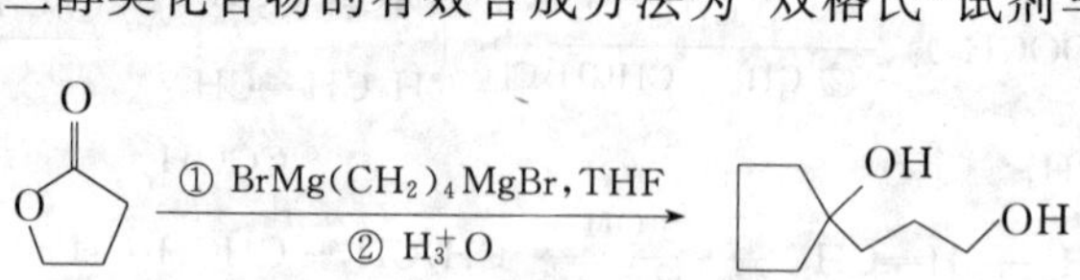

（1）为这个转化反应写出一个机理。

（2）如何将此方法用于二醇A和B的合成。

A. [环己基, 含OH和CH₂CH₂OH]   B. [含CH₃, OH, CH₃及(CH₂)₃OH的环戊烷]

解析：（1）格氏试剂与酯的亲核加成-消去反应

$$\text{环酯} + \text{BrMg—CH}_2\text{CH}_2\text{CH}_2\text{CH}_2\text{MgBr} \xrightarrow{\text{THF}} \text{BrMgO—C(—O—)—CH}_2\text{CH}_2\text{CH}_2\text{CH}_2\text{MgBr}$$

$$\text{BrMgOCH}_2\text{CH}_2\text{CH}_2\overset{O}{\underset{\|}{C}}\text{—CH}_2\text{CH}_2\text{CH}_2\text{CH}_2\text{—MgBr} \longrightarrow \text{BrMgOCH}_2\text{CH}_2\text{CH}_2\text{—}\underset{\text{环戊基}}{C(\text{OMgBr})}$$

$$\xrightarrow{H^+, H_2O} \text{HOCH}_2\text{CH}_2\text{CH}_2\text{—}\underset{\text{环戊基}}{C(\text{OH})}$$

（2） γ-丁内酯 $\xrightarrow{\text{① BrMg(CH}_2)_5\text{MgBr}}{\text{② H}_3^+\text{O}}$ A [环己基-OH-(CH₂)₃OH]

δ-戊内酯 $\xrightarrow{\text{① BrMgCH(CH}_3)\text{CH}_2\text{CH}_2\text{CH(CH}_3)\text{MgBr}}{\text{② H}_3^+\text{O}}$ B [2,5-二甲基环戊基-OH-(CH₂)₄OH]

反应通式：$\begin{pmatrix}(\text{CH}_2)_n\\ \text{MgBr} \quad \text{MgBr}\end{pmatrix} + \underset{(\text{CH}_2)_m}{\overset{O}{\underset{\|}{C}}\text{—O}} \xrightarrow{H_3^+O} (\text{CH}_2)_n\overset{\text{OH}}{\underset{|}{C}}(\text{CH}_2)_m\text{OH}$

例 6 某酯 A($C_5H_{10}O_2$) 用 C_2H_5ONa/C_2H_5OH 溶液处理后得 B($C_8H_{14}O_3$)。B 能使溴水迅速褪色，与 C_2H_5ONa/C_2H_5OH 作用后再与 CH_3I 反应得到 C($C_{10}H_{18}O_3$)。C 不能使溴水褪色，用稀碱溶液处理后酸化，加热，得到一个酮 D($C_7H_{14}O$)。D 不能发生碘仿反应，经 Clemmensen 还原生成 3-甲基己烷。试确定 A~D 的构造式。

解析： 由 A、B 分子式及 A 转为 B 的反应条件是 C_2H_5ONa/C_2H_5OH 可推测 B 是 A 发生酯缩合的产物，B 可使溴水褪色说明是羰基与酯基之间的碳上有氢原子，形成烯醇式而引起的。由 B 经引入烷基后生成的 C 不能使溴水褪色，可知 C 化合物分子中的羰基与酯基间的碳上无氢原子。C 化合物经烯碱水解-酸化加热生成酮 D，D 无碘仿反应，说明 D 不是甲基酮。根据还原产物得到

3-甲基环己烷可确定羰基的位置。

A. $CH_3CH_2COOC_2H_5$

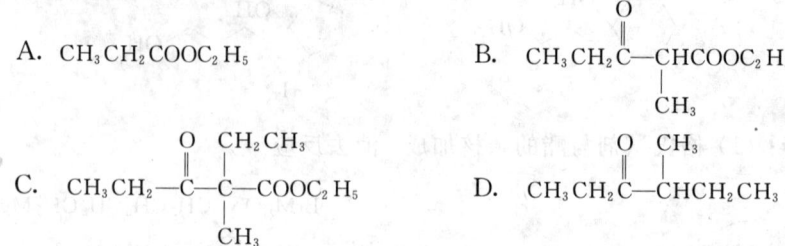

▶▶ 自我提升

1. 完成下列反应：

(1) [γ-丁内酯] + $BrCH_2CH_2CH_2OH$ $\xrightarrow{H^+}$

(2) [2-氧代环己烷甲酸乙酯] + $CH_2=CHCOCH_3$ $\xrightarrow{NaOEt, EtOH}$

(3) (过量) [异丙基丙二酸二乙酯] + [戊二酸二乙酯衍生物] $\xrightarrow[\text{② } H_3^+O]{\text{① EtONa, EtOH}}$

(4) [1-羧基-1-(羧甲基)环己-2-酮] $\xrightarrow{\triangle}$ ( ) $\xrightarrow[\text{② } H_3^+O, \triangle]{\text{① NaBH}_4}$

2. 写出下列反应的机理：

$CH_3\text{-}COCH_2COOC_2H_5$ + $BrCH_2CH_2CH_2Br$ $\xrightarrow[C_2H_5OH]{2\ C_2H_5ONa}$ [二氢吡喃衍生物]

3. 酰胺 A 经 $LiAlH_4$ 处理后，再通过酸的水溶液处理，得到化合物 B。解释 A 经过哪些反应生成 B。

A $\xrightarrow{LiAlH_4, 醚}$ $\xrightarrow{H^+, H_2O}$ B

4. 完成下列转化：

（1） $CH_3C\equiv CH \longrightarrow CH_3C\equiv C—COOH$

（2）
CH₃
COOH
CH₃
CH₃
CH₃

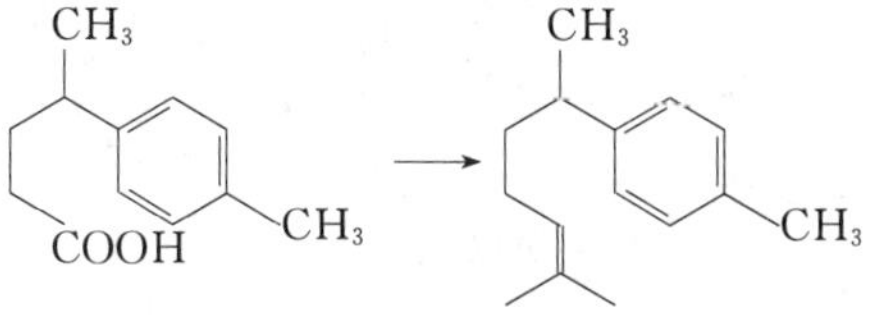

（3） $CH_3COOC_2H_5 \longrightarrow$
CH₂CH═CH₂
CH₃—C—CHCH₂OH
CHCH₃

（4）
O
OH

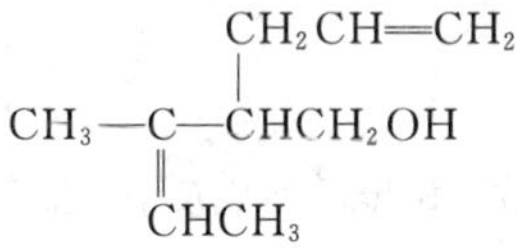

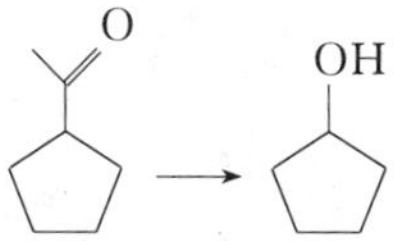

5. 诺卡酮（nootkatone）是在柚子中发现的。下面是从 4－（1－甲基乙烯基）－环己酮合成诺卡酮的必须步骤，请在下列 A～D 处填充反应条件。

O
A
O
O
H
B
O
O
H
C
O
D
O

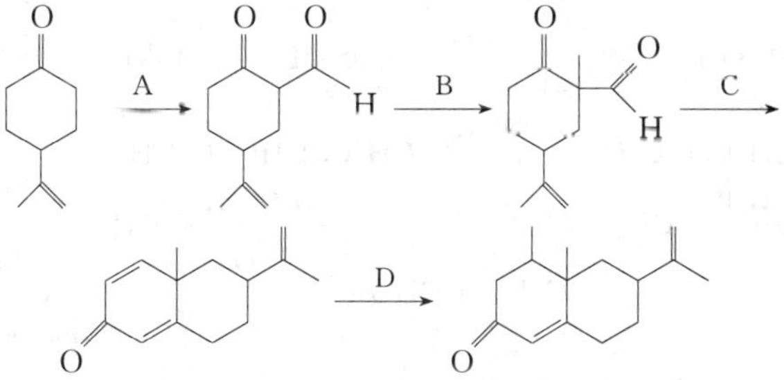

诺卡酮

*6. 新荆芥内酯（neonepetalactone）是荆芥（catnip）的主要成分，可用作杀虫剂。下面反应是它的合成，利用所给的信息推断化合物 A～E 的构造式。

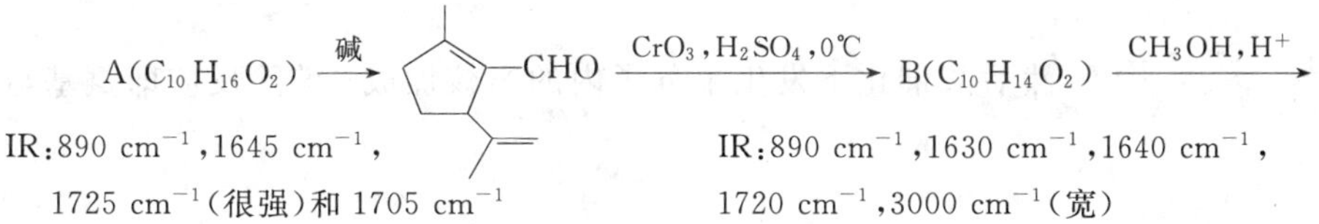

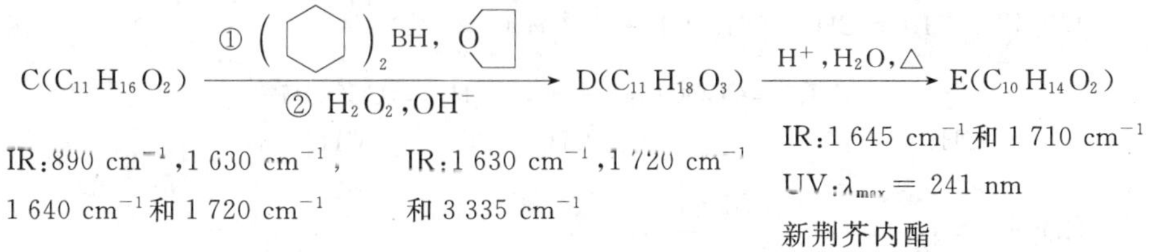

A(C₁₀H₁₆O₂)
碱
CHO
CrO₃，H₂SO₄，0℃
B(C₁₀H₁₄O₂)
CH₃OH，H⁺
IR：890 cm⁻¹，1645 cm⁻¹，
1725 cm⁻¹（很强）和 1705 cm⁻¹
IR：890 cm⁻¹，1630 cm⁻¹，1640 cm⁻¹，
1720 cm⁻¹，3000 cm⁻¹（宽）

C(C₁₁H₁₆O₂)
① BH，
2
O
② H₂O₂，OH⁻
D(C₁₁H₁₈O₃)
H⁺，H₂O，△
E(C₁₀H₁₄O₂)
IR：890 cm⁻¹，1 630 cm⁻¹，
1 640 cm⁻¹和 1 720 cm⁻¹
IR：1 630 cm⁻¹，1 720 cm⁻¹
和 3 335 cm⁻¹
IR：1 645 cm⁻¹和 1 710 cm⁻¹
UV：λmax = 241 nm
新荆芥内酯

自我提升参考答案

1. (1) 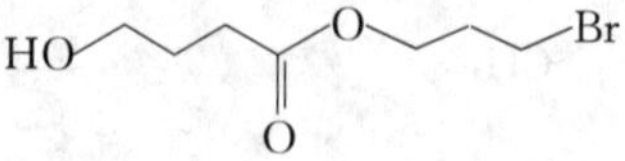 HO-CH$_2$CH$_2$CH$_2$-C(=O)-O-CH$_2$CH$_2$CH$_2$-Br （酯交换反应）

(2) 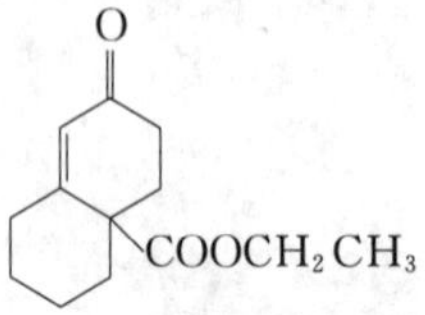 二氢萘酮-COOCH$_2$CH$_3$ 结构 （先 Michael 加成反应，后羟醛缩合反应）

(3) 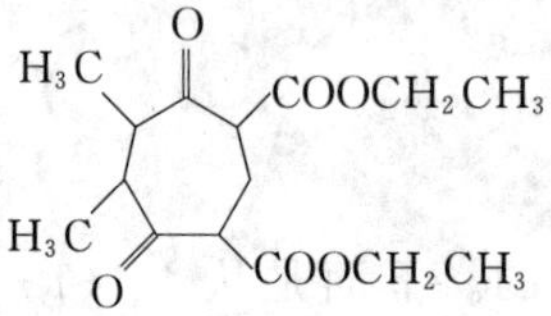 环庚酮衍生物，含两个 H$_3$C、两个 C=O 和两个 COOCH$_2$CH$_3$ 基团 （双 Claisen 缩合）

(4) 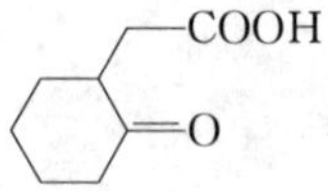 2-氧代环己基乙酸 与 双环内酯 （脱羧，还原，生成内酯）

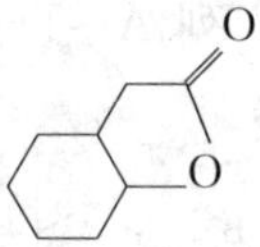

2. $CH_3COCH_2COOC_2H_5 \xrightarrow{NaOC_2H_5} CH_3CO\overset{-}{C}HCOOC_2H_5$

$\xrightarrow{BrCH_2CH_2CH_2Br} CH_3COCH(CH_2CH_2CH_2Br)COOC_2H_5 \xrightarrow{NaOC_2H_5} CH_3CO\overset{-}{C}(CH_2CH_2CH_2Br)COOC_2H_5$

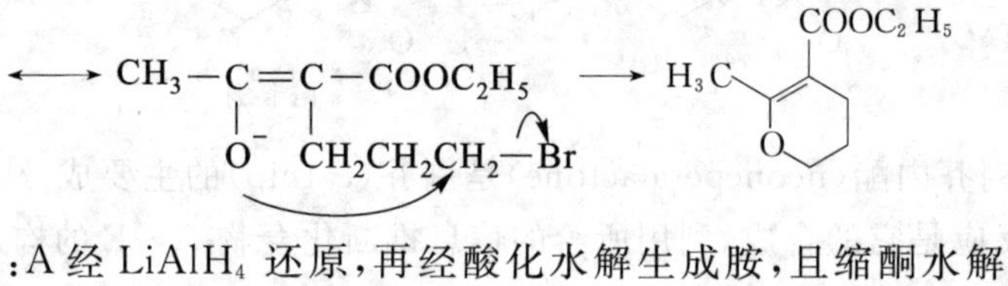

$\longleftrightarrow CH_3-C(O^-)=C(COOC_2H_5)-CH_2CH_2CH_2\curvearrowleft Br \longrightarrow$ 2-甲基-3-乙氧羰基-5,6-二氢-4H-吡喃

3. 提示：A 经 LiAlH$_4$ 还原，再经酸化水解生成胺，且缩酮水解给出酮，即 CH$_3$-C(=O)-CH$_2$CH$_2$CH$_2$-NH$_2$，然后酸催化下发生了分子内的亲核加成-消除反应即氨基与酮的反应。

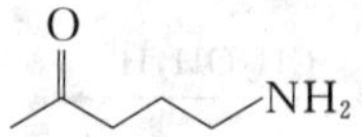

4. (1) $CH_3C\equiv CH + CH_3MgI \longrightarrow CH_3C\equiv CMgI \xrightarrow{CO_2}$

$CH_3C\equiv CCOOMgI \xrightarrow{H_3^+O} CH_3C\equiv CCOOH$

(2) 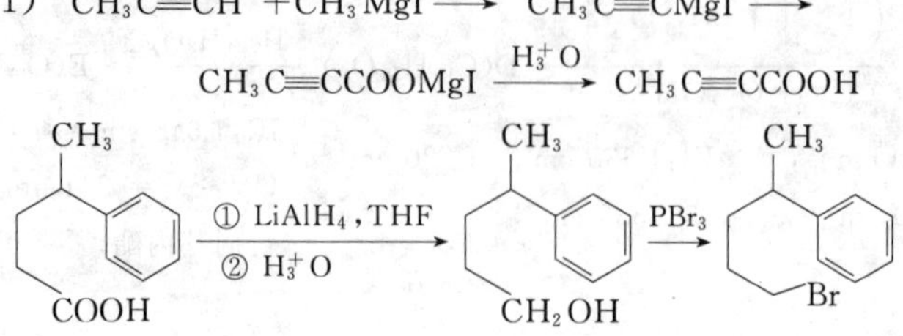 PhCH(CH$_3$)CH$_2$CH$_2$COOH $\xrightarrow{\text{① LiAlH}_4, \text{THF}}{\text{② H}_3^+O}$ PhCH(CH$_3$)CH$_2$CH$_2$CH$_2$OH $\xrightarrow{PBr_3}$ PhCH(CH$_3$)CH$_2$CH$_2$CH$_2$Br

$\xrightarrow[(C_2H_5)_2O]{Mg}$ [ArCH(CH₃)CH₂CH₂CH₂MgBr] $\xrightarrow[② H_3^+O]{① CH_3COCH_3}$ [ArCH(CH₃)CH₂CH₂CH₂C(CH₃)₂OH] $\xrightarrow{H^+, \triangle}$ [ArCH(CH₃)CH₂CH₂CH=C(CH₃)₂]

(3) $2CH_3COOC_2H_5 \xrightarrow[C_2H_5OH]{NaOC_2H_5} CH_3COCH_2COOC_2H_5 \xrightarrow[② ClCH_2CH=CH_2]{① NaOC_2H_5}$

$\underset{\underset{CH_2CH=CH_2}{|}}{CH_3COCHCOOC_2H_5} \xrightarrow{① Ph_3P=CHCH_3} \underset{\underset{CH_2CH=CH_2}{|}}{\underset{\overset{CHCH_3}{\|}}{CH_3C}-CHCOOC_2H_5}$

$\xrightarrow[② H_3^+O]{① LiAlH_4, THF} \underset{\underset{CH_2CH=CH_2}{|}}{\underset{\overset{CHCH_3}{\|}}{CH_3C}-CHCH_2OH}$

(4) [cyclopentyl methyl ketone] $\xrightarrow{CF_3CO_3H}$ [cyclopentyl acetate] $\xrightarrow{H_3^+O}$ [cyclopentanol]

5. A. HCOOEt, EtONa   B. EtONa, CH₃I

C. (CH₃)₂C=O, OH⁻   D. (CH₃)₂CuLi

6. A. [structure with ketone, CHO, isopropenyl group]

B. [2-methylcyclopentene-1-carboxylic acid with isopropenyl]

C. [methyl 2-methylcyclopentene-1-carboxylate with isopropenyl]

D. [methyl 2-methylcyclopentene-1-carboxylate with CH(CH₃)CH₂OH]

E. [bicyclic lactone]

▶▶ 习题解答

11-1 将下列各组化合物按酸性由强至弱排列成序。

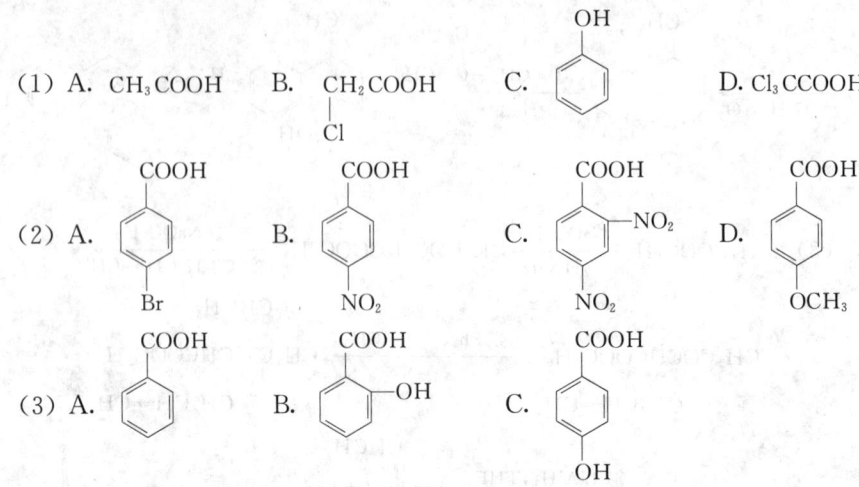

解：(1) D＞B＞A＞C

(2) C＞B＞A＞D

(3) B＞A＞C

[知识点] 羧酸的酸性。

11-2 将下列各组化合物按水解反应速率由大至小排列成序。

(1) A. $CH_3-\overset{O}{\overset{\|}{C}}-Cl$　　B. $(CH_3\overset{O}{\overset{\|}{C}})_2O$　　C. $CH_3-\overset{O}{\overset{\|}{C}}-NHCH_3$

D. $CH_3-\overset{O}{\overset{\|}{C}}-OC_2H_5$

(2) A. 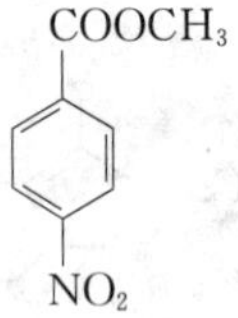 对硝基苯甲酸甲酯　　B. 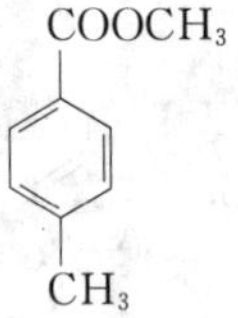 对甲基苯甲酸甲酯　　C.  苯甲酸甲酯

解：(1) A＞B＞D＞C

(2) A＞C＞B　　水解反应是亲核加成-消除反应，连有吸电子基有利于反应进行。

[知识点] 羧酸衍生物水解反应活性。

11-3 比较下列酸在 H^+ 催化下发生酯化反应的速率。

(1) HCOOH　　(2) CH_3COOH　　(3) CH_3CH_2COOH

(4) $(CH_3)_2CHCOOH$

解：(1)＞(2)＞(3)＞(4)

[知识点] 酸酯化反应活性。

11-4 完成下列反应。

(1)  HOCH(CH₃)CH(OH)CH₂COOH $\xrightarrow{\triangle, H^+, -H_2O}$

(2)  CH₂=C₆H₉-COOH $\xrightarrow{①\ LiAlH_4}{②\ H_2O}$

(3) CH₃-C₆H₄-CH₂CH₂COOH $\xrightarrow{SOCl_2}$ ( ) $\xrightarrow{AlCl_3}$

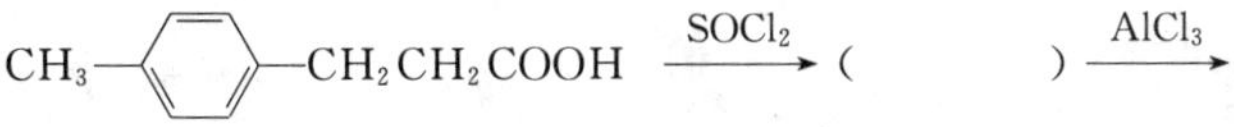

(4) 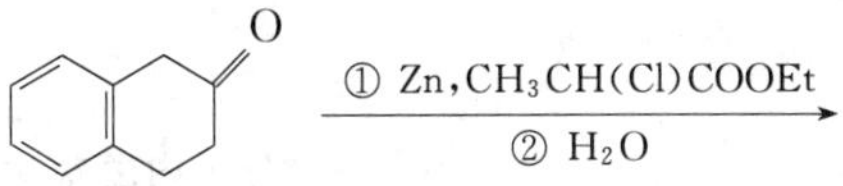 2-tetralone $\xrightarrow{①\ Zn, CH_3CH(Cl)COOEt}{②\ H_2O}$

(5) 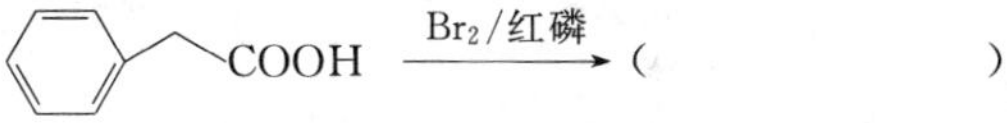 C₆H₅CH₂COOH $\xrightarrow{Br_2/红磷}$ ( )

(6) 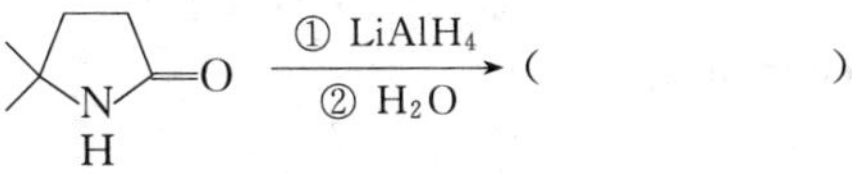 5,5-dimethyl-pyrrolidin-2-one $\xrightarrow{①\ LiAlH_4}{②\ H_2O}$ ( )

(7) 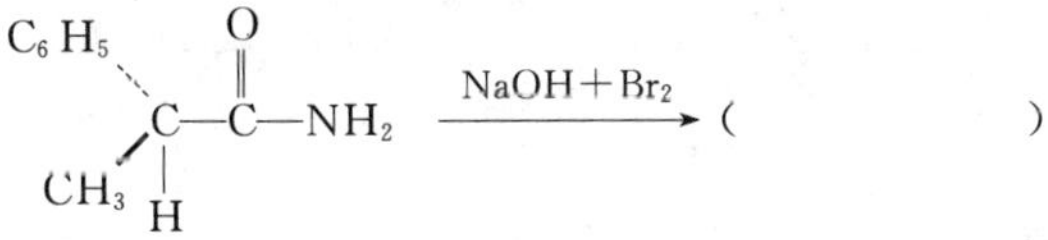 C₆H₅-CH(CH₃)-C(O)-NH₂ $\xrightarrow{NaOH+Br_2}$ ( )

(8) 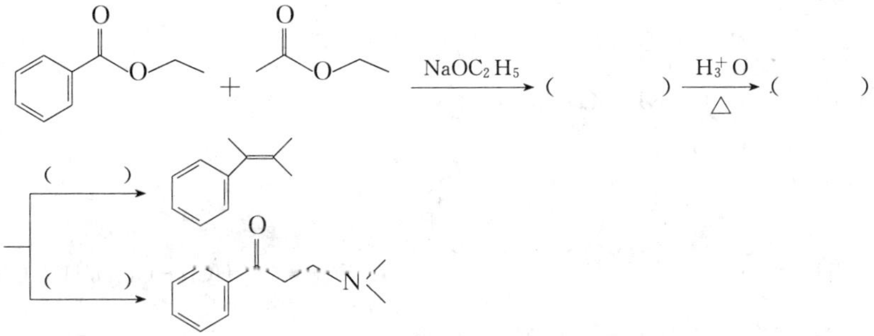 PhC(O)OEt + CH₃C(O)OEt $\xrightarrow{NaOC_2H_5}$ ( ) $\xrightarrow[\triangle]{H_3^+O}$ ( )

↓ ( ) → PhC(CH₃)=C(CH₃)₂
↓ ( ) → PhC(O)CH₂CH₂N(CH₃)₂

(9) 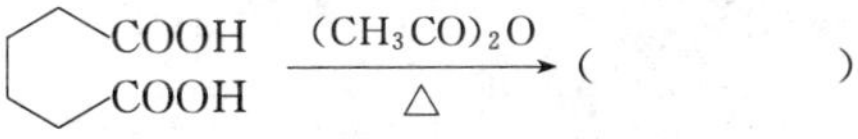 1,2-cyclohexanedicarboxylic acid $\xrightarrow[\triangle]{(CH_3CO)_2O}$ ( )

*(10) 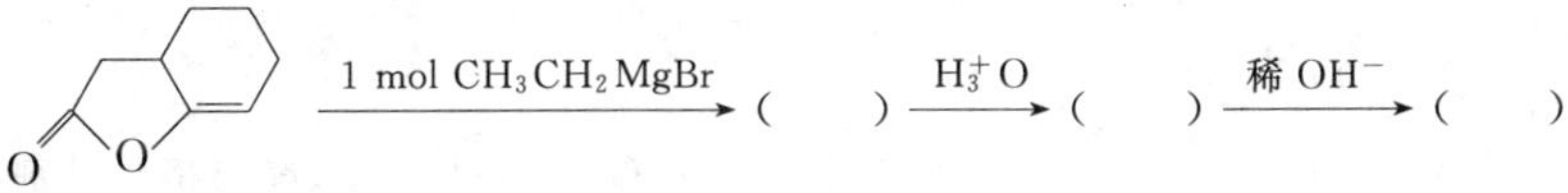 bicyclic lactone $\xrightarrow{1\ mol\ CH_3CH_2MgBr}$ ( ) $\xrightarrow{H_3^+O}$ ( ) $\xrightarrow{稀\ OH^-}$ ( )

(11)  fluorene + HCOOEt $\xrightarrow[EtOH]{NaOEt}$ ( )

(12) 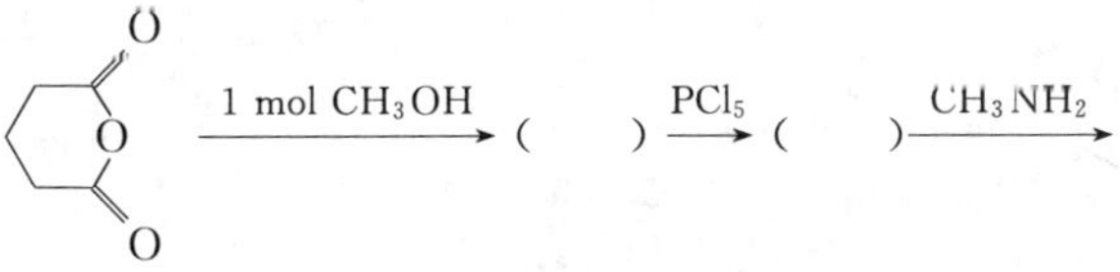 glutaric anhydride $\xrightarrow{1\ mol\ CH_3OH}$ ( ) $\xrightarrow{PCl_5}$ ( ) $\xrightarrow{CH_3NH_2}$

(13) $CH_3-\underset{\underset{O}{\|}}{C}-OH \xrightarrow[\triangle,-H_2O]{AlPO_4} (\quad) \xrightarrow{CH_3CH_2OH}$

解：(1) ![structure with OH on tetrahydrofuranone], ![ethylidene butyrolactone]

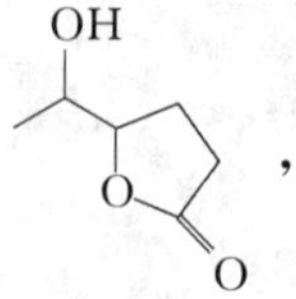

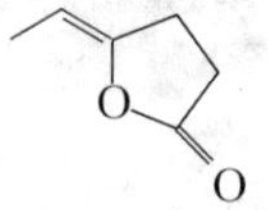

(2) 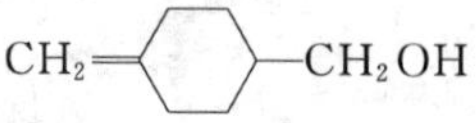 $CH_2=$⌬$-CH_2OH$

(3) 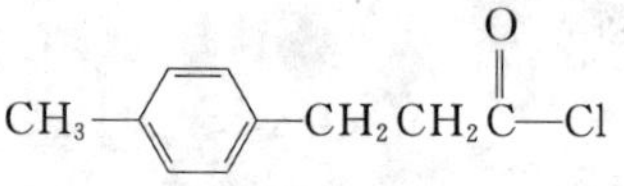 CH_3-⌬$-CH_2CH_2-\underset{\underset{O}{\|}}{C}-Cl$, ![6-methylindanone] （分子内酰基化）

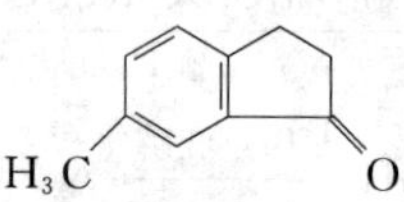

(4) 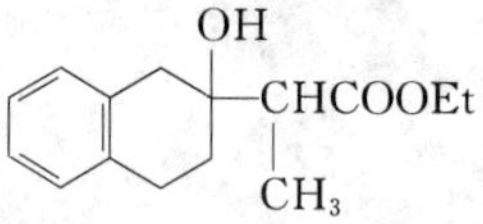 ![2-hydroxy-tetralin with CHCOOEt/CH3 substituent] （Reformatsky 反应）

(5) 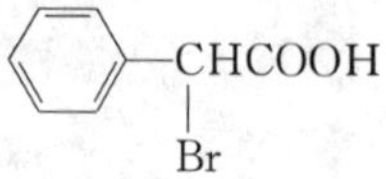 $C_6H_5-\underset{Br}{C}H-COOH$

(6)  ![pyrrolidine N-H] （酰胺还原）

(7) 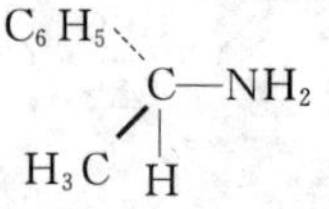 $\underset{H_3C}{\overset{C_6H_5}{\diagdown}}\underset{H}{\overset{}{C}}-NH_2$ （Hofmann 降解）

(8) 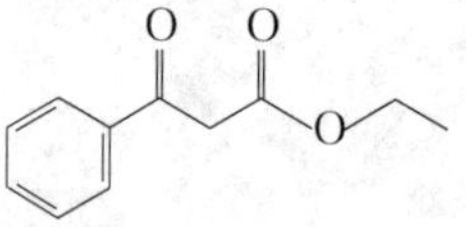 $C_6H_5-\underset{O}{\overset{\|}{C}}-CH_2-\underset{O}{\overset{\|}{C}}-OEt$, $C_6H_5-\underset{O}{\overset{\|}{C}}-CH_3$, $Ph_3P=\diagup$, $HCl/HCHO/HN(CH_3)_2$

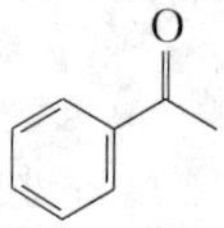

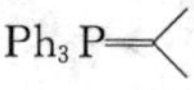

（Claisen 酯缩合反应，Wittig 反应，Mannich 反应）

(9) 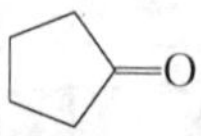 ![cyclopentanone]

(10) 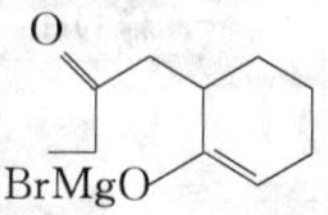 ![cyclohexenyl with CH2COCH3 and OMgBr], ![cyclohexanone with CH2COCH3 side chain], ![bicyclic enone with CH3] （酯与格氏试剂反应，羟醛缩合反应）

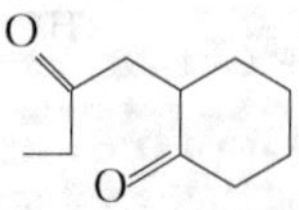

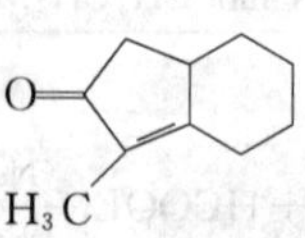

(11) 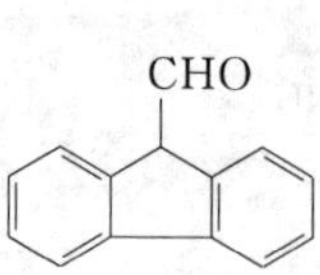 ![fluorene-9-carbaldehyde]

(12)
$$\underset{OH}{\overset{O}{\underset{\|}{C}-OCH_3}}, \quad \underset{Cl}{\overset{O}{\underset{\|}{C}-OCH_3}}, \quad \underset{NHCH_3}{\overset{O}{\underset{\|}{C}-OCH_3}}$$

(13) $CH_2=C=O$, $CH_3-\overset{O}{\underset{\|}{C}}-OCH_2CH_3$

[知识点] 羧酸及其衍生物的化学性质。

11-5 给下列反应式填上适当的试剂：

(1) 环状酸酐 ─( )→ $\begin{matrix} CH_2OH \\ CH_2OH \end{matrix}$

(2) $CH_3CH_2CH_2COOEt \xrightarrow{(\quad)} CH_3CH_2CH_2CH_2OH$

(3) $CH_3CH_2CH_2CONH_2 \xrightarrow{(\quad)} CH_3CH_2CH_2NH_2$

(4) $CH_3\overset{O}{\underset{\|}{C}}CH_2CH_2COOEt \xrightarrow{(\quad)} CH_3CH_2CH_2CH_2COOEt$

(5) $C_2H_5O\overset{O}{\underset{\|}{C}}(CH_2)_4\overset{O}{\underset{\|}{C}}-Cl \xrightarrow{(\quad)} C_2H_5O\overset{O}{\underset{\|}{C}}(CH_2)_4CHO$

(6) $CH_2=CHCH_2COOC_2H_5 \xrightarrow{(\quad)} CH_2=CHCH_2CH_2OH$

(7) $CH_3\overset{O}{\underset{\|}{C}}CH_2CH_2COOEt \xrightarrow{(\quad)} CH_3\overset{OH}{\underset{|}{C}H}CH_2CH_2COOEt$

解：(1) ① $LiAlH_4$ ② H_2O (2) Na/C_2H_5OH
(3) ① $LiAlH_4$ ② H_2O (4) ① $HSCH_2CH_2SH$ ② H_2/Ni
(5) $H_2/Pd-BaSO_4$，喹啉   (6) ① $LiAlH_4$ ② H_2O
(7) ① $NaBH_4$ ② H_2O 或 $Al[OCH(CH_3)_2]_3/(CH_3)_2CHOH$

[知识点] 还原剂的选择性还原。

11-6 用化学方法分离下列各组化合物，并鉴定分离出的化合物。
(1) A. 2-辛醇   B. 2-辛酮   C. 正辛酸
(2) A. 苯酚   B. 苯甲醚   C. 苯甲酸

解：分离题要求得纯化合物。
(1)

第11章 羧酸及其衍生物

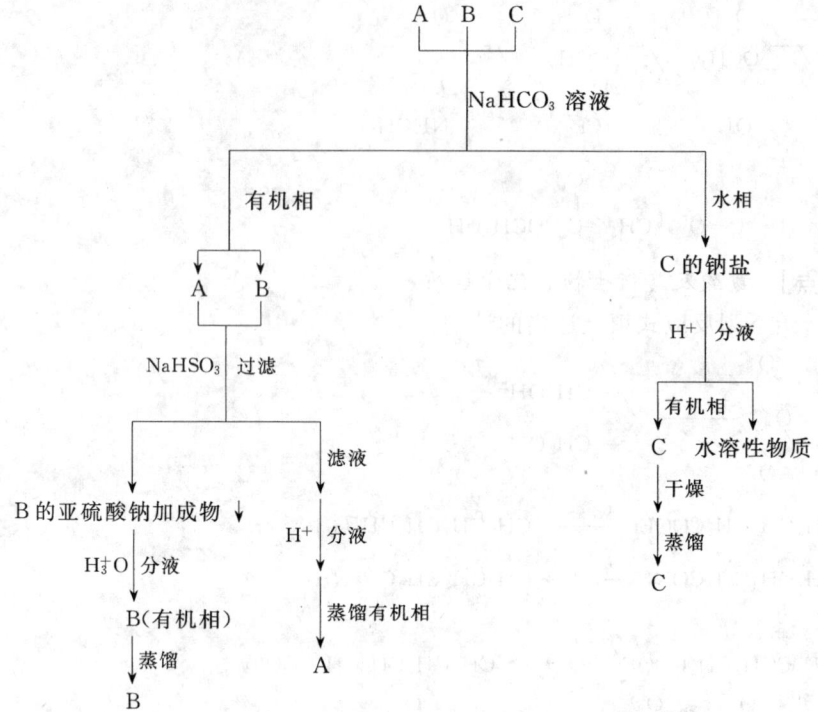

分出的 A,B,C 可根据化合物的沸点鉴别。

(2)

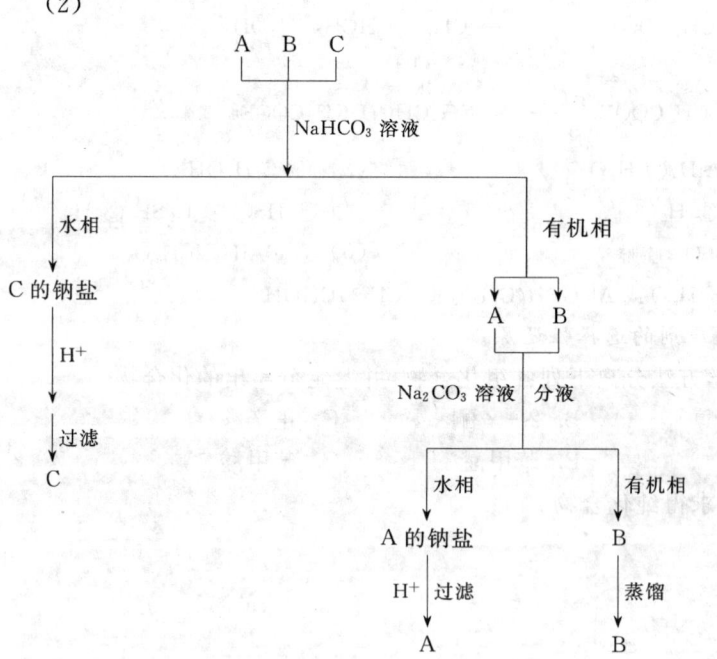

A 用 $FeCl_3$ 显色鉴别，B 可以根据沸点鉴别，C 与 $NaHCO_3$ 反应有气体放出。

[**知识点**] 利用化学性质、物理性质分离提纯化合物。

11-7 下列反应是否容易进行，并解释之。

(1) $CH_3COCl + H_2O \longrightarrow CH_3COOH + HCl$

(2) $CH_3COOH + NH_3 \longrightarrow CH_3CONH_2 + H_2O$

(3) $(CH_3CO)_2O + NaOH \longrightarrow CH_3COOH + CH_3COONa$

(4) $CH_3CONH_2 + NaOH \longrightarrow CH_3COONa + NH_3$

(5) $CH_3COOCH_3 + Br^- \longrightarrow CH_3COBr + {}^-OCH_3$

解：(1) 容易。碱性：$H_2O > Cl^-$

(2) 不容易。$RCOOH + NH_3 \longrightarrow RCOONH_4$，$NH_3$ 的碱性强，在本条件下易生成盐，而不易进行亲核反应。

(3) 容易。OH^- 的碱性大于离去基团 CH_3COO^- 的碱性。

(4) 容易。尽管 NH_2^- 的亲核性比 OH^- 强，但在碱溶液中生成了较稳定的 $RCOO^-$。因此反应趋于正反应方向。

(5) 不容易。CH_3O^- 的亲核性比 Br^- 强得多。

11-8 完成下列转化。

(1) $CH_3CH_2OH \longrightarrow CH_3CH_2\underset{\underset{CH_3}{|}}{C}HCOOH$

(2)

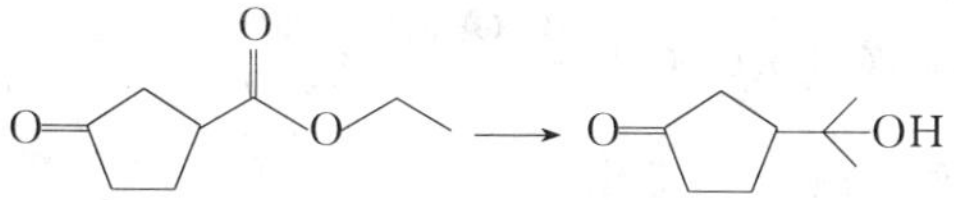

(3)

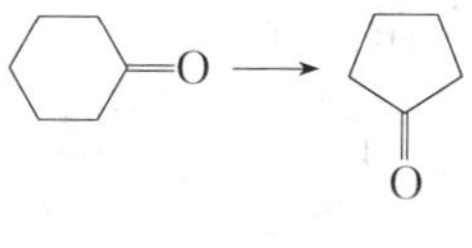

(4)

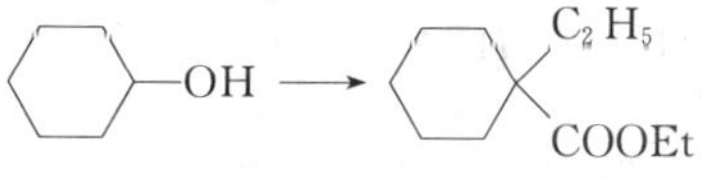

(5) $C_2H_5OH \longrightarrow CH_3\underset{\underset{OH}{|}}{C}HCH_2COOC_2H_5$

(6) $CH_3CH_2COOH \longrightarrow CH_3CH_2CN$

(7)

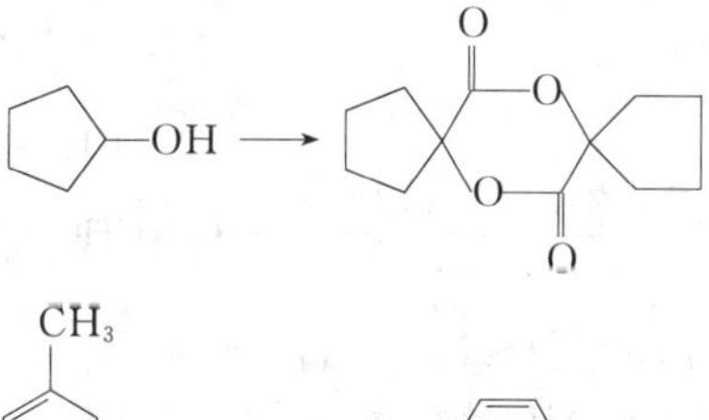

(8)

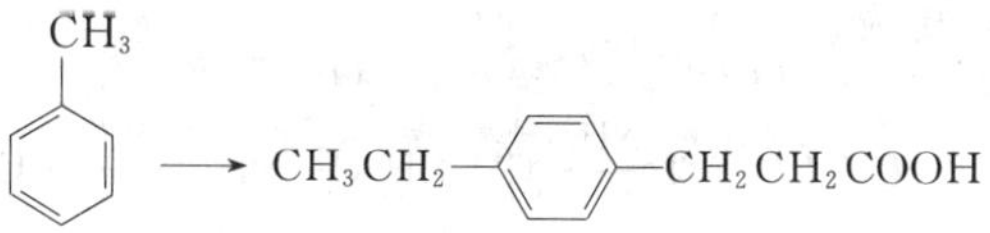

解: (1) $CH_3CH_2OH \xrightarrow{CrO_3, \text{吡啶}} CH_3CHO \xrightarrow{\text{稀} OH^-, \triangle} CH_3CH=CHCHO$

$\xrightarrow{NH_2NH_2, OH^-, \triangle} CH_3CH=CHCH_3 \xrightarrow{HBr} CH_3CH_2CHBrCH_3$

$\xrightarrow{\text{① Mg, }(C_2H_5)_2O}_{\text{② }CO_2} CH_3CH_2CH(COOMgBr)CH_3 \xrightarrow{H_3^+O} CH_3CH_2CH(COOH)CH_3$

[知识点] 羟醛缩合反应；RMgX 与 CO_2 反应得到多一个碳原子的酸。

(2) 酯基转化为对称烷基醇，利用酯与格氏试剂反应可以实现。

(环戊酮-3-甲酸乙酯) + HOCH$_2$CH$_2$OH $\xrightarrow{CH_3C_6H_4SO_3H}$ (缩酮保护产物, 含 COOC$_2$H$_5$)

$\xrightarrow{\text{① }2CH_3MgBr}_{\text{② }H_3^+O}$ 3-(2-羟基丙-2-基)环戊酮

[知识点] 酮羰基官能团保护；酯与格氏试剂反应合成醇。

(3) 环己酮 $\xrightarrow{HNO_3, 70\,^\circ C}$ $HOOC(CH_2)_4COOH \xrightarrow{Ba(OH)_2, \triangle}$ 环戊酮

[知识点] 环酮氧化；二元羧酸受热变化。

(4) 环己醇 $\xrightarrow{K_2Cr_2O_7, H^+}$ 环己酮 $\xrightarrow{\text{① }C_2H_5MgBr, \text{醚}}_{\text{② }H_3^+O}$ 1-乙基环己醇 $\xrightarrow{HBr}$

1-乙基-1-溴环己烷 $\xrightarrow{Mg/\text{醚}}$ 1-乙基环己基溴化镁 $\xrightarrow{\text{① }CO_2}_{\text{② }H_3^+O}$

1-乙基环己基甲酸 $\xrightarrow{C_2H_5OH, H^+}$ 1-乙基环己基甲酸乙酯

[知识点] 格氏试剂在合成中的应用。

(5) $C_2H_5OH \xrightarrow{CrO_3, \text{吡啶}} CH_3CHO \xrightarrow{\text{① }Zn, BrCH_2COOC_2H_5}_{\text{② }H_3^+O} CH_3CH(OH)CH_2COOC_2H_5$

[知识点] Reformatsky 反应。

(6) $CH_3CH_2COOH \xrightarrow{SOCl_2} CH_3CH_2COCl \xrightarrow{NH_3} CH_3CH_2CONH_2 \xrightarrow{P_2O_5, \triangle} CH_3CH_2CN$

[知识点] 羧酸及其衍生物的性质。

(7) 目标分子为交酯,可由 α-羟基酸受热、分子间脱水制备。

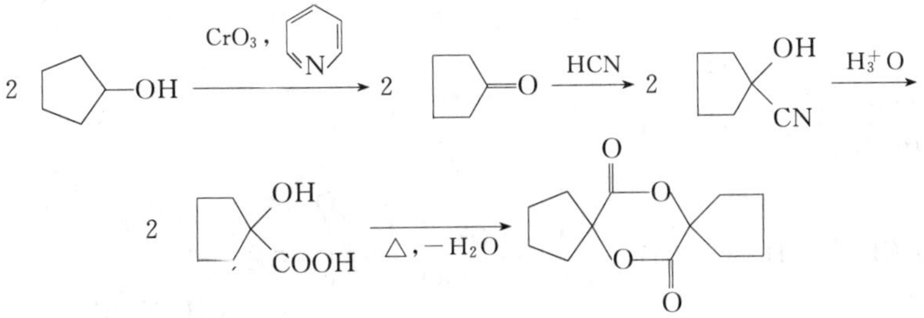

[反应方程式图示]

[知识点] 交酯的合成。

(8) [反应方程式图示]

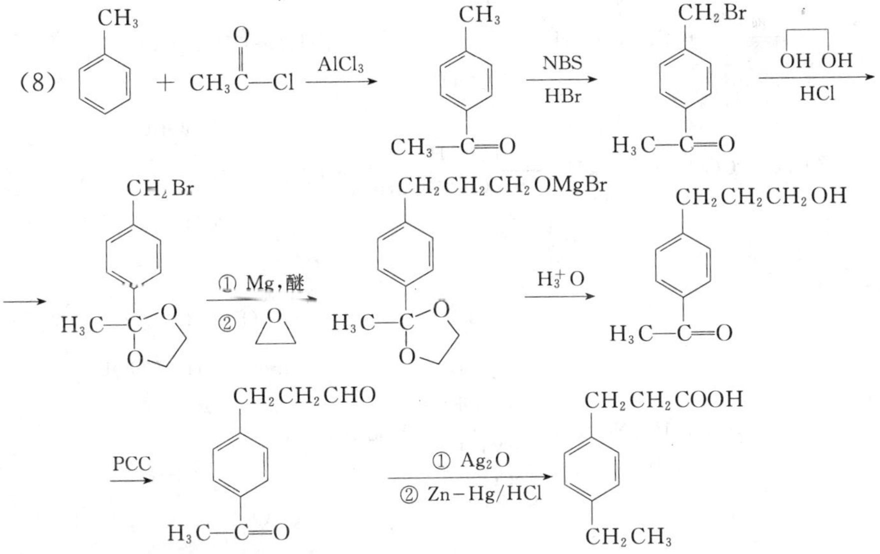

[知识点] 羰基保护、氧化还原反应。

11-9 用乙酰乙酸乙酯或丙二酸二乙酯为原料合成下列化合物(其它试剂任选)。

(1) 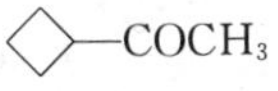 ⬡—COCH$_3$ （环丁基-COCH$_3$）

(2) $CH_3COCH_2CH_2COOH$

(3) 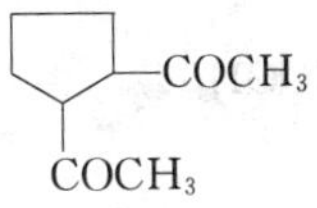 [环戊基二酰基结构]

(4) 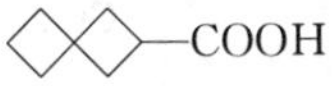 [双环丁基-COOH结构]

*(5) 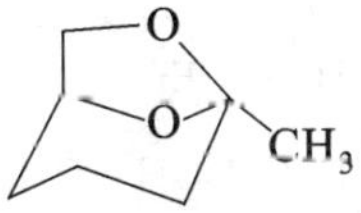 [六元环含两个氧及CH$_3$结构]

(6) 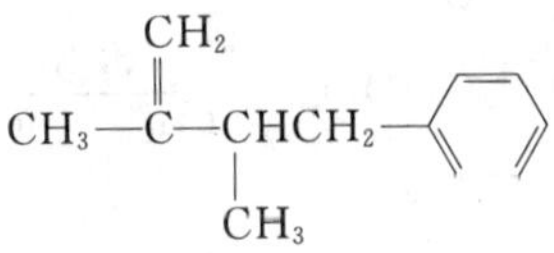 $CH_3-\underset{\underset{CH_3}{|}}{C}(=CH_2)-CH_2-$ [苯环/二烯基]

解：(1) $CH_3COCH_2COOC_2H_5$ $\xrightarrow{\text{① } C_2H_5ONa \quad \text{③ } C_2H_5ONa}_{\text{② } BrCH_2CH_2CH_2Br}$ cyclobutane-$COOC_2H_5$, $COCH_3$

$\xrightarrow{\text{① 稀 } OH^-}_{\text{② } H_3^+O, \triangle}$ cyclobutyl-$COCH_3$

(2) $CH_3COCH_2COOC_2H_5$ $\xrightarrow{\text{① } C_2H_5ONa}_{\text{② } BrCH_2COOEt}$ $CH_3\overset{O}{\overset{\|}{C}}-CH\begin{smallmatrix}COOEt\\CH_2COOEt\end{smallmatrix}$

$\xrightarrow{\text{稀 } OH^-}$ $CH_3\overset{O}{\overset{\|}{C}}-CH\begin{smallmatrix}COO^-\\CH_2COO^-\end{smallmatrix}$ $\xrightarrow{H^+, \triangle}$ $CH_3\overset{O}{\overset{\|}{C}}-CH_2CH_2COOH$

(3) $2CH_3COCH_2COOC_2H_5$ $\xrightarrow{\text{① } 2C_2H_5ONa}_{\text{② } BrCH_2CH_2CH_2Br}$ $CH_3-\overset{O}{\overset{\|}{C}}-\overset{COOEt}{\overset{|}{CH}}-CH_2-CH_2-CH_2-\overset{COOEt}{\overset{|}{CH}}-\overset{O}{\overset{\|}{C}}-CH_3$

$\xrightarrow{\text{① } 2C_2H_5ONa}_{\text{② } I_2}$ cyclopentane with $COOEt, COCH_3, COOEt, COCH_3$ $\xrightarrow{\text{① 稀 } OH^-}_{\text{② } H^+, \triangle}$ cyclopentane with $COCH_3, COCH_3$

(4) $CH_2(COOC_2H_5)_2$ $\xrightarrow{\text{① } C_2H_5ONa}_{\text{② } BrCH_2CH_2CH_2Br}$ cyclobutane-$(COOC_2H_5)_2$ $\xrightarrow{\text{① } LiAlH_4}_{\text{② } H_3^+O}$

cyclobutane-$(CH_2OH)_2$ $\xrightarrow{PCl_5}$ cyclobutane-$(CH_2Cl)_2$ $\xrightarrow{2CH_2(COOC_2H_5)_2/C_2H_5ONa}$ bicyclic-$(COOC_2H_5)_2$

$\xrightarrow{\text{稀 } OH^-}$ bicyclic-$(COO^-)_2$ $\xrightarrow{H^+, \triangle}$ bicyclic-$COOH$

*(5) $CH_3\overset{O}{\overset{\|}{C}}CH_2\overset{O}{\overset{\|}{C}}-OEt$ $\xrightarrow{\text{① } NaOEt}_{\text{② } CH_2=CHCH_2CH_2Cl}$ $CH_3\overset{O}{\overset{\|}{C}}CH\overset{O}{\overset{\|}{C}}-OEt$, $CH_2CH_2CH=CH_2$

$\xrightarrow{\text{① } 5\% NaOH}_{\text{② } H^+, \triangle}$ $CH_3\overset{O}{\overset{\|}{C}}CH_2CH_2CH_2CH=CH_2$ $\xrightarrow{\text{① } OHOH, HCl}_{\text{② } CH_3CO_3H}$

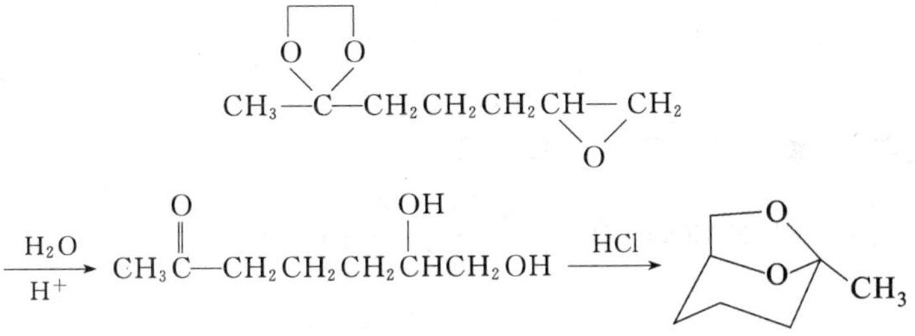

$$\xrightarrow{} CH_3-\underset{\underset{O}{\diagdown\diagup}}{C}-CH_2CH_2CH_2CH-\underset{\underset{O}{\diagdown\diagup}}{CH_2}$$

$$\xrightarrow[H^+]{H_2O} CH_3-\overset{O}{C}-CH_2CH_2CH_2\overset{OH}{\underset{|}{CH}}CH_2OH \xrightarrow{HCl} \text{(环状缩酮结构)}-CH_3$$

(6) 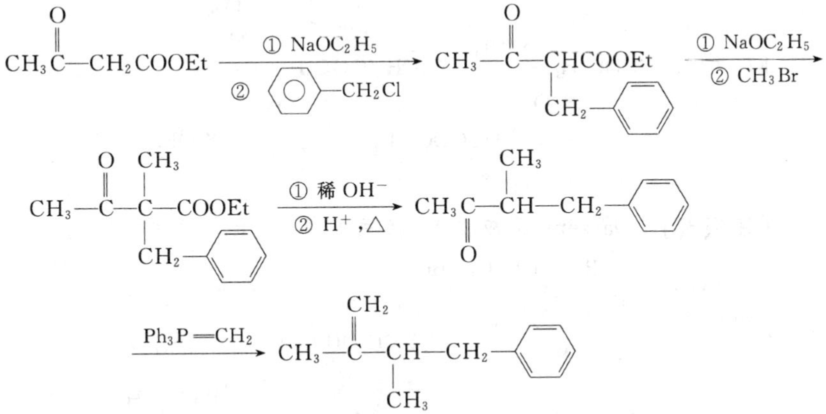 $CH_3\overset{O}{\underset{\|}{C}}-CH_2COOEt \xrightarrow[\text{② }\bigcirc-CH_2Cl]{\text{① NaOC}_2H_5} CH_3-\overset{O}{\underset{\|}{C}}-\underset{\underset{\bigcirc}{CH_2}}{CH}COOEt \xrightarrow[\text{② CH}_3Br]{\text{① NaOC}_2H_5}$

$$CH_3-\overset{O}{\underset{\|}{C}}-\underset{\underset{\bigcirc}{CH_2}}{\overset{CH_3}{\underset{|}{C}}}-COOEt \xrightarrow[\text{② H}^+,\triangle]{\text{① 稀 OH}^-} CH_3-\overset{CH_3}{\underset{|}{CH}}-CH_2-\bigcirc$$
$$ \underset{\underset{O}{\|}}{C}H_3$$

$$\xrightarrow{Ph_3P=CH_2} CH_3-\overset{CH_2}{\underset{\|}{C}}-\underset{\underset{CH_3}{|}}{CH}-CH_2-\bigcirc$$

[知识点] 乙酰乙酸乙酯、丙二酸酯的性质。

11-10 设计以环己烷为起始原料合成尼龙-6的合成路线,并指出各步反应的类型。

解: $\bigcirc + Br_2 \xrightarrow[①]{h\nu} \bigcirc-Br \xrightarrow[②]{NaOH} \bigcirc-OH \xrightarrow[③]{CrO_3,\text{吡啶}}$

$\bigcirc=O \xrightarrow[④]{NH_2OH} \bigcirc=NOH \xrightarrow[⑤]{PCl_5} \text{(内酰胺)} \xrightarrow[⑥\triangle]{H_2O} \{\overset{O}{\underset{\|}{C}}-(CH_2)_5-NH\}_n$

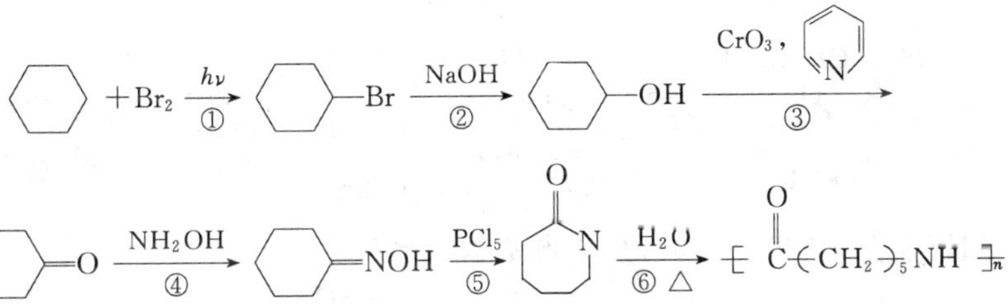

反应类型:① 自由基取代反应 ② 亲核取代反应 ③ 氧化反应 ④ 亲核加成-消除反应 ⑤ Beckmann 重排反应 ⑥ 开环聚合反应

[知识点] 尼龙-6 的合成;常见反应类型的识别。

11-11 对下列反应提出合理的机理,并用弯箭头表示电子转移过程。

(1) 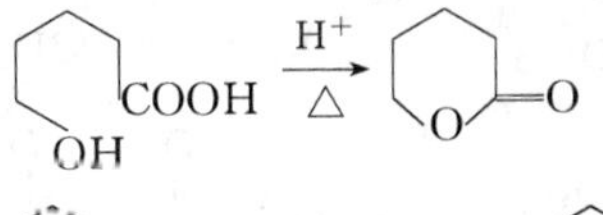 $\underset{OH}{\bigcirc}-COOH \xrightarrow[\triangle]{H^+} \bigcirc\text{(内酯)}$

解: (机理图示，经质子化、环化、脱水等步骤形成内酯)

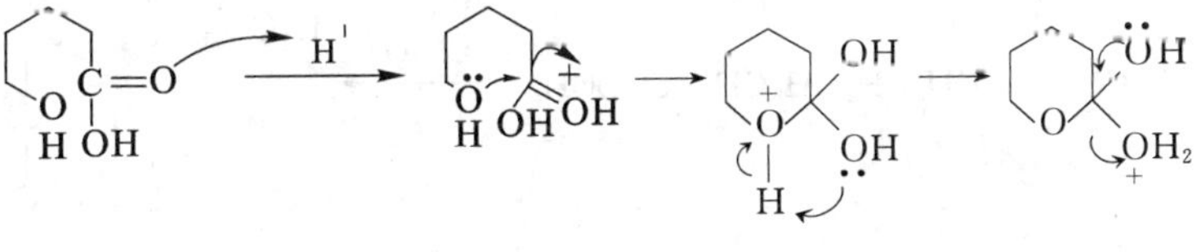

[知识点] 酸催化下酯化反应机理。

(2) $CH_3COCH_3 + ClCH_2COOC_2H_5 \xrightarrow{NaNH_2}$ 环氧化合物—COOEt

解：$ClCH_2COOC_2H_5 \xrightarrow{NaNH_2} Cl\bar{C}HCOOC_2H_5 \longrightarrow$

$\underset{Cl}{\underset{|}{(CH_3)_2C(O^-)}}CHCOOC_2H_5 \longrightarrow$ 环氧—COOEt

[知识点] Darzens 反应机理（亲核加成，分子内亲核取代）。

*(3) 5-甲基-3-苯基-3-(2-溴乙基)-苯并呋喃-2-酮 $\xrightarrow[CH_3OH]{CH_3ONa}$ 4-甲氧羰基-4-苯基-6-甲基色满

解：（机理略，含酯交换与分子内亲核取代步骤）

[知识点] 酯交换反应；分子内亲核取代反应。

*(4) 2-甲基-2-甲氧羰基环戊酮 $\xrightarrow[CH_3OH]{CH_3ONa} \xrightarrow{H_3^+O}$ $CH_3COCH(COOCH_3)$-环戊烷开环产物

解：（机理：甲氧负离子进攻羰基，开环生成 $CH_3CO-CH_2CH_2CH(CH_3)-COOCH_3$，再经 CH_3O^- 闭环得二酯产物）

→ H₃CO-C(=O)-C(OCH₃)(O⁻)-CH(CH₃)- → H₃C-C(=O)-C(-COCH₃)-

[知识点] Claisen 酯缩合反应及其逆反应机理。

11-12 某化合物 A 的分子式为 $C_5H_6O_3$，A 和乙醇作用得到两个互为异构体的 B 和 C，将 B 和 C 分别与亚硫酰氯作用后，再与乙醇作用得到相同的化合物 D。试推测 A, B, C, D 的构造式，并写出各步反应式。

解：

A (β-甲基丁内酯类结构) $\xrightarrow{C_2H_5OH}$

B: $CH_3CHCOOC_2H_5$ / CH_2COOH

C: $CH_3CHCOOH$ / $CH_2COOC_2H_5$

B $\xrightarrow{\text{① }SOCl_2,\ \text{② }C_2H_5OH}$ D: $CH_3CHCOOC_2H_5$ / $CH_2COOC_2H_5$

[知识点] 羧酸及其衍生物之间的互变。

11-13 化合物 A 的分子式为 $C_9H_{10}O_3$。它不溶于水、稀 HCl 及稀 $NaHCO_3$ 溶液，但能溶于 NaOH 溶液。A 与稀 NaOH 共热后，冷却酸化得一沉淀 B，分子式为 $C_7H_6O_3$，B 能溶于 $NaHCO_3$ 溶液并放出气体，B 与 $FeCl_3$ 溶液给出紫色，B 在酸性介质中可以进行水蒸气蒸馏。写出 A, B 的构造式。

解：A. 邻-$COOC_2H_5$, OH-苯   B. 邻-$COOH$, OH-苯（水杨酸）

[知识点] 羧酸、酚、酯的性质。

11-14 推测化合物 A~F 的构造式。

$A(C_7H_6O) \xrightarrow[\text{② }H_2O]{\text{① }BrCH_2COOC_2H_5,\ Zn} B \xrightarrow{MnO_2,\ 戊烷} C \xrightarrow{Ph_3P=CH_2} F$

B IR(部分): 1735 cm⁻¹, 3350 cm⁻¹

C IR(部分): 1730 cm⁻¹, 1750 cm⁻¹, $M^+=192$

F IR(部分): 1735 cm⁻¹, 1650 cm⁻¹

$C \xrightarrow{H_3^+O,\ \Delta} D \xrightarrow{A,\ KOH} E$

D: ¹HNMR
$\delta=2.28$ (单峰, 3H)
$\delta=7.1$ (单峰, 5H)

E: $M^+=208$, $\lambda_{max}=225$ nm

解：A. C₆H₅CHO

B. C₆H₅CH(OH)CH₂COOC₂H₅

C. C₆H₅COCH₂COOC₂H₅

D. C₆H₅COCH₃

E. C₆H₅CH=CHCOC₆H₅

F. C₆H₅C(=CH₂)CH₂COOC₂H₅

[知识点] Reformastlcy 反应；Wittig 反应；羟醛缩合反应；HNMR，IR，UV，MS 谱。

11-15 化合物 A 的分子式为 $C_{10}H_{22}O_2$，与碱不起作用，但可被稀酸水解成 B 和 C。C 的分子式为 C_3H_8O，与金属钠作用有气体逸出，能与 NaIO 反应。B 的分子式为 C_4H_8O，能进行银镜反应，与 $K_2Cr_2O_7$ 和 H_2SO_4 作用生成 D。D 与 Cl_2/P 作用后，再水解可得到 E。E 与稀 H_2SO_4 共沸得 F，F 的分子式为 C_3H_6O，F 的同分异构体可由 C 氧化得到。写出 A～F 的构造式。

解：A. $CH_3CH_2CH_2CH(OCH(CH_3)_2)_2$

B. $CH_3CH_2CH_2CHO$

C. $(CH_3)_2CHOH$

D. $CH_3CH_2CH_2COOH$

E. $CH_3CH_2CH(OH)COOH$

F. CH_3CH_2CHO

[知识点] 缩醛的性质；碘仿反应。

11-16 请讨论羧酸及其衍生物和亲核试剂的反应与醛酮和亲核试剂的反应有何差异？为什么会有这种差异？

提示：① 羧酸及其衍生物与亲核试剂反应的结果是亲核取代反应的产物。

② 羧酸及其衍生物亲核取代反应机理是先亲核加成，再消除。

$$R-\underset{\underset{}{\|}}{\overset{O}{C}}-Y + {}^-Nu \longrightarrow R-\underset{\underset{Nu}{|}}{\overset{O^-}{\underset{|}{C}}}-Y \longrightarrow R-\overset{O}{\underset{\|}{C}}-Nu + Y^-$$

③ 醛酮与亲核试剂反应是亲核加成。

$$R-\overset{O}{\underset{\|}{C}}-R'(H) + Nu^- \longrightarrow R-\underset{\underset{R'(H)}{|}}{\overset{O^-}{\underset{|}{C}}}-Nu$$

④ 产生差别的原因：Y^- 是较好的离去基团，而 $R^-(H^-)$ 亲核性强，不是好

的离去基团。

11-17 比较 H_2CF_2，$HOCH_2CH_2Cl$，CH_3CH_2OH，CH_3COOH 分子间形成氢键的差别？

提示：

$$\begin{array}{c} H \quad F\text{----}H \quad F \\ | \quad | \quad | \quad | \\ C \quad C \\ | \quad | \quad | \quad | \\ H \quad F\text{----}H \quad F \end{array}, \quad ClCH_2CH_2\overset{\displaystyle H}{\underset{\displaystyle |}{O}}\text{----}H\text{---}OCH_2CH_2Cl,$$

$$ClCH_2CH_2\overset{\displaystyle O}{\underset{\displaystyle |}{}}\text{----}H \\ ClCH_2CH_2OH,$$

$$CH_3CH_2\overset{\displaystyle H}{\underset{\displaystyle |}{O}}\text{----}H\text{---}OCH_2CH_3, \quad CH_3C\underset{O\text{---}H\text{----}O}{\overset{O\text{----}H\text{---}O}{}}CCH_3$$

11-18 比较并解释 RCl 和 RCOCl 与亲核试剂 Nu^- 反应的机理及反应活性差异。

提示：① 反应结果都是 ^-Nu 取代 Cl^-，生成相应的 RNu 和 $R-\overset{\overset{\displaystyle O}{\|}}{C}-Nu$。

② RCl 与 ^-Nu 反应机理是 S_N1 或 S_N2。

③ $R\overset{\overset{\displaystyle O}{\|}}{C}-Cl$ 与 Nu^- 反应机理是先亲核加成生成 $R-\overset{\overset{\displaystyle O^-}{|}}{\underset{\displaystyle Nu}{C}}-Cl$，再消去 Cl^- 生成 $R-\overset{\overset{\displaystyle O}{\|}}{C}-Nu$。

第 12 章　有机含氮化合物

▶▶ 学习重点

硝基化合物：
1. 硝基化合物（包括 2,4-二硝基甲苯）α-H 参与的缩合反应
2. 硝基化合物的还原反应（酸性、中性和碱性条件）、还原的条件及中间产物等。
3. 多硝基化合物的部分还原。

胺：
1. 胺的碱性的表示：K_b，pK_b。
2. 胺的氨基的亲电取代反应（氨基的烃化、磺酰化反应）。
3. 芳胺芳环上亲电取代反应及其特点。
4. 季铵碱的碱性及其热分解反应规律。
5. 脂肪胺、芳胺与亚硝酸的反应。

烯胺：
1. 烯胺与亚胺的互变异构。
2. 烯胺的烷基化反应和酰基化反应。
3. 烯胺与 α,β-不饱和酮、酯，以及腈的加成反应。

腈：
1. 腈的 α-H 引起的缩合反应（与 $-C\equiv N$，$\mathrm{\rangle C=O}$，$-\overset{\overset{O}{\|}}{C}-OR$ 的缩合反应）。
2. 腈的水解、醇解反应。

重氮及偶氮化合物：
1. 重氮盐的放氮反应（重氮基被—OH，—X，—CN 取代，与 H_3PO_2 的还原反应）在合成上的应用。
2. 重氮盐（留氮反应）的偶合反应及其反应条件。

▶▶ 专题讨论与拓展

1. 异氰酸酯与烯酮

异氰酸酯 R—N=C=O 和烯酮 R—HC=C=O 都是累积双键结构，有 C=O 极性双键，都能与亲核试剂进行加成反应。与质子型亲核试剂反应时，通过烯醇重排，分别得到氨基甲酸及其衍生物和羧酸及其衍生物。例如：

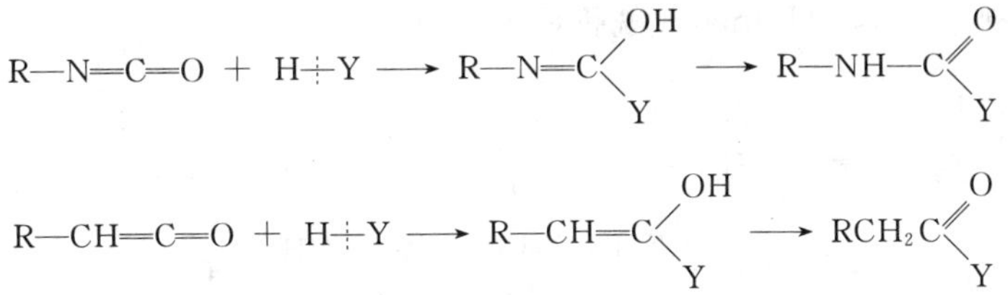

$$R-N=C=O + H-Y \longrightarrow R-N=C\begin{smallmatrix}OH\\Y\end{smallmatrix} \longrightarrow R-NH-C\begin{smallmatrix}O\\Y\end{smallmatrix}$$

$$R-CH=C=O + H-Y \longrightarrow R-CH=C\begin{smallmatrix}OH\\Y\end{smallmatrix} \longrightarrow RCH_2-C\begin{smallmatrix}O\\Y\end{smallmatrix}$$

H—Y: H—OH, H—OR, H—O$_2$CR, H NH$_2$, H—NHR,
H—NR$_2$, H—NH—NH$_2$CONH$_2$, H—X, H—OSO$_3$H。

因此异氰酸酯与烯酮是重要的化工原料。

2. 氮烯活泼中间体

氮烯又称氮宾（R—N）为缺电子的一价活泼中间体。其 N 原子的价电子层中有六个电子。像卡宾一样，氮宾有三重态、单重态两种结构：

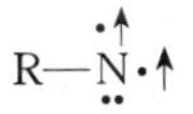

$$R-\ddot{N}\cdot\uparrow\uparrow \qquad\qquad R-\ddot{N}:\downarrow\uparrow$$

三重态，N 为 sp 杂化，两个电子在两个 p 轨道中。 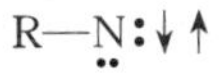   单重态，N 为 sp² 杂化，两对电子在两个 sp² 杂化轨道中。

① 氮烯的生成　由叠氮化合物加热分解得到。例如：

$$R-N_3 \xrightarrow{\triangle} R-\ddot{N}: + N_2$$

亚硝基化合物和三苯基膦、亚磷酸三乙酯等反应得到氮烯中间体。例如：

$$Ar-NO + Ph_3P \longrightarrow Ar-\overset{-}{N}-O-\overset{+}{P}h_3 \longrightarrow Ar\ddot{N}: + Ph_3PO$$

异氰酸酯光照，分解生成氮烯：

$$R-N=C=O \xrightarrow{h\nu} R-\ddot{N}: + CO$$

② 氮烯的反应

a. 氮烯与 C=C 双键加成反应生成 N 三元杂环化合物：

$$C_2H_5-O-\underset{\underset{O}{\|}}{C}-N_3 \xrightarrow{\Delta} C_2H_5-O-\underset{\underset{O}{\|}}{C}-\ddot{N}: \longrightarrow \text{环己烷-N-C(=O)-O-C}_2H_5$$

b. 氮烯可以插入 C—H 键中

$$C_6H_5-\ddot{N}: + C_6H_{12} \longrightarrow C_6H_5NH-C_6H_{11}$$

c. 重排反应，如 Hofmann 酰胺重排反应：

$$CH_3CH_2-\underset{\underset{O}{\|}}{C}-NH_2 \xrightarrow[H_2O]{BrONa} CH_3CH_2NH_2 + CO$$

$$\text{3-吡啶基}-CONH_2 \xrightarrow[H_2O]{NaOBr} \text{3-吡啶基}-NH_2 + CO$$

$$\underset{CH_3}{\overset{H}{\underset{|}{C_6H_5-C}}}-\underset{\underset{O}{\|}}{C}-NH_2 \xrightarrow[N_2O]{NaOBr} \underset{CH_3}{\overset{H}{\underset{|}{C_6H_5-C}}}-NH_2 + CO$$

手性碳原子的构型保持，说明在氮烯重排反应中，迁移基团并没有离开氮原子。

3. Grignard 试剂（金属有机化合物）的性质与制备

金属原子与有机基团的碳直接结合（M—C）的化合物为金属有机化合物，可以写成：

$$\overset{\delta-}{R}-\overset{\delta+}{M} \quad [R-M \longleftrightarrow M^+R^-]$$

不同的金属原子，两个共振结构的含量不同，不同的反应试剂与其反应，会以不同共振结构参与反应。

有机镁试剂（R—MgX）是 Grignard 等人发现的，其与有机化合物的反应（Grignard 反应）在有机合成中有着重要的应用。因此 Grignard 获得 1912 年诺贝尔化学奖。

① Grignard 试剂的结构　一般情况下，Grignard 试剂是在醚溶剂中制备，其结构还不十分清楚。一般认为，在稀溶液中是单体的醚合物，在浓溶液中是通过"卤桥键"构成的二聚体醚合物：

$$\begin{array}{cc} R & OR_2 \\ \diagdown & \diagup \\ & Mg \\ \diagup & \diagdown \\ X & OR_2 \end{array} \qquad \begin{array}{ccc} R & X & OR_2 \\ \diagdown & \diagup\diagdown & \diagup \\ & Mg & Mg \\ \diagup & \diagdown\diagup & \diagdown \\ R_2O & X & R \end{array}$$

② Grignard 试剂的重要反应

a. Grignard 试剂能与含活泼氢的化合物,如 H_2O, HOR, HSR, HX, HO_2CR, H_2NR, H_2NOCR, HC≡C—R, HO_3SR 等发生酸碱反应。例如:

$$CH_3CH_2MgBr + H_2O \longrightarrow CH_3CH_3 + HOMgBr$$

$$(CH_3)_3CMgCl + DCl \longrightarrow (CH_3)_3CD + MgCl_2$$

$$CH_3MgI + HC≡C—CH_3 \longrightarrow CH_4 + CH_3C≡C—MgI$$

b. 与氧发生自由基型氧化反应。例如:

$$R—MgX + O_2 \longrightarrow R—O—O—MgX \xrightarrow{RMgX} 2ROMgX$$

c. 作为亲核试剂与卤代烃发生亲核取代反应(又称偶联反应):

$$\overset{\delta+}{R'}—\overset{\delta-}{X} + \overset{\delta-}{R}—\overset{\delta+}{MgX} \longrightarrow R'—R + MgX_2$$

$3°R\ X$, $CH_2=CH—CH_2X$, ⌬$CH_2—X$ 等很容易进行此反应,制备此类 Grignard 试剂需在低温下反应。

$1°R—X$, $2°R—X$ 进行偶联反应时,需要零价 Pa 催化。

d. 作为亲核试剂可与含极性重键的化合物,如醛、酮、羧酸、羧酸衍生物、亚胺、腈等发生亲核加成反应,也能与 α,β-不饱和羰基化合物发生 1,2- 和 1,4- 加成反应。例如:

$$R—MgX + \underset{(R'')H}{\overset{R'}{>}}C=O \longrightarrow R—\underset{R'}{\overset{O-MgX}{\underset{|}{C}}}—H(R'') \xrightarrow{H_3O^+} R—\underset{R'}{\overset{OH}{\underset{|}{C}}}—H(R'')$$

$$R—MgX + R'C≡N \longrightarrow \underset{R'}{\overset{R}{>}}C=N—MgX \xrightarrow{H_3^+O} \underset{R'}{\overset{R}{>}}C=NH$$

$$R—MgX + R'—\overset{O}{\underset{OR^2}{C}} \longrightarrow R'—\overset{O}{\underset{\|}{C}}—R + R''OMgX$$

二氧化碳($O=C=O$)、环氧乙烷($\overset{C—C}{\underset{O}{\triangle}}$)与羰基($>C=O$)有相似的结构,

也能发生类似亲核加成反应：

$$R-MgX + O=C=O \longrightarrow R-CO-OMgX \xrightarrow{H_2O} RCOOH$$

$$R-MgX + \overset{\triangle}{\underset{O}{}} \longrightarrow R-CH_2-\underset{CH_3}{\overset{|}{CH}}-OMgX \xrightarrow{H_2O} R CH_2 \underset{CH_3}{\overset{|}{CH}}-OH$$

e. 与电负性比镁原子大的金属发生交换反应。例如：

$$CH_3CH_2MgX + AlCl_3 \longrightarrow CH_3CH_2-AlCl_2 + MgXCl \xrightarrow{2CH_3CH_2MgX} Al(CH_2CH_3)_3$$

③ Grignard 试剂的制备 Grignard 试剂一般是在醚溶剂中由卤代烃与金属镁通过自由基反应合成：

$$R-X + Mg \xrightarrow{\text{醚}} R-Mg-X$$

R—X 的活泼性：

$$RI \gg RBr > RCl \gg RF$$
$$3°R-X > 2°R-X > 1°R-X$$

$C=C-C-X$，$\text{Ph}-C-X$ 很活泼，在低温下合成；$C=C\overset{X}{\diagup}$，$\text{Ph}-X$ 不活泼，需要在 THF 中回流反应，并加入 I_2 作为反应的引发剂。

④ Grignard 试剂与其它金属试剂的比较

a. 由于 Li 比 Mg 体积小，Li—C 键比 Mg—C 键极性大，有机锂比有机镁试剂活泼。有些反应能与 Li—R 进行，却不能与 R—MgX 反应。二烃基铜锂的活性比有机锂差，但比 R—MgX 活性高。

$$R-Cl + R_2'CuLi \longrightarrow R-R' + R'Cu + LiCl$$

R—MgX 进行此反应需要用催化剂。

b. 有机锌试剂 $X-Zn-CH_2-\overset{\overset{O}{\|}}{C}-OR'$ 的 Zn—C 键极性比 X—Mg—R 中的 C—Mg 键极性弱，前者化学反应活性比后者小。若制备不出 $R'OOCCH_2-MgX$ 试剂，$XZn-CH_2COOR'$ 只能与醛酮的 $\diagup C=O$ 发生亲核加成反应，而不能与羧酸及其衍生物的 $\diagup C=O$ 发生亲核加成。

例题解析

例1 写出下列反应的产物 A,B 的结构,并写出 B ⟶ A 的反应机理。

$$HOCH_2CH_2NH_2 \xrightarrow[1\ mol(CH_3CO)_2O,\ HCl]{1\ mol(CH_3CO)_2O,\ K_2CO_3} \begin{array}{c} A \\ \uparrow K_2CO_3 \\ B \end{array}$$

解析:在碱性条件下,—NH_2 的亲核性强,故在 N 上酰基化,在强酸性条件下,—NH_2 转变为—$\overset{+}{N}H_3$,亲核性消失,故在—OH 酰基化。反应产物如下:

$$HO-CH_2CH_2NH_2 \xrightarrow[1\ mol(CH_3CO)_2O,\ HCl]{1\ mol(CH_3CO)_2O,\ K_2CO_3} \begin{array}{c} HOCH_2CH_2NHCOCH_3 \\ \uparrow K_2CO_3 \\ CH_3COOCH_2CH_2\overset{+}{N}H_3Cl^- \end{array}$$

$CH_3COOCH_2CH_2\overset{+}{N}H_3Cl^-$ 与 K_2CO_3 作用可转化为 $HOCH_2CH_2NHCOCH_3$,机理如下:

$$CH_3-\underset{\parallel}{\overset{O}{C}}-OCH_2CH_2\overset{+}{N}H_3Cl^- \xrightarrow{K_2CO_3 \atop 中和反应} CH_3\underset{\parallel}{\overset{O}{C}}-OCH_2CH_2\ddot{N}H_2 \xrightarrow{亲核加成}$$

$$CH_3-\underset{\underset{NH-CH_2}{|}}{\overset{O^-}{\underset{|}{C}}}-OCH_2 \xrightarrow{消去} CH_3-\underset{\parallel}{\overset{O}{C}}-NHCH_2CH_2O^- \xrightarrow{H_2O} CH_3\underset{\parallel}{\overset{O}{C}}-NHCH_2CH_2OH$$

例2 如何分离出下列混合物中的各个单组分?写出实验流程图。

A. C₆H₅NH₂   B. C₆H₅OH   C. C₆H₅OCH₃   D. C₆H₅COOH   E. 对氨基苯甲酸(4-H₂N-C₆H₄-COOH)

解析:该题是实验室中经常遇到的分离问题,较为普遍的方法是利用化合物酸、碱性的差异,转变成盐,利用盐的水溶性好,而与其它不成盐的有机物分离。如果沸点相差较大,可直接采用蒸馏、分馏等方法分离。作为分离问题,最后每个细分应该是纯的物质。

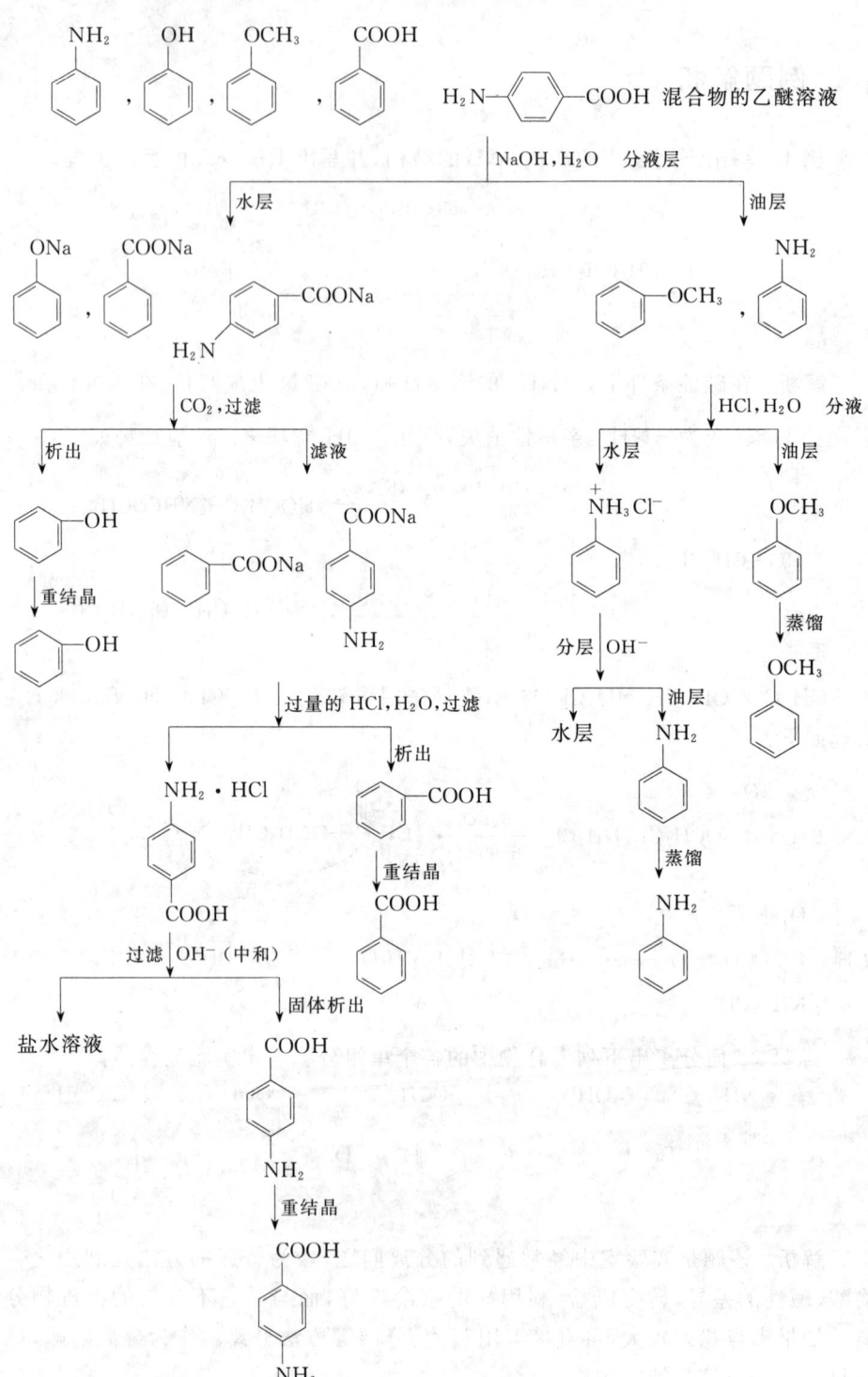

例 3 完成下列转化：

(1) 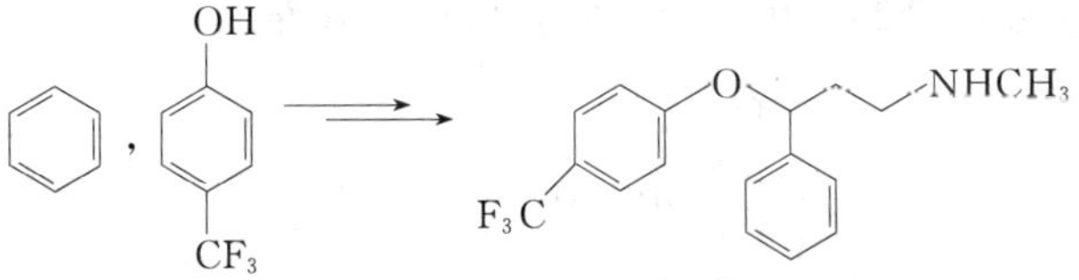 苯 + 4-三氟甲基苯酚 ⟹ 氟西汀(Prozac)

(2) 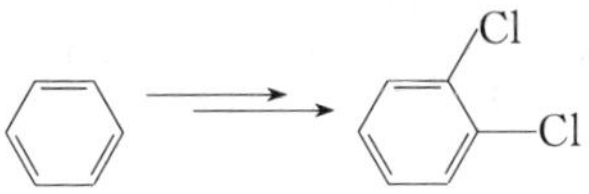 苯 ⟹ 邻二氯苯

(3) 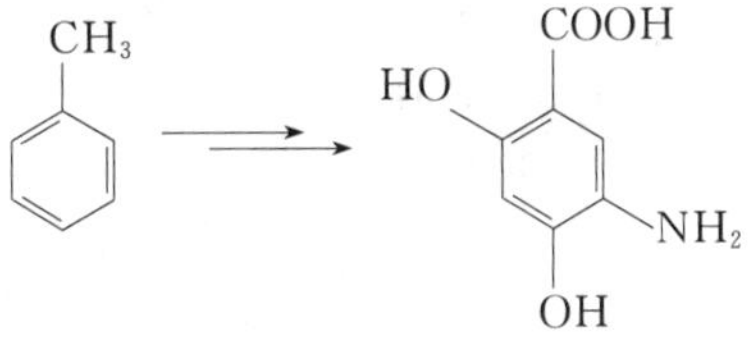 甲苯 ⟹ 2,4-二羟基-5-氨基苯甲酸

解析：(1) 对于任何一个合成问题，都可以想到很多合成方法。但由于受原料、反应条件、原子经济性等限制，可供选择的就会减少。本目标产物是醚，最好的方法用 Williamson 醚合成法。

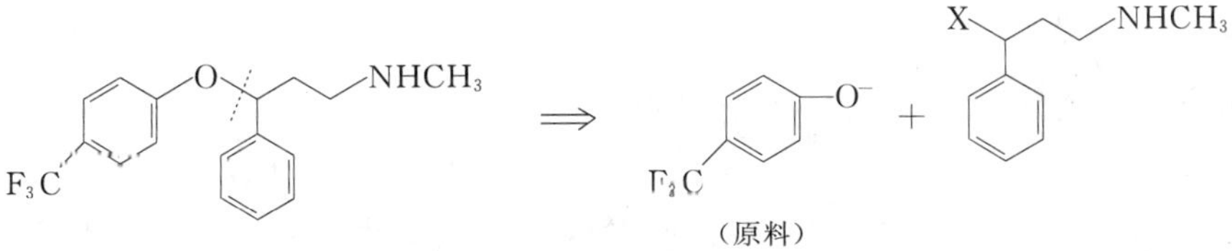

氟西汀 ⟹ 4-三氟甲基苯酚负离子(原料) + 苯基-X-NHCH$_3$ 侧链

苯环上引入一个长链的方法是 Friedel–Crafts 反应：

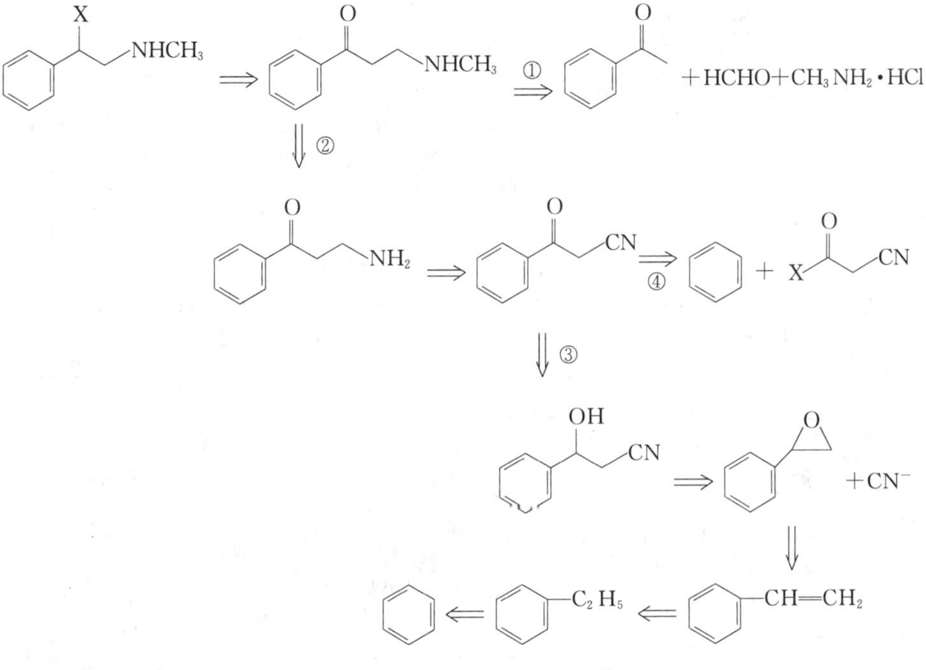

PhCH(X)CH$_2$NHCH$_3$ ⟹ PhCOCH$_2$CH$_2$NHCH$_3$ ①⟹ PhCOCH$_3$ + HCHO + CH$_3$NH$_2$·HCl

②⇓

PhCOCH$_2$CH$_2$NH$_2$ ⟹ PhCOCH$_2$CN ④⟹ 苯 + X-CO-CH$_2$-CN

③⇓

PhCH(OH)CH$_2$CN ⟹ 苯基环氧乙烷 + CN$^-$

⇓

苯 ⇐ PhC$_2$H$_5$ ⇐ PhCH=CH$_2$

上面的三条路线显然第①条路线利用曼尼希反应的合成是更经济、合理的途径，也是 Eli Lilly 公司最终采用的合成氟西汀的工业路线。

$$\text{C}_6\text{H}_6 + \text{CH}_3\text{COCl} \xrightarrow{\text{AlCl}_3} \text{PhCOCH}_3 \xrightarrow{\text{HCHO, CH}_3\text{NH}_2, \text{HCl}} \text{PhCOCH}_2\text{CH}_2\text{NHCH}_3$$

$$\xrightarrow[\text{② H}_2\text{O}]{\text{① NaBH}_4} \text{PhCH(OH)CH}_2\text{CH}_2\text{NHCH}_3 \xrightarrow{\text{PX}_3} \text{PhCHClCH}_2\text{CH}_2\text{NHCH}_3$$

$$\xrightarrow[\text{NaOH}]{\text{F}_3\text{C-C}_6\text{H}_4\text{-OH}} \text{4-F}_3\text{C-C}_6\text{H}_4\text{-O-CH(Ph)CH}_2\text{CH}_2\text{NHCH}_3$$

(2) 方法 1

$$\text{C}_6\text{H}_6 + \text{Cl}_2 \xrightarrow{\text{Fe}} \text{PhCl} \xrightarrow{\text{浓 H}_2\text{SO}_4} \text{HO}_3\text{S-C}_6\text{H}_4\text{-Cl} \xrightarrow{\text{Cl}_2, \text{Fe}, \triangle}$$

$$\text{HO}_3\text{S-C}_6\text{H}_3(\text{Cl})_2 \xrightarrow{\text{H}_3^+\text{O}} \text{1,2-C}_6\text{H}_4\text{Cl}_2$$

方法 2

$$\text{HO}_3\text{S-C}_6\text{H}_4\text{-Cl} \xrightarrow[\text{浓 H}_2\text{SO}_4]{\text{浓 HNO}_3} \text{HO}_3\text{S-C}_6\text{H}_3(\text{NO}_2)\text{Cl} \xrightarrow[\text{② Zn/浓 HCl}]{\text{① H}_3^+\text{O}, \triangle}$$

$$\text{2-Cl-C}_6\text{H}_4\text{-NH}_2 \xrightarrow{\text{NaNO}_2, \text{HCl}} \text{2-Cl-C}_6\text{H}_4\text{-N}_2^+\text{Cl}^- \xrightarrow{\text{CuCl, HCl}, \triangle} \text{1,2-C}_6\text{H}_4\text{Cl}_2$$

方法 1 比方法 2 更简捷。

(3) 方法 1

$$\text{PhCH}_3 \xrightarrow{\text{HNO}_3, \text{H}_2\text{SO}_4} \text{2,4-(NO}_2)_2\text{-C}_6\text{H}_3\text{-CH}_3 \xrightarrow{\text{Na}_2\text{Cr}_2\text{O}_7, \text{H}_3^+\text{O}} \text{2,4-(NO}_2)_2\text{-C}_6\text{H}_3\text{-COOH}$$

$$\xrightarrow{\text{H}_2, \text{Ni}} \text{2,4-(NH}_2)_2\text{-C}_6\text{H}_3\text{-COOH} \xrightarrow{\text{NaNO}_2, \text{HCl}} \text{2,4-(N}_2^+\text{Cl}^-)_2\text{-C}_6\text{H}_3\text{-COOH} \xrightarrow{\text{H}_2\text{O}, \triangle}$$

$$\text{2,4-(OH)}_2\text{-C}_6\text{H}_3\text{-COOH} \xrightarrow{\text{HNO}_3, \text{H}_2\text{SO}_4} \text{2,4-(OH)}_2\text{-5-NO}_2\text{-C}_6\text{H}_2\text{-COOH} \xrightarrow{\text{H}_2, \text{Ni}} \text{2,4-(OH)}_2\text{-5-NH}_2\text{-C}_6\text{H}_2\text{-COOH}$$

方法 2

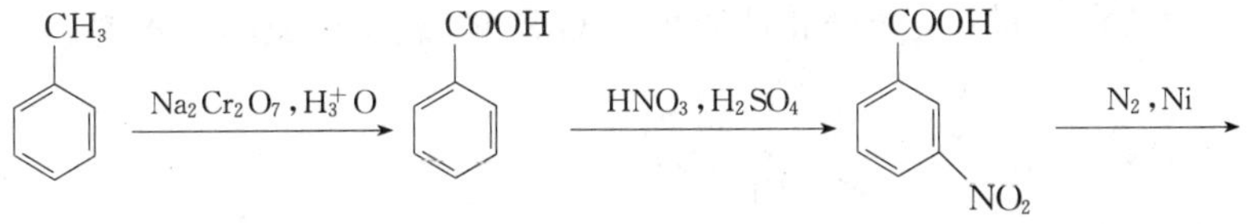

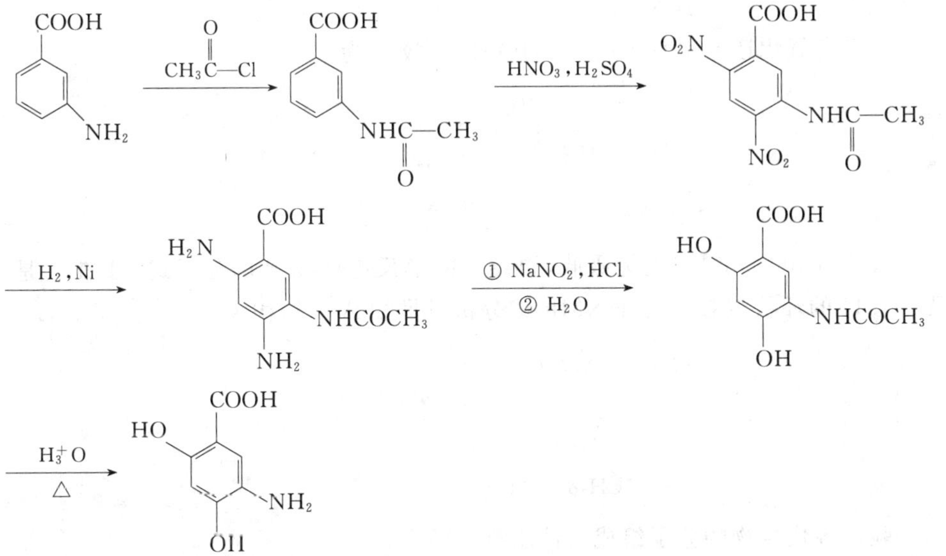

[反应流程图: 甲苯 →(Na₂Cr₂O₇, H₃⁺O)→ 苯甲酸 →(HNO₃, H₂SO₄)→ 3-硝基苯甲酸 →(N₂, Ni)→ 3-氨基苯甲酸 →(CH₃COCl)→ 3-乙酰氨基苯甲酸 →(HNO₃, H₂SO₄)→ 2,4-二硝基-5-乙酰氨基苯甲酸 →(H₂, Ni)→ 2-氨基-4-氨基-5-乙酰氨基苯甲酸 →(① NaNO₂, HCl; ② H₂O)→ 2-羟基-4-羟基-5-乙酰氨基苯甲酸 →(H₃⁺O, △)→ 2-羟基-4-羟基-5-氨基苯甲酸]

例 4 某生物碱 A, 元素分析其分子式为 $C_{11}H_{21}N$, ^1HNMR: 在 $\delta=1.2$ 和 $\delta=1.33$ 处有两个 —CH₃ 的双峰, 在 $\delta=2.32$ 处有一个 —CH₃ 单峰, 在 $\delta=1.3 \sim 2.7$ 处是其它氢产生的宽峰, IR: $\geqslant 3\,100\,cm^{-1}$ 无吸收峰。从这些信息中推导出 A 及下面反应过程中 B, C, D 的构造式。

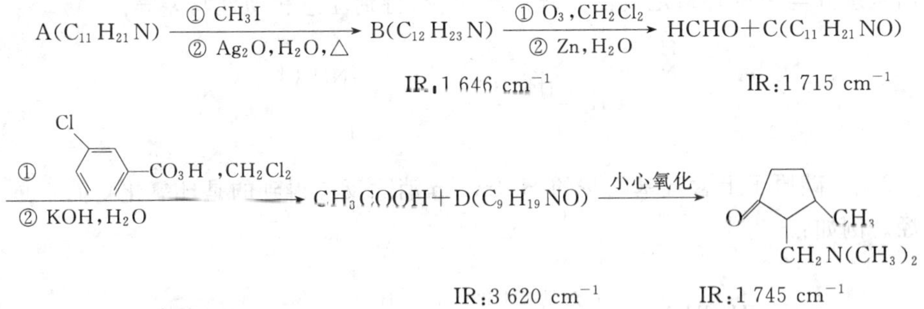

$$A(C_{11}H_{21}N) \xrightarrow[\text{② } Ag_2O, H_2O, \triangle]{\text{① } CH_3I} B(C_{12}H_{23}N) \xrightarrow[\text{② } Zn, H_2O]{\text{① } O_3, CH_2Cl_2} HCHO + C(C_{11}H_{21}NO)$$

IR: $1\,646\,cm^{-1}$ IR: $1\,715\,cm^{-1}$

$$\xrightarrow[\text{② } KOH, H_2O]{\text{① 间氯过氧苯甲酸}, CH_2Cl_2} CH_3COOH + D(C_9H_{19}NO) \xrightarrow{\text{小心氧化}} \text{[2-(二甲氨基甲基)-3-甲基环戊酮]}$$

IR: $3\,620\,cm^{-1}$ IR: $1\,745\,cm^{-1}$

解析: 本题是波谱分析及结合性质推结构的综合性题目。关键性信息是最后两步。因此本题采用从后向前推的方法。

根据 D 的小心氧化产物和 IR 光谱数据可知 D 是醇:

D. [2-(二甲氨基甲基)-3-甲基环戊醇结构]

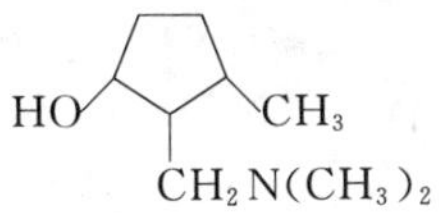

结合 C 的 IR 光谱和性质可知 C 是酮,氧化后成酯又水解。

C. 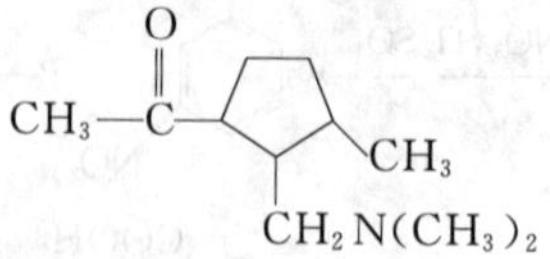 $\underset{\underset{CH_2N(CH_3)_2}{|}}{CH_3-\overset{\overset{O}{\|}}{C}-}$ 环戊基 $-CH_3$

B 经臭氧化还原水解生成 HCHO 和 C,故 B 为

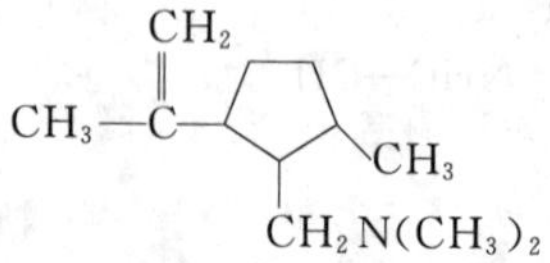

$CH_2=\underset{\underset{CH_2N(CH_3)_2}{|}}{C}(CH_3)-$ 环戊基 $-CH_3$

A 在 3 100 cm^{-1} 以上无吸收,再结合降解反应产物 B 的分子式,可知 A 是无 N—H 的环状叔胺。由 ^{1}HNMR 谱分析可推知 A 的结构为

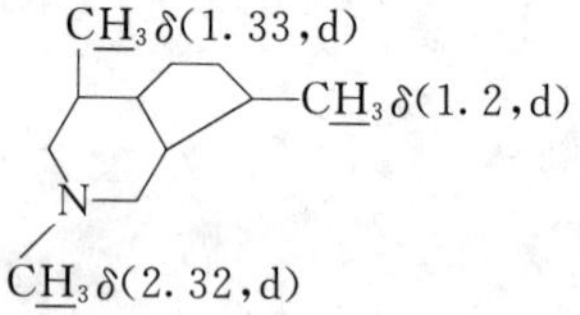

（双环结构，含 N，标注 $CH_3\delta(1.33,d)$、$CH_3\delta(1.2,d)$、$CH_3\delta(2.32,d)$）

验证各化合物的分子组成及性质符合题意。

▶▶ **自我提升**

1. 用过量的 HCl 处理三元环的胺 2-甲基氮杂环丙烷得到下式开环产物。写出机理并与甲基环氧乙烷的开环产物比较,特别注意相似性与差异。

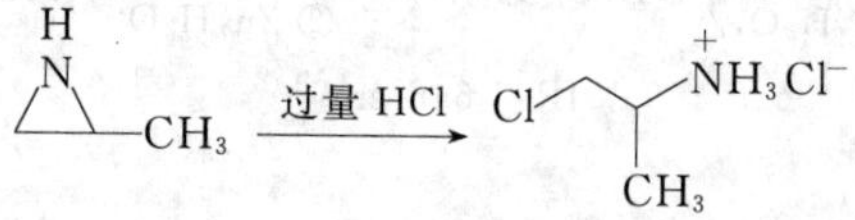

$$\underset{CH_3}{\overset{H}{\underset{|}{N}}}\!\!\triangle \xrightarrow{\text{过量 HCl}} Cl-CH_2-\underset{\underset{CH_3}{|}}{\overset{+}{CH}}-NH_3\ Cl^-$$

2. β-碳原子上含羟基的胺的 Hofmann 消除反应得到的是环氧化物而不是烯烃。例如:

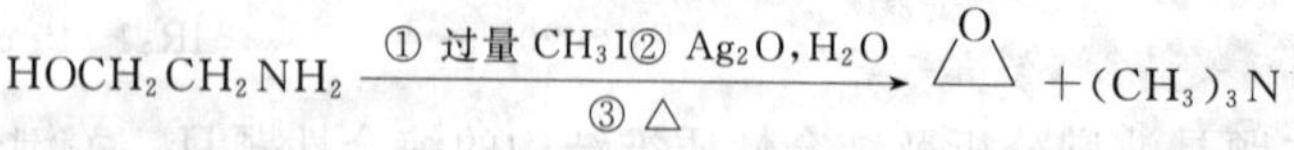

$$HOCH_2CH_2NH_2 \xrightarrow[\text{③}\triangle]{\text{① 过量 } CH_3I\ \text{② } Ag_2O, H_2O} \underset{\triangle}{\overset{O}{\diagup\!\!\!\diagdown}} + (CH_3)_3N$$

(1) 提出合理的机理;
(2) 写出下列反应中 A 的构造式。

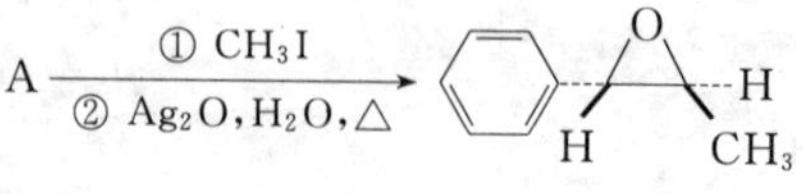

$$A \xrightarrow[\text{② } Ag_2O, H_2O, \triangle]{\text{① } CH_3I} \underset{H\quad CH_3}{\overset{O}{Ph\diagup\!\!\!\diagdown H}}$$

3. 用反应机理解释下列转化:

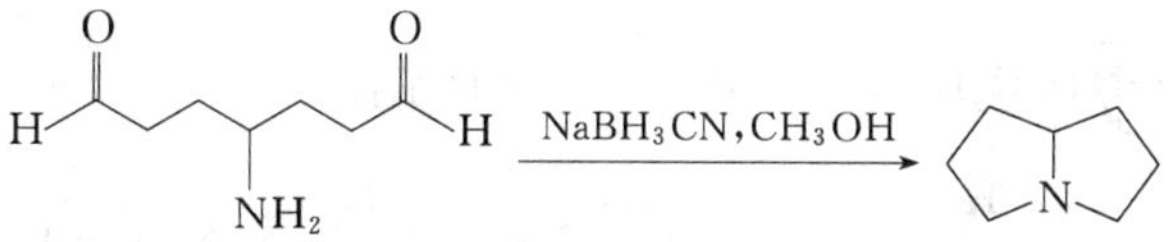

$$\underset{NH_2}{OHC-CH_2CH_2-CH-CH_2CH_2-CHO} \xrightarrow{NaBH_3CN, CH_3OH} \text{(双环吡咯烷结构)}$$

4. 加热溶于癸烷中的 1-氯辛烷和氰化钠水溶液的混合物没有 S_N2 反应产物壬腈的生成;当加入少量的氯化苯甲基三乙基铵时,反应快速和定量地进行:

$$CH_3(CH_2)_7Cl + NaCN \xrightarrow{PhCH_2\overset{+}{N}(C_2H_5)_3\overset{-}{Cl}} CH_3(CH_2)_7CN + NaCl$$
$$100\% \text{ 壬腈}$$

讨论下列问题:
(1) 催化剂在 H_2O 和癸烷中的溶解度怎样?
(2) 为什么没有季铵盐时,反应很慢?
(3) 季铵盐是如何促进反应的?

5. 解释下列胺的碱性强弱现象:

(1) 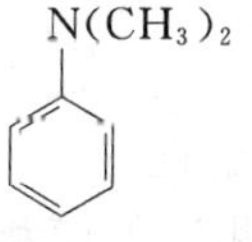 PhN(CH$_3$)$_2$ 的碱性($pK_b = 9.62$)比 PhNH$_2$ ($pK_b = 9.30$)略弱,而 2,4,6-三硝基-N,N-二甲基苯胺的碱性是 2,4,6-三硝基苯胺的 40 000 倍。

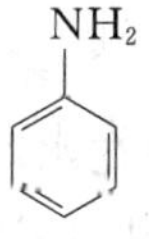

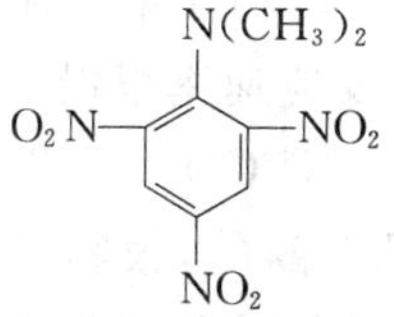

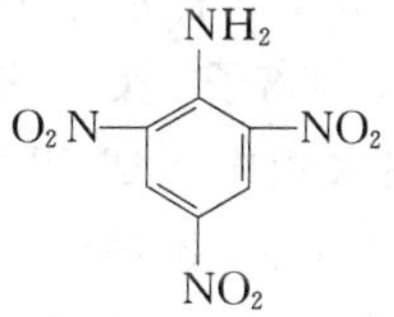

(2) 邻甲苯胺($pK_a = 4.44$)比苯胺($pK_a = 4.60$)的碱性稍弱,而 N,N-二甲基邻甲苯胺比 N,N-二甲基苯胺($pK_a = 5.15$)的碱性强得多。

▶▶ 自我提升参考答案

1. 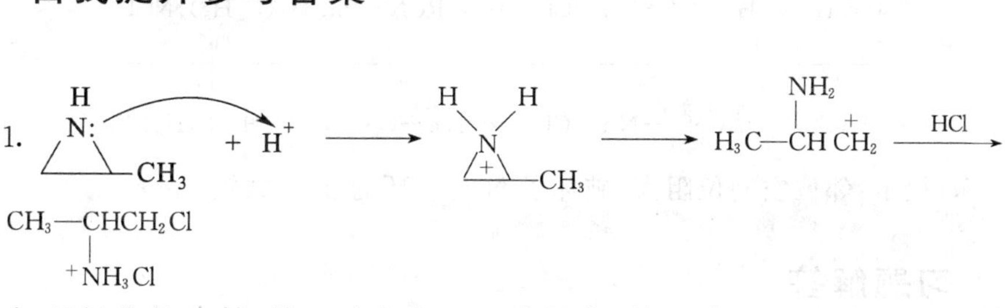 (反应机理示意图:环丙胺质子化后开环,生成 CH_3-CHCH$_2$Cl 带 $\overset{+}{N}H_3Cl$,再经过 H_3C-CHCH$_2$-$\overset{+}{N}H_2$ 加 HCl)

与环氧化物比较,第一步相似——质子化,第二步开环方向相反,因为 —NH_2 碱性较 —OH 强,在过量 HCl 的作用下生成 $CH_3-\underset{\overset{+}{N}H_3}{\overset{\overset{+}{N}H_3Cl}{C}}-CH_3$ 不稳定。

2. (1) $HOCH_2CH_2NH_2 \xrightarrow{\text{过量}CH_3I} HOCH_2CH_2\overset{+}{N}(CH_3)_3 \xrightarrow{OH^-}$

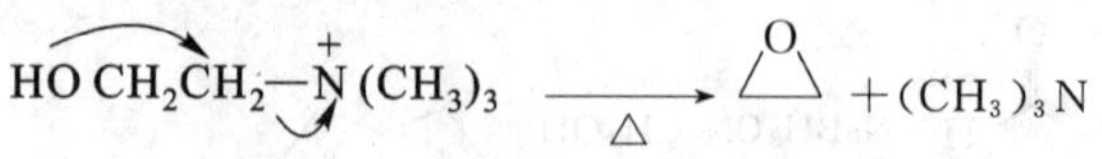

$HO\;CH_2CH_2-\overset{+}{N}(CH_3)_3 \xrightarrow{\Delta}$ [环氧乙烷] $+ (CH_3)_3N$

(2) [结构式: OH和NH₂在邻位的两个对映异构体] 或 [结构式] （邻基参与很容易发生 S_N 反应）

3. 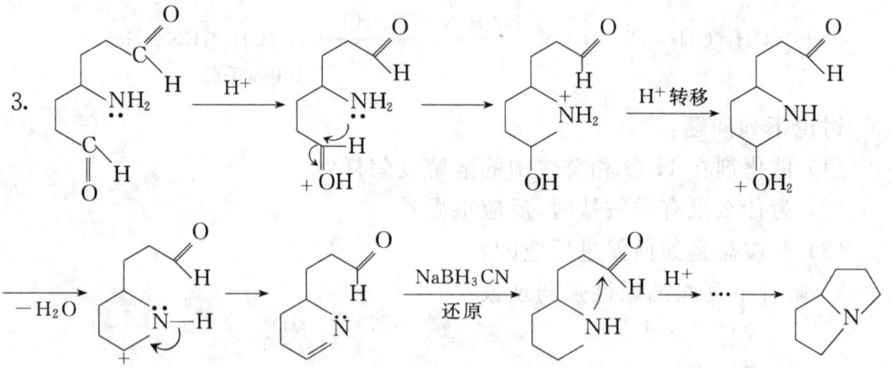 [反应机理图示：氨基醛在 H^+ 催化下经过质子转移、$-H_2O$、$NaBH_3CN$ 还原、H^+ …… 最终形成双环胺的过程]

4. （1）季铵盐催化剂在水相和有机相中都有较好的溶解性。

（2）因为卤代烃在有机相中，而 NaCN 在水相中，互不相溶的两相体系只能在两相交界处反应，Na^+ 和 CN^- 是水合离子，^-CN 亲核性很小，反应速率很慢。

（3）季铵盐是相转移催化剂，在水相中生成 $PhCH_2(C_2H_5)_3N^+CN^-$，可以将 CN^- 运送到有机相，而在有机相中 CN^- 不被溶剂化包围，是裸露的，很容易与 RX 反应，在反应中产生的 X^- 生成 $PhCH_2(C_2H_5)_3N^+Cl^-$ 再被相转移催化剂运送到水相。相转移催化剂并没有损耗，只起到重复地"转送"负离子的作用。概括如下：

$$PhCH_2(C_2H_5)_3\overset{+}{N}CN^- + RCl \longrightarrow RCN + PhCH_2(C_2H_5)_3\overset{+}{N}Cl^-$$

$$PhCH_2(C_2H_5)_3\overset{+}{N}CN^- + Na^+ + Cl^- \rightleftharpoons Na^+ + CN^- + PhCH_2(C_2H_5)_3\overset{+}{N}Cl^-$$

5. 提示：邻位空间位阻大，破坏了 N 与苯环的 p-π 共轭。

▶▶ 习题解答

12-1 命名下列化合物或写出构造式。

(1) CH₃CH₂—CH₂—CHCH(CH₃)₂
                        |
                        NO₂

(2) 间位取代苯: —NHCH₃ 和 —CH₃

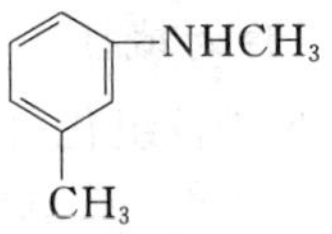

(3) CH₃CH₂—CH—CH₂CH₃
              |
              NHCH₃

(4) C₆H₅SO₂NHC₂H₅

(5) Cl—C₆H₄—N⁺(CH₃)₃ Cl⁻

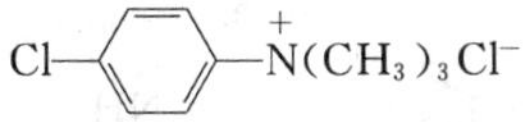

(6) (C₂H₅)₂N⁺(CH₃)₂ OH⁻

(7) 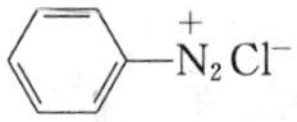 C₆H₅—N₂⁺ Cl⁻

(8) 异氰酸苯酯

(9) 对氨基苯甲酸乙酯

(10) 2-氨基-4-甲氨基己烷

(11) (E)-偶氮苯

(12) 2-甲基-1,6-己二胺

解：(1) 2-甲基-3-硝基己烷

(2) N-甲基间甲苯胺

(3) 3-甲氨基戊烷

(4) N-乙基苯磺酰胺

(5) 氯化三甲基对氯苯铵

(6) 氢氧化二甲基二乙基铵

(7) 氯化重氮苯

(8) 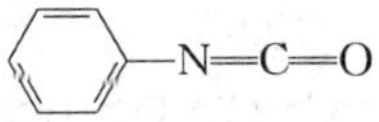 C₆H₅—N=C=O

(9) 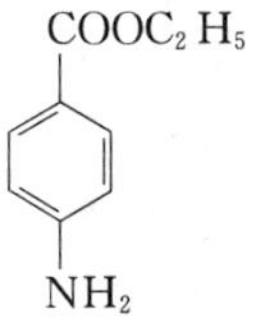 对氨基苯甲酸乙酯 (COOC₂H₅, NH₂)

(10) CH₃—CHCH₂CHCH₃
          | |
          NH₂   NHCH₃

(11) 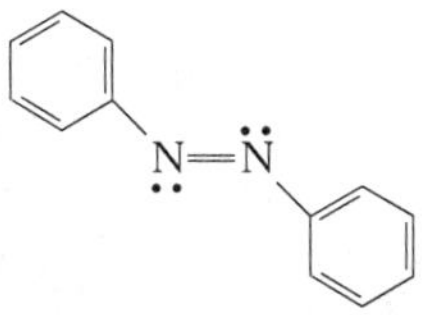 C₆H₅—N=N—C₆H₅

(12) H₂NCH₂(CH₂)₃CHCH₂NH₂
                      |
                      CH₃

[知识点] 含氮化合物的命名。

12-2 比较下列各对化合物的酸性强弱。

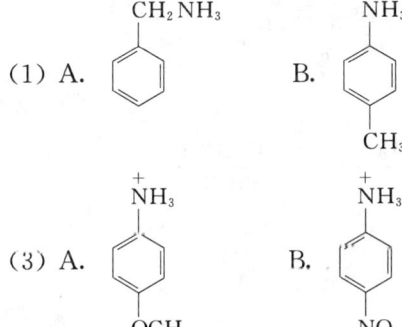

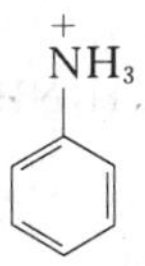

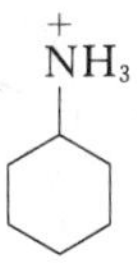

解：(1) B＞A   (2) A＞B   (3) B＞A

[知识点] 胺的碱性。

12-3 将下列各组化合物按碱性由强至弱的次序排列。

(1) A. $(CH_3)_4\overset{+}{N}\overset{-}{O}H$ B. $CH_3-\underset{\underset{O}{\|}}{C}-NH_2$ C. CH_3NH_2

D. 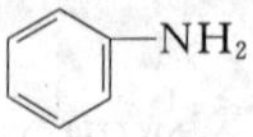 $C_6H_5-NH_2$ (苯胺)   E. 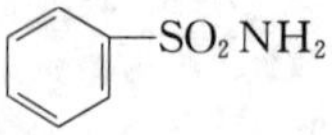 $C_6H_5-SO_2NH_2$

(2) A. $(CH_3)_3N$ B. 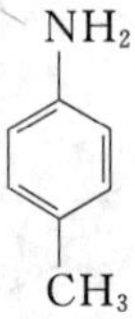 对甲基苯胺   C. 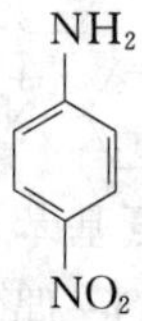 对硝基苯胺

D. 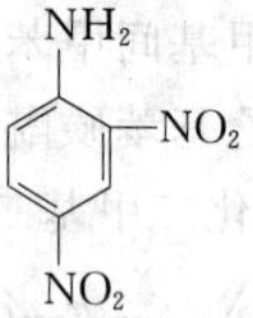 2,4-二硝基苯胺   E. $(CH_3)_2NH$

解：(1) A＞C＞D＞B＞E

(2) E＞A＞B＞C＞D（水溶液中）

[知识点] 胺的碱性。

12-4 完成下列反应。

(1) 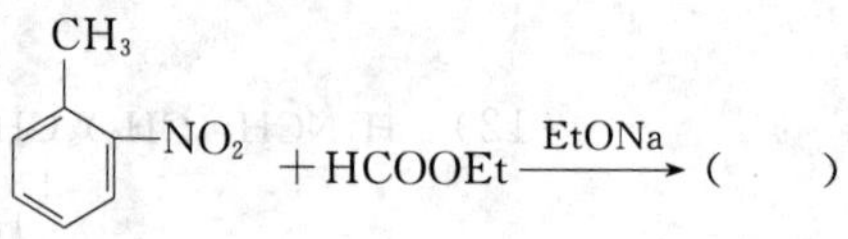 邻硝基甲苯 + HCOOEt $\xrightarrow{\text{EtONa}}$ ( )

(2) 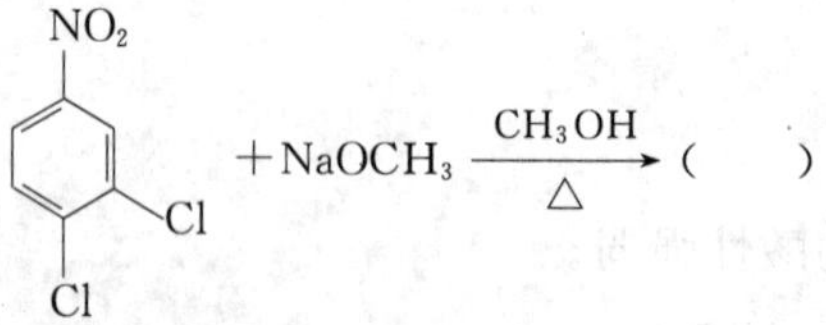 3-硝基-1,2-二氯苯 + NaOCH$_3$ $\xrightarrow[\triangle]{CH_3OH}$ ( )

(3) $Ph-CH_2CH_2NH_2$ $\xrightarrow{CH_3COCl}$ ( ) $\xrightarrow[\text{② }H_2O]{\text{① }LiAlH_4}$ ( )

(4) 2,4-二硝基苯胺 $\xrightarrow[\text{室温}]{NaNO_2/H_2SO_4}$ ( ) $\xrightarrow{CuCl}$ ( ) $\xrightarrow[CH_3OH]{CH_3ONa}$ ( )

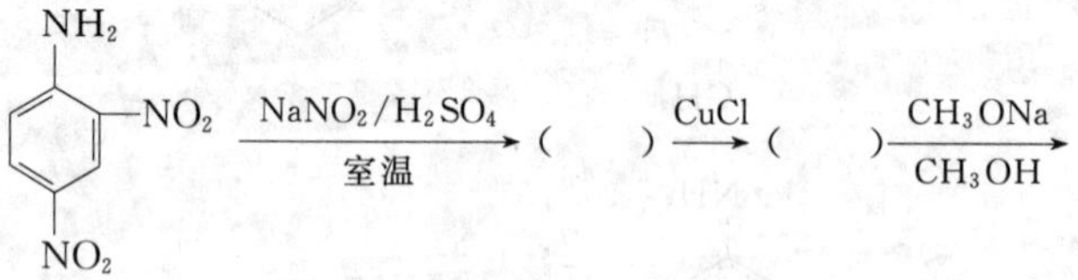

(5) 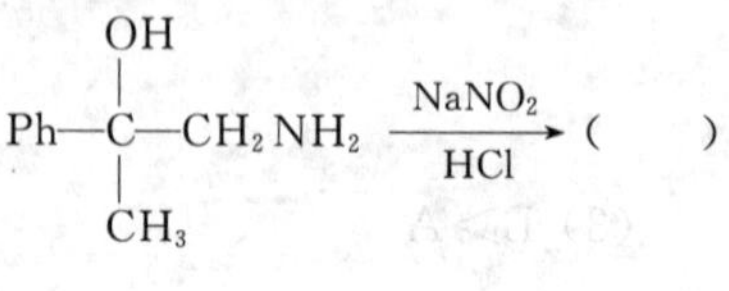 $Ph-\underset{\underset{CH_3}{|}}{\overset{\overset{OH}{|}}{C}}-CH_2NH_2$ $\xrightarrow[HCl]{NaNO_2}$ ( )

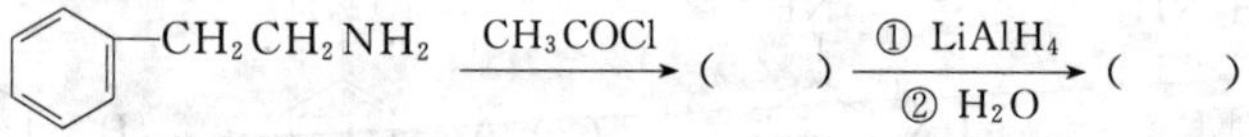

(6) 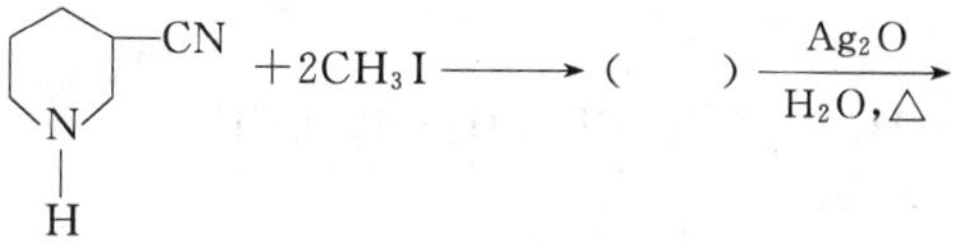 [piperidine-3-CN] + 2CH₃I ⟶ ( ) $\xrightarrow[H_2O, \Delta]{Ag_2O}$

(7) 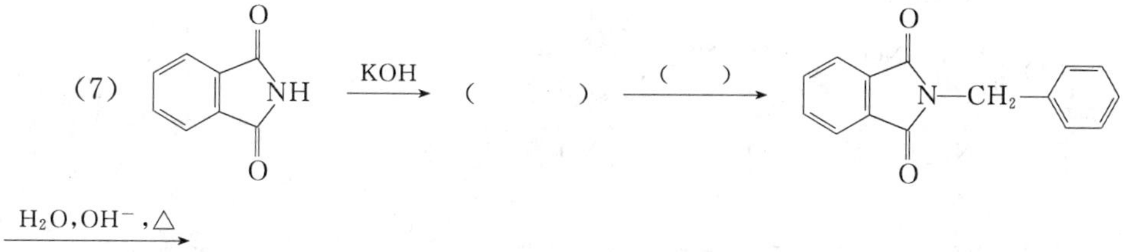 [phthalimide] $\xrightarrow{KOH}$ ( ) ⟶ ( ) ⟶ [N-benzylphthalimide] $\xrightarrow{H_2O, OH^-, \Delta}$

(8) 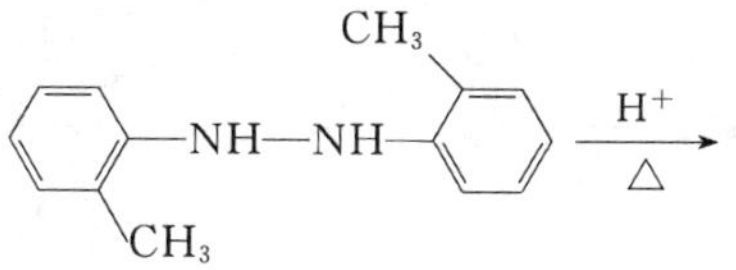 [2,2'-dimethylhydrazobenzene] $\xrightarrow[\Delta]{H^+}$

(9) 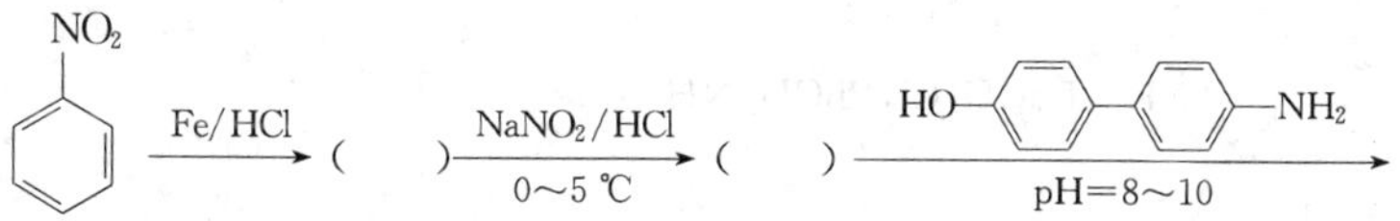 [nitrobenzene] $\xrightarrow{Fe/HCl}$ ( ) $\xrightarrow[0\sim5\,°C]{NaNO_2/HCl}$ ( ) $\xrightarrow{pH=8\sim10}$ [HO-C₆H₄-C₆H₄-NH₂]

*(10) [cyclohexyl-D-N(CH₃)₂] $\xrightarrow[②\,\Delta]{①\,H_2O_2}$

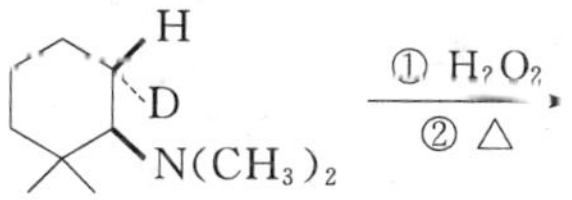

(11) 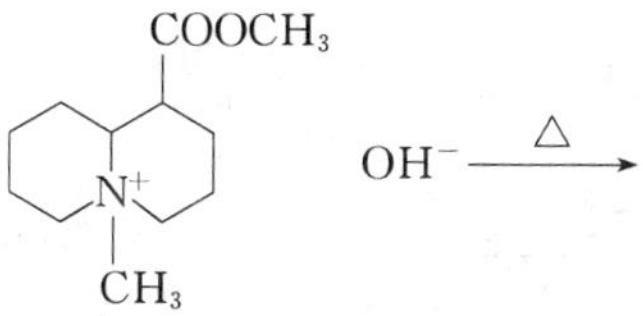 [bicyclic quaternary ammonium with COOCH₃, N⁺-CH₃] $\xrightarrow{OH^-}\xrightarrow{\Delta}$

(12) 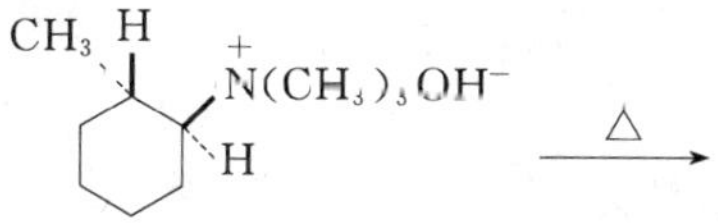 [cyclohexyl with CH₃ and N⁺(CH₃)₃OH⁻] $\xrightarrow{\Delta}$

(13) 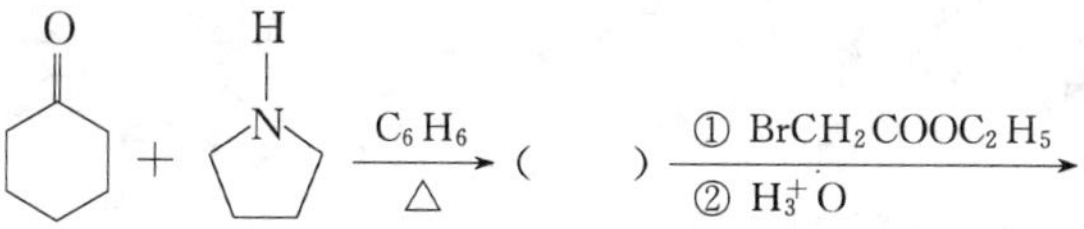 [cyclohexanone] + [pyrrolidine NH] $\xrightarrow[\Delta]{C_6H_6}$ ( ) $\xrightarrow[②\,H_3^+O]{①\,BrCH_2COOC_2H_5}$

(14) 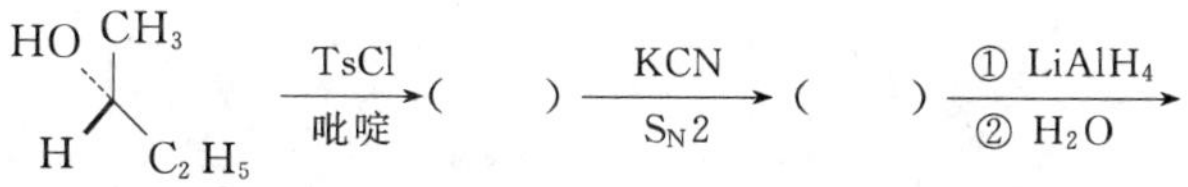 [HO-C(CH₃)(H)(C₂H₅)] $\xrightarrow[\text{吡啶}]{TsCl}$ ( ) $\xrightarrow[S_N2]{KCN}$ ( ) $\xrightarrow[②\,H_2O]{①\,LiAlH_4}$

解:(1) [o-O₂N-C₆H₄-CH₂-CHO] (2) 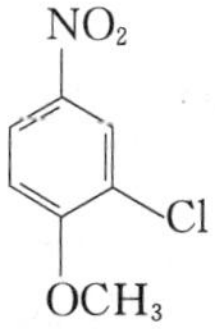 [2,4-disubstituted: NO₂, Cl, OCH₃ on benzene]

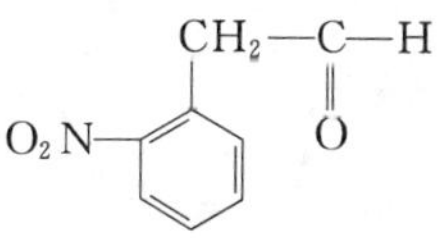

(3) 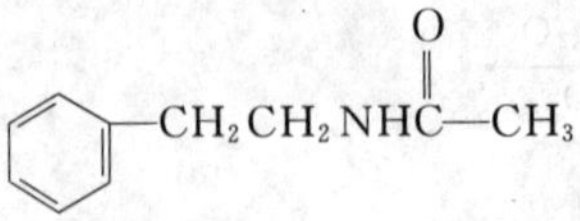 PhCH₂CH₂NHC(O)CH₃ , PhCH₂CH₂NHCH₂CH₃

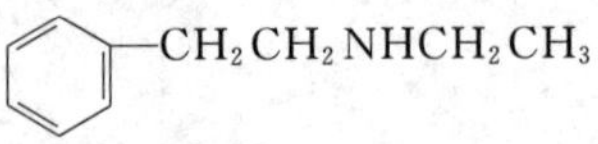

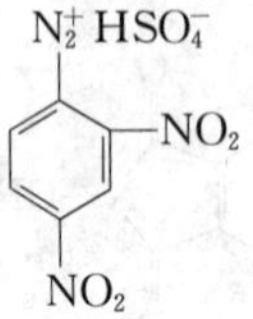

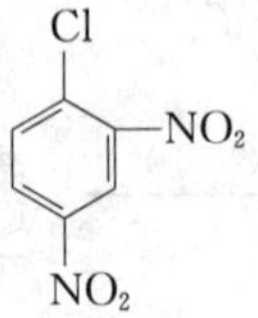

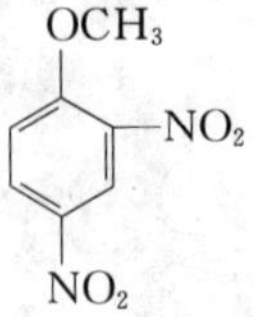

(4) 2,4-二硝基苯重氮硫酸氢盐 , 2,4-二硝基氯苯 , 2,4-二硝基苯甲醚

(5) CH₃—C(O)—CH₂—Ph （类似 pinacol 重排）

(6) 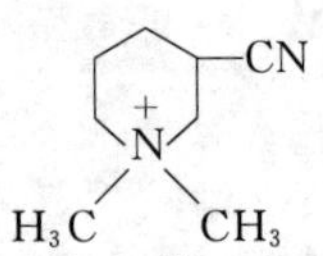 1,1-二甲基-3-氰基哌啶鎓碘化物 , 1-甲基-2-(氰基亚甲基)哌啶

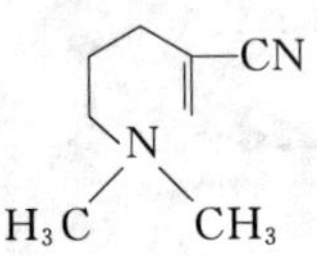

(7) 邻苯二甲酰亚胺钾 , PhCH₂Cl , PhCH₂NH₂

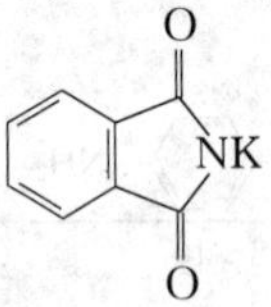

(8) 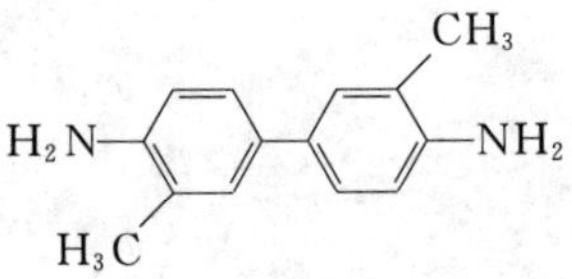 3,3'-二甲基联苯胺

(9) 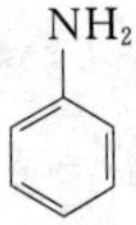 苯胺 , 重氮苯氯化物 , HO-苯基偶氮-4'-氨基联苯

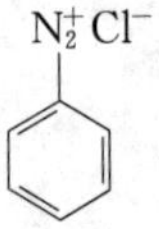

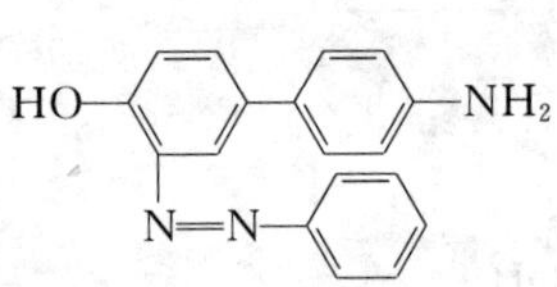

(10) 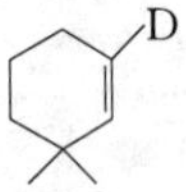 含D的环己烯衍生物 （Cope 热消除反应，顺式消去）

(11) 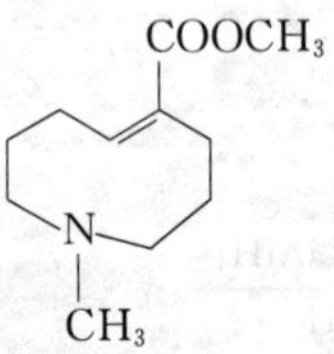 含COOCH₃的N-甲基环胺 （季铵碱消除反应）

(12) 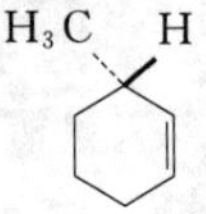 顺-1-甲基-2-氢环己烷 （反式消除）

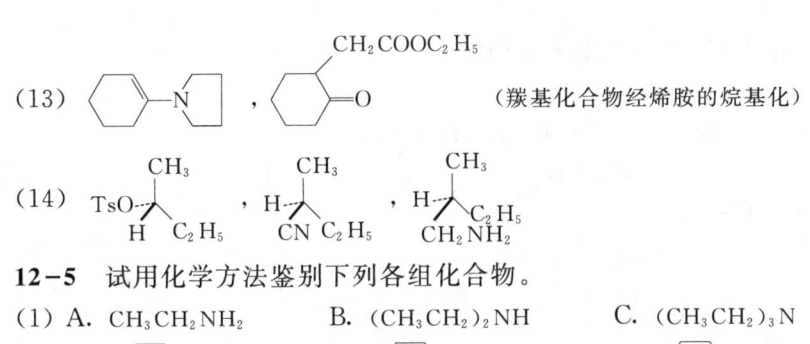

(13) [结构式], [结构式] （羰基化合物经烯胺的烷基化）

(14)

12-5 试用化学方法鉴别下列各组化合物。

(1) A. $CH_3CH_2NH_2$ B. $(CH_3CH_2)_2NH$ C. $(CH_3CH_2)_3N$

(2) A. [苯胺结构] NH_2 B. [苯酚结构] OH C. [环己醇结构] OH

D. [环己胺结构] NH_2

解：(1) 方法 1 利用 Hinsberg 试验法鉴别。

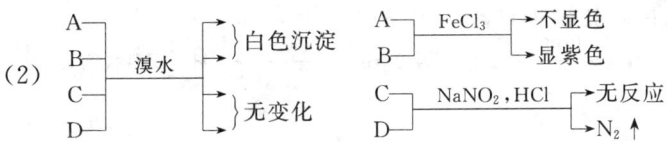

方法 2 A, B, C 经 $NaNO_2, HCl / H_2O$ ：
A → $N_2\uparrow$
B → 黄色油状物
C → 溶于酸性反应液

方法 1 简单,现象明显。

(2) A, B, C, D 经溴水： A, B → 白色沉淀; C, D → 无变化
A, B, C, D 经 $FeCl_3$： A → 不显色; B → 显紫色
C, D 经 $NaNO_2, HCl$： C → 无反应; D → $N_2\uparrow$

[**知识点**] 胺、酚、醇的鉴别。

12-6 如何用化学方法提纯下列化合物？

(1) 苯胺中含有少量硝基苯   (2) 三苯胺中含有少量二苯胺

(3) 三乙胺中含有少量乙胺   (4) 乙酰苯胺中含有少量苯胺

解：(1) 加 HCl 使苯胺成盐,去除油层中硝基苯,水层用 NaOH 水溶液处理分出油层苯胺。

(2) 利用三苯胺近于中性,加 HCl 水溶液使二苯胺成盐,然后用乙醚萃取出三苯胺,蒸掉乙醚。

(3) 加入 $CH_3-\text{\textlangle}\text{苯}\text{\textrangle}-SO_2Cl$；$NaOH, H_2O$,乙胺转变为钠盐,然后水蒸气蒸馏,蒸出三乙胺。

(4) 加 HCl 水溶液,使苯胺成盐进入水相,然后用乙醚萃取出乙酰苯胺。

[**知识点**] 伯、仲、叔胺的分离方法。

12-7 完成下列转化。

(1) 丙烯 $\longrightarrow$ 异丙胺

(2) 正丁醇──→正戊胺和正丙胺

(3) 乙烯──→1,4-丁二胺

(4) $CH_3(CH_2)_3Br \longrightarrow CH_3CH_2CH_2CH_2NH_2$

(5) $CH_2=CH-CN \longrightarrow$ 环己基-CH_2NH_2

(6) 环己酮 ──→ 环庚酮

(7) 环戊酮 ──→ 2-(2-羧乙基)环戊酮

解:(1) $CH_3CH=CH_2 \xrightarrow{H_2O/H^+} CH_3CHCH_2 \xrightarrow{CrO_3\cdot\text{吡啶}} CH_3\underset{O}{\overset{\|}{C}}CH_3$
$\xrightarrow{NH_3} CH_3\underset{NH}{\overset{\|}{C}}CH_3 \xrightarrow{H_2/Ni} CH_3-\underset{NH_2}{CHCH_3}$

[知识点] 相同碳数胺的制备。

(2) $CH_3(CH_2)_3OH \xrightarrow{PBr_3} CH_3(CH_2)_3Br \xrightarrow{NaCN} CH_3(CH_2)_3CN \xrightarrow{H_2/Ni} CH_3(CH_2)_4NH_2$

$CH_3(CH_2)_3OH \xrightarrow{KMnO_4/H^+} CH_3(CH_2)_2COOH \xrightarrow{SOCl_2} CH_3CH_2CH_2\underset{O}{\overset{\|}{C}}-Cl \xrightarrow{NH_3}$
$CH_3CH_2CH_2\underset{O}{\overset{\|}{C}}-NH_2 \xrightarrow{Br_2/OH^-} CH_3CH_2CH_2NH_2$

[知识点] 制备多一个和少一个碳原子的胺的方法。

(3) $CH_2=CH_2 \xrightarrow{Br_2} BrCH_2CH_2Br \xrightarrow{2NaCN} NCCH_2CH_2CN \xrightarrow{H_2/Ni}$
$H_2NCH_2CH_2CH_2CH_2NH_2$

[知识点] 增加2个碳原子的二元胺制备。

(4) 邻苯二甲酰亚胺 $\xrightarrow{KOH}$ 邻苯二甲酰亚胺钾 $\xrightarrow{CH_3(CH_2)_3Br}$ N-丁基邻苯二甲酰亚胺
$\xrightarrow[\Delta]{KOH} CH_3CH_2CH_2CH_2NH_2 +$ 邻苯二甲酸二钾盐

[知识点] Gabriel合成伯胺。该方法产率高,适合于实验室制备纯净的伯胺。

(5) 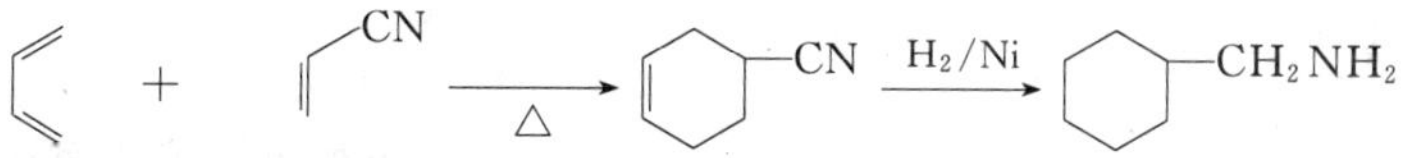 ![structure] + CH₂=CH-CN →(Δ) cyclohexene-CN →(H₂/Ni) cyclohexane-CH₂NH₂

[知识点] 双烯合成，腈的还原。

(6) 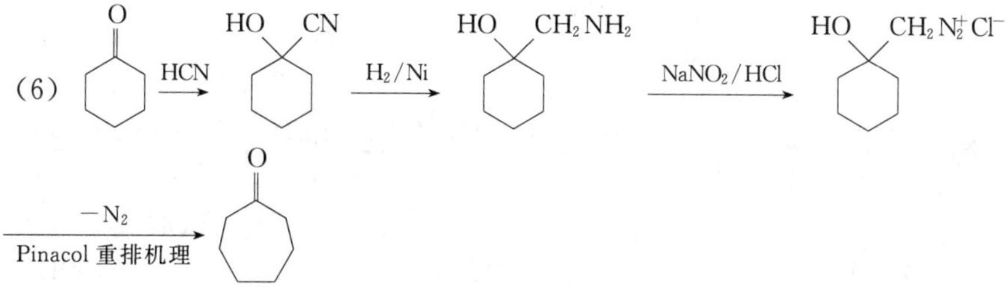 cyclohexanone →(HCN) 1-hydroxy-1-cyano-cyclohexane →(H₂/Ni) 1-hydroxy-1-(CH₂NH₂)-cyclohexane →(NaNO₂/HCl) 1-hydroxy-1-(CH₂N₂⁺Cl⁻)-cyclohexane →(−N₂, Pinacol 重排机理) cycloheptanone

[知识点] 酮的亲核加成反应；重氮盐的生成及性质；Pinacol 重排。

(7) 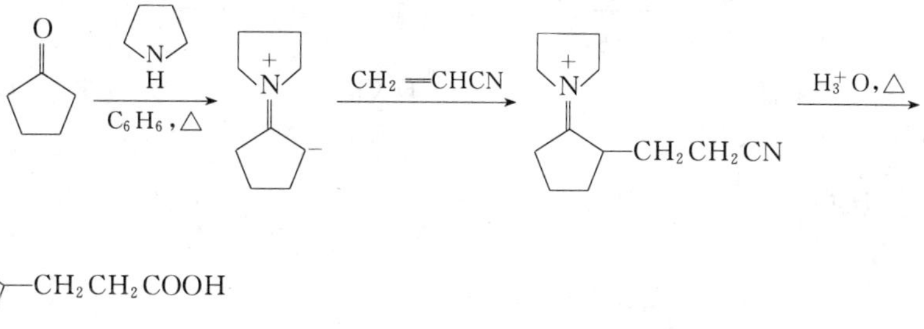 cyclopentanone →(pyrrolidine-NH, C₆H₆, Δ) enamine →(CH₂=CHCN) enamine-CH₂CH₂CN →(H₃O⁺, Δ) 2-(CH₂CH₂COOH)-cyclopentanone

[知识点] 酮转化为烯胺，活化 α-碳原子；Michael 加成反应。

12-8 完成下列合成反应：

(1) 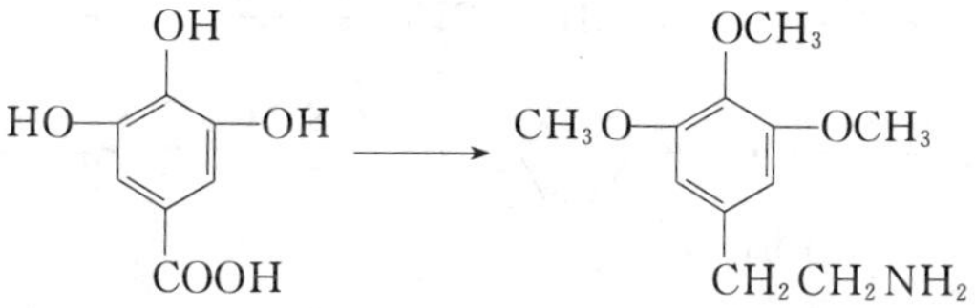 3,4,5-三羟基苯甲酸 → 3,4,5-三甲氧基苯乙胺 （治疗精神病药）

(2) 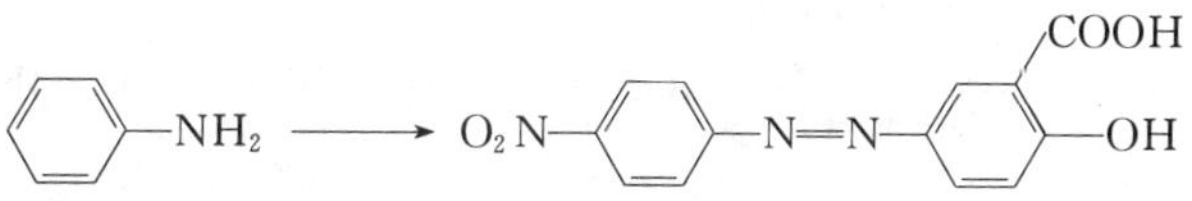 苯胺 → 茜素黄

(3) 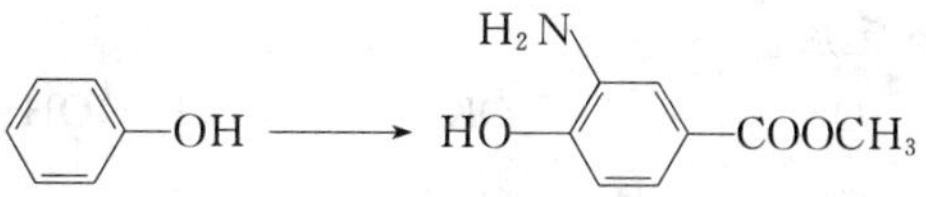 苯酚 → 麻醉剂

(4) 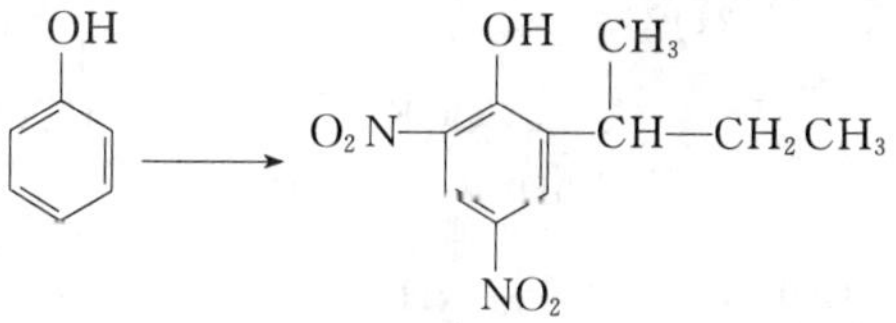 苯酚 → 杀菌剂，杀螨剂

(5)

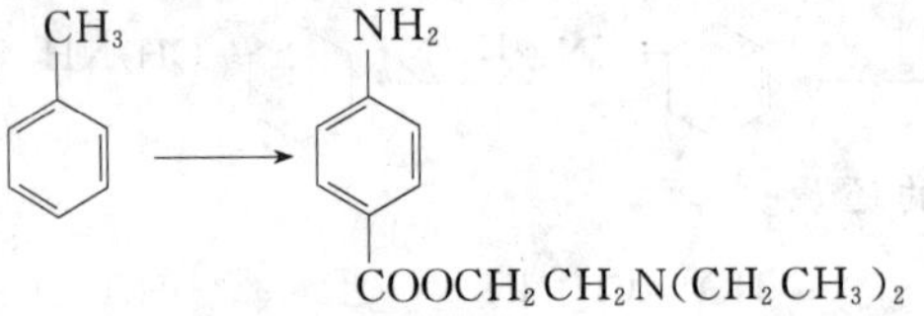

$\underset{\text{甲苯}}{C_6H_5CH_3} \longrightarrow \underset{\text{COOCH}_2\text{CH}_2\text{N(CH}_2\text{CH}_3)_2}{\text{对氨基苯甲酸酯}}$ （麻醉药：普鲁卡因）

解：(1)

3,4,5-三羟基苯甲酸 $\xrightarrow{(CH_3O)_2CO/NaOH}$ 3,4,5-三甲氧基苯甲酸 $\xrightarrow[\text{② }H_2O]{\text{① }LiAlH_4}$ 3,4,5-三甲氧基苄醇 $\xrightarrow{SOCl_2}$ 3,4,5-三甲氧基苄氯 $\xrightarrow{NaCN}$ 3,4,5-三甲氧基苯乙腈 $\xrightarrow{H_2/Ni}$ 3,4,5-三甲氧基苯乙胺

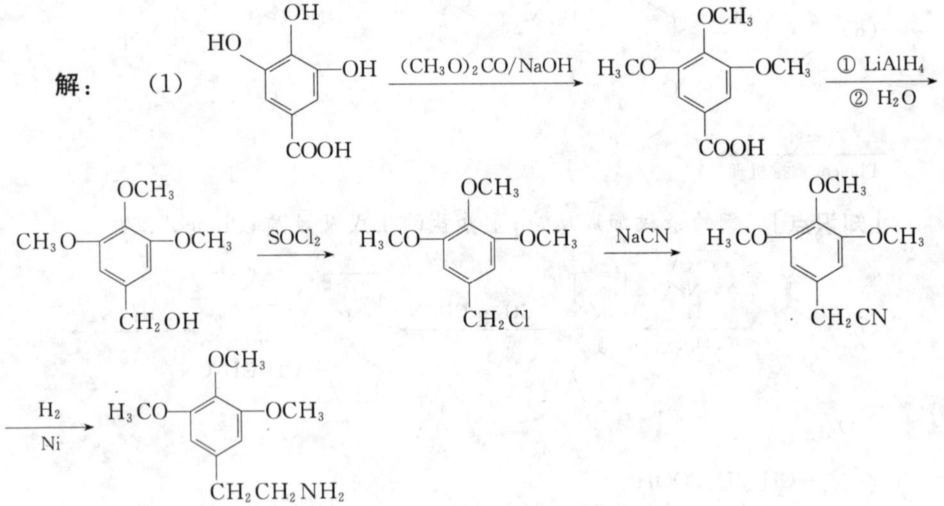

[知识点] 酚的甲基化反应；醇的性质；腈还原。

(2) $C_6H_5NH_2 \xrightarrow{(CH_3CO)_2O} C_6H_5NHCOCH_3 \xrightarrow{HNO_3/H_2SO_4}$

$O_2N\text{-}C_6H_4\text{-}NHCOCH_3 \xrightarrow{H_3^+O} O_2N\text{-}C_6H_4\text{-}NH_2 \xrightarrow{NaNO_2/HCl}$

$O_2N\text{-}C_6H_4\text{-}N_2^+Cl^- \xrightarrow[pH=8\sim10]{\text{水杨酸}} O_2N\text{-}C_6H_4\text{-}N=N\text{-}C_6H_3(OH)(COOH)$

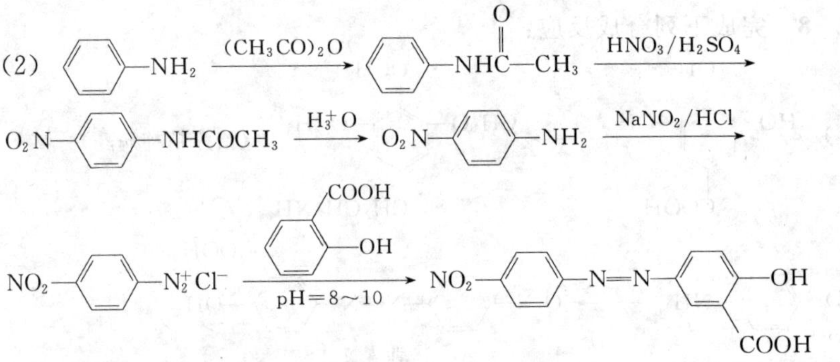

[知识点] 氨基保护；偶合反应。

(3) $C_6H_5OH \xrightarrow{KOH} C_6H_5OK \xrightarrow[240\ ^\circ C]{CO_2}$ 对羟基苯甲酸钾 $\xrightarrow{H_3^+O}$ 对羟基苯甲酸 $\xrightarrow{HNO_3}$

2-硝基-4-羟基苯甲酸 $\xrightarrow[HCl]{Fe}$ 3-氨基-4-羟基苯甲酸 $\xrightarrow{CH_3OH/H^+}$ 3-氨基-4-羟基苯甲酸甲酯

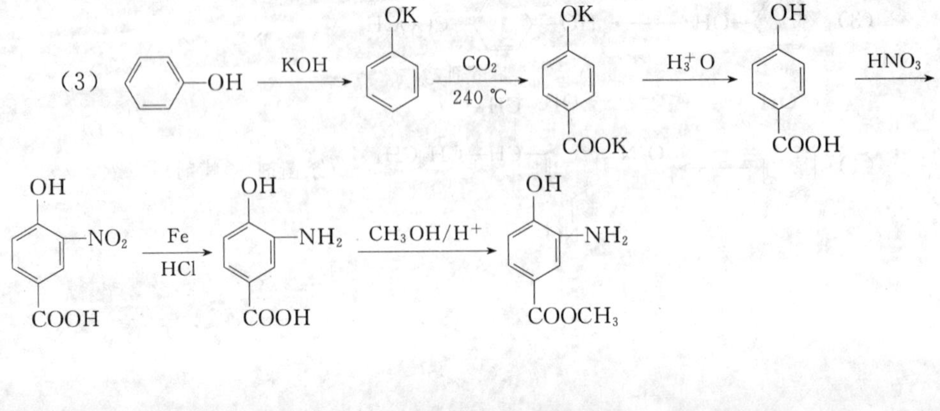

[知识点] Kolbe-Schmitt 反应；硝化反应；还原反应；酯化反应。

(4) PhOH $\xrightarrow{\text{NaOH}}$ PhONa $\xrightarrow{\text{CH}_3\text{CH}=\text{CHCH}_2\text{Cl}, \Delta}$ C$_6$H$_5$OCH$_2$CH=CHCH$_3$ $\xrightarrow{200\ ^\circ\text{C}}$

邻-(CH(CH$_3$)CH=CH$_2$)C$_6$H$_4$OH $\xrightarrow{\text{H}_2/\text{Pt}}$ 邻-(CH(CH$_3$)CH$_2$CH$_3$)C$_6$H$_4$OH $\xrightarrow{\text{HNO}_3/\text{H}_2\text{SO}_4}$ 2-NO$_2$-4-NO$_2$-6-CH(CH$_3$)CH$_2$CH$_3$-C$_6$H$_2$OH

[知识点] Claisen 重排；醚的制备；硝化反应。

(5) $(\text{Et})_2\text{NH} + \overset{\triangle}{\underset{O}{\bigtriangleup}}$ ⟶ HOCH$_2$CH$_2$NEt$_2$

PhCH$_3$ $\xrightarrow{\text{HNO}_3/\text{H}_2\text{SO}_4}$ 4-NO$_2$-C$_6$H$_4$-CH$_3$ $\xrightarrow{\text{KMnO}_4/\text{H}^+, \Delta}$ 4-NO$_2$-C$_6$H$_4$-COOH $\xrightarrow{\text{SOCl}_2}$ 4-NO$_2$-C$_6$H$_4$-COCl

$\xrightarrow{\text{HOCH}_2\text{CH}_2\text{NEt}_2}$ 4-NO$_2$-C$_6$H$_4$-COOCH$_2$CH$_2$NEt$_2$ $\xrightarrow{\text{H}_2/\text{Ni}}$ 4-NH$_2$-C$_6$H$_4$-COOCH$_2$CH$_2$NEt$_2$

[知识点] 环氧乙烷与胺的反应；羧酸及其衍生物的相互转换。

12-9 以甲苯或苯为起始原料合成下列化合物（其它试剂任选）：

(1) 2-NH$_2$-4-Br-C$_6$H$_3$-CH$_2$COOH

(2) 2-NO$_2$-4-I-C$_6$H$_3$-CH$_3$

(3) 3,5-Br$_2$-C$_6$H$_3$-CHO

(4) 2,4-(NH$_2$)$_2$-C$_6$H$_3$-CH$_2$COOH

(5) 3-O$_2$N-C$_6$H$_4$-N=N-C$_6$H$_3$(2-Cl)(4-OH)

(6) (CH$_3$)$_2$N-C$_6$H$_4$-N=N-C$_6$H$_2$(3,5-Br$_2$)(4-OH)

(7) 3-Br-C$_6$H$_4$-CH$_2$CH$_2$CH$_3$

解：(1) 甲苯 $\xrightarrow{Br_2/Fe}$ 对溴甲苯 $\xrightarrow{HNO_3/H_2SO_4}$ 2-硝基-4-溴甲苯 $\xrightarrow{Cl_2/h\nu}$ 2-硝基-4-溴苄氯 $\xrightarrow{NaCN}$

2-硝基-4-溴苯乙腈 $\xrightarrow{H_3^+O}$ 2-硝基-4-溴苯乙酸 $\xrightarrow{Sn/HCl}$ 2-氨基-4-溴苯乙酸

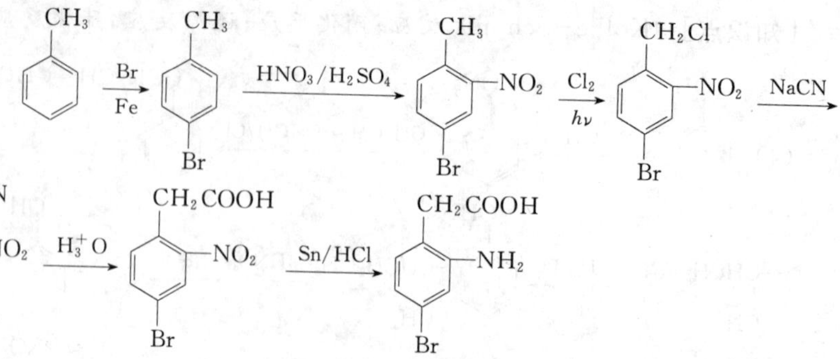

[知识点] 芳环上的亲电取代反应及定位规则，硝基还原。

(2) 甲苯 $\xrightarrow{2HNO_3/2H_2SO_4}$ 2,4-二硝基甲苯 $\xrightarrow{NH_4SH}$ 2-硝基-4-氨基甲苯

$\xrightarrow[0\sim5\,^\circ\!C]{NaNO_2-HCl}$ 2-硝基-4-重氮甲苯氯化物 $\xrightarrow{KI}$ 2-硝基-4-碘甲苯

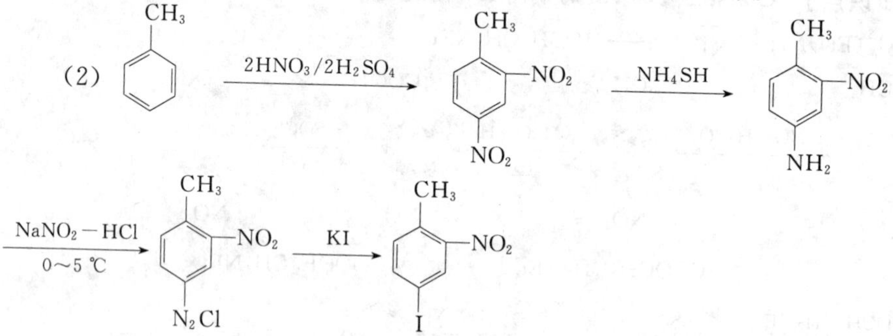

[知识点] 硝化反应；硝基选择性还原；重氮化反应。

(3) 甲苯 $\xrightarrow{HNO_3/H_2SO_4}$ 对硝基甲苯 $\xrightarrow{Sn/HCl}$ 对氨基甲苯 $\xrightarrow{溴水}$ 2,6-二溴-4-氨基甲苯 $\xrightarrow[0\sim5\,^\circ\!C]{NaNO_2-HCl}$

2,6-二溴-4-重氮甲苯氯化物 $\xrightarrow{H_3PO_2}$ 3,5-二溴甲苯 $\xrightarrow{2Cl_2/h\nu}$ 3,5-二溴苄二氯 $\xrightarrow{H_2O/NaOH}$ 3,5-二溴苯甲醛

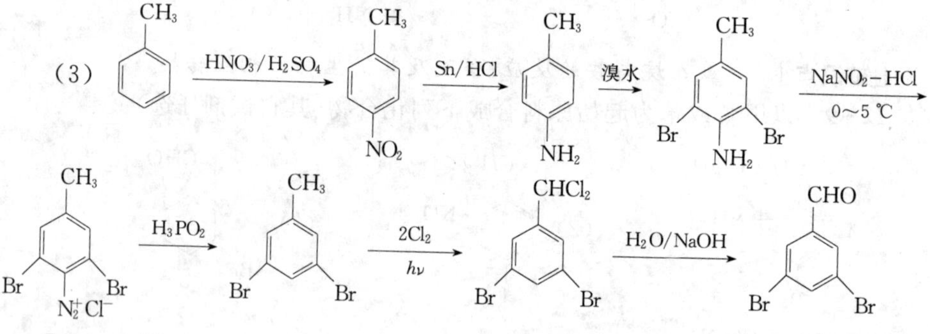

[知识点] 硝化反应；还原反应；氨基的引入与去除方法。

(4) 甲苯 $\xrightarrow{2HNO_3/2H_2SO_4}$ 2,4-二硝基甲苯 $\xrightarrow{Cl_2/h\nu}$ 2,4-二硝基苄氯 $\xrightarrow[\text{② }H_3^+O,\Delta]{\text{① }NaCN}$ 2,4-二硝基苯乙酸 $\xrightarrow{Fe/HCl}$ 2,4-二氨基苯乙酸

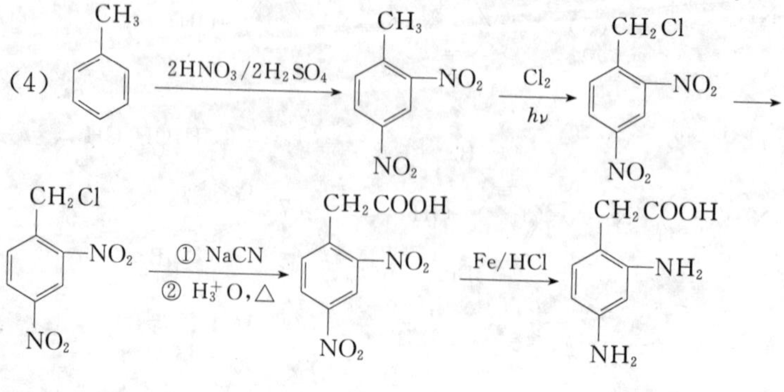

[知识点] 硝化反应；α-氢的卤代反应；还原反应。

(5) 苯 $\xrightarrow{2HNO_3 / 2H_2SO_4}$ 间二硝基苯 $\xrightarrow{(NH_4)_2S}$ 间硝基苯胺 $\xrightarrow{NaNO_2-HCl,\ 0\sim5℃}$ 间硝基苯重氮氯化物 $\xrightarrow{Cu_2Cl_2/HCl}$ 间氯硝基苯 $\xrightarrow{Fe/HCl}$ 间氯苯胺 $\xrightarrow{NaNO_2-HCl,\ 0\sim5℃}$ 间氯苯重氮氯化物 $\xrightarrow{H_3^+O,\ \Delta}$ 间氯苯酚

间硝基苯重氮氯化物 + 间氯苯酚 $\xrightarrow{pH=8\sim10}$ 偶氮化合物（邻氯-2'-硝基-4-羟基偶氮苯）

[知识点] 硝化反应；硝基选择性还原；重氮化反应；偶合反应。

(6) 苯 $\xrightarrow{HNO_3/H_2SO_4}$ 硝基苯 $\xrightarrow{Fe/HCl}$ 苯胺 $\xrightarrow{2CH_3I}$ N,N-二甲基苯胺；$\xrightarrow{2HCHO/2HCOOH}$ N,N-二甲基苯胺

N,N-二甲基苯胺 $\xrightarrow{HNO_3/H_2SO_4}$ 对硝基-N,N-二甲基苯胺 $\xrightarrow{Fe/HCl}$ 对氨基-N,N-二甲基苯胺 $\xrightarrow{NaNO_2,HCl,\ 5℃}$ $(CH_3)_2N-C_6H_4-N_2^+$

苯 + $CH_3CH=CH_2$ $\xrightarrow{H^+}$ 异丙苯 $\xrightarrow{①O_2,\ ②H_3^+O}$ 苯酚 + CH_3COCH_3

苯酚 $\xrightarrow{H_2SO_4}$ 对羟基苯磺酸 $\xrightarrow{Br_2/Fe}$ 2,6-二溴-4-羟基苯磺酸 $\xrightarrow{H_3^+O,\ \Delta}$ 2,6-二溴苯酚 $\xrightarrow{(CH_3)_2N-C_6H_4-N_2^+,\ pH=8\sim10}$ 偶氮化合物

[知识点] 苯酚制备，磺化反应占位，苯的硝化，卤代反应，偶合反应等。

(7) 苯 + CH_3CH_2COCl $\xrightarrow{AlCl_3}$ 苯丙酮($C_6H_5COCH_2CH_3$) $\xrightarrow{Br_2/Fe}$ 间溴苯丙酮

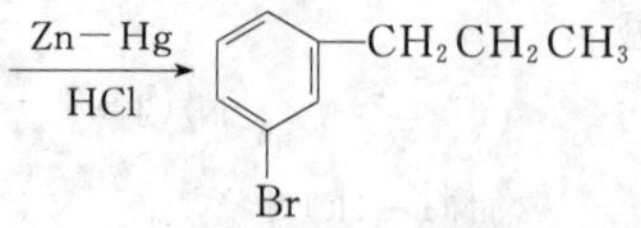

用重氮化法合成步骤较多。

[知识点] Friedel-Crafts 反应, 溴化反应, 羰基还原。

12-10 以苯及萘为起始原料合成下列化合物（其它试剂任选）。

(1) 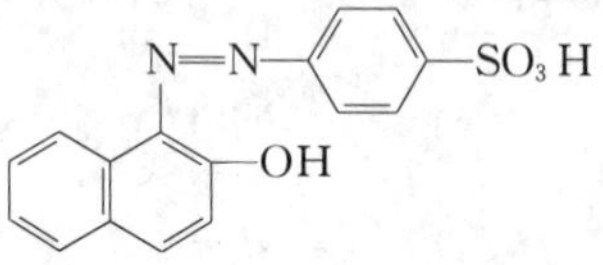 1-(4-磺酸基苯偶氮)-2-萘酚

(2) 1-苯偶氮-2-萘酚

(3) 1-(4-乙基-1-萘偶氮)-2-萘酚

(4) 1-氯-4-溴萘

解：(1) 萘 $\xrightarrow{H_2SO_4, 165℃}$ 2-萘磺酸 $\xrightarrow{NaOH, 300℃}$ 2-萘酚钠 $\xrightarrow{H_3^+O}$ 2-萘酚

苯 $\xrightarrow{HNO_3/H_2SO_4}$ 硝基苯 $\xrightarrow{Sn/HCl}$ 苯胺 $\xrightarrow{H_2SO_4, 180℃}$ 对氨基苯磺酸 $\xrightarrow{NaNO_2/HCl, 0\sim5℃}$ 重氮盐 $\xrightarrow[pH=8\sim10]{2-萘酚}$ 目标产物

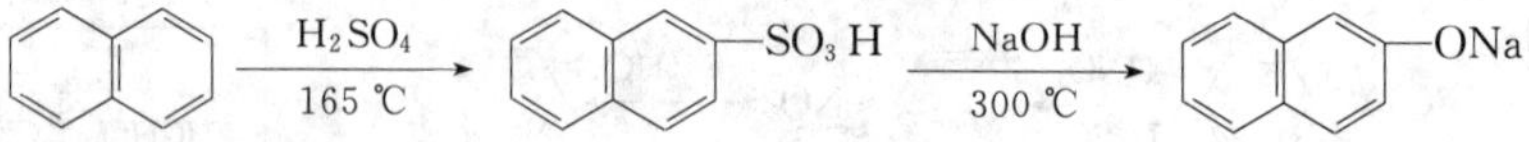

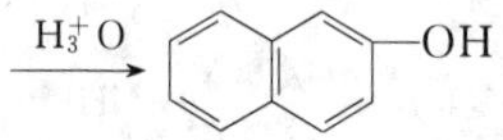

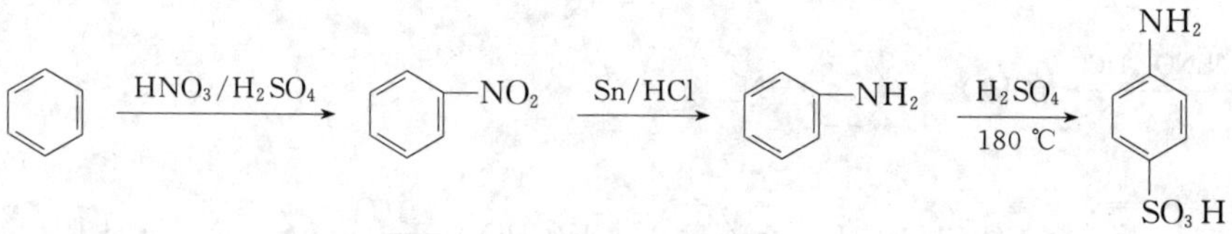

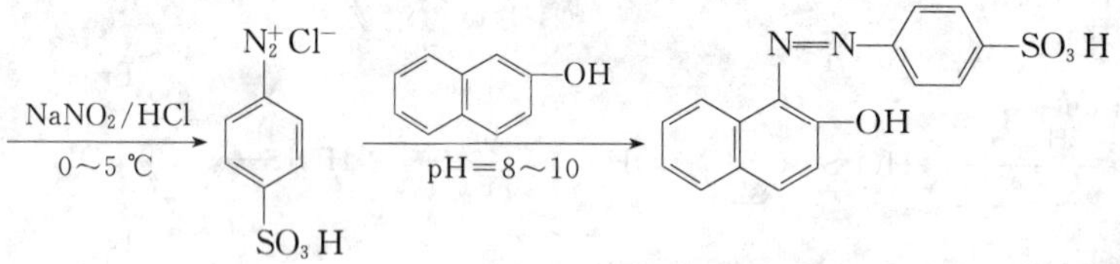

(2) 参考(1)合成 2-萘酚；苯 $\xrightarrow{HNO_3/H_2SO_4}$ 硝基苯 $\xrightarrow{Sn/HCl}$ 苯胺 $\xrightarrow{NaNO_2, 0\sim5℃}$ 重氮盐 $\xrightarrow[pH=8\sim10]{2-萘酚}$ 目标产物

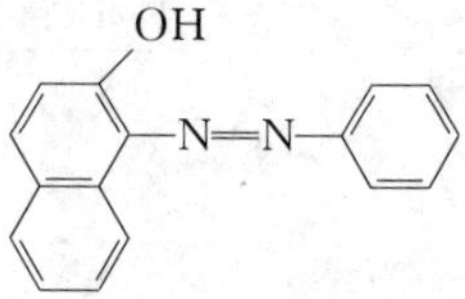

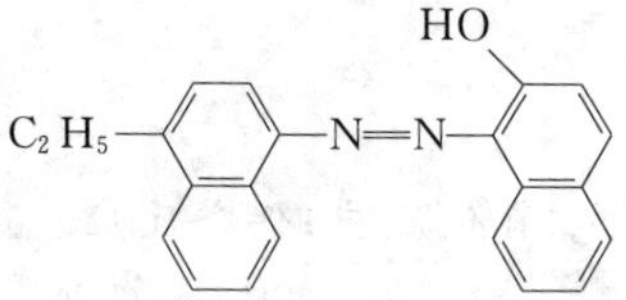

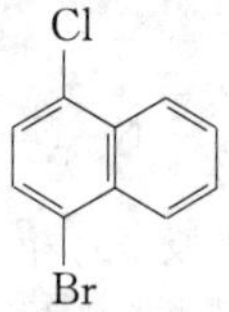

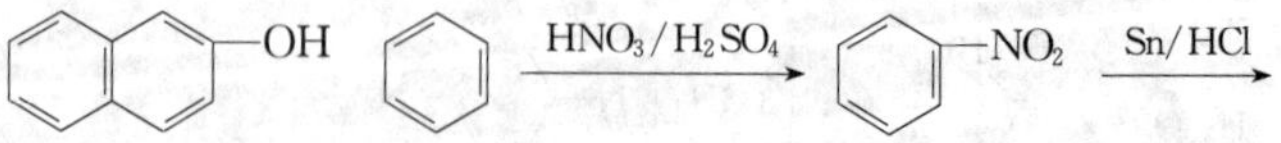

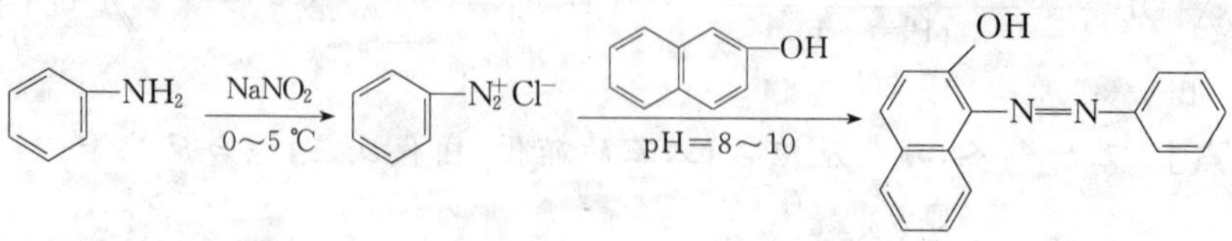

(3) 参考(1)合成 2-萘酚；萘 $\xrightarrow{CH_3COCl, AlCl_3}$ 1-乙酰基萘

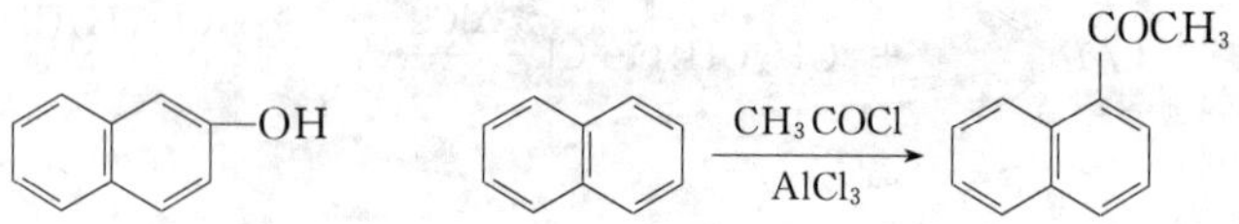

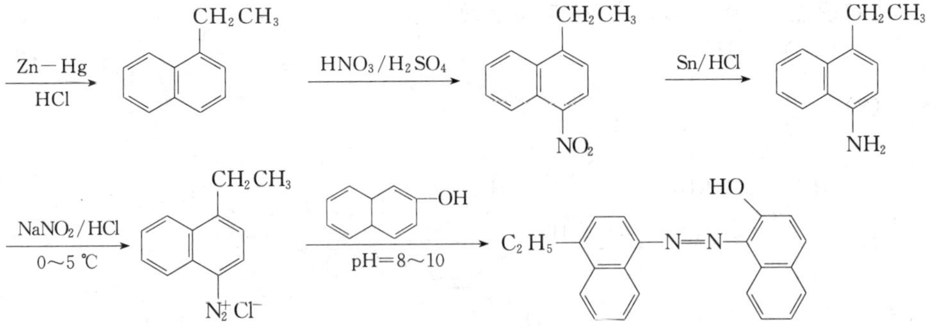

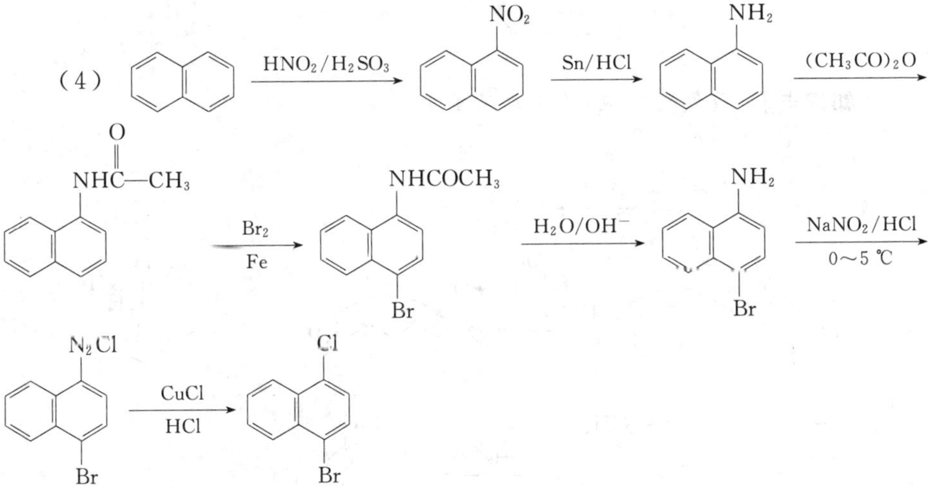

[知识点] 萘酚的制备；萘环上的亲电取代反应及定位规律；重氮盐的性质；偶合反应。

12-11 写出下列反应的合理反应机理：

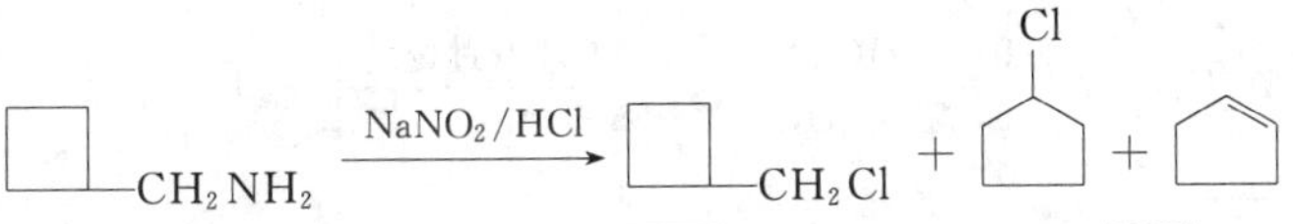

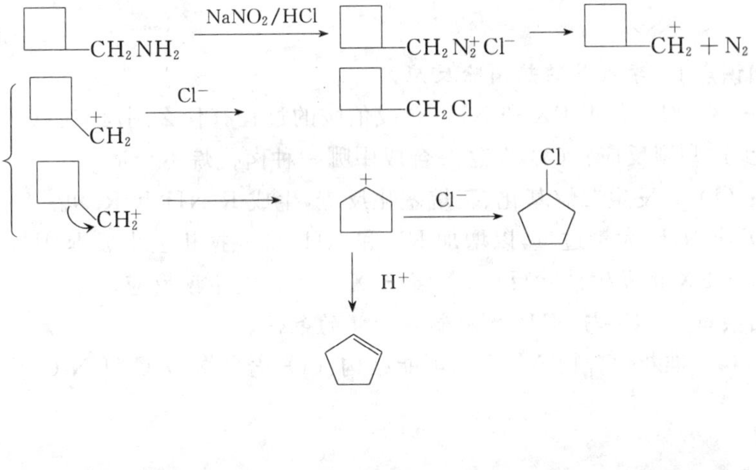

[知识点] 重氮化反应；碳正离子的性质。

(2) 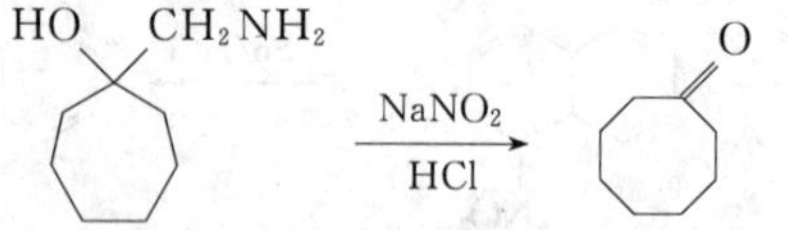 [反应式图示：HO-环庚基-CH₂NH₂ 经 NaNO₂/HCl 生成环辛酮]

解：[反应机理图示：HO-环庚基-CH₂NH₂ 经 NaNO₂/HCl 生成 HO-环庚基-CH₂N₂⁺，失去 N₂ 生成碳正离子，经重排生成质子化酮，失 H⁺ 得环辛酮]

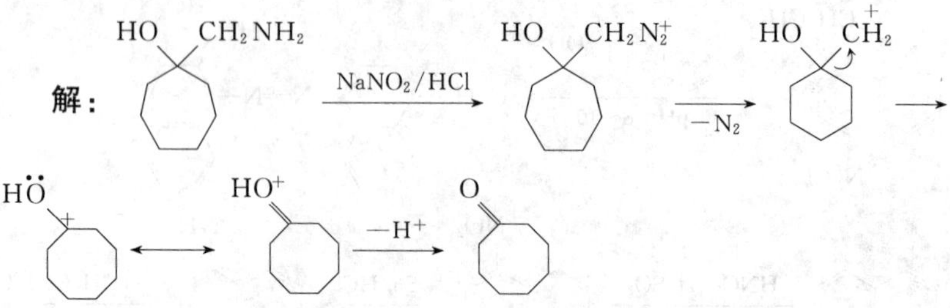

[知识点] 重氮化反应；碳正离子重排。

*(3) 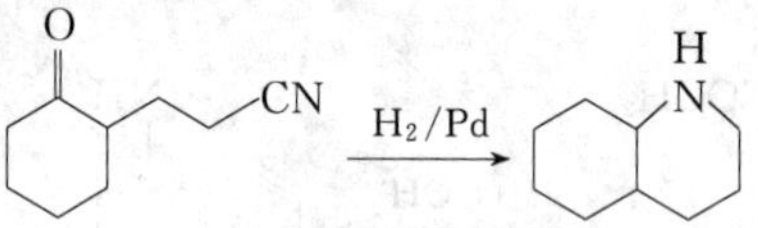 [反应式：2-(2-氰乙基)环己酮 H₂/Pd → 八氢喹啉]

解：[反应机理：酮基与由CN还原得到的NH₂发生分子内亲核加成，脱水得亚胺，再经 H₂/Pd 还原得八氢喹啉]

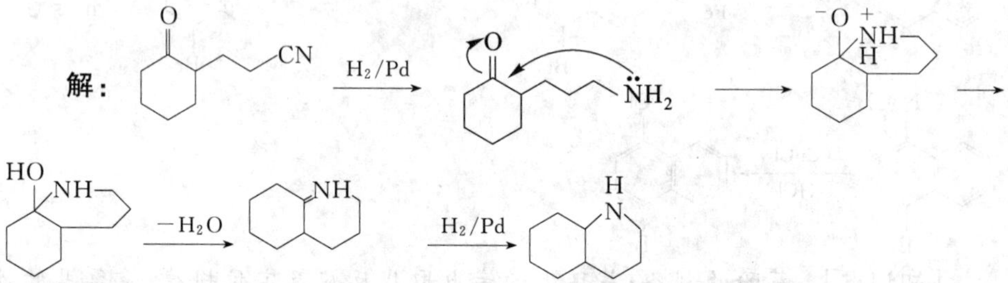

[知识点] 氰基还原；胺与酮的亲核加成—消除反应。

12-12 根据下列反应，试确定 A 的构造式：

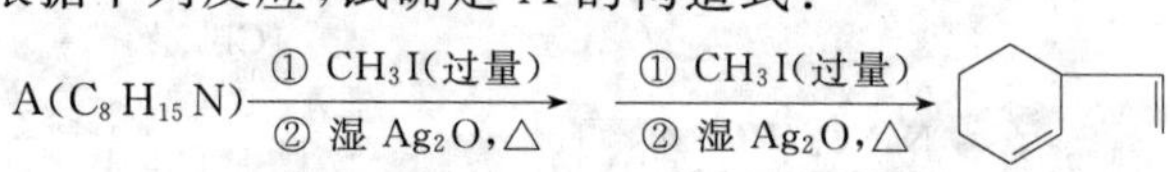

$$A(C_8H_{15}N) \xrightarrow[\text{② 湿 }Ag_2O, \triangle]{\text{① }CH_3I(\text{过量})} \xrightarrow[\text{② 湿 }Ag_2O, \triangle]{\text{① }CH_3I(\text{过量})} \text{[乙烯基环己烯]}$$

解：[八氢吲哚结构图]

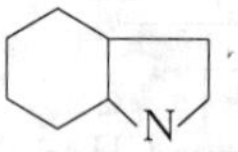

[知识点] 季铵盐的热消除反应。

12-13 (1) 利用 RX 和 NH_3 合成伯胺的过程有什么副反应？(2) 如何避免或减少这些副反应？(3) 在这一合成中哪一种卤代烷不合适？

解：(1) 可发生二烷基化、三烷基化反应，生成 R_2NH 和 R_3N。

(2) 使 NH_3 大量过量，以增加 RX 和 NH_3 的碰撞机会生成 RNH_2。

(3) 3°RX 将发生消除反应，芳卤 ArX 也不易发生该反应。

[知识点] RX 与 NH_3 反应制备伯胺的条件。

12-14 推断化合物 A～E 的可能结构：(1) 化合物 $A(C_6H_4N_2O_4)$ 不溶于稀

酸和稀碱，A 的偶极矩为零；(2) 化合物 B(C_8H_9NO) 不溶于稀酸和稀碱。在 H_2SO_4 中 B 在高锰酸钾作用下可以转变为化合物 C，C 不含氮原子，可溶于碳酸氢钠溶液，只有一种一硝基取代产物。(3) 化合物 D($C_7H_7NO_2$) 可以发生剧烈的氧化反应生成化合物 E($C_7H_5NO_4$)，E 可溶于稀的碳酸氢钠溶液，有两种一氯异构体。

解：A. 对二硝基苯 B. 对甲基苯甲酰胺 C. 对苯二甲酸 D. 对硝基甲苯

E. 对硝基苯甲酸

[知识点] 硝基化合物的性质；酸的性质；亲电取代反应定位规律；氧化反应。

*12-15 一碱性物质 A($C_5H_{11}N$)，臭氧化可生成甲醛，A 催化氢化得到化合物 B($C_5H_{13}N$)，B 也能由己酰胺与溴在 NaOH 水溶液中处理而得到。A 与过量的 CH_3I 反应，转化为盐 C($C_8H_{18}IN$)，C 同 AgOH 进行热解，得到二烯 D(C_5H_8)，D 与丁炔二酸二甲酯反应生成 E($C_{11}H_{14}O_4$)，E 通过 Pd 脱氢得到 3-甲基邻苯二甲酸二甲酯。写出 A～E 可能的构造式。

解：A $\xrightarrow{O_3}$ HCHO (A 中包含一个 =CH_2 基)

$\downarrow H_2$

$CH_3(CH_2)_4NH_2$ $\xleftarrow{Br_2/NaOH}$ $CH_3(CH_2)_4CONH_2$
B

A $\xrightarrow{CH_3I(过量)}$ $C_5H_9\overset{+}{N}(CH_3)_3I^-$ $\xrightarrow[②\triangle]{①AgOH}$ D $\xrightarrow{H_3COOCC\equiv CCOOCH_3}{\triangle}$ 3-甲基-4,5-二氢邻苯二甲酸二甲酯 (E)
            C

$\xrightarrow[-H_2]{Pd}$ 3-甲基邻苯二甲酸二甲酯

D 是共轭二烯，A 是直链伯胺。

A. $CH_2=CHCH_2CH_2CH_2NH_2$ B. $CH_3(CH_2)_4NH_2$

C. $CH_2=CHCH_2CH_2CH_2\overset{+}{N}(CH_3)_3I^-$ $\xrightarrow{AgOH,\triangle}$

$CH_2=CHCH_2CH=CH_2$ $\xrightarrow{OH^-}$ $CH_2=CH\overset{-}{C}HCH=CH_2$

$\longrightarrow CH_2\!=\!CH\!-\!CH\!=\!CH\!-\!CH_2^- \xrightarrow{H_2O} CH_2\!=\!CH\!-\!CH\!=\!CHCH_3$
$$D$$

E. 3-甲基-1,2-环己二烯二甲酸二甲酯（结构：环己二烯环，带 CH_3、两个 $COOCH_3$ 基团）

[知识点] 酰胺的 Hofmann 降解反应；季铵盐的生成；季铵碱的 Hofmann 消除反应；双烯合成反应；热力学控制。

12-16 请解释在偶合反应中所使用的下列条件：(1) 芳胺重氮化过程中加入过量无机酸；(2) 与 $ArNH_2$ 进行偶合时介质为弱酸性；(3) 与 ArOH 偶合时，介质为弱碱性溶液。

解：(1) 使 $ArNH_2$ 转变为盐，避免发生偶合反应：

$$ArN_2^+ + ArNH_2 \longrightarrow ArN\!=\!N\!-\!NHAr$$

(2) 若在碱性条件下，

$$ArN_2^+ + OH^- \longrightarrow ArN\!=\!NOH \xrightarrow{OH^-} ArN\!=\!NO^-$$

不能发生偶合反应。若在强酸性下，

$$ArNH_2 \xrightarrow{H^+} Ar\overset{+}{N}H_3$$

芳环钝化，不发生偶合反应。

(3) 若在强酸下，ArOH 的离子化受到抑制，ArO^- 的浓度降低，不利于偶合反应。若在弱碱性条件下，ArOH 可生成 ArO^-，偶合反应活性增加，且由于碱性弱，ArN_2^+ 不能生成 $ArN\!=\!N\!-\!OH$。

[知识点] 偶合反应的条件。

12-17 试总结硝基苯在酸性、碱性和中性介质中还原的产物。

解：略。

12-18 下列式子中，哪一个最能代表重氮甲烷？

(1) $CH_2\!=\!\overset{+}{N}\!=\!\ddot{N}\!:^-$ (2) $H\!-\!\ddot{N}\!=\!C\!=\!\ddot{N}\!-\!H$ (3) $^-\!\ddot{N}\!=\!C\!=\!\overset{+}{N}\!\begin{smallmatrix}H\\H\end{smallmatrix}$

(4) $:\!\overset{-}{C}H_2\!-\!\overset{+}{N}\!\equiv\!N\!:$ (5) $CH_3\!-\!\overset{+}{N}\!\equiv\!\bar{N}\!:$

解：(1) 式。 $CH_2\!=\!\overset{+}{N}\!=\!\ddot{N}\!:^- \longleftrightarrow :\!\overset{-}{C}H_2\!-\!\overset{+}{N}\!\equiv\!N\!:$

第 13 章 杂环化合物

▶▶ **学习重点**

1. 杂环化合物的命名。
2. 五元杂环化合物的亲电取代反应及其规律。
3. 吡啶的亲核取代反应。
4. 喹啉的合成与反应。
5. 含氮杂环化合物的季铵化反应(离子液体化合物合成)。

▶▶ **专题讨论与拓展**

芳香性

平面、环状、周边 π 电子数为 $4n+2$ 的有机化合物具有芳香性。如环丙烯正离子、环戊二烯负离子、苯、环庚三烯正离子、噻吩、吡啶、嘧啶、萘、苯并呋喃、喹啉、蒽、[10]轮烯等。有芳香性的化合物与其相应的非环状的类似物相比是相对稳定的。而不符合 $4n+2$ 个 π 电子的体系与其相应的非环状的类似物相比是不稳定的,称为反芳香性。

芳香性化合物的稳定性用稳定能(共振能、共轭能)表示。稳定能是由芳香性化合物的燃烧焓或氢化焓计算得到。例如:

芳香性化合物	苯	萘	蒽
稳定能/(kJ·mol^{-1})	151	256.9(128.5)*	352.7(117.6)
	菲		
	387.9(129.3)		

芳香性化合物	吡啶	噻吩	吡咯	呋喃
稳定能/(kJ·mol^{-1})	95	121	88.6	65.7

* 括弧中的数值相当于每个苯环的稳定能。

具有芳香性化合物的化学性质表现为，与（相应）烯烃相比易发生亲电取代反应，而不易发生加成反应和氧化反应。

芳香性化合物的芳香性大小是相对的，可以用稳定能做近似判断，即相同 π 电子数的芳香性化合物，稳定能大的芳香性强。但芳香性大小不完全与稳定能一致。如在五元单杂环中，呋喃稳定能最小，芳香性最小。它可以进行亲电取代反应，并且具有典型的共轭二烯的性质。例如：

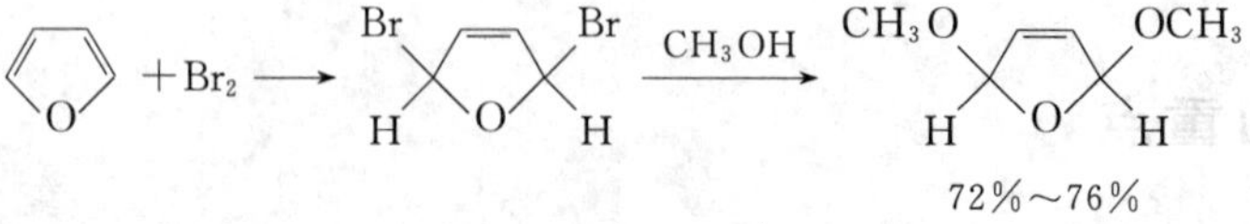

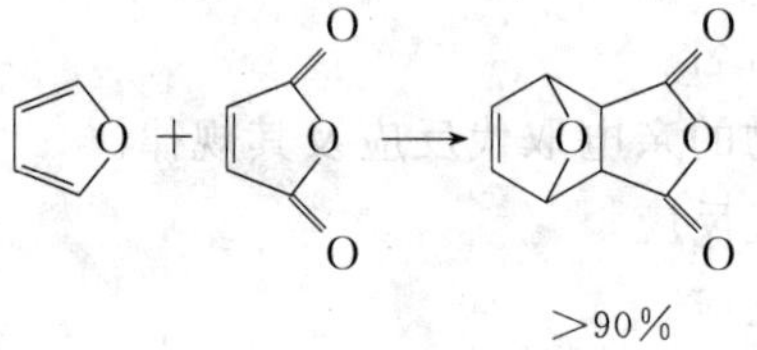

其它五元单杂环不能进行双烯合成反应。

吡啶的稳定能为 95 kJ·mol^{-1}，它很稳定，芳香性强，很难进行亲电取代反应，相反较易进行亲核取代反应。

在苯、萘、菲和蒽系列中，蒽的芳香性差。它的 9,10 位碳容易被氧化，可以进行双烯合成反应，也能与苯炔反应生成三蝶烯。例如：

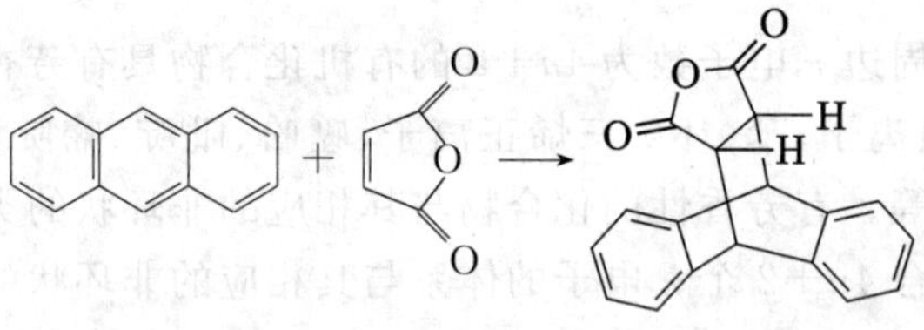

以苯环每个碳原子的 π 电子的密度为"零"为标准，计算 6 个 π 电子的杂环上 π 电子的相对分布，其结果为

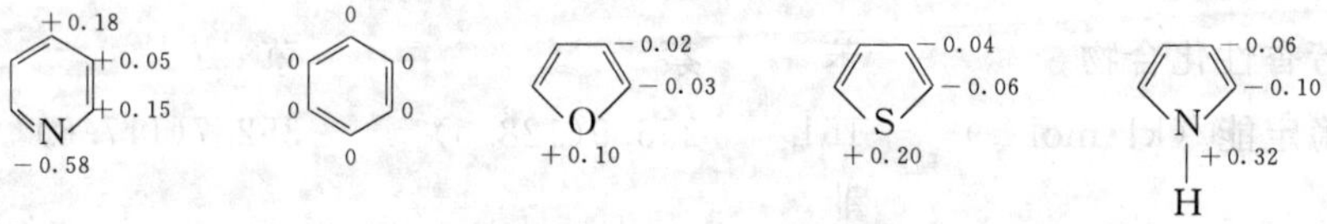

环上 π 电子相对密度越大，环越不稳定（芳香性差），越容易与亲电试剂反应。如有 6 个 π 电子的单环芳香性化合物的硝化反应：

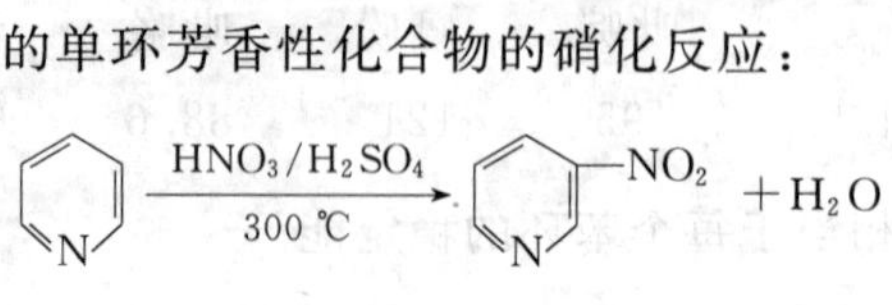

$$\text{苯} \xrightarrow[60\sim 70\ ^\circ\text{C}]{HNO_3/H_2SO_4} \text{Ph-NO}_2 + H_2O$$

$$\text{噻吩} \xrightarrow[-10\ ^\circ\text{C}]{CH_3COONO_2} \text{2-硝基噻吩} + H_2O$$

$$\text{呋喃} \xrightarrow[-5\sim -30\ ^\circ\text{C}]{CH_3COONO_2} \text{2-硝基呋喃} + H_2O$$

随着芳香性的减弱,其亲电取代反应的条件越来越缓和。

▶▶ 例题解析

例1 用简便合理的方法分离喹啉、苯酚和硝基苯的混合物。

解析：利用酸碱性的差异,分离流程如下：

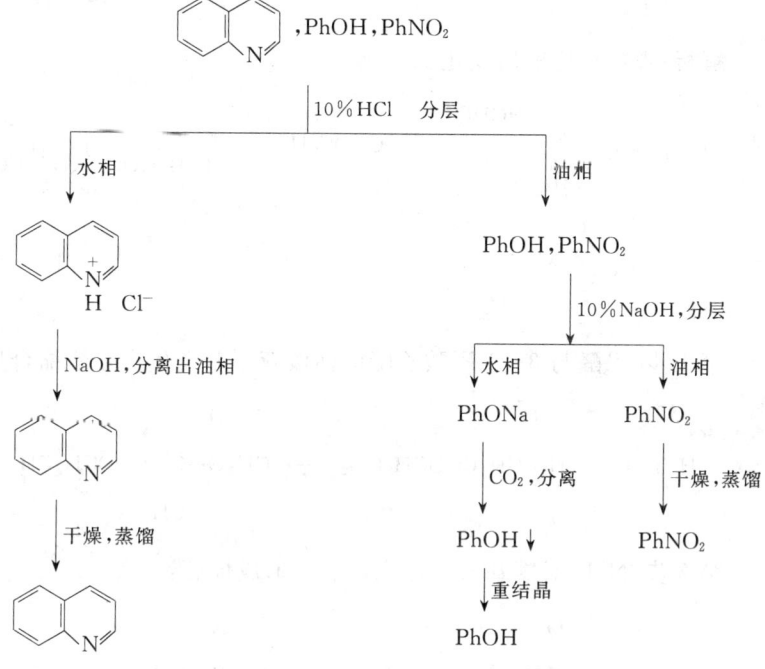

例2 由环己酮为原料合成 4,5,6,7-四氢-2-甲基苯并噻吩。

解析：逆合成分析：四氢苯并噻吩 ⇒ 2-(2-氧代环己基)丙酮 ⇒ 环己酮 + ClCH$_2$COCH$_3$

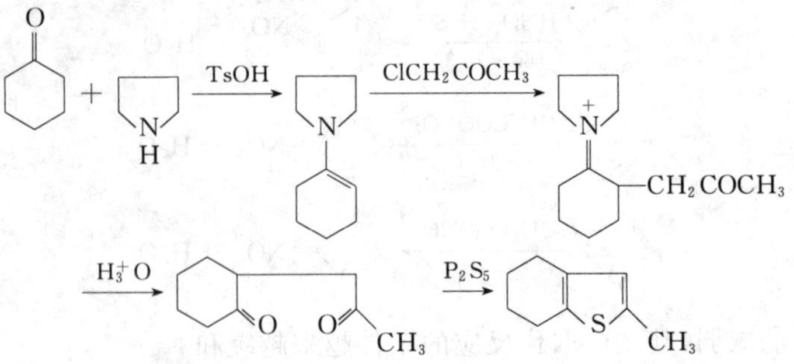

例 3 下面的反应是利用 Hantzsch 法合成 2,6-二甲基吡啶的第一步,请写出合理的机理。

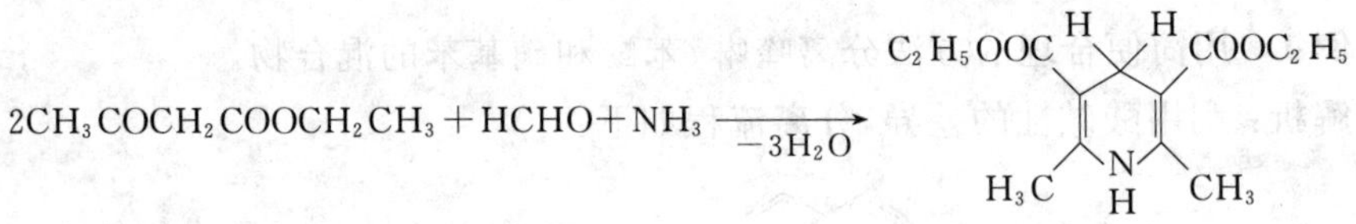

$$2CH_3COCH_2COOCH_2CH_3 + HCHO + NH_3 \xrightarrow{-3H_2O}$$ (3,5-二乙氧羰基-2,6-二甲基-1,4-二氢吡啶)

解析:观察反应前后变化:

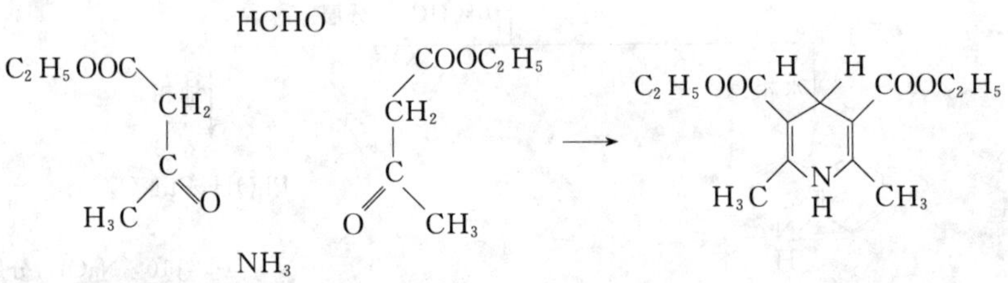

第 1 步,甲醛与 3-丁酮酸乙酯的活泼亚甲基发生类羟醛缩合反应:

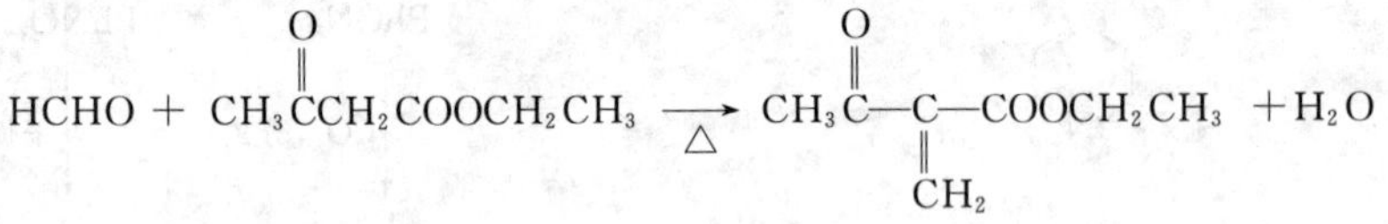

$$HCHO + CH_3CCH_2COOCH_2CH_3 \xrightarrow{\Delta} CH_3\underset{\underset{CH_2}{\parallel}}{\overset{O}{C}}-\overset{}{C}-COOCH_2CH_3 + H_2O$$

第 2 步,NH_3 对羰基亲核加成,脱水,形成烯胺:

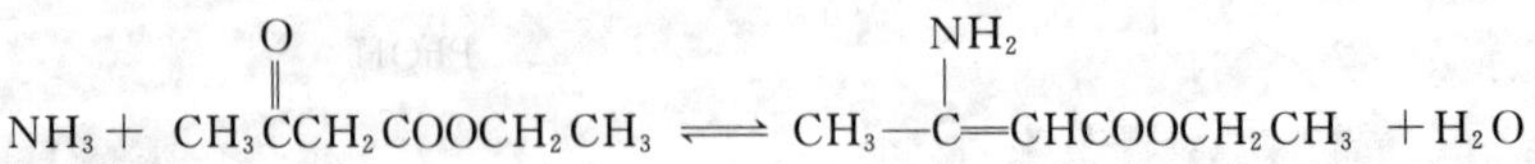

$$NH_3 + CH_3\overset{O}{C}CH_2COOCH_2CH_3 \rightleftharpoons CH_3-\overset{NH_2}{\underset{\parallel}{C}}-CHCOOCH_2CH_3 + H_2O$$

第 3 步,烯胺的 Michael 加成:

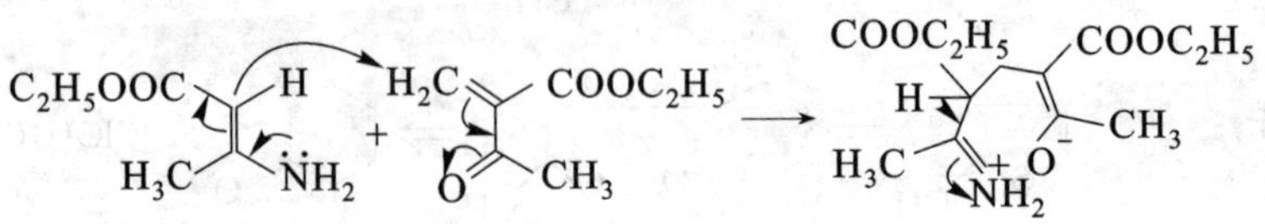

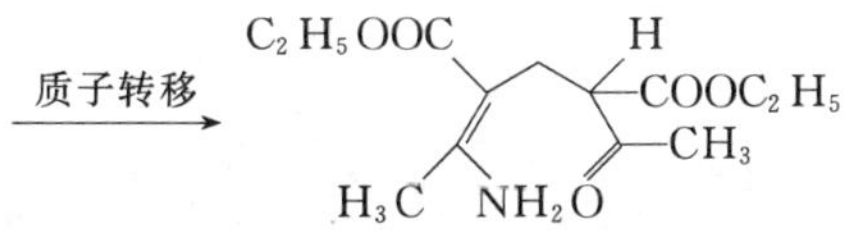

$$\xrightarrow{\text{质子转移}}$$ [结构式：C₂H₅OOC-CH=C(CH₃)-NH₂...CH(COOC₂H₅)-C(=O)-CH₃]

第 4 步，分子内烯胺与羰基发生亲核加成-消除反应形成亚胺：

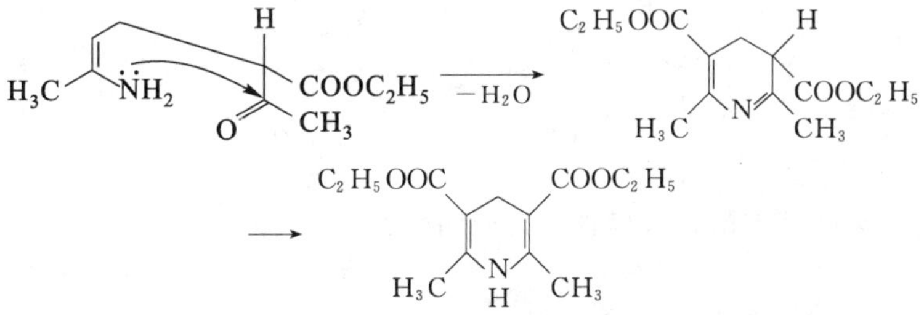

[反应式：烯胺中间体 $\xrightarrow{-H_2O}$ 二氢吡啶二酯 → 1,4-二氢-2,6-二甲基-3,5-吡啶二甲酸二乙酯]

得到的化合物经酸处理，水解脱羧等反应得到 2,6-二甲基吡啶：

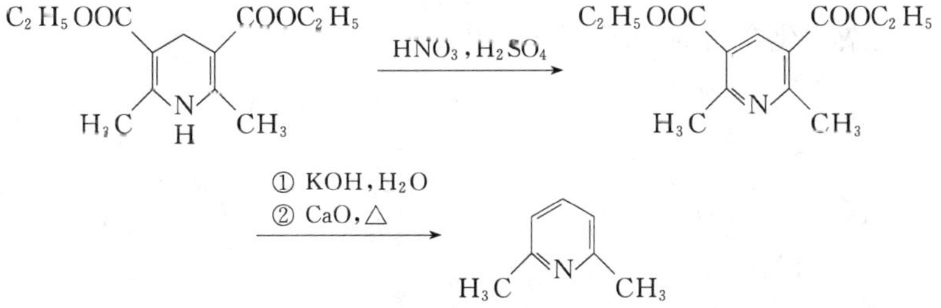

[反应式：1,4-二氢吡啶二酯 $\xrightarrow{HNO_3, H_2SO_4}$ 吡啶二酯 $\xrightarrow[\text{② CaO,}\triangle]{\text{① KOH, H}_2\text{O}}$ 2,6-二甲基吡啶]

例 4 指出下面 Reissert 吲哚衍生物合成法中每步反应的类型：

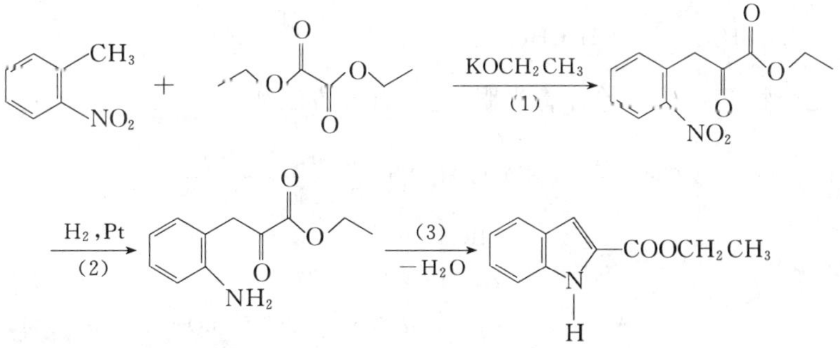

[反应式：邻硝基甲苯 + 草酸二乙酯 $\xrightarrow[(1)]{KOCH_2CH_3}$ 中间产物 $\xrightarrow[(2)]{H_2, Pt}$ 氨基酮酯 $\xrightarrow[-H_2O]{(3)}$ 吲哚-2-甲酸乙酯]

解析：邻硝基甲苯中的—CH₃ 在吸电子基—NO₂ 的作用下，活性增加。在碱的作用下，形成碳负离子，与乙二酸酯发生类似酯缩合反应（亲核加成-消除反应）。

(1) 亲核加成-消除反应 (2) 还原反应

(3) —NH₂ 对羰基的分子内亲核加成反应，再脱水（消除）反应。

▶▶ 自我提升

1. 写出下面反应的机理:

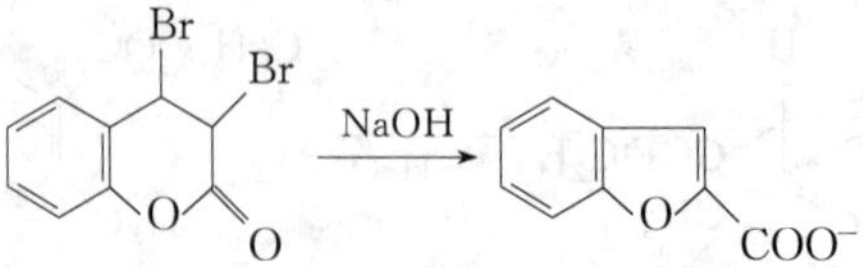

   [结构式: 3,4-二溴色满-2-酮 → NaOH → 苯并呋喃-2-甲酸根]

2. 为什么咪唑的酸性和碱性均比吡咯强?

3. 由 [2-甲基吡啶] 合成化合物 [2-乙基吡啶 (N-CH₂-CH₃)]。

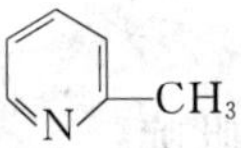

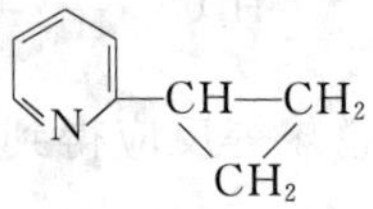

4. 下列杂环化合物的合成前体是什么?

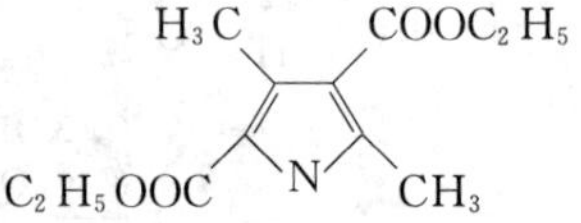

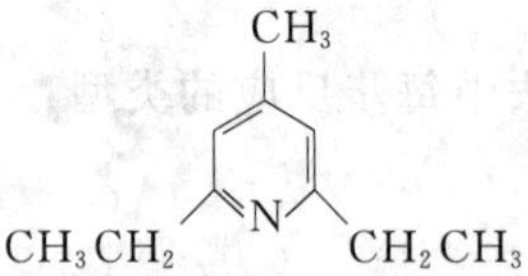

   (1) 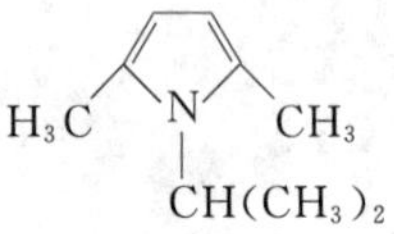 1-异丙基-2,5-二甲基吡咯

   (2) 2,5-双乙氧羰基-3-甲基-... 吡咯(具体取代见图)
   即 3-甲基-4-乙氧羰基-2,5-双(...)吡咯

   (3) 2,6-二乙基-4-甲基吡啶

   (4) 2,4-二甲基噻吩

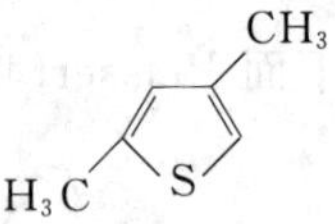

5. 化合物 B 可用于治疗青光眼,它的合成方法如下:

   戊醛糖 $\xrightarrow{H^+, \triangle}$ A($C_5H_4O_2$) $\xrightarrow[\text{② 过量 } CH_3I, 乙醚]{\text{① } NH_3, NaBH_3CN}$ B

   IR: 1 670 cm^{-1}
   HNMR: δ 9.7 (1 H, s)
   δ 6.6~7.8 (3 H, m)

   试写出 A,B 的构造式。

6. 白屈菜酸存在于多种植物中,它可由丙酮与乙二酸二乙酯合成。试为该反应提出合理的机理。

   $CH_3-\overset{O}{C}-CH_3$ + 2$CH_3CH_2O-\overset{O}{C}-\overset{O}{C}-OCH_2CH_3$

$$\xrightarrow[\text{② HCl}, \triangle]{\text{① NaOC}_2\text{H}_5, \text{C}_2\text{H}_5\text{OH}}$$ [4-oxo-4H-pyran-2,6-dicarboxylic acid: HOOC—(pyranone ring with =O)—COOH]

7. 试写出 Skroup 喹啉合成法中每一步反应的类型。

▶▶ 自我提升参考答案

1. [benzopyranone with Br at 3,4-positions] $\xrightarrow{\text{NaOH}}$ [ring-opened intermediate with Br, Br, COO⁻] $\longrightarrow$ [3-bromo-2,3-dihydrobenzofuran-2-carboxylate] $\xrightarrow[-\text{HBr}]{\text{NaOH}}$ [benzofuran-2-carboxylate]

2. 咪唑中含有两个氮原子，其酸碱性体现在不同的氮原子上，无论是咪唑的共轭酸还是共轭碱都有两个能量相同的等价共振结构而吡咯却没有这种情况：

[imidazole] $\xrightarrow{\text{H}^+}$ [protonated imidazolium] $\longleftrightarrow$ [resonance structure]

[imidazole] $\xrightarrow{-\text{H}^+}$ [imidazolide anion] $\longleftrightarrow$ [resonance structure]

3. [2-methylpyridine] $\xrightarrow[\text{H}^+]{\text{KMnO}_4}$ [pyridine-2-COOH] $\xrightarrow[\text{H}^+]{\text{C}_2\text{H}_5\text{OH}}$ [pyridine-2-COOC$_2$H$_5$] $\xrightarrow[\text{C}_2\text{H}_5\text{ONa}]{\text{CH}_3\text{COOC}_2\text{H}_5}$

[Py-COCH$_2$COOC$_2$H$_5$] $\xrightarrow[\triangle, -\text{CO}_2]{\text{① 稀 OH}^- \quad \text{② H}^+}$ [Py-COCH$_3$] $\xrightarrow[\text{② H}_2\text{O}]{\text{① NaBH}_4}$

[Py-CH(OH)CH$_3$] $\xrightarrow{\text{H}^+, \triangle}$ [Py-CH=CH$_2$] $\xrightarrow[\triangle]{\text{CH}_2\text{N}_2}$ [Py-CH(CH$_2$)CH$_2$ cyclopropyl]

4. (1) [hexane-2,5-dione: O=C(CH$_3$)CH$_2$CH$_2$C(CH$_3$)=O] $+ (\text{CH}_3)_2\text{CHNH}_2$ $\xrightarrow{\text{CH}_3\text{COOH}, \triangle}$ [1-isopropyl-2,5-dimethylpyrrole: H$_3$C—(N-CH(CH$_3$)$_2$)—CH$_3$]

(2)

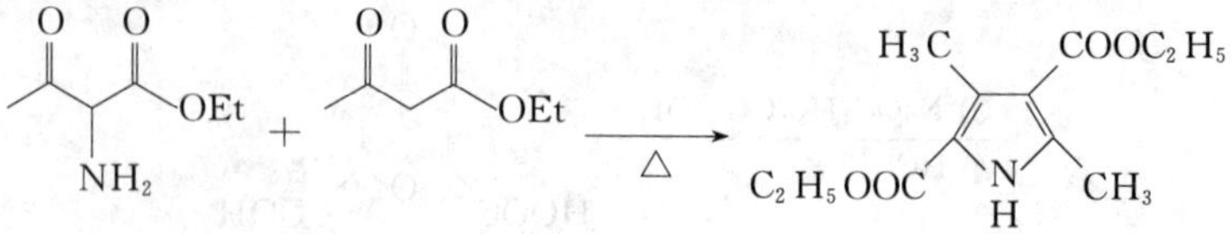

(3) 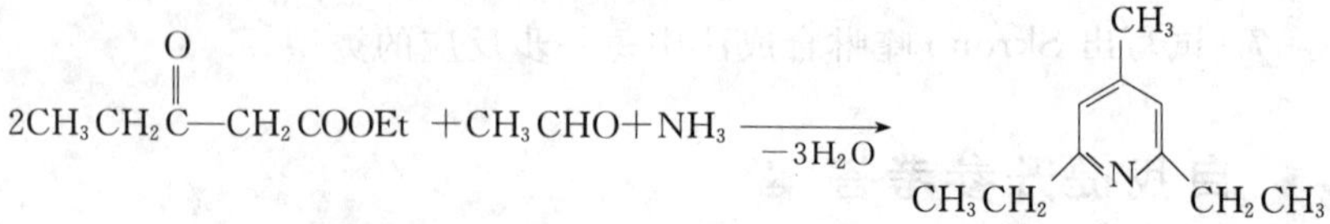 $2CH_3CH_2C-CH_2COOEt + CH_3CHO + NH_3 \xrightarrow{-3H_2O}$

(4)

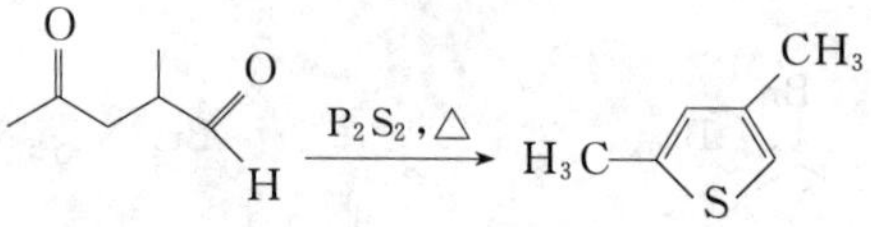

5. A. 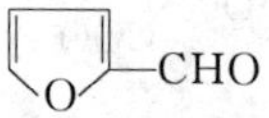 B.

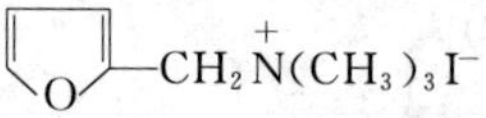

6. 提示：① 酮酯缩合反应；② 烯酮-酮式互变；③ 脱水反应。

7. (1) 1,4-亲核加成反应；(2) 脱水反应；(3) 氧化反应。

习题解答

13-1 命名下列化合物。

(1) 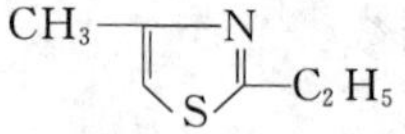 (2) 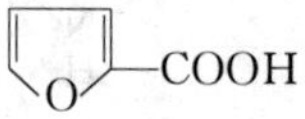 (3)  (4) 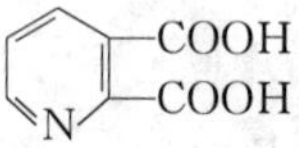 (5) 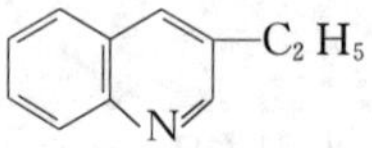 (6) 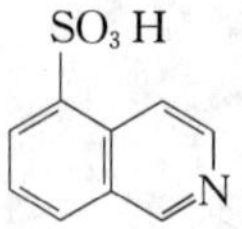 (7) 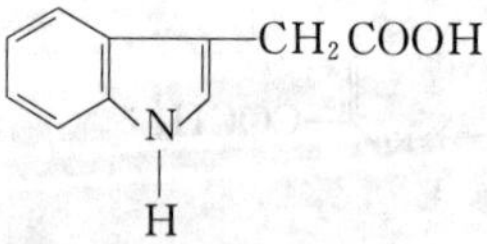 (8) 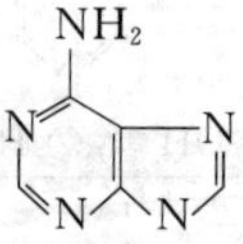 (9)

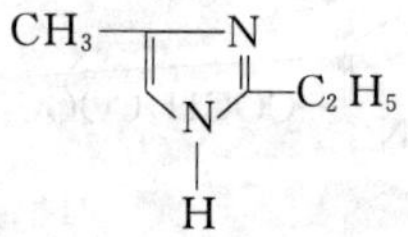

解：(1) 4-甲基-2-乙基噻唑　(2) 2-呋喃甲酸　(3) N-甲基吡咯

(4) 2,3-吡啶二甲酸　(5) 3-乙基喹啉　(6) 5-异喹啉磺酸

(7) 3-吲哚乙酸　(8) 6-氨基嘌呤

(9) 4-甲基-2-乙基咪唑

[知识点]　杂环化合物命名。

*13-2　下列化合物是否是极性分子？若是，请标出分子偶极矩的方向。

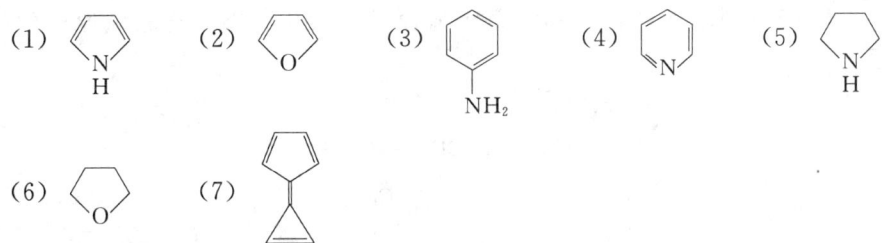

解：它们都是极性分子，偶极矩方向如下：

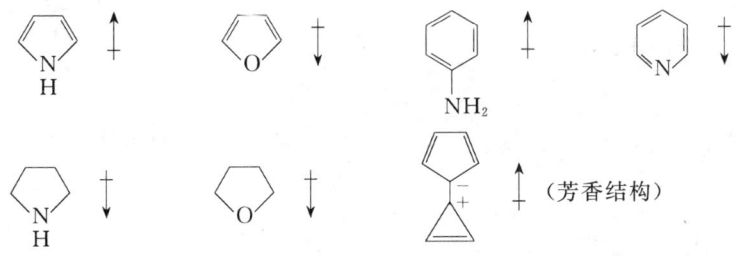

[知识点] 偶极矩的判据。

13-3 下列化合物有无芳香性？

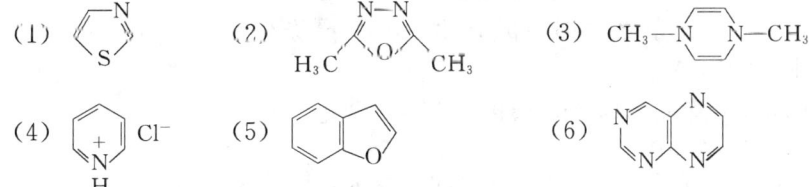

解：(1)、(2)、(4)、(5)、(6)有芳香性，(3)无芳香性。

[知识点] 杂环化合物的芳香性判据。

13-4 指出下列各组化合物的碱性中心，按碱性由强到弱排列成序。

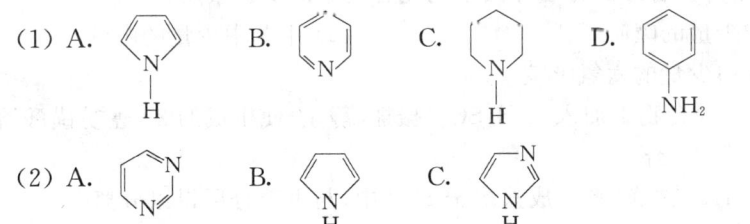

解：(1)氮原子为碱中心，C＞B＞D＞A。

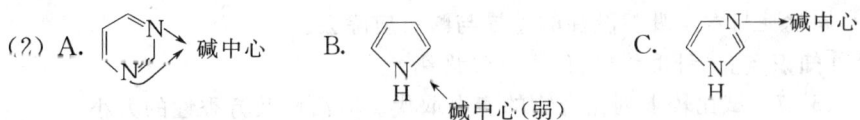

C＞A＞B，B由于孤对电子参与芳香性大π键，故碱性极弱。

[知识点] 含氮化合物碱性比较。

第13章 杂环化合物

13-5 判断下列化合物中每个氮原子的杂化状态并比较氮原子的碱性强弱。

(1) 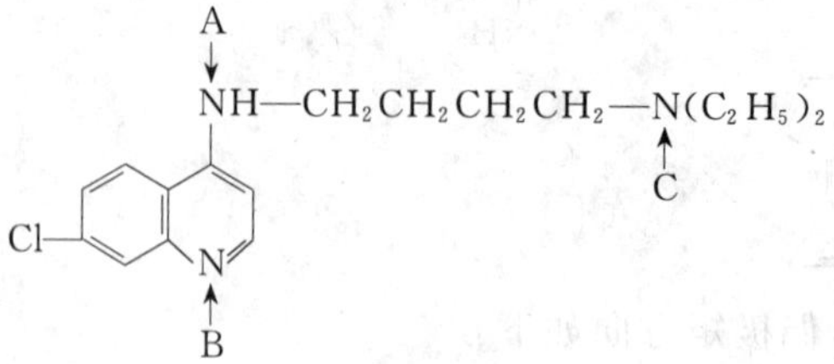 [4-氨基-7-氯喹啉衍生物，A: NH, B: 喹啉环N, C: N(C₂H₅)₂]

(2) [咪唑衍生物，A: =N-, B: NH, C: -CH₂CH₂NH₂ 的 N]

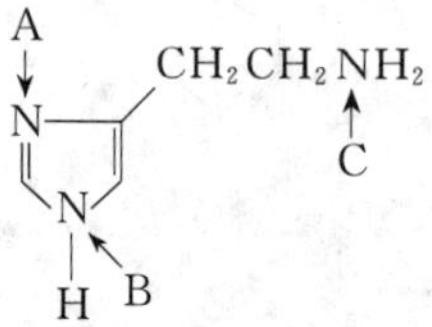

(3) 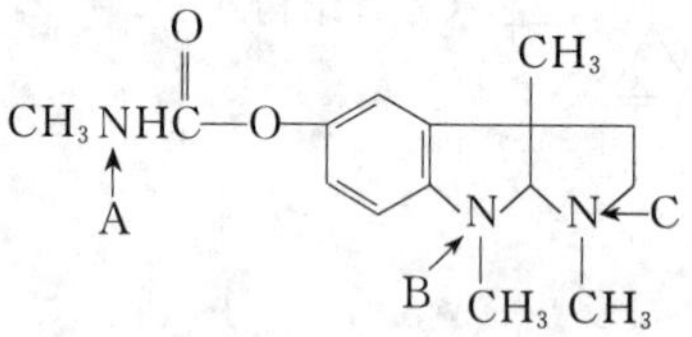 [吲哚啉氨基甲酸酯衍生物，A: CH₃NH-C(=O)-O-, B、C: 环上两个N]

解:(1) A. sp^3 杂化， B. sp^2 杂化，C. sp^3 杂化

碱性 C＞B＞A

(2) A. sp^2 杂化　B. sp^2 杂化　C. sp^3 杂化

碱性　C＞A＞B

(3) A. sp^2 杂化　B. sp^3 杂化　C. sp^3 杂化

碱性 C＞B＞A

[知识点]　杂化类型判断，碱性判断。

13-6　用简便合理的方法除去下列化合物中的少量杂质：
(1) 苯中少量的噻吩　　　　　　(2) 甲苯中少量的吡啶
(3) 吡啶中少量的六氢吡啶

解:(1) 向混合物中加入浓 H_2SO_4，振摇、静止、使生成的 2-噻吩磺酸溶于下层的硫酸中得以分离。

(2) 用稀 HCl 洗涤，吡啶成盐溶于 HCl 中，与甲苯分层得以分离。

(3) 加入 CH₃—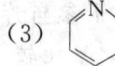—SO₂Cl，则六氢吡啶生成磺酰胺沉淀，过滤可除去。

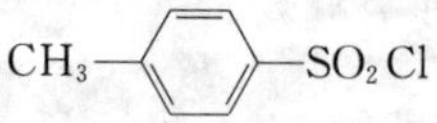

或利用吡啶与六氢吡啶碱性的差异与酸反应除去。

[知识点]　利用物理、化学性质提纯。

13-7　试比较下列化合物的亲电取代反应活性及芳香性的大小。

(1) 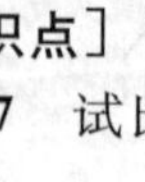 [噻吩]　　(2) 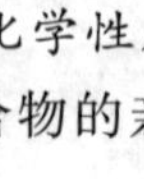 [呋喃]　　(3) 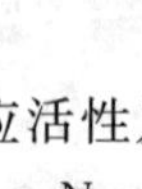 [吡啶]

解： 亲电取代反应活性：(1) > (2) > (3)

芳香性：(3) > (1) > (2)

13-8 完成下列反应式：

(1) H₃C-furan $\xrightarrow{(CH_3CO)_2O/BF_3}$

(2) furan-CHO $\xrightarrow{(CH_3CO)_2O/CH_3COONa}$ $\xrightarrow{H_2O}$ ( ) $\xrightarrow{H_3^+O}$

(3) Cl-furan-CHO $\xrightarrow{\text{浓 NaOH}}$

(4) furan-CHO $\xrightarrow[\triangle]{CH_3CHO/\text{稀 }OH^-}$

(5) thiophene-NO₂ $\xrightarrow{Br_2/HOAc}$

(6) N-methylimidazole $\xrightarrow{HNO_3/H_2SO_4}$

(7) 2-methylpyridine $\xrightarrow{KMnO_4/H^+}$ ( ) $\xrightarrow{PCl_5}$ ( ) $\xrightarrow{NH_3}$ ( ) $\xrightarrow{Cl_2/NaOH}$

(8) 3,4-dimethylpyridine + HCHO $\xrightarrow[\triangle]{OH^-}$ ( ) $\xrightarrow[\triangle,-H_2O]{H^+}$

(9) thiophene + $CH_3\overset{O}{\underset{\|}{C}}-ONO_2$ $\xrightarrow{(CH_3CO)_2O}$

(10) 2-phenylthiophene $\xrightarrow{\text{浓 }H_2SO_4}$

(11) 4-phenylpyridine $\xrightarrow[\triangle]{KMnO_4, OH^-}$

(12) quinoline $\xrightarrow{HNO_3/H_2SO_4}$

(13) pyridine $\xrightarrow{PhCO_3H}$ ( ) $\xrightarrow{HNO_3/H_2SO_4}$ ( ) $\xrightarrow{PCl_3}$

(14) pyridine $\xrightarrow[\text{② }H_2O]{\text{① }NaNH_2}$

(15) [pyrrole-NH] $\xrightarrow{\text{KOH(S)}}$ $\xrightarrow{\text{CHCl}_3/\text{KOH}}$

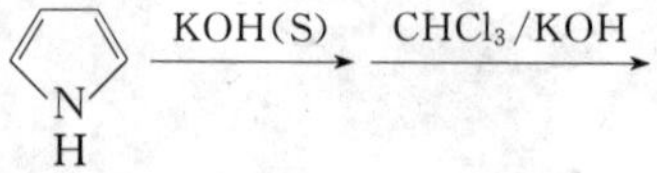

(16) [PhNH$_2$] + CH$_3$CH=CHCHO ⟶ ( ) $\xrightarrow[-\text{H}_2\text{O}]{\text{H}_2\text{SO}_4}$ ( ) $\xrightarrow{\text{PhNO}_2}$

(17) [pyridine]
 ├─ CH$_3$I ⟶
 └─ CH$_3$-CO-Cl ⟶

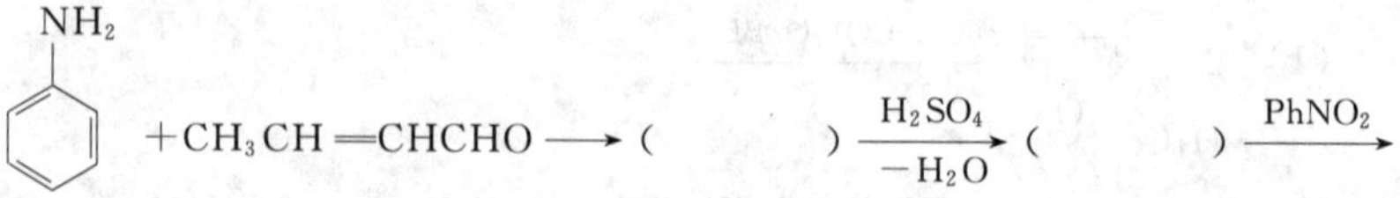

(18) [isoquinoline] $\xrightarrow[\text{甲苯}]{n-\text{BuLi}}$ $\xrightarrow{\text{H}_2\text{O}}$ $\xrightarrow[200\ ℃]{\text{硝基苯}}$

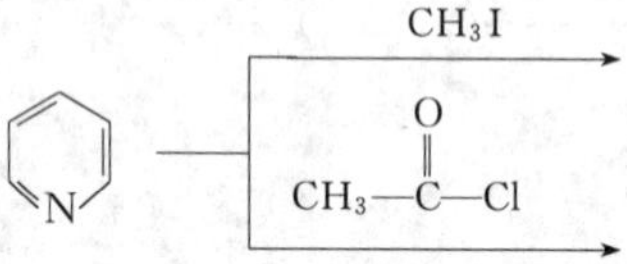

解：(1) H$_3$C–[furan]–CO–CH$_3$

(2) [furan]–CH=CHCOONa, [furan]–CH=CHCOOH

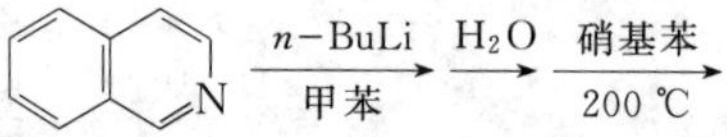

(3) Cl–[furan]–CH$_2$OH + Cl–[furan]–COONa

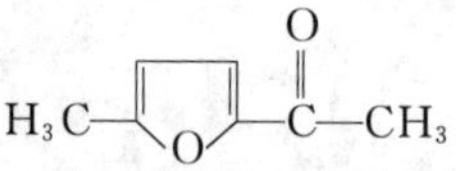

(4) [furan]–CH=CHCHO

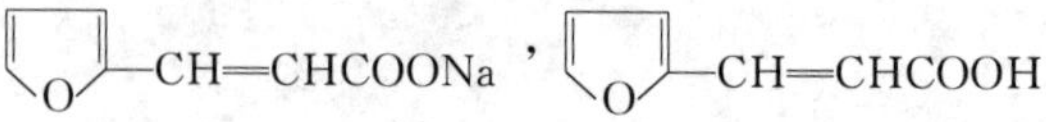

(5) Br–[thiophene]–NO$_2$

(6) O$_2$N–[imidazole, N–CH$_3$]

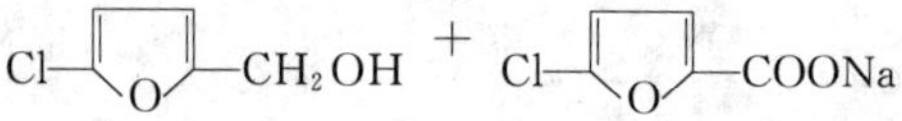

(7) [2-pyridyl]–COOH, [2-pyridyl]–COCl, [2-pyridyl]–CONH$_2$, [2-pyridyl]–NH$_2$

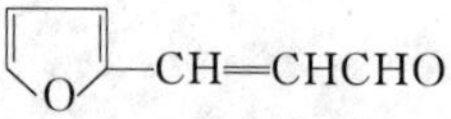

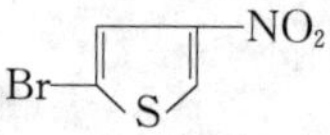

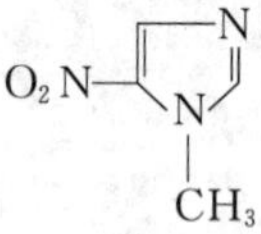

(8) [pyridine: 4-CH$_2$CH$_2$OH, 3-CH$_3$], [pyridine: 4-CH=CH$_2$, 3-CH$_3$]

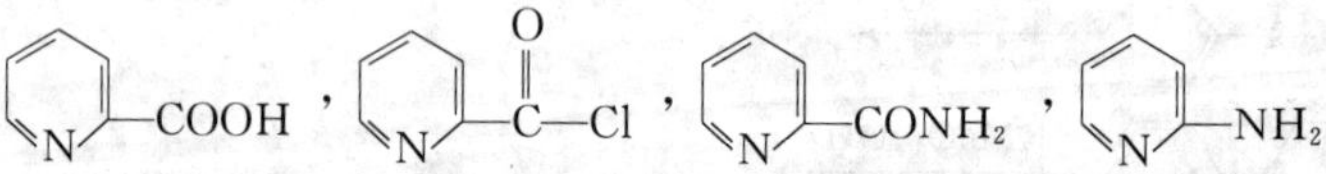

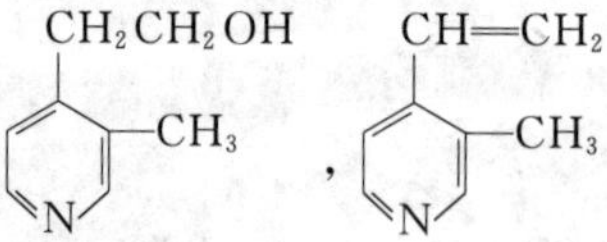

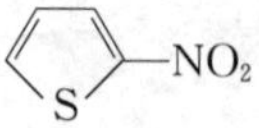

(9) [thiophene]–NO$_2$

(10) Ph–[thiophene]–SO$_3$H

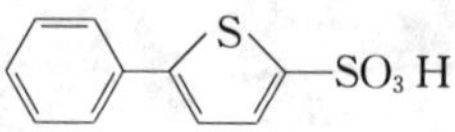

(11) 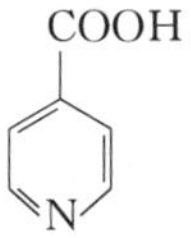 4-吡啶甲酸 (COOH on pyridine 4-position)

(12) 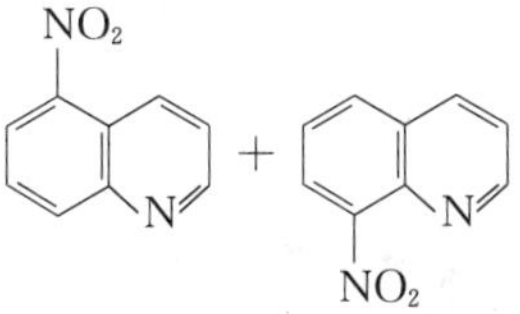 5-硝基喹啉 + 8-硝基喹啉

(13) 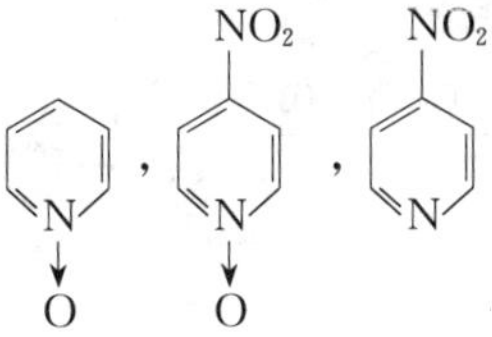 吡啶-N-氧化物，4-硝基吡啶-N-氧化物，3-硝基吡啶

(14) 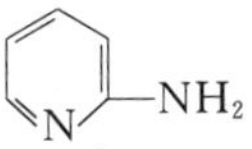 2-氨基吡啶

(15) 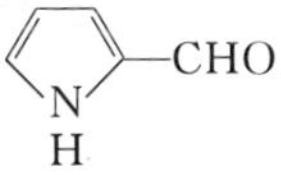 吡咯-2-甲醛

(16) 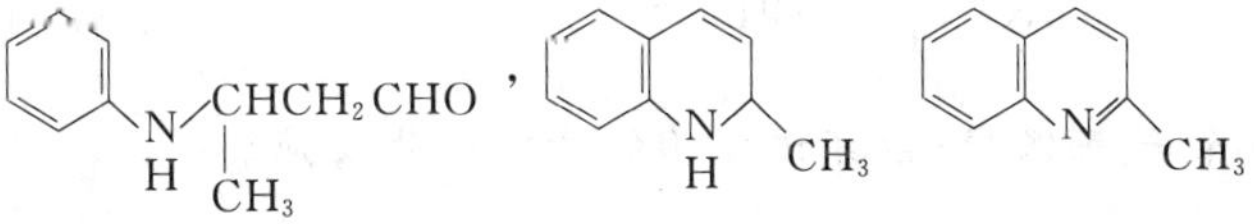 PhNH-CH(CH₃)CH₂CHO ， 2-甲基-1,2-二氢喹啉 ， 2-甲基喹啉

(17) 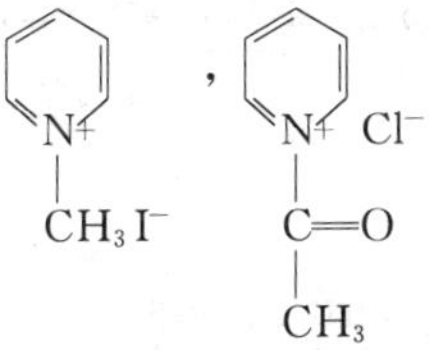 N-甲基吡啶鎓碘化物 ， N-乙酰基吡啶鎓氯化物

(18) 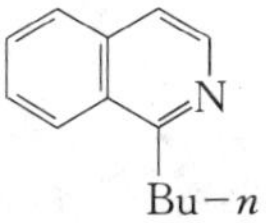 1-正丁基异喹啉

[知识点] 杂环化合物的化学性质。

13-9 完成下列转化：

(1) 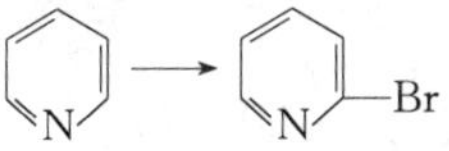 吡啶 ⟶ 2-溴吡啶

(2) 糠醛 ⟶ 5-硝基糠醛

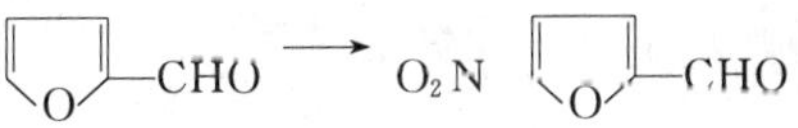

(3) 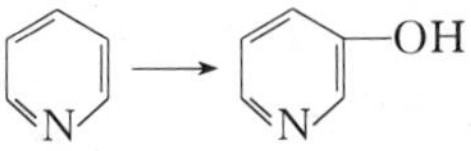 吡啶 ⟶ 3-羟基吡啶

(4) 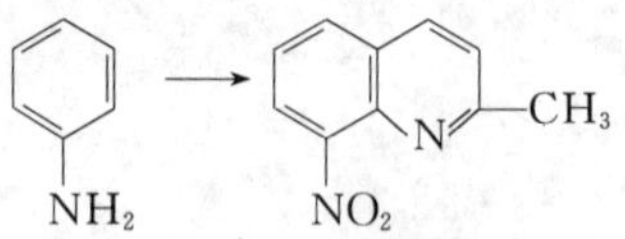 苯胺(NH₂) → 8-硝基-2-甲基喹啉(NO₂, CH₃)

(5) 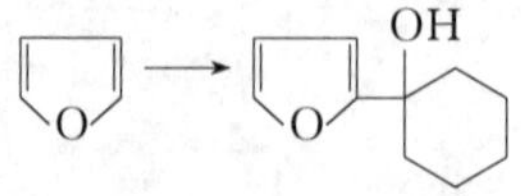 呋喃 → 2-(1-羟基环己基)呋喃

(6) 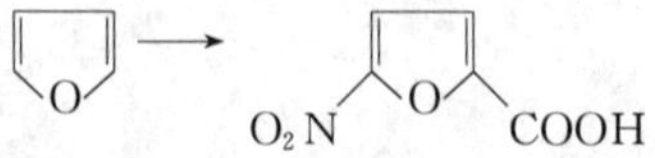 呋喃 → 5-硝基-2-呋喃甲酸(O₂N—furan—COOH)

解：（1）

吡啶 $\xrightarrow[\text{② } H_2O]{\text{① NaNH}_2/\triangle}$ 2-氨基吡啶 $\xrightarrow[0\ ℃]{\text{NaNO}_2/\text{浓 HBr}}$ 2-溴吡啶

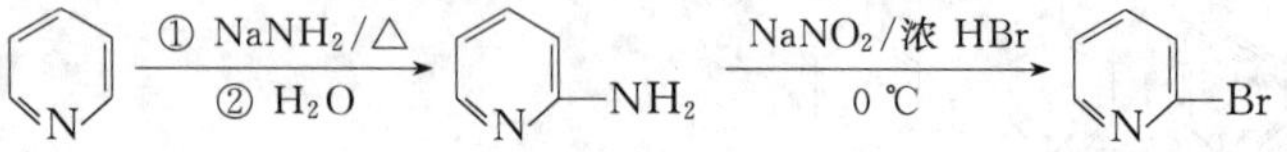

[知识点] 吡啶亲核取代反应；重氮化反应。

（2）

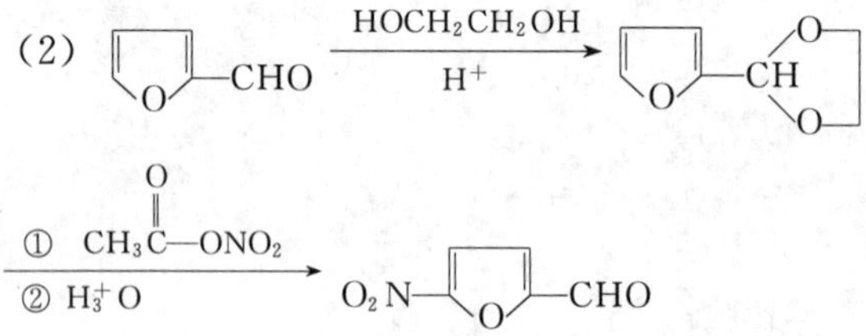

呋喃-CHO $\xrightarrow[H^+]{\text{HOCH}_2\text{CH}_2\text{OH}}$ 呋喃-CH(缩醛)

$\xrightarrow[\text{② } H_3^+O]{\text{① CH}_3\text{C(O)—ONO}_2}$ O_2N-呋喃-CHO

[知识点] 醛羰基保护；杂环化合物的亲电取代反应。

（3） 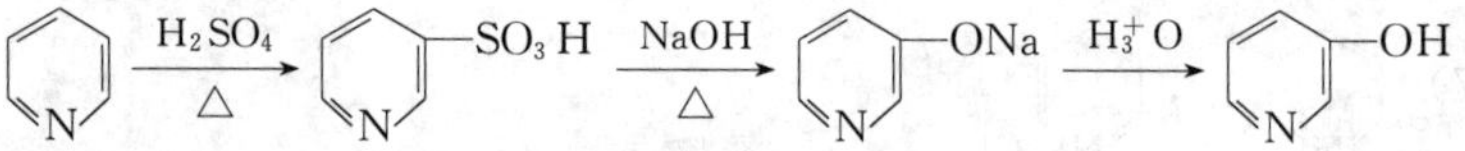 吡啶 $\xrightarrow[\triangle]{H_2SO_4}$ 3-吡啶磺酸(SO₃H) $\xrightarrow[\triangle]{NaOH}$ 3-吡啶氧钠(ONa) $\xrightarrow{H_3^+O}$ 3-羟基吡啶(OH)

[知识点] 吡啶的亲电取代反应。

（4） 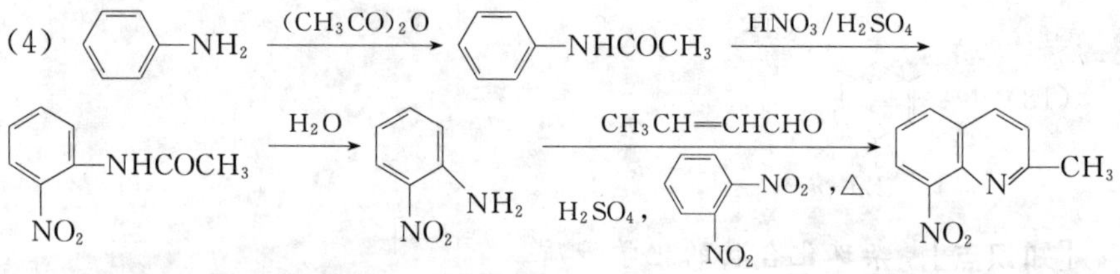 苯胺-NH₂ $\xrightarrow{(CH_3CO)_2O}$ 苯胺-NHCOCH₃ $\xrightarrow{HNO_3/H_2SO_4}$

邻硝基乙酰苯胺(NHCOCH₃, NO₂) $\xrightarrow{H_2O}$ 邻硝基苯胺(NH₂, NO₂) $\xrightarrow[H_2SO_4,\ \triangle]{CH_3CH=CHCHO}$ 8-硝基-2-甲基喹啉

[知识点] Skroup 法合成喹啉环。

（5） 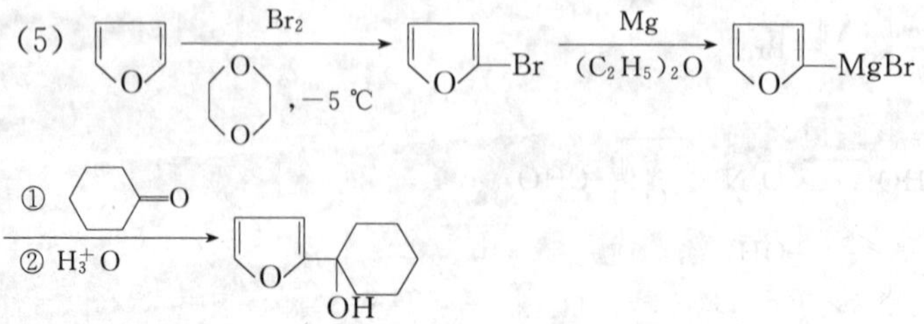 呋喃 $\xrightarrow[\text{二氧六环}, -5\ ℃]{Br_2}$ 2-溴呋喃 $\xrightarrow{Mg \atop (C_2H_5)_2O}$ 2-呋喃基溴化镁

$\xrightarrow[\text{② } H_3^+O]{\text{① 环己酮}}$ 2-(1-羟基环己基)呋喃

[知识点] 呋喃的亲电取代反应；利用 Grignard 试剂制备叔醇。

(6) [呋喃] + (CH₃CO)₂O —BF₃→ [2-乙酰基呋喃] —HNO₃/H₂SO₄→

[5-硝基-2-乙酰基呋喃] —Cl₂/NaOH→ [5-硝基-2-羧酸钠呋喃]

—H₃⁺O→ O₂N—[呋喃]—COOH

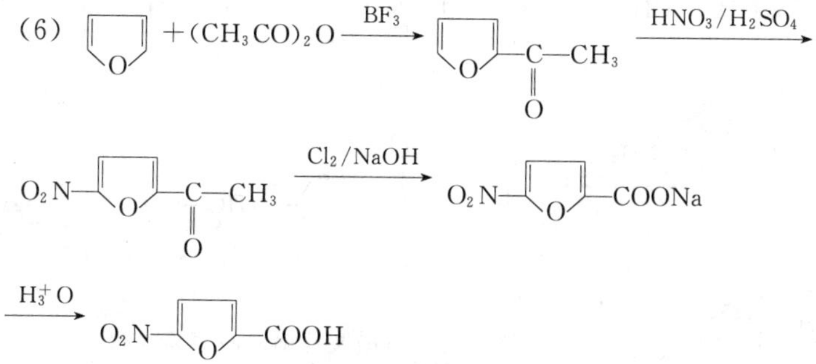

[知识点] 五元芳杂环化合物的亲电取代反应；卤仿反应。

13-10 选择适当原料合成下列化合物。

(1) 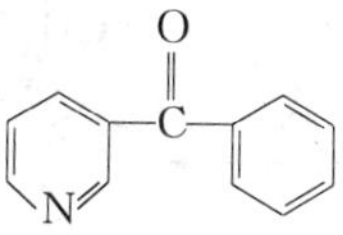 3-苯甲酰基吡啶

(2) H_2N—[苯环]—SO_2NH—[吡啶]

(3) HOOC—[喹啉环]，8-NO₂

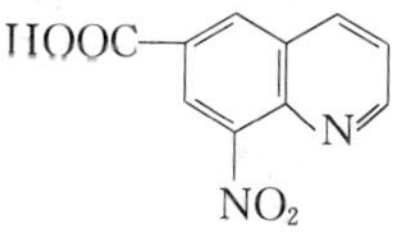

(4) 1,8-二氮菲 [结构式]

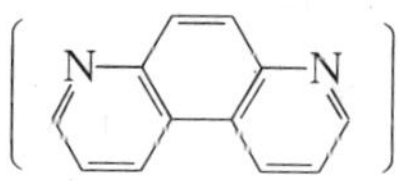

(5) 2-甲基-6-喹啉甲酸

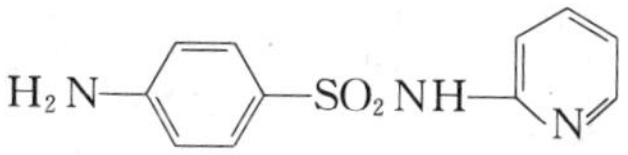

解：(1) [3-甲基吡啶] —KMnO₄/H⁺→ [3-羧基吡啶]—COOH —PCl₅→ [3-吡啶甲酰氯]

—苯/AlCl₃→ [3-苯甲酰基吡啶]

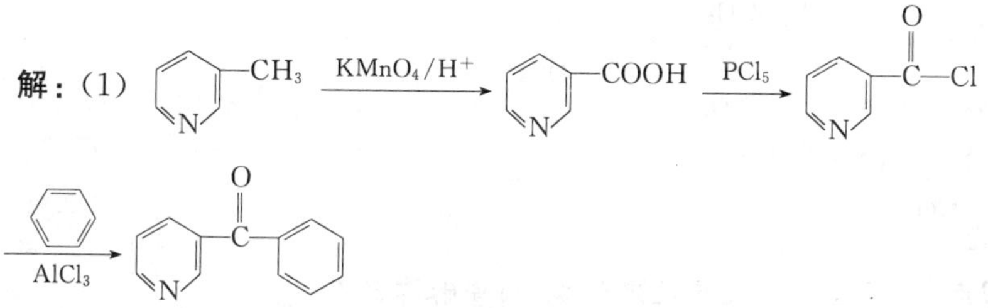

[知识点] 氧化反应；羧酸转变为酰氯的反应；Friedel-Crafts 酰基化反应。

(2) [苯胺] —H₂SO₄, 180 ℃→ HO₃S—[苯]—NH₂ —PCl₃→ H₂N—[苯]—SO₂Cl

—[2-氨基吡啶]→ H₂N—[苯]—SO₂NH—[吡啶]

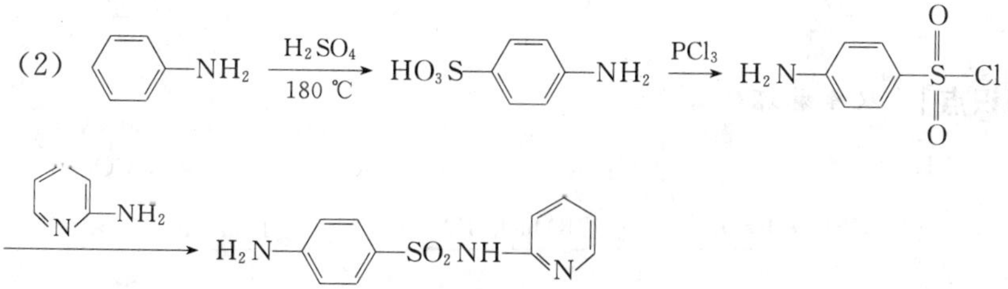

或：

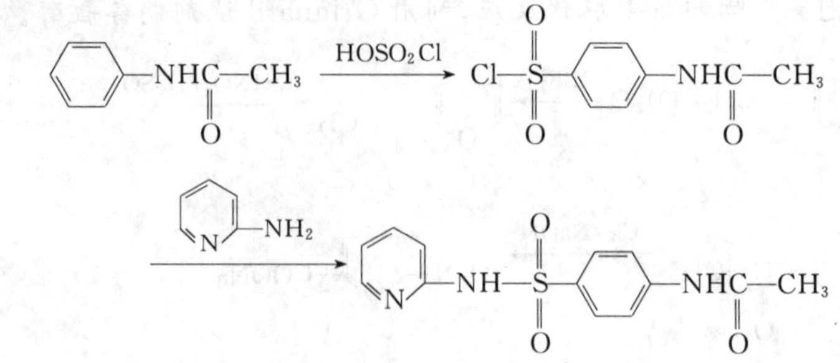

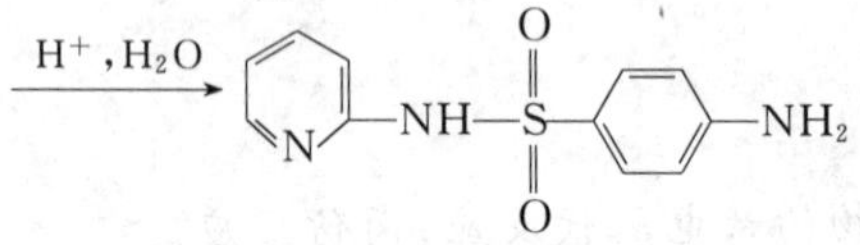

PhNHCOCH₃ $\xrightarrow{HOSO_2Cl}$ ClSO₂-C₆H₄-NHCOCH₃

$\xrightarrow{\text{2-aminopyridine}}$ (2-Py)NH-SO₂-C₆H₄-NHCOCH₃

$\xrightarrow{H^+, H_2O}$ (2-Py)NH-SO₂-C₆H₄-NH₂   （酰胺比磺酰胺更易水解）

[知识点] 苯胺的性质；磺酰化反应；氨解反应。

(3) PhCH₃ $\xrightarrow{HNO_3/H_2SO_4}$ 4-O₂N-C₆H₄-CH₃ $\xrightarrow{Fe/HCl}$ 4-H₂N-C₆H₄-CH₃ $\xrightarrow{(CH_3CO)_2O}$ 4-CH₃CONH-C₆H₄-CH₃

$\xrightarrow{HNO_3/H_2SO_4}$ (4-CH₃, 2-NO₂, 1-NHCOCH₃-C₆H₃) $\xrightarrow{H_3^+O}$ (4-CH₃, 2-NO₂, 1-NH₂-C₆H₃) $\xrightarrow[H_2SO_4, C_6H_5NO_2]{CH_2=CHCHO}$ 6-methyl-8-nitroquinoline

$\xrightarrow[②\ H_3^+O]{①\ KMnO_4/OH^-}$ 6-carboxy-8-nitroquinoline

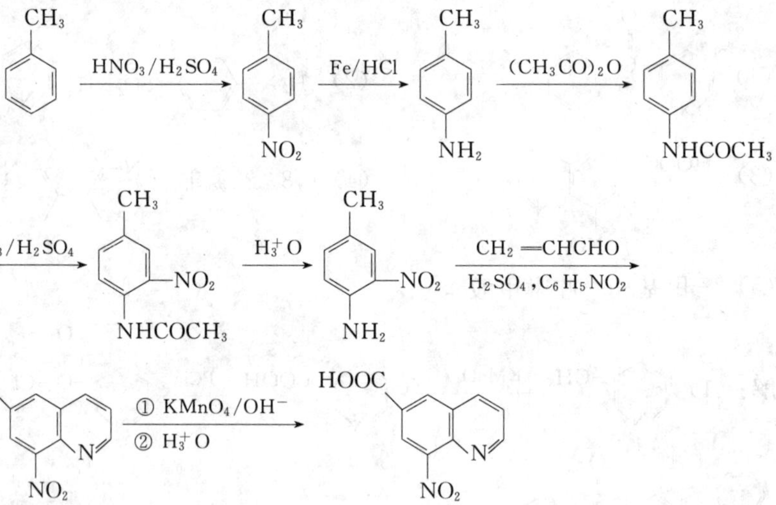

[知识点] 亲电取代反应及定位规则；喹啉环的合成。

(4) H₂N-C₆H₄-NH₂ (p) + 2CH₂=CHCHO $\xrightarrow[O_2N-C_6H_4-NO_2]{H_2SO_4, \triangle}$ 1,10-phenanthroline

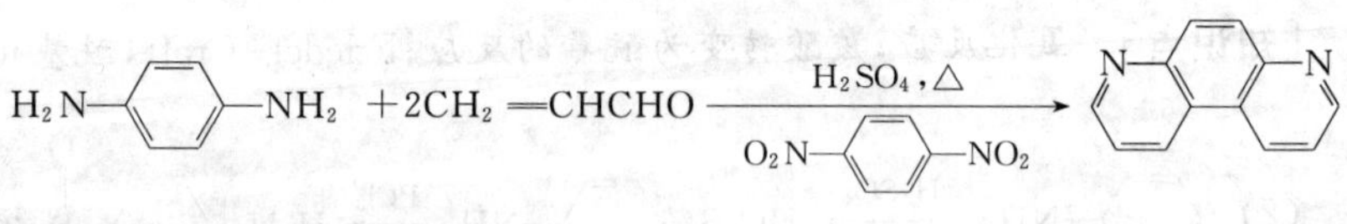

[知识点] 双喹啉环的合成。

(5) PhCH₃ $\xrightarrow{HNO_3/H_2SO_4}$ 4-O₂N-C₆H₄-CH₃ $\xrightarrow{KMnO_4/H^+}$ 4-O₂N-C₆H₄-COOH $\xrightarrow{Fe/HCl}$ 4-H₂N-C₆H₄-COOH

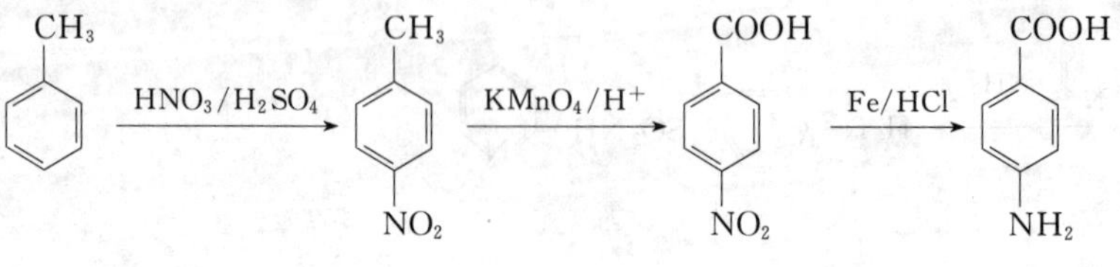

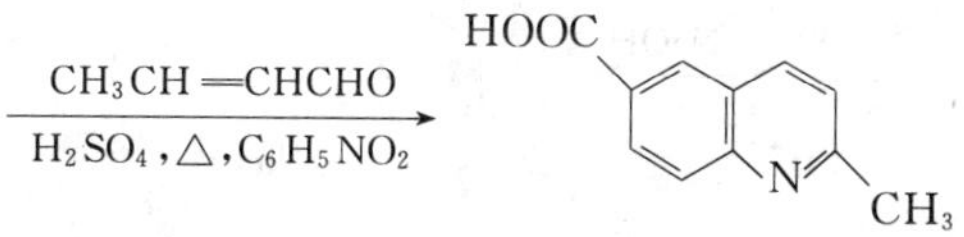

$$\xrightarrow[H_2SO_4, \triangle, C_6H_5NO_2]{CH_3CH=CHCHO}$$ (HOOC-quinoline-CH₃)

[知识点] 喹啉环的合成。

13-11 某杂环化合物 $C_5H_4O_2$ 经氧化后生成羧酸 $C_5H_4O_3$,把此羧酸的钠盐与碱石灰作用,转变为 C_4H_4O,后者与钠不起反应,也不具有醛和酮的性质,原来的 $C_5H_4O_2$ 是什么化合物?

解: 呋喃-CHO $\xrightarrow{[O]}$ 呋喃-COOH $\xrightarrow{NaOH}$ 呋喃-COONa $\xrightarrow[\triangle]{碱石灰}$ 呋喃

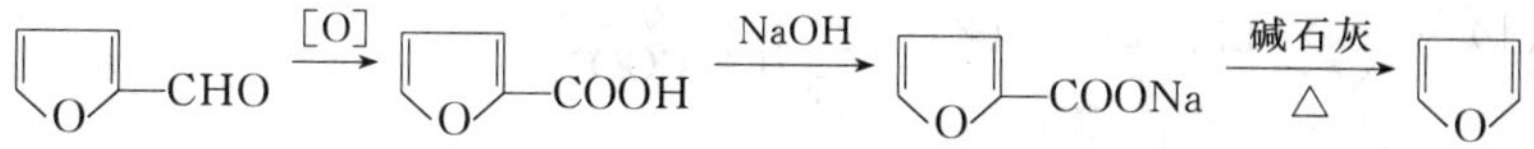

[知识点] 糠醛和糠酸的性质。

13-12 下面是尼古丁(nicotine)的全合成路线,请自查文献填写各步反应所需要的试剂,并指出各步反应的类型。

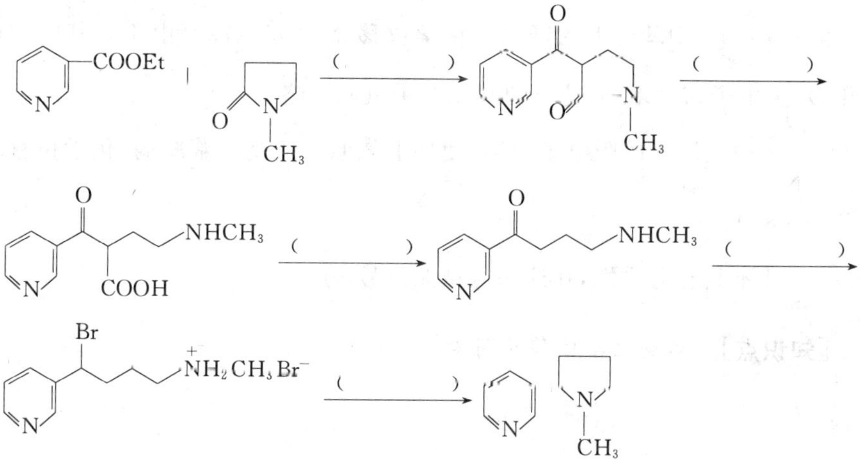

(吡啶-COOEt + N-甲基-2-吡咯烷酮 $\xrightarrow{(\quad)}$ 吡啶-CO-CH(CHO)-CH₂-CH₂-NHCH₃ $\xrightarrow{(\quad)}$

吡啶-CO-CH(COOH)-CH₂-CH₂-NHCH₃ $\xrightarrow{(\quad)}$ 吡啶-CO-CH₂-CH₂-CH₂-NHCH₃ $\xrightarrow{(\quad)}$

吡啶-CHBr-CH₂-CH₂-CH₂-N⁺H₂CH₃Br⁻ $\xrightarrow{(\quad)}$ 尼古丁)

提示: 酯缩合反应,酰胺水解反应,脱羧反应,还原反应,亲核取代反应。

*** 13-13** 举例说明下列各组化合物在化学性质上的区别。

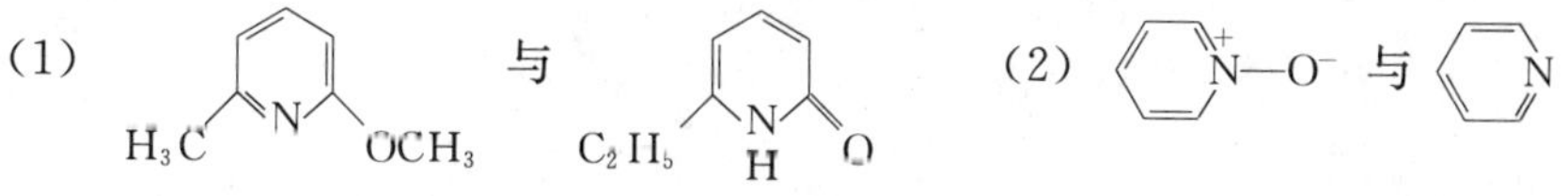

(1) (H₃C-吡啶-OCH₃) 与 (C₂H₅-吡啶-NH-O) (2) (吡啶⁺-O⁻) 与 (吡啶)

解:(1) 后者有互变异构,可以溶于 NaOH,前者没有互变异构,不溶于 NaOH。

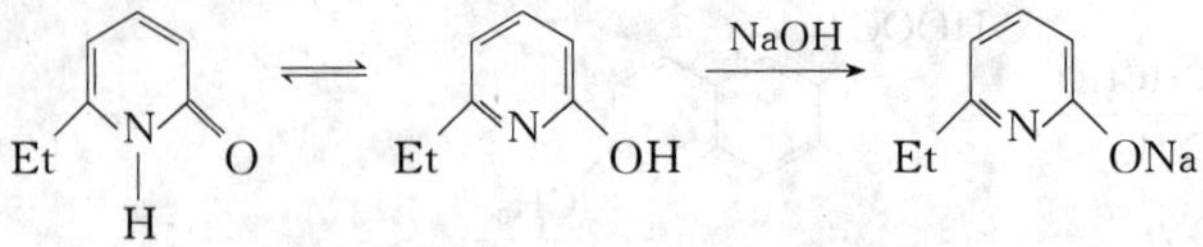

上图反应式：

Et—环(N-H)=O ⇌ Et—环(N)—OH —NaOH→ Et—环(N)—ONa

（2）右式是吡啶，不易发生亲电取代反应，如发生，取代基主要进入 β 位；吡啶较易发生亲核取代反应，取代基进入 α、γ 位。左式是吡啶氮氧化物，既容易发生环上亲电取代反应，也容易发生亲核取代反应，取代基均进入 α、γ 位。

13-14 请查阅文献用咪唑、吡啶为原料合成下列室温下离子液体。

(1) 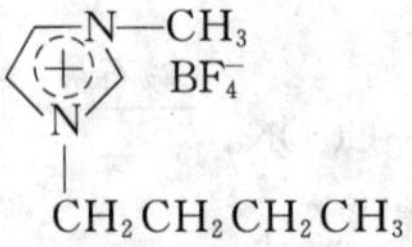 咪唑鎓盐 N-CH₃，N-CH₂CH₂CH₃，BF_4^-

(2) 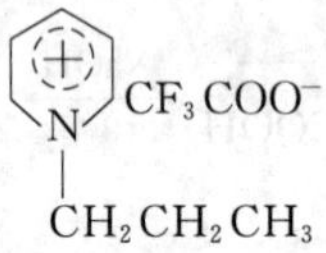 吡啶鎓盐 N-CH₂CH₂CH₃，CF_3COO^-

提示：咪唑、吡啶是胺，可以形成季铵盐。

13-15 如何用 HNMR 谱区分苯胺，吡啶和哌啶？

解：苯胺（$C_6H_5NH_2$）中苯环上的氢原子化学位移 $\delta = 6.5 \sim 7.0$（由于氨基的给电子作用，环上电子密度增加，化学位移比苯中氢原子略小）。

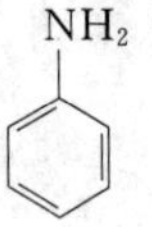

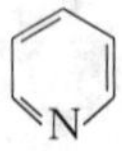

吡啶中氮原子的吸电子作用，使环上氢原子所受屏蔽减弱，化学位移增大 $\delta = 7.5 \sim 8.0$。

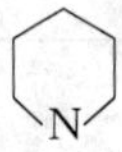

哌啶不具有芳香性，在这一区域无信号。

[知识点] 影响化学位移的因素。

第14章 糖

▶▶ 学习重点

1. 糖的命名。
2. 单糖的构型、构象及稳定性。
3. 单糖的彻底还原(还原成烷烃)、成脒的反应、差向异构化、醛糖、酮糖互相异构。
4. 单糖的亲核取代反应(苷 —OH,2°C—OH,1°C—OH 的亲核取代)。
5. 环糊精的性质。
6. 淀粉与纤维素的结构。

▶▶ 专题讨论与拓展

1. 糖与醛、酮、醇化合物

葡萄糖有—CHO 和—OH,它的性质应有醛的某些性质,如亲核加成、氧化、还原等反应,有醇的某些性质,如亲核取代;也可以有分子内的羟醛缩合生成环状半缩醛(Haworth 式环状结构)等反应。

果糖有 $\diagdown$C=O ,—OH,它的性质应有酮的某些性质,如亲核加成、还原等;有醇的某些性质,如亲核取代;也有羟酮缩合(Haworth 式环状结构)等反应。

2. 有机化学反应中的烯醇－酮重排反应

烯醇－酮互变重排是有机化学反应中常遇到的中间过程(物种):

$$\diagdown C=C-OH \rightleftharpoons \diagdown CH-C=O$$

烯醇－酮的快速互变是可以用实验证明的。如乙酰乙酸乙酯可以与下列试剂进行反应:

$$CH_3-\overset{O}{\underset{\|}{C}}-CH_2-\overset{O}{\underset{\|}{C}}-OC_2H_5 \rightleftharpoons CH_3-\underset{CH}{\overset{O-H\cdots O}{C}}-OC_2H_5$$

$$CH_3-\overset{O}{\underset{\|}{C}}-CH_2-\overset{O}{\underset{\|}{C}}-OC_2H_5 + H_2N-NH-\underset{NO_2}{\overset{NO_2}{\bigcirc}} \xrightarrow{-H_2O}$$

$$CH_3\overset{}{\underset{CH_2COOC_2H_5}{C}}=N-NH-\underset{NO_2}{\overset{NO_2}{\bigcirc}}$$

黄色

$$CH_3-\overset{O}{\underset{\|}{C}}-CH_2-\overset{O}{\underset{\|}{C}}-OC_2H_5 + Br_2 \longrightarrow CH_3-\underset{Br\ Br}{\overset{OH}{C}}-CH-COOC_2H_5 \quad 溴色消失$$

$$CH_3-\overset{O}{\underset{\|}{C}}-CH_2-\overset{O}{\underset{\|}{C}}-OC_2H_5 + FeCl_3 \longrightarrow [(CH_3-\underset{CHCOOC_2H_5}{\overset{C-O^-}{\|}})_6Fe]^{3-} + 6H^+$$

在通常情况下,重排偏向酮型产物一边;但在特殊情况下,重排也会偏向烯醇型产物一边。例如:

$$CH_3-\overset{O}{\underset{\|}{C}}-CH_2-\overset{O}{\underset{\|}{C}}-CH_3 \rightleftharpoons CH_3-\underset{CH}{\overset{O-H\cdots O}{C}}-CH_3$$

气态下	7%～9%	91%～93%
液态下	24%	76%
水溶液中	90%	10%
己烷溶液中	1%	99%

1,2-环戊二酮几乎100%的烯醇型结构:

$$\underset{}{\bigcirc}\!\!=\!\!O \rightleftharpoons \underset{\sim 100\%}{\bigcirc}\!\!\overset{O\cdots H}{\underset{O}{}}$$

在丙酮的烯醇-酮平衡中,烯醇化尽管很少,但其可以作为反应物与乙烯酮反应得到乙酸异丙烯酯:

$$\underset{99.98\%}{CH_3-\overset{O}{\underset{\|}{C}}-CH_3} \rightleftharpoons \underset{0.02\%}{CH_3-\overset{OH}{\underset{}{C}}=CH_2}$$

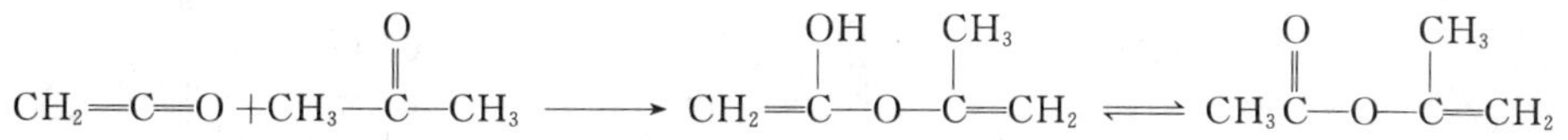

$$CH_2=C=O + CH_3-\overset{O}{\underset{\|}{C}}-CH_3 \longrightarrow CH_2=\underset{\underset{OH}{|}}{C}-O-\underset{\underset{CH_2}{\|}}{\underset{CH_3}{C}} \rightleftharpoons CH_3\overset{O}{\underset{\|}{C}}-O-\underset{\underset{CH_2}{\|}}{\underset{CH_3}{C}}$$

在很多化学反应中,如 Wacker 法乙烯、α-烯烃氧化合成乙醛、甲基酮,端炔烃硼氢化氧化水解合成甲基酮,α,β-不饱和醛、酮的 1,4-亲电加成、1,4-亲核加成反应,Michael 加成反应,烯酮与含活泼氢的亲核试剂反应生成羧酸衍生物,异氰酸酯与含活泼氢的亲核试剂反应生成氨基甲酸酯衍生物等,都是先生成烯醇产物,然后转化成酮型产物的。例如,在碱催化下丙烯酸乙酯与硝基甲烷反应得到 3-硝基丙酸乙酯:

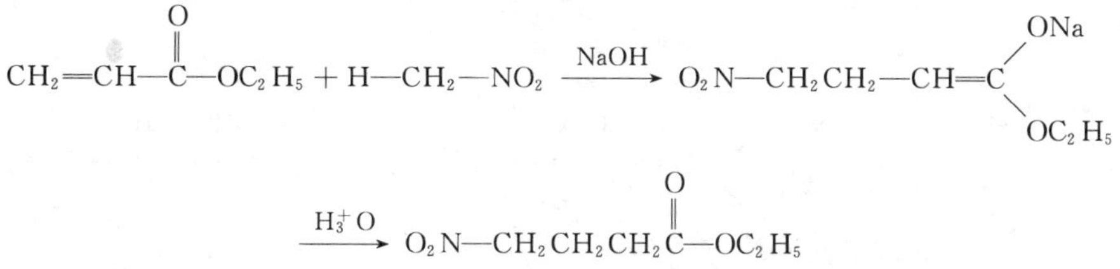

$$CH_2=CH-\overset{O}{\underset{\|}{C}}-OC_2H_5 + H-CH_2-NO_2 \xrightarrow{NaOH} O_2N-CH_2CH_2-CH=\underset{\underset{OC_2H_5}{|}}{\overset{ONa}{C}}$$

$$\xrightarrow{H_3^+O} O_2N-CH_2CH_2CH_2\overset{O}{\underset{\|}{C}}-OC_2H_5$$

在特殊的条件下,也有酮型转化成烯醇型的反应。例如,醌类化合物的亲电、亲核共轭加成产物经过酮型转变为烯醇型稳定结构——芳构化产物:

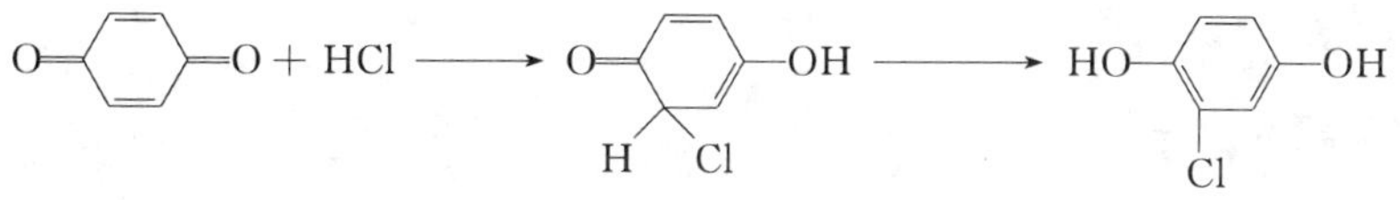

$$O=\bigcirc=O + HCl \longrightarrow O=\underset{\underset{H\ Cl}{|}}{\bigcirc}-OH \longrightarrow HO-\underset{\underset{Cl}{|}}{\bigcirc}-OH$$

这是因为烯醇生成后,另一羰基也发生烯醇化得到更稳定的取代二酚化合物。

苯酚可以看成最稳定的烯醇型化合物。

在糖化合物中,通过烯醇-酮互变的性质进行化学转化的也不少。例如:

在碱性条件下,醛糖与酮糖可以互相转化。如 D-葡萄糖与 D-果糖互相转化,中间经过烯二醇的生成:

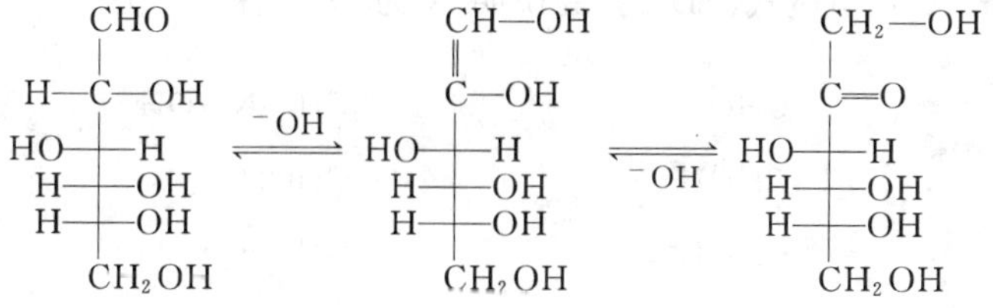

$$\begin{array}{c} CHO \\ H-C-OH \\ HO-H \\ H-OH \\ H-OH \\ CH_2OH \end{array} \xrightleftharpoons[]{-OH} \begin{array}{c} CH-OH \\ C-OH \\ HO-H \\ H-OH \\ H-OH \\ CH_2OH \end{array} \xrightleftharpoons[]{-OH} \begin{array}{c} CH_2-OH \\ C=O \\ HO-H \\ H-OH \\ H-OH \\ CH_2OH \end{array}$$

在碱性条件下,糖的差向异构化反应是通过酮型转变成烯醇型(烯二醇)再转化酮型。如 D-葡萄糖转化成 D-甘露糖:

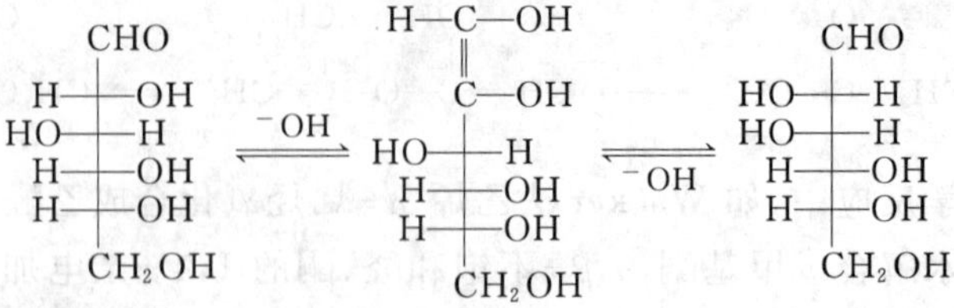

$$\text{（结构式 1）} \xrightleftharpoons{-\text{OH}} \text{（烯二醇中间体）} \xrightleftharpoons{-\text{OH}} \text{（结构式 2）}$$

在糖成脎的反应中，也涉及烯醇转变成酮的反应，如醛糖成脎反应：

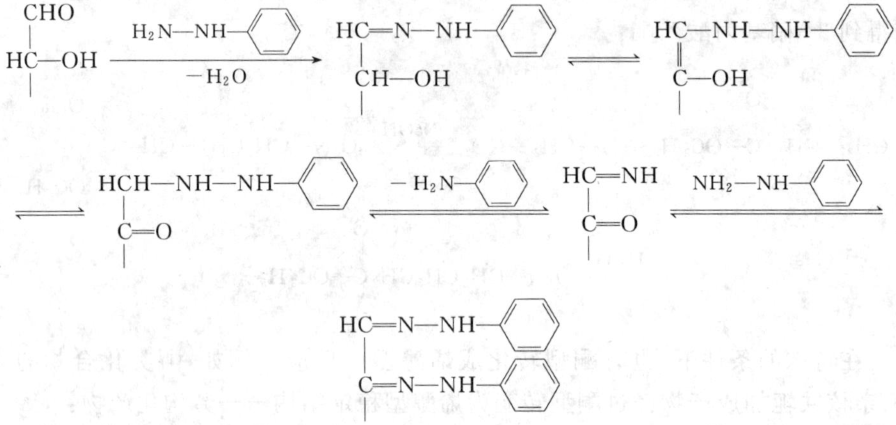

$$\text{CHO-CHOH-} \xrightarrow[-H_2O]{H_2N-NH-C_6H_5} \text{HC=N-NH-C_6H_5 / CHOH} \rightleftharpoons \text{HC-NH-NH-C_6H_5 / C-OH}$$

$$\rightleftharpoons \text{HCH-NH-NH-C_6H_5 / C=O} \xrightarrow{-H_2N-C_6H_5} \text{HC=NH / C=O} \xrightarrow{NH_2-NH-C_6H_5} \text{HC=N-NH-C_6H_5 / C=N-NH-C_6H_5}$$

▶▶ 例题解析

例 1 有一戊糖 A($C_5H_{10}O_4$) 与羟氨反应生成肟，与 $NaBH_4$ 反应生成 B($C_5H_{12}O_4$)。B 有光学活性，与乙酐反应得四乙酸酯。戊糖 A 与 CH_3OH、HCl 反应得 C($C_6H_{12}O_4$)，再与 HIO_4 反应得 D($C_6H_{10}O_4$)。D 在酸化下水解，得等量乙二醛和 D-乳醛($CH_3CHOHCHO$)。试推测戊糖 A 的构造式。

解析： D 酸化水解，得乙二醛和 D-乳醛是本题的关键，以该步反应为突破口可推测出 A 的构造式。D-乳醛说明 A 为 D-戊糖。

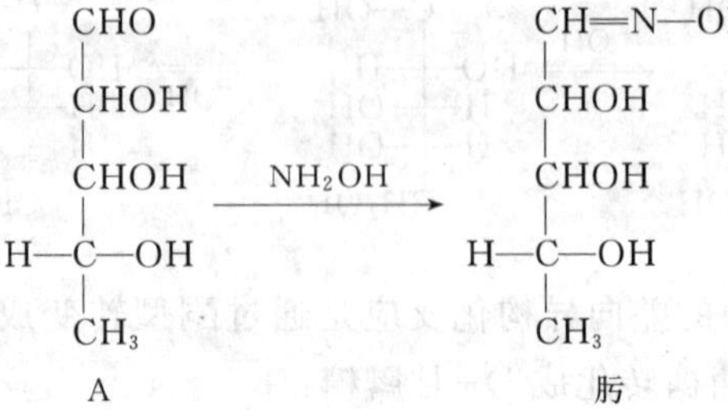

$$\begin{array}{c} \text{CHO} \\ \text{CHOH} \\ \text{CHOH} \\ \text{H-C-OH} \\ \text{CH}_3 \\ \text{A} \end{array} \xrightarrow{NH_2OH} \begin{array}{c} \text{CH=N-OH} \\ \text{CHOH} \\ \text{CHOH} \\ \text{H-C-OH} \\ \text{CH}_3 \\ \text{肟} \end{array}$$

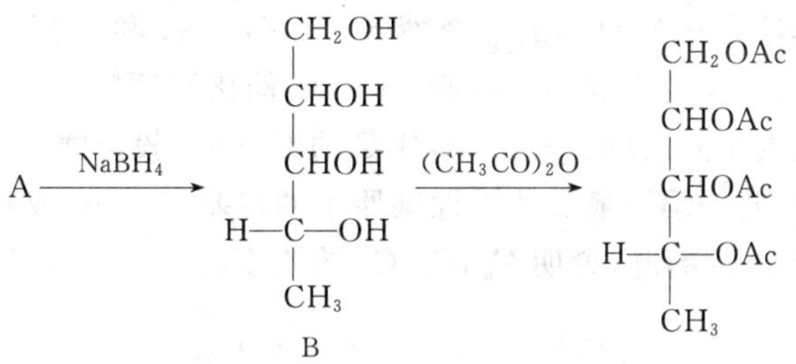

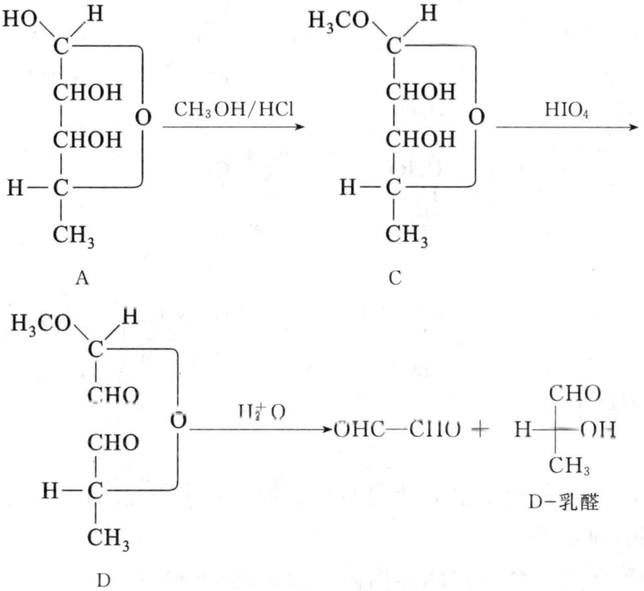

例2 二糖 A($C_{12}H_{22}O_{11}$)为还原性糖,能形成脎,有变旋现象,能被 β-葡萄糖苷酶(苦杏仁酶)水解成 D-葡萄糖,A 经甲基化继而水解得 2,3,4,6-四-O-甲基-D-葡萄糖和 2,3,6-三-O-甲基 D-葡萄糖。写出 A 的结构式。

解析: 该二糖可被 β-葡萄糖苷酶水解成 D-葡萄糖,说明该二糖为 β-葡萄糖苷;由 A 经甲基化后的水解产物可知该二糖中的葡萄糖均为吡喃环,且用 β-1,4-苷键结合。该二糖的结构式为:

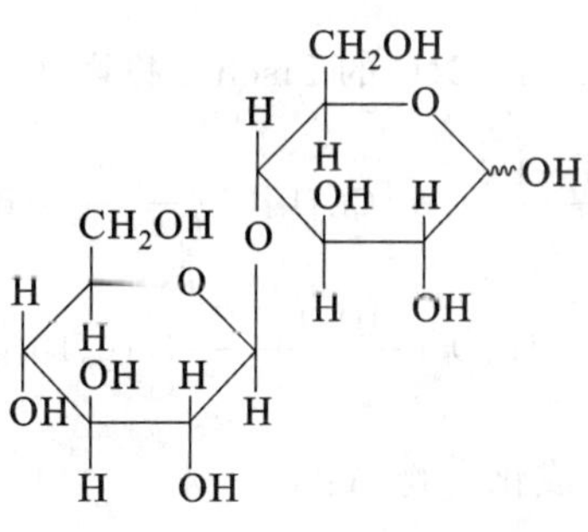

例3 A,B,C 是三个 D 型的己醛糖($C_6H_{12}O_6$),A 和 B 催化还原时生成相同的糖醇,但与苯肼反应生成不同的脎;B 和 C 催化还原时则生成不同的糖醇,而与苯肼反应生成相同的脎。写出 A,B,C 的 Fischer 投影式。

解析： D 型糖是编号最大的手性碳原子的羟基在右边,成脎反应只发生在 C_1,C_2 上,生成相同的糖脎,说明 C_3,C_4,C_5 的构型相同。

A. 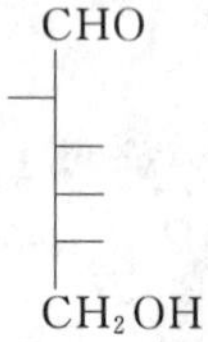 [Fischer projection] B.  [Fischer projection] C. 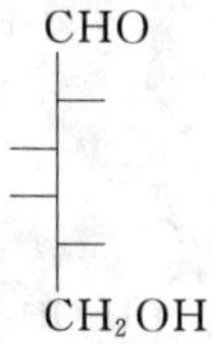 [Fischer projection] 或 A.  [Fischer projection]

B. 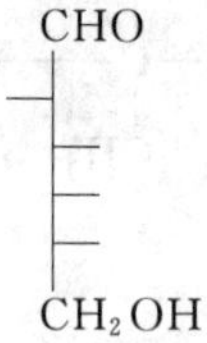 [Fischer projection] C. 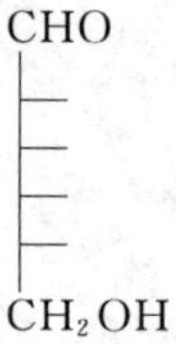 [Fischer projection]

▶▶ 自我提升

1. 在室温下用稀碱水溶液处理 D-葡萄糖得到 D-葡萄糖、D-甘露糖和 D-果糖的混合物,试解释之。

2. 写出下列各化合物立体异构体的投影式(开链式)。

(1) 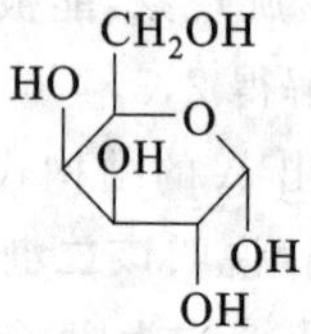 [结构式] (2) 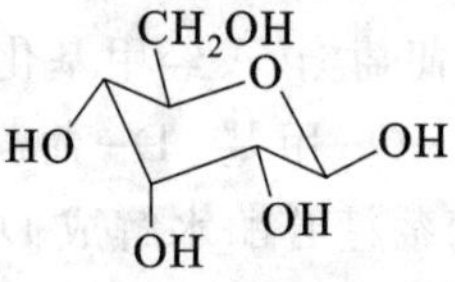 [结构式] (3) 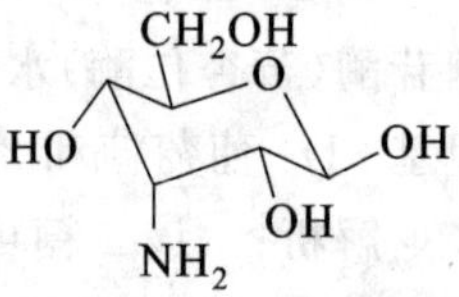 [结构式]

*3. 写出维生素 C 的 Haworth 透视式,维生素 C 有几个手性碳原子? 有几个光学异构体?

4. 写出下列反应中,A,B,C,D 的 Fischer 投影式：

$$\text{D-(+)-葡萄糖} \xrightarrow{C_6H_5CHO} A\,(C_{13}H_{16}O_6) \xrightarrow{NaBH_4} B\,(C_{13}H_{18}O_6) \xrightarrow{HIO_4}$$

$$C\,(C_{12}H_{14}O_5) \xrightarrow{H_3^+O/H_2O} D\,(C_5H_{10}O_5)$$

5. 试从 D-半乳糖合成化合物 A：

6. 某二糖分子式为 $C_{12}H_{22}O_{11}$，可被 Fehling 溶液氧化，β-葡萄糖苷可将其水解为两分子吡喃葡萄糖。若将此二糖甲基化后再水解，则得到等量的 2,3,4,6-四-O-甲基-D-吡喃葡萄糖和 2,3,4-三-O-甲基-D-吡喃葡萄糖。试写出该二糖的结构及其稳定构象式。

自我提升参考答案

1. 醛糖在稀碱性水溶液中可差向异构化和转化成 D-果糖，存在下列平衡：

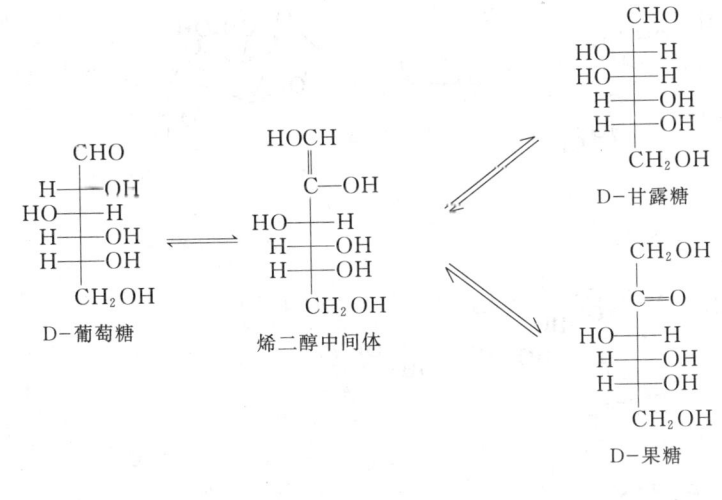

2. (1), (2), (3) 结构式

*3. 维生素 C 有 2 个手性碳原子，4 个光学异构体。

除维生素 C 外，另外三个异构体的 Haworth 式如下：

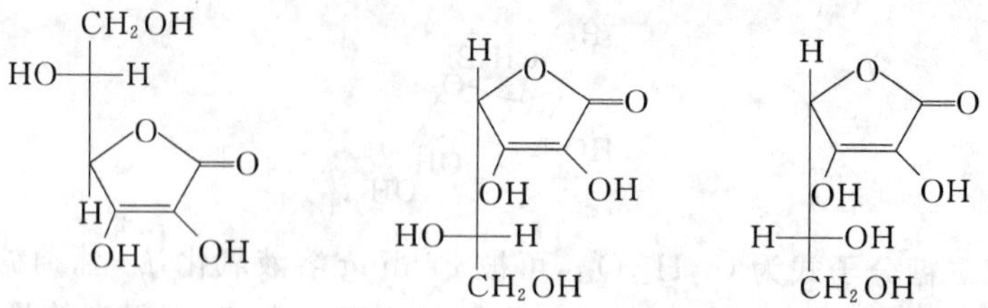

4.

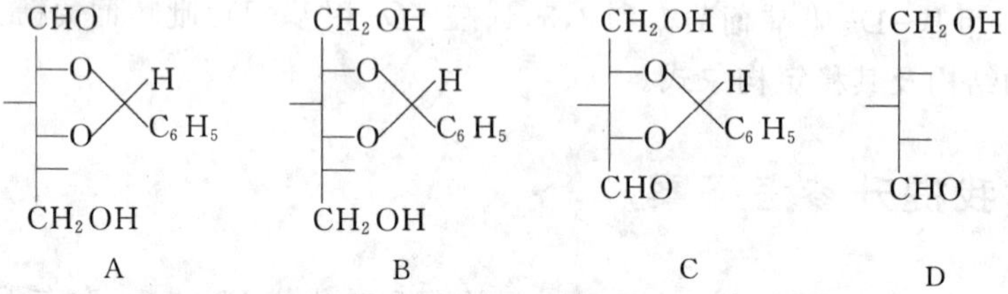

A, B, C, D (结构式如图)

5. (反应式：葡萄糖 + H⁺, CH₃COCH₃ → 中间体 → ① PBr₃ ② H₃⁺O → A)

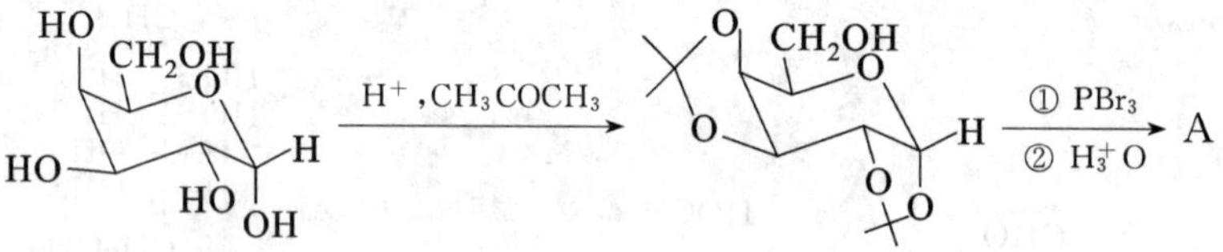

6. 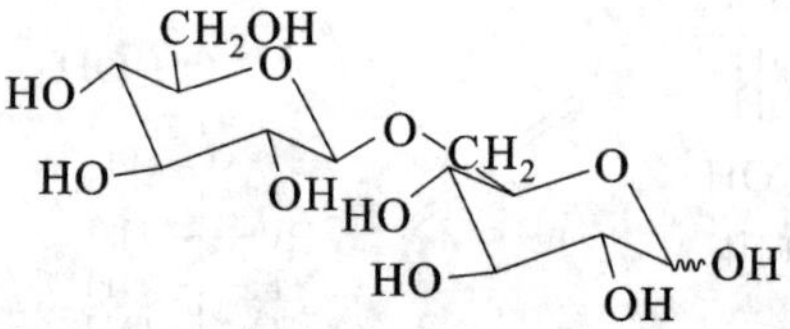 (β型稳定)

习题解答

14-1 试写出 D-(+)-葡萄糖与下列试剂反应的主要产物。

(1) 羟胺 (2) 苯肼 (3) 溴水
(4) HNO_3 (5) HIO_4 (6) 乙酐
(7) 苯甲酰氯/吡啶 (8) CH_3OH/HCl
(9) CH_3OH/HCl，然后 $(CH_3)_2SO_4/NaOH$
(10) (9) 的产物用稀 HCl 处理
(11) (10) 反应后再强氧化 (12) H_2/Ni
(13) $NaBH_4$ (14) $HCN, H_2O/H^+$

解：

(1) Fischer projection: CH=N-OH / HO—, —OH, —OH, —OH / CH₂OH

(2) $\begin{array}{c} CH=NNHC_6H_5 \\ C=NNHC_6H_5 \\ HO— \\ —OH \\ —OH \\ CH_2OH \end{array}$ + PhNH₂

(3) $\begin{array}{c} COOH \\ —OH \\ HO— \\ —OH \\ —OH \\ CH_2OH \end{array}$

(4) $\begin{array}{c} COOH \\ —OH \\ HO— \\ —OH \\ —OH \\ COOH \end{array}$

(5) 5HCOOH, HCHO

(6) 五乙酰基吡喃糖 (AcO—H 上, AcO—, —OAc, —OAc, CH₂OAc) (α-和β-)

(7) 五苯甲酰基吡喃糖 (BzO—H, BzO—, —OBz, —OBz, CH₂OBz) (α-和β-)

(8) $\begin{array}{c} H\ OCH_3 \\ HO— \\ —OH \\ CH_2OH \end{array}$ O环 (α-和β-)

(9) $\begin{array}{c} H\ OCH_3 \\ —OCH_3 \\ CH_3O— \\ —OCH_3 \\ CH_2OCH_3 \end{array}$ O环

(10) $\begin{array}{c} CHO \\ —OCH_3 \\ CH_3O— \\ —OCH_3 \\ —OH \\ CH_2OCH_3 \end{array}$

(11) $\begin{array}{c} COOH \\ —OCH_3 \\ CH_3O— \\ —OCH_3 \\ COOH \end{array}$

(12) $\begin{array}{c} CH_2OH \\ —OH \\ HO— \\ —OH \\ —OH \\ CH_2OH \end{array}$

(13) 同(12)

(14) $\begin{array}{c} COOH \\ —OH \\ —OH \\ HO— \\ —OH \\ CH_2OH \end{array}$, $\begin{array}{c} COOH \\ HO— \\ —OH \\ HO— \\ —OH \\ CH_2OH \end{array}$

[知识点] 葡萄糖的化学性质。

14-2 试写出果糖与下列试剂反应的主要产物。

(1) 苯肼   (2) NaCN/H⁺   (3) Na-Hg/H₂O/OH⁻
(4) Br₂/H₂O   (5) CH₃OH/HCl   (6) (CH₃CO)₂O/ZnCl₂
(7) (CH₃)₂SO₄, NaOH   (8) CH₃COCH₃/H₂SO₄

解:

(1) 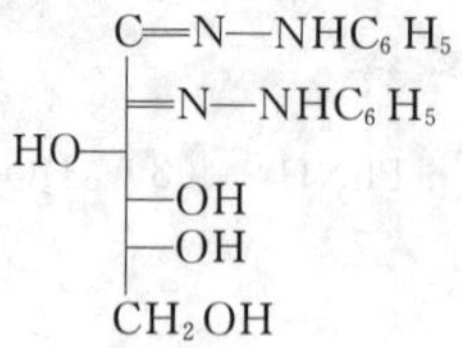 [结构式：含 C=N-NHC₆H₅, =N-NHC₆H₅, OH, OH, CH₂OH, HO]

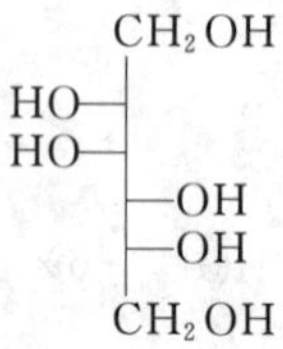

(2) 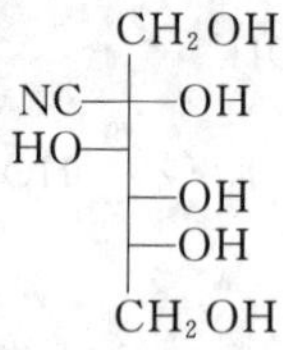 [两个结构式：含 CH₂OH, NC, OH, OH, CH₂OH 与 CH₂OH, HO, CN, HO, OH, CH₂OH]

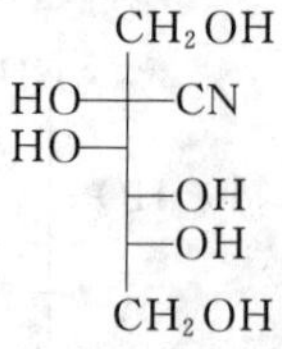

(3) 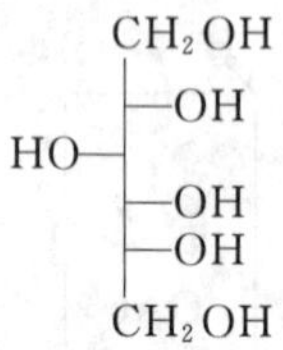 [两个结构式] ,   (4) 不反应

(5) 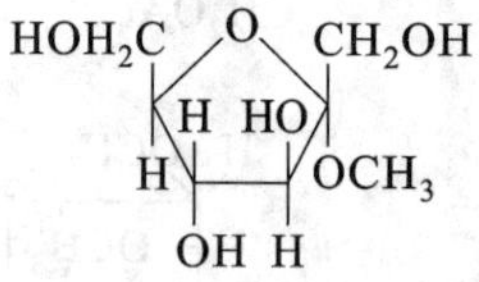 [两个呋喃糖结构式]

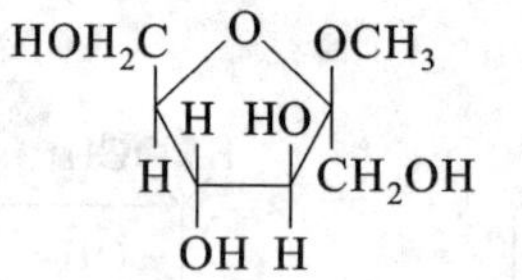

(6) 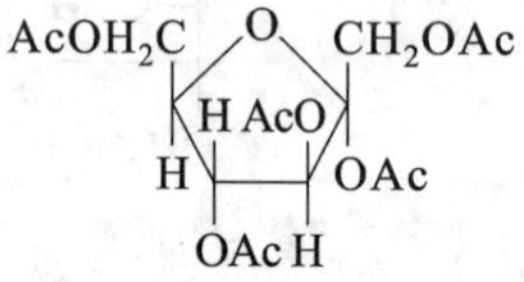 [两个乙酰化呋喃糖结构式]

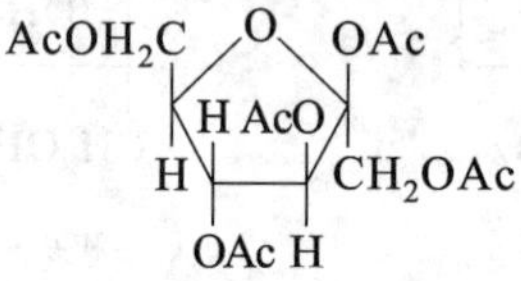

(7) 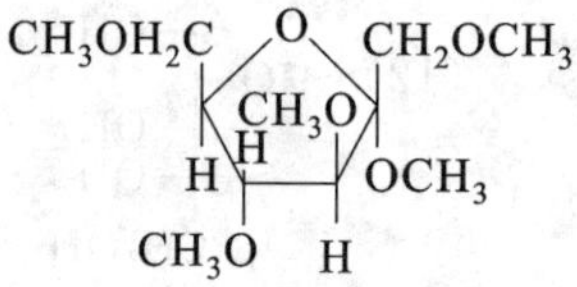 [两个甲基化呋喃糖结构式]

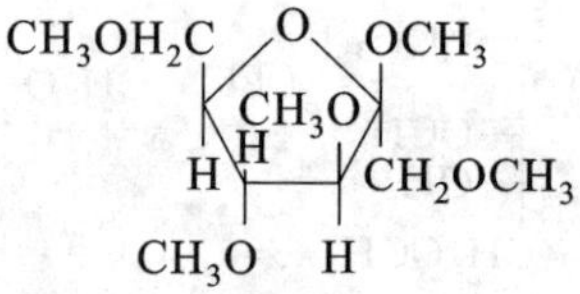

(8) 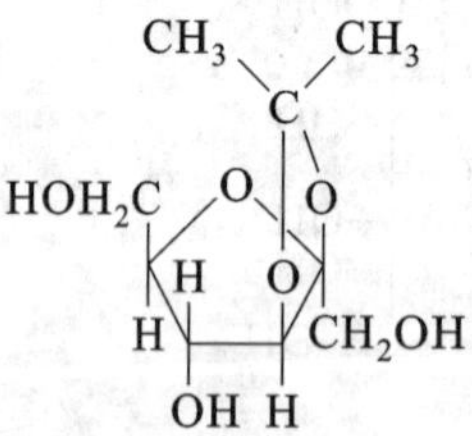 [两个异丙叉保护的糖结构式]

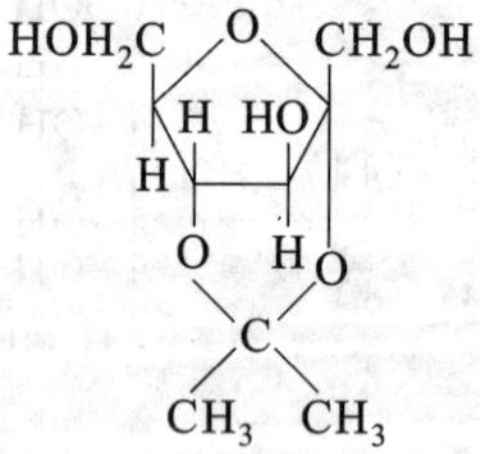

[知识点] 果糖的化学性质。

*14-3 D-(＋)-半乳糖是怎样转化成下列化合物的？写出其反应式。

(1) 甲基-β-D-半乳糖苷

(2) 甲基-β-2,3,4,6-四-O-甲基-D-半乳糖苷

(3) 2,3,4,6-四-O-甲基-D-半乳糖

解:

$$\underset{\text{D-(+)-半乳糖}}{\begin{array}{c}\text{CHO}\\\text{H—OH}\\\text{HO—H}\\\text{HO—H}\\\text{H—OH}\\\text{CH}_2\text{OH}\end{array}} + \text{CH}_3\text{OH} \underset{\text{H}^+}{\overset{\text{HCl}}{\rightleftharpoons}} \underset{\text{甲基-}\beta\text{-D-半乳糖苷(1)}}{[\text{吡喃环式}]} + \text{H}_2\text{O}$$

$$\Bigg\downarrow \begin{array}{c}(\text{CH}_3)_2\text{SO}_4\\\text{NaOH}\end{array}$$

$$\underset{\text{2,3,4,6-四-}O\text{-甲基-D-半乳糖(3)}}{\begin{array}{c}\text{CHO}\\\text{H—OCH}_3\\\text{CH}_3\text{O—H}\\\text{CH}_3\text{O—H}\\\text{H—OH}\\\text{CH}_2\text{OH}\end{array}} \xleftarrow{\text{稀 HCl}} \underset{\text{甲基-}\beta\text{-2,3,4,6-四-}O\text{-甲基-D-半乳糖苷(2)}}{[\text{全甲基化吡喃苷}]}$$

[知识点] 单糖的化学性质。

14-4 写出下列两种单糖的氧环式构象式(α-, β-)。它们的哪一种构象比较稳定?

$$\underset{\text{D-(−)-阿糖}}{\begin{array}{c}\text{CHO}\\\text{HO—H}\\\text{H—OH}\\\text{H—OH}\\\text{CH}_2\text{OH}\end{array}} \qquad \underset{\beta\text{-D-(+)-木糖}}{\begin{array}{c}\text{CHO}\\\text{H—OH}\\\text{HO—H}\\\text{H—OH}\\\text{CH}_2\text{OH}\end{array}}$$

解:

β-D-(−)-吡喃阿糖构象式 ⇌ (较稳定)

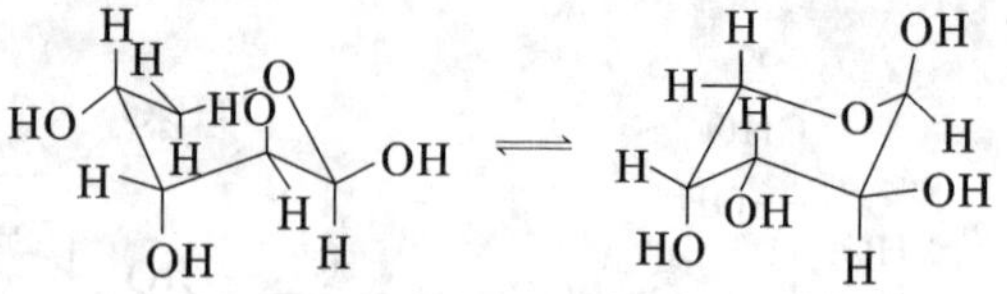

α-D-(-)-吡喃阿糖构象式

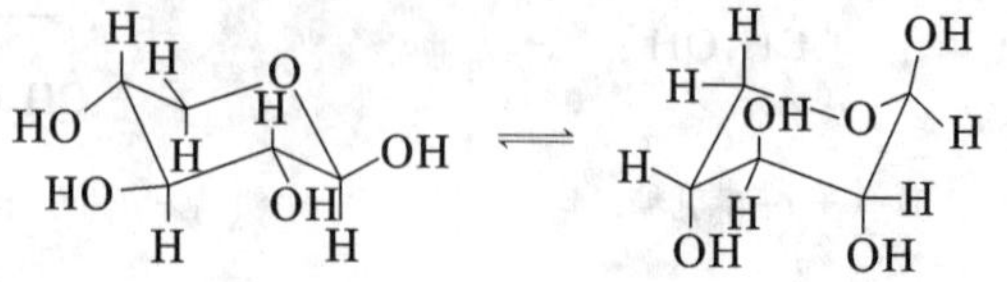

(较稳定)
α-D-(+)-吡喃木糖构象式

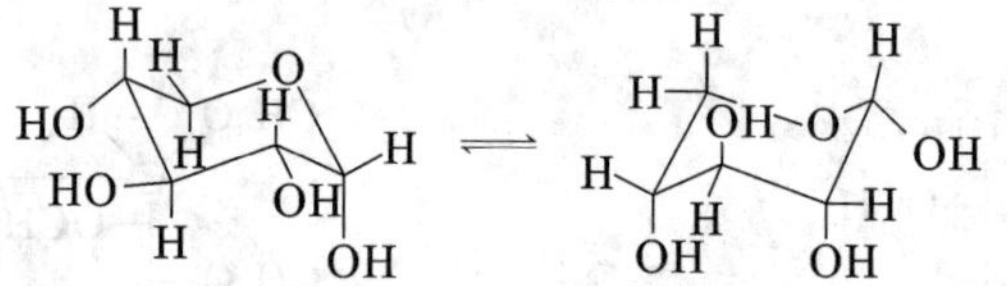

β-D-(+)-吡喃木糖构象式

[知识点] 单糖的氧环式构象及其稳定性。

14-5 用简单的化学方法区别下列各组化合物。
(1) 葡萄糖和蔗糖　　(2) 麦芽糖和蔗糖
(3) 蔗糖与淀粉　　(4) 淀粉与纤维素

解:(1) 葡萄糖是还原糖,能还原 Tollens 试剂或 Fehling 试剂。
(2) 麦芽糖是还原糖,能还原 Tollens 试剂或 Fehling 试剂。
(3) 淀粉能使 I_2-KI 溶液显蓝色。
(4) 同(3)。

[知识点] 糖的性质。

14-6 下列哪些碳水化合物有还原性?哪些没有还原性?
(1) D-甘露糖　　(2) D-阿拉伯糖　　(3) 甲基-β-D-葡萄糖苷
(4) 淀粉　　(5) 蔗糖　　(6) 纤维素

解:(1)、(2)是还原糖,有还原性。

[知识点] 单糖的性质。

14-7 写出下列化合物用 HIO_4 定量氧化后,再酸化水解所生成的产物。
(1) α-D-甲基核糖苷　　(2) β-D-甲基葡萄糖苷
(3) 2,3,4,6-四-O-甲基-α-D-甲基葡萄糖苷

解:(1) D-甘油醛,HC(O)—CH(O),CH_3OH

(2) D-甘油醛,HCOOH,HC(O)—CH(O),CH_3OH

(3) 不反应

[知识点] 邻位二醇的性质。

14-8 怎样证明 D-葡萄糖、D-甘露糖和 D-果糖这三种糖的 C_3、C_4 和 C_5 具有相同的构型?

解:根据成脎反应,如果三种糖与苯肼作用生成结构相同的脎,则这三种糖的 C_3、C_4、C_5 具有相同的构型。

[知识点] 成脎反应。

14-9 化合物 A($C_5H_{10}O_4$)用 Br_2-H_2O 氧化得到酸($C_5H_{10}O_5$)。此酸很容易形成内酯。A 与 Ac_2O 反应生成三乙酸酯,与 $PhNHNH_2$ 反应生成脎。用 HIO_4 氧化 A,只消耗一分子 HIO_4。试推测 A 的构造。

解:A. HOCH$_2$—CHCHOHCHO
                        |
                        CH$_2$OH

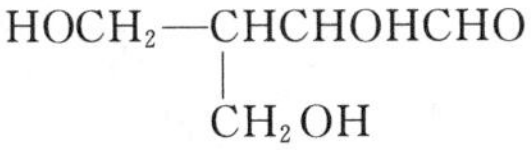

[知识点] 单糖的性质。

14-10 有两种化合物 A 和 B,分子式均为 $C_5H_{10}O_4$,与 Br_2 作用得到了分子式相同的酸 $C_5H_{10}O_5$,与乙酐反应均生成三乙酸酯,用 HI 还原 A 和 B 都得到戊烷,与 HIO_4 作用都能得到一分子 HCHO 和一分子 HCOOH,与苯肼作用 A 能生成脎,而 B 则不生成脎,推测 A 和 B 的构造式。

解:A. OHCCHOHCH$_2$CHOHCH$_2$OH

B. OHCCH$_2$CHOHCHOHCH$_2$OH

[知识点] 糖的化学性质。

14-11 某二糖 A($C_{11}H_{20}O_{10}$),水解生成 D-葡萄糖及一戊糖。此二糖不能使 Fehling 试剂还原,A 与硫酸二甲酯在 NaOH 存在下作用,生成七甲基醚 B,B 经水解生成 2,3,4,6-四-O-甲基-D-葡萄糖及三-O-甲基戊糖 C,用溴水氧化 C 生成 2,3,4-三-O-甲基-D-核糖酸。试写出 A,B,C 的结构式。

解:A. (结构式：含α-苷键及α-或β-苷键的二糖环状结构)

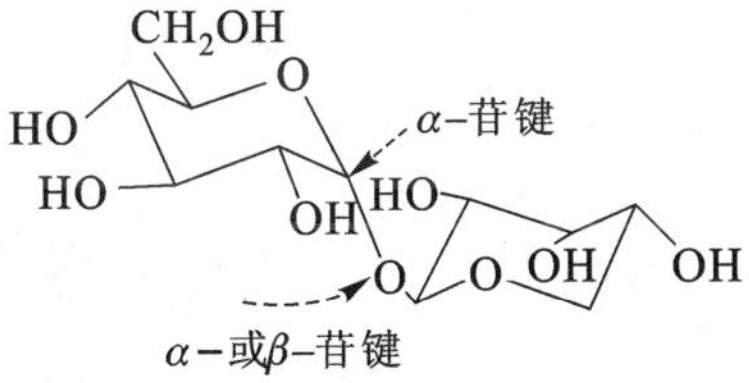

B. 将 A 中—OH 换成—OCH$_3$,其它同 A。

C. CHO
    H—OCH$_3$
    H—OCH$_3$
    H—OCH$_3$
    CH$_2$OH

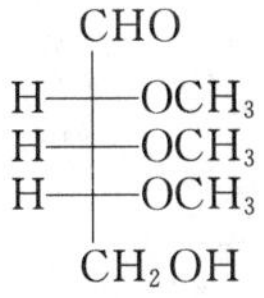

[知识点] 二糖的结构。

14-12 在甜菜糖蜜中有一种三糖称做棉子糖。棉子糖部分水解后可得到蜜二糖。蜜二糖是还原性双糖,是(+)-乳糖的异构物,能被麦芽糖酶水解,但不能被苦杏仁酶水解。蜜二糖经溴水氧化后彻底甲基化再酸催化水解,得 2,3,4-三-O-甲基-D-葡萄糖酸和 2,3,4,6-四-O-甲基-D-半乳糖。写出蜜二糖的结构式。

解:

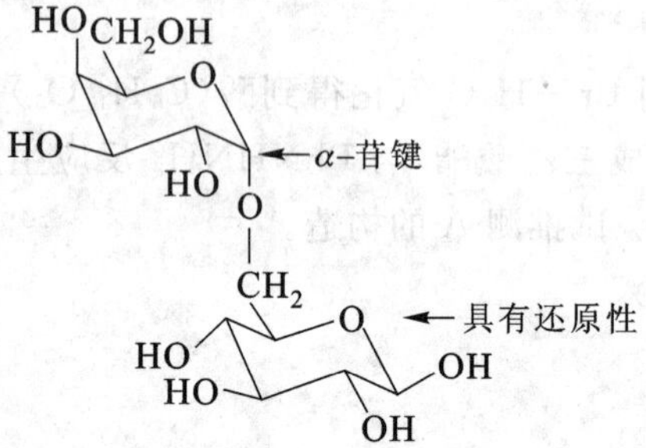

[知识点] 二糖的性质与结构。

14-13 柳树皮中存在一种糖苷,当用苦杏仁酶水解(水解 β-葡萄糖苷键)得到 D-葡萄糖和水杨醇(邻羟基苯甲醇)。水杨苷用硫酸二甲酯和 NaOH 处理得五甲基水杨苷,酸催化水解得 2,3,4,6-四-O-甲基-D-葡萄糖和甲基邻羟苯甲基醚。写出水杨苷的结构式。

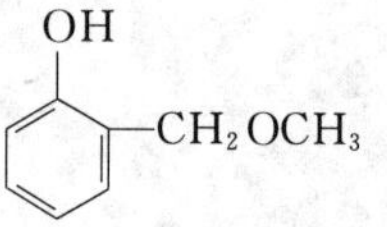

解:

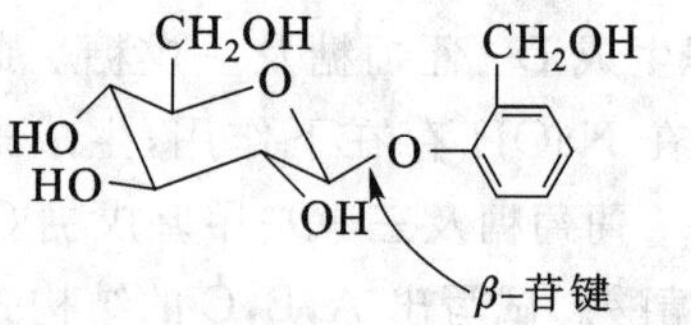

[知识点] 糖的性质。

第 15 章 氨基酸、蛋白质及核酸

▶▶ 学习重点

1. 酸性、中性、碱性氨基酸的等电点。
2. 氨基酸的性质。
3. 多肽的结构与命名,多肽结构的测定。
4. 多肽的合成方法(固相化、氨基的保护和羧基的活化方法)。
5. 核酸、核苷、核苷酸的结构。
6. 天然大分子的一级结构、二级结构、三级结构、四级结构的概念。

▶▶ 专题讨论与拓展

有机化合物中氢键的作用

A,B 为电负性大的、半径较小的原子如 O,N,X,S 等,由这样的原子组成的分子可以形成氢键如 A—H····B。作为有机化合物的氢键问题,A,B 至少有一个与碳原子相连。含 A—H 的称为氢键的给体,含 B 的称为氢键的受体,但在多数情况下 A—H 也可以是受体。

氢键的本质是分子偶极-偶极作用。有机化合物中形成氢键的类型不同,氢键的键能不同,一般在 $6\sim29$ kJ·mol^{-1}。如 R—N—H····N(H) 的氢键约 6 kJ·mol^{-1},而甲酸二聚体 H—C(O—H···O)(O···H—O)C—H 中每个氢键的键能为 29.5 kJ·mol^{-1}。

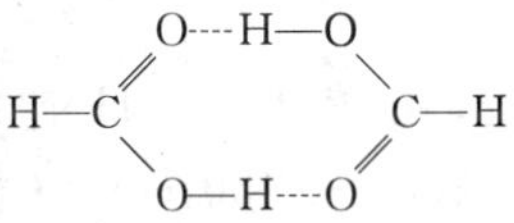

氢键对有机化合物的性质有重大影响。

① 对物理性质的影响 分子内氢键使沸点降低,分子间氢键使沸点升高,例如,邻硝基苯酚形成分子内氢键,沸点降低;对硝基苯酚可形成分子间氢键,沸点升高,二者可用水蒸气蒸馏方法分离:

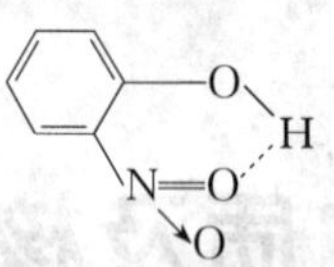

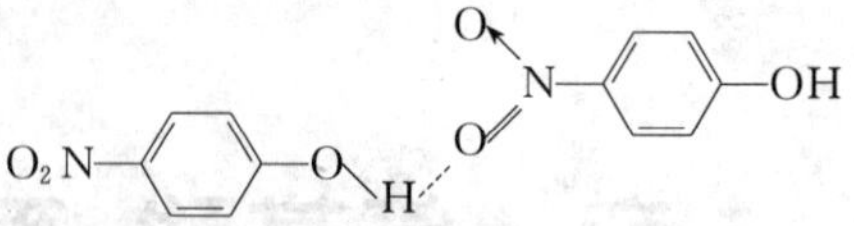

醇分子间氢键使沸点升高,如醇比相对分子质量相同、相近的烃、卤代烃、醛、酮等化合物的沸点都高得多。

能与水形成氢键的化合物,其水溶性增加。如低碳的醇、酸与水互溶;醛、酮是氢键的受体,在水中的溶解度也比相对分子质量相同的烃溶解度大。

氢键可增加化合物的相对密度,如,伯胺形成氢键数较多,其相对密度最大,而与伯胺相对分子质量和结构相近的叔胺只是氢键受体,相对密度最小。例如:

化合物	正己胺	二正丙胺	三乙胺
相对密度	0.7660	0.7400	0.7256

氢键能改变化合物的稳定构象,如乙二醇的稳定构象为

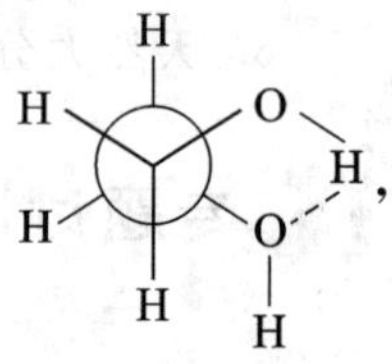

β-氯醇的稳定构象为   ,都是邻位交叉,而不是反位交叉。又如

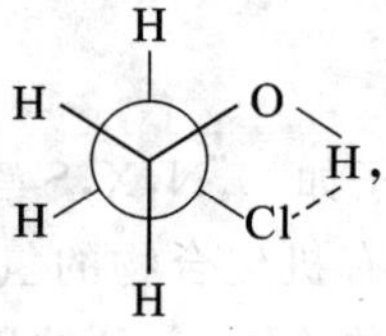

顺-1,4-环己二醇的优势构象是船型   ,尽管有两个

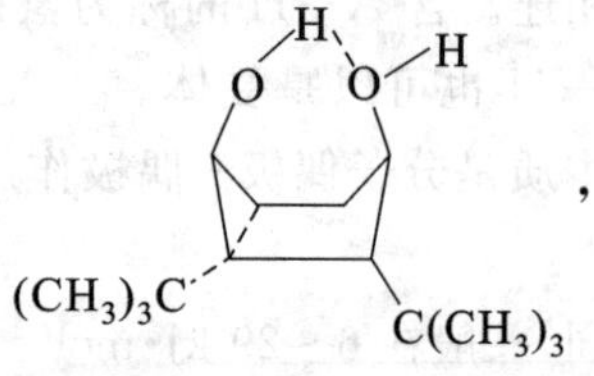

—$C(CH_3)_3$ 存在也比椅型稳定。

氢键影响 IR 谱。醇的 O—H 的 IR 谱,由游离 O—H 伸缩振动吸收 $3500 \sim 3700\ cm^{-1}$(尖峰)变成氢键缔合的 $3200 \sim 3450\ cm^{-1}$(宽峰)。又如 R—C(=O)—OH,在液态时 >C=O 的伸缩振动吸收由 $1760\ cm^{-1}$(极稀的非极性溶液中)降至 $1700\ cm^{-1}$,而 O—H 的伸缩振动吸收降至 $2500 \sim 3000\ cm^{-1}$。

氢键对 ^{1}HNMR 谱的化学位移有影响。邻硝基苯酚可形成分子内氢键,其

O—H 的 H 的化学位移比间、对硝基苯酚的大。邻、间、对硝基苯酚的 O—H 的 H 化学位移分别为 11,7.8 和 8.8。

② 对化学性质的影响　由于分子内氢键的作用,导致邻羟基苯甲酸的酸性增加 [邻羟基苯甲酸分子内氢键结构],顺丁烯二酸的 pK_{a1} 减小,pK_{a2} 增大 [顺丁烯二酸分子内氢键结构]。

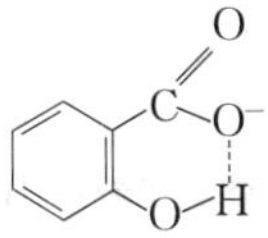

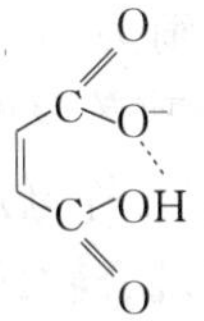

氢键能促进某些羰基化合物的烯醇化。例如,β-二羰基化合物,烯醇化后通过氢键可形成六元环,相对稳定:

而其它二羰基化合物发生烯醇化较少。

质子溶剂对离子型反应影响很大,一方面通过氢键形成促进极性键解离,另一方面质子溶剂通过氢键作用使亲核负离子溶剂化,降低亲核活性等。例如:

$$(CH_3)_3C-OH + HCl \xrightarrow{\text{室温}} (CH_3)_3C-Cl + H_2O$$

正溴丁烷的 S_N2 反应在质子溶剂中反应比非质子溶剂中反应慢得多。例如:

$$N_3^- + CH_3CH_2CH_2CH_2Br \longrightarrow N_3CH_2CH_2CH_2CH_3 + Br^-$$

溶剂	CH_3OH	CH_3COCH_3	$HCON(CH_3)_2$	CH_3CN	$[(CH_3)_2N]_3PO$
相对反应速率	1	1 300	2 800	5 000	200 000

己醛糖与苯肼成脎反应只停留在生成两个 >C=NHNHC$_6$H$_5$,而不生成多个 >C=NH—NHC$_6$H$_5$,这也是氢键起了作用。

氢键在化学反应中有影响,比比皆是,在此不再一一讨论了。

③ 对生物分子的影响　氢键对生物大分子构象(二级结构)有重大影响。如淀粉的螺旋结构靠分子内氢键支撑。蛋白质的 β-折叠结构既要有分子内氢键支撑、也要有分子间氢键支撑。还有 DNA 的双螺旋结构也是分子内、分子间氢键支撑。环糊精可用作相转移催化剂,也有氢键的作用。

▶▶ 例题解析

例 1　某氨基酸的等电点为 pI,在电场中,溶液的 pH<pI,pH>pI 及 pH=

pI 的情况下,该氨基酸的迁移方向如何变化。

解析: 当 pH<pI 时,氨基酸的净电荷为正电荷,此时氨基酸将向负极迁移;当 pH>pI 时,氨基酸的净电荷为负电荷,此时氨基酸将向正极迁移;当 pH=pI 时,氨基酸的净电荷为零,氨基酸不发生迁移。

例 2 如何分离赖氨酸和甘氨酸?

解析: 氨基酸在等电点时,在水中的溶解度最小。不同的氨基酸等电点不同,可以通过调节混合物的 pH 达到分离的目的。

向赖氨酸和甘氨酸混合物的水溶液中加稀盐酸至 pH=6.0,达到甘氨酸的等电点,甘氨酸析出,过滤得到甘氨酸。向滤液中加 NaOH 水溶液至 pH=9.8,达到赖氨酸的等电点,赖氨酸从溶液中析出,过滤得到赖氨酸。

例 3 以邻苯二甲酰亚胺和丙二酸酯为主要原料,合成天门冬氨酸。

解析:

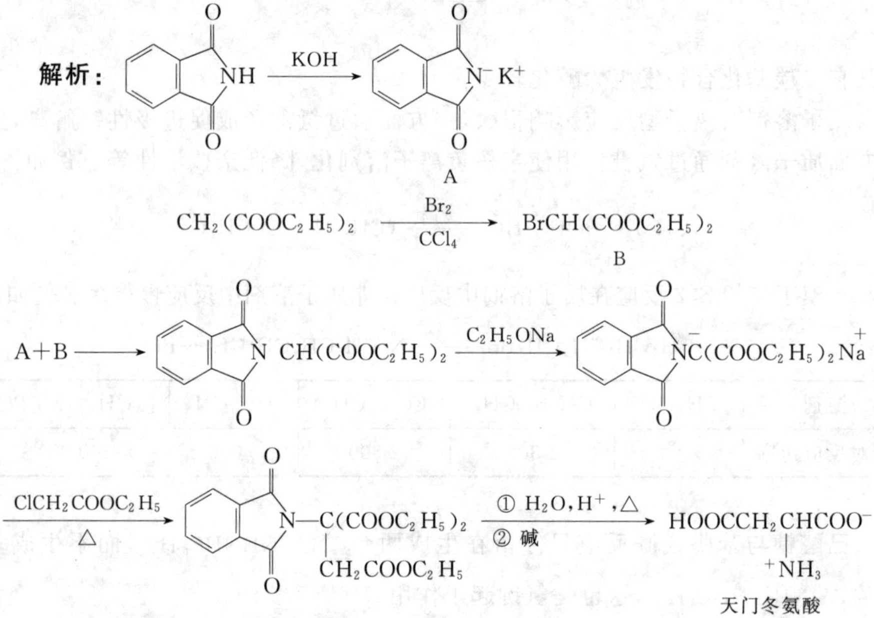

邻苯二甲酰亚胺 $\xrightarrow{\text{KOH}}$ A (钾盐)

$CH_2(COOC_2H_5)_2 \xrightarrow[CCl_4]{Br_2} BrCH(COOC_2H_5)_2$ B

$A + B \longrightarrow$ 邻苯二甲酰亚胺-$N-CH(COOC_2H_5)_2$ $\xrightarrow{C_2H_5ONa}$ 邻苯二甲酰亚胺-$N-C(COOC_2H_5)_2^- Na^+$

$\xrightarrow[\Delta]{ClCH_2COOC_2H_5}$ 邻苯二甲酰亚胺-$N-C(COOC_2H_5)_2\text{—}CH_2COOC_2H_5$ $\xrightarrow[\text{② 碱}]{\text{① }H_2O, H^+, \Delta}$ $HOOCCH_2\overset{+NH_3}{\underset{}{CH}}COO^-$

天门冬氨酸

▶▶ 自我提升

1. 由指定标记化合物及必要的试剂合成下列标记氨基酸:

(1) $\overset{*}{C}O_2 \longrightarrow HOO\overset{*}{C}CH_2\overset{}{\underset{+NH_3}{CH}}COO^-$

(2) $D_2O \longrightarrow (CD_3)_2CH-\overset{}{\underset{+ND_3}{CH}}COO^-$

2. 从环己醇出发合成胲氨酸。

3. 一个三肽与2,4-二硝基氟苯作用后水解,得到下列化合物:
N-(2,4-二硝基苯基)甘氨酸,N-(2,4-二硝基苯基)甘氨酰丙氨酸、丙氨酰亮氨酸、丙氨酸及亮氨酸。试推测此三肽结构。

4. 用 HNO_2 与一个两性物质 $A(C_5H_{11}O_2N)$ 作用,得到 $B(C_5H_{10}O_3)$,然后加热得到 $C(C_5H_8O_2)$,用 $KMnO_4$ 氧化 C 得到 $D(C_3H_6O)$,CO_2,H_2O。写出 A~D 的构造式。

▶▶ 自我提升参考答案

1. (1) $\overset{*}{C}O_2 + CH_3MgI \longrightarrow CH_3\overset{*}{C}OOMgI \xrightarrow{H_3^+O} CH_3\overset{*}{C}OOH \xrightarrow[P]{Br_2}$

$BrCH_2\overset{*}{C}OOH \xrightarrow[H^+]{C_2H_5OH} BrCH_2\overset{*}{C}OOC_2H_5$

[结构式: 邻苯二甲酰亚胺基丙二酸二乙酯] $\xrightarrow[\text{② } Br\overset{*}{C}H_2COOC_2H_5]{\text{① NaOEt}}$ [烷基化产物 $\overset{*}{C}H_2COOC_2H_5$]

$\xrightarrow[\triangle]{\text{① } OH^-, \text{② } H^+} \overset{+}{H_3N}-CHCOO^-$
$\quad\quad\quad\quad\quad\quad\quad\quad\quad \overset{*}{C}H_2COOH$

(2) $CH_3COCH_3 \xrightarrow[Na_2CO_3]{D_2O} (CD_3)_3CO \xrightarrow{LiAlH_4} CD_3-CHCD_3 \xrightarrow{HBr}$
$\quad\quad\quad\quad\quad\quad\quad\quad\quad\quad\quad\quad\quad\quad\quad\quad\quad OH$

$CD_3-CH-CD_3 \xrightarrow{NaOEt}$ [邻苯二甲酰亚胺基丙二酸二乙酯 $CH(CD_3)_2$] $\xrightarrow[\text{② } H_3^+O]{\text{① } OH^-}$
$\quad\quad Br$
[结构: 邻苯二甲酰亚胺 $NCH(COOEt)_2$]

$\overset{+}{NH_3}-CHCOO^-$
$D_3C-CHCD_3$

2. [环己醇] $\xrightarrow[V_2O_5]{\text{浓 }HNO_3} HOOC(CH_2)_4COOH \xrightarrow[\text{② } NH_3]{\text{① } SOCl_2} H_2N-\overset{O}{\overset{\|}{C}}-(CH_2)_4COOH$

$$\xrightarrow{Br_2/OH^-} H_2N(CH_2)_4COOH \xrightarrow{Br_2/P} H_2\ddot{N}(CH_2)_3\overset{\overset{Br}{|}}{C}HCOOH \longrightarrow \underset{NH}{\boxed{}}\text{-COOH}$$

3. $H_3\overset{+}{N}CH_2\overset{O}{\overset{\|}{C}}-NH\overset{CH_3}{\overset{|}{C}}H-\overset{O}{\overset{\|}{C}}NH\overset{CH_2CH(CH_3)_2}{\overset{|}{C}}HCOO^-$

4. A. $CH_3-\overset{NH_2}{\underset{CH_3}{\overset{|}{C}}}-CH_2COOH$ B. $CH_3-\overset{OH}{\underset{CH_3}{\overset{|}{C}}}-CH_2COOH$

   C. $CH_3-\overset{}{\underset{CH_3}{\overset{\|}{C}}}=CHCOOH$ D. $CH_3\overset{O}{\overset{\|}{C}}CH_3$

▶▶ 习题解答

15-1 写出下列化合物在 pH 为 2,7,12 的水溶液中的离子式。
(1) 异亮氨酸　　　(2) 天门冬氨酸　　　(3) 赖氨酸
(4) 甘-甘　　　　(5) 赖-甘　　　　　(6) 丙-天门冬-缬

解：(1) pH=2 $CH_3CH_2\underset{CH_3}{\overset{|}{C}}H-\underset{\overset{+}{N}H_3}{\overset{|}{C}}HCOOH$ (2) pH=2 $HOOCCH_2\underset{}{\overset{\overset{+}{N}H_3}{\overset{|}{C}}}HCOOH$

　　　　pH=7 $CH_3CH_2\underset{CH_3}{\overset{|}{C}}H-\underset{\overset{+}{N}H_3}{\overset{|}{C}}HCOO^-$ 　pH=7 $^-OOCCH_2\underset{}{\overset{\overset{+}{N}H_3}{\overset{|}{C}}}HCOO^-$

　　　　pH=12 $CH_3CH_2\underset{CH_3}{\overset{|}{C}}H-\underset{NH_2}{\overset{|}{C}}HCOO^-$ 　pH=12 $^-OOCCH_2\underset{}{\overset{NH_2}{\overset{|}{C}}}HCOO^-$

(3) pH=2 $H_3\overset{+}{N}(CH_2)_4\underset{\overset{+}{N}H_3}{\overset{|}{C}}HCOOH$ (4) pH=2 $H_3\overset{+}{N}CH_2CONHCH_2COOH$

　　pH=7 $H_3\overset{+}{N}(CH_2)_4\underset{\overset{+}{N}H_3}{\overset{|}{C}}HCOO^-$ 　pH=7 $H_3\overset{+}{N}CH_2CONHCH_2COO^-$

　　pH=12 $H_2N(CH_2)_4\underset{NH_2}{\overset{|}{C}}HCOO^-$ 　pH=12 $H_2NCH_2CONHCH_2COO^-$

(5) pH=2 $\overset{+}{H_3N}(CH_2)_4\underset{\underset{+NH_3}{|}}{CH}CONHCH_2COOH$ (6) pH=2 $CH_3-\underset{\underset{CONHCHCOOH}{|}}{\overset{\overset{+NH_3}{|}}{CH}}$
$\underset{CH(CH_3)_2}{|}$

pH=7 $\overset{+}{H_3N}(CH_2)_4\underset{\underset{+NH_3}{|}}{CH}CONH\underset{\underset{CH_2COO^-}{|}}{}$ pH=7 $CH_3-\underset{\underset{CONHCHCOO^-}{|}}{\overset{\overset{+NH_3}{|}}{CH}}$
$\underset{CH(CH_3)_2}{|}$

pH=12 $H_2N(CH_2)_4\underset{\underset{CH_2COO^-}{|}}{\overset{\overset{NH_2}{|}}{CH}}CONH$ pH=12 $CH_3\underset{\underset{CONHCHCOO^-}{|}}{\overset{\overset{NH_2}{|}}{CH}}$
$\underset{CH(CH_3)_2}{|}$

[知识点] 氨基酸和肽的结构、两性。

15-2 预测下列 α-氨基酸的等电点在什么范围内?
(1) 丙氨酸 (2) 赖氨酸 (3) 天门冬氨酸 (4) 胱氨酸 (5) 酪氨酸

解: (1) 中性氨基酸 pI 在 5.0~6.3(6.00)
(2) 碱性氨基酸 pI 在 7.6~10.8(9.74)
(3) 酸性氨基酸 pI 在 2.7~3.2(2.77)
(4) 弱酸性氨基酸 pI 在 5.0~6.3(5.02)
(5) 弱酸性氨基酸 pI 在 5.0~6.3(5.67)

[知识点] 氨基酸的等电点。

15-3 写出甘氨酸与下列试剂反应的主要产物。
(1) KOH 水溶液   (2) HCl 水溶液   (3) $C_2H_5OH+HCl$
(4) CH_3COCl (5) $C_6H_5COCl+NaOH$ (6) $NaNO_2+HCl$(低温)
(7) 与 $Ba(OH)_2$ 反应后加热产物   (8) $LiAlH_4$ (9) $NaOH;CH_3I$

解: (1) $H_2NCH_2COO^-K^+$ (2) $Cl^-\overset{+}{N}H_3CH_2COOH$
(3) $Cl^-\overset{+}{N}H_3CH_2COOC_2H_5$ (4) $CH_3CONHCH_2COOH$
(5) $C_6H_5CONHCH_2COONa$ (6) $HOCH_2COOH+N_2$
(7) NH_2CH_3(脱羧反应)   (8) $NH_2CH_2CH_2OH$
(9) $CH_3\overset{+}{N}HCH_2COONa$

[知识点] 氨基酸的化学性质。

15-4 亮氨酸钠盐 $(CH_3)_2CHCH_2\underset{\underset{NH_2}{|}}{C}HCOONa$ 中的—NH_2 和—COO^-，哪一个碱性更强？加酸后将得到什么产物？

解：碱性—NH_2 > —COO^-，加了一分子酸后它的产物为 $(CH_3)_2CHCH_2\underset{\underset{^+NH_3}{|}}{C}HCOO^-$。

[知识点] 氨基酸的酸、碱性。

15-5 $CH_3\underset{\underset{^+NH_3}{|}}{-}CH-COOH$ 中的—$\overset{+}{N}H_3$ 和—$COOH$，哪一个酸性更强？加碱后将得到什么产物？

解：酸性—$COOH$ > —$\overset{+}{N}H_3$，加一分子碱后的产物为 $CH_3\underset{\underset{^+NH_3}{|}}{C}HCOO^-$。

[知识点] 氨基酸的酸、碱性。

15-6 用化学方法鉴别下列各化合物。

(1) 纤维二糖　(2) 淀粉　(3) 纤维素　(4) α-氨基酸

(5) β-氨基酸

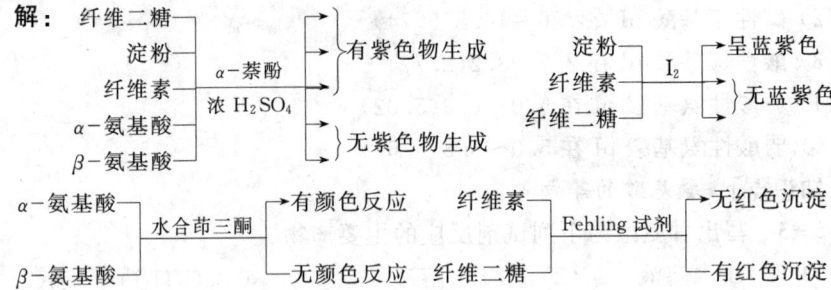

[知识点] 糖、氨基酸的鉴别。

15-7 试用(1) α-卤代酸氨解法；(2) Gabriel 合成法；(3) Strecker 合成法制备 α-氨基异戊酸 $(CH_3)_2CHCH_2\underset{\underset{^+NH_3}{|}}{C}HCOO^-$（亮氨酸 Leu），并比较三种合成方法的优缺点。

解：(1) $(CH_3)_2CHCH_2CH_2COOH \xrightarrow[P]{Br_2} (CH_3)_2CHCH_2\underset{\underset{Br}{|}}{C}HCOOH \xrightarrow{过量NH_3}$

$(CH_3)_2CHCH_2\underset{\underset{^+NH_3}{|}}{C}HCOO^-$

(2) 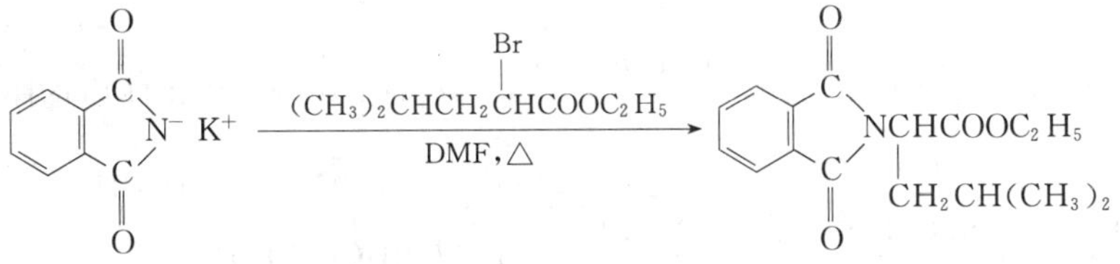 邻苯二甲酰亚胺钾盐 + $(CH_3)_2CHCH_2CHBrCOOC_2H_5$ $\xrightarrow{\text{DMF}, \triangle}$ N-取代邻苯二甲酰亚胺(N—CH($CH_2CH(CH_3)_2$)COOC$_2$H$_5$)

$\xrightarrow{H_3^+O}$ 邻苯二甲酸 + $(CH_3)_2CHCH_2CHCOO^-$ + C_2H_5OH
$\qquad\qquad\qquad\qquad\qquad\qquad |$
$\qquad\qquad\qquad\qquad\qquad\quad\;\;\; ^+NH_3$

(3) $(CH_3)_2CHCH_2CHO \xrightarrow{NH_3} (CH_3)_2CHCH_2CH=NH \xrightarrow{HCN}$

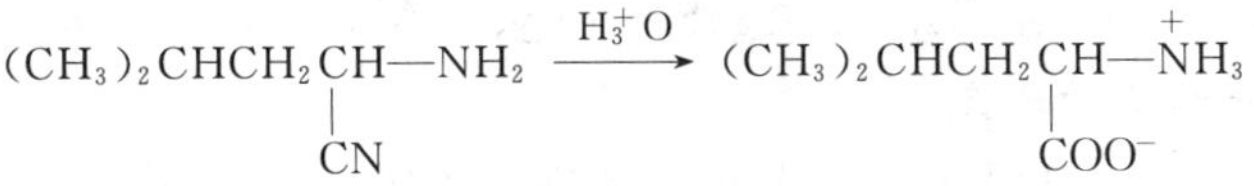

$(CH_3)_2CHCH_2CH-NH_2 \xrightarrow{H_3^+O} (CH_3)_2CHCH_2CH-\overset{+}{N}H_3$
$\qquad\qquad\quad |\qquad\qquad\qquad\qquad\qquad\qquad |$
$\qquad\qquad\; CN\qquad\qquad\qquad\qquad\qquad\;\; COO^-$

方法(1)往往需要在封管内或高压釜内进行；

方法(2)可以制备很纯的氨基酸，是较优的合成方法；

方法(3)反应步骤多，用到原料 NH_3，HCN 等。

[知识点] 氨基酸的制备。

15-8 短杆菌肽 S(克杀汀 S)是霉菌的代谢物，具有抗菌性质，它的相对分子质量约 1 300，完全水解后得亮氨酸、鸟氨酸、苯丙氨酸、脯氨酸和缬氨酸。鸟氨酸(Orn)是一个稀少的氨基酸，其构造式如下：

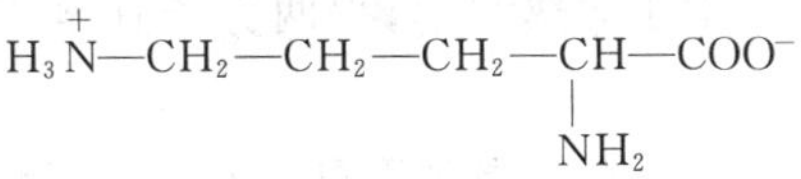

$H_3\overset{+}{N}-CH_2-CH_2-CH_2-CH-COO^-$
$\qquad\qquad\qquad\qquad\qquad\qquad\quad |$
$\qquad\qquad\qquad\qquad\qquad\qquad NH_2$

经端基分析，发现这个肽没有 C 端，而其 N 端却是与鸟氨酸氨基的反应，因此，这个肽应是环状结构。短杆菌肽 S 部分水解得下列几种肽：(Leu, Phe)；(Phe, Pro)；(Leu, Orn)；(Orn, Val)；(Phe, Pro, Val)；(Orn, Pro, Val)；(Leu, Orn, Val)。写出短杆菌肽 S 可能的构造式。

解： Val—Orn—Leu—Phe
　　　|　　　　　　　|
　　Pro　　　　　　Pro
　　　|　　　　　　　|
　　Phe—Leu—Orn—Val

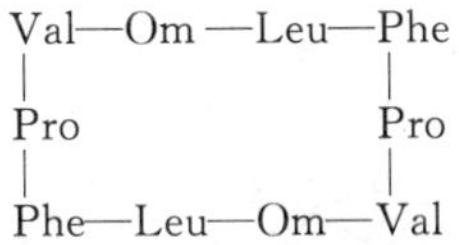

[知识点] 肽的性质与结构。

15-9 试合成甘氨酰-丙氨酰-缬氨酸(甘—丙—缬)。

解： $NH_2CH_2COOH + C_6H_5CH_2OCOCl \longrightarrow C_6H_5-CH_2O\overset{O}{\overset{\|}{C}}-NHCH_2COOH \xrightarrow{SOCl_2}$

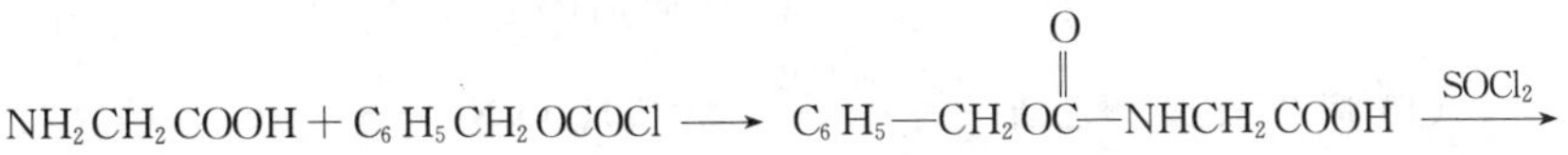

$C_6H_5CH_2OCONHCH_2COCl \xrightarrow{\underset{NH_2CHCOOH}{CH_3}} C_6H_5CH_2OCONHCH_2CONHCHCOOH \overset{CH_3}{|}$

$\xrightarrow{SOCl_2} \xrightarrow[H_2NCHCH(CH_3)_2]{COOH} \xrightarrow{H_2/Pd} CH_2CONHCHCONHCHCOOH$ 带有 NH_2、$CH(CH_3)$、$CH(CH_3)_2$ 侧基

[知识点] 肽的合成。

15-10 有一寡肽 A，经测定知其氨基酸组成为：Ala, 2Gly, Lys, 3Phe, Ser, Val。端基分析知其 C 端为苯丙氨酸，N 端为甘氨酸。当用胰凝乳白酶催化水解时得两个肽—A_1 和 A_2。A_1 完全水解得两个 Gly 和 Phe、Val 各一个；A_2 则得 Ala, Lys, 两个 Phe, Ser。写出 A 可能的结构式。

解：Gly—Phe—Val—Gly—Phe—Ser—Lys—Ala—Phe

[知识点] 肽结构的测定。

15-11 某七肽 A，根据下列一些反应，试写出它的一级结构式。

(1) A $\xrightarrow[pH=9]{C_6H_5NCS} \xrightarrow{H_3^+O}$ 苯基硫代乙内酰脲衍生物 (含 CH_2OH 侧基) ＋六肽

(2) A $\xrightarrow[H_2O]{羧肽酶}$ HO—C$_6H_4$—$CH_2CH(NH_2)COOH$ ＋六肽

(3) A 与 3 mol·L^{-1} HCl 加热水解，得两分子甘氨酸，以及亮、苯丙、丝、酪、脯等氨基酸各一分子。

(4) A 用 1 mol·L^{-1} HCl 水解得到下列 5 种三肽：
丝-亮-甘　苯丙-甘-酪　脯-苯丙-甘　亮-甘-脯　甘-脯-苯丙

解：丝-亮-甘-脯-苯丙-甘-酪

[知识点] 肽结构的测定。

15-12 核酸中发现的三种碱基，即尿嘧啶、胸腺嘧啶和胞嘧啶，其构造式和合成反应如下：

尿嘧啶　　　胸腺嘧啶　　　胞嘧啶

(1) 尿素＋丙烯酸乙酯 $\xrightarrow{\text{Michael 反应}}$ A ($C_6H_{12}O_3N_2$) $\xrightarrow[OH^-]{H_2O}$ B ($C_4H_6O_2N_2$) ＋ C_2H_5OH

$$B + Br_2 \xrightarrow{CH_3COOH} C(C_4H_5O_2N_2Br)$$

$$C + \text{吡啶} \xrightarrow{\triangle} \text{尿嘧啶}$$

（2）胸腺嘧啶也采用同样的方式合成，只是使用甲基丙烯酸乙酯（$CH_2=\underset{\underset{CH_3}{|}}{C}-COOC_2H_5$）代替丙烯酸乙酯。

（3）尿嘧啶 + $POCl_3 \xrightarrow{\triangle}$ D($C_4H_2N_2Cl_2$)

$$D + NH_3 \xrightarrow[C_2H_5OH]{100\ ℃} E(C_4H_4N_3Cl) + F(C_4H_4N_3Cl)$$

$$E + NaOCH_3 \longrightarrow G(C_5H_7ON_3)$$

$$G + HCl \xrightarrow{H_2O} \text{胞嘧啶}$$

写出 A～G 的构造式。

解： A. $NH_2\underset{\underset{O}{\|}}{C}-NHCH_2CH_2\underset{\underset{O}{\|}}{C}-OC_2H_5$

B. 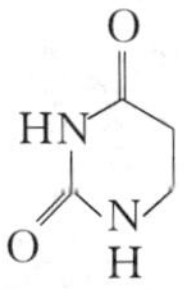 6-元环（尿嘧啶二氢形式，HN-C(=O)-NH-C(=O)-CH_2-CH_2）

C. B 的 5 位溴代物

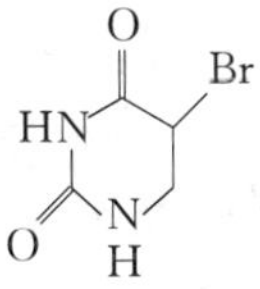

D. 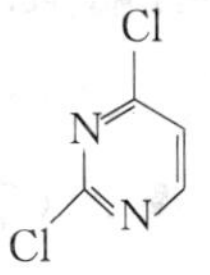 2,4-二氯嘧啶

E. 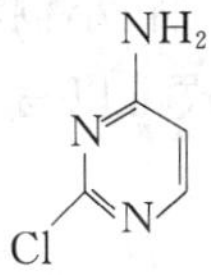 4-氨基-2-氯嘧啶

F. 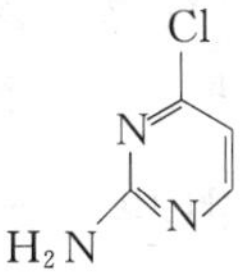 4-氯-2-氨基嘧啶

G. 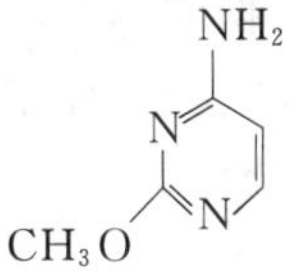 4-氨基-2-甲氧基嘧啶

[**知识点**] 核酸中碱基的合成与性质。

第 16 章 类脂、萜、甾族化合物及生物碱

▶▶ **学习重点**

1. 类脂、萜、甾族化合物、生物碱的概念。
2. 油脂的化学性质及生物柴油的制备原理。
3. 天然脂肪酸的性质与结构。

▶▶ **专题讨论与拓展**

生物柴油（可再生性能源）

植物油，如大豆油、油菜籽油、棉籽油、葵花籽油、米糠油、小桐籽油以及工程海藻；动物油，如猪油、牛油、羊油、貂油、鱼油等。分子通式可以写成：

$$\begin{array}{c} H_2COOCR_1 \\ | \\ HCOOCR_2 \\ | \\ H_2COOCR_3 \end{array}$$

称为脂肪酸甘油酯。其中脂肪酸 R_1COOH，R_2COOH 和 R_3COOH 可以相同，也可以不同。这些脂肪酸的特点是：直链的多，支链的少；偶碳数的多，奇碳数的少；不饱和的多，饱和的少；$C_{16} \sim C_{18}$ 的多，其它碳数的少。

脂肪酸甘油酯在碱（NaOH，KOH）催化下，与低碳数醇如甲醇、乙醇等进行酯交换，得到的脂肪酸甲酯（$RCOOCH_3$）、脂肪酸乙酯（$RCOOC_2H_5$）是化工原料。例如，与乙醇胺反应合成洗涤剂 1605。

脂肪酸甲酯、脂肪酸乙酯的沸程范围与石油炼制得到的柴油馏分的沸程相同，可以替代石油炼制的柴油作燃料。因其主要来源是生物体，称为生物柴油。若使用粮食发酵制备的乙醇进行酯交换反应，则生物柴油的来源即可完全生物化。

生物柴油含硫少，燃烧后排出的 SO_2 少；生物柴油中含有酯基（—COOR），

燃烧较完全,热值高,排放出的 CO 少,因而对环境影响小。另外生物柴油润滑性好,还可以减少对内燃机气缸的磨损。

随着社会的发展,能源、环境的双重压力日益加重,石油资源逐渐枯竭,生物柴油来自生物,是可再生资源,是解决未来能源问题的重要途径。现代化城市生活污水中的油脂成分、炸过食物的油都可以作为生物柴油的原料。

▶▶ 例题解析

例 1 组成生物膜的脂类物质主要是磷脂、糖脂和胆固醇。试说明鞘磷脂、甘油醇糖脂和脑苷脂在结构上的异同。

解析: 鞘磷脂和脑苷脂分子中都含有鞘氨醇基和 N-酯酰基,而甘油醇糖脂和脑苷脂在分子中又都含有己醛糖结构。

鞘磷脂和甘油醇糖脂的不同在于前者分子中有磷酰基和胆碱基,而后者分子中含有两个 O-酯酰基。在甘油醇糖脂中连接糖基和酯酰基的是甘油基,而在鞘磷脂中连接酯酰基和磷酰基的是鞘氨醇基;在脑苷脂中,连接糖基和酯酰基的也是鞘氨醇基。

甘油醇糖脂的结构特征是:甘油二酯与己糖形成的苷。例如:

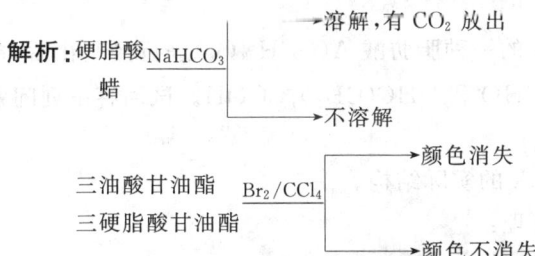

半乳糖甘油二酯

例 2 用化学方法鉴别下列化合物:
(1) 硬脂酸和蜡 (2) 三油酸甘油酯和三硬脂酸甘油酯

解析: 硬脂酸 $\xrightarrow{NaHCO_3}$ 溶解,有 CO_2 放出
蜡 $\xrightarrow{NaHCO_3}$ 不溶解

三油酸甘油酯 $\xrightarrow{Br_2/CCl_4}$ 颜色消失
三硬脂酸甘油酯 $\xrightarrow{Br_2/CCl_4}$ 颜色不消失

例 3 选择适当的原料合成下列化合物:
(1) 异戊二烯 (2) 苧和薄荷醇

解析: (1) $\diagup$C=O + CH$_2$=CHMgBr $\xrightarrow{\text{醚}}$ $\diagup$C(OMgBr)(CH=CH$_2$) $\xrightarrow{H_2O}$ $\diagup$C(OH)(CH=CH$_2$)

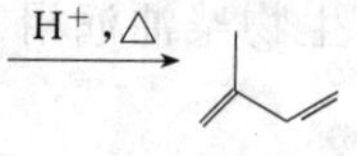

（2）[reaction scheme: isoprene dimerization with H⁺,Δ → then Cu-Ni(OCOCH₃)₂ 芳构化 → then HNO₃, H₂SO₄ → nitro compound → [H] → amine → ① NaNO₂+HCl ② H₂O → phenol → [H] → 薄荷醇]

伞 (below intermediate)

薄荷醇

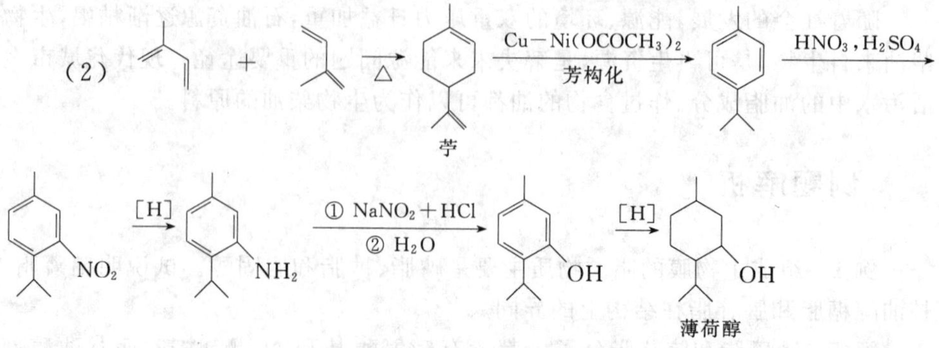

例 4 写出下列反应可能的机理：

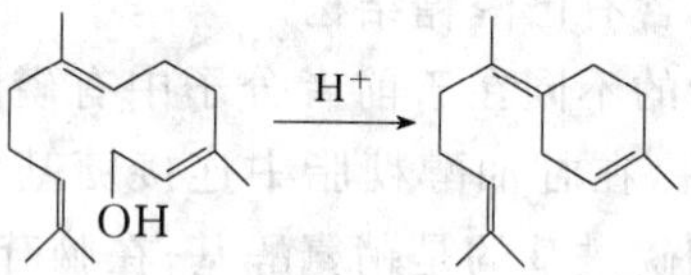

[reaction scheme with H⁺]

解析： [mechanism scheme involving protonation of OH to OH₂⁺, loss of H₂O, carbocation intermediates, cyclization, and loss of H⁺]

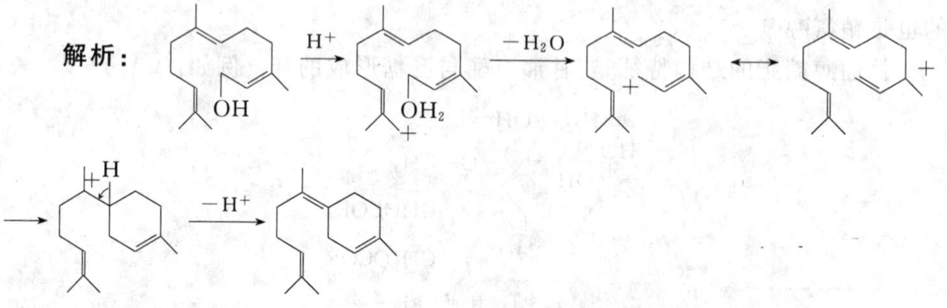

▶▶ **自我提升**

1. 将从鱼肝油中离析出来的一种脂肪酸 A($C_{20}H_{38}O_2$) 进行羟基化后，再用 HIO_4 处理，得到 $CH_3(CH_2)_7CHO$ 和 $OHC(CH_2)_7COOH$。试回答下列问题：
   (1) 写出 A 的可能构造式；
   (2) 用什么光谱技术确定 A 的实际结构。

2. 写出下列反应的反应机理：

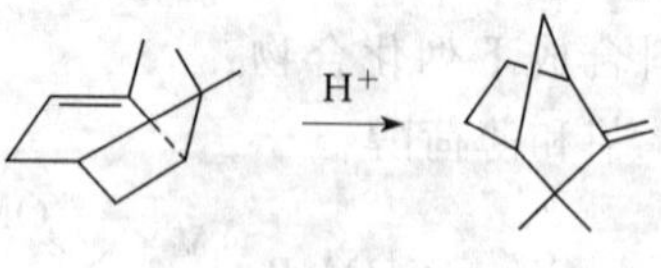

[reaction scheme with H⁺]

3. 某单萜 A($C_{10}H_{18}$)，催化加氢生成 B($C_{10}H_{22}$)。用 $KMnO_4$ 氧化 A，则得

到 CH₃COOH，CH₃CCH₃ 和 CH₃CCH₂CH₂COOH 。试推测 A 和 B 的构造式。
         ‖   ‖
         O   O

▶▶ 自我提升参考答案

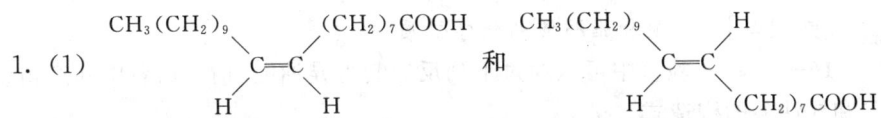

1．(1) （顺式和反式结构）

(2) 可用红外光谱确定 A 的构造。在 675～730 cm⁻¹ 范围内有一吸收峰表示双键是顺式的；在 960～975 cm⁻¹ 范围内有一吸收峰表示双键是反式。

2．

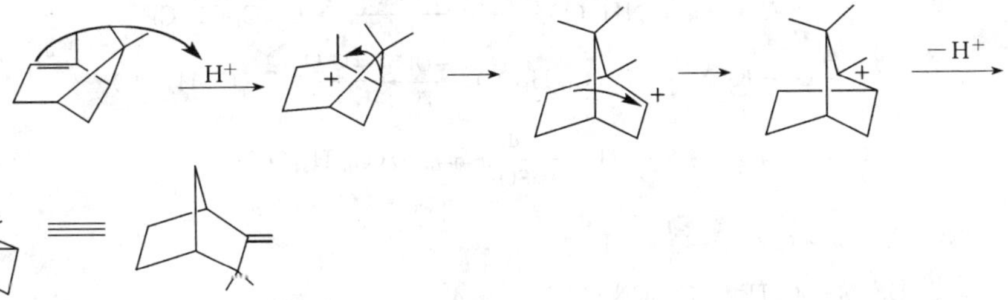

3．A． 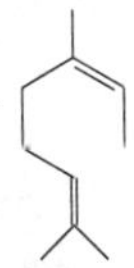   B．

▶▶ 习题解答

16-1 写出不饱和脂肪酸 $CH_3(CH_2)_7CH=CH(CH_2)_7COOH$ 与下列试剂反应的结果。

(1) H_2/Ni； (2) I_2； (3) HBr； (4) a. OsO_4/b. $NaHSO_3$；
(5) $KMnO_4(H^+)$； (6) H_2SO_4； (7) $H_2S_2O_7/H_2O$； (8) CH_3OH/H^+

解：(1) $CH_3(CH_2)_{16}CO_2H$

(2) $CH_3(CH_2)_7CHCH(CH_2)_7CO_2H$
                    | |
                    I I

(3) $CH_3(CH_2)_7CH\text{—}CH(CH_2)_7CO_2H$
          (Br)H   Br(H)

(4) $CH_3(CH_2)_7CH\text{—}CH(CH_2)_7CO_2H$
             OH   OH

(5) $CH_3(CH_2)_7CO_2H$，$HO_2C(CH_2)_7CO_2H$

(6) $CH_3(CH_2)_3CH-CH(CH_2)_7CO_2H$
         $|\quad\quad\quad\quad |$
      $(HO_3SO)H\quad OSO_3H(H)$

(7) $CH_3(CH_2)_7CH-CH(CH_2)_7CO_2H$
         $|\quad\quad\quad\quad |$
       $HO_3SO\quad\quad SO_3H$

(8) $CH_3(CH_2)_7CH=CH(CH_2)_7CO_2CH_3$

[知识点] 不饱和脂肪酸的化学性质。

16-2 在实验室中可以通过下列反应制得异油酸,请写出各中间产物(A~E)和异油酸的构造式。

$$n-C_6H_{13}Cl + NaC\equiv CH \longrightarrow A\,(C_8H_{14})$$

$$A + Na + NH_3(l) \longrightarrow B \xrightarrow{I(CH_2)_9Cl} C\,(C_{17}H_{31}Cl)$$

$$C + KCN \longrightarrow D\,(C_{18}H_{31}N) \xrightarrow[\triangle]{-OH} \xrightarrow{H_3^+O} E\,(C_{18}H_{32}O_2)$$

$$E + H_2 \xrightarrow[BaSO_4]{Pd} 异油酸(C_{18}H_{34}O_2)$$

解: A. $n-C_6H_{13}-C\equiv CH$

B. $n-C_6H_{13}-C\equiv CNa$

C. $n-C_6H_{13}-C\equiv C-(CH_2)_9Cl$

D. $n-C_6H_{13}-C\equiv C-(CH_2)_9CN$

E. $n-C_6H_{13}-C\equiv C-(CH_2)_9CO_2H$

[知识点] 卤代烃,炔烃的性质;异油酸的合成。

16-3 从结核杆菌脂肪囊的皂化产物中可得到结核菌硬脂酸,试根据下列的合成反应写出结核菌硬脂酸的构造式。

$$2-癸醇 + PBr_3 \longrightarrow A\,(C_{10}H_{21}Br)$$

$$A + Na^+\,\bar{C}H(CO_2C_2H_5)_2 \xrightarrow[\triangle]{-OH} \xrightarrow[\triangle]{H_3^+O} B\,(C_{12}H_{24}O_2)$$

$$B + SOCl_2 \longrightarrow C \xrightarrow{C_2H_5OH} D\,(C_{14}H_{28}O_2)$$

$$D + LiAlH_4 \longrightarrow E\,(C_{12}H_{26}O) \xrightarrow{PBr_3} F\,(C_{12}H_{25}Br)$$

$$F + Mg \xrightarrow{CdCl_2} \xrightarrow{EtO_2C(CH_2)_5COCl} G\,(C_{21}H_{40}O_3)$$

$$G + Zn/HCl \longrightarrow H\,(C_{21}H_{42}O_2)$$

$$H \xrightarrow[\triangle]{\bar{O}H} \xrightarrow{H_3^+O} 结核菌硬脂酸(C_{19}H_{38}O_2)$$

解: $CH_3(CH_2)_7CH(CH_2)_8CO_2H$
                $|$
               CH_3

[知识点] 亲核取代反应。

16-4 如何将硬脂酸转变为下列各化合物？

(1) $CH_3(CH_2)_{16}CO_2C_2H_5$ (2) $CH_3(CH_2)_{16}CO_2C(CH_3)_3$

(3) $CH_3(CH_2)_{16}CONH_2$ (4) $CH_3(CH_2)_{16}CON(CH_3)_2$

(5) $CH_3(CH_2)_{16}CH_2NH_2$ (6) $CH_3(CH_2)_{15}CH_2NH_2$

(7) $CH_3(CH_2)_{16}CHO$ (8) $CH_3(CH_2)_{16}CH_2OH$

(9) $CH_3(CH_2)_{16}CH_2Br$ (10) $CH_3(CH_2)_{16}CH_2CO_2H$

(11) $CH_3(CH_2)_{16}COCH_3$ (12) $CH_3(CH_2)_{16}CO_2CH_2(CH_2)_{16}CH_3$

解：(1) 与 C_2H_5OH 酯化

(2) 制酰氯后再用 $HOCH(CH_3)_2$ 醇解

(3) 与 NH_3 作用脱水

(4) 与 $NH(CH_3)_2$ 作用脱水

(5) 将(3)的产物进行 $LiAlH_4$ 还原

(6) 将(3)的产物降解

(7) 制成酰氯后还原

(8) 生成酯后再还原或直接与 $LiAlH_4$ 作用

(9) 用(8)的产物与 PBr_3 作用

(10) 用(9)的产物与 $NaCN$ 作用，再水解

(11) 与 $HOCH_3$ 酯化

(12) 转化为酰氯后再与(8)的产物作用

[知识点] 硬脂酸的性质。

16-5 ω-氟代油酸(ω-Fluorooleic acid)可从灌木浆液中分离得到。在下面的合成过程中最后也得到 ω-氟代油酸。请写出 A,B,C,D 的构造式。

8-氟-1-溴辛烷 + $NaC{\equiv}CH \longrightarrow A\ (C_{10}H_{17}F)$

$A \xrightarrow{NaNH_2} \xrightarrow{I(CH_2)_7Cl} B\ (C_{17}H_{30}FCl)$

$B \xrightarrow{NaCN} C\ (C_{18}H_{30}NF) \xrightarrow[② H_3^+O]{① KOH} D\ (C_{18}H_{31}O_2F)$

$D \xrightarrow{H_2}_{Ni_2B(P-2)}$ $F{-}(CH_2)_8\underset{H}{\overset{}{C}}{=}\underset{H}{\overset{}{C}}{-}(CH_2)_7COOH$ (总收率46%)

解：A. $F(CH_2)_8C{\equiv}CH$ B. $F(CH_2)_8C{\equiv}C(CH_2)_7Cl$

C. $F(CH_2)_8C{\equiv}C(CH_2)_7CN$ D. $F(CH_2)_8C{\equiv}C(CH_2)_7COOH$

[知识点] 卤代烃、炔烃的性质。

16-6 找出下列化合物中的手性碳原子。

(1) α-蒎烯 (2) 2-α-氯莰 (3) 苧 (4) 薄荷醇

(5) 樟脑 (6) 可的松 (7) 胆酸 (8) 冰片

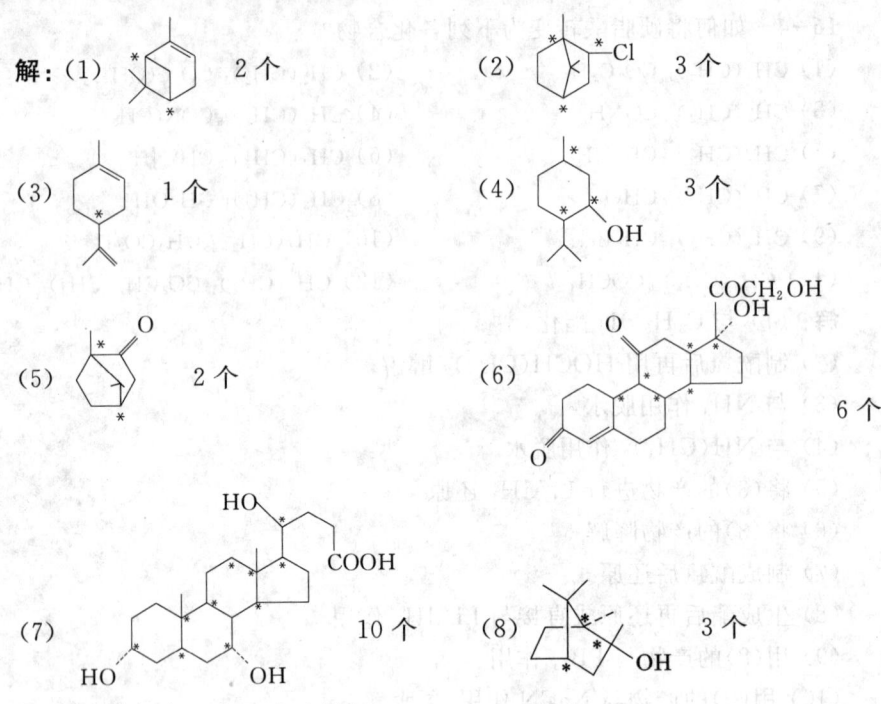

[知识点] 手性碳原子的判断。

16-7 指出下列化合物的碳架是怎样分割成异戊二烯单位的？它们属于几萜类化合物？

(1) 香茅醛　　(2) 樟脑　　(3) 松香酸

(4) 蕃茄色素

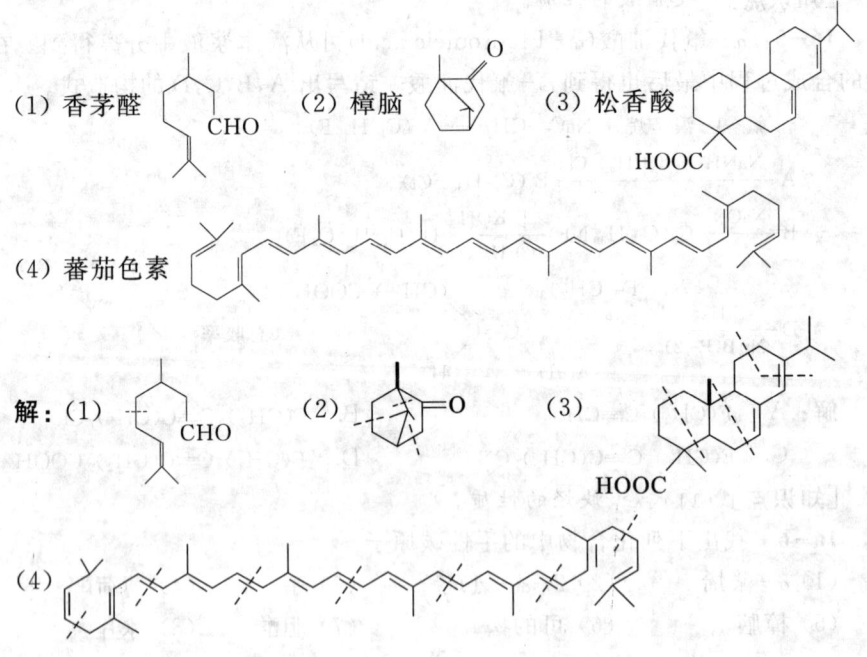

[知识点] 萜类化合物的分类。

16-8 用简单的化学方法区分下列各组化合物。

(1) A. 薄荷醇 B. 柠檬醛 C. 樟脑

(2) A. 胆甾醇 B. 胆酸 C. 雌二醇 D. 睾丸甾酮 E. 孕甾酮

解：(1) A,C — Tollens 试剂 → 不反应；B → Ag↓

A,C — Na → $H_2\uparrow$；B → 不反应

(2) A,B,C — 2,4-二硝基苯肼 → 无黄色沉淀；D,E → 黄色沉淀

A,B — $FeCl_3$ → 无颜色反应；C → 有颜色反应

A — Br_2/CCl_4 → 褪色；B → 不变

D — $I_2/NaOH$ → 无现象；E → 黄色沉淀（$CHI_3\downarrow$）

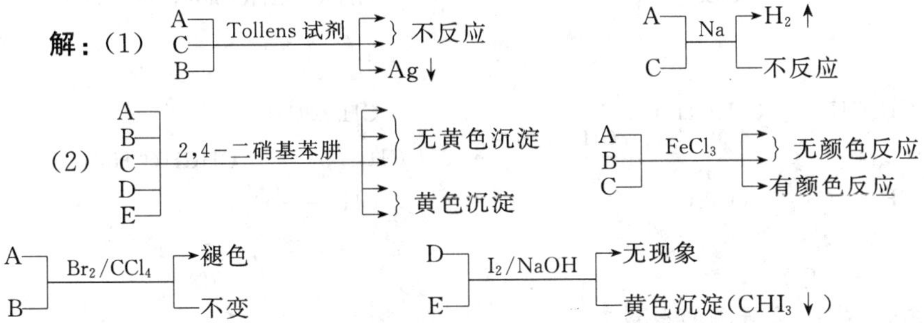

[知识点] 醇、醛、酮的性质。

16-9 试用常见、易得的化学试剂合成下列化合物。

(1) 异戊二烯 (2) 薄荷醇 (3) 苧

解：(1) $CH_3CH_2CH_2CH_2CH_3 \xrightarrow[\text{异构化}]{AlCl_3-SbCl_5} (CH_3)_2CHCH_2CH_3 \xrightarrow{CrO_3-Al_2O_3}$

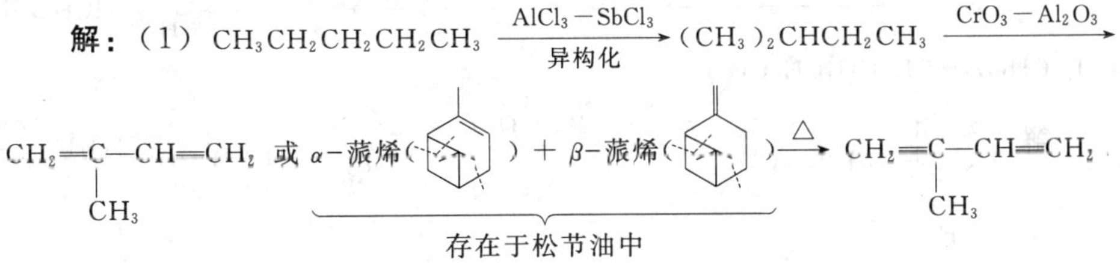

$CH_2=CH-CH=CH_2$ 或 α-蒎烯 + β-蒎烯 $\xrightarrow{\triangle}$ $CH_2=CH-CH=CH_2$（带 CH_3）
       $|$
      CH_3

存在于松节油中

(2) 对异丙基甲苯 $\xrightarrow{HNO_3}$ 硝化产物($-NO_2$) $\xrightarrow{Fe+HCl}$ 氨基产物($-NH_2$)

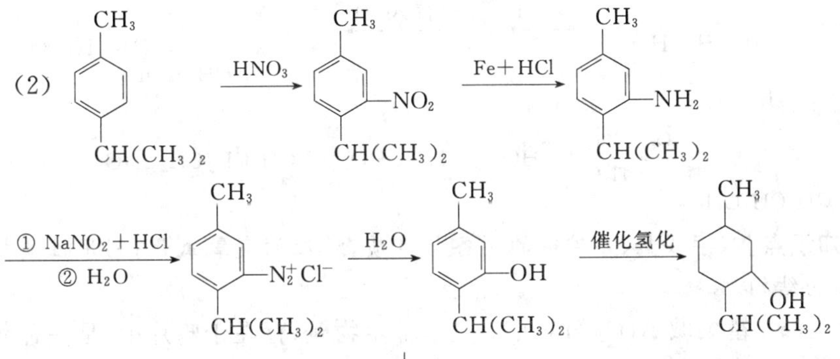

$\xrightarrow[\text{② } H_2O]{\text{① } NaNO_2+HCl}$ 重氮盐($N_2^+Cl^-$) $\xrightarrow{H_2O}$ 酚(-OH) $\xrightarrow{\text{催化氢化}}$ 薄荷醇

(3) 异戊二烯 + 异戊二烯 $\xrightarrow{300℃}$ 苧

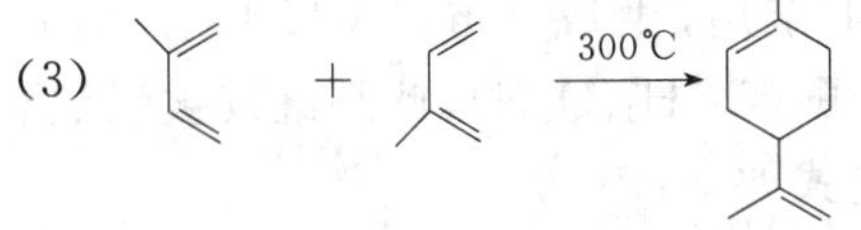

[知识点] 萜的合成。

16-10 在薄荷油中除薄荷脑外，还含有其氧化产物，如薄荷酮($C_{10}H_{18}O$)。薄荷酮的结构最初是用以下合成方法来确定的：β-甲基庚二酸二乙酯加乙醇

钠,然后加水得到 B($C_{10}H_{16}O_3$)。B 加乙醇钠,然后加异丙基碘得 C($C_{13}H_{22}O_3$)。C 加 OH^-,加热,然后加 H^+,再加热得薄荷酮。写出该合成方法的反应式。

解：

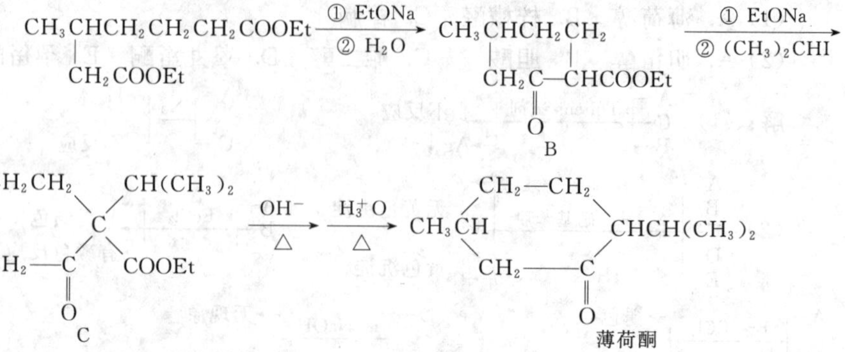

$$CH_3CHCH_2CH_2CH_2COOEt \xrightarrow[\text{② } H_2O]{\text{① EtONa}} CH_3CHCH_2CH_2 \xrightarrow[\text{② } (CH_3)_2CHI]{\text{① EtONa}}$$
$$| \qquad\qquad\qquad\qquad\qquad\qquad\qquad\qquad\qquad | \quad |$$
$$CH_2COOEt \qquad\qquad\qquad\qquad\qquad\qquad CH_2C-CHCOOEt$$
$$\qquad\qquad\qquad\qquad\qquad\qquad\qquad\qquad\qquad\quad \|$$
$$\qquad\qquad\qquad\qquad\qquad\qquad\qquad\qquad\qquad\quad O$$
$$\qquad\qquad\qquad\qquad\qquad\qquad\qquad\qquad\quad B$$

（环状结构）$\xrightarrow[\Delta]{OH^-} \xrightarrow[\Delta]{H_3^+O}$ 薄荷酮

[知识点] 薄荷酮的合成。

16-11 毒芹的活性成分是一种叫毒芹碱的生物碱。从下面所示的反应过程中推测毒芹碱($C_8H_{17}N$)的结构。

$$C_8H_{17}N \xrightarrow{2CH_3I} \xrightarrow{\text{湿 } Ag_2O} \xrightarrow{\Delta} \xrightarrow{CH_3I} \xrightarrow{\text{湿 } Ag_2O} \xrightarrow{\Delta} \xrightarrow{O_3} \xrightarrow[H_2O]{Zn} HCHO +$$
$$CH_2(CHO)_2 + CH_3CH_2CH_2CHO$$

解：

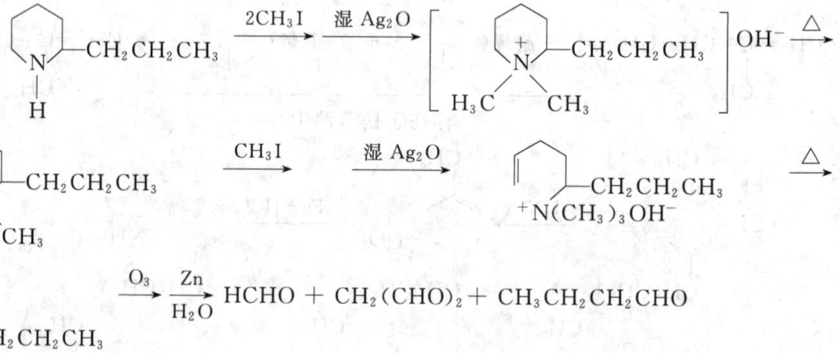

（哌啶衍生物） $\xrightarrow{2CH_3I} \xrightarrow{\text{湿 } Ag_2O}$ [季铵盐] $\xrightarrow{OH^-} \xrightarrow{\Delta}$

$\xrightarrow{CH_3I} \xrightarrow{\text{湿 } Ag_2O}$ （季铵碱） $\xrightarrow{\Delta}$

$\xrightarrow[H_2O]{O_3} \xrightarrow{Zn} HCHO + CH_2(CHO)_2 + CH_3CH_2CH_2CHO$

[知识点] 季铵盐、季铵碱的制备与性质；烯烃的臭氧氧化；利用性质推测生物碱的结构。

16-12 罂粟碱 A($C_{20}H_{21}O_4N$)是一种生物碱,存在于鸦片中,是一种肌弛缓药,具有麻醉作用。它与过量的 HI 作用,生成 4 mol CH_3I,表示有 4 个 —OCH_3 存在。用 $KMnO_4$ 氧化后,生成酮($C_{20}H_{19}O_5N$),此酮继续被强烈氧化,得到一混合物。经分离鉴定它们的构造式如下：

B. 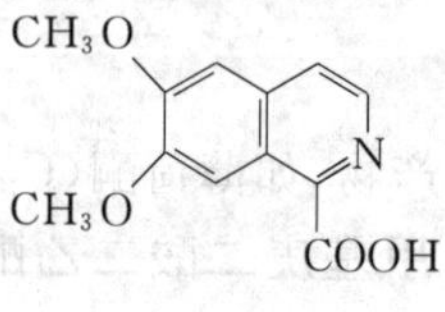 （6,7-二甲氧基异喹啉-1-甲酸）

C. 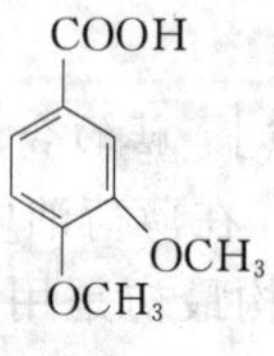 （3,4-二甲氧基苯甲酸）

D. 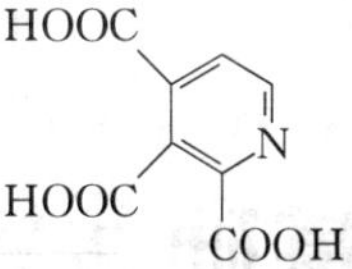 [结构式: 吡啶环, 2位-COOH, 3位-HOOC, 4位-HOOC]

E. 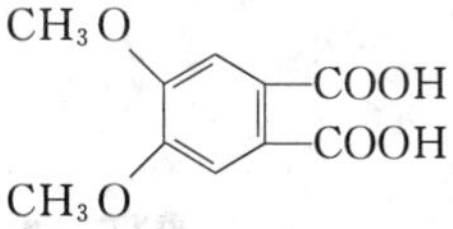 [结构式: 苯环, 带两个相邻-COOH和两个-OCH₃]

试推测罂粟碱 A 的结构，并写出生成上述诸产物的反应式。

解：该化合物分子中含有 4 个 —OCH_3，可写成 $C_{16}H_9N(OCH_3)_4$，它氧化生成酮：

$$C_{15}H_7NCH_2(OCH_3)_4 \xrightarrow{[O]} C_{15}H_7NCO(OCH_3)_4 \xrightarrow{[O]} B + C$$

$$B \xrightarrow{[O]} D + E$$

故 A 的结构为

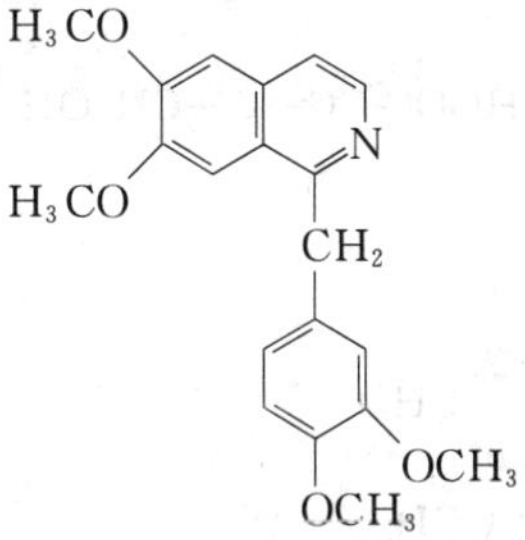

[异喹啉结构，6,7-二甲氧基，1位连-CH₂-(3,4-二甲氧基苯基)]

反应式为

$$A \xrightarrow{\text{过量 HI}} 4\,CH_3I +$$

[产物结构：6,7-二羟基异喹啉，1位连-CH₂-(3,4-二羟基苯基)]

$$A \xrightarrow{KMnO_4} \xrightarrow{[O] \text{ 强烈氧化}}$$

[标注位点①②③④⑤⑥的 A 结构图]

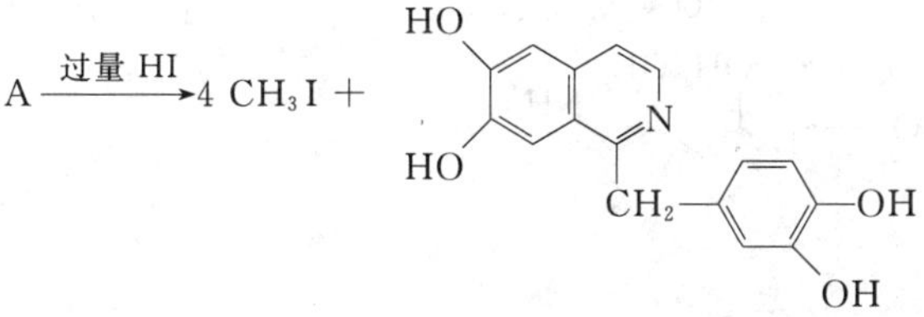

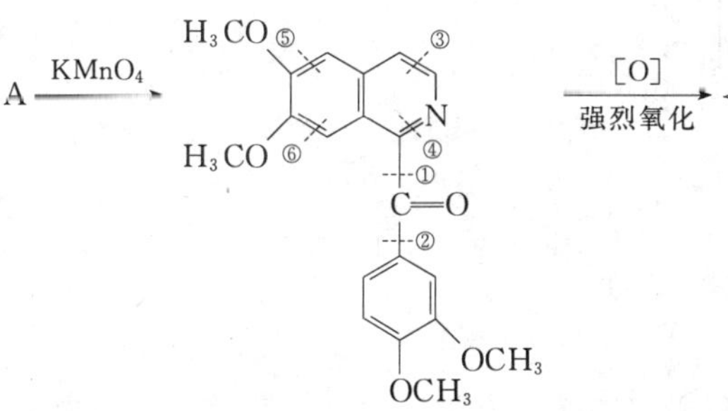

从①处氧化断裂可生成 C
从②处氧化断裂可生成 B
从①、③、④处氧化断裂可生成 E
从②、⑤、⑥处氧化断裂可生成 D

强烈氧化反应产物是复杂的，可分出的有用产物也不多。但可用此方法推导反应物结构。

[**知识点**] 醚键断裂；强烈氧化反应。

16-13 请自查文献，说明哪些油脂可以转化成生物柴油？

16-14 请说明生物碱的结构特征和用途。

第17章 有机合成基础

▶▶ 习题解答

17-1 完成下列转化。

(1) CH≡CCH$_2$OH ⟶ HOOC—C≡C—CH$_2$OH

(2) [3-羟基环己基甲醛] ⟶ [3-氧代环己基甲醛]

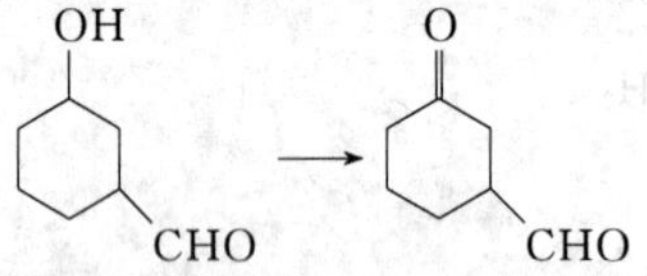

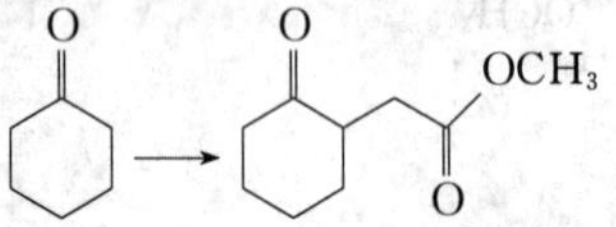

(3) [环己酮] ⟶ [2-(甲氧羰基甲基)环己酮]

(4) CH$_3$CHO ⟶ [CH$_3$CH(OH)CH(OH)CH$_2$NH$_2$]

(5) [环己酮] ⟶ [1-(1-溴环戊基)-2-氧代环戊基产物]

*(6) [顺丁烯二酸酐] ⟶ [4,5-二甲基-δ-戊内酯]

解：(1) HOCH$_2$C≡CH $\xrightarrow{\text{DHP, H}^+}$ [THP—OCH$_2$C≡CH] $\xrightarrow{\text{C}_2\text{H}_5\text{MgBr}}$

[THP—OCH$_2$C≡CMgBr] $\xrightarrow[\text{② H}_3^+\text{O}]{\text{① CO}_2}$ HO—CH$_2$—C≡C—COOH

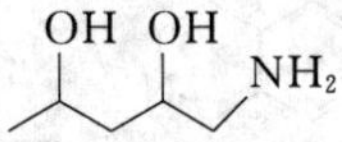

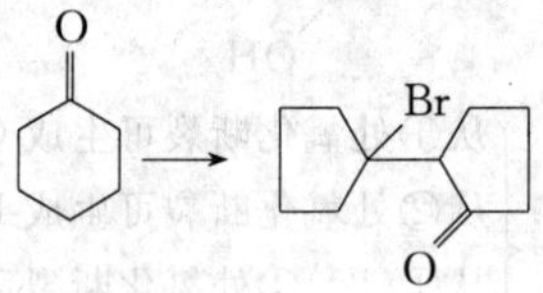

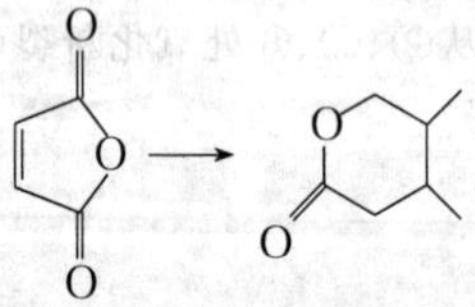

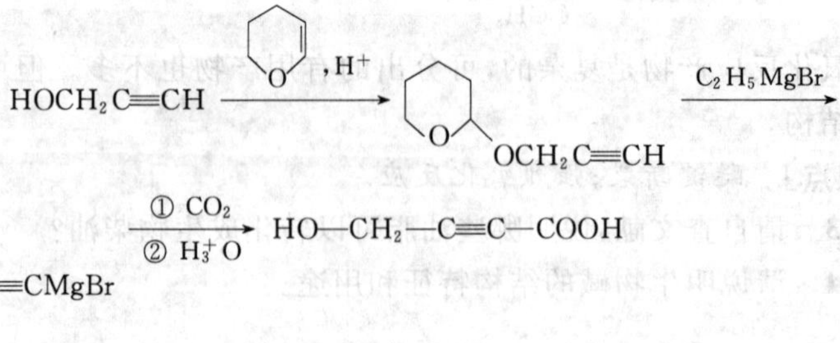

[知识点] 醇羟基的保护；合成多一个碳原子的酸的方法。

(2) 环己醇-3-甲醛 $\xrightarrow{2CH_3OH}{H^+}$ 3-(二甲氧基甲基)环己醇 $\xrightarrow{CrO_3 \cdot \text{吡啶}}$

3-(二甲氧基甲基)环己酮 $\xrightarrow{H_3^+O}$ 3-氧代环己基甲醛

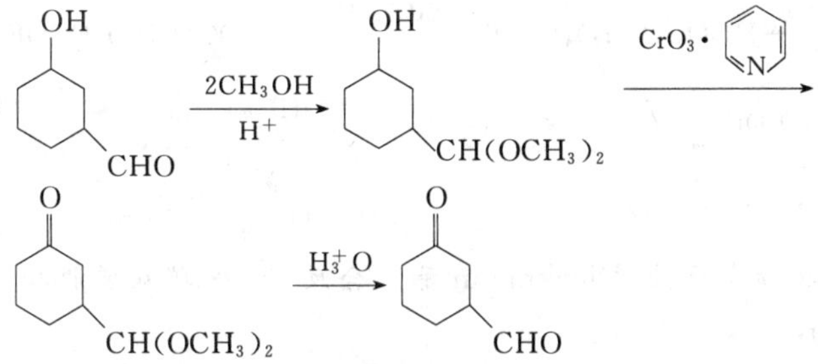

[知识点] 羰基的保护；醇的氧化。

(3) 方法 1：环己酮 + 哌啶 $\xrightarrow{H^+}$ 1-(1-环己烯基)哌啶 $\xrightarrow{ClCH_2COOCH_3}$ N-烷基化铵盐氯化物

$\xrightarrow{H_3^+O}$ 2-氧代环己基乙酸甲酯

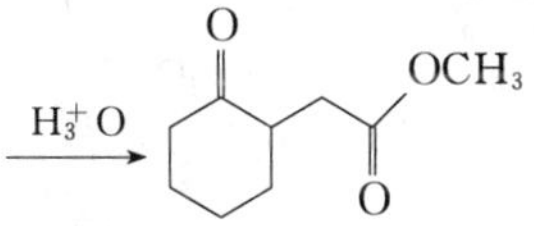

方法 2：环己酮 $\xrightarrow[H^+]{Br_2}$ 2-溴环己酮 $\xrightarrow{CH_2(COOCH_3)_2/CH_3ONa}$ 2-(2-氧代环己基)丙二酸二甲酯

$\xrightarrow[\text{② } H_3^+O, \triangle]{\text{① 稀 } OH^-}$ 2-氧代环己基乙酸 $\xrightarrow[\triangle]{CH_3OH/H^+}$ 2-氧代环己基乙酸甲酯

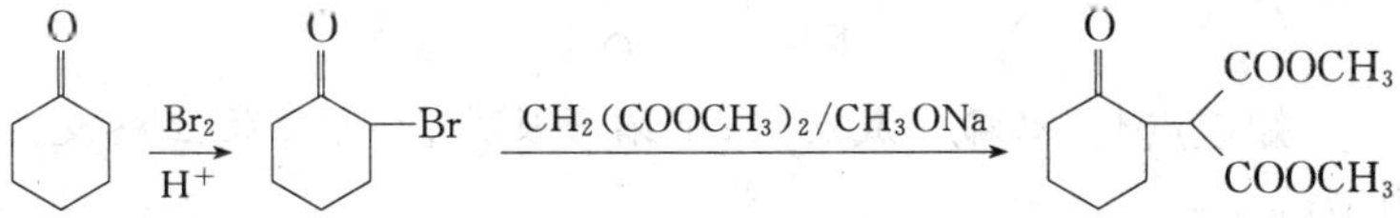

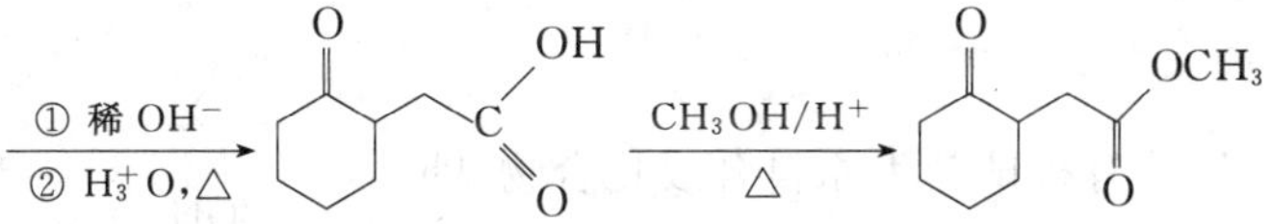

后一种方法副产物多，不易控制。

[知识点] 酮通过转化为烯胺使 α-碳发生烃基化反应；1,4-二羰基化合物的合成。

(4) $2CH_3CHO \xrightarrow{\text{稀 } OH^-} CH_3\underset{OH}{CH}-CH_2CHO \xrightarrow{HCN} CH_3\underset{OH}{CH}CH_2-\underset{OH}{CH}CN$

$\xrightarrow{H_2/Ni} \underset{OH\ OH}{CH_3CHCH_2CHCH_2NH_2}$

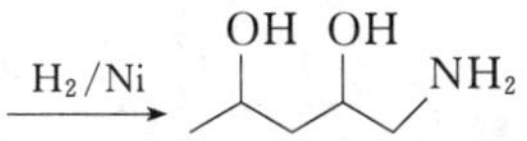

[知识点] 羟醛缩合反应；醛的亲核加成；氰基还原。

(5) [cyclohexanone] $\xrightarrow{HNO_3, \Delta}$ HOOC(CH$_2$)$_4$COOH $\xrightarrow{EtOH/H^+}$ EtOOC(CH$_2$)$_4$COOEt $\xrightarrow{EtONa}$

[cyclopentanone-2-COOEt] $\xrightarrow[\text{② } H_3^+O, \Delta]{\text{① } H_2O/OH^-}$ [cyclopentanone] $\xrightarrow{\text{稀 } OH^-}$ [cyclobutyl-cyclopentanone with OH] $\xrightarrow{PBr_3}$ [cyclobutyl-cyclopentanone with Br]

[知识点] 羟醛缩合反应; Dieckmann 酯缩合反应; β-羰基酸脱羧; 1,3-二官能团化合物的合成。

*(6) 内酯的合成可考虑用 Baeyer-Villiger 反应。

[butadiene] + [maleic anhydride] $\xrightarrow{\Delta}$ [tetrahydrophthalic anhydride] $\xrightarrow[\text{② } H_2O]{\text{① } LiAlH_4}$ [diol] $\xrightarrow{\text{红磷, HI}}$ [dimethylcyclohexene]

$\xrightarrow{KMnO_4/H^+}$ HOOC-CH(CH$_3$)-CH$_2$-CH(CH$_3$)-COOH $\xrightarrow{CH_3CH_2OH, H^+, \Delta}$ EtOOC-CH(CH$_3$)-CH$_2$-CH(CH$_3$)-COOEt $\xrightarrow[\text{酯缩合反应}]{EtONa}$ [cyclopentanone with CH$_3$, CH$_3$, COOEt]

$\xrightarrow[\text{② } H^+, \Delta]{\text{① } OH^-}$ [dimethylcyclopentanone] $\xrightarrow[\text{Baeyer-Villiger 反应}]{CH_3CO_3H}$ [lactone]

[知识点] 双烯合成反应; 酯缩合反应; 拜尔-维立格反应; 环状化合物及内酯的合成。

17-2 以苯和小于 C$_3$ 的有机试剂为原料合成化合物 Ph-CO-CH$_2$-CH(OH)-CH$_3$。

解: PhH $\xrightarrow{CH_3COCl, AlCl_3}$ Ph-CO-CH$_3$ $\xrightarrow{\text{piperidine}, H^+}$ Ph-C(=CH$_2$)-N(piperidine) $\xrightarrow[\text{② } H_3^+O]{\text{① 环氧乙烷-CH}_3}$

Ph-CO-CH$_2$-CH(OH)-CH$_3$

[知识点] γ-羟基羰基化合物的合成方法。

17-3 以苯酚、甲醛为主要有机原料合成化合物

习题解答

（分子结构图：对甲氧基苯基-CH$_2$-C(=O)-CH(COOCH$_3$)-对甲氧基苯基）。

解： β-羰基酸酯可以通过酯缩合反应合成。

$$\text{HO-C}_6\text{H}_5 \xrightarrow[\text{CH}_3\text{I}]{\text{K}_2\text{CO}_3} \text{H}_3\text{CO-C}_6\text{H}_5 \xrightarrow[\text{ZnCl}_2]{\text{HCHO, HCl}} \text{H}_3\text{CO-C}_6\text{H}_4\text{-CH}_2\text{Cl} \xrightarrow[\text{② CO}_2]{\text{① Mg,醚}}$$

$$\text{H}_3\text{CO-C}_6\text{H}_4\text{-CH}_2\text{COOMgCl} \xrightarrow[\text{② CH}_3\text{OH, H}^+]{\text{① H}_2\text{O}} \text{H}_3\text{CO-C}_6\text{H}_4\text{-CH}_2\text{COOCH}_3$$

$$\xrightarrow[\text{② H}^+]{\text{① CH}_3\text{ONa/CH}_3\text{OH}} \text{目标产物}$$

[知识点] β-羰基酸酯的合成方法。

17-4 以小于 C$_5$ 的有机试剂为原料合成化合物（含环己酮、季碳连乙基和 CH$_2$COOCH$_3$ 的结构）。

解： 先从 α,β-不饱和酮处切割，然后考虑 1,5-二羰基化合物的切割。

$$\text{CH}_3\text{CH}_2\text{CH}_2\text{CHO} \xrightarrow[\text{② CH}_2\text{=CHCOOCH}_3]{\text{① 哌啶, H}^+} \text{烯胺中间体} \xrightarrow{\text{H}_3\text{O}^+} \text{CHO-CH(CH}_2\text{CH}_2\text{COOCH}_3\text{)-CH}_2\text{CH}_3}$$

$$\xrightarrow[\text{② CH}_2\text{=CHCOCH}_3 \quad \text{③ H}_3\text{O}^+]{\text{① 哌啶, H}^+} \text{1,5-二羰基化合物} \xrightarrow{\text{H}^+, \Delta} \text{目标产物}$$

[知识点] 羟醛缩合反应；Michael 加成反应；α,β-不饱和羰基化合物及 1,5-二羰基化合物的合成方法。

17-5 试设计下列化合物的合成路线。

(1) $(PhCH_2CH_2)_3COH$

(2) $PhCH_2OCH_2CH_2C\equiv CCH_2OH$

(3) 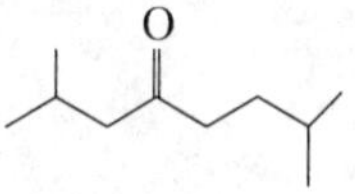 2,6-二甲基-4-庚酮

(4) 1,2,3,4-四氢萘

(5) 4-异丙烯基-1-甲基环己烯

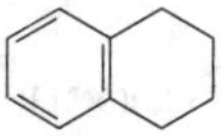

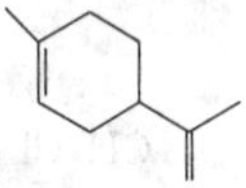

(6) $PhCH_2CH_2COCH_3$ (4-苯基-2-丁酮)

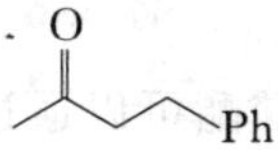

(7) 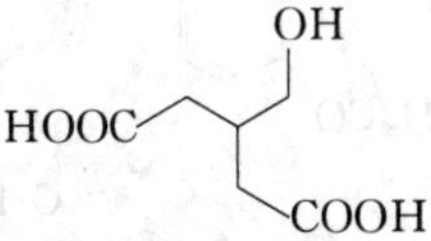 $HOOC-CH_2-CH(CH_2OH)-CH_2-COOH$

(8) 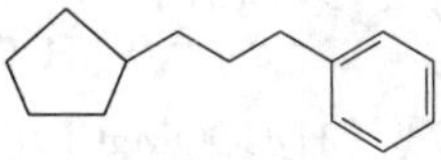 3-环戊基丙基苯

(9) 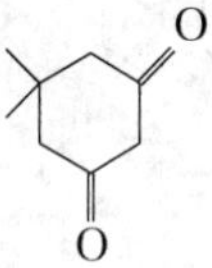 5,5-二甲基-1,3-环己二酮

(10) 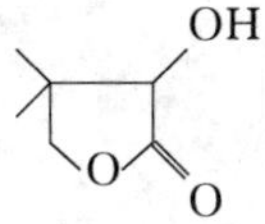 3-羟基-β-丁内酯 (3-hydroxy-γ-butyrolactone)

(11) $PhCH=CH-CH=CHCOOH$

(12) 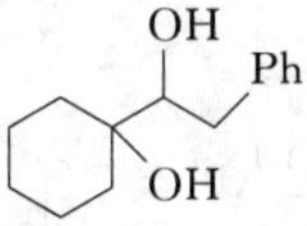 1-(2-苯基-1-羟乙基)-1-环己醇

(13) 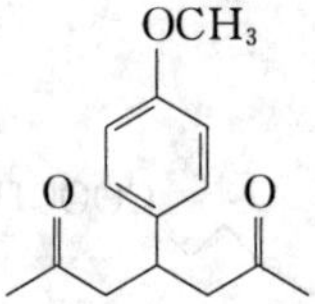 3-(4-甲氧基苯基)-2,4-戊二酮

(14) 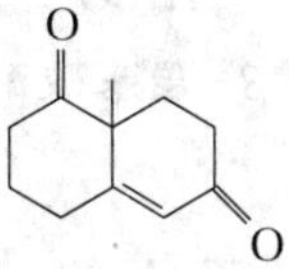 Wieland-Miescher 酮

解：(1) $PhBr \xrightarrow{Mg}{Et_2O} PhMgBr \xrightarrow{\text{环氧乙烷}}{Et_2O} PhCH_2CH_2OMgBr \xrightarrow{H_3^+O} PhCH_2CH_2OH$

$\xrightarrow{SOCl_2} PhCH_2CH_2Cl \xrightarrow{Mg}{Et_2O} PhCH_2CH_2MgCl$

$3\,PhCH_2CH_2MgCl \xrightarrow{\text{① } EtO-CO-OEt}{\text{② } H_3^+O} (PhCH_2CH_2)_3COH$

[知识点] Grignard 试剂与酯的反应；对称结构醇的合成。

(2) $CH\equiv CH \xrightarrow{NaNH_2}{NH_3(l)} CH\equiv CNa \xrightarrow{\text{环氧乙烷}} CH\equiv CCH_2CH_2ONa \xrightarrow{PhCH_2Br}$

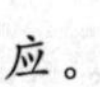

$PhCH_2OCH_2CH_2C\equiv CH \xrightarrow{\text{① } NaNH_2}{\text{② } HCHO} PhCH_2OCH_2CH_2C\equiv C-CH_2ONa \xrightarrow{H_2O}$

$PhCH_2OCH_2CH_2C\equiv CCH_2OH$

[知识点] 炔烃的性质；碳链增长的反应。

(3) $CH\equiv CH \xrightarrow[NH_3(l)]{2NaNH_2} NaC\equiv CNa \xrightarrow{2 \ iPrBr}$ (二异丙基乙炔) $\xrightarrow[HgSO_4]{H_2O, H_2SO_4}$

2,6-二甲基-4-庚酮

[知识点] 炔烃的性质；对称性分子的合成。

(4) 苯 + 马来酸酐 $\xrightarrow{AlCl_3}$ (邻-酰基苯甲酸) $\xrightarrow{SOCl_2}$ (酰氯) $\xrightarrow{AlCl_3}$ 1,4-萘醌

$\xrightarrow[\Delta]{NH_2NH_2}$ (双腙) $\xrightarrow[DMSO, \Delta]{KOC(CH_3)_3}$ 1,2-二氢萘 $\xrightarrow{H_2/Ni}$ 四氢萘

[知识点] Friedel–Crafts 酰基化反应；环状化合物的合成。

(5) 异戊二烯 + 甲基乙烯基酮 $\longrightarrow$ (4-乙酰基环己烯) $\xrightarrow{Ph_3P=CH_2}$ 4-异丙烯基环己烯

[知识点] 双烯合成反应；环状化合物的合成。

(6) 分析：$Ph\text{-}CH_2CH_2\text{-}CO\text{-}CH_3 \underset{FGI}{\Longrightarrow} Ph\text{-}CH_2CH_2\text{-}C(OH)(CH_3)\text{-} \underset{dis}{\Longrightarrow} PhCH_2CH_2MgBr + CH_3CHO$

$\Downarrow$

$PhMgBr + \underset{O}{\triangle} \underset{dis}{\Longleftarrow} PhCH_2CH_2OH \underset{FGI}{\Longleftarrow} PhCH_2CH_2Br$

合成：$PhBr + Mg \xrightarrow{Et_2O} PhMgBr \xrightarrow[\text{② } H_3^+O]{\text{① 环氧乙烷}} PhCH_2CH_2OH \xrightarrow[H_2SO_4]{NaBr} PhCH_2CH_2Br$

$\xrightarrow{Mg, Et_2O} PhCH_2CH_2MgBr \xrightarrow[\text{② } H_3^+O]{\text{① } CH_3CHO} Ph\text{-}CH_2CH_2\text{-}CH(OH)\text{-}CH_3 \xrightarrow{CrO_3, CH_3COOH} Ph\text{-}CH_2CH_2\text{-}CO\text{-}CH_3$

[知识点] 利用 Grignard 试剂合成醇的反应；醇的氧化。

第 17 章　有机合成基础

(7) 分析：HOOC-CH₂-CH(OH)-CH₂-COOH $\underset{}{\overset{Con}{\Longrightarrow}}$ 环戊基-CH₂OH $\underset{}{\overset{FGI}{\Longrightarrow}}$ 环戊烯基-COOH $\Longrightarrow$

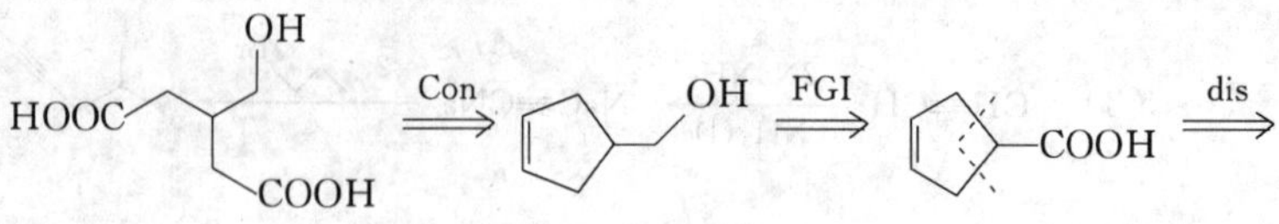

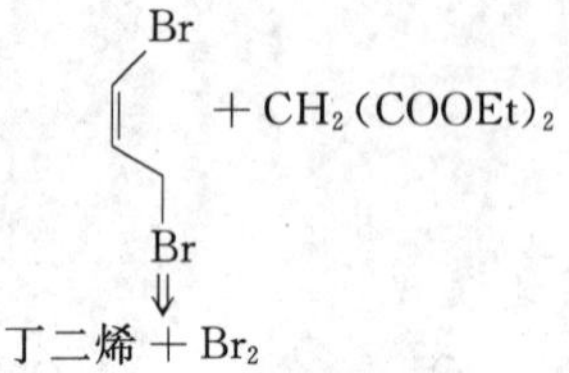

CH₂=CH-CH₂Br / CH₂Br (cis-1,4-二溴-2-丁烯) + CH₂(COOEt)₂

⇓

丁二烯 + Br₂

合成：CH₂=CH-CH=CH₂ $\xrightarrow[\Delta]{Br_2}$ BrCH₂-CH=CH-CH₂Br $\xrightarrow[EtONa]{CH_2(COOEt)_2}$ 环戊烯-1,1-二(COOEt)

$\xrightarrow[②H^+,\Delta]{①OH^-}$ 环戊烯-COOH $\xrightarrow[②H_2O]{①LiAlH_4}$ 环戊烯-CH₂OH $\xrightarrow[H^+]{\text{二氢吡喃}}$ 环戊烯-CH₂-O-THP

$\xrightarrow[OH^-]{KMnO_4} \xrightarrow{H_3^+O}$ HOOC-CH₂-CH(OH)-CH₂-COOH

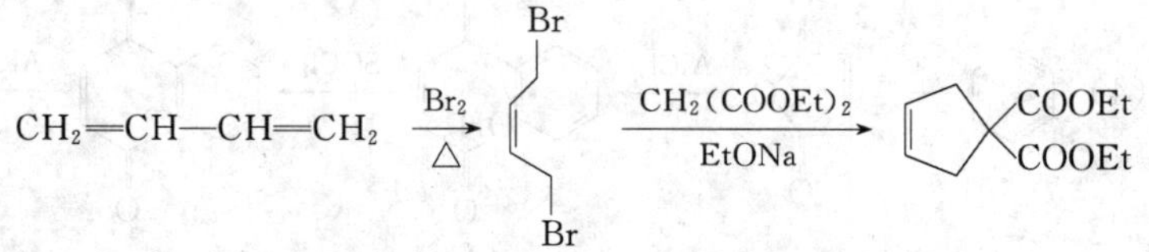

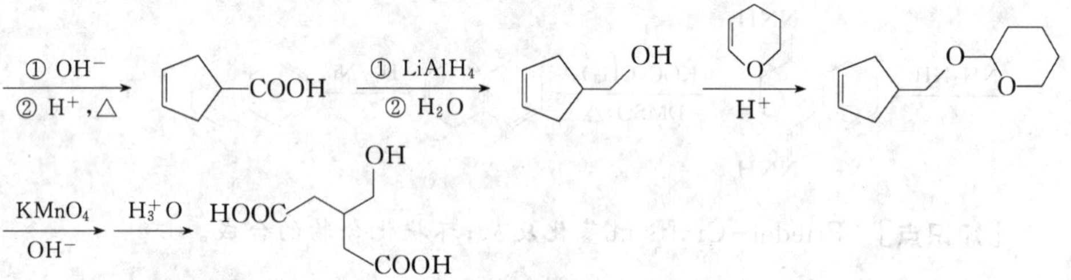

[知识点]　烯烃、二烯烃的性质；丙二酸酯的应用；醇羟基的保护。

(8) 分析：环戊基-CH₂CH₂CH₂-Ph $\overset{FGA}{\Longrightarrow}$ 环戊基-CO-CH=CH-Ph

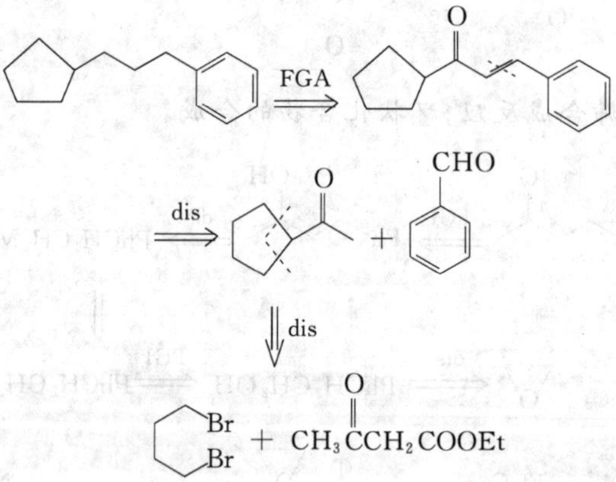

$\overset{dis}{\Longrightarrow}$ 环戊基-CO-CH₃ + PhCHO

⇓ dis

环己基(Br,Br) + CH₃COCH₂COOEt

合成：CH₃COCH₂COOEt $\xrightarrow[\text{环己基双Br}]{EtONa}$ 环戊基-C(COOEt)-COCH₃ $\xrightarrow[②H_3^+O,\Delta]{①\text{稀}OH^-}$ 环戊基-COCH₃

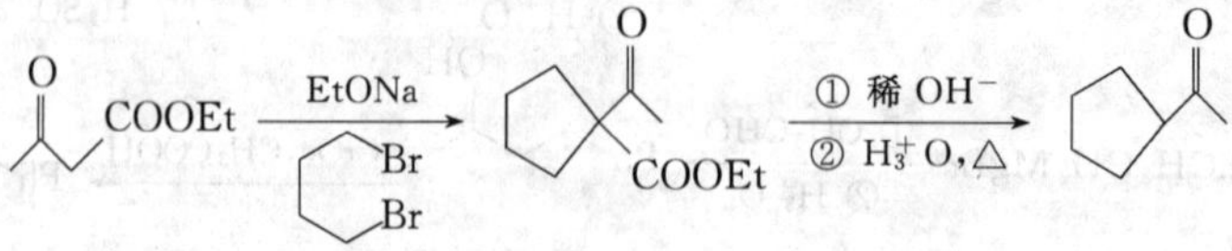

$\xrightarrow{\text{PhCHO}}$ [cyclopentyl-CO-CH=CH-Ph] $\xrightarrow{H_2/Pd-C}$ [cyclopentyl-CO-CH$_2$-CH$_2$-Ph]

$\xrightarrow[\text{HCl}]{\text{Zn-Hg}}$ [cyclopentyl-CH$_2$CH$_2$CH$_2$-Ph]

[知识点] 乙酰乙酸乙酯在合成上的应用；羟醛缩合反应。

(9) 分析：5,5-dimethylcyclohexane-1,3-dione $\xrightarrow{1,3\text{-dis}}$ [5,5-dimethyl-3-oxohexanoate OEt] $\xrightarrow{1,5\text{-dis}}$ [4-methylpent-3-en-2-one] $+$ $CH_2(COOEt)_2$

$\Downarrow$ dis

2 (CH$_3$)$_2$C=O (acetone)

合成：2 (CH$_3$)$_2$C=O $\xrightarrow[\triangle]{\text{稀 OH}^-}$ [mesityl oxide] $\xrightarrow[\text{EtONa}]{CH_2(COOEt)_2}$ [adduct with CH(COOEt)$_2$] $\xrightarrow[\text{② H}^+,\triangle]{\text{① H}_2O/OH^-}$

[CH$_2$COOEt 的 β-酮酸酯] $\xrightarrow{\text{NaOEt}}$ [5,5-dimethylcyclohexane-1,3-dione]

[知识点] Michael 加成；羟醛缩合；1,3-二羰基化合物和 1,5-二羰基化合物的合成。

(10) 分析：[β-羟基-γ-丁内酯] $\xrightarrow{\text{dis}}$ [α,β-二羟基酸] $\xrightarrow{\text{FGI}}$ [α-羟基腈] $\xrightarrow{\text{FGI}}$

[α-羟基醛] $\xrightarrow{\text{dis}}$ >—CHO + HCHO

合成：>—CHO $\xrightarrow[K_2CO_3]{\text{HCHO}}$ [β-羟基醛] $\xrightarrow{\text{HCN}}$ [氰醇] $\xrightarrow[\triangle]{H_2O/H^+}$ [β-羟基-γ-丁内酯]

[知识点] 羟醛缩合反应；醛的性质；内酯的合成。

(11) 分析：PhCH=CH—CH⇌CHCOOH

$\xrightarrow{\text{dis}}$ PhCH⇌CHCHO + (CH$_3$CO)$_2$O (Perkin 反应)

$\downarrow$ dis

PhCHO + CH$_3$CHO

合成：PhCHO + CH₃CHO $\xrightarrow[\triangle]{稀 OH^-}$ PhCH=CHCHO $\xrightarrow[\triangle]{(CH_3CO)_2O, CH_3COONa}$

$\xrightarrow[② H^+]{① H_2O}$ PhCH=CHCH=CHCOOH

[知识点] 羟醛缩合反应；Perkin 反应；插烯效应。

(12) 分析：

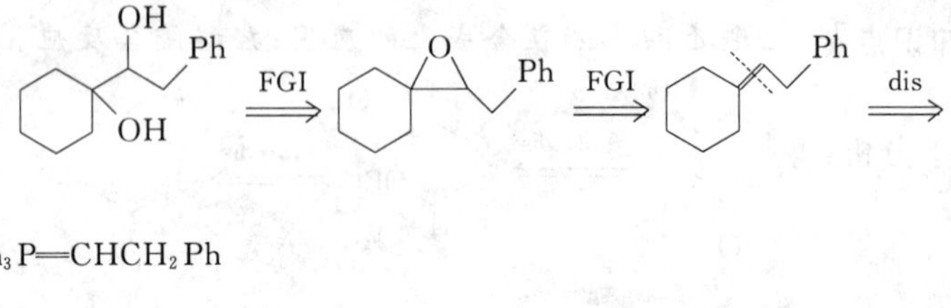

合成：

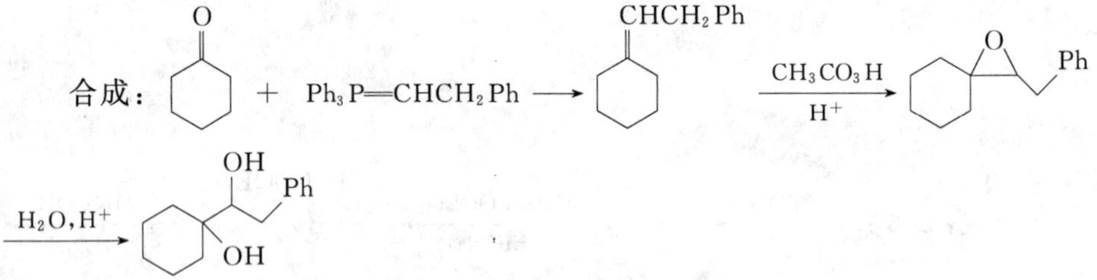

[知识点] Wittig 反应；烯烃氧化；邻位二醇的合成。

(13) 分析：

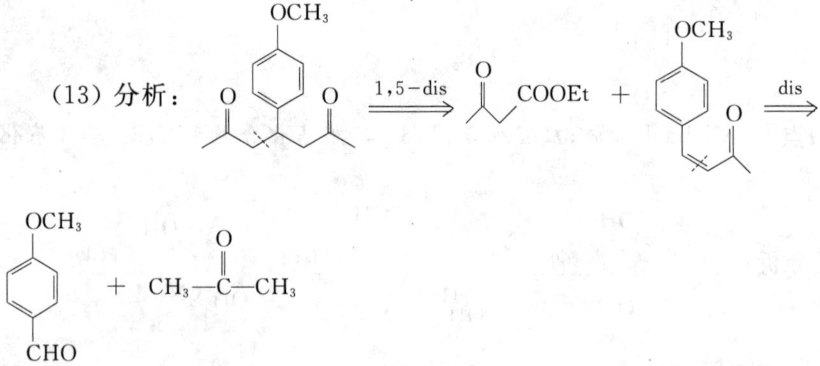

合成：

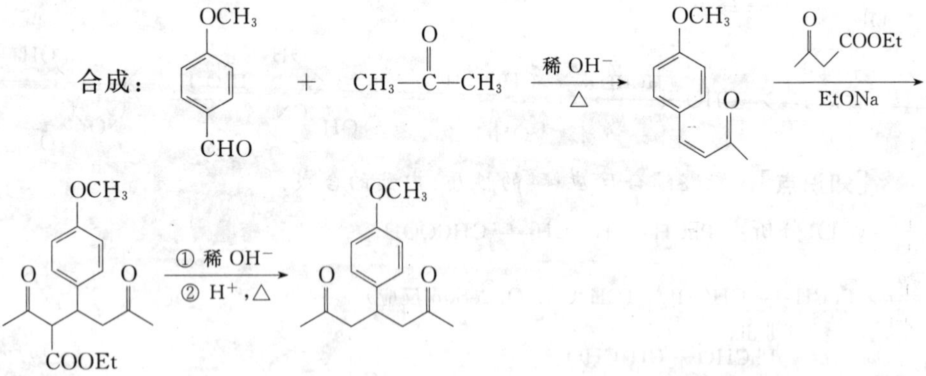

［知识点］ 羟醛缩合反应；Michael 加成；1,5-二羰基化合物合成。

(14) 分析：

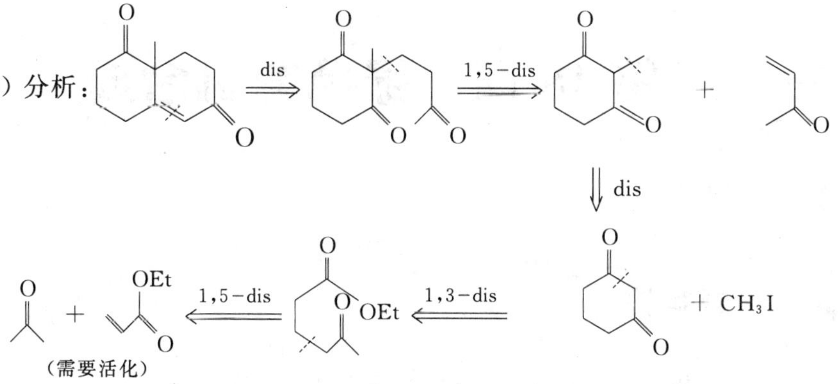

合成：

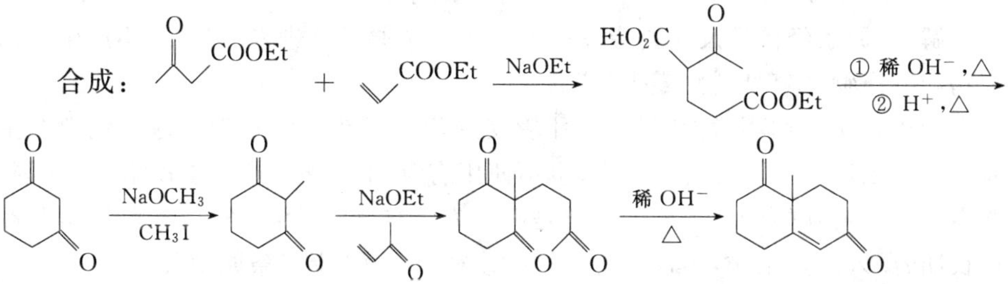

［知识点］ 羟醛缩合反应；酯缩合反应；Michael 加成反应；1,3-二羰基化合物和 1,5-二羰基化合物的合成。

第18章 绿色有机合成

▶▶ 习题解答

18-1 什么是原子经济性反应？什么是绿色化学？

解： 原子经济性反应是指反应物的每一个原子都进入产物中，不产生任何废物和副产物，实现废物"零排放"的反应。

绿色化学又称环境无害化学、环境友好化学或者清洁化学。绿色化学的主要特征是采用"原子经济性"反应，也不使用有毒、有害的原料、催化剂和溶剂等，并生产环境友好的产品。绿色化学是一个发展的概念，真正实现绿色化学要经过长期、深入研究工作，实现绿色化学的途径有两个"十二条原则"。

18-2 原子经济性反应与反应产率两个概念有什么异同点？

解： 这是两个截然不同的概念，原子经济性反应是指反应物的原子进入产物中的程度。反应物的原子都进入产物中是 100% 的原子经济性反应，进入产物中的原子越多越接近 100% 原子经济性反应。产率是产物的物质的量与反应物的物质的量的比值。产率为 100% 不等于是 100% 原子经济性反应，很可能是很不符合原子经济性要求的反应。

18-3 哪些物质可以用作绿色反应的溶剂？

解： 无毒、无害或毒性、危害性小的低挥发性的液体都可以作为溶剂。例如，水、室温离子液体、超临界态的二氧化碳，以及毒性很小的碳酸二甲酯等有机物质。

18-4 根据绿色化学原理，在设计有机合成路线时，应考虑什么问题？

解： 尽量选择原子经济性反应，如加成反应，Diels-Alden 反应等，和接近 100% 原子经济性反应，副产物少的反应，尽量使用无毒无害的溶剂、反应物、催化剂等，并不产生有毒有害的副产物的反应，尽量使用催化反应替代化学计量反应；尽量使用反应条件温和、低能耗反应；尽量能实现闭路循环，实现废物"零排放"的合成工艺。

第19章 各类官能团有机化合物制备方法总结

1. 烷烃的制备

(1) 不饱和烃的催化氢化

$$\overset{|}{\underset{|}{C}}=\overset{|}{\underset{|}{C}} \xrightarrow{H_2, Ni} \overset{|}{\underset{|}{C}}-\overset{|}{\underset{|}{C}} \ ; \quad -C\equiv C- \xrightarrow{2\ mol\ H_2, Ni} \overset{|}{\underset{|}{C}}-\overset{|}{\underset{|}{C}}$$

(2) 卤代烷还原

$$RX \xrightarrow[Pd-BaCO_3]{H_2} RH$$

(3) Wurtz 反应

$$2RX \xrightarrow{2Na} R-R$$

(4) Grignard 试剂与活泼氢反应

$$R'MgX + HB \longrightarrow R'H + MgXB$$

(5) Grignard 试剂与卤代烷反应

$$R'MgX + RX \longrightarrow R-R' + MgX_2$$

(6) Clemmensen 还原

$$RCOR' \xrightarrow[HCl]{Zn-Hg} RCH_2R'$$

(7) Wolff-Kishner-黄鸣龙反应

$$RCOR' \xrightarrow[\text{二甘醇}]{NH_2NH_2 \cdot H_2O, KOH} RCH_2R'$$

(8) Kolbe 反应

$$2RCOONa \xrightarrow{\text{电解}} R-R$$

2. 烯烃的制备

(1) 炔烃的还原

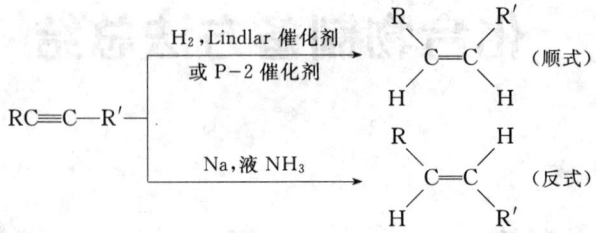

(2) 卤代烷脱卤化氢

$$RCH_2CH(X)CH_3 \xrightarrow[C_2H_5OH]{KOH} RCH=CH-CH_3 + KX + H_2O$$

(3) 醇脱水

$$RCH_2CH(OH)CH_3 \xrightarrow[\Delta]{H^+} RCH=CH-CH_3 + H_2O$$

(4) 邻二卤代烷脱卤

$$-\underset{X}{C}-\underset{X}{C}- \xrightarrow{Zn} C=C + ZnX_2$$

(5) Wittig 反应

$$R-\overset{O}{\underset{\|}{C}}-R_1 \xrightarrow{Ph_3P=CR_2R_3} RR_1C=CR_2R_3 + Ph_3P=O$$

(6) 季铵碱热分解

$$RCH_2CH_2\overset{+}{N}(CH_3)_3OH^- \xrightarrow{\Delta} RCH=CH_2 + N(CH_3)_3 + H_2O$$

3. 炔烃的制备

(1) 二卤代烷脱卤化氢

$$RCHXCH_2X (或 RCH_2CHX_2) \xrightarrow[\Delta]{NaNH_2} RC\equiv CH$$

(2) 四卤代烷脱卤

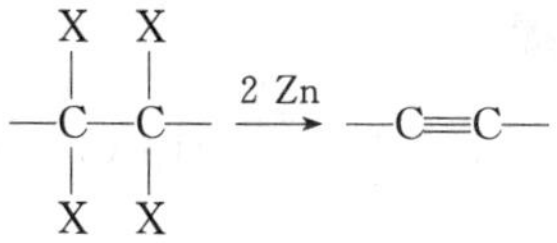

第 19 章 各类官能团有机化合物制备方法总结

$$\begin{array}{c} X \; X \\ | \; | \\ -C-C- \\ | \; | \\ X \; X \end{array} \xrightarrow{2\,Zn} -C\equiv C-$$

(3) 炔烃的烃基化

$$RC\equiv CH \xrightarrow{NaNH_2} RC\equiv CNa \xrightarrow{1°R'X} RC\equiv CR'$$

4. 卤代烃的制备

(1) 烃的卤代

$$CH_2=CHCH_3 \xrightarrow[500℃]{Cl_2} CH_2=CHCH_2Cl$$

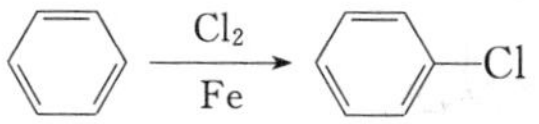

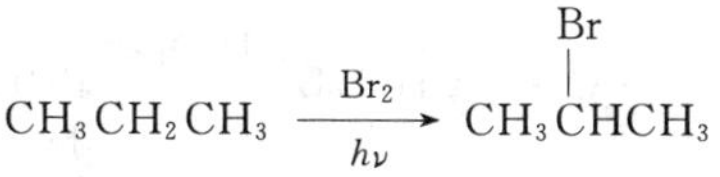

$$\text{C}_6\text{H}_6 \xrightarrow{Cl_2 \atop Fe} \text{C}_6\text{H}_5\text{Cl}$$

$$CH_3CH_2CH_3 \xrightarrow[h\nu]{Br_2} CH_3\underset{Br}{\overset{|}{C}H}CH_3$$

(2) 不饱和烃与 HX 或 X_2 的加成

$$RCH=CH_2 \xrightarrow{HX} RCHXCH_3$$

$$RCH=CH_2 \xrightarrow[ROOR]{HBr} RCH_2CH_2Br$$

$$RCH=CH_2 \xrightarrow{X_2} RCHXCH_2X$$

$$R-C\equiv C-R' \xrightarrow{2X_2} R-CX_2-CX_2R'$$

(3) 卤代物的互换

$$RCl + NaI \xrightarrow{\text{丙酮}} RI + NaCl$$

(4) 由醇制备

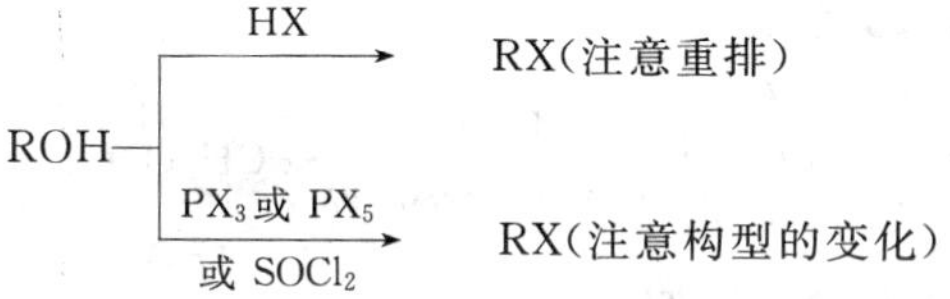

$$ROH \begin{cases} \xrightarrow{HX} RX(\text{注意重排}) \\ \xrightarrow[\text{或 SOCl}_2]{PX_3 \text{ 或 } PX_5} RX(\text{注意构型的变化}) \end{cases}$$

(5) 氯甲基化

$$\text{C}_6\text{H}_6 + HCHO + HCl \xrightarrow{ZnCl_2} \text{C}_6\text{H}_5\text{CH}_2\text{Cl}$$

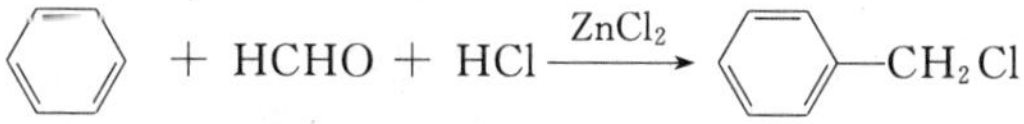

(6) 羰基化物与五氯化磷反应

$$CH_3COCH_3 + PCl_5 \longrightarrow CH_3CCl_2CH_3 + POCl_3$$

5. 醇的制备

(1) 烯烃水合反应

$$RCH{=}CH_2 + H_2O \xrightarrow[\text{或 }H_3PO_4]{H_2SO_4} RCH(OH)CH_3$$

(2) 烯烃羰基化再加氢

$$RCH{=}CH_2 + CO + H_2 \xrightarrow[\text{压力,}\triangle]{\text{催化剂}} RCH_2CH_2CH_2OH + RCH(CH_3)CH_2OH$$

(3) 烯烃的硼氢化–氧化反应

$$RCH{=}CH_2 \xrightarrow{B_2H_6} (RCH_2{-}CH_2)_3B \xrightarrow[OH^-]{H_2O_2} RCH_2CH_2OH$$
(反 Markovnikov 产物)

(4) 卤代烷水解

$$RX + OH^- (\text{或 } H_2O) \longrightarrow ROH + X^-$$

(5) 由 Grignard 试剂制备

$$RMgX \begin{cases} \textcircled{1}HCHO, \textcircled{2}H_3^+O \longrightarrow RCH_2OH \quad (1°\text{醇}) \\ \textcircled{1}\overset{O}{\triangle}, \textcircled{2}H_3^+O \longrightarrow RCH_2CH_2OH \quad (1°\text{醇}) \\ \textcircled{1}R'CHO, \textcircled{2}H_3^+O \longrightarrow RCH(R')OH \quad (2°\text{醇}) \\ \textcircled{1}R'COR'', \textcircled{2}H_3^+O \longrightarrow RR'R''COH \quad (3°\text{醇}) \\ \textcircled{1}R'COOR'', \textcircled{2}H_3^+O \longrightarrow RRR'COH \quad (3°\text{醇}) \end{cases}$$

(6) 羰基化合物的还原

$$RCHO \xrightarrow[(NaBH_4, LiAlH_4)]{H_2, Pd} RCH_2OH$$

(7) 羧酸及其衍生物的还原

$$RCOOH \xrightarrow{LiAlH_4} RCH_2OH$$

(8) 烯烃氧化制备邻位二醇

$$\underset{H}{\overset{R}{\underset{|}{C}}}=\underset{H}{\overset{R'}{\underset{|}{C}}} \xrightarrow{\text{OsO}_4} \underset{H\ OH\ OH}{\overset{R\ \ \ R'}{C-C}} \text{(顺式)}$$

$$\xrightarrow[\text{②H}_3\text{O}^+]{\text{①RCO}_3\text{H}} \underset{H\ \ \ OH}{\overset{OH\ \ R'}{C-C}} \text{(反式)}$$

(9) 酮还原偶联制备邻位二醇

$$R-\overset{O}{\underset{\|}{C}}-R' \xrightarrow[\text{苯}]{\text{Mg-Hg}} R-\underset{R'}{\overset{OH}{\underset{|}{C}}}-\underset{R'}{\overset{OH}{\underset{|}{C}}}-R$$

6. 酚的制备

(1) 磺酸盐碱熔法

$$\text{C}_6\text{H}_5\text{SO}_3\text{Na} \xrightarrow[300\ ℃]{\text{NaOH(固)}} \text{C}_6\text{H}_5\text{ONa} \xrightarrow{\text{H}^+} \text{C}_6\text{H}_5\text{OH}$$

(2) 氯苯水解法

$$\text{C}_6\text{H}_5\text{Cl} \xrightarrow[350\sim400\ ℃, 20\ \text{MPa}]{\text{NaOH}} \xrightarrow{\text{H}^+} \text{C}_6\text{H}_5\text{OH}$$

(3) 异丙苯氧化法

$$\text{C}_6\text{H}_5\text{CH(CH}_3)_2 + \text{O}_2 \xrightarrow[\text{压力}]{\triangle} \xrightarrow[\triangle]{\text{H}_3^+\text{O}} \text{C}_6\text{H}_5\text{OH} + \text{CH}_3-\overset{O}{\underset{\|}{C}}-\text{CH}_3$$

(4) 醚键断裂

$$\text{ArOR} \xrightarrow{\text{HI}} \text{ArOH} + \text{RI}$$

(5) 重氮盐水解法

$$\text{ArN}_2^+\text{X}^- \xrightarrow{\text{H}_2\text{O}} \text{ArOH}$$

7. 醚的制备

(1) 醇脱水

$$\text{ROH} \xrightarrow[\triangle]{\text{H}^+} \text{R-O-R}$$

(2) Williamson 合成

$$1°RX + NaOR' \longrightarrow ROR' + NaX$$
$$1°RX + ArONa \longrightarrow ArOR + NaX$$

(3) 环氧化合物的制备

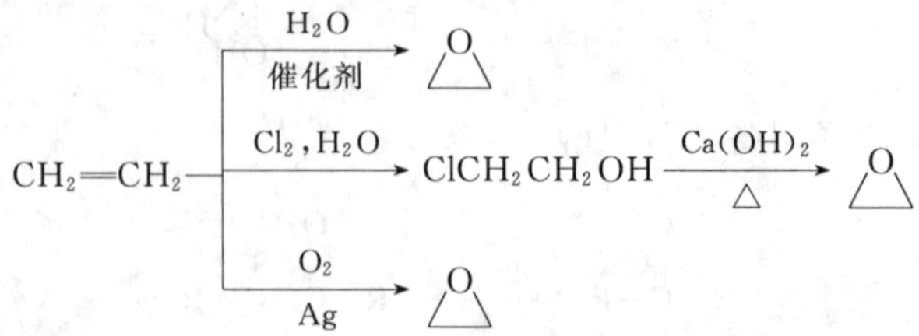

$$CH_2\!=\!CH_2 \begin{cases} \xrightarrow{H_2O,\ 催化剂} \triangle O \\ \xrightarrow{Cl_2,\ H_2O} ClCH_2CH_2OH \xrightarrow{Ca(OH)_2,\ \Delta} \triangle O \\ \xrightarrow{O_2,\ Ag} \triangle O \end{cases}$$

8. 醛的制备

(1) 烯烃的臭氧化

$$RCH\!=\!CHR' \xrightarrow[\text{② Zn, H}_2\text{O}]{\text{① O}_3} RCHO + R'CHO$$

(2) 炔烃的硼氢化

$$RC\!\equiv\!CH \xrightarrow[\text{② H}_2\text{O}_2,\ OH^-]{\text{① B}_2\text{H}_6} RCH_2CHO$$

(3) 伯醇的氧化

$$RCH_2OH \xrightarrow{CrO_3,\ 吡啶} RCHO$$

(4) 邻二醇氧化

$$\underset{\underset{OH}{|}\ \underset{OH}{|}}{RCH\!-\!CHR'} \xrightarrow{HIO_4} RCHO + R'CHO$$

(5) 酰氯还原（Rosenmund 反应）

$$RCOCl + H_2 \xrightarrow{Pd-硫、喹啉、BaSO_4} RCHO$$

(6) 羟基酸氧化分解

$$\underset{\underset{OH}{|}}{RCHCOOH} \xrightarrow[\Delta]{稀\ H_2SO_4} RCHO$$

(7) 芳甲基氧化

$$\text{C}_6\text{H}_5\text{CH}_3 \xrightarrow[\text{乙酸, H}_2\text{SO}_4]{\text{CrO}_3,\text{乙酸酐}} \text{C}_6\text{H}_5\text{CHO}$$

(8) Gaffermann–Koch 反应

$$\text{ArH} + \text{CO} + \text{HCl} \xrightarrow{\text{AlCl}_3} \text{ArCHO}$$

(9) Reimer–Tiemann 反应

$$\text{C}_6\text{H}_5\text{OH} \xrightarrow[\text{NaOH}]{\text{CHCl}_3} \xrightarrow{\text{HCl}} \text{o-HOC}_6\text{H}_4\text{CHO}$$

(10) 胞二卤代物的水解反应

$$\text{ArCH}_3 \xrightarrow[h\nu]{\text{Cl}_2} \text{ArCHCl}_2 \xrightarrow[\text{Na}_2\text{CO}_3]{\text{H}_2\text{O}} \text{ArCHO}$$

9. 酮的制备

(1) 烯烃臭氧化

$$\text{R}_2\text{C}{=}\text{CR}'_2 \xrightarrow[\text{②Zn, H}_2\text{O}]{\text{①O}_3} \text{R}_2\text{C}{=}\text{O} + \text{R}'_2\text{C}{=}\text{O}$$

(2) 炔烃的水合

$$\text{RC}{\equiv}\text{CH} + \text{H}_2\text{O} \xrightarrow[\text{HgSO}_4]{\text{H}^+} \text{R}-\underset{\underset{\text{O}}{\|}}{\text{C}}-\text{CH}_3$$

(3) 仲醇的氧化

$$\text{RR}'\text{CHOH} \xrightarrow{\text{K}_2\text{Cr}_2\text{O}_7, \text{H}_2\text{SO}_4} \text{R}-\underset{\underset{\text{O}}{\|}}{\text{C}}-\text{R}'$$

(4) 金属试剂与酰氯反应

$$\text{R}'\text{MgX} + \text{CdCl}_2 \longrightarrow \text{R}'_2\text{Cd} + \text{MgXCl}$$

$$\text{R}'_2\text{Cd} + \text{RCOCl} \longrightarrow \text{R}-\underset{\underset{\text{O}}{\|}}{\text{C}}-\text{R}' + \text{CdCl}_2$$

$$\text{R}'_2\text{CuLi} + \text{RCOCl} \longrightarrow \text{RCOR}' + \text{R}'\text{Cu} + \text{LiCl}$$

(5) 羧酸脱羧法

$$2\text{RCOOH} \xrightarrow[\triangle]{\text{ThO}_2} \text{R}-\underset{\underset{\text{O}}{\|}}{\text{C}}-\text{R}$$

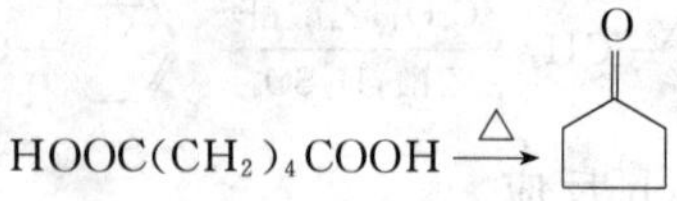

$$HOOC(CH_2)_4COOH \xrightarrow{\triangle} \text{环戊酮}$$

(6) 乙酰乙酸乙酯法

$$CH_3COCHR'COOEt \xrightarrow[②H^+, \triangle]{①稀\ NaOH} R'CHCOCH_3$$

(7) Friedel-Crafts 反应

$$ArH + RCOCl\,[或(RCO)_2O] \xrightarrow{AlCl_3} ArCOR$$

(8) 胞二氯代物水解

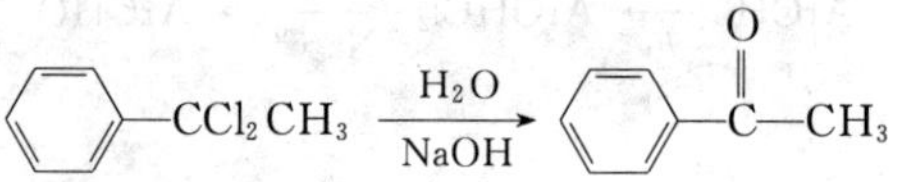

$$\text{Ph-CCl}_2\text{CH}_3 \xrightarrow[NaOH]{H_2O} \text{Ph-CO-CH}_3$$

10. 羧酸的制备

(1) 通过氧化反应制备

$$CH_3CH_2CH_2CH_3 + O_2 \xrightarrow{催化剂} CH_3COOH$$

$$RCH=CHR' \xrightarrow[H^+]{KMnO_4} RCOOH + R'COOH$$

$$RC\equiv CR' \xrightarrow[H^+]{KMnO_4} RCOOH + R'COOH$$

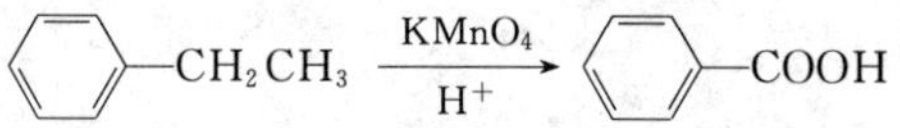

$$\text{Ph-CH}_2CH_3 \xrightarrow[H^+]{KMnO_4} \text{Ph-COOH}$$

$$RCH_2OH \xrightarrow{[O]} RCHO \xrightarrow{[O]} RCOOH$$

(2) 由卤代烃制备

$$RCl \begin{cases} \xrightarrow[乙醚]{Mg} \xrightarrow{CO_2} \xrightarrow{H_2O} RCOOH \\ \xrightarrow{CN^-} \xrightarrow{H_2O} RCOOH(只适用伯卤代烃) \end{cases}$$

(3) 卤仿反应

$$RCOCH_3(或RCHOHCH_3) \xrightarrow[NaOH]{X_2} \xrightarrow{H_3^+O} RCOOH + CHX_3$$

(4) 羧酸衍生物水解

$$RCOY(Y=X, -COR', -OR', NH_2) \xrightarrow{H_2O} RCOOH$$

(5) α-酮酸的分解

$$R-\underset{O}{\overset{\|}{C}}-COOH \xrightarrow[\triangle]{\text{浓 } H_2SO_4} RCOOH + CO$$

(6) 丙二酸酯法

$$CH_2(COOEt)_2 \xrightarrow[RX]{EtONa} \xrightarrow[H_2O]{OH^-} \xrightarrow[\triangle]{H_3^+O} RCH_2COOH$$

(7) 乙酰乙酸乙酯法

$$CH_3COCH_2COOEt \xrightarrow[RX]{EtONa} \xrightarrow{40\% NaOH} \xrightarrow{H_3^+O} RCH_2COOH$$

(8) 多卤代物水解

$$\text{C}_6\text{H}_5-CH_3 \xrightarrow[h\nu]{Cl_2} \text{C}_6\text{H}_5-CCl_3 \xrightarrow[NaOH]{H_2O} \xrightarrow{H_3^+O} \text{C}_6\text{H}_5-COOH$$

(9) Kolbe–Schmidt 反应

邻羟基苯甲酸钾 $\xrightarrow[240\,^\circ\text{C}]{K_2CO_3}$ 对羟基苯甲酸钾 $\xrightarrow{H^+}$ 对羟基苯甲酸

(10) Perkin 反应

$$ArCHO + (CH_3CO)_2O \xrightarrow{CH_3COOK} \xrightarrow{H_3^+O} ArCH=CHCOOH$$

(11) Reformatsky 反应

$$R-\underset{O}{\overset{\|}{C}}-R' + BrCH_2COOEt \xrightarrow{Zn} \xrightarrow{H_3^+O} R-\underset{R'}{\overset{OH}{\underset{|}{C}}}-CH_2COOH$$

(12) Knoevenagel 反应

$$ArCHO + CH_2(COOEt)_2 \xrightarrow{\text{哌啶}} ArCH=C(COOEt)_2$$

$$\xrightarrow[H_2O]{OH^-} \xrightarrow[\triangle]{H_3^+O} ArCH=CHCOOH$$

11. 胺的制备

(1) Hofmann 降级反应

$$RCONH_2 + NaOBr \xrightarrow{NaOH} RNH_2$$

(2) Gabriel 反应

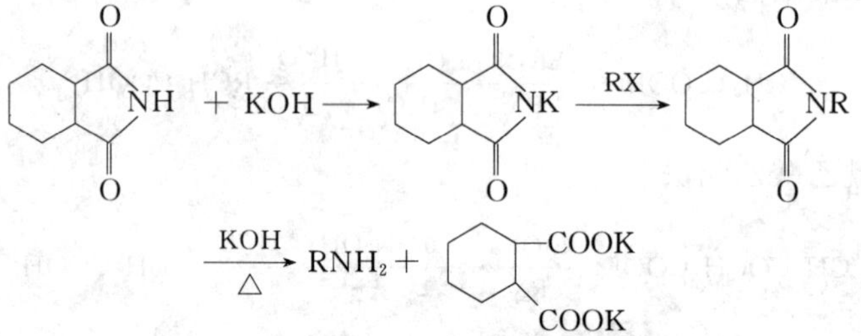

[环状邻苯二甲酰亚胺类结构] NH + KOH ⟶ [环状]NK $\xrightarrow{RX}$ [环状]NR

$\xrightarrow[\triangle]{KOH}$ RNH_2 + 环己基-COOK / COOK

该反应产率高,适合于实验室制备纯净的伯胺。

(3) 含氮化合物的还原

$$RNO_2 \xrightarrow[\text{或 } H_2/Ni]{Fe/HCl} RNH_2$$

$$RCN \xrightarrow[\text{或 } LiAlH_4]{H_2/Ni} RCH_2NH_2$$

$$R-\underset{\underset{}{\overset{\|}{O}}}{C}-NR_2' \xrightarrow{LiAlH_4} RCH_2NR_2'$$

$$R-\underset{\underset{}{\overset{\|}{NOH}}}{C}-R' \xrightarrow[\text{或 } LiAlH_4]{H_2/Ni} R\overset{NH_2}{\underset{}{C}H}R'$$

(4) 醛酮还原氨化

$$R-\underset{\underset{}{\overset{\|}{O}}}{C}-R' + R''NH_2 \longrightarrow R-\underset{\underset{}{\overset{\|}{NR''}}}{C}-R' \xrightarrow{H_2/Ni} R-\underset{\underset{}{\overset{\|}{NHR''}}}{C}H-R'$$

(5) 氨或胺的直接烃基化

产物为混合物,不适合实验室制备,工业上有一定意义。

12. α-氨基酸的制备

(1) α-卤代酸的氨解

$$\underset{\underset{X}{|}}{R}CHCOOH \xrightarrow{NH_3} \underset{\underset{NH_2}{|}}{R}CHCOOH$$

（2）α-羰基酸的还原氨化

$$RC(=O)-COOH + NH_3 \xrightarrow[Pt]{H_2} RCH(NH_2)COOH$$

（3）Strecker 合成

$$RCHO + HCN + NH_3 \longrightarrow RCH(NH_2)CN \xrightarrow{H_3^+O} RCH(NH_2)COOH$$

（4）丙二酸酯法

① $CH_2(COOEt)_2 + Br_2 \xrightarrow{CCl_4} BrCH(COOEt)_2$

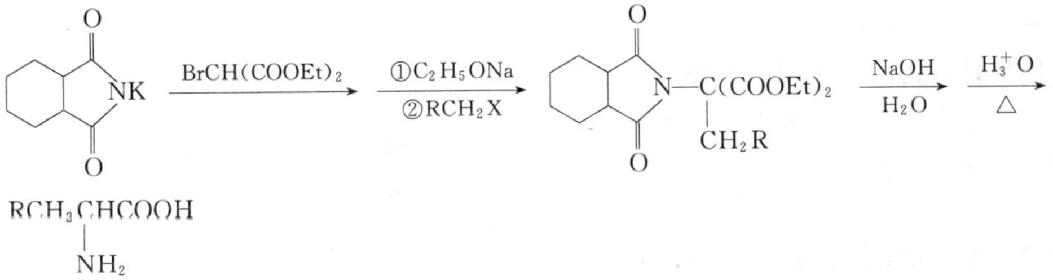

邻苯二甲酰亚胺钾(NK) $\xrightarrow{BrCH(COOEt)_2}$ N-CH(COOEt)$_2$ 型中间体 $\xrightarrow[\text{②}RCH_2X]{\text{①}C_2H_5ONa}$ N-C(COOEt)$_2$(CH$_2$R) $\xrightarrow[H_2O]{NaOH}$ $\xrightarrow[\triangle]{H_3^+O}$

$RCH_2CH(NH_2)COOH$

② $CH_2(COOEt)_2 \xrightarrow[\text{②}RCH_2X]{\text{①}C_2H_5ONa} RCH_2CH(COOEt)_2 \xrightarrow[H_2O]{NaOH} \xrightarrow{H_3^+O}$

$RCH_2CH(COOH)COOH \xrightarrow[H_2SO_4]{NH_3} RCH_2CH(NH_2)COOH$

郑 重 声 明

高等教育出版社依法对本书享有专有出版权。任何未经许可的复制、销售行为均违反《中华人民共和国著作权法》,其行为人将承担相应的民事责任和行政责任,构成犯罪的,将被依法追究刑事责任。为了维护市场秩序,保护读者的合法权益,避免读者误用盗版书造成不良后果,我社将配合行政执法部门和司法机关对违法犯罪的单位和个人给予严厉打击。社会各界人士如发现上述侵权行为,希望及时举报,本社将奖励举报有功人员。

反盗版举报电话:(010) 58581897/58581896/58581879
传　　真:(010) 82086060
E - mail: dd@hep.com.cn
通信地址:北京市西城区德外大街 4 号
　　　　　高等教育出版社打击盗版办公室
邮　　编:100120

购书请拨打电话:(010)58581118